中国国家标准汇编

629

GB 31102～31129

（2014 年制定）

中国标准出版社 编

中国标准出版社

北 京

图书在版编目(CIP)数据

中国国家标准汇编:2014年制定.629:
GB 31102～31129/中国标准出版社编.—北京:
中国标准出版社,2015.11
ISBN 978-7-5066-7998-5

Ⅰ.①中…　Ⅱ.①中…　Ⅲ.①国家标准-
汇编-中国-2014　Ⅳ.①T-652.1

中国版本图书馆CIP数据核字(2015)第184068号

中国标准出版社出版发行
北京市朝阳区和平里西街甲2号(100029)
北京市西城区三里河北街16号(100045)

网址 www.spc.net.cn
总编室:(010)68533533　发行中心:(010)51780238
读者服务部:(010)68523946
中国标准出版社秦皇岛印刷厂印刷
各地新华书店经销
*
开本 880×1230　1/16　印张 37.5　字数 1 146 千字
2015年11月第一版　2015年11月第一次印刷
*
定价 220.00 元

出 版 说 明

1.《中国国家标准汇编》是一部大型综合性国家标准全集。自1983年起，按国家标准顺序号以精装本、平装本两种装帧形式陆续分册汇编出版。它在一定程度上反映了我国建国以来标准化事业发展的基本情况和主要成就，是各级标准化管理机构，工矿企事业单位，农林牧副渔系统，科研、设计、教学等部门必不可少的工具书。

2.《中国国家标准汇编》收入我国每年正式发布的全部国家标准，分为"制定"卷和"修订"卷两种编辑版本。

"制定"卷收入上一年度我国发布的、新制定的国家标准，顺延前年度标准编号分成若干分册，封面和书脊上注明"20××年制定"字样及分册号，分册号一直连续。各分册中的标准是按照标准编号顺序连续排列的，如有标准顺序号缺号的，除特殊情况注明外，暂为空号。

"修订"卷收入上一年度我国发布的、被修订的国家标准，视篇幅分设若干分册，但与"制定"卷分册号无关联，仅在封面和书脊上注明"20××年修订-1，-2，-3，……"字样。"修订"卷各分册中的标准，仍按标准编号顺序排列(但不连续)；如有遗漏的，均在当年最后一分册中补齐。需提请读者注意的是，个别非顺延前年度标准编号的新制定的国家标准没有收入在"制定"卷中，而是收入在"修订"卷中。

读者配套购买《中国国家标准汇编》"制定"卷和"修订"卷则可收齐由我社出版的上一年度我国制定和修订的全部国家标准。

3. 由于读者需求的变化，自1996年起，《中国国家标准汇编》仅出版精装本。

4. 2014年我国制修订国家标准共1 611项。本分册为"2014年制定"卷第629分册，收入国家标准GB 31102～31129的最新版本。

中国标准出版社

2015年8月

目　　录

ICS 35.080
L 77

中华人民共和国国家标准化指导性技术文件

GB/Z 31102—2014

软件工程 软件工程知识体系指南

Software engineering—Guide to the software engineering body of knowledge (SWEBOK)

(ISO/IEC TR 19759:2005,MOD)

2014-09-03 发布 2015-02-01 实施

中华人民共和国国家质量监督检验检疫总局
中国国家标准化管理委员会 发布

前　言

本指导性技术文件按照 GB/T 1.1—2009 给出的规则起草。

本指导性技术文件使用重新起草法修改采用 ISO/IEC TR 19759:2005《软件工程　软件工程知识体系指南》。

本指导性技术文件与 ISO/IEC TR 19759:2005 的结构性差异参见附录 C。

本指导性技术文件由全国信息技术标准化技术委员会(SAC/TC 28)提出并归口。

本指导性技术文件起草单位:广西达译商务服务有限责任公司、中国电子技术标准化研究院、中国科学院自动化研究所、上海宝信软件股份有限公司。

本指导性技术文件主要起草人:温家凯、张旸旸、王力、邓姿娴、刘连芳、施贵基、丁锦春、陆迪茜、丛力群、滕逸龙、韦寒梅、宗成庆、周玉。

引　言

本指导性技术文件的读者范围广泛。主要对象是,需要在软件工程的如下方面取得一致观点的各种组织:确定教育和培训需求、工作分类、制定绩效评估方针、规定软件开发任务等。也面向执业(或管理)软件工程师以及负责制定公共许可政策及职业指南的公职人员。另外,如下人员也将从本指导性技术文件中受益:为大学课程界定认证准则、合格评定方针以及职业实践指南的协会和教师,学习软件工程的学生,制定课程表及课程内容的教师和培训人员。

本指导性技术文件将软件工程学科内容划分为10个知识域(KA)。第2章～第11章分别对应这10个知识域。建立学科界线时,重要的是确定软件工程与什么学科共享边界以及有公共交集。为此,本指导性技术文件还认定了八个相关学科(见第12章"软件工程相关学科")。

本指导性技术文件采用分解结构,将知识域分解成若干子域,子域又分为若干主题。这为读者找到感兴趣的主题提供了适当的途径。

图1为软件工程知识体系指南的知识域分解图。

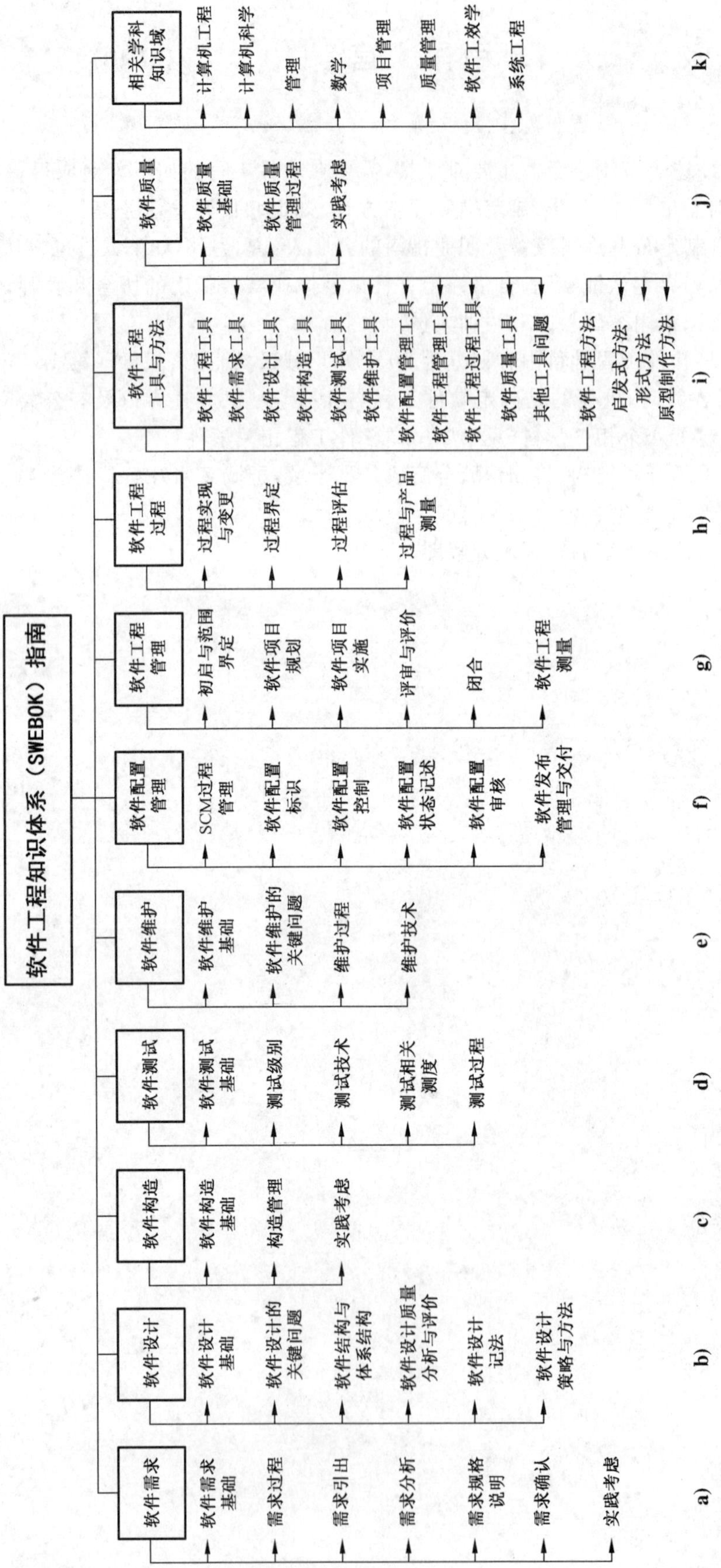
软件工程知识体系（SWEBOK）指南
软件需求
软件需求基础
需求过程
需求引出
需求分析
需求规格说明
需求确认
实践考虑
a)
软件设计
软件设计基础
软件设计的关键问题
软件结构与体系结构
软件设计质量分析与评价
软件设计记法
软件设计策略与方法
b)
软件构造
软件构造基础
构造管理
实践考虑
c)
软件测试
软件测试基础
测试级别
测试技术
测试相关测度
测试过程
d)
软件维护
软件维护基础
软件维护的关键问题
维护过程
维护技术
e)
软件配置管理
SCM过程管理
软件配置标识
软件配置控制
软件配置状态记述
软件配置审核
软件发布管理与交付
f)
软件工程管理
初启与范围界定
软件项目规划
软件项目实施
评审与评价
闭合
软件工程测量
g)
软件工程过程
过程实现与变更
过程界定
过程评估
过程与产品测量
h)
软件工程工具与方法
软件工程工具
软件需求工具
软件设计工具
软件构造工具
软件测试工具
软件维护工具
软件配置管理工具
软件工程管理工具
软件工程过程工具
软件质量工具
其他工具问题
软件工程方法
启发式方法
形式方法
原型制作方法
i)
软件质量
软件质量基础
软件质量管理过程
实践考虑
j)
相关学科知识域
计算机工程
计算机科学
管理
数学
项目管理
质量管理
软件工效学
系统工程
k)

图 1 知识域分解图

软件需求、软件设计、软件构造、软件测试、软件维护这五个知识域按传统的瀑布生存周期顺序进行描述,但是,这并不表示本指导性技术文件采纳或鼓励瀑布模型或任何其他模型。软件配置管理、软件工程管理、软件工程过程、软件工程工具与方法、软件质量这五个知识域按字母顺序进行描述。

本指导性技术文件为各知识域附上了各种参考文献,包括图书章节、指定论文或其他认可的权威信息来源。对每一知识域的描述还包括参考文献与所列主题联系对照表。

知识域描述结构

知识域描述的结构如下:

引言中提出了知识域的简明定义,并概述了知识域的范围及其与其他知识域的关系。主题分解构成了知识域描述的核心,知识域分解为子域、主题和子主题。对每一主题或子主题都有简短叙述,并附有一篇或不止一篇参考文献。

选择参考文献主要是因认为其构成了主题相关知识的最佳表述,并考虑到挑选考文献的限制因素。主题和参考文献之间用对照表联系。

知识域描述的最后一部分是推荐的参考文献清单,包括为希望了解知识域主题更多的用户提供的进一步阅读建议,并列出了与知识域关系最密切的标准的清单。注意,正文中方括号"[]"内的引用为推荐参考文献,圆括号"()"内的引用是用于编写和证明正文的常用参考文献。

软件需求知识域(见图1,a列)

软件需求是为解决某一真实问题而应展示的性质。

第一个知识子域是"软件需求基础"。包括对软件需求本身的以及对主要需求类型(产品的与过程的、功能的与非功能的、突现的性质)的定义。此子域还描述了可量化需求的重要性,并对系统需求与软件需求作了区分。

第二个知识子域是引入过程本身的"需求过程",其中面向其余五个子域并指明需求过程如何与其他软件工程过程相衔接。该子域描述了过程模型、过程参与者、过程支持与管理及过程质量与改进。

第三个知识子域是"需求引出",关注于软件需求出自何处及软件工程师如何收集这些需求。该子域包括需求来源及引出技术。

第四个知识子域"需求分析"关注于分析需求过程,以便:

——检测和解决各需求间的冲突;

——发现软件的界限以及软件如何与其环境进行必要的交互;

——将系统需求详述为软件需求。

需求分析包括需求分类、概念建模、体系结构设计与需求分配及需求协商。

第五个知识子域是"需求规格说明",通常指产生文档或等同的电子版本,能系统地评审、评价以及审批。对复杂系统,特别是涉及大量非软件部件的,就要产生多达三种不同类型的文档,包括系统界定文档、系统需求规格说明及软件需求规格说明。此子域描述这三类文档及基本活动。

第六个知识子域是"需求确认",目的是在提交资源以处理需求之前,找出所有的问题。需求确认涉及检查需求文档的过程,以确保这些需求界定了正确的系统(即用户期望的系统)。该子域分别描述以下主题:需求评审、原型制作、模型确认及验收测试。

第七个知识子域是"实践考虑",描述需要在实践中理解的主题。第一个主题是需求过程的迭代本质。其后三个主题主要涉及变更管理以及处于准确反映构建中软件或已构建软件状态的需求维护,分别包括:变更管理,需求属性,及需求追踪。最后一个主题是需求测量。

软件设计知识域(见图1,b列)

根据IEEE的定义[IEEE 610.12-90],软件设计既是"界定系统或部件的体系结构、部件、接口和其他特性的过程”,又是“此过程的结果”。本知识域分为六个子域。

第一个子域提出“软件设计基础”,形成理解软件设计作用和范围的初步基础,即广义设计概念、软件设计语境、软件设计过程和使能技术。

第二个子域将“软件设计的关键问题”归于一组。这些问题包括并发性、事件控制与处理、部件分配、错误及异常处理与故障容耐、交互与表示及数据持久性。

第三个子域是“软件结构与体系结构”,其主题有总体结构与视点、体系结构风格、设计模式,最后是程序族与框架族。

第四个子域描述“软件设计质量分析与评价”。尽管整个知识域都专注于软件质量,但此子域提出了与软件设计特别相关的主题,即质量属性、质量分析与评价技术及测度。

第五个子域是“软件设计记法”,分为结构描述和行为描述。

第六个子域描述“软件设计策略与方法”。首先描述通用策略,其次依次描述面向功能的(结构化)设计方法、面向对象的设计方法、数据结构集中式设计方法及基于部件的设计(CBD)方法。

软件构造知识域(见图1,c列)

软件构造指通过编码、验证、单元测试、综合测试、调试,精细地创建有效用、有意义的软件。此知识域包括三个子域。

第一个子域是“软件构造基础”。前三个主题是构造的基本原理,即复杂性最小化、对变更的预测及易于验证的构造。最后的主题论述构造的相关标准。

第二个子域描述“构造管理”。其主题是各种构造模型、构造规划和构造测量。

第三个子域描述“实践考虑”。其主题是构造设计、构造语言、编码、构造测试、重用、构造质量及集成。

软件测试(见图1,d列)

软件测试是指以有限的测试用例对程序行为进行的动态验证。测试用例从通常无限的执行域中,针对期望的行为适当选出。软件测试有五个子域。

第一个子域是对“软件测试基础”的描述。首先提出测试相关术语,其次描述测试的关键问题,最后是测试与其他活动的联系。

第二个子域是“测试级别”。级别根据测试对象和测试目的来划分。

第三个子域是“测试技术”。第一类是基于测试者直觉和经验的技术。第二类包括:基于规格说明的技术,基于代码的技术,基于故障的技术,基于用法的技术及有关应用性质的技术。本子域还提出如何选择和组合适当的技术。

第四个子域覆盖“测试相关测度”。这些测度分为对在测程序的评价和对已完成测试的评价两类。

最后一个子域描述“测试过程”,包括实践考虑和测试活动。

软件维护(见图1,e列)

软件运行中一旦暴露出反常情况,操作环境立即改变,用户新的需求随之浮现。虽然软件生存周期的维护阶段从交付起就算开始,但维护活动远先于此发生。软件维护知识域分为四个子域。

第一个子域提出“软件维护基础”:术语、维护的本质、维护的必要性、维护的主要成本、软件的演化及维护。

第二个子域汇集“软件维护的关键问题”。包括技术问题、管理问题、维护成本估算及软件维护测量。

第三个子域描述“维护过程”。其主题为各种维护过程及维护活动。

第四个子域是“维护技术”,包括程序理解、重构工程和逆向工程。

软件配置管理(见图1,f列)

软件配置管理(SCM)是在系统整个生存周期内,为系统地控制配置变更并维护配置的完整性和可追踪性,而在不同时间点上标识软件配置的学科。此知识域包括六个子域。

第一个子域是SCM过程管理。覆盖的主题有SCM组织语境、SCM过程约束与指南、SCM规划、SCM计划及SCM监督。

第二个子域是"软件配置标识",包括标识受控项、建立受控项及其版本的标识方案,以及确定用于获取和管理受控项的工具和技术。此子域首要主题是受控项标识及软件库。

第三个子域是"软件配置控制",是在软件生存周期内对变更的管理。三个主题是软件变更的请求、评价与审批以及软件变更的实现、偏离与豁免。

第四个子域是"软件配置状态记述"。主题是软件配置状态信息及软件配置状态报告。

第五个子域是"软件配置审核",包括软件功能配置审核、软件物理配置审核、软件基线过程内审核。

最后一个子域是"软件发布管理与交付",覆盖软件构建及软件发布管理。

软件工程管理(见图1,g列)

软件工程管理知识域处理对软件工程的管理和测量。尽管测量对所有知识域都很重要,然而此处是提出测量程序这一主题。共有六个子域,前五个子域覆盖软件项目管理,第六个子域描述软件测量程序。

第一个子域是"初启与范围界定",包括需求确定与协商、可行性分析及需求评审修订过程。

第二个子域是"软件项目规划",包括过程规划、可交付件确定、工作量、调度与成本估算、资源分配、风险管理、质量管理及计划管理。

第三个子域是"软件项目实施"。主题有计划实现、供方合同管理、测量过程实现、监督过程、控制过程及报告。

第四个子域是"评审与评价",主题包括需求满意度确定、效能评审与评价。

第五个子域描述"闭合",包括闭合确定、闭合活动。

第六个子域描述"软件工程测量",更专门的是测量程序。在"软件工程过程知识域"中对产品和过程的测量进行了描述。其他很多知识域也描述了各自知识域专用的测量。本子域的主题包括测量承诺的建立与维持、测量过程规划、测量过程执行及测量评价。

软件工程过程(见图1,h列)

软件工程过程知识域关注于软件工程过程本身的界定、实现、评估、测量、管理、变更及改进。分四个子域。

第一个子域提出"过程实现与变更"。其主题有过程基础设施、软件过程管理周期、过程实现与变更模型及实践考虑。

第二个子域涉及"过程界定"。主题包括软件生存周期模型、软件生存周期过程、过程界定记法、过程适应及自动化。

第三个子域是"过程评估"。主题包括过程评估模型、过程评估方法。

第四个子域描述"过程与产品测量"。软件工程过程覆盖一般产品测量及一般过程测量。各知识域专用的测量在相关知识域中描述。本子域的主题有过程测量、软件产品测量、测量结果的质量、软件信息模型及过程测量技术。

软件工程工具与方法(见图1,i列)

软件工程工具与方法知识域包括软件工程工具和软件工程方法两方面。

软件工程工具子域采用与本指导性技术文件相同的结构，为其他九个软件工程知识域各提供一个主题。还提供一个附加主题：其他工具问题，例如工具集成技术，具有适用于所有工具类的潜力。

软件工程方法子域分为三个子域：处理非形式途径的启发式方法，处理基于数学途径的形式方法，以及处理基于各种形式的原型制作的软件开发途径的原型制作方法。

软件质量（见图1，j列）

软件质量知识域涉及超越软件生存周期过程的软件质量考虑。既然软件质量在软件工程中是无不关心的问题，在许多其他知识域中就也是要考虑的，且对这些知识域的指引贯穿于本知识域。本知识域的描述覆盖三个子域。

第一个子域描述"软件质量基础"，包括软件工程文化与道德、质量的价值与成本、模型与质量特性及质量改进。

第二个子域覆盖"软件质量管理过程"。主题有软件质量保证、验证和确认及评审与审核。

第三个子域描述关于软件质量的"实践考虑"。主题有软件质量需求、缺陷表征、软件质量管理技术及软件质量测量。

软件工程相关的学科（见图1，k列）

最后一章标题为"软件工程相关学科"。为了给软件工程划定范围，有必要认定与软件工程有公共边界的学科。

软件工程　软件工程知识体系指南

1　范围

本指导性技术文件描述了软件工程学科的边界范围，按主题提供了访问支持该学科的文献的途径。

制定软件工程知识体系(SWEBOK)指南有以下五个目标：

a)　促进业界对软件工程看法趋于一致；

b)　阐明软件工程的地位，并设定软件工程与计算机科学、项目管理、计算机工程和数学等其他学科之间的界线；

c)　描述软件工程学科的内容；

d)　提供使用软件工程知识体系的主题；

e)　为课程制定、个人认证及特许资料提供依据。

2　软件需求

2.1　综述

2.1.1　缩略语

下列缩略语适用于本文件。

DAG：有向无圈图(Directed Acyclic Graph)

FSM：功能规模测量(Functional Size Measurement)

INCOSE：国际系统工程理事会(International Council on Systems Engineering)

SADT：结构化分析与设计技术(Structured Analysis and Design Technique)

UML：统一建模语言(Unified Modeling Language)

2.1.2　导引

软件需求知识域(KA)涉及软件需求的引出、分析、规格说明及确认。软件业界公认，当这些活动不能顺利开展时，软件工程项目就会极为脆弱。

对用于解决某一现实问题的软件产品，软件需求表述了要求和约束[Kot00]。

“需求工程”一语广泛用于系统地处理需求的领域。不过为一致性起见，本指导性技术文件中将不使用该术语，原因是已经决定除软件工程的活动以外，避免对活动使用“工程”一语。

出于同样的原因，本指导性技术文件也不使用一些文献中出现的术语“需求工程师”，而使用术语“软件工程师”，或在某些特定情况使用“需求专家”。“需求专家”这一有争议的角色通常由软件工程师以外的个人承担，但这并暗指软件工程师不能承担这一职能。

知识域的分解结构与ISO/IEC 12207中关于需求活动的章节大体兼容。

提出的分解结构有一种内在风险：可推断为瀑布似的过程。为预防该风险，设计了第二个子域“需求过程”，以便通过设置过程运行所需的资源和约束以及说明采取什么措施进行设置，来提供需求过程的高层概观。

替代的分解方式可采用基于产品的结构(系统需求、软件需求、原型、用况等)。基于过程的分解反映出的事实是：需求过程要成功时，就应视为一种涉及复杂的、紧密耦合(时序及并发)活动的过程，而不是作为软件开发项目开始时进行的离散的、一次性的活动。

软件需求知识域与软件设计、软件测试、软件维护、软件配置管理、软件工程管理、软件工程过程和软件质量等的知识域紧密相关。

图2为软件需求知识域的主题分解图。

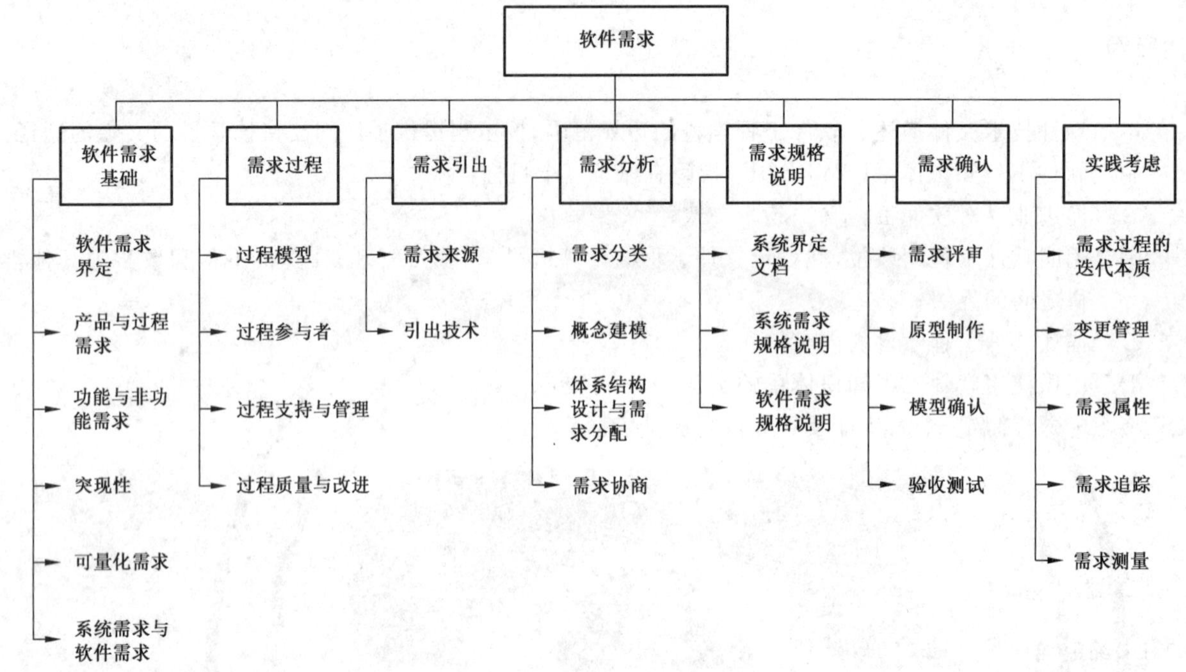

图2 软件需求知识域的主题分解图

2.2 软件需求基础

2.2.1 软件需求界定

从根本上讲,软件需求是为解决某一真实问题而应展示的性质。本指导性技术文件所指"软件"的需求,是因为涉及由软件解决的问题。因此,软件需求是为解决特指问题而应通过软件开发或适应来展示的性质。这种问题可自动成为该软件使用者的任务的一部分,以支持委托开发软件的组织的业务过程,修正已有软件的缺点,控制设备等。用户、业务过程和设备的功能通常很复杂。因此,扩展来说,特指软件的需求通常是复杂的需求集合,这些需求既来自一个组织不同层次的不同人员,也来自软件将要运行的环境。

所有软件需求的一个本质特性就是可验证。验证某些软件需求的难度可能很大或成本很高,例如,验证呼叫中心的吞吐量需求可能以开发仿真软件为必要条件。软件需求和软件质量两者的保证人员都应确保:在可用资源约束范围内,需求能加以验证。

除了所表达的行为特性外,需求还有其他的属性。常见的例子包括优先评级,以便在资源有限时能作出权衡,还包括使项目进展受到监控的状态值。软件需求通常要唯一性地标识,这样在整个软件生存周期中,就能使软件需求得到软件配置控制和管理[Kot00;Pfl01;Som05;Tha97]。

2.2.2 产品与过程需求

产品参数与过程参数是能区分开的。产品参数是对待开发软件的需求(例如,"在注册一门课程前,此软件应验证学生满足所有的前提条件")。

过程参数本质上是对软件开发的约束(例如,"此软件应以 Ada 语言编写")。过程参数有时又称

“过程需求”。

一些软件需求生成了隐式过程需求。其中一个例子就是选择验证技术,另一个例子是采用特别严格的分析技术(例如形式规格说明方法)来减少可导致可靠性不够的故障。开发组织、顾客或第三方(例如安全监管员)也可直接提出过程需求[Kot00;Som97]。

2.2.3 功能与非功能需求

功能需求描述软件要执行的功能。例如,将某一文本格式化或调制一个信号。功能有时又称“能力”。

非功能需求是约束解决方案的需求。非功能需求有时称为“约束”或“质量需求”。非功能需求可进一步划分为性能需求、可维护性需求、安全需求、可靠性需求,或者其他类型的软件需求。这些主题也在“软件质量知识域”中论述[Kot00;Som97]。

2.2.4 突现性

一些需求表现了软件的突现性(emergent property),也就是说,这些需求不能由单个部件完成,而是依赖于需求对所有软件部件之间的互操作的满意度。例如,呼叫中心的吞吐量需求可能依赖于电话系统、信息系统和接线员在实际运行条件下的交互作用。突现性特别依赖于系统体系结构[Som05]。

2.2.5 可量化需求

软件需求宜尽可能清楚无歧义性地陈述,并于适当处采用定量方式。避免含糊和不可验证的需求非常重要,因为含糊的需求(“软件应可靠”“软件应是用户友好的”)依赖对主观判断的解释。这对非功能性需求尤为重要。下面是两个已量化的需求例子:呼叫中心软件应增加20%的吞吐量;在运行的任一小时内,系统产生致命错误的概率应小于1.0×10^{-8}。吞吐量需求是很高级别的需求,需用以导出许多详细需求。可靠性需求将紧密约束系统的体系结构[Dav93;Som05]。

2.2.6 系统需求与软件需求

在这一主题中,系统的含义是“为实现界定目标的多个元素的交互组合。这些元素包括:硬件、软件、固件、人员、信息、技术、设施、服务以及其他支持元素”,这是INCOSE给出的定义(INCOSE00)。

系统需求是对系统作为一个整体的需求。在包含软件部件的系统中,软件需求从系统需求中导出。

有关需求的文献中有时将系统需求称为“用户需求”。本指导性技术文件将“用户需求”严格定义为系统的顾客或最终用户的需求。对比之下,系统需求包括用户需求、其他利益相关方(例如规章监管机构)的需求以及没有可标识的人力来源的需求。

2.3 需求过程

2.3.1 概述

本条介绍软件需求过程,面向其余的5个子域,展示了软件需求过程如何与整个软件工程过程相吻合[Dav93;Som05]。

2.3.2 过程模型

这一主题的目的是提供对需求过程的如下理解:

——不是软件生存周期中的一种离散的前端活动,而是一种过程,初启于项目的起始时刻,并在整个生存周期中持续不断的精化;

——将软件需求标识为配置项,并采用与其他软件生存周期过程的产品相同的软件配置管理实践加以管理;

——需要与组织和项目语境相适应。

特别是，这一主题涉及如何为不同类型项目和约束配置引出、分析、规格说明及确认四种活动。还包括为需求过程提供输入的活动，例如营销和可行性研究等[Kot00；Rob99；Som97；Som05]。

2.3.3 过程参与者

这一主题引入参与需求过程人员的角色。从根本上说，需求过程是跨学科的，并且，需求专家需要在利益相关方和软件工程两种领域之间进行调解。除需求专家外，还有许多人员参与，在软件中各有某种利害。项目不同，利益相关方也不同，但总会包括用户/运行方和顾客(二者不必相同)[Gog93]。

软件利益相关方的典型例子包括(但不限于)：

——用户：这一群体由将操作软件的人员组成，通常是包括不同角色、不同需求的不同类型人员的群体；

——顾客：这一群体由委托开发软件和提出软件目标市场的人员组成；

——市场分析师：大众市场产品没有委托顾客，因此通常需要营销人员确定市场需求并担当顾客代理；

——监管人员：许多应用领域(例如银行业和公共交通)，是受监管的，这些领域的软件应遵从监管当局的需求；

——软件工程师：这些人员从软件开发中获益(例如重用其他产品中的部件)，具有合法利益。在这种情景下，当特定产品的顾客提出特定需求而潜在有损于部件重用时，软件工程师应仔细权衡自身与顾客的利害。

通常不可能完全满足所有利益相关方的需求。软件工程师的职责就是协调各种取舍，使之既能为主要利益相关方所接受，又在预算、技术、监管和其他约束之内。做到这点的前提条件是，标识了所有利益相关方，分析了其利益性质，并引出其需求[Dav93；Kot00；Rob99；Som97；You01]。

2.3.4 过程支持与管理

这一主题引入需求过程所需和消耗的项目管理资源，并为“软件工程管理知识域”的第一个子域(初启与范围界定)建立语境。本主题的主要目的是在2.2.1中标识的各过程活动与成本、人力资源、培训和工具几方面的问题之间建立联系[Rob99；Som97；You01]。

2.3.5 过程质量与改进

这一主题涉及需求过程的质量和改进的评估。其目的是强调需求过程在软件产品的成本和适时性方面以及在顾客对产品满意度方面所起的关键作用[Som97]。本主题有助于以软件和系统的质量标准和过程改进模型来适应需求过程。过程质量和改进与软件质量和软件工程过程两种知识域都密切相关。特别关心软件质量属性和测量以及软件过程界定两个问题。本主题覆盖：

——过程改进标准和模型覆盖的需求过程；

——需求过程测度与基准测试；

——改进规划与实现[Kot00；Som97；You01]。

2.4 需求引出

2.4.1 概述

[Dav93；Gog93；Lou95；Pfl01]需求引出涉及软件需求来自何方，软件工程师又如何收集这些需求。这是建立和理解要求软件解决的问题的第一阶段。基本上是人的活动，即在何处标识利益相关方并在开发团队与顾客之间建立联系。需求引出有不同术语，又称“需求捕获”“需求发现”和“需求获取”。

良好软件工程的基本信条之一是，软件用户与软件工程师之间有良好沟通。在开发开始前，需求专家可为这种沟通建立渠道。专家们应在软件用户(及其他利益相关方)的领域和软件工程师的技术界之间进行调解。

2.4.2 需求来源

[Dav93;Gog93;Pfl01]在典型软件中，需求有许多来源，重要的是标识所有潜在的来源，并评价其对软件的影响。这一主题旨在加强各种软件需求来源和管理这些来源的框架的意识。要点有：

——目标：术语“目标”(有时称为“业务关注”或“关键成功因素”)指软件的高级别总体目标。目标为软件提供了动机，但阐述通常含糊。软件工程师需要特别注意评估目标的价值(关乎优先级)和成本。可行性研究就是一种相对低成本的评估方式[Lou95]；

——领域知识：软件工程师需获得或具有可用的应用领域知识。这使其能推断出利益相关方没有说清的无言知识，评估相互冲突的需求之间必要的权衡，有时还充当“用户”斗士；

——利益相关方(参见2.3.3“过程参与者”)：由于许多软件过分强调了一部分利益相关方的需求而牺牲了其他利益相关方的需求，所以不令人满意。因此，交付的软件难以使用，或颠覆了顾客组织的文化或政治结构。软件工程师需标识、提出并管理不同类型的很多利益相关方的“视点”[Kot00]；

——运行环境：各种需求从软件将在其中执行的环境中导出。例如，这些需求可以是实时软件的计时约束，或办公环境中的互操作性约束。应主动找出这些需求，因其能极大地影响软件的可行性和成本，并限制设计选项[Tha97]；

——组织环境：通常要求软件支持业务过程。业务过程的选择可能以组织的结构、文化和内部方针为条件。软件工程师需要对此敏感一些，因为，一般而言，新软件对业务过程不宜强行做出无计划变更。

2.4.3 引出技术

[Dav93;Kot00;Lou95;Pfl01]

一旦标识了需求来源，软件工程师就能立即启动从中引出需求。这一主题集中在让利益相关方说清其需求的技术。做到这一点很难，软件工程师需要意识到：用户描述自己任务可能有困难，可能漏提重要信息，或可能不愿或不能合作。尤为重要的是，要理解引出并不是被动活动，即使有愿意合作并能说清需求的利益相关方，软件工程师也应努力引出正确的信息。需求引出技术很多，主要有[Gog93]：

——访谈：引出需求的“传统”手段。了解访谈的优点和限制，以及如何进行访谈是非常重要的；

——情景：提供语境以引出用户需求的重要手段。情景让软件工程师为有关用户任务的问题提供一个框架，询问“如果……那么……”和“这是如何做的”之类的问题。最常见的情景类型是用况。这与主题2.5.3(“概念建模”)有联系，因为用况和用况图等情景记法在建模软件中常用；

——原型：澄清不清晰需求的重要工具。原型与情景以类似方式，向用户提供一种语境，使其能更好地理解自己需提供何种信息。原型制作技术的范围很广，从纸面的屏幕模拟设计到软件产品的β测试版本，并且用于需求引出的原型制作技术与用于需求确认的原型重叠很多(参见主题2.7.3“原型制作”)；

——漫谈会：目的是借此达到一种累加效果，洞察软件需求，群策群力，以头脑风暴的方式精化理念，而这种效果以访谈方式难以达到。另一优点是，相互冲突的需求浮现得早，这让利益相关方能认识到哪里存在冲突。做得好时，这种技术可比其他技术得到更丰富、更一致的需求集。但会议需要谨慎控制(因而需要一个诱导者)，以避免出现小组的关键能力被团体忠诚所消蚀，或者需求只反映少数坦率发言人(可能是资深人士)所关心的问题而损害他人；

——观察：在组织环境中软件语境的重要性导致在需求引出中适应观察技术。软件工程师通过深入到环境中了解用户的任务，观察用户如何与其软件交互或彼此交互。这些技术成本相对较高但却有益，因为阐明了许多参与者也不能轻易描述的微妙和复杂的用户任务和业务过程。

2.5 需求分析

2.5.1 概述

[Som05]

这一主题涉及分析需求的过程，目的是：

——检测和解决需求之间的冲突；

——发现软件的界限，及其应如何与环境交互；

——详述系统需求，以导出软件需求。

需求分析的传统观点是，采用一些像“结构化分析与设计技术”(SADT)的分析方法精简成概念建模。概念建模虽然重要，但仍将需求分类包括其中，以帮助通告需求之间的权衡(需求分类)和确立这些权衡(需求协商)的过程[Dav93]。

应仔细、足够精确地描述需求，以使需求得到确认，需求实现得到验证，成本能予估算。

2.5.2 需求分类

[Dav93;Kot00;Som05]

需求可从多方面分类，例如：

——需求是功能的还是非功能的(参见主题2.2.3“功能与非功能需求”)；

——需求是从一个或不止一个高级别需求或突现性(参见主题2.2.4“突现性”)导出的，还是由利益相关方或其他来源直接施加在软件上的；

——需求是针对产品的还是针对过程的。针对过程的需求能约束对承制方的选择、要采用的软件工程过程或要遵循的标准；

——需求的优先级。一般来说，需求优先级越高，对满足软件的总体目标就越重要。通常用定点尺度分类，例如强制性的、特别想要的、想要的、可选的。优先级通常应针对开发和实现的成本进行权衡；

——需求的作用域。作用域指需求影响软件和软件部件的范围。一些需求，特别是一些非功能需求，针对全局范围，因为对这些需求的满意度不能分配到某一离散的部件。因此，全局性需求可强烈地影响软件体系结构和许多部件的设计，而对小范围的需求可提供许多设计选择，并且对其他需求的满意度没有多大影响；

——易变性/稳定性。一些需求在软件生存周期内，甚至在开发过程中，会发生变更。对需求可能发生变更的概率进行估计是有用的。例如，在银行应用中，对顾客账户计息并记入贷方的功能需求，可能比支持特指类型的免税账户的需求更稳定，前者反映了银行领域的一个基本特征(账户能得利息)，后者可能因政府法规变更而被废止。标记潜在的易变需求，有助于软件工程师建立一个更容忍变更的设计。

其他分类是否适当取决于组织的通常做法和应用本身。

需求分类和需求属性之间有较大重叠(参见主题2.8.4“需求属性”)。

2.5.3 概念建模

[Dav93;Kot00;Som05]

开发真实世界问题的模型是软件需求分析的关键。建模的目的是帮助理解问题，而不是启动解决方案的设计。因此，概念模型包括来自所配置的问题域的各实体模型，以反映了与真实世界关系和依赖性。

可开发几种模型，包括：数据和控制流，状态模型，事件追踪，用户交互，对象模型，数据模型，以及其他模型。影响模型选择的因素有：

——问题的本性：某些类型的软件要求要特别严格地分析某些方面。例如，控制流和状态模型对于实时软件来说，就比管理信息软件重要得多，而数据模型通常则相反；

——软件工程师的专门经验：采用软件工程师有经验的建模记法或方法更为多产；

——顾客的过程需求：顾客可能将其偏爱的记法或方法强加于人，或者禁使任何不熟悉的记法和方法。这一因素与前一因素可能冲突；

——方法和工具的可用性：培训支持不足的记法或方法以及工具，即便适合于特指类型的问题，仍可能不被广泛接受。

注意，在几乎所有情况下，首先构建软件语境模型是很有用的。软件语境提供了预期的软件与其外部环境之间的联系。对于理解在其运行环境中的软件语境，以及标识对于环境的接口，这一点很关键。

建模问题与方法选择紧密相关。为了实用目的，方法就是由过程支持的一种(或一组)记法，而这一过程指导此记法的应用。几乎没有证据表明一种记法比另一种优越。然而某种特指方法和记法广为接受，能导致有利于业界范围内的技能和知识的聚集，这就是目前统一建模语言(UML)的情况(UML04)。

形式建模采用基于离散数学的记法(这追溯到逻辑推理)，已经对某些专门化的领域产生影响。这些方法顾客或标准可要求使用，或可对分析某些关键功能或部件显出引人注目的优势。

本主题并不寻求"讲授"一种特指的建模风格或记法，而是提供建模目的和意图的指南。

以下两个标准提供了可在概念建模时有用的记法：IEEE 1320.1 IDEF0 功能建模和 IEEE 1320.2 IDEF1X97(IDEFObject)信息建模。

2.5.4 体系结构设计与需求分配

[Dav93;Som05]

在一些情况下应推导解决方案的体系结构。体系结构设计是需求过程与软件或系统设计的重叠点，这也说明完全不可能将这两个任务分解开来[Som01]。本主题与"软件设计知识域"的"软件结构与体系结构子域"紧密相关。在许多情况下，软件工程师要担任软件体系结构师，因为分析和详述需求的过程要求标识负责满足需求的部件。这就是需求分配，即将满足需求的职责分配到部件上。

分配对容许详细分析需求很重要。例如，一旦将需求集分配给了一个部件，就可进一步分析各单一需求，以发现部件的更多需求：部件需怎样与其他部件交互，才能满足所分配的需求。在大型项目中，分配刺激对子系统的新一轮分析。例如，对轿车的特指制动性能的需求(制动距离、恶劣驾驶条件下的安全、应用的平滑性、所需踏板压力等)，可分配给制动硬件(机械和液压组件)和一个防抱死制动系统(ABS)。只有当标识了一个防抱死制动系统的需求，并对其分配各需求时，才能使用 ABS 能力、制动硬件和突现性(例如轿车重量)，来标识详细的 ABS 软件需求。

体系结构设计与概念模型密切关联。由于从真实世界领域实体到软件部件的映射并不总是显而易见，所以，将体系结构设计标识为一个独立主题。无论概念模型还是体系结构设计，对记法和方法的需求大致相同。

IEEE Std 1471—2000 建议使用多视点办法来描述系统的体系结构及其软件项(IEEE 1471-00)。

2.5.5 需求协商

本子主题中另一常用术语是"冲突解决"。这涉及解决需求冲突的问题，例如，冲突发生在两个利益相关方之间，或发生在需求与资源之间，或发生在功能与非功能需求之间[Kot00,Som97]，所需的特征互不兼容。多数情况下，软件工程师作出单方面决策是不明智的，所以应与利益相关方协商，就适当的权衡达成共识。出于合同的原因,这些决策可追溯到顾客常常很重要。由于问题是作为分析结果浮现出来的,所以将需求协商分类为软件需求分析的一个主题。但是,在某些情况下,也可头作为一个需求确认的主题。

2.6 需求规格说明

2.6.1 概述

对大多数工程职业,术语“规格说明”指将数值或极限值分配给产品的设计目标(Vin90)。这些值的数目在典型的实物系统中相对较少。软件通常有大量的需求,进行数值量化和管理大量需求间的交互复杂度同样重要。在软件工程行话中,“软件需求规格说明”一般指产生一个文档或其等效电子版本,以便系统地评审、评价和审批。对于复杂的系统,特别是涉及许多非软件部件的系统,要产生多达三类文档:系统界定、系统需求和软件需求。对于简单的软件产品,仅需第三种即软件需求文档。下面描述所有三类文档,同时理解三者可适当组合。对于系统工程的描述可参见第12章“软件工程相关学科”。

2.6.2 系统界定文档

这一文档(有时称为“用户需求文档”或“操作概念”)记录系统的需求。此文档从领域的视角,界定高级别系统需求。其读者群包括系统用户/顾客代表(对于市场驱动的软件,营销可担任这些角色),因此,其内容应从领域的角度来表达。文档中列出了系统需求,有关系统总体目标的背景信息、系统的目标环境,以及对约束、假设和非功能需求的陈述。可包括用于说明系统语境的概念模型、使用情景和主要的领域实体,以及数据、信息和工作流。IEEE Std 1362 就这种文档的起草和内容提出了建议(IEEE 1362-98)。

2.6.3 系统需求规格说明

[Dav93;Kot00;Rob99;Tha97]

对于带有大量软件和非软件部件的系统,例如现代大型客机,开发人员通常将系统需求与软件需求分开描述。按这一观点,先规定系统需求,再从系统需求导出软件需求,然后规定对软件部件的需求。严格讲,系统需求规格说明是一种系统工程活动,不属于本指导性技术文件的范围。IEEE Std 1233 是一种开发系统需求的指南(IEEE 1233-98)。

2.6.4 软件需求规格说明

[Kot00;Rob99]

软件需求规格说明(SRS)为顾客与承制方或供方(对于市场驱动的项目,这些角色可由营销和开发部门担任)之间达成一致意见建立了基础:软件产品要做什么,不要做什么。对于非技术读者,除SRS文档外,通常还需要软件需求界定文档。

SRS允许在设计开始前对需求严格评估,以减少以后的重新设计。还为估算产品的成本、风险和进度提供一个现实的基础。

组织也可使用SRS文档来更有效地开发自己的确认和验证计划。

SRS为软件产品转移到新用户或新机器提供了资料基础。最后,为软件的改进提供基础。

软件需求通常用自然语言编写,但SRS需用形式或半形式的描述来补充。选择适当的记法比用自然语言,描述特定需求和软件体系结构的方方面面更精确、更简明。总则是,使用的记法应尽可能精确描述需求。这对于某些安全要求很高的软件,以及对某些其他类型的可靠软件,都特别重要。但是,记法的选择通常受培训、技能以及文档作者与读者喜好的约束。

已经开发了大量的质量指标,用于将SRS的质量与项目的其他变量(例如成本、验收、性能、进度、可重现性)联系起来。单个SRS语句的质量指标包括:祈使句、指示语、松散短语、选项和连贯性。对整个 SRS 文档的指标包括：篇幅、可读性、详略、深浅以及文本结构[Dav93；Tha97](Ros98)。

IEEE 有一项适用于 SRS 的编制和内容的标准：IEEE Std 830[IEEE 830-98]。另外，IEEE 1465(类似 ISO/IEC 12119)是一项处理软件包中质量需求的标准(IEEE 1465-98)。

2.7 需求确认

2.7.1 概述

[Dav93]

需求文档服从于确认和验证过程。需求可确认以确保软件工程师已经理解了需求，并且重要的是，验证需求文档符合于公司标准，并且是可理解的、一致的以及完全的。形式记法的重要优点是，许可证明了(至少在严格意义上)后两种性质。不同的利益相关方，包括顾客和开发双方的代表，均宜评审文档。需求文档服从于相同的软件配置管理实践，作为软件生存周期过程中的其他可交付件(Bry94，Ros98)。

在需求过程中，正常情况下明确安排一个或不止一个点，在此进行需求确认。目标是在提交资源处理需求之前，找出存在的问题。需求验证涉及检查需求文档的过程，以确保其界定了正确的软件(即用户期望的软件)[Kot00]。

2.7.2 需求评审

[Kot00；Som05；Tha97]

最常见的确认手段可能是通过审查或评审需求文档。向评审组作简要介绍以查找需求文档中的差错、错误假设、阐述不清以及对标准实践的偏离。评审组的构成很重要(例如，对于顾客驱动的项目，至少宜包括一个顾客代表)，这有助于为以检查表形式审查内容提供指导。

评审可在完成如下文档时进行：系统界定文档、系统规格说明文档、软件需求规格说明文档、新发布版本的基线规格说明，或过程中任何其他步骤。IEEE Std 1028 提供了进行这些评审的指南(IEEE 1028-97)。在软件质量知识域中主题 11.3.4“评审与审核”中也覆盖了评审。

2.7.3 原型制作

[Dav93；Kot00；Som05；Tha97]

原型制作是确认软件工程师对软件需求所作的解释，以及引出新需求的常用手段。就引出需求而言，有大量的原型制作技术，在过程中也有大量检查点可进行适当的原型确认。原型的优点是能使对软件工程师假设的解释变得容易，并能在需要时给出有用的反馈，指明假设为何有误。例如，利用动画原型比文本描述或图形模型能更好地理解用户界面的动态行为。不过原型也有缺点，包括因原型的装饰或质量问题而将用户的注意力从核心基础功能转移开的危险。有鉴于此，有人建议避免软件原型，例如基于活动挂图的实尺度模型。开发原型的成本可能较高。但是，如果避免因试图满足错误需求而造成的资源浪费，成本也易于作出调整。

2.7.4 模型确认

[Dav93；Kot00；Tha97]

进行分析期间，通常有必要确认所开发模型的质量。例如在对象模型中，静态分析很有用，用以验证对象之间有通信路径在利益相关方领域交换数据。如果采用形式规格说明记法，就可利用形式推理来证明规格说明性质。

2.7.5 验收测试

[Dav93]

软件需求的一个本质特性是，宜达到验证成品满足需求是可能的。不能确认的需求实际上不过是“愿望”。因此，一个重要的任务就是规划如何确认每一需求。在多数情况下，设计验收测试就是来完成这一任务。

对非功能需求(参见主题 2.2.3“功能与非功能需求”)，标识和设计验收测试可能困难。为进行验证，应首先分析出能以定量形式表达需求之处。

附加信息可在软件测试知识域的子主题 5.3.2.4“符合性测试”中找到。

2.8 实践考虑

2.8.1 概述

本知识域对子域的第一级分解可视为描述活动的线性序列，这是过程的一种简化视图[Dav93]。

需求过程跨整个软件生存周期。做好变更管理并将需求维护在精确地反映在构建软件或已建成软件的状态，是软件工程过程成功的关键[Kot00；Lou95]。

并非每一组织都养成需求文档化管理的文化。在处于动态起步阶段的公司，受强烈的“产品视觉”的驱动和资源的限制，常将需求文档视为不必要的开销。但是，随着公司扩展、顾客基数增加以及产品开始演化，就经常发现需要恢复那些促进了产品特征的需求，以评估提议的变更的影响。因此，需求文档编制和变更管理是任何需求过程成功的关键。

2.8.2 需求过程的迭代本质

[Kot00；You01]

软件业对开发周期总是不断缩短普遍感到压力，这在竞争异常激烈、市场驱动的领域尤为突出。加之多数项目都以某种方式受环境约束，很多项目是升级或修订体系结构既定的现有软件。因此在实践中，将需求过程视为确定性的线性过程来实施是不实际的，在这种过程中，软件需求先由利益相关方引出，随后被确定基线，被分配，并交由软件开发团队处置。大型软件项目的需求始终被完美理解或完美规定，这实在是一种神话[Som97]。

需求通常反而是向某一质量和详细级别迭代前进的，这一级别足以让作出设计和采购决策。在某些项目中，这可导致在完全理解所有性质之前为需求确定了基线。如果问题在软件工程过程中出现得晚，就会冒高成本返工风险。但是，软件工程师必然受项目管理计划的约束，因此应采取措施，确保在给定的可用资源条件下，需求的“质量”尽可能高。例如，宜清楚说明支持需求的所有假设以及任何已知的问题。

在几乎所有情况下，对需求的理解会随着设计和开发的进展继续演化。这常常导致在生存周期后期修改需求。也许，理解需求工程中最关键一点是：相当一部分需求将会更改。这有时是由于分析中的错误，但也经常是“环境”改变的不可避免的后果：例如，顾客的操作环境或业务环境，或软件的销售市场。无论什么原因，认识到变更的不可避免性，并采取措施来减缓变更的影响非常重要。应通过以下手段管理变更：确保提出的变更经过界定的评审和审批过程，或应用仔细的需求追踪、影响分析和软件配置管理(参见 SCM 知识域)。因此，需求过程不只是软件开发的前端任务，而要跨整个软件生存周期。在典型项目中，软件需求活动从引出到变更管理，都随时间演变。

2.8.3 变更管理

变更管理是需求管理的中心。这一主题描述了变更管理的角色、需要到位的规程以及适用于所提出变更的分析。这与“软件配置管理知识域”有密切联系[Kot00]。

2.8.4 需求属性

[Kot00]

需求组成宜不仅有所需为何的规格说明，还有辅助管理和解释需求的辅助信息。这宜包括对需求的各种维度分类(参见主题 2.5.2“需求分类”)、验证方法或验收测试计划。还可包括附加信息，例如：每一需求的理据概要，每一需求的来源，以及变更史。然而最重要的需求属性是一种标识符，能唯一性地、无歧义地标识需求。

2.8.5 需求追踪

[Kot00]

需求追踪涉及回溯需求的来源并预测需求的效果。追踪是需求变更时进行影响分析的基础。一个需求宜向后追踪到引发此需求的各需求及利益相关方(例如从软件需求回溯到其帮助满足的系统需求)。相反，一个需求还宜向前可追踪到使其得到满足的各个需求和设计实体(例如，从系统需求追踪到对其详细描述的软件需求，以及追踪到将去实现的代码模块)。

典型项目的需求追踪将形成需求的一种复杂 DAG。

2.8.6 需求测量

作为实践问题，对于特指的软件产品，需求具有某种“量”的概念通常很有用。这种“量”在评价需求变更的“规模”、在估算开发或维护成本时都很有用，也可简单用作其他测量的衡量尺度。“功能规模测量”(functional size measurement，FSM)是一种评价功能需求规模的技术。IEEE Std 14143.1 定义了 FSM 概念。ISO/IEC 的标准[IEEE 14143.1-00]和其他来源描述了特指的 FSM 方法。

有关规模测量和标准的附加信息可在“软件工程过程知识域”中找到。

2.9 主题与参考文献对照表

表 1 为本章的主题与参考文献对照表。

表 1 主题与参考文献对照表

主 题	[Dav93]	[Gog93]	[IEEE 830-98]	[IEEE 14143.1-00]	[Kot00]	[Luo95]	[Pf101]	[Rob99]	[Som97]	[Som05]	[Tha97]	[Yuo01]
2.2 软件需求基础												
2.2.1 软件需求界定					*		*			c5	c1	
2.2.2 产品与过程需求					*				c1			
2.2.3 功能与非功能需求					*				c1			
2.2.4 突现性										c2		
2.2.5 可量化需求	c3s4									c6		
2.2.6 系统需求与软件需求												
2.3 需求过程												
2.3.1 概述	*									c5		
2.3.2 过程模型					c2s1			*	c2	c3		
2.3.3 过程参与者	c2	*			c2s2			c3	c2			c3

表 1（续）

主　题	［Dav93］	［Gog93］	［IEEE 830-98］	［IEEE 14143.1-00］	［Kot00］	［Luo95］	［Pf101］	［Rob99］	［Som97］	［Som05］	［Tha97］	［Yuo01］
2.3.4　过程支持与管理								c3	c2			c2,c7
2.3.5　过程质量与改进					c2s4				c2			c5
2.4　需求引出												
2.4.1　概述	*	*				*	*					
2.4.2　需求来源	c2	*			c3s1	*	*				c1	
2.4.3　引出技术	c2	*			c3s2	*	*					
2.5　需求分析												
2.5.1　概述	*									c6		
2.5.2　需求分类	*				c8s1					c6		
2.5.3　概念建模	*				*					c7		
2.5.4　体系结构设计与需求分配	*									c10		
2.5.5　需求协商					c3s4				*			
2.6　需求规格说明												
2.6.1　概述												
2.6.2　系统界定文档												
2.6.3　系统需求规格说明	*				*			c9			c3	
2.6.4　软件需求规格说明	*		*		*			c9			c3	
2.7　需求确认												
2.7.1　概述	*				*							
2.7.2　需求评审					c4s1					c6	c5	
2.7.3　原型制作	c6				c4s2					c8	c6	
2.7.4　模型确认	*				c4s3						c5	
2.7.5　验收测试	*											
2.8　实践考虑												
2.8.1　概述	*				*	*						
2.8.2　需求过程的迭代本质					c5s1				c2			c6
2.8.3　变更管理					c5s3							
2.8.4　需求属性					c5s2							
2.8.5　需求追踪					c5s4							
2.8.6　需求测量				*								

2.10 对软件需求推荐的参考文献

[Dav93] A.M.Davis, Software Requirements: Objects, Functions and States: Prentice-Hall, 1993.

[Gog93] J.Goguen and C.Linde."Techniques for Requirements Elicitation".presented at International Symposium on Requirements Engineering, San Diego, California, 1993.

[IEEE 830-98] IEEE Std 830—1998, IEEE Recommended Practice for Software Requirements Specifications: IEEE, 1998.

(IEEE 14143.1-00) IEEE Std 14143.1—2000//ISO/IEC 14143-1:1998, Information Technology-Software Measurement-Functional Size Measurement—Part 1: Definitions of Concepts: IEEE, 2000[1].

[Kot00] G.Kotonya and I.Sommerville, Requirements Engineering: Processes and Techniques: John Wiley and Sons, 2000.

[Lou95] P. Loucopulos and V. Karakostas, Systems Requirements Engineering: McGraw-Hill, 1995.

[Pfl01] S.L.Pfleeger."Software Engineering: Theory and Practice". Second ed: Prentice-Hall, 2001, Chap.4.

[Rob99] S. Robertson and J. Robertson, Mastering the Requirements Process: Addison-Wesley, 1999.

[Som97] I.Sommerville and P.Sawyer."Requirements engineering: A Good Practice Guide".John Wiley and Sons, 1997, Chap.1-2.

[Som05] I.Sommerville."Software Engineering".Seventh ed: Addison-Wesley, 2005.

[Tha97] R.H.Thayer and M.Dorfman, Eds., "Software Requirements Engineering".IEEE Computer Society Press, 1997, 176-205, 389-404.

[You01] R.R.You, Effective Requirements Practices: Addison-Wesley, 2001.

2.11 进一步阅读的参考文献

(Ale02) I.Alexander and R.Stevens, Writing Better Requirements: Addison-Wesley, 2002.

(Ard97) M.Ardis."Formal Methods for Telecommunication System Requirements: A survey of Standardized Languages".Annals of Software Engineering, vol.3, 1997.

(Ber97) V.Berzins and al."A Requirements Evolution Model for Computer Aided Prototyping". presented at Ninth IEEE International Conference on Software Engineering and Knowledge Engineering, Skokie, Illinois: Knowledge Systems Institute, 1997.

(Bey95) H.Beyer and K.Holtzblatt."Apprenticing with the Customer".Communications of the ACM, vol.38, iss.5, 45-52, May, 1995.

(Bru95) G.Bruno and R.Agarwal."Validating Software Requirements Using Operational Models". presented at Second Symposium on Software Quality Techniques and Acquisition Criteria, Florence, Italy, 1995.

(Bry94) E.Bryne."IEEE Standard 830: Recommended Practice for Software Requirements Specification".presented at IEEE International Conference on Requirements Engineering, 1994.

(Buc94) G.Bucci and al."An Object-Oriented Dual Language for Specifying Reactive Systems". presented at IEEE International Conference on Requirements Engineering, 1994.

(Bus95) D.Bustard and P.Lundy."Enhancing Soft Systems Analysis with Formal Modeling".pres-

1) GB/T 18491.1—2001 信息技术 软件测量 功能规模测量 第1部分:概念定义.

ented at Second International Symposium on Requirements Engineering,1995.

(Che94) M.Chechik and J.Gannon."Automated Verification of Requirements Implementation". presented at Proceedings of the International Symposium on Software Testing and Analysis,Special Issue,1994.

(Chu95) L.Chung and B.Nixon."Dealing with Non-Functional Requirements:Three Experimental Studies of a Process-Oriented Approach".presented at Seventeenth IEEE International Conference on Software Engineering,1995.

(Cia97) P.Ciancarini and al."Engineering Formal Requirements:An Analysis and Testing Method for Z Documents".Annals of Software Engineering,vol.3,1997.

(Cre94) R.Crespo."We Need to Identify the Requirements of the Statements of Non-Functional Requirements". presented at International Workshop on Requirements Engineering: Foundations of Software Quality,1994.

(Cur94) P.Curran and al."BORIS-R Specification of the Requirements of a Large-Scale Software Intensive System".presented at Requirements Elicitation for Software-Based Systems,1994.

(Dar97) R.Darimont and J.Souquieres."Reusing Operational Requirements: A Process-Oriented Approach".presented at IEEE International Symposium on Requirements Engineering,1997.

(Dav94) A.Davis and P.Hsia."Giving Voice to Requirements Engineering:Guest Editors' Introduction". rements Engineering: Guest Editors' Introduction". IEEE Software, vol. 11, iss. 2, 12-16, March,1994.

(Def94) J.DeFoe."Requirements Engineering Technology in Industrial Education". presented at IEEE International Conference on Requirements Engineering,1994.

(Dem97) E.Demirors."A Blackboard Framework for Supporting Teams in Software Development".presented at Ninth IEEE International Conference on Software Engineering and Knowledge Engineering,Skokie,Illinois:Knowledge Systems Institute,1997.

(Die95) M.Diepstraten."Command and Control System Requirements Analysis and System Requirements Specification for a Tactical System".presented at First IEEE International Conference on Engineering of Complex Computer Systems,1995.

(Dob94) J.Dobson and R.Strens."Organizational Requirements Definition for Information Technology".presented at IEEE International Conference on Requirements Engineering,1994.

(Duf95) D.Duffy and al."A Framework for Requirements Analysis Using Automated Reasoning". presented at Seventh International Conference on Advanced Information Systems Engineering,1995.

(Eas95) S.Easterbrook and B.NuSEIbeh."Managing Inconsistencies in an Evolving Specification". presented at Second International Symposium on Requirements Engineering,1995.

(Edw95) M.Edwards and al."RECAP:A Requirements Elicitation,Capture,and Analysis Process Prototype Tool for Large Complex Systems".presented at First IEEE International Conference on Engineering of Complex Computer Systems,1995.

(ElE95) K.El-Emam and N.Madhavji."Requirements Engineering Practices in Information Systems Development:A Multiple Case Study".presented at Second International Symposium on Requirements Engineering,1995.

(Fai97) R.Fairley and R.Thayer."The Concept of Operations:The Bridge From Operational Requirements to Technical Specifications".Annals of Software Engineering,vol.3,1997.

(Fic95) S.Fickas and M.Feather."Requirements Monitoring in Dynamic Environments".presented at Second International Symposium on Requirements Engineering,1995.

(Fie95) R.Fields and al."A Task-Centered Approach to Analyzing Human Error Tolerance Requirements".presented at Second International Symposium on Requirements Engineering,1995.

(Gha94) J.Ghajar-Dowlatshahi and A.Varnekar."Rapid Prototyping in Requirements Specification Phase of Software Systems".presented at Fourth International Symposium on Systems Engineering, Sunnyvale,California:National Council on Systems Engineering,1994.

(Gib95) M.Gibson."Domain Knowledge Reuse During Requirements Engineering".presented at Seventh International Conference on Advanced Information Systems Engineering(CAiSE '95),1995.

(Gol94) L. Goldin and D. Berry." AbstFinder: A Prototype Abstraction Finder for Natural Language Text for Use in Requirements Elicitation:Design,Methodology and Evaluation".presented at IEEE International Conference on Requirements Engineering,1994.

(Got97) O.Gotel and A.Finkelstein."Extending Requirements Traceability:Lessons Learned from an Industrial Case Study".presented at IEEE International Symposium on Requirements Engineering, 1997.

(Hei96) M.Heimdahl."Errors Introduced during the TACS Ⅱ Requirements Specification Effort: A Retrospective Case Study".presented at Eighteenth IEEE International Conference on Software Engineering,1996.

(Hei96a) C.Heitmeyer and al."Automated Consistency Checking Requirements Specifications". ACM Transactions on Software Engineering and Methodology,vol.5,iss.3,231-261,July,1996.

(Hol95) K.Holtzblatt and H.Beyer."Requirements Gathering:The Human Factor."Communications of the ACM,vol.38,iss.5,31-32,May,1995.

(Hud96) E.Hudlicka."Requirements Elicitation with Indirect Knowledge Elicitation Techniques: Comparison of Three Methods".presented at Second IEEE International Conference on Requirements Engineering,1996.

(Hug94) K.Hughes and al."A Taxonomy for Requirements Analysis Techniques".presented at IEEE International Conference on Requirements Engineering,1994.

(Hug95) J.Hughes and al."Presenting Ethnography in the Requirements Process".presented at Second IEEE International Symposium on Requirements Engineering,1995.

(Hut94) A.T.F.Hutt,Ed.,"Object Analysis and Design-Comparison of Methods.Object Analysis and Design-Description of Methods".John Wiley & Sons,1994.

(INCOSE00) INCOSE,How To:Guide for all Engineers,Version 2:International Council on Systems Engineering,2000.

(Jac95) M.Jackson,Software Requirements and Specifications.Reading,Massachusetts:Addison Wesley,1995.

(Jac97) M.Jackson."The Meaning of Requirements".Annals of Software Engineering,vol.3,1997.

(Jon96) S.Jones and C.Britton."Early Elicitation and Definition of Requirements for an Interactive Multimedia Information System".presented at Second IEEE International Conference on Requirements Engineering,1996.

(Kir96) T.Kirner and A.Davis."Nonfunctional Requirements for Real-Time Systems".Advances in Computers,1996.

(Kle97) M.Klein."Handling Exceptions in Collaborative Requirements Acquisition".presented at IEEE International Symposium on Requirements Engineering,1997.

(Kos97) R.Kosman."A Two-Step Methodology to Reduce Requirements Defects".Annals of Software Engineering,vol.3,1997.

(Kro95) J.Krogstie and al."Towards a Deeper Understanding of Quality in Requirements Engineering".presented at Seventh International Conference on Advanced Information Systems Engineering (CAiSE '95),1995.

(Lal95) V.Lalioti and B.Theodoulidis."Visual Scenarios for Validation of Requirements Specification".presented at Seventh International Conference on Software Engineering and Knowledge Engineering,Skokie,Illinois:Knowledge Systems Institute,1995.

(Lam95) A. v. Lamsweerde and al."Goal-Directed Elaboration of Requirements for a Meeting Scheduler:Problems and Lessons Learnt".presented at Second International Symposium on Requirements Engineering,1995.

(Lei97) J.Leite and al."Enhancing a Requirements Baseline with Scenarios".presented at IEEE International Symposium on Requirements Engineering,1997.

(Ler97) F.Lerch and al.,"Using Simulation-Based Experiments for Software Requirements Engineering".Annals of Software Engineering,vol.3,1997.

(Lev94) N. Leveson and al."Requirements Specification for Process-Control Systems". IEEE Transactions on Software Engineering,vol.20,iss.9,684-707,September,1994.

(Lut96a) R.Lutz and R.Woodhouse."Contributions of SFMEA to Requirements Analysis".presented at Second IEEE International Conference on Requirements Engineering,1996.

(Lut97) R. Lutz and R. Woodhouse."Requirements Analysis Using Forward and Backward Search".Annals of Software Engineering,vol.3,1997.

(Mac96) L.Macaulay,Requirements Engineering.London UK:Springer,1996.

(Mai95) N.Maiden and al."Computational Mechanisms for Distributed Requirements Engineering".presented at Seventh International Conference on Software Engineering and Knowledge Engineering,Skokie,Illinois:Knowledge Systems Institute,1995.

(Mar94) B.Mar."Requirements for Development of Software Requirements".presented at Fourth International Symposium on Systems Engineering,Sunnyvale,California,1994.

(Mas97) P.Massonet and A.v.Lamsweerde."Analogical Reuse of Requirements Frameworks". presented at IEEE International Symposium on Requirements Engineering,1997.

(McF95) I.McFarland and I.Reilly."Requirements Traceability in an Integrated Development Environment".presented at Second International Symposium on Requirements Engineering,1995.

(Mea94) N.Mead."The Role of Software Architecture in Requirements Engineering".presented at IEEE International Conference on Requirements Engineering,1994.

(Mos95) D.Mostert and S.v.Solms."A Technique to Include Computer Security,Safety,and Resilience Requirements as Part of the Requirements Specification".Journal of Systems and Software,vol. 31,iss.1,45-53,October,1995.

(Myl95) J.Mylopoulos and al."Multiple Viewpoints Analysis of Software Specification Process". IEEE Transactions on Software Engineering,1995.

(Nis92) K.Nishimura and S.Honiden."Representing and Using Non-Functional Requirements:A Process-Oriented Approach".IEEE Transactions on Software Engineering,December,1992.

(Nis97) H.Nissen and al."View-Directed Requirements Engineering:A Framework and Metamodel".presented at Ninth IEEE International Conference on Software Engineering and Knowledge Engineering,Skokie,Illinois:Knowledge Systems Institute,1997.

(OBr96) L.O'Brien."From Use Case to Database:Implementing a Requirements Tracking System".Software Development,vol.4,iss.2,43-47,February,1996.

(UML04) Object Management Group."Unified Modeling Language". 2004, available at http://www.uml.org.

(Opd94) A.Opdahl."Requirements Engineering for Software Performance".presented at International Workshop on Requirements Engineering:Foundations of Software Quality,1994.

(Pin96) F.Pinheiro and J.Goguen."An Object-Oriented Tool for Tracing Requirements".IEEE Software,vol.13,iss.2,52-64,March,1996.

(Pla96) G. Playle and C. Schroeder." Software Requirements Elicitation: Problems, Tools, and Techniques". Crosstalk: The Journal of Defense Software Engineering, vol. 9, iss. 12, 19-24, December,1996.

(Poh94) K.Pohl and al."Applying AI Techniques to Requirements Engineering:The NATURE Prototype".presented at IEEE Workshop on Research Issues in the Intersection Between Software Engineering and Artificial Intelligence,1994.

(Por95) A.Porter and al."Comparing Detection Methods for Software Requirements Inspections: A Replicated Experiment". IEEE Transactions on Software Engineering, vol. 21, iss. 6, 563-575, June,1995.

(Pot95) C.Potts and al."An Evaluation of Inquiry-Based Requirements Analysis for an Internet Server".presented at Second International Symposium on Requirements Engineering,1995.

(Pot97) C.Potts and I.Hsi."Abstraction and Context in Requirements Engineering: Toward a Synthesis".Annals of Software Engineering,vol.3,1997.

(Pot97a) C.Potts and W.Newstetter."Naturalistic Inquiry and Requirements Engineering:Reconciling Their Theoretical Foundations".presented at IEEE International Symposium on Requirements Engineering,1997.

(Ram95) B.Ramesh and al."Implementing Requirements Traceability:A Case Study".presented at Second International Symposium on Requirements Engineering,1995.

(Reg95) B.Regnell and al."Improving the Use Case Driven Approach to Requirements Engineering".presented at Second IEEE International Symposium on Requirements Engineering,1995.

(Reu94) H.Reubenstein."The Role of Software Architecture in Software Requirements Engineering".presented at IEEE International Conference on Requirements Engineering,1994.

(Rob94) J.Robertson and S.Robertson."Complete Systems Analysis". vol.1 and 2.Englewood Cliffs,New Jersey:Prentice Hall,1994.

(Rob94a) W.Robinson and S.Fickas."Supporting Multi-Perspective Requirements Engineering". presented at IEEE International Conference on Requirements Engineering,1994.

(Ros98) L.Rosenberg,T.F.Hammer and L.L.Huffman."Requirements,testing and metrics".presented at 15th Annual Pacific Northwest Software Quality Conference,Utah,1998.

(Sch94) W.Schoening."The Next Big Step in Systems Engineering Tools:Integrating Automated Requirements Tools with Computer Simulated Synthesis and Test".presented at Fourth International Symposium on Systems Engineering,Sunnyvale,California,1994.

(She94) M. Shekaran." The Role of Software Architecture in Requirements Engineering". presented at IEEE International Conference on Requirements Engineering,1994.

(Sid97) J.Siddiqi and al."Towards Quality Requirements Via Animated Formal Specifications". Annals of Software Engineering,vol.3,1997.

(Span97) G.Spanoudakis and A.Finkelstein."Reconciling Requirements:A Method for Managing Interference,Inconsistency,and Conflict".Annals of Software Engineering,vol.3,1997.

(Ste94) R.Stevens."Structured Requirements".presented at Fourth International Symposium on Systems Engineering,Sunnyvale,California,1994.

(Vin90) W.G.Vincenti,What Engineers Know and How They Know It-Analytical Studies form Aeronautical History.Baltimore and London:John Hopkins University Press,1990.

(Wei03) K.Weigers,Software Requirements,2nd ed:Microsoft Press,2003.

(Whi95) S. White and M. Edwards." A Requirements Taxonomy for Specifying Complex Systems".presented at First IEEE International Conference on Engineering of Complex Computer Systems,1995.

(Wil99) B.Wiley,Essential System Requirements: A Practical Guide to Event-Driven Methods: Addison-Wesley,1999.

(Wyd96) T.Wyder."Capturing Requirements With Use Cases".Software Development,vol.4,iss. 2,36-40,February,1996.

(Yen97) J.Yen and W.Tiao."A Systematic Tradeoff Analysis for Conflicting Imprecise Requirements".presented at IEEE International Symposium on Requirements Engineering,1997.

(Yu97) E.Yu."Towards Modeling and Reasoning Support for Early-Phase Requirements Engineering".presented at IEEE International Symposium on Requirements Engineering,1997.

(Zav96) P.Zave and M.Jackson."Where Do Operations Come From? A Multiparadigm Specification Technique".IEEE Transactions on Software Engineering,vol.22,iss.7,508-528,July,1996.

2.12 相关标准

(IEEE 830-98) IEEE Std 830—1998,IEEE Recommended Practice for Software Requirements Specifications:IEEE,1998.

(IEEE 1028-97) IEEE Std 1028—1997 (R2002), IEEE Standard for Software Reviews: IEEE,1997.

(IEEE 1233-98) IEEE Std 1233—1998."IEEE Guide for Developing System Requirements Specifications".1998.

(IEEE 1320.1-98) IEEE Std 1320.1—1998,IEEE Standard for Functional Modeling Language-Syntax and Semantics for IDEF0:IEEE,1998.

(IEEE 1320.2-98) IEEE Std 1320.2—1998."IEEE Standard for Conceptual Modeling Language—Syntax and Semantics for IDEFIX97(IDEF Objetct)".IEEE,1998.

(IEEE 1362-98) IEEE Std 1362—1998,IEEE Guide for Information Technology-System Definition-Concept of Operations(ConOps) Document:IEEE,1998.

(IEEE 1465-98) IEEE Std 1465—1998//ISO/IEC 12119:1994,IEEE Standard Adoption of International Standard ISO/IEC 12119:1994(E),Information Technology—Software packages-Quality requirements and testing:IEEE,1998.

(IEEE 1471-00) IEEE Std 1471—2000, IEEE Recommended Practice for Architectural Description of Software Intensive Systems:Architecture Working Group of the Software Engineering Standards Committee,2000.

(IEEE 12207.0-96) IEEE/EIA 12207.0—1996//ISO/IEC 12207:1995,Industry Implementation of Int. Std. ISO/IEC 12207:1995, Standard for Information Technology—Software Life Cycle Processes, IEEE,1996)[2].

---

2) GB/T 8566—2007 信息技术 软件生存周期过程.

(IEEE 14143.1-00) IEEE Std 14143.1—2000//ISO/IEC 14143-1:1998,Information Technology—Software Measurement-Functional Size Measurement—Part 1:Definitions of Concepts:IEEE,2000.

3 软件设计

3.1 综述

3.1.1 缩略语

下列缩略语适用于本文件。

ADL:体系结构描述语言(Architecture Description Language)

CRC:类职责协作卡(Class Responsibilities Collaboration Card)

ERD:实体联系图(Entity-Relationship Diagram)

IDL:接口描述语言(Interface Description Language)

DFD:数据流图(Data Flow Diagram)

PDL:伪码与程序的设计语言(Pseudo-Code and Program Design Language)

CBD:基于部件的设计(Component-Based design)

3.1.2 导引

在文献 IEEE 610.12-90 中,将设计定义为“界定某一系统或部件的体系结构、部件、接口和其他特性的过程”和“此过程的结果”。作为过程看待时,软件设计是一种软件工程生存周期活动,其中分析软件需求,以产生对将作为软件构建基础的软件内部结构的描述。更准确地说,软件设计(结果)应描述软件体系结构(即软件如何分解并组织到各部件之中),以及这些部件之间的接口。还应在能将其构建出来的详细级别描述各部件。

在软件开发中,软件设计起重要作用:使软件工程师能构建各种模型,以此形成要实现解决方案的蓝图。可分析评价这些模型,以确定其能否满足各种需求。还可检查评价不同候选方案和权衡。最后,除作为构建和测试的输入和起点外,可利用所得模型来规划后续的开发活动。

在 IEEE/EIA 12207 软件生存周期过程[IEEE 12207.0-96]等软件生存周期过程标准的列表中,软件设计由在软件需求分析和软件构建之间配合的两个活动组成:

——软件体系结构设计(有时又称“顶层设计”):描述软件的顶层结构和组织,标识各种不同的部件;

——软件详细设计:描述每一部件,充分到能构建出来。

就“软件设计知识域”的范围而言,目前的知识域描述并未论述名称中包含“设计”一词的每一主题。按照 Tom DeMarco 的术语(DeM99),本章中的知识域主要涉及分解设计(decomposition design;D-design:将软件映射到部件上)。由于族模式设计(family pattern design;FP-design:目标是在一软件族中建立可开拓的公共特征)在日渐增长的软件体系结构领域的重要性,所以也将运用 FP-设计。对比之下,“软件设计知识域”并不使用发明性设计(invention design;I-design:通常在软件需求过程中完成,目标是将软件概念化、规定化,以满足已经发现的要求和需要),因为这一主题宜视为需求分析和规格说明的一部分。

“软件设计知识域”描述与“软件需求”“软件构建”“软件工程管理”“软件质量”和“软件工程相关学科”相关特别密切。

图 3 为软件设计知识域主题分解图。

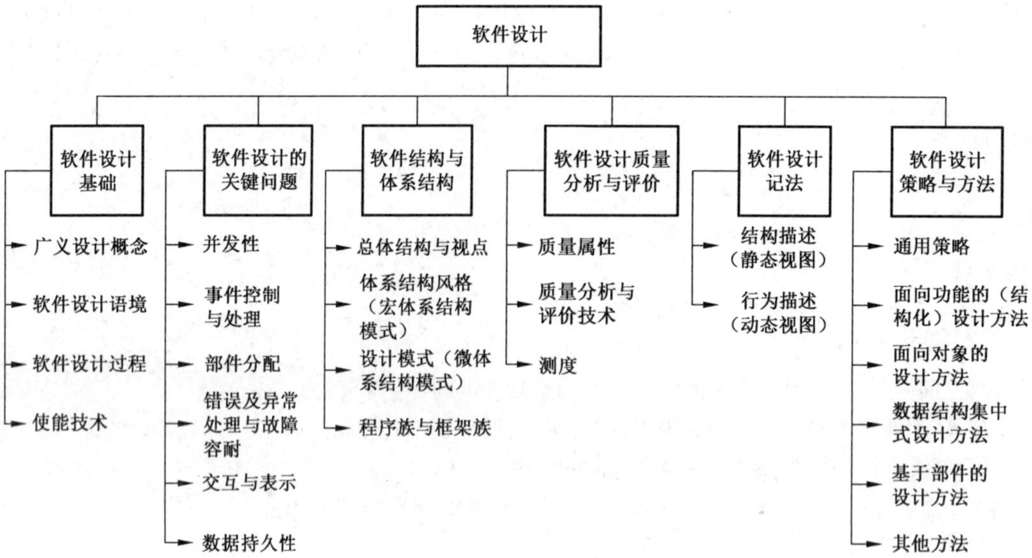

图 3 软件设计知识域主题分解图

3.2 软件设计基础

3.2.1 概述

这里引入的概念、理念和术语，构成理解软件设计的作用和范围的基础。

3.2.2 广义设计概念

软件并非涉及设计的唯一领域。广义而言，可将设计看作是一种问题求解形式[Bud03:c1]。例如，“顽题”(wicked problem)，即没有定式解法的问题，这一概念在理解设计的极限方面是有趣的[Bud04:c1]。在广义理解设计上，其他许多理念和概念也很有趣：目标，约束，替代方案，表示，以及解决方案[Smi93]。

3.2.3 软件设计语境

为理解软件设计的作用，重要的是理解其所处的语境——软件工程生存周期。如此看来，理解软件需求分析、软件设计、软件构建和软件测试的主要特性就非常重要。[IEEE 12207.0-96；Lis01:c11；Mar02；Pfl01:c2；Pre04:c2]。

3.2.4 软件设计过程

通常认为软件设计是一种两步过程[Bas03；Dor02:v1c4s2；Fre83:I；IEEE 12207.0-96]；Lis01:c13；Mar02:D]。

3.2.4.1 体系结构设计

“体系结构设计”描述软件如何分解并组织到部件(软件体系结构)之中[IEEE 1471-00]。

3.2.4.2 详细设计

“详细设计”描述这些部件的特定行为。

软件设计过程的输出是记录已经作出决策的模型和制品(artifacts)的集合[Bud04:c2；IEEE 1016-

98;Lis01:c13;Pre04:c9]。

3.2.5 使能技术

根据牛津英语词典,对“原则”的释义是“用作推理基础或行动指南的……基本真理或普遍法则”。软件设计原则又称“使能技术”(enabling techniques)[Bus96],是视为许多不同的软件设计途径和概念的基础的关键理念。使能技术参见如下文献:[Bas98:c6;Bus96:c6;IEEE 1016-98;Jal97:c5,c6;Lis01:c1,c3;Pfl01:c5;Pre04:c9]。

3.2.5.1 抽象

“抽象”是“略去一些信息,使本来不同的事物能当作好像同一事物来看待”[Lis01]。在软件设计语境中,有两个关键的抽象机制:参数化和规格说明。基于规格说明的抽象又导出三种主要抽象:过程抽象,数据抽象和控制(迭代)抽象[Bas98:c6;Jal97:c5,c6;Lis01:c1,c2,c5,c6;Pre04:c1]。

3.2.5.2 耦合与内聚

“耦合”定义为模块之间联系的强度,而“内聚”定义为组成一个模块的各元素如何相关[Bas98:c6;Jal97:c5;Pfl01:c5;Pre04:c9]。

3.2.5.3 分解与模块化

将大型软件“分解与模块化”为若干较小的独立软件,其目的通常是将不同的功能或职责置于不同的部件[Bas98:c6;Bus96:c6;Jal97:c5;Pfl01:c5;Pre04:c9]。

3.2.5.4 封装/信息隐藏

“封装/信息隐藏”指将元素和某一抽象的内部细节分组打包,并使得这些细节不可访问[Bas98:c6;Bus96:c6;Jal97:c5;Pfl01:c5;Pre04:c9]。

3.2.5.5 接口和实现的分离

将接口和实现分离涉及通过规定公用接口(为客户所知)来界定部件,以此将如何实现部件的细节分离开来[Bas98:c6;Bos00:c10;Lis01:c1,c9]。

3.2.5.6 充分性、完备性和原始性

实现充分性、完备性和原始性指确保一个软件部件俘获了某一抽象的全部重要特性,并且一览无余[Bus96:c6;Lis01:c5]。

3.3 软件设计的关键问题

3.3.1 概述

设计软件时,应处理许多关键问题。某些涉及质量,例如性能,所有软件都应加以处理。另一重要问题是如何分解、组织和打包软件部件。这一问题很基础,所有设计办法都应以某种方式予以处理(参见主题 3.2.5“使能技术”和子域 3.7“软件设计策略与方法”)。相比之下,其他问题“处理不属于应用领域但涉及某些支持领域的软件行为的某一方面”[Bos00]。这样的问题通常都与系统的功能体系交叉(cross-cut)而称为“方面”,“方面一般不是软件功能分解的单元,而是以系统的方式影响部件的性能和语义的性质”(Kic97)。下面是一些关键的交插问题。

3.3.2 并发性

如何将软件分解为过程、任务和线程，并处理相关的效率、原子性、同步和调度问题[Bos00：c5；Mar02：CSD；Mey97：c30；Pre04：c9]。

3.3.3 事件控制与处理

如何组织数据和控制(数据)流，如何通过不同的机制(例如隐式启用和回调)处理反应性和瞬时事件[Bas98：c5；Mey97：c32；Pfl01：c5]。

3.3.4 部件分配

如何将软件跨硬件分配，部件如何通信，中间件如何能用来处理异构软件[Bas03：c16；Bos00：c5；Bus96：c2 Mar94：DD；Mey97：c30；Pre04：c30]。

3.3.5 错误及异常处理与故障容耐

如何防止和容耐故障，如何处理异常状况[Lis01：c4；Mey97：c12；Pfl01：c5]。

3.3.6 交互与表示

如何构建和组织与用户的交互和表示信息(例如，使用模型-视图-控制器办法，将表示与业务逻辑分离)[Bas98：c6；Bos00：c5；Bus96：c2；Lis01：c13；Mey97：c32]。注意，这一主题并非关于如何规定用户界面细节，用户界面设计("软件工效学"的一部分)的任务，参见"软件工程相关学科"。

3.3.7 数据持久性

如何处理长生存期数据[Bos00：c5；Mey97：c31]。

3.4 软件结构与体系结构

3.4.1 概述

严格意义上，"软件体系结构"是"一种对软件系统的子系统和部件以及其间联系的描述"(Bus96：c6)。体系结构因而试图界定最后得到软件的内部结构——据牛津英语词典，"构建和组织某一事物的方式"。但在20世纪90年代中期，软件体系结构开始作为一门更宽广的学科出现，涉及以通用方式研究软件的结构与体系结构[Sha96]。这引发了大量关于在不同抽象级别设计软件的有趣理念。其中某些概念在特定软件的体系结构设计(例如体系结构风格)以及详细设计(例如较低层设计模式)中都很有用。而在设计通用系统时也要用到，这导致了程序族的设计(又称"产品线")。可认为，这些概念多数越来越多地试图描述或重用通用的设计知识。

3.4.2 总体结构与视点

宜描述软件设计的不同高层剖面，并编制文档。这些剖面(facets)通常称为"视图"："视图表示软件体系结构的部分方面，展示软件系统某些特定性质"[Bus96：c6]。不同的视图关系到软件设计关联的不同问题，例如，逻辑视图(满足功能需求)、过程视图(并发性问题)、物理视图(分布问题)，以及开发视图(设计如何分解为实现单元)。其他作者使用了不同的术语，例如，行为视图、功能视图、结构视图和数据建模视图。总之，软件设计是一种多剖面的制品，由设计过程产生，一般由相对独立和正交的视图组成[Bas03：c2；Boo99：c31；Bud04：c5；Bus96：c6；IEEE 1016-98；IEEE 1471-00]。

3.4.3 体系结构风格(宏体系结构模式)

体系结构风格是"施加在体系结构上的约束集,其中约束集界定满足约束要求的体系结构集或组"[Bas03:c2]。体系结构风格可视为能提供软件的高层组织(宏体系结构)的一种元模型。许多作者已认定若干主流体系结构风格[Bas03:c5;Boo99:c28;Bos00:c6;Bus96:c1,c6;Pfl01:c5]:

——一般结构(例如层、管道、滤器、黑板);

——分布式系统(例如客户-服务器、3层结构、代理);

——交互系统(例如模型-视图-控制器、表现-抽象-控制);

——自适应系统(例如微内核、反射);

——其他(例如批处理、解释器、过程控制、基于规则)。

3.4.4 设计模式(微体系结构模式)

简洁地讲,模式是"给定语境中对公共问题的一种公共解决方案"(Jac99)。体系结构风格可视为描述软件高层组织的模式(宏体系结构),其他设计模式可用于描述较低层次更局部的细节(微体系结构)[Bas98:c13;Boo99:c28;Bus96:c1;Mar02:DP]:

——创建型模式(例如构建者、工厂、原型、单例(singleton));

——结构型模式(例如适配器、网桥、组合、装饰器、外观、享元、代理);

——行为型模式(例如命令、解释器、迭代器、中介者、备忘录、观察者、状态、策略、模板、访问者)。

3.4.5 程序族与框架族

重用软件设计和部件的办法之一是设计程序族,又称"软件产品线"。标识这样的族中成员间的公共特性,使用可重用、可定制的部件来解决族内成员之间的可变性,就能实现程序族[Bos00:c7,c10;Bas98:c15;Pre04:c30]。

在面向对象的编程中,一个关键概念是框架:部分完成的软件子系统,可通过对特定插件(又称"热点")适当实例化进行扩展[Bos00:c11;Boo99:c28;Bus96:c6]。

3.5 软件设计质量分析与评价

3.5.1 概述

本条包括若干与软件设计特别相关的质量和评价主题。多数主题以普遍方式包含在"软件质量知识域"。

3.5.2 质量属性

通常认为,各种质量属性对得到高质量的软件设计很重要,其中的"高质量"即各种"性":可维护性,可移植性,可测试性,可追踪性,正确性,健壮性,以及目的适应性。[Bos00:c5;Bud04:c4;Bus96:c6;ISO 9126.1-01;ISO 15026-98;Mar94:D;Mey97:c3;Pfl01:c5]。一种有趣的质量属性区分是运行时可辨别开的(性能、安全、可用性、功能性、可使用性),运行时辨别不开的(可修改性、可移植性、可重用性、可集成性、可测试性),以及与体系结构内在质量相关的(概念完整性、正确性、完备性和可构建性)[Bas03:c4]。

3.5.3 质量分析与评价技术

能用多种工具和技术辅助确保软件设计的质量:

——软件设计评审:通常基于小组的非正式或半正式技术,用来验证和确保设计制品的质量。例如:体系结构评审[Bas03:c11],设计评审以及审查[Bud04:c4;Fre83:Ⅷ;IEEE 1028-97;Jal97:c5,c7;Lis01:c14;Pfl01:c5],基于情景的技术[Bas98:c9;Bos00:c5],需求追踪[Dor02:v1c4s2;Pfl01:c11];

——静态分析:正式或半正式的静态(不可执行的)分析,可用于评价设计。例如故障树分析或自动交叉检查[Jal97:c5;Pfl01:c5];

——仿真与原型制作:评价设计的动态技术。例如,性能仿真或可行性原型[Bas98:c10;Bos00:c5;Bud04:c4;Pfl01:c5])。

3.5.4 测度

测度能用于评估或定量估算软件设计的各个方面:规模、结构、质量。已经提出的大多数测度通常都取决于产生设计所用的办法。这些测度分为两大类:

——面向功能(结构化)的设计测度:多数通过功能分解得到的设计结构;通常表示为结构图(有时称为"层次图"),以此可计算出各种测度[Jal97:c5,c7,Pre04:c15];

——面向对象的设计测度:设计的总体结构通常表示为类图,以此可计算各种测度,也可计算每一类的内部内容性质的测度[Jal97:c6,c7;Pre04:c15]。

3.6 软件设计记法

3.6.1 概述

有许多表达软件设计制品的记法和语言。某些主要用于描述设计的结构组织,另一些用于表示软件性态。某些记法既可用于体系结构设计,也可用于详细设计,不过也有些记法能用于两种情形。另外,某些记法大多用于特定方法的语境中(参见"软件设计策略与方法"子域)。这里,记法分为描述结构(静态)视图和描述行为(动态)视图的两类。

3.6.2 结构描述(静态视图)

下面的记法,主要是(但不总是)图形式的,描述和表示软件设计的结构方面,即描述主要部件和部件间如何互连(静态视图):

——体系结构描述语言(ADL):通常是形式的文本语言,用于借助部件和连接器来描述软件体系结构[Bas03:c12];

——类图和对象图:用于表示类(和对象)的集合及之间的联系[Boo99:c8,c14;Jal97:c5,c6];

——部件图:用于表示部件的集合。部件即系统中可替换实物零部件,符合并提供接口集的实现及其相互关系[Boo99:c12,c31];

——类职责协作卡(CRC):用于指代部件(类)的名称、责任及其协作部件的名称[Boo99:c4;Bus96];

——部署图:用于表示(物理)节点及其相互联系的集合,这样就对系统的物理方面建模[Boo99:c30];

——实体联系图(ERD):用于表示存储在信息系统中数据的概念模型[Bud04:c6;Dor02:v1c5;Mar02:DR];

——接口描述语言(IDL):类编程语言,用于界定软件部件的接口(输出操作的名称和类型)[Bas98:c8;Boo99:c11];

——Jackson结构图:用于以序列、选择和迭代来描述数据结构[Bud04:c6;Mar02:DR];

——结构图:用于描述程序的调用结构(该程序的模块调用其另一模块,或被另一其他模块调用)[Bud04:c6;Jal97:c5;Mar02:DR;Pre04:c10]。

3.6.3 行为描述(动态视图)

下列记法和语言(有图形的,有文本的)用于描述软件和部件的动态行为。在详细设计阶段,这些记法有很多非常有用,但不排他。

——活动图:用于图示从活动(在一个状态机内进行的非原子执行)到活动的控制流[Boo99:c19];
——协作图:用于图示发生在一组对象之间的交互,重点是对象、对象的链接以及对象在这些链接上交换的消息[Boo99:c18];
——数据流图(DFD):用于图示在过程集之中的数据流[Bud04:c6;Mar02:DR;Pre04:c8];
——决策表和决策图:用于表示条件和行动的复杂组合[Pre04:c11];
——流程图和结构化流程图:用于表示控制流和要进行的关联活动[Fre83:Ⅶ;Mar02:DR;Pre04:c11];
——时序图:用于图示一组对象之间的交互,重点在消息的时间排序[Boo99:c18];
——状态转移与状态图:用于图示状态机中状态之间的控制流[Boo99:c24;Bud04:c6;Mar02:DR;Jal97:c7];
——形式规格说明语言:文本语言,使用来自数学的基本概念(例如逻辑、集合、序列)来严格抽象地界定软件部件接口和行为,通常借助于前置条件和后置条件[Bud04:c18;Dor02:v1c6s5;Mey97:c11];
——伪码与程序的设计语言(PDL):结构化的类编程语言,用于(通常在详细设计阶段)描述过程或方法的行为[Bud04:c6;Fre83:Ⅶ;Jal97:c7;Pre04:c8,c11]。

3.7 软件设计策略与方法

3.7.1 概述

有各种通用策略来辅助指导设计过程[Bud04:c9,Mar02:D]。与通用策略不同,"方法"则更为特定,因其通常建议并提供与方法一起使用的记法集,遵循该方法时要使用的过程的描述,以及在使用方法中的指南集[Bud04:c8]。这些方法作为传送知识的手段和软件工程师团队的公共构架,非常有用[Bud03:c8]。另参见软件工程工具与方法知识域。

3.7.2 通用策略

对设计过程有用,常被引用的通用策略的例子有分而治之和逐步精化[Bud04:c12;Fre83:Ⅴ]、自顶向下与自底向上策略[Jal97:c5;Lis01:c13]、数据抽象与信息隐藏[Fre83:Ⅴ]、使用启发式方法[Bud04:c8]、使用模式和模式语言[Bud04:c10;Bus96:c5]、使用迭代和增量办法[Pfl01:c2]。

3.7.3 面向功能的(结构化)设计方法

[Bud04:c14;Dor02:v1c6s4;Fre83:Ⅴ;Jal97:c5;Pre04:c9,c10]

这是软件设计的经典方法之一,其中分解集中在标识软件主要功能上,然后以自顶向下的方式细化和精化。结构化设计通常用在结构化分析之后,由此产生数据流图和关联的过程描述。研究人员已提出了各种策略(例如变换分析、事务分析)和启发式方法(例如扇入扇出、影响范围与控制范围),将一个数据流图变换为通常表示为结构图的软件体系结构。

3.7.4 面向对象的设计方法

[Bud0:c16;Dor02:v1:c6s2,s3;Fre83:Ⅵ;Jal97:c6;Mar02:D;Pre04:c9]

已经提出了许多基于对象的软件设计方法,这一领域从 20 世纪 80 年代中期的基于对象的设计(名词＝对象；动词＝方法；形容词＝属性），经过面向对象（OO）的设计（其中继承和多态性起着关键的作用），到基于部件的设计领域（其中可定义元信息，并通过反射等方式进行访问）。面向对象的设计虽然根植于数据抽象的概念，但又提出责任驱动的设计作为面向对象的设计的替代办法。

3.7.5 数据结构集中式设计方法

[Bud04：c15；Fre83：Ⅲ，Ⅶ；Mar02：D]

数据结构集中式设计（例如 Jackson 方法、Warnier-Orr 方法），从程序操纵的数据结构而不是从程序执行的功能开始。软件工程师首先描述输入输出的数据结构（例如使用 Jackson 的结构图），然后基于这些数据结构图来开发程序的控制结构。已提出了各种启发式方法来处理特殊情况，例如输入结构与输出结构失配的情况。

3.7.6 基于部件的设计（CBD）方法

软件部件是一种独立单元，具有良好界定的接口和依赖性，能加以组合和独立部署。CBD 解决与提供、开发、集成这些部件有关的问题，旨在改进重用[Bud04：c11]。

3.7.7 其他方法

还有一些有趣但非主流的方法，如形式的和严谨的方法[Bud04：c18；Dor02：c5；Fre83；Mey97：c11；Pre04：c29]以及变换方法[Pfl98：c2]。

3.8 主题与参考文献对照表

表 2 为本章的主题与参考文献对照表。

表 2 主题与参考文献对照表

主 题	[Bas03] {Bas98}	[Boo99]	[Bos00]	[Bud03]	[Bus96]	[Dor02]	[Frc83]	[IEEE 1016-98]	[IEEE 1028-97]	[IEEE 1471-00]	[IEEE 12207.0-96]	[ISO 9126-01]	[ISO 15026-98]	[Jal97]	[Lis01]	[Mar02][Mar94]	[Mey97]	[Pf101]	[Pre04]	[smi93]
3.2 软件设计基础																				
3.2.1 概述																				
3.2.2 广义设计概念				C1																*
3.2.3 软件设计语境											*				c11s1	D		c2s2	c2	
3.2.4 软件设计过程	c2s1, c2s4			C2		v1c4s3	2-2 2	*		*	*				c13s1,c13s2	D			c9	
3.2.5 使能技术	{c6s1}		c10s3		c6s3			*						c5s1, c5s2, c6s2	c1s1,c1s2,c1s 3-c3s3, 77-85,c5s8, 125-128, c9s1-c9s3			c5s2, c5s5	c9	
3.3 软件设计的关键问题																				
3.3.1 概述																				
3.3.2 并发性			c5s4.1													CSD	c30		c9	
3.3.3 事件控制与处理	{c5s2}																c32s4, c32s5	c5s3		
3.3.4 部件分配	c16s3, c16s4		c5s4.1		c2s3											{DD}	c30		c30	
3.3.5 错误及异常处理与故障容耐															c4s3-c4s5		c12	c5s5		

表 2（续）

主　题	[Bas03] {Bas98}	[Boo99]	[Bos00]	[Bud03]	[Bus96]	[Dor02]	[Frc83]	[IEEE 1016-98]	[IEEE 1028-97]	[IEEE 1471-00]	[IEEE 12207.0-96]	[ISO 9126-01]	[ISO 15026-98]	[Jal97]	[Lis01]	[Mar02][Mar94]	[Mey97]	[Pf101]	[Pre04]	[smi93]
3.3.6 交互与表示	{c6s2}		c5s4.1		c2s4										c13s3		c32s2			
3.3.7 数据持久性			c5s4.1														c31			
3.4 软件结构与体系结构																				
3.4.1 概述																				
3.4.2 总体结构与视点	c2s5	c31		c5	c6s1			*		*										
3.4.3 体系结构风格（宏体系结构模式）	c5s9	c28	c6s3.1		c1s1-c1s3，c6s2													c5s3		
3.4.4 设计模式（微体系结构模式）	{c13s3}	c28			c1s1-c1s3											DP				
3.4.5 程序族与框架族	{c15s1，c15s3}	c28	c7s1，c7s2，c10s2-c10s4，c11s2，c11s4		c6s2														C30	
3.5 软件设计质量分析与评价																				
3.5.1 概述																				
3.5.2 质量属性	c4s2		c5s2.3	c4	c6s4							*	*			{D}	c3	c5s5		

表 2（续）

主 题	[Bas03] {Bas98}	[Boo99]	[Bos00]	[Bud03]	[Bus96]	[Dor02]	[Frc83]	[IEEE 1016-98]	[IEEE 1028-97]	[IEEE 1471-00]	[IEEE 12207.0-96]	[ISO 9126-01]	[ISO 15026-98]	[Jal97]	[Lis01]	[Mar02] [Mar94]	[Mey97]	[Pfl01]	[Pre04]	[smi93]
3.5.3 质量分析与评价技术	c11s3 {c9s1, c9s2, c10s2, c10s3}		c5s2.1, c5s2.2, c5s3, c5s4	c4		v1c4s2	542-576		*					c5s5, c7s3	c14s1			c5s6, c5s7, c11s5		
3.5.4 测度														c5s6, c6s5, c7s4					c15	
3.6 软件设计记法																				
3.6.1 概述					429															
3.6.2 结构描述(静态视图)	{c8s4} c12s1, c12s2	c4, c8, c11, c12, c14, c30, c31		c6										c5s3, c6s3		DR			c10	
3.6.3 行为描述(动态视图)		c18, c19, c24		c6, c18		v1c5	485-490, 506-513							c7s2		DR	c11		c8, c11	

表 2（续）

主　题	[Bas03] {Bas98}	[Boo99]	[Bos00]	[Bud03]	[Bus96]	[Dor02]	[Frc83]	[IEEE 1016-98]	[IEEE 1028-97]	[IEEE 1471-00]	[IEEE 12207.0-96]	[ISO 9126-01]	[ISO 15026-98]	[Jal97]	[Lis01]	[Mar02] [Mar94]	[Mey97]	[Pf101]	[Pre04]	[smi93]
3.7　软件设计策略与方法																				
3.7.1　概述																				
3.7.2　通用策略				c8，c10，c12	c5s1-c5s4		304-320，533-539							c5s1.4	c13s13			c2s2		
3.7.3　面向功能的（结构化）设计方法				c14		v1c6s4	328-352							c5s4					c9，c10	
3.7.4　面向对象的设计方法				c16		v1c6s2，v1c6s3	420-436							c6s4		D			c9	
3.7.5　数据结构集中式设计方法				c15			201-210，514-532									D				
3.7.6　基于部件的设计(CBD)方法				c11·																
3.7.7　其他方法				c18		181-192	395-407										c11	c2s2	c29	

3.9 对软件设计推荐的参考文献

[Bas98] L. Bass, P. Clements and R. Kazman. Software Architecture in Practice: Addison-Wesley,1998.

[Bas03] L.Bass,P.Clements and R.Kazman.Software Architecture in Practice,Seconded:Addison-Wesley,2003.

[Boo99] G.Booch,J.Rumbaugh and I.Jacobson.The Unified Modeling Language UserGuide,First ed:Addison-Wesley,1999.

[Bos00] J.Bosch,Design & Use of Software Architectures:Adopting and Evolving a Product-line Approach,First ed:ACM Press,2000.

[Bud04] D.Budgen,Software Design,Second ed:Addison-Wesley,2004.

[Bus96] F. Buschmann, R. Meunier, H. Rohnert, P. Sommerlad and M. Stal. Pattern-oriented Software Architecture:A System of Patterns,First ed:John Wiley & Sons,1996.

[Dor02] M. Dorfman and R. H. Thayer. Eds.," Software Engineering".(Vol.1 & Vol.2),IEEE Computer Society Press,2002.

[Fre83] P. Freeman and A. I. Wasserman, Tutorial on Software Design Techniques, Fourth ed: IEEE Computer Society Press,1983.

[IEEE 610.12-90] IEEE Std 610.12—1990(R2002),IEEE Standard Glossary of Software Engineering Terminology:IEEE,1990.

[IEEE 1016-98] IEEE Std 1016—1998,IEEE Recommended Practice for Software Design Descriptions:IEEE,1998.

[IEEE 1028-97] IEEE Std 1028—1997 (R2002), IEEE Standard for Software Reviews: IEEE,1997.

[IEEE 1471-00] IEEE Std 1471—2000,IEEE Recommended Practice for Architectural Descriptionos Software Intensive Systems:Architecture Working Group of the Software Engineering Standards Committee,2000.

[IEEE 12207.0-96] IEEE/EIA 12207.0—1996//ISO/IEC 12207:1995,Industry Implementation of Int.Std.ISO/IEC 12207:95,Standard for Information Technology-Software Life Cycle Processes, vol.IEEE,1996.

[ISO 9126-01] ISO/IEC 9126-1:2001,Software Engineering—Product Quality—Part 1:Quality Model:ISO and IEC,2001[3].

[ISO 15026-98] ISO/IEC 15026—1998,Information technology—System and software integrity levels:ISO and IEC,1998[4].

[Jal97] P. Jalote. An Integrated Approach to Software Engineering, Second ed. New York: Springer-Verlag,1997.

[Lis01] B. Liskov and J. Guttag. Program Development in Java: Abstraction, Specification, and Object-Oriented Design,First ed:Addison-Wesley,2001.

[Mar94] J. J. Marciniak. Encyclopedia of Software Engineering: J. Wiley & Sons, 1994. The references to the Encyclopedia are as follows:

CBD = Componenent-based Design

3) GB/T 16260.1—2006 软件工程 产品质量 第1部分:质量模型

4) GB/T 18492—2001 信息技术 系统及软件完整性级别

D = Design

DD = Design of the Distributed System

DR = Design Representation

[Mar02] J.J.Marciniak.Encyclopedia of Software Engineering,Second ed:J.Wiley & Sons,2002.

[Mey97] B.Meyer.Object-Oriented Software Construction,Second ed:Prentice-Hall,1997.

[Pfl01] S.L.Pfleeger.Software Engineering:Theory and Practice,Second ed:Prentice-Hall,2001.

[Pre04] R.S.Pressman,Software Engineering:A Practitioner's Approach,Sixth ed:McGraw-Hill,2004.

[Smi93] G.Smith and G.Browne."Conceptual foundations of design problem-solving".IEEE Transactions on Systems,Man and Cybernetics,vol.23,iss.5,1209-1219,Sep-Oct,1993.

3.10 进一步阅读的参考文献

(Boo94a) G.Booch.Object Oriented Analysis and Design with Applications,Second ed:The Benjamin/Cummings Publishing Company,Inc.,1994.

(Coa91) P.Coad and E.Yourdon.Object-Oriented Design:Yourdon Press,1991.

(Cro84) N.Cross.Developments in Design Methodology:John Wiley & Sons,1984.

(DSo99) D.F.D'Souza and A.C.Wills.Objects,Components,and Frameworks with UML-The Catalysis Approach:Addison-Wesley,1999.

(Dem99) T.DeMarco."The Paradox of Software Architecture and Design".Stevens Prize Lecture,August,1999.

(Fen98) N.E.Fenton and S.L.Pfleeger.Software Metrics:A Rigorous & Practical Approach,Second ed:International Thomson Computer Press,1998.

(Fow99) M.Fowler.Refactoring:Improving the Design of Existing Code:Addison-Wesley,1999.

(Fow03) M.Fowler.Patterns of Enterprise Application Architecture,First ed.Boston,MA:Addison-Wesley,2003.

(Gam95) E.Gamma,R.Helm,R.Johnson and J.Vlissides.Design Patterns:Elements of Reusable Object-Oriented Software:Addison-Wesley,1995.

(Hut94) A.T.F.Hutt.Object Analysis and Design-Comparison of Methods.Object Analysis and Design-Description of Methods:John Wiley & Sons,1994.

(Jac99) I.Jacobson,G.Booch and J.Rumbaugh.The Unified Software Development Process:Addison-Wesley,1999.

(Kic97) G.Kiczales,J.Lamping,A.Mendhekar,C.Maeda,C.Lopes,J.-M.Loingtier and J.Irwin."Aspect-oriented programming".presented at ECOOP '97-Object-Oriented Programming,1997.

(Kru95) P.B.Kruchten."The 4+1 view model of architecture".IEEE Software,vol.12,iss.6,42-50,1995.

(Lar98) C.Larman.Applying UML and Patterns:An introduction to Object-Oriented Analysis and Design:Prentice-Hall,1998.

(McC93) S.McConnell.Code Complete:A Practical Handbook of Software Construction:Microsoft Press,1993.

(Pag00) M.Page-Jones.Fundamentals of Object-Oriented Design in UML:Addison-Wesley,2000.

(Pet92) H.Petroski.To Engineer is Human:The role of failure in successful design:Vintage Books,1992.

(Pre95) W.Pree.Design Patterns for Object-Oriented Software Development:Addison-Wesley and

ACM Press,1995.

(Rie96) A.J.Riel.Object-Oriented Design Heuristics:Addison-Wesley,1996.

(Rum91) J. Rumbaugh, M. Blaha, W. Premerlani, F. Eddy and W. Lorensen. Object-Oriented Modeling and Design:Prentice-Hall,1991.

(Sha96) M.Shaw and D.Garlan.Software architecture:Perspectives on an emerging discipline:Prentice-Hall,1996.

(Som05) I.Sommerville.Software Engineering,Sixth ed:Addison-Wesley,2001.

(Wie98) R. Wieringa." A Survey of Structured and Object:Oriented Software Specification Methods and Techniques".ACM Computing Surveys,vol.30,iss.4,459-527,1998.

(Wir90) R. Wirfs-Brock, B. Wilkerson and L. Wiener. Designing Object-Oriented Software:Prentice-Hall,1990.

3.11 相关标准

(IEEE 610.12-90) IEEE Std 610.12—1990(R2002),IEEE Standard Glossary of Software Engineering Terminology:IEEE,1990.

(IEEE 1016-98) IEEE Std 1016—1998,IEEE Recommended Practice for Software Design Descriptions:IEEE,1998.

(IEEE 1028-97) IEEE Std 1028—1997(R2002),IEEE Standard for Software Reviews:IEEE,1997.

(IEEE 1471-00) IEEE Std 1471—2000,IEEE Recommended Practice for Architectural Descriptionos Software Intensive Systems:Architecture Working Group of the Software Engineering Standards Committee,2000.

(IEEE 12207.0-96) IEEE/EIA 12207.0—1996//ISO/IEC 12207:1995,Industry Implementation of Int.Std.ISO/IEC 12207:95,Standard for Information Technology-Software Life Cycle Processes,vol.IEEE,1996.

(ISO 9126-01) ISO/IEC 9126-1:2001,Software Engineering Product Quality—Part 1:Quality Model:ISO and IEC,2001.

(ISO 15026-98) ISO/IEC 15026—1998,Information Technology—System and software integrity levels:ISO and IEC,1998.

4 软件构造

4.1 综述

4.1.1 缩略语

下列缩略语适用于本文件。

OMG:对象管理组(Object Management Group)

UML:统一建模语言(Unified Modeling Language)

4.1.2 导引

术语“软件构造”指的是通过编码、验证、单元测试、综合测试和调试的组合,创造可工作的、有意义的软件的详细过程。

软件构造知识域与其他所有知识域都有联系,特别是软件设计和软件测试。这是因为,软件构造过程本身涉及大量的软件设计和测试活动。软件构造使用了设计的输出,并为测试提供输入,这时,设计和测试都是活动,而不是知识域。设计、构造和测试之间的详细边界(如果存在的话)取决于项目使用的生存周期过程。

尽管某些详细设计可在构造之前进行,但多数设计是在构造活动内部完成的。因此,软件构造知识域与软件设计知识域紧密相关。

在整个构造阶段,软件工程师要对其工作进行单元测试和综合测试。这样,软件构造知识域也与软件测试紧密相关。

软件构造一般产生需要在软件项目中管理的最多数量的配置项(源文件、内容、测试用例等)。这样,软件构造知识域也与软件配置管理知识域相关。

由于软件构造非常依赖工具和方法,并且可能是工具最密集的知识域,它跟软件工程工具与方法知识域有联系。

尽管软件质量对所有知识域都重要,但是,代码是软件项目的最终可交付产品,因此,软件质量与软件构造密切相关。

在软件工程相关学科中,软件构造知识域与计算机科学最接近,因为软件构造使用了计算机科学的算法知识和详细编码实践经验,通常认为这二者属于计算机科学领域。软件构造也与项目管理相关,软件构造的管理对项目管理提出了相当大的挑战。

下面给出软件构造知识域的主题分解,以及与其相关的主题的简要描述。对每一主题,给出了适当的参考文献。

图 4 是软件构造知识域的主题分解图。

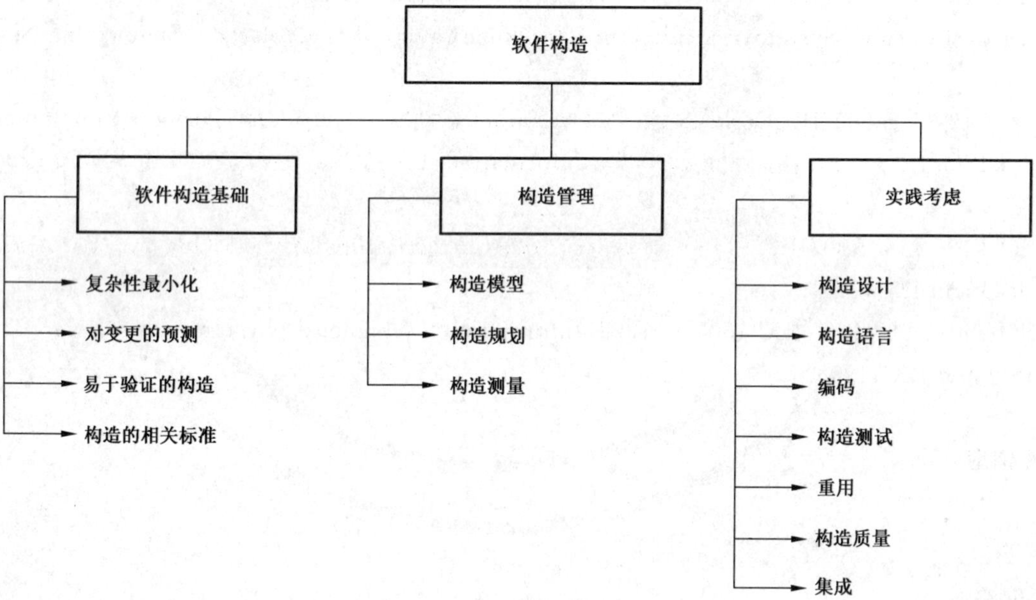

图 4 软件构造知识域的主题分解图

4.2 软件构造基础

4.2.1 概述

软件构造基础包括:

——复杂性最小化;

——对变更的预测;

——易于验证的构造；

——构造的相关标准。

前3个概念既用于设计也用于构造。下面各节定义这些概念，并描述如何将其应用于构造。

4.2.2 复杂性最小化

[Bec99;Ben00;Hun00;Ker99;Mag93;McC04]

人们如何将意图传递给计算机的一个主要因素是，人们在工作记忆中保持复杂结构和信息的能力非常有限，特别是长时间保持记忆。这导致了软件构造的一个最强烈的驱动因素：将复杂性最小化。降低复杂性的要求几乎存在于软件构造的每一方面，对软件构造的验证和测试过程尤为重要。

在软件构造中，通过强调创建简单、易读的代码，而不是“聪明”的代码，以达到降低复杂性的目标。

复杂性最小化可通过采用标准来实现，这将在主题4.2.5“构造的相关标准”中讨论；通过主题4.4.4“编码”中汇总的大量特定技术来实现；也可用汇总在主题4.4.7“构造质量”中的以构造为中心的质量技术来支持。

4.2.3 对变更的预测

[Ben00;Ker99;McC04]

多数软件将随时间变化，对变更的预测推动着软件构造的许多方面的发展。软件不可避免地是变化的外部环境的一部分，外部环境的变化也以多种方式影响着软件。在主题4.4.4编码中汇总的许多特定技术支持对变更的预测。

4.2.4 易于验证的构造

[Ben00;Hun00;Ker99;Mag93;McC04]

易于验证的构造指能在软件编写、独立测试和运行活动中容易查找故障的软件构建方式。支持易于验证的构造的特定技术包括：遵循编码标准以支持代码评审、单元测试，使代码条理化以进行自动测试、限制使用复杂或难以理解的语言结构等。

4.2.5 构造的相关标准

[IEEE 12207-95;McC04]

直接影响构造问题的标准包括：

——沟通方法(例如，文档格式和内容标准)；

——编程语言(例如，像Java和C++语言这样的语言的语言标准)；

——平台(例如，操作系统调用的程序员接口标准)；

——工具(例如，UML等记法的图示标准)。

应用外部标准：软件构造依赖于如下外部标准：构造语言的、构造工具的、技术接口的以及软件构造与其他知识域之间的交互的。标准(包括硬件和软件接口规格说明)有各种不同的来源，诸如对象管理集团OMG和国际组织，诸如IEEE或ISO。

应用内部标准：可在组织基础上建立法人级别的标准，或为特定项目建立标准。这些标准支持小组活动的协调、复杂性最小化、对变更的预测和易于验证的构造。

4.3 构造管理

4.3.1 构造模型

[Bec99;McC04]

已经为开发软件创建了很多模型，其中一些模型侧重于软件构造。从构造的观点看，一些模型是较线性化的，如瀑布模型和分阶段交付的生存周期模型。这些模型仅将构造作为重要的前提工作（包括详细需求工作、广泛的设计工作和详细的规划）已经完成后的一个活动来处理。更线性化的方法倾向于强调构造之前的活动（需求和设计），并倾向于在活动之间创建更多的分隔。在这些模型中，构造的重点是编码。

其他模型更侧重迭代，如演化式原型法、极限编程和 Scrum 方法[5]，这些方法倾向于将构造作为与其他软件开发活动（包括需求、设计和规划）并行或重叠进行的一个活动。这些方法倾向于将设计、编码和测试活动混合起来，并将这些活动的组合称为构造。

因此，构造的含义在某种程度上取决于采用的生存周期模型。

4.3.2 构造规划

[Bec99；McC04]

构造方法的选择是构造策划活动的一个关键方面。构造方法的选择影响着构造前提工作的完成程度、这些前提工作的完成顺序以及它们在构造工作开始前的完成程度。

构造方法影响项目降低复杂性、对变更的预测和易于验证的构造等方面的能力。其中的每一目标都可在过程、需求和设计层面上处理，但是，它们也受构造方法选择的影响。

构造规划也要根据选择的构造方法，定义创建和集成部件的顺序、各种软件质量管理过程、对特定软件工程师的任务分配，以及其他任务。

4.3.3 构造测量

[McC04]

可测量的构造活动和制品很多，包括：开发的代码、修改的代码、重用的代码、销毁的代码、代码复杂性、代码审查的统计数据、故障修正和发现率、工作量和进度。这些测量对于构造管理、确保构造中的质量、改进构造过程以及其他方面很有用处。有关测量的更多内容，可参见软件工程过程知识域。

4.4 实践考虑

4.4.1 概述

构造是一种活动，其中的软件应要承受任意的和凌乱的真实世界的约束，并能严密做到这点。由于接近真实世界约束，构造比其他知识域更受实践考虑的驱动，在构造领域，软件工程也许是最接近工艺的。

4.4.2 构造设计

[Bec99；Ben00；Hun00；IEEE 12207-95；Mag93；McC04]

一些项目为构造分配了更多的设计活动，而另一些项目有一个明显的聚焦于设计的阶段。无论实际分配如何，一些详细设计工作将发生在构造层面上，并且，软件要解决的真实世界问题带来了不可改变的约束，设计工作要服从这些约束。

正如建造物理结构的建筑工人应进行小规模的修改，以弥补施工计划中的没有预料到的缝隙，软件构造人员也应作出或大或小的改动，以在构造中充实软件设计的细节。

设计活动在构造层面的细节与软件设计知识域中描述的基本相同，只是应用于更小的规模上。

5） Scrum 方法是一种软件管理过程，是一种灵活的、迅速的、有适应性、自组织的方法.

4.4.3 构造语言

[Hun00;McC04]

构造语言包括所有的交流形式。通过这些交流,人类向计算机指定一个可执行的问题解决方案。

构造语言的最简单类型是配置语言。软件工程师使用构造语言从预先定义的有限选项中做选择,以创建或定制软件安装。例如,在 Windows 和 Unix 操作系统中使用的基于文本的配置文件,以及某些程序生成器的菜单风格的选择列表。

工具箱语言用于使用工具箱(特定应用可重用部件的集成集合)构建新的应用,这些语言比比配置语言更复杂。工具箱语言可明确地定义为应用编程语言(例如脚本),也可由工具箱的接口集合隐含定义。

编程语言是最灵活的构造语言。它们尽可能独立于特定应用领域和开发过程,因此,为有效使用它,需要很多的培训和技能。

有三类常用的记法用于编程语言:

——语言学的;

——形式的;

——可视的。

语言学记法特别显著之处是使用类似词的文本串来表示复杂的软件构造,并将类似词的串组合为具有类似句子语法的模式。如果使用得当,每个这样的串将具有较强的语义内涵,以对执行基础的软件构造时将要发生的事情提供直观的理解。

形式记法较少依赖于单词和文本串的直观的、通常的含义,而是更多地依赖于准确的、无二义的、形式(或数学)的定义。形式构造记法和形式方法,是多数系统编程形式的核心,在这里,精确性、时间性、可测试性都比易于映射到自然语言更重要。形式构造也使用组合符号的准确定义方式,以避免许多自然语言构造的歧义性。

可视记法较少依赖于语言学的和形式构造的面向文本的记法,而是依赖于表示软件的可视实体的直接视觉解释和布局。可视构造在表达复杂关系上有限制,因为很难仅仅通过在显示器上移动可视实体来实现。但如果主要的编程任务是建造或调整一个已经定义了详细行为的程序的可视界面时,它就是一个强有力的工具。

4.4.4 编码

[Ben00;IEEE 12207-95;McC04]

下面的内容可应用于软件构造的编码活动:

——创建可理解的源代码的技术,包括命名和源代码编排;

——使用类、枚举类型、变量、被命名的常数和其他类似实体;

——使用控制结构;

——错误状态处理:预计的错误和异常(例如,输入错误数据);

——预防代码级的安全泄露(例如,缓冲区超限或数组下标溢出);

——通过排斥机制和顺序访问可重用资源规则来使用资源(包括线程和数据库锁);

——源代码组织(into 语句、程序、类、包或其他结构);

——代码文档;

——代码调整。

4.4.5 构造测试

[Bec99;Hun00;Mag93;McC04]

构造涉及两类通常由编写代码的软件工程师完成的测试：

——单元测试；

——综合测试。

构造测试的目的是缩短故障被写入到代码与检测到故障之间的时间间隔。有时构造测试在代码完成后进行；有时可在代码编写前。

构造测试一般仅涉及各种测试类型的一个子集。各测试类型在软件测试知识域中描述。例如，构造测试一般不涉及系统测试、α 测试、β 测试、强度测试、配置测试、易用性测试，以及其他更专门的测试。

对于本主题有两个已经发布的标准：IEEE Std 829—1998“IEEE 软件测试文档编制标准”和 IEEE Std 1008—1987“IEEE 软件单元测试标准”。

对于更专门的参考文件，参见软件测试知识域的相应子主题 5.3.1.1 单元测试和子主题 5.2.1.2 综合测试。

4.4.6 重用

[IEEE 1517-99；Som05]

在 IEEE 1517-99 引言指出：实现软件重用比创建和使用资产库需要做更多的工作。它需要通过把重用过程和活动集成到软件生存周期中，将重用实践正规化。无论如何，重用在软件构造中很重要，因此这里将其作为一个主题处理。

在软件构造的编码和测试期间，与重用相关的任务有：

——选择可重用的单元、数据库、测试规程或测试数据；

——代码或测试的可重用性评价；

——在新代码、测试规程或测试数据方面的重用信息的报告。

4.4.7 构造质量

[Bec99；Hun00；IEEE 12207-95；Mag93；McC04]

有很多在构造代码时确保代码质量的技术，构造使用的主要技术包括：

——单元测试和综合测试(参见主题 4.4.5“构造测试”)；

——测试优先的开发(参见软件测试知识域，主题 5.3.2“测试目的”)；

——代码逐步求精(stepping)

——使用断言；

——调试；

——技术评审(参见软件质量知识域，子主题 11.3.4.3“技术评审”)；

——静态分析(IEEE 1028)(参见软件质量知识域，主题 11.3.4“评审与审核”)。

特定技术或所选择的技术依赖于被构造的软件的类型，以及执行构造的软件工程师所具备的各种技能。

构造质量活动的重点与其他质量活动的重点不同。构造质量活动的重点在代码和与代码紧密相关的小规模设计，而不是并不与代码密切相关的需求、高层设计和计划等。

4.4.8 集成

[Bec99；IEEE 12207-95；McC04]

构造中的一个关键活动是集成分离构造的程序、类、部件和子系统。另外，一个特定的软件系统可能需要与其他的软件或硬件系统集成。

与构造集成相关的内容包括规划集成部件的顺序、创建支持软件过渡版本的框架、确定集成部件前要完成的测试和质量工作的程度、确定项目中测试软件过渡版本的时间点。

4.5 主题与参考文献对照表

表3为本章的主题与参考文献对照表。

表3 主题与参考文献对照表

主 题	[Bec99]	[Ben00]	[Hnu00]	[IEEE 1517]	[IEEE 12207.0]	[Ker99]	[Mag93]	[Mcc04]	[Som05]
4.2 软件构造基础									
4.2.1 概述									
4.2.2 复杂性最小化	c17	c2,c3	c7,c8			c2,c3	c6	c2,c3,c7-c9,c24,c27,c28,c31,c32,c34	
4.2.3 对变更的预测		c11,c13,c14				c2,c9		c3-c5,c24,c31,c32,c34	
4.2.4 易于验证的构造		c4	c21,c23,c34,c43			c1,c5,c6	c2,c3,c5,c7	c8,c20-c23,c31,c34	
4.2.5 构造的相关标准					X			c4	
4.3 构造管理									
4.3.1 构造模型	c10							c2,c3,c27,c29	
4.3.2 构造规划	c12,c15,c21							c3,c4,c21,c27-c29	
4.3.3 构造测量								c25,c28	
4.4 实践考虑									
4.4.1 概述									
4.4.2 构造设计	c17	c8,c10,p175-6	c33		X		c6	c3,c5,c24	
4.4.3 构造语言			c12,c14-c20					c4	
4.4.4 编码		c6-c10			X			c5-c19,c25-c26	
4.4.5 构造测试	c18		c34,c43		X		c4	c22,c23	
4.4.6 重用				X					c14
4.4.7 构造质量	c18		c18		X		c4,c6,c7	c8,c20-c25	
4.4.8 集成	c16				X			c29	

4.6 对软件构造推荐的参考文献

[Bec99] K. Beck." Extreme Programming Explained: Embrace Change". Addison-Wesley, 1999, Chap.10,12,15,16-18,21.

[Ben00a] J.Bentley."Programming Pearls".Second ed:Addison-Wesley,2000,Chap.2-4,6-11,13,14,pp.175-176.

[Hun00] A.Hunt and D.Thomas."The Pragmatic Programmer".Addison-Wesley,2000,Chap.7,8,12,14-21,23,33,34,36-40,42,43.

[IEEE 1517-99] IEEE Std 1517—1999,IEEE Standard for Information Technology-Software Life Cycle Processes-Reuse Processes:IEEE,1999.

[IEEE 12207.0-96] IEEE/EIA 12207.0—1996//ISO/IEC 12207:1995,Industry Implementation of Int.Std.ISO/IEC 12207:95,Standard for Information Technology-Software Life Cycle Processes, vol.IEEE,1996.

[Ker99a] B.W.Kernighan and R.Pike." The Practice of Programming". Addison-Wesley, 1999, Chap.2,3,5,6,9.

[Mag93] S.Maguire." Writing Solid Code: Microsoft's Techniques for Developing Bug-Free C Software".Microsoft Press,1993,Chap.2-7.

[McC04] S. McConnell." Code Complete: A Practical Handbook of Software Construction". Microsoft Press,1993,Chap.2-32.

[Som05] I.Sommerville."Software Engineering".Seventh ed:Addison-Wesley,2005.

4.7 进一步阅读的参考文献

(Bar98) T. T. Barker, Writing Software Documentation: A Task-Oriented Approach: Allyn & Bacon,1998.

(Bec02) K.Beck."Test-Driven Development:By Example".Addison-Wesley,2002.

(Fow99) M. Fowler and al, Refactoring: Improving the Design of Existing Code: Addison-Wesley,1999.

(How02) M.Howard and D.C.Leblanc,Writing Secure Code:Microsoft Press,2002.

(Hum97b) W. S. Humphrey, Introduction to the Personal Software Process: Addison-Wesley,1997.

(Mey97) B. Meyer." Object-Oriented Software Construction". Second ed: Prentice-Hall, 1997, Chap.6,10,11.

(Set96) R.Sethi."Programming Languages:Concepts & Constructs".Second ed:Addison-Wesley, 1996,Parts Ⅱ-Ⅴ.

4.8 相关标准

(IEEE 829-98) IEEE Std 829—1998, IEEE Standard for Software Test Documentation: IEEE,1998.

(IEEE 1008-87) IEEE Std 1008—1987(R2003), IEEE Standard for Software Unit Testing: IEEE,1987.

(IEEE 1028-97) IEEE Std 1028—1997 (R2002), IEEE Standard for Software Reviews: IEEE,1997.

(IEEE 1517-99) IEEE Std 1517—1999,IEEE Standard for Information Technology-Software Life

Cycle Processes-Reuse Processes:IEEE,1999.

(IEEE 12207.0-96) IEEE/EIA 12207.0—1996//ISO/IEC 12207:1995,Industry Implementation of Int.Std.ISO/IEC 12207:95,Standard for Information Technology-Software Life Cycle Processes, vol.IEEE,1996.

5 软件测试

5.1 综述

5.1.1 缩略语

下列缩略语适用于本文件。

SRET:软件可靠性加固测试(Software Reliability Engineered Testing)

5.1.2 导引

测试是为评价、改进产品质量、标识产品的缺陷和问题而进行的活动。

软件测试对程序的行为进行"动态"验证,它针对"期望"的行为,在"有限"测试用例集合上进行测试。测试用例是从通常无限的执行域中适当"选取"的。

在以上定义中,双引号词语对应标识软件测试知识域中的关键问题,详情如下:

——动态:这意味着,测试就是通过(有价值的)输入来执行程序。更确切地,输入值本身并不能充分地确定一个测试,因为一个复杂的、非确定性的系统可能对相同的输入作出不同的反应,这取决于系统的状态。尽管在这一知识域中,仍将继续使用"输入"这一术语,并有隐含的约定:在需要他时,其含义也包括一个特定的输入状态。与测试不同并作为互补的是静态技术,它将在软件质量知识域中描述;

——期望:虽然要确定观察到的程序执行结果是否在可接受的范围内并不总是很容易,但是必定可做到,否则测试工作就没有用处。观察到的行为可与用户的期望对比(一般称为确认测试)、与规格说明对比(验证测试),或与隐含的需求的期望行为或合理的期望对比。参见软件需求知识域中 2.7.5"验收测试";

——有限:即使是简单的程序,理论上也有很多的测试用例,需要数月或数年的时间才能完成穷举测试。因此,在实践中,一般认为整个测试集合是无限的。测试总是隐含了有限的资源和进度与无限的测试需求之间的权衡;

——选取:人们提出的许多测试技术的本质区别在于如何选择测试集合,软件工程师应意识到,不同的选择准则可能产生差别很大的有效性。在给定条件下,如何标识最适当的选择准则,是一个非常复杂的问题;在实践中,需要使用风险分析技术和测试工程技能。

软件测试的观点已经演化得更具建设性。测试不再被认为是一种仅在编码阶段完成后才开始,并且其目标只是检测失效的活动。现在,软件测试被认为是一种应包括在整个开发和维护过程的活动,它本身是实际产品构造的一个重要部分。确实,测试的规划应在需求过程的早期阶段就开始,随着开发的进行,应系统地、连续地开发或精化测试计划和过程。测试的规划和设计活动本身为设计者查找潜在的弱点(如,设计中的疏忽或矛盾之处、文档中的遗漏或二义之处)提供了有用的输入。

目前认为,对待质量的正确态度是预防,避免出现问题明显比纠正问题要好得多。这样,测试不仅是检查预防措施是否有效的主要手段,而且还是因某种原因导致预防措施尚未起效时标识故障的手段。虽然可能显而易见,但仍应指出的是在大量的测试活动成功完成后,软件可能仍存在故障。交付后失效的软件可通过纠正性维护进行补救。软件维护主题在软件维护知识域中讨论。

在软件质量知识域(参见主题 11.4.3"SQM 技术"),SQM 技术明确地分为静态技术(不执行代码)

和动态技术(执行代码)。这两类都有用。软件测试知识域聚焦于动态技术。

软件测试也与软件构造有关(参见主题4.4.5“构造测试”)。即使不是其中一部分,单元测试和综合测试也与软件构造也相关。

图5为软件测试知识域的主题分解图。

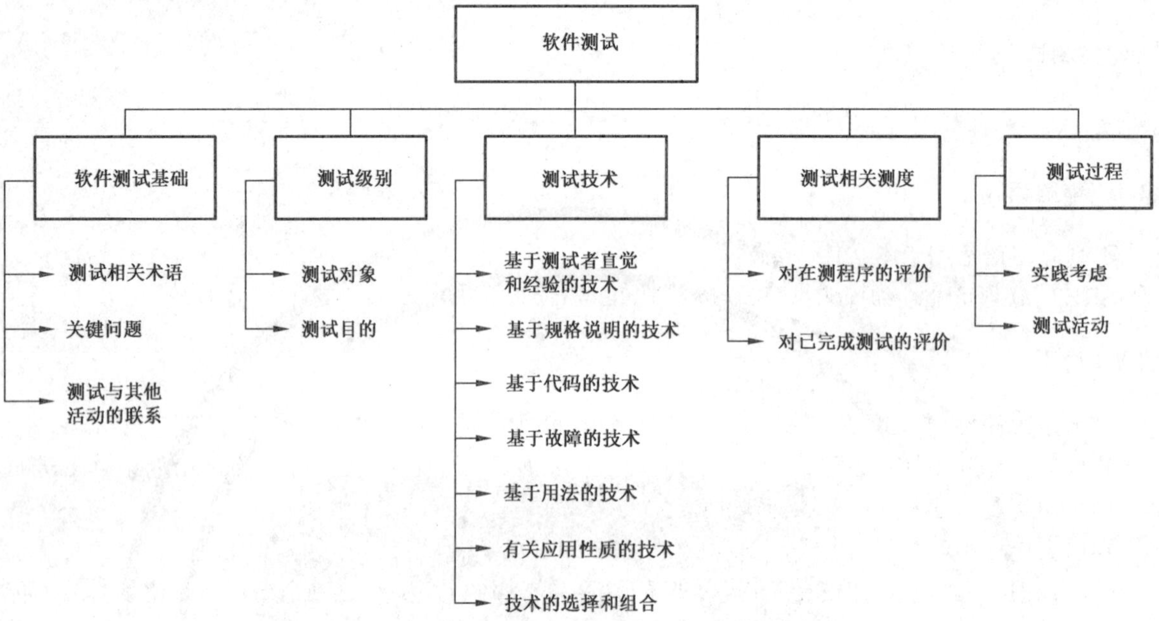

图5 软件测试知识域的主题分解图

第一个子域描述软件测试基础,它覆盖软件测试领域的基本定义、基本术语和关键问题以及与其他活动的联系。

第二个子域是测试级别,由两个(正交的)主题组成:5.3.1是大型软件测试的传统划分级别,5.3.2考虑特定条件或特性的测试,称为测试目的。并非所有测试类型都适用于每个软件产品,也没有列出每个可能的类型。

测试对象和测试目的一起确定如何识别测试集合,二者都与测试集合的一致性(达到规定的目标需要多少测试?)和组成(为达到规定的目标,需要选择哪些测试用例?)有关。尽管“达到规定的目标”通常是隐含的,且一般只提出前述两个问题中的第一个。有关第一个问题的准则是测试充分准则,有关第二个问题的准则是测试选择准则。

过去几十年来,人们开发了多项测试技术,并仍在提出新的测试技术。子域3覆盖了普遍接受的技术。

子域4讨论测试有关的测度。

最后,子域5讨论与测试过程有关的问题。

5.2 软件测试基础

5.2.1 测试相关术语

5.2.1.1 测试相关术语与定义

[Bei90:c1;Jor02:c2;Lyu96:c2s2.2](IEEE 610.12-90)

软件测试知识域的综合性介绍可参见推荐的参考文献。

5.2.1.2 故障与失效

[Jor02:c2;Lyu96:c2s2.2;Per95:c1;Pfl01:c8](IEEE 610.12-90;IEEE 982.1-88)

软件工程文献中,有许多术语用于描述功能失调,如故障(fault)、失效(failure)、出错(error)等。这些术语在 IEEE 610.12—1990“软件工程术语标准词汇(IEEE 610-90)”中有精确定义,也在软件质量知识域中讨论。有必要明确区分功能失调(故障 fault 或缺陷 defect)和在系统交付的服务中观察到的不希望的效果(失效 failure)的原因。失效通过测试发现,而故障应且能被消除。

但是,并不是总能准确地识别失效的原因。不存在任何理论准则可明确地确定是什么故障引发了观察到的失效。要解决问题,应修正故障,但同时又要不影响其他修改。为避免歧义性,一些作者喜欢使用“引发失效的输入(failure-causing input)”(Fra98)替代“故障(fault)”,即这些输入导致了失效的出现。

5.2.2 关键问题

5.2.2.1 测试选择准则/测试充足准则(或停止规则)

[Pfl01:c8s7.3;Zhu97:s1.1](Wey83;Wey91;Zhu97)

测试选择准则是一种手段,用于确定适用的测试用例。选择准则能用于:选择测试用例或者检查所选的测试组(suite)是否足够充分了,即确定测试是否能停止。参见主题 5.6.2 实践考虑中的子主题“终止”。

5.2.2.2 测试能行性/测试目的

[Bei90:c1s1.4;Per95:c21](Fra98)

测试是对一个程序执行样本的观察,能用不同的目标来指导样本的选择。只有根据所追求的目标,才能评价测试集的有效性(effectiveness)。

5.2.2.3 缺陷认定测试

[Bei90:c1;Kan99:c1]

在为认定缺陷而进行的测试中,成功的测试是引起系统失效的测试。这与为展示软件满足其规格说明或其他需要的特性而进行的测试完全不同,在这种情况下,成功的测试是没有观察到(重大)失效的测试。

5.2.2.4 谕示问题

[Bei90:c1](Ber96,Wey83)

谕示(oracle)是决定一个程序是否在给定的测试中具有正确行为、并相应给出一个“通过”或“失败”的裁决的任何(人或机械的)主体。有多种不同类型的谕示,谕示的自动化可能非常困难和昂贵。

5.2.2.5 测试的理论和实践局限

[Kan99:c2](How76)

测试理论警告:即使已通过一系列测试,也无法证明结果的置信度。测试理论建立的多数结论是否定性的,因为它们只指出什么是测试永远不能达到的,而不是实际能达到的。关于这点的最著名评论是 Dijkstra 的格言:程序测试能用来说明存在错误,但却不能用来说明没有错误。明显的原因是对真实软件的完全测试是不可行的。因此,应基于风险来驱动测试,且能将测试作为风险管理策略看待。

5.2.2.6 不可行路径问题

[Bei90:c3]

不可行路径是任何输入都不能到达的控制流路径。这是面向路径测试的重要问题,特别是在为基于代码的测试技术自动衍生测试输入时。

5.2.2.7 可测试性

[Bei90:c3,c13](Bac90;Ber96a;Voa95)

术语"软件可测试性"有两个相关的但又不同的含义:一方面,它指一个软件完成给定测试覆盖验收准则的容易程度,见(Bac90);另一方面,他被定义为:如果一个软件是有故障的,这一软件在测试中,以可能的统计测量,显露失效的概率,见(Voa95,Ber96a)。这两个含义都很重要。

5.2.3 测试与其他活动的联系

软件测试与静态软件质量管理技术、正确性证明、调试和编程有关,但又不同于它们。从软件质量分析员和认证员的角度来考虑测试,会得到更多的信息:

——测试与静态软件质量管理技术,可参见软件质量知识域的子域 2SQM 过程[Bei90:c1;Per95:c17](IEEE 1008-87);

——测试与正确性证明和形式验证,见[Bei90:c1s5;Pfl01:c8];

——测试与调试,见软件构造知识域主题 4.4.5 构造测试[Bei90:c1s2.1](IEEE 1008-87);

——测试与编程,见软件构造知识域主题 4.4.5 构造测试[Bei90:c1s2.3];

——测试与认证,见(Wak99)。

5.3 测试级别

5.3.1 测试对象

软件测试通常伴随整个开发和维护过程,在不同的等级上进行。即,测试的对象可能会变化:单个模块、一组(由目的、使用、行为或结构联系起来的)模块或整个系统[Bei90:c1;Jor02:c13;Pfl01:c8]。能在概念上区分 3 个大的测试阶段,即单元、综合、系统。在这里,任何过程模型同等重要,三个测试阶段也同等重要。

5.3.1.1 单元测试

[Bei90:c1;Per95:c17;Pfl01:c8s7.3](IEEE 1008-87)

单元测试验证孤立的、可分别测试的软件单元的功能。在不同的语境中,软件单元可以是单个的子程序、或者是由紧密联系的单元组成的较大的部件。在 IEEE 软件单元测试标准(IEEE 1008-87)中对测试单元进行了更精确的定义,这一标准也描述了一种对系统化和文档化单元测试的集成方法。一般,单元测试伴随着对被测试代码的访问,并需要调试工具的支持,可能涉及编写代码的程序员。

5.3.1.2 综合测试

[Jor02:c13,14;Pfl01:c8s7.4]

综合测试是验证软件部件之间的交互的过程。经典的综合测试策略,如自顶向下、自底向上,用于传统的层次结构软件。

现代的系统化集成策略是由体系结构驱动的,它基于已标识的功能来集成软件部件或子系统。综合测试是一个连续的活动,在其每个阶段,软件工程师应不考虑较低层次,而是将精力集中在正集成的层面。除了对小型、简单的软件,综合测试通常首选系统化的增量综合测试策略,而不是一次性将所有部件聚集在一起,后者被描绘为"大爆炸式(big bang)"测试。

5.3.1.3 系统测试

[Jor02:c15;Pfl01:c9]

系统测试关注整个系统的行为。在单元测试和综合测试中,可能已经标识了多数的功能性失效。通常认为,系统测试适合于将系统与非功能性系统需求(如安全性、速度、精确性和可靠性)进行比对,还要评价系统与其他应用、实用程序、硬件设备或运行环境等的外部接口。更多的功能与非功能需求的信息可参见软件需求知识域。

5.3.2 测试目的

[Per95:c8;Pfl01:c9s8.3]

测试是为了特定目的进行的,这一目的有基本明确的规定和不同的精确程度。用精确、定量的术语确定目标,以便对测试过程进行控制。

可针对软件各种特性进行测试。设计测试用例来检查是否正确实现了功能规格说明,这在文献中被称为符合性测试、正确性测试、功能测试。但是,还应测试其他非功能性特性,包括:性能、可靠性、可使用性等。

其他重要的测试目的还包括(但不局限于):可靠性测量、易用性评价和验收。验收可采用不同的方法。注意,测试目的随测试对象变化而变化;一般来说,不同级别的测试满足不同的目的。

前面为本主题推荐的参考文献描述了潜在的测试目的集合。下面列出的是在文献中最常引用的子主题。注意,某些类型的测试更适合于定制的软件包,安装测试就是一个例子。其他测试,例如β测试,则适合于一般产品。

5.3.2.1 验收/合格性测试

[Per95:c10;Pfl01:c9s8.5](IEEE 12207.0-96:s5.3.9)

验收测试按照早已明确的顾客需求来检查系统的行为;顾客承担或指定典型任务,以检查他们的需求,或组织标识的软件目标市场的需求是否被满足。这一测试活动可能涉及系统的开发方,也可能不涉及他们。

5.3.2.2 安装测试

[Per95:c9;Pfl01:c9s8.6]

通常在软件开发和验收测试完成后,软件才能通过在目标环境中安装来进行验证。安装测试能被看作是根据硬件配置需求而再次进行的系统测试,安装过程也可被验证。

5.3.2.3 α与β测试

[Kan99:c13]

在软件发布前,有时会让小规模、有代表性的潜在用户试用,可在开发组织内部进行(α测试),或外部进行(β测试)。这些用户报告产品的问题。通常,不对α与β测试进行控制,也不一定有测试计划。

5.3.2.4 符合性测试/功能测试/正确性测试

[Kan99:c7;Per95:c8](Wak99)

符合性测试目的是确认观察到的被测试软件的行为是否符合其规格说明。

5.3.2.5 可靠性实现和评价

[Lyu96:c7;Pfl01:c9s.8.4](Pos96)

由于测试帮助标识故障,所以是改进可靠性的一种手段。根据运行描述随机产生测试用例进行测试,能导出可靠性的统计学测度。使用可靠性增长模型,能共同实现两个目标(参见子主题5.5.2.5寿命测试与可靠性评价)。

5.3.2.6 回归测试

[Kan99:c7;Per95:c11,c12;Pfl01:c9s8.1](Rot96)

根据IEEE 610.12-90,回归测试是"系统或部件的选择性的再测试,以验证所做修改没有引起不希望的后果……"。在实际中,这一思想是要展示以前通过测试的软件目前仍能通过。Beizer(Bei90)将其定义为重复测试,目的在于表明,除了需要的外,软件的行为没有改变。显然,应保证每次变更后进行回归测试,以及和回归测试需要在资源之间作出平衡。

回归测试可在主题5.3.1测试对象中的每个测试级别上进行,并可应用于功能和非功能测试。

5.3.2.7 性能测试

[Per95:c17;Pfl01:c9s8.3](Wak99)

性能测试特别针对验证软件满足规格说明的性能需求,例如,容量和响应时间。一种特殊的性能测试是容限测试(Per95:p185,p487;Pfl01:p401),它要测试程序或系统的内部极限。

5.3.2.8 超负载测试

[Per95:c17;Pfl01:c9s8.3]

超负载测试(stress testing)以设计的最大负载运行软件,测试超过最大负载的情况。

5.3.2.9 比对测试

在一个软件产品的两个实现版本上运行同一个测试集合,并比较结果。

5.3.2.10 恢复测试

[Per95:c17;Pfl01:c9s8.3]

恢复测试的目的是验证软件在"灾难"后的重启动能力。

5.3.2.11 配置测试

[Kan99:c8;Pfl01:c9s8.3]

当为服务于不同的用户构造软件时,配置测试用于分析软件在各种规定的配置下的行为。

5.3.2.12 易用性测试

[Per95:c8;Pfl01:c9s8.3]

这一过程评价终端用户学习和使用软件(包括用户文档集)的难易程度;软件功能支持用户任务的有效程度;以及,从用户错误中恢复的能力。

5.3.2.13 测试驱动的开发

[Bec02]

测试驱动的开发本身不是一个测试技术,它力图将测试作为一个需求规格说明文档的替代品,而不是将其作为一个独立的检查,目的是确认软件是否正确实现了需求。

5.4 测试技术

5.4.1 概述

测试的目标之一是尽可能多地揭露潜在的失效,人们为此开发了很多的技术,这些技术通过运行一个或多个从已认可的可执行集合中抽出来的等价测试,试图来"中断"程序。这些技术的主要原理是尽可能系统化地标识程序行为的代表性集合,例如,考虑输入域、情景、状态和数据流等的子集。

找出对所有技术的相同分类基础比较困难,这里使用的分类基础是某种折中。分类基于的是:测试是如何从软件工程师的直觉和经验、规格说明、代码结构、需要发现的(真实或人造)故障、现场使用或应用的本质中生成的。有时,如果测试依赖于软件设计和编码,则这些技术被分类为白盒或称为玻璃盒;如果测试用例仅依赖于输入/输出行为,则被分类为黑盒;还有一种分类,组合使用了两种或两种以上的技术。

显然,这些技术通常不会被测试人员同等地使用。下面列出的是软件工程师应知道的一些技术。

5.4.2 基于测试者直觉和经验的技术

5.4.2.1 即兴测试

[Kan99:c1]

实践中最广泛采用的技术也许依然是即兴测试(Ad hoc testing):测试是根据软件工程师的技能、直觉和对类似程序的经验推导的。即兴测试可能对确认不容易用形式化技术捕获的特殊测试有用。

5.4.2.2 探索性测试

探索性测试定义为边学习、边设计测试、边执行测试,即没有在制定的测试计划中事先定义测试,而是动态地设计、执行和修改测试。探索性测试的有效性依赖于软件工程师的知识,这些知识可能有不同的来源:测试中观察到的产品行为,对如下情况的熟悉程度:应用、平台、失效过程、可能的故障及失效类型、特定产品相关的风险等方面[Kan01:c3]。

5.4.3 基于规格说明的技术

5.4.3.1 等价划分

[Jor02:c7;Kan99:c7]

将输入域划分为一些子集合或等价类,这些类是否等价,取决于指定的关系,并且,从每个类取出代表性测试集合(通常只有一个测试)。

5.4.3.2 边值分析

[Jor02:c6;Kan99:c7]

在变量的输入域的边界上和边界附近选择测试用例。其基本原理是,许多故障倾向于集中在输入的极端值附近。对这一技术的一个扩展是稳健性测试:也在变量的输入域外部选择测试用例,以测试程序对于不期望的输入或错误输入的稳健性。

5.4.3.3 决策表

[Bei90:c10s3](Jor02)

决策表表示了条件(粗略地说是输入)和行动(粗略地说是输出)之间的关系。考虑条件和行动的每种可能的组合，系统性地导出测试用例。一个相关的技术是原因-结果图（cause-effect graphing）[Pfl01：c9]。

5.4.3.4 基于有限状态机的测试

[Bei90：c11；Jor02：c8]

将程序模型化为有限状态机，选择一些测试来覆盖其状态和转移。

5.4.3.5 根据形式规格说明的测试

[Zhu97：s2.2]（Ber91；Dic93；Hor95）

用形式语言给出规格说明，自动导出功能性测试用例，同时，也为检查测试结果提供参考输出或谕示。有许多方法可用来从模型（Dic93，Hor95）和代数规格说明（Ber91）中导出测试用例。

5.4.3.6 随机测试

[Bei90：c13；Kan99：c7]

测试完全是随机产生的，不要与子主题 5.4.6.1 操作大纲中描述的来自运行简档的统计测试混淆。之所以将这类测试划分到基于规格说明的测试，是因为至少应知道输入域，以便在其中选择随机点。

5.4.4 基于代码的技术

5.4.4.1 基于控制流的验收准则

[Bei90：c3；Jor02：c10]（Zhu97）

基于控制流覆盖验收准则旨在覆盖程序中所有的语句或语句块，或它们指定的组合。已经提出了若干覆盖验收准则，如条件/决策覆盖。最强的基于控制流的准则是路径测试，其目的是执行流程图中所有从入口到出口的控制流路径。由于存在循环，路径测试一般是不可行的，实践中采用其他较弱的验收准则，如语句测试、分支测试、条件/决策测试。这些测试的充足程度按百分比测量；例如，当测试将所有分支至少执行一遍时，可认为达到了 100%的分支覆盖。

5.4.4.2 基于数据流的验收准则

[Bei90：c5]（Jor02；Zhu97）

在基于数据流的测试中，用有关程序如何定义、使用和丢弃（取消定义）变量的信息来注释控制流图。最强的验收准则是“所有定义-使用”路径，它要求，对于每个变量、每个从变量的定义到使用此定义的控制流路径段执行测试。为减少需要的路径数目，可使用较弱的策略，如“所有定义”或“所有使用”。

5.4.4.3 基于代码测试的参考模型（流程图、调用图）

[Bei90：c3；Jor02：c5]

尽管流程图本身不是一项技术，但在基于代码的测试技术中，程序的控制结构可用流程图表示。流程图是一个有向图，其节点和弧分别对应程序元素。例如，节点可代表语句或不被中断的语句序列，弧代表节点之间的控制转移。

5.4.5 基于故障的技术

5.4.5.1 概述

（Mor90）

基于故障的测试技术根据形式化程度，特别针对揭露可能的或事先定义的故障来设计测试用例。

5.4.5.2 错情猜测

[Kan99:c7]

在错情猜测中，软件工程师设计特殊的测试用例，试图计算出给定程序中最似是而非的故障。进行猜测的良好信息源是较早项目中发现的故障以及软件工程师的经验。

5.4.5.3 变异测试

[Per95:c17;Zhu97:s3.2-s3.3]

变异是被测试程序的轻微修改版：对程序进行微小的、语法上的变更。在原始版本和所有变异版本上运行每个测试用例，如果测试用例能成功标识原始程序和变异版本之间的区别，就认为后者被“杀”了。最初，变异测试用于评价执行的测试(参见5.5.3)，其本身也是一种测试验收准则：随机地选择测试用例，直到丢弃掉足够多的变异；或者特别地设计测试，用以丢弃幸存的变异版本。在后一种情况下，能将变异测试归类为基于代码的技术。变异测试的基本假设是耦合效应，即通过寻找简单的语法故障，可发现更复杂的、真实的故障。为了让变异测试有效，应系统化地自动生成大量的变异。

5.4.6 基于用法的技术

5.4.6.1 运行简档

[Jor02:c15;Lyu96:c5;Pfl01:c9]

在为进行可靠性评价而进行的测试中，测试环境应尽可能相近地重现软件的运行环境。其思想是，从观察到的测试结果中推测软件在未来实际使用时的可靠性。为此，根据在实际运行中出现的情况，为输入分配一个概率分布或简档(profile)。

5.4.6.2 软件可靠性加固测试

[Lyu96:c6]

软件可靠性加固测试(SRET)是一个围绕整个开发过程的测试方法。在这里，测试是“根据可靠性目标、期望的相关用法、领域中不同功能的关键性来设计和进行的”。

5.4.7 有关应用性质的技术

上面的技术适用于所有类型的软件。但是，针对某些应用类型测试，需要一些额外的知识。下面按照被测试应用的类型列出一些专门的测试领域：

——面向对象的测试[Jor02:c17;Pfl01:c8s7.5](Bin00)；
——基于部件的测试；
——基于Web的测试；
——图形用户接口(GUI)测试[Jor20]；
——并发程序测试(Car91)；
——协议符合性测试(Pos96;Boc94)；
——实时系统测试(Sch94)；
——安全性极差系统的测试(IEEE 1228-94)。

5.4.8 技术的选择和组合

5.4.8.1 功能性与结构性

[Bei90:c1s.2.2;Jor02:c2,c9,c12;Per95:c17](Pos96)

通常,基于规格说明的测试技术和基于代码的测试技术被分为功能测试和结构测试。这两类测试选择的方法并不是可相互替代的,而是互补的;事实上,他们使用不同的信息来源,而且,确实突出了不同种类的问题。出于预算的考虑,可组合使用他们。

5.4.8.2 确定性的与随机的

(Ham92;Lyu96:p541-547)

根据前面列出的各种技术,就像通常的可靠性测试那样,测试用例能以确定性的方式选择,也能从输入分布中随机选择。为分析出一种方法比另一种方法更有效的条件,已进行了一些分析性和经验性比较。

5.5 测试相关测度

5.5.1 概述

有时,测试技术与测试目的会被混淆在一起。测试技术是手段,用来帮助确保达到测试目的。例如,分支覆盖是常见的测试技术。获取特定分支覆盖的测度在本质上不应当被视为测试目的。它仅是一种手段:从一个决策点系统地操作每个程序分支,以增加发现失效的机会。为避免误解,宜明确区分测试相关的测度和评价测试集完备性的测度。测试相关测度根据观察测试输出评价被测试程序。软件工程管理知识域的子域 6 软件工程测量给出更多测量程序信息。有关测度的附加信息,参见软件工程过程知识域的子域 9.5“过程与产品测量”。

通常认为,测量是质量分析的工具,但测量也可用于优化测试的规划和执行。测试管理能使用几个过程测度来监控进展。测试过程相关的、用于管理的测度见主题 5.6.2“实践考虑”。

5.5.2 对在测程序的评价

5.5.2.1 相关标准

(IEEE 982.1-98)

5.5.2.2 辅助规划及设计测试的程序测量

[Bei90:c7s4.2;Jor02:c9](Ber96;IEEE 982.1-88)

可使用基于程序规模(例如,源代码行或 FP)或基于程序结构(如复杂性)的测度来指导测试。结构测度还能包括依据模块相互调用的频率进行的程序模块之间的测量。

5.5.2.3 故障类型、分类和统计

[Bei90:c2;Jor02:c2;Pfl01:c8](Bei90;IEEE 1044-93;Kan99;Lyu96)

有关故障的分类法和分类的文献有很多。为了让测试更有效,了解可在被测试的软件中发现哪类故障,以及这些故障在过去发生的相对频率是很重要的。这些信息在质量预测和过程改进中可能很有用处。更多的信息可参见软件质量知识域的主题 11.4.2“缺陷表征”。关于如何对软件异常进行分类的 IEEE 标准请参见 IEEE 1044-93。

5.5.2.4 故障密度

[Per95:c20](IEEE 982.1-88;Lyu96:c9)

根据发现的故障类型来数量和分类,能评估被测试的程序。对每个故障类型,故障密度被定义为:发现的故障数目与程序规模的比率。

5.5.2.5　寿命测试与可靠性评价

[Pfl01:c9](Pos96:p146-154)

能从可靠性实现和评价(参见子主题 5.3.2.5)中得到软件可靠性的统计估算,还能用他来评价一个产品,并决定是否能终止测试。

5.5.2.6　可靠性增长模型

[Lyu96:c7;Pfl01:c9](Lyu96:c3,c4)

根据在可靠性实现和评价(子主题 5.3.2.5)下观察到的失效,可靠性增长模型可对可靠性进行预测。通常这些模型假设:引起失效的故障已经被修复(尽管一些模型也接受不完全的修复),这样,产品的可靠性平均呈现增长的趋势。现在,已公布的模型有许多。许多模型基于某些常规假设,其他则不然。因此,这些模型被划分为失效计数模型和失效间隔时间模型。

5.5.3　对已完成测试的评价

5.5.3.1　覆盖/彻底性测度

[Jor02:c9;Pfl01:c8](IEEE 982.1-88)

有几个测试充分性准则要求:测试用例系统性地执行在程序中或规格说明中(见子主题 5.3.3)标识的元素集合。为评价已经执行的测试的彻底性,测试人员能通过控制被覆盖的元素,动态地测量已覆盖的元素和所有元素之间的比率,例如,有可能测量程序流程图中已覆盖的分支的百分比,或列在规格说明文档中的已执行的功能需求的百分比。基于代码的充分性验收准则要求有适用于被测试程序的"插装工具"。

5.5.3.2　故障播种

[Pfl01:c8](Zhu97:s3.1)

在测试前,可在程序中人工引入一些故障。执行测试时,这些播种的故障将暴露出来,并可能显示一些程序中本来的故障。在理论上,根据发现的人工故障及其数目,能评价测试的有效性并估算程序真正的故障的剩余数目。在实践中,统计学家质疑植入的故障的分布,其对于程序原本故障的代表性,以及做推测所基于的小样本的规模。也有一些人指出,使用这一技术宜非常小心,因为将故障插入软件涉及将其留在程序中的风险。

5.5.3.3　变异评分

[Zhu97:s3.2-s3.3]

在变异测试(子主题 5.4.5.3)中,被丢弃的变异对生成的总变异数目的比率能用来测量执行的测试的有效性。

5.5.3.4　不同技术的比较和相对能行性

[Jor02:c9,c12;Per95:c17;Zhu97:s5](Fra93;Fra98;Pos96:p64-72)

已经进行了一些研究,来比较不同测试技术的相对有效性。精确定义技术评估的性质很重要,例如,什么是术语"有效性 effectiveness"的精确含义?可能的解释是:发现第一个失效需要的测试的数目、通过测试发现的故障数目与测试中和测试后发现的故障的总数目的比率,或者可靠性改进了多少。根据前面列出的有效性的各个概念,已经对不同技术进行了分析性和经验性比较。

5.6 测试过程

5.6.1 概述

需要将测试概念、策略、技术和测度集成到已定义、可控的、由人来执行的过程中。测试过程支持测试活动,为测试小组提供从测试规划到测试输出评价的指导,这样,就为有成本效益地满足测试目的提供了合理的保证。

5.6.2 实践考虑

5.6.2.1 态度/无我程序设计

[Bei90:c13s3.2;Pfl01:c8]

成功测试的一个重要因素是对测试和质量保证活动的协作态度。关键是,经理应鼓励以良好的接受态度对待开发和维护中发现的失效,例如,避免程序员产生代码所有权的心态,这样程序员们就不会觉得自己对代码出现的失效负有责任。

5.6.2.2 测试指导

[Kan01]

各测试阶段可用不同的目的来指引,例如:在基于风险的测试中,使用产品风险优先和重在测试策略;或者,在基于情景的测试中,根据指定的软件情景来定义测试用例。

5.6.2.3 测试过程管理

[Bec02:Ⅲ;Per95:c1-c4;Pfl01:c9](IEEE 1074:97;IEEE 12207.0-96:s5.3.9,s5.4.2,s6.4,s6.5)

应将在不同级别(见子主题 2 测试级别)进行的测试活动与人、工具、方针和测量组织在一起,形成一个良好定义的过程,而这一过程是生存周期的一个完整部分。在 IEEE/EIA 标准 12207.0 中,并没有将测试描述为一个独立的过程,但是测试活动原则伴随 5 个主要的生存周期过程和支持过程被包括其中。在 IEEE Std 1074 中,测试与其他评价活动一起,是整个生存周期活动的一个完整部分。

5.6.2.4 测试文档编制与工作产品

[Bei90:c13s5;Kan99:c12;Per95:c19;Pfl01:c9s8.8](IEEE 829-98)

文档编制是测试过程形式化的一个完整部分,IEEE 软件测试文档编制标准(IEEE 829-98)充分描述了测试文档、文档间相互关系、文档与测试过程关系。测试文档可包括:测试计划、测试设计规格说明、测试规程规格说明、测试用例规格说明、测试日志及测试待查事件或问题报告。受测软件作为测试项被文档记录。测试文档宜按软件工程其他类型文档同等质量水平来生成和连续更新。

5.6.2.5 内部与独立测试团队

[Bei90:c13s2.2-c13s2.3;Kan99:c15;Per95:c4;Pfl01:c9]

测试过程的形式化可能涉及测试小组组织的形式化。测试团队可由内部成员(即项目团队,可能涉及,也可能不涉及软件构造)组成;也可由外部成员组成,以带来无偏见的、独立的观点;或者由内部和外部成员共同组成。需要考虑的、影响决策的因素包括:涉及的组织的成本、进度计划、成熟度等级和应用的关键性。

5.6.2.6 成本/工作量估算和其他过程测度

[Per95:c4,c21](Per95:Appendix B;Pos96:p139-145;IEEE 982.1-88)

经理用来控制和改进测试过程的有关的测度有：测试耗费的资源、不同测试阶段发现故障的相对有效性。这些测试测度可能覆盖指定的测试用例数、执行的测试用例数、通过的测试用例数、没通过的测试用例数等。

将测试阶段评价报告与原因分析组合在一起，以尽可能早地评价测试过程对发现故障的有效性。这种评价可能与风险分析相关。此外，值得耗费在测试上的资源宜与应用软件的用途/关键性(use/criticality)相称：不同的技术有不同的成本，因而得出产品可靠性的不同置信度。

5.6.2.7 终止

[Bei90：c2s2.4；Per95：c2]

应作出多少测试量足够、何时能终止测试的决策。彻底性测度(如达到的代码覆盖率或功能完备性)、故障密度估计、运行可靠性估计等本身并不充分，但可提供有用的支持。决策也涉及到对潜在的残余失效带来的成本和风险的考虑，以及继续测试的潜在成本。参见子主题 5.2.2.1“测试选择准则/测试充足准则”。

5.6.2.8 测试重用与测试模式

[Bei90：c13s5]

为了以有组织的、有成本效益的方式进行测试或维护，宜系统地重用用于测试软件每个部分的手段。这一测试资料的只是库应处于软件配置管理的控制下，这样，软件需求或设计的变更就能反映到范围内的测试变更。

用在特定环境下的某些类应用的测试解决方案，以及决策时的动机，形成了一个测试模式，其本身可文档化，以便能在以后类似的项目中重用。

5.6.3 测试活动

5.6.3.1 概述

这一主题给出测试活动的概述，正如以下描述那样不言而喻，测试活动的成功管理强烈依赖于软件配置管理过程。

5.6.3.2 规划

[Kan99：c12；Per95：c19；Pfl01：c8s7.6](IEEE 829-98：s4；IEEE 1008-87：s1-s3)

与项目管理的任何其他方面一样，应对测试活动进行规划。测试规划的关键方面包括人员协调、可用的测试设施和设备(可能包括磁介质、测试计划和规程)的管理、对可能的不期望的结果的规划。如果维护了多于一个的软件基线，则主要的规划考虑是保证测试环境适当配置所需要的时间和工作量。

5.6.3.3 测试用例生成

[Kan99：c7](Pos96：c2；IEEE 1008-87：s4，s5)

测试用例的产生基于要完成的测试级别和特定的测试技术。测试用例应在软件配置管理的控制之下，并包括每个测试的期望结果。

5.6.3.4 测试环境开发

[Kan99：c11]

用于测试的环境宜与软件工程工具兼容。其宜便于测试用例的开发和控制，以及期望结果、脚本和其他测试资料的日志记录和恢复。

5.6.3.5 执行

[Bei90:c13;Kan99:c11](IEEE 1008-87:s6,s7)

测试的执行宜包含科学实验的基本原理:测试中做的每件事都应记录,并且记录要足够清晰,以使其他人员可复制。因此,宜根据文档化的规程、使用被测试软件的清晰定义的版本来执行测试。

5.6.3.6 测试结果评价

[Per95:c20,c21](Pos96:p18-20,p131-138)

应评价测试结果,以确定测试是否成功。多数情况下,“成功”表示软件按期望运行,并且没有重大的非期望结果。并非所有的非期望结果都是必然的故障,而是可被认为的简单噪声。在某个失效可被去除前,需要进行分析和调试,以隔离、标识和描述失效。如果测试结果特别重要,需要召集一个正式评审委员会来评价这些结果。

5.6.3.7 问题报告/测试日志

[Kan99:c5;Per95:c20](IEEE 829-98:s9-s10)

测试活动能记录到测试日志中,以标识测试何时进行、由谁完成、软件配置是什么,以及其他有关的标识信息。可把非期望的和不正确的测试结果记录进问题报告系统,报告中的数据是以后进行调试和修改测试中观察到的失效问题的基础。此外,如果异常没有归类为故障,也可把它记录进文档,也许以后它们会比最初认为的更严重。测试报告也是变更管理请求过程(见软件配置管理知识域的子域 7.4 软件配置控制)的输入。

5.6.3.8 缺陷追踪

[Kan99:c6]

测试中观察到的失效多数是由于软件中的故障或缺陷引起的。分析这些缺陷,以便确认它们是什么时候被引入软件的,是由什么类型的错误造成的(例如,定义不清的需求、不正确的变量声明、内存泄漏、程序句法错误等),以及是什么时候在软件中被首次发现的。缺陷追踪信息用于确定软件工程的哪些方面需要改进,以及前面的分析和测试的实际作用。

5.7 主题与参考文献对照表

表 4 为本章的主题与参考文献对照表。

表 4 主题与参考文献对照表

主 题	[Bec02]	[Bei90]	[Jor02]	[Kan99]	[Kan01]	[Lyu96]	[Per95]	[Pfl01]	[Zhu07]
5.2 软件测试基础									
5.2.1 测试相关术语									
5.2.1.1 测试相关术语与定义		c1	c2			c2s2.2			
5.2.1.2 故障与失效			c2			c2s2.2	c1	c8	
5.2.2 关键问题									
5.2.2.1 测试选择准则/测试充足准则(或停止规则)								c8s7.3	s1.1

表 4（续）

主　题	［Bec02］	［Bei90］	［Jor02］	［Kan99］	［Kan01］	［Lyu96］	［Per95］	［Pfl01］	［Zhu07］
5.2.2.2　测试能行性/测试目的		c1s1.4					c21		
5.2.2.3　缺陷认定测试		c1		c1					
5.2.2.4　谕示问题		c1							
5.2.2.5　测试的理论和实践局限				c2					
5.2.2.6　不可行路径问题		c3							
5.2.2.7　可测试性		c3,c13							
5.2.3　测试与其他活动的联系									
测试与静态分析技术		c1					c17		
测试与正确性证明和形式验证		c1s5						c8	
测试与调试		c1s2.1							
测试与编程		c1s2.3							
测试与认证									
5.3　测试级别									
5.3.1　测试对象		c1	c13					c8	
5.3.1.1　单元测试		c1					c17	c8s7.3	
5.3.1.2　综合测试			c13,c14					c8s7.4	
5.3.1.3　系统测试			c15					c9	
5.3.2　测试目的							c8	c9s8.3	
5.3.2.1　验收/合格性测试							c10	c9s8.5	
5.3.2.2　安装测试							c9	c9s8.6	
5.3.2.3　α与β测试				c13					
5.3.2.4　符合性测试/功能测试/正确性测试				c7			c8		
5.3.2.5　可靠性实现和评价						c7		c9s8.4	
5.3.2.6　回归测试				c7			c11,c12	c9s8.1	
5.3.2.7　性能测试							c17	c9s8.3	
5.3.2.8　超负载测试							c17	c9s8.3	
5.3.2.9　比对测试									
5.3.2.10　恢复测试							c17	c9s8.3	
5.3.2.11　配置测试				c8				c9s8.3	
5.3.2.12　易用性测试							c8	c9s8.3	
5.3.2.13　测试驱动的开发	iii								

表 4（续）

主　题	[Bec02]	[Bei90]	[Jor02]	[Kan99]	[Kan01]	[Lyu96]	[Per95]	[Pf101]	[Zhu07]
5.4　测试技术									
5.4.1　概述									
5.4.2　基于测试者直觉和经验的技术									
5.4.2.1　即兴测试				c1					
5.4.2.2　探索性测试					c3				
5.4.3　基于规格说明的技术									
5.4.3.1　等价划分			c7	c7					
5.4.3.2　边值分析			c6	c7					
5.4.3.3　决策表		c10s3						c9	
5.4.3.4　基于有限状态机的测试		c11	c8						
5.4.3.5　根据形式规格说明的测试									s2.2
5.4.3.6　随机测试		c13		c7					
5.4.4　基于代码的技术									
5.4.4.1　基于控制流的验收准则		c3	c10					c8	
5.4.4.2　基于数据流的验收准则		c5							
5.4.4.3　基于代码测试的参考模型(流程图、调用图)		c3	c5						
5.4.5　基于故障的技术									
5.4.5.1　概述									
5.4.5.2　错情猜测				c7					
5.4.5.3　变异测试							c17		s3.2,s3.3
5.4.6　基于用法的技术									
5.4.6.1　运行简档			c15			c5		c9	
5.4.6.2　软件可靠性加固测试						c6			
5.4.7　有关应用性质的技术									
面向对象的测试			c17					c8s7.5	
基于部件的测试									
基于 Web 的测试									
图形用户接口(GUI)测试			c20						
并发程序测试									
协议符合性测试									
分布式系统测试									

表 4（续）

主　题	[Bec02]	[Bei90]	[Jor02]	[Kan99]	[Kan01]	[Lyu96]	[Per95]	[Pfl01]	[Zhu07]
实时系统测试									
5.4.8　技术的选择和组合									
5.4.8.1　功能性与结构性		c1s2.2，	c1，c11s 11.3				c17		
5.4.8.2　确定性的与随机的									
5.5　测试相关的测度									
5.5.1　概述									
5.5.2　对在测程序的评价									
5.5.2.1　相关标准									
5.5.2.2　辅助规划及设计测试的程序测量		c7s4.2	c9						
5.5.2.3　故障类型、分类和统计		c2	c1					c8	
5.5.2.4　故障密度							c20		
5.5.2.5　寿命测试与可靠性评价								c9	
5.5.2.6　可靠性增长模型						c7		c9	
5.5.3　对已完成测试的评价									
5.5.3.1　覆盖/彻底性测度			c9					c8	
5.5.3.2　故障播种								c8	
5.5.3.3　变异评分									s3.2，s3.3
5.5.3.4　不同技术的比较和相对能行性			c8，c11				c17		s5
5.6　测试过程									
5.6.2　实践考虑									
5.6.2.1　态度/无我程序设计		c13s3.2						c8	
5.6.2.2　测试指导	iii				C5				
5.6.2.3　测试过程管理							c1-c4	c9	
5.6.2.4　测试文档编制与工作产品		c13s5		c12			c19	c9s8.8	
5.6.2.5　内部与独立测试团队		c13s2.2，c1s2.3		c15			c4	c9	
5.6.2.6　成本/工作量估算和其他过程测度							c4，c21		
5.6.2.7　终止		c2s2.4					c2		
5.6.2.8　测试重用与测试模式		c13s5							
5.6.3　测试活动									

表 4（续）

主　题	[Bec02]	[Bei90]	[Jor02]	[Kan99]	[Kan01]	[Lyu96]	[Per95]	[Pfl01]	[Zhu07]
5.6.3.1　概述									
5.6.3.2　规划				c12			c19	c87s7.6	
5.6.3.3　测试用例生成				c7					
5.6.3.4　测试环境开发				c11					
5.6.3.5　执行		c13		c11					
5.6.3.6　测试结果评价							c20,c21		
5.6.3.7　问题报告/测试日志				c5			c20		
5.6.3.8　缺陷追踪				c6					

5.8　对软件测试推荐的参考文献

[Bec02] K.Beck."Test-Driven Development by Example".Addison-Wesley,2002.

[Bei90] B.Beizer."Software Testing Techniques".International Thomson Press,1990,Chap.1-3,5,7s4,10s3,11,13.

[Jor02] P.C.Jorgensen."Software Testing:A Craftsman's Approach".Second Edition,CRC Press,2004,Chap.2,5-10,12-15,17,20.

[Kan99] C. Kaner, J. Falk and H. Q. Nguyen." Testing Computer Software". Second ed: Wiley,1999,Chap.1,2,5-8,11-13,15.

[Kan01] C. Kaner, J. Bach and B. Pettichord, Lessons Learned in Software Testing: Wiley Computer Publishing,2001.

[Lyu96] M.R.Lyu."Handbook of Software Reliability Engineering".Mc-Graw-Hill/IEEE,1996,Chap.2s2.2,5-7.

[Per95] W.Perry."Effective Methods for Software Testing".Wiley,1995,Chap.1-4,9,10-12,17,19-21.

[Pfl01] S. L. Pfleeger." Software Engineering: Theory and Practice". Second ed: Prentice-Hall,2001,Chap.8,9.

[Zhu97] H.Zhu,P.A.V.Hall and J.H.R.May."Software Unit Test Coverage and Adequacy".ACM Computing Surveys,vol.29,iss.4,366-427(Sections 1,2.2,3.2,3.3),Dec.,1997

5.9　进一步阅读的文献

(Bac90) R.Bache and M.Müllerburg."Measures of Testability as a Basis for Quality Assurance".Software Engineering Journal,vol.5,86-92,March,1990.

(Bei90) B.Beizer."Software Testing Techniques".Second ed:International Thomson Press,1990.

(Ber91) G.Bernot,M.C.Gaudel and B.Marre."Software Testing Based On Formal Specifications:a Theory and a Tool".Software Engineering Journal,387-405,Nov.,1991.

(Ber96) A.Bertolino and M.Marrè."How many paths are needed for branch testing?".The Journal of Systems and Software,vol.35,iss.2,95-106,1996.

(Ber96a) A.Bertolino and L.Strigini."On the Use of Testability Measures for Dependability Assessment".IEEE Transactions on Software Engineering,vol.22,iss.2,97-108,Feb.,1996.

(Bin00) R. V. Binder, Testing Object-Oriented Systems Models, Patterns, and Tools: Addison-Wesley,2000.

(Boc94) G.V.Bochmann and A.Petrenko."Protocol Testing:Review of Methods and Relevance for Software Testing".presented at ACM Proc.Int.Symposium on Software Testing and Analysis(ISSTA'94),Seattle,Washington,USA,1994.

(Car91) R.H.Carver and K.C.Tai."Replay and testing for concurrent programs".IEEE Software, 66-74,March,1991.

(Dic93) J.Dick and A.Faivre."Automating The Generation and Sequencing of Test Cases From Model-Based Specifications". presented at FME'93: Industrial-Strength Formal Method, LNCS 670, 1993.

(Fran93) P.Frankl and E.Weyuker."A formal analysis of the fault detecting ability of testing methods".IEEE Transactions on Software Engineering,vol.19,iss.3,202-,March,1993.

(Fran98) P.Frankl,D.Hamlet,B.Littlewood and L.Strigini."Evaluating testing methods by delivered reliability".IEEE Transactions on Software Engineering,vol.24,iss.8,586-601,August,1998.

(Ham92) D.Hamlet."Are we testing for true reliability?".IEEE Software,21-27,July,1992.

(Hor95) H.Horcher and J.Peleska."Using Formal Specifications to Support Software Testing". Software Quality Journal,vol.4,309-327,1995.

(How76) W.E.Howden."Reliability of the Path Analysis Testing Strategy".IEEE Transactions on Software Engineering,vol.2,iss.3,208-215,Sept.,1976.

(Jor02) P. C. Jorgensen." Software Testing: A Craftsman's Approach". Second Edition, CRC Press,2004.

(Kan99) C.Kaner,J.Falk and H.Q.Nguyen."Testing Computer Software".Second ed:Wiley,1999.

(Lyu96) M.R.Lyu,Handbook of Software Reliability Engineering:Mc-Graw-Hill/IEEE,1996.

(Mor90) L.J.Morell."A Theory of Fault-Based Testing".IEEE Transactions on Software Engineering,vol.16,iss.8,844-857,August,1990.

(Ost88) T.J.Ostrand and M.J.Balcer."The Category-Partition Method for Specifying and Generating Functional Tests".Communications of ACM,vol.31,iss.3,676-686,June,1988.

(Ost98) T.Ostrand,A.Anodide,H.Foster and T.Goradia."A Visual Test Development Environment for GUI Systems".presented at ACM Proc.Int.Symposium on Software Testing and Analysis (ISSTA'98),Clearwater Beach,Florida,USA,1998.

(Per95) W.Perry,Effective Methods for Software Testing:Wiley,1995.

(Pfl01) S.L.Pfleeger." Software Engineering: Theory and Practice". Second ed: Prentice-Hall, 2001,Chap.8,9.

(Pos96) R.M.Poston,Automating Specification-based Software Testing:IEEE,1996.

(Rot96) G.Rothermel and M.J.Harrold."Analyzing Regression Test Selection Techniques".IEEE Transactions on Software Engineering,vol.22,iss.8,529-,Aug.,1996.

(Sch94) W.Schütz."Fundamental Issues in Testing Distributed Real-Time Systems".Real-Time Systems Journal,vol.7,iss.2,129-157,Sept.,1994.

(Voa95) J. M. Voas and K. W. Miller." Software Testability: The New Verification". IEEE Software,17-28,May,1995.

(Wak99) S.Wakid,D.R.Kuhn and D.R.Wallace."Toward Credible IT Testing and Certification".

IEEE Software,39-47,July-August,1999.

(Wey82) E.J.Weyuker."On Testing Non-testable Programs".The Computer Journal,vol.25,iss. 4,465-470,1982.

(Wey83) E.J.Weyuker."Assessing Test Data Adequacy through Program Inference".ACM Trans. On Programming Languages and Systems,vol.5,iss.4,641-655,October,1983.

(Wey91) E.J.Weyuker,S.N.Weiss and D.Hamlet."Comparison of Program Test Strategies".presented at Proc. Symposium on Testing, Analysis and Verification TAV 4, Victoria, British Columbia,1991.

(Zhu97) H.Zhu,P.A.V.Hall and J.H.R.May."Software Unit Test Coverage and Adequacy".ACM Computing Surveys,vol.29,iss.4,366-427,Dec.,1997.

5.10 相关标准

(IEEE 610.12-90) IEEE Std 610.12—1990(R2002),IEEE Standard Glossary of Software Engineering Terminology:IEEE,1990.

(IEEE 829-98) IEEE Std 829—1998,Standard for Software Test Documentation:IEEE,1998.

(IEEE 982.1-88) IEEE Std 982.1—1988,IEEE Standard Dictionary of Measures to Produce Reliable Software:IEEE,1988.

(IEEE 1008-87) IEEE Std 1008—1987(R2003),IEEE Standard for Software Unit Testing: IEEE,1987.

(IEEE 1044-93) IEEE Std 1044—1993(R2002),IEEE Standard for the Classification of Software Anomalies:IEEE,1993.

(IEEE 1228-94) IEEE Std 1228—1994,Standard for Software Safety Plans:IEEE,1994.

(IEEE 12207.0-96) IEEE/EIA 12207.0—1996//ISO/IEC 12207:1995,Industry Implementation of Int.Std.ISO/IEC 12207:95,Standard for Information Technology-Software Life Cycle Processes, vol.IEEE,1996.

6 软件维护

6.1 综述

6.1.1 缩略语

下列缩略语适用于本文件。

CMMI:能力成熟度模型集成(Capability Maturity Model Integration)

ICSM:软件维护国际会议(International Conference on Software Maintenance)

SCM:软件配置管理(Software Configuration Management)

SQA:软件质量保证(Software Quality Assurance)

V&V:验证和确认(Verification and Validation)

Y2K:2000年(Year 2000)

6.1.2 导引

软件开发工作的结果是交付满足用户需求的软件产品。相应地,软件产品应变更或改进。一旦投入运行,很快就会发现缺陷,并且操作环境可能会变化,用户会提出新的需求。生存周期的维护阶段开始于质保期或支持交付之后,但维护活动发生得更早。

软件维护是软件生存周期的一个完整部分。但是其在历史上却没有得到与其他阶段一样的重视。在历史上，多数组织中，软件开发比软件维护的形象要高得多。但目前发生了变化，各个组织正在通过让软件尽可能久地运行，以减少软件开发的投资。由于 Y2K 问题，引起了对软件维护阶段的重大关注，而且，开放源码范例进一步加强了对于维护由他人开发的软件制品的关注。

在本指导性技术文件中，软件维护定义为：为软件提供好的成本/效益的支持所必需的全部活动。这些活动包括在交付前执行的活动，以及交付后执行的活动。交付前执行的活动包括交付后运行的规划、可维护性规划和转移活动的后勤决策的规划。交付后活动包括软件修改、培训和帮助桌面的操作或接口。

软件维护知识域与软件工程的其他所有方面都相关，因此，这一知识域的描述与本指导性技术文件其他所有章节都有链接。

图 6 为软件维护知识域主题分解图。

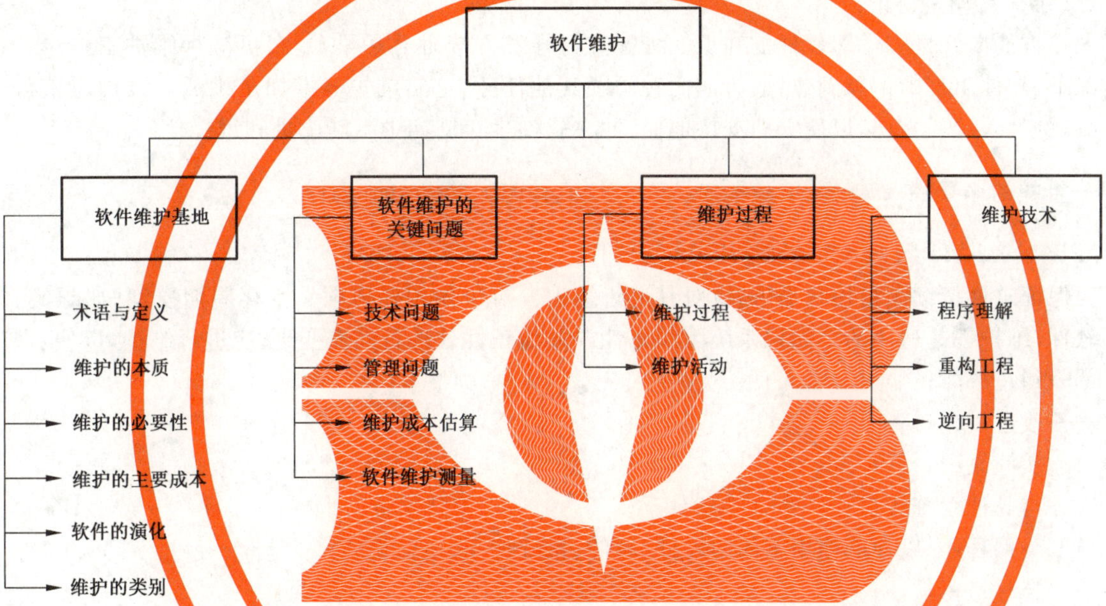

图 6　软件维护知识域主题分解图

6.2　软件维护基础

6.2.1　概述

首先介绍概念和术语，这是理解软件维护的角色和范围的基础。其次介绍各个主题的定义，并强调维护的必要性。其中，软件维护的类别是理解软件维护根本含义的关键。

6.2.2　术语与定义

[IEEE 1219-98：s3.1.12；IEEE 12207.0-96：s3.1，s5.5；ISO 14764-99：s6.1]

在 IEEE 软件维护标准 IEEE 1219 中，将软件维护定义为：在交付后，修改软件产品以纠正故障、改进性能或其他属性，或适应修改后的环境。这一标准也论述了软件产品交付前的维护活动，但是仅在信息附录中给出。

IEEE/EIA 12207 软件生存周期过程将维护描述为生存周期过程的主要过程之一，并将维护描述为软件产品经历的过程："由于出现问题或处于改进的需要而修改代码和相关文档。目的是修改现有的软件产品并保留其完整性"。ISO/IEC 14764 对软件维护的定义与 IEEE/EIA 12207 相同，并强调了交付前的维护，例如规划。

6.2.3 维护的本质

[Pfl01:c11s11.2]

软件维护在软件产品的整个可运行的生存周期支撑软件产品。要把修改请求记录进日志并进行追踪，要确定建议的变更的影响，然后修改代码和其他软件制品，进行测试，最后发布软件产品的新版本。还要向用户提供培训和日常支持。Pfleeger 在[Pfl01]中指出，“相对于开发，维护具有更广的范围，需要更多的追踪和控制”。

在 IEEE/EIA 12207 中，将维护方定义为一个完成维护活动的组织[IEEE 12207.0-96]。在这一知识域中，有时，这一术语指的是完成这些活动的个人(相对于开发方而言)。IEEE/EIA 12207 标识了软件维护的主要活动:过程实现、问题与修改分析、修改实现、维护评审/验收、迁移和退役。这些活动在主题 6.5.3 维护活动中讨论。

维护方能向开发方学习软件的知识。维护方与开发方接触并尽早参与，可减少维护工作量。在某些情况下，软件工程师不能到位，或者他们转向了其他任务，这给维护方增加了挑战。维护应获得开发的产品，例如，代码、文档，以便立即支持他们，并在软件生存周期中不断改进和维护他们。

6.2.4 维护的必要性

[Pfl01:c11.s11.2;Pig97:c2s2.3;Tak97:c1]

为保证软件持续满足用户需求，应对其进行维护。对于使用任何软件生存周期模型(如螺旋式)开发的软件，维护都是适用的。如果系统因纠正性或非纠正性软件行动而变更，应进行维护，以便：

——纠正故障；

——改进设计；

——实施改善；

——与其他系统接口；

——改编程序，以便能使用不同的硬件、软件、系统特征、电信设施；

——迁移遗留软件；

——软件退役。

根据 Pfleeger[Pfl01]，维护方的活动有 4 个关键特性：

——维持对软件的日常功能的控制；

——维持对软件修改的控制；

——优化现有功能；

——阻止软件性能下降到不可接受的等级。

6.2.5 维护的主要成本

[Abr93:63-90;Pfl01:c11s11.3;Pig97:c3;Pre01:c30s2.1,c30s2.2]

维护消耗了软件生存周期财力资源的大部分。对于软件维护的一个普遍看法是，其仅仅纠正故障。但是，多年来的研究和调查表明，软件维护工作量的大部分(超过 80%)用于非纠正性行动。[Abr93,Pig97,Pre01]Jones 在(Jon91)中描述了软件维护经理在其管理报告中经常将改进和纠正聚集在一起的方式。将改进请求包括在问题报告中，引起对纠正成本高的误解。理解软件维护的分类，有助于理解软件维护成本的结构。还有，理解影响一个系统中可维护性的因素，有助于包含相关成本。Pfleeger 在[Pfl01]中给出了一些影响软件维护成本的技术性和非技术性因素：

——应用类型；

——软件新颖性；

——软件维护人员的可用性；
——软件生存周期；
——硬件特征；
——软件设计、构造、文档和测试的质量。

6.2.6 软件的演化

[Art88:c1s1.0,s1.1,s1.2,c11,s1.1,s1.2;Leh97:108-124],(Bel72)

Lehman 在 1969 年首次指出软件维护和系统演化(Evolution)。在 20 年中,他的研究导致了 8 个“演化律”的形成。[Leh97]关键的发现包括:维护是演化性的开发,对系统(和软件)随时间发生的情况的理解可帮助维护决策。其他人指出,维护是持续的开发,只是还有一个额外的输入(或约束):现存的大型软件永远不会完备,需要连续演化。随软件的演化发展,如果不采取行动来降低其复杂性,软件将越来越复杂。

软件演示了有规律的行为和趋势,并能测量。已经有人试图开发预测性模型来估算维护工作量,这样,就开发出了有用的管理工具。[Art88],(Bel72)

6.2.7 维护的类别

[Art88:c1s1.2;Lie78;Dor02:v1c9s1.5;IEEE 1219-98:s3.1.1,s3.1.2,s3.1.7,A.1.7;ISO 14764-99:s4.1,s4.3,s4.10,s4.11,s6.2;Pig97:c2s2.3]

Lientz 和 Swanson 最初定义了 3 类维护:纠正性、适应性、完善性[Lie78]。后来在 ISO/IEC 14764 软件工程标准——软件维护中进行了修改,以包括 4 类维护:

——纠正性维护:软件产品交付后进行的反应性修改,以纠正发现的问题;
——适应性维护:软件产品交付后进行的修改,以保持软件产品能在变化后或变化中的环境继续使用;
——完善性维护:软件产品交付后进行的修改,以改进性能或可维护性;
——预防性维护:软件产品交付后进行的修改,以在软件产品中的潜在故障成为实际故障前,检测和纠正它们。

ISO/IEC 14764 将适应性和完善性维护分类为改善(enhancements),并将纠正性和预防性维护分类为纠正,如表 5 所示。如果安全性很关键,按照最新的分类,对软件产品最常进行的维护是预防性维护。

表 5 软件维护类别

	纠正	改善
前瞻性	预防性	完善性
反应性	纠正性	适应性

6.3 软件维护的关键问题

6.3.1 概述

为确保软件的有效维护,应处理大量关键的问题。软件维护向软件工程师提供了独特的技术性和管理性挑战,例如,试图在不是软件工程师本人开发的有 500 K 行源代码中查找一个故障。类似地,与软件开发方竞争资源也是经常发生的事。规划未来的发布版本的同时,要为下一个发布版本编码,并为当前版本送出紧急补丁,这也是挑战。下面给出与软件维护有关的技术和管理问题。它们按下列主题标题分组：

——技术问题；

——管理问题；

——成本估算；

——测度。

6.3.2 技术问题

6.3.2.1 有限理解

[Dor02：v1c9s1.11.4；Pfl01：c11s11.3；Tak97：c3]

有限理解指的是，软件工程师能以多快的速度理解在软件中何处能作出变更或纠正，且这一软件不是其本人开发的。研究指出，大约 40%～60%的维护工作量用于理解要修改的软件。这样，软件理解的主题对于软件工程师有极大的兴趣。在面向文本的表示和源代码中，理解更加困难，例如，如果没有把变更记录在文档中，而且没有开发方来解释时，通过软件的发布/版本来追踪其改变就很困难，但事情常常如此。这样，软件工程师最初可能对软件只有有限理解，为了维护，应做很多工作来弥补这一点。

6.3.2.2 测试

[Art88：c9；Pfl01：c11s11.3]

在软件的某个主要部分重复全部测试，在时间上和金钱上的成本可能很高。回归测试是对软件或部件的选择性的再测试，以验证修改没有引起不需要的后果。回归测试对于维护很重要。此外，查找测试的时间经常很困难。当维护团队不同的成员同时处理不同的问题时，如何协调测试也是一个挑战。[Plf01]当软件执行关键的功能时，可能无法在脱机的状态下进行测试。软件测试知识域在子主题 5.3.2.6 回归测试中，对这一问题提供了附加的信息和参考文献。

6.3.2.3 影响分析

[Art88：c3；Dor02：v1c9s1.10；Pfl01：c11s11.5]

影响分析描述如何以较好的成本效益进行现有软件的变更影响的完备分析。维护方应具有关于软件结构和内容的详细知识[Pfl01]。他们使用这些知识来完成影响分析，以标识 SCR 影响的所有系统和软件产品，并作出完成这一变更需要的资源的估算。[Art88]

另外，要确定进行变更的风险。变更请求有时叫修改请求(MR)，并经常被称为问题报告(PR)。应先分析变更请求再将其翻译为软件术语。[Dor02]在变更请求进入 SCM 过程后，就可进行变更。Arthur 在[Art88]中指出，影响分析的目标是：

——确定变更的范围，以便规划和实现这一变更；

——对完成变更需要的资源作出精确的估算；

——分析请求的变更的成本/效益；

——与其他人员交流给定的变更的复杂性。

通常使用问题的严重性来决定如何及何时解决问题。然后，软件工程师标识受影响的部件。提出几个潜在的解决方案，并推荐一个最佳的行动路线。

在软件设计时就考虑可维护性可极大地促进影响分析，并能在软件配置知识域中查找更多的信息。

6.3.2.4 可维护性

[ISO 14764-99：s6.8s6.8.1；Pfl01：c9s9.4；Pig97：c16]

如何在开发中促进和遵循可维护性问题？IEEE 在[IEEE 610.12-90]中将可维护性定义为：软件为

满足规定的需求而能被维护、改善、适应修改或纠正的难易程度。ISO/IEC 将可维护性定义为质量的一个特性(ISO 9126-01)。

为降低维护成本,在软件开发活动中,应说明、评审和控制可维护性的子特征。如果成功做到这点,就能改进软件的可维护性。由于在软件开发过程中,可维护性子特性不是重要的关注点,因此,常常很难达到。开发方要关注其他事情,往往忽略维护方的需求。这可能且事实上也常常会导致系统文档的缺失,这是导致程序理解和影响分析困难的主要原因。人们已经注意到,系统的及成熟的过程、技术和工具有助于改善系统的可维护性。

6.3.3 管理问题

6.3.3.1 与组织目标的一致

[Ben00:c6sa;Dor02:v1c9s1.6]

组织的目标描述了如何证明软件维护活动的投资回报。Bennett 在[Ben00]中指出,“最初的软件开发通常是基于项目的,具有确定的时间比例和预算。主要重点是及时交付并在预算内,以满足用户需要。与之对照,软件维护的目标通常是尽可能地延长软件的寿命。另外,其也可被满足用户对软件更新和改善的要求来驱动。在这两种情况下,投资能否有回报更加不确定,因此高级管理层的观点是:软件维护是消耗大量资源、对组织没有清晰的可量化利益的主要活动”。

6.3.3.2 人员组织

[Dek92:10-17;Dor02:v1c9s1.6;Par86:c4s8-c4s11](Lie81)

人员组织指的是如何吸引和保留软件维护人员。维护通常不被认为是一种有魅力的工作。基于调查数据,Deklava 提出了与人员有关问题的列表。[Dek92]作为结果,软件维护人员通常被认为是“二等公民”(Lie81),因而士气低落。[Dor02]

6.3.3.3 过程

[Pau93;Ben00:c6sb;Dor02:v1c9s1.3]

软件过程是人们用来开发和维护软件及相关产品的一系列活动、方法、实践和转换。[Pau93]在过程层面,软件维护活动与软件开发有许多共同之处(例如,两种活动中,SCM 都很关键)。[Ben00]维护也需要没有出现在软件开发中的几种活动(详见 6.4.3.2 独有活动)。这些活动对管理提出了挑战。[Dor02]

6.3.3.4 维护的组织方面

[Pfl01:c12s12.1-c12s12.3;Par86:c4s7;Pig97:c2s2.5;Tak97:c8]

组织方面描述了如何标识负责软件维护的组织和/或功能。一旦软件投入运行,就没有必要指定开发软件的团队来维护它。

在确定将软件维护的功能放置在何处时,软件工程组织可与原开发者在一起,或转至单独的团队(或维护方)。通常,要决定选择维护方式,以保证软件正常运行和演化,来满足不断变化的用户需求。由于每种方式都有优缺点[Par86,Pig97],决策时,具体问题宜具体分析。重要的是,无论组织的结构如何,应将软件维护职责委派或分配给一个小组或个人[Pig97]。

6.3.3.5 外包

[Dor02:v1c9s1.7;Pig97:c9s9.1,s9.2],(Car94;McC02)

维护外包正在成为一个重要行业。大型公司将整个软件系统的工作外包,包括软件维护在内。通常，选择外包选项的是非关键任务软件，因为公司不愿意失去其对核心业务中使用的软件的控制。Carey 在(Car94)中指出，一些公司只有在找到维持战略性控制的方法后，才会外包。但是，很难查找控制测度。外包的一个主要挑战是确定需要的维护服务的范围和合同细节。McCracken 在(McC02)中指出，50%的外包商在没有任何清晰的服务级协定时就提供服务。外包公司一般花费几个月来评定软件，再进入合同关系。[Dor02]另一个已标识的挑战是如何将软件转移给外包商。[Pig97]

6.3.4 维护成本估算

6.3.4.1 概述

软件工程师应了解前面讨论的不同的软件维护类别，以便处理软件维护成本估算问题。对于规划而言，成本估算是软件维护的一个重要方面。

6.3.4.2 成本估算

[Art88:c3;Boe81:c30;Jon98:c27;Pfl01:c11s11.3;Pig97:c8]

在子主题 6.3.2.3“影响分析”中已经提到，影响分析要标识所有受 SCR 影响的系统和软件产品，并估算完成变更需要的资源。[Art88]

维护成本估算受到很多技术和非技术因素的影响。ISO/IEC 14764 指出，“估算软件维护资源的两个最普遍的方法是:使用参数模型和使用经验”[ISO 14764-99:s7.4.1]。通常，要使用两者的组合。

6.3.4.3 参数模型

[Ben00:s7;Boe81:c30;Jon98:c27;Pfl01:c11s11.3]

人们在应用参数成本建模来估算软件维护方面，做了一些工作。[Boe81,Ben00]着重指出，为了使用模型，应有来自过去项目的数据。Jones 在[Jon98]中讨论了估算成本的各个方面(包括 FP)(IEEE 14143.1-00)，并为维护估算提供了详细的一章。

6.3.4.4 经验

[ISO 14764-00:s7,s7.2,s7.2.1,s7.2.4;Pig97:c8;Sta94]

可使用专家评价型经验、模拟和工作分解(WBS)等方法来扩展来自参数化模型的数据。很明显，维护估算的最好方法是组合经验数据和经验。这些数据宜作为程序测量的结果。

6.3.5 软件维护测量

6.3.5.1 概述

[IEEE 1061-98:A.2;Pig97:c14s14.6;Gra87;Tak97:c6s6.1-c6s6.3]

Grady 和 Caswell 在[Gra87]中讨论了建立公司范围内的软件测量程序，描述了软件维护测量的表格和数据收集方法。实用软件和系统测量(Practical Software and Systems Measurement,PSM)项目描述了很多组织使用的问题驱动测量过程，很实用。[McG01]

有些软件测度是通用的，软件工程研究所(SEI)标识了以下测度类别:规模、工作量、进度和质量。[Pig97]这些测度为维护方提供了一个良好的起点。对于过程与产品测量的讨论在软件工程过程知识域中。软件测量程序在软件工程管理知识域中描述。

6.3.5.2 特定测度

[Car90:s2-s3;IEEE 1219-98:Table3;Sta94:239-249]

Abran 在[Abr93]中给出了用于比较不同内部维护组织的内部基准技术。维护方应确定什么测度适合于所述的组织机构。[IEEE 1219-98;ISO 9126-01;Sta94]建议使用更加特定于软件维护测量程序的一些测度。

那个列表包括可维护性的4个子特性的许多测度：

——可分析性：维护方的工作量的测度；试图诊断失效的缺陷或原因花费的资源的测度；或用于标识要修改部分花费的资源的测度；

——可变更性：维护方的工作量的测度与实现特定的修改有关；

——稳定性：软件的非期望行为(包括测试中遇到的非期望行为)的测度；

——可测试性：维护方和用户试图测试修改后软件的工作量的测度。

使用可用的商业工具，能获得软件可维护性的某些测度。(Lag96;Apr00)

6.4 维护过程

6.4.1 概述

维护过程子主题提供了用于实现软件维护过程的参考文献和标准。维护活动主题将维护与开发区分开，指出其与其他软件工程活动的关系。

软件工程过程的要求已经很好地文档化。与用于开发方的过程类似，CMMI模型可应用于软件维护过程。文献(Apr03,Nie02,Kaj01)描述了软件维护能力成熟度模型[SEI01]，该模型可处理软件维护的特有过程。

6.4.2 各种维护过程

[IEEE 1219-98:s4;ISO 14764-99:s8;IEEE 12207.0-96:s5.5;Par86:c7s1;Pig97:c5;Tak97:c2]

维护过程提供所要求的活动和对这些活动的详细的输入输出，并在IEEE 1219和ISO/IEC 14764软件维护标准中描述。在该标准中描述的维护过程模型从交付后阶段的软件维护工作开始，并讨论了维护规划等问题。这一过程见图7。

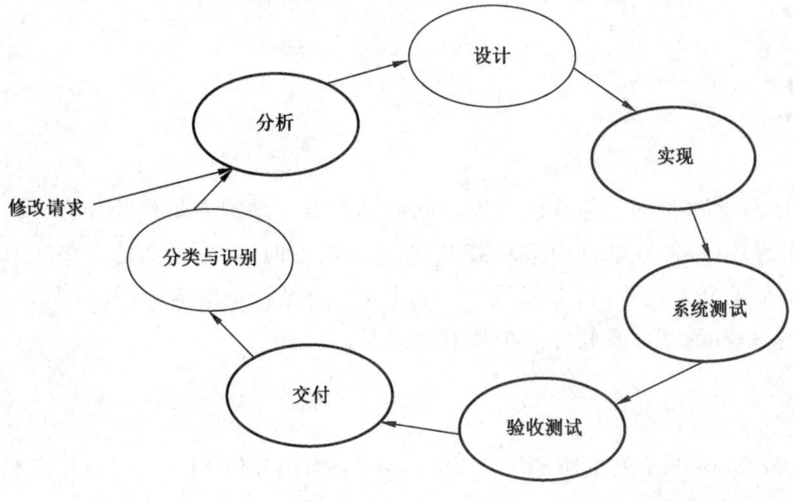

图7 IEEE 1219-98 维护过程活动

ISO/IEC 14764[ISO 14764-99]是IEEE/EIA 12207.0-96 维护过程的详化。ISO/IEC维护过程的活动类似于IEEE的活动，只是组合方式有点不同。ISO/IEC开发的维护过程活动如图8所示。

ISO/IEC 14764的每个主要软件维护活动进一步分解为任务，如下所列：

——过程实现；

——问题和修改分析；

——修改实现；
——维护评审/验收；
——迁移；
——软件退役。

Takang 和 Grubb 在[Tak97]中给出了维护过程模型演化到 IEEE 和 ISO/IEC 过程模型的发展历史。Parikh 在[Par86]中给出了对一般维护过程的很好的概述。最近，出现了敏捷方法论，他们提倡轻量级过程。这一需求来自对快速转变的维护服务的不断增长的要求。在(Poo01)中，给出了极限维护的一些实验。

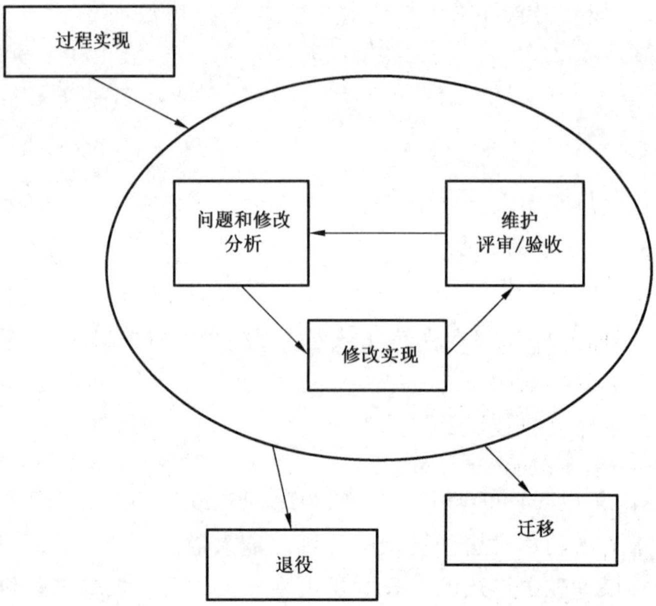

图 8 ISO/IEC 14764-00 软件维护过程

6.4.3 维护活动

6.4.3.1 概述

前面已经指出，许多维护活动与软件开发中的活动类似。维护方要执行分析、设计、编码、测试和文档管理。应像在开发中一样，在活动中追踪需求，在基线改变时，要更新文档。ISO/IEC 14764 推荐，当维护方引用一个类似的开发过程时，应修改这一过程，以满足特定的需要[ISO 14764-99:s8.3.2.1,2]。但是对于软件维护，一些活动涉及软件维护特有的过程。

6.4.3.2 独有活动

[Art88:c3;Dor02:v1c9s1.9.1;IEEE 1219-98:s4.1,s4.2;ISO 14764-99:s8.2.2.1,s8.3.2.1;Pfl01:c11s11.2]

软件维护有许多独有的过程、活动和实践，例如：

——转移：是一个受控的和协调的活动序列，转移中，软件从开发方逐步传送到维护方[Dek92,Pig97]；
——修改请求的接收/拒绝：对具有一定规模/工作量/复杂性的修改请求可被维护方拒绝，并重新转移给开发方[Dor02]，(Apr01)；
——修改请求和问题报告的帮助桌面：这是一个终端用户支持功能，可引起对修改请求的评估、优先次序和成本分析[Ben00]；

——影响分析(详细内容见 6.3.2.3)；

——软件支持：向关心某个请求的用户提供帮助和建议，以获得信息(例如，业务规则、确认、数据含义和特定的请求/报告)(Apr03)；

——服务级协定(Service Level Agreements，SLA)和专门(特定领域的)维护合同，这是维护方的职责(Apr01)。

6.4.3.3 支持活动

[IEEE 1219-98：A.7，A.11；IEEE 12207.0-96：c6，c7；ITI01；Pig97：c10s10.2，c18]；(Kaj01)

维护方也可执行一些支持活动，如软件维护规划、SCM、V&V、软件质量保证、评审、审核和用户培训；也需要另一种支持活动：维护方培训[Pig97；IEEE 12207.0-96](Kaj01)。

6.4.3.4 维护规划活动

[IEEE 1219-98：A.3；ISO 14764-99：s7；ITI01；Pig97：c7，c8]

软件维护的一个重要活动是规划，维护方应处理与大量规划观点相关的问题：

——业务规划(组织层面的)；

——维护规划(转移层面的)；

——发布/版本规划(软件层面的)；

——单个软件变更请求规划(请求层面的)。

在单个请求层面，规划是在影响分析期间完成的(参见子主题 6.4.2.3 影响分析)。发布/版本规划活动要求维护方做下列事情：

——收集单个请求的有效日期；

——与用户对随后的发布/版本内容达成协议；

——标识潜在的冲突，提出替代方案；

——评估给定发布的风险，并作出出现问题时的回收计划；

——通知所有利益相关方。

软件开发项目一般能持续几个月到几年，而维护阶段通常持续多年。估算资源是维护规划的关键因素，这些资源宜包括到开发方的项目规划预算中。软件维护规划宜从决定开发一个新系统开始，并考虑质量目标。(IEEE 1061-98)宜开发一个概念文档，然后作出维护计划。

维护的概念文档宜涉及[ISO 14764-99：s7.2]：

——软件维护的范围；

——软件维护过程的适应；

——软件维护组织的标识；

——软件维护成本的估算。

下一步应开发一个相应的软件维护计划。这一计划宜在软件开发中准备完毕，且宜指明用户如何请求软件修改或报告问题。IEEE 1219[IEEE 1219-98]和 ISO/IEC 14764 中论述了软件维护规划。[ISO 14764-99]ISO/IEC 14764 为维护计划提供指南。

最后，在最高层次上，维护组织将应进行业务规划活动(预算、财务和人力资源)，如同组织中所有其他部门一样。完成这些工作需要的管理知识参见软件工程章节的相关学科。

6.4.3.5 软件配置管理

[Art88：c2，c10；IEEE 1219-98：A.11；IEEE 12207.0-96：s6.2；Pfl01：c11s11.5；Tak97：c7]

IEEE 软件维护标准 IEEE 1219[IEEE 1219-98]将软件配置管理(SCM)描述为维护过程的关键元

素。SCM规程宜为标识、授权、实现和发布软件产品所需要的每一步骤提供验证、确认和审核。

简单地追踪修改请求或问题报告是不够的，应控制软件产品和对他作的所有变更。通过实现和执行一个被批准的SCM过程，可建立这种控制。SCM知识域提供了SCM的细节，并讨论了提交、评价和批准SCR的过程。软件维护的SCM与软件开发的SCM不同之处是：在正常运行的软件上应控制小变更的数量。SCM过程是通过开发和遵循CM计划和操作规程实现的。维护方要参加CCB（配置控制委员会），以确定下一个发布/版本的内容。

6.4.3.6 软件质量

[Art98：c7s4；IEE 12207.0-96：s6.3；IEEE 1219-98：A.7；ISO 14764-99：s5.5.3.2]

简单地希望通过软件维护可提高软件质量是不够的，应进行规划并实现规定的过程，以支持维护过程。应选择针对软件质量保证（SQA）、验证和确认（V&V）、评审与审核的活动和技术，与其他过程协同，以达到希望的质量等级。建议维护方适应性修改软件开发过程、技术和可交付件（如测试文档和测试结果）。[ISO 14764-99]

详细内容参见软件质量知识域。

6.5 维护技术

6.5.1 概述

这一子域介绍一些用于软件维护的且被普遍接受的技术。

6.5.2 程序理解

[Arn92：c14；Dor02：v1c9s1.11.4；Tak97：c3]

程序员在阅读和理解程序上花费大量时间，以便实现变更。代码浏览器是程序理解的关键工具。清晰和简明的文档有助于程序理解。

6.5.3 重构工程

[Arn92：c1，c3-c6；Dor02：v1c9s1.11.4；IEEE 1219-98：B.2]，(Fow99)

重构工程定义为检查和改造软件、用新的形式重构软件，也包括进一步实现新形式软件。Dorfman和Thayer在[Dor02]中指出，重构工程是最彻底（和昂贵）的改造形式。其他人认为，重构工程能用于较小的变更。通常不采取重构工程来改进可维护性，而是用来替换老化的遗留软件。Arnold在[Arn92]中提供了一个综合性的主题概要，例如：与重构工程有关的概念、工具和技术、用例研究、风险与效益。

6.5.4 逆向工程

[Arn92：c12；Dor02：v1c9s1.11.3；IEEE 1219-98：B.3；Tak97：c4，Hen01]

逆向工程是分析软件，以标识软件的部件及其相互关系，并以另一种形式或在更高的抽象层面创建软件的表示的过程。逆向工程是被动的，它不改变软件，也不产生新软件。逆向工程的结果是源代码的调用图和控制流图。一种类型的逆向工程是重写文档；另一类型是恢复设计[Dor02]。重构（Refactoring）是程序转换，重组程序而不改变其行为也是一种寻求改进程序结构的逆向工程（Fow99）。

在过去几年，数据逆向工程得到重视——从物理数据库中恢复逻辑模式（Hen01）。

6.6 主题与参考文献对照表

表6为本章的主题与参考文献对照表。

表 6　主题与参考文献对照表

主　题	[Abr93]	[Arn92]	[Art88]	[Ben00]	[Beo81]	[Car90]	[Dek92]	[Dor97]	[Hen01]	[IEEE 610.12-90]	[IEEE 1061.98]	[IEEE 1219-98]	[IEEE 12207.0-96]	[ISO 14764-00]	[Jon98]	[Leh97]	[Far86]	[Pf101]	[Pig97]	[Pre04]	[Sta94]	[Tak97]
6.2　软件维护基础																						
6.2.1　概述																						
6.2.2　术语与定义	63-90			s4								s3.1.12		s6.1								
6.2.3　维护的本质													s3,s5.5					c11s11.2				
6.2.4　维护的必要性																		c11s11.2	c2s2.3			c1
6.2.5　维护的主要成本	63-90																	c11s11.3	c3	C31		
6.2.6　软件的演化					c1s1.0-c1s1.2，c11s1.1，c11s1.2										108-124							
6.2.7　维护的类别	63-90				c1s1.2	s5				v1c9s1.5	s3.1.1，s3.1.2，s3.1.7，A.1.7		s4.1，s4.3，s4.10，s4.11，s6.2					c2s2.3				
6.3　软件维护的关键问题																						
6.3.1　概述																						
6.3.2　技术问题						s6c																

表 6（续）

主　题	[Abr93]	[Arn92]	[Art88]	[Ben00]	[Beo81]	[Car90]	[Dek92]	[Dor97]	[Hen01]	[IEEE 610.12-90]	[IEEE 1061.98]	[IEEE 1219-98]	[IEEE 12207.0-96]	[ISO 14764-00]	[Jon98]	[Leh97]	[Far86]	[Pf101]	[Pig97]	[Pre04]	[Sta94]
6.3.2.1　有限理解						s11.4				v1c9s 1.11.4							c11s11.3				c3
6.3.2.2　测试					c9												c11s11.3				
6.3.2.3　影响分析					c3	s10.1-s10.3				v1c9s 1.10.1-v1c9s 1.10.3							c11s11.5				
6.3.2.4　可维护性		s3				s5，s9.3，s11.4							s6.8，s6.8.1				c9s9.4	c16			
6.3.3　管理问题																					
6.3.3.1　与组织目标的一致						s6a				v1c9s 1.6											
6.3.3.2　人员组织									10-17	v1c9s 1.6						c4s8-c4s11					
6.3.3.3　过程						s6b				v1c9s 1.3											
6.3.3.4　维护的组织方面						s6a，s7										c4s7	c12s12.1-c12s12.3	c2s2.5			c8
6.3.3.5　外包						s7					v1c9s 1.7							c9s9.1-c9s9.2			

表 6（续）

主　题	[Abr93]	[Arn92]	[Art88]	[Ben00]	[Beo81]	[Car90]	[Dek92]	[Dor97]	[Hen01]	[IEEE 610.12-90]	[IEEE 1061.98]	[IEEE 1219-98]	[IEEE 12207.0-96]	[ISO 14764-00]	[Jon98]	[Leh97]	[Far86]	[Pfl01]	[Pig97]	[Pre04]	[Sta94]
6.3.4　维护成本估算																					
6.3.4.1　概述																					
6.3.4.2　成本估算					c3	s7	c30							c27			c11s11.3	c8			
6.3.4.3　参数模型						s7	c30							c27			c11s11.3				
6.3.4.4　经验													s7，s7.2，s7.2.1，s7.2.4					c8			
6.3.5　软件维护测量	63-90		A.2			s9.1，s9.2 s10.1												c14s14.6			c6s6.1-c6s6.3
6.3.5.1　概述																					
6.3.5.2　特定测度	63-90					s9.2		s2，s3			Table3									239-249	
6.4　维护过程																					
6.4.1　概述																					
6.4.2　各种维护过程						s8					s4		s8			c7s1		c5			c2
6.4.3　维护活动																					
6.4.3.1　概述								s9.1						s5.5							
6.4.3.2　独有活动	63-90				c3	s6b				v1c9s 19.1	s4.1，s4.2		s8.2.2.1，s8.3.2.1				c11s11.2				

表 6（续）

主 题	[Abr93]	[Arn92]	[Art88]	[Ben00]	[Beo81]	[Car90]	[Dek92]	[Dor97]	[Hen01]	[IEEE 610.12-90]	[IEEE 1061.98]	[IEEE 1219-98]	[IEEE 12207.0-96]	[ISO 14764-00]	[Jon98]	[Leh97]	[Far86]	[Pf101]	[Pig97]	[Pre04]	[Sta94]
6.4.3.3 支持活动											A.7，A.11	c6，c7						c10s10.2，c18			
6.4.3.4 维护规划活动											A.3		s7					c7，c8			
6.4.3.5 软件配置管理					c2，c10	s2，s6b，s9.2，s10.1，s11.4					A.11	s6.2					c11s11.5				c7
6.4.3.6 软件质量	63-90				c7s4	s7，s8，s9.2，s9.3 s11.4，s11.5					A.7	s6.3	s5.5.3.2								
6.5 维护技术																					
6.5.1 概述																					
6.5.2 程序理解				c14		s11.4				v1c9s 1.11.4											c3
6.5.3 重构工程				c1，c3-c6		s9.2，s11.4，s11.5				v1c9s 1.11.4	B.2										
6.5.4 逆向工程				c12		c9.2，s10.3，s11.2，s11.3，s11.5			*	v1c9s 1.11.3	B.3										c4

6.7 对软件维护推荐的参考文献

[Abr93] A.Abran and H.Nguyenkim."Measurement of the Maintenance Process from a Demand-Based Perspective".Journal of Software Maintenance:Research and Practice,vol.5,iss.2,63-90,1993.

[Arn93] R.S.Arnold,Software Reengineering:IEEE Computer Society,1993.

[Art98] L.J.Arthur,Software Evolution:The Software Maintenance Challenge:John Wiley & Sons,1988.

[Ben00] K.H.Bennett."Software Maintenance:A Tutorial".in Software Engineering,M.Dorfman and R.Thayer,Eds.:IEEE Computer Society Press,2000.

[Boe81] B.W.Boehm,Software Engineering Economics:Prentice-Hall,1981.

[Car90] D.N.Card and R.L.Glass,Measuring Software Design Quality:Prentice Hall,1990.

[Dek92] S.Dekleva."Delphi Study of Software Maintenance Problems".presented at Proceedings of the International Conference on Software Maintenance,1992.

[Dor02] M.Dorfman and R.H.Thayer,Eds.."Software Engineering."(Vol.1 & vol.2),IEEE Computer Society Press,2002.

[Gra87] R.B.Grady and D.L.Caswell,Software Metrics:Establishing A Company-Wide Program. Englewood Cliffs NJ,USA:Prentice-Hall,1987.

[Hen01] J.Henrard and J.-L.Hainaut,"Data Dependency Elicitation in Database Reverse Engineering,"Proc.of the 5th European Conference on Software Maintenance and Reengineering(CSMR 2001),IEEE Computer Society Press,2001.

[IEEE 610.12-90] IEEE Std 610.12—1990(R2002),IEEE Standard Glossary of Software Engineering Terminology:IEEE,1990.

[IEEE 1061-98] IEEE Std 1061—1998,IEEE Standard for a Software Quality Metrics Methodology:IEEE,1998.

[IEEE 1219-98] IEEE Std 1219—1998,IEEE Standard for Software Maintenance:IEEE,1998[6).

[IEEE 12207.0-96] IEEE/EIA 12207.0—1996//ISO/IEC 12207:1995,Industry Implementation of Int. Std. ISO/IEC 12207: 1995, Standard for Information Technology—Software Life Cycle Processes,vol.IEEE,1996.

[ISO 9126-01] ISO/IEC 9126-1:2001,Software Engineering—Product Quality—Part 1:Quality Model:ISO and IEC,2001.

[ISO 14764-99] ISO/IEC 14764—1999,Software Engineering—Software Maintenance:ISO and IEC,1999[7).

[ITI01] IT Infrastructure Library."Service Delivery and Service Support".Stationary Office, Office of Government of Commerce,2001.

[Jon98] T.C.Jones,Estimating Software Costs:McGraw-Hill,1998.

[Leh97] M.M.Lehman."Laws of Software Evolution Revisited".presented at EWSPT96,1997.

[Lie78] B.Lienz,E.B.Swanson and G.E.Tompkins."Characteristics of Applications Software Maintenance".Communications of the ACM,vol.21,1978.

[Par86] G.Parikh,Handbook of Software Maintenance:John Wiley & Sons,1986.

[Pfl01] S.L.Pfleeger,Software Engineering:Theory and Practice,Second ed:Prentice-Hall,2001.

---

6) GB/T 20157—2006 信息技术 软件维护.

7) GB/T 20157—2006 信息技术 软件维护.

[Pig97] T.M.Pigoski,Practical Software Maintenance:Best Practices for Managing your Software Investment,First ed:John Wiley & Sons,1997.

[Pre04] R. S. Pressman, Software Engineering: A Practitioner's Approach, Sixth ed: McGraw-Hill,2004.

[SEI01] Software Engineering Institute."Capability Maturity Model Integration, v1.1".CMU/SEI-2002-TR-002,ESC-TR-2002-002,December,2001.

[Sta94] G.E.Stark,L.C.Kern and C.V.Vowell."A Software Metric Set for Program Maintenance Management".Journal of Systems and Software,vol.24,iss.3,March,1994.

[Tak97] A. Takang and P. Grubb, Software Maintenance Concepts and Practice: International Thomson Computer Press,1997.

6.8 进一步阅读的参考文献

(Abr93) A. Abran."Maintenance Productivity & Quality Studies: Industry Feedback on Benchmarking".presented at Proceedings of the Software Maintenance Conference,ICSM93,Montréal,1993.

(Apr00) A.April and D.Al-Shurougi."Software Product Measurement for Supplier Evaluation". presented at FESMA2000,Madrid,2000.

(Apr01) A. April, J. Bouman, A. Abran and D. Al-Shurougi."Software Maintenance in a Service Level Agreement:Controlling the Customer's Expectations".presented at European Software Measurement Conference,Heidelberg,Germany,2001.

(Apr03) A.April,A.Abran and R.Dumke."Software Maintenance Capability Maturity Model(SM-CMM): Process Performance Measurement". presented at 13th International Wokshop on Software Measurement _IWSM2003,Montreal,2003.

(Bas85) V.R.Basili."Quantitative Evaluation of Software Methodology".presented at Proceedings First Pan-Pacific Computer Conference,1985.

(Bel72) L. Belady and M. M. Lehman." An introduction to growth dynamics". in Statistical Computer Performance Evaluation,W.Freiberger,Ed.New York:Academic Press,1972.

(Ben00) K.H.Bennett and V.T.Rajlich."Software Maintenance and Evolution: A Roadmap".in The Future of Software Engineering,A.Finklestein,Ed.:ACM Press,2000.

(Bol95) C.Boldyreff,E.Burd,R.Hather,R.Mortimer,M.Munro and E.Younger."The AMES Approach to Application Understanding: A Case Study".presented at Proceedings of the International Conference on Software Maintenance—1995,Los Alamitos,CA,1995.

(Boo94) G. Booch and D. Bryan, Software Engineering with Ada, Third ed: Benjamin/Cummings,1994.

(Cap94) M.A.Capretz and M.Munro."Software Configuration Management Issues in the Maintenance of Existing Systems".Journal of Software Maintenance:Research and Practice,vol.6,iss.2,1994.

(Car92) J.Cardow."You Can't Teach Software Maintenance!".presented at Proceedings of the Sixth Annual Meeting and Conference of the Software Management Association,1992.

(Car94) D.Carey."Executive round-table on business issues in outsourcing-Making the decision". CIO Canada,iss.June/July,1994.

(Dor97) M. Dorfman and R. H. Thayer, Eds.."Software Engineering". IEEE Computer Society Press,1997.

(Dor02) M.Dorfman and R.H.Thayer,Eds.."Software Engineering."(Vol.1 & vol.2),IEEE Computer Society Press,2002.

(Fow99) M. Fowler and al, Refactoring: Improving the Design of Existing Code: Addison-Wesley, 1999.

(Gra87) R.B.Grady and D.L.Caswell, Software Metrics: Establishing A Company-Wide Program. Englewood Cliffs NJ, USA: Prentice-Hall, 1987.

(Gra92) R. B. Grady, Practical Software Metrics for project Management and Process Management: Prentice Hall, Englewood Cliffs, NJ 07632, 1992.

(Jon91) C.Jones, Applied Software Measurement: McGraw-Hill, 1991.

(Kaj01) M.Kajko-Mattson."Motivating the Corrective Maintenance Maturity Model(Cm3)".presented at 7th International Conference on Engineering of Complex Systems, 2001.

(Kaj01a) M. Kajko-Mattson, S. Forssander and U. Olsson." Corrective Maintenance Maturity Model: Maintainer's Education and Training".presented at International Conference on Software Engineering, 2001.

(Kho95) T. M. Khoshgoftaar, R. M. Szabo and J. M. Voas. "Detecting Program Module with Low Testability". presented at Proceedings of the International Conference on Software Maintenance—1995, Los Alamitos, CA, 1995.

(Lag96) B.Lagu? and A.April."Mapping for the ISO 9126 Maintainability Internal Metrics to an industrial research tool".presented at SESS, Montreal, 1996.

(Leh85) M.M.Lehman and L.A.Belady, Program Evolution: Processes of Software Change. (London) Ltd.: Academic Press Inc., 1985.

(Leh97) M.M.Lehman."Laws of Software Evolution Revisited".presented at EWSPT96, 1997.

(Lie81) B.P.Lientz and E.B.Swanson."Problems in application software mainteanance".Communications of ACM, vol.24, iss.11, 763-769, 1981.

(McC02) B. McCracken." Taking Control of IT Performance". presented at InfoServer LLC, Dallas, Texas, 2002.

(Nie02) F.Niessink, V.Clerk and H.v.Vliet."The IT Capability Maturity Model".http://www.itservicecmm.org/doc/itscmm-123-0.3.pdf.

(Oma91) P.W.Oman, J.Hagemeister and D.Ash."A Definition and Taxonomy for Software Maintainability".University of Idaho, Software Engineering Test Lab, Technical Report, 91-08 TR November, 1991.

(Oma92) P.Oman and J.Hagemeister."Metrics for Assessing Software System Maintainability". presented at Proceedings of the International Conference on Software Maintenance—1992, Los Alamitos, CA, 1992.

(Pig93) T.M.Pigoski."Maintainable Software: Why You Want It and How to Get It".presented at Proceedings of the Third Software Engineering Research Forum-November 1993, University of West Florida Press, 1993.

(Pig94) T. M. Pigoski." Software Maintenance". in Encyclopedia of Software Engineering. New York, NY: John Wiley & Sons, 1994.

(Pol03) M.Polo, M.Piattini and F.R.(editors), Eds.."Advances in Software Maintenance Management: Technologies and Solutions.".Hershey, PA, Idea Group Publishing, 2003.

(Poo00) C.Poole and W.Huisman."Using Extreme Programming in a Maintenance Environment".IEEE Software, iss.November/December, 42-50, 2001.

(Put97) L.H.Putman and W.Myers."Industrial Strength Software—Effective Management Using Measurement".Los Alamitos, CA, 1997.

(Sch99) S. R. Schach, Classical and Object—Oriented Software Engineering With UML and C++:McGraw-Hill,1999.

(Sch97) S.L.Schneberger,Client/Server Software Maintenance:McGraw-Hill,1997.

(Sch87) N.F.Schneidewind."The State of Software Maintenance".presented at Proceedings of the IEEE,1987.

(Som96) I.Sommerville,Software Engineering,Fifth ed:Addison-Wesley,1996.

(Val94) J.D. Vallett, S.E. Condon, L. Briand, Y. M. Kim and V. R. Basili."Building on Experience Factory for Maintenance".presented at Proceedings of the Software Engineering Workshop,Software Engineering Laboratory,1994.

6.9 相关标准

(IEEE 610.12-90) IEEE Std 610.12—1990(R2002),IEEE Standard Glossary of Software Engineering Terminology:IEEE,1990.

(IEEE 1061-98) IEEE Std 1061—1998,IEEE Standard for a Software Quality Metrics Methodology:IEEE,1998.

(IEEE 1219-98) IEEE Std 1219—1998,IEEE Standard for Software Maintenance:IEEE,1998.

(IEEE 12207.0-96) IEEE/EIA 12207.0—1996//ISO/IEC 12207:1995,Industry Implementation of Int.Std.ISO/IEC 12207:95,Standard for Information Technology—Software Life Cycle Processes, vol.IEEE,1996.

(IEEE 14143.1-00) IEEE Std 14143.1—2000//ISO/IEC 14143-1:1998,Information Technology—Software Measurement—Functional Size Measurement—Part 1:Definitions of Concepts:IEEE,2000.

(ISO 9126-01) ISO/IEC 9126-1:2001,Software Engineering—Product Quality—Part 1:Quality Model:ISO and IEC,2001.

(ISO 14764-99) ISO/IEC 14764—1999,Software Engineering—Software Maintenance:ISO and IEC,1999.

(ISO 15271-98) ISO/IEC TR 15271:1998,Information Technology—Guide for ISO/IEC 12207,(Software Life Cycle Process):ISO and IEC,1998[8].

7 软件配置管理

7.1 综述

7.1.1 缩略语

下列缩略语适用于本文件。

CCB:配置控制委员会(Configuration Control Board)

CM:配置管理(Configuration Management)

FCA:功能配置审核(Functional Configuration Audit)

MTBF:平均失效间隔时间(Mean Time Between Failures)

PCA:物理配置审核(Physical Configuration Audit)

SCCB:软件配置控制委员会(Software Configuration Control Board)

SCI:软件配置项(Software Configuration Item)

---

8) GB/Z 18493—2001 信息技术 软件生存周期过程指南.

SCM：软件配置管理(Software Configuration Management)

SCMP：软件配置管理计划(Software Configuration Management Plan)

SCR：软件变更请求(Software Change Request)

SCSA：软件配置状态记述(Software Configuration Status Accounting)

SEI/CMMI：软件工程研究所的能力成熟度模型集成(Software Engineering Institute's Capability Maturity Model Integration)

SQA：软件质量保证(Software Quality Assurance)

SRS：软件需求规格说明(Software Requirement Specification)

USNRC：美国核管制委员会(U.S.Nuclear Regulatory Commission)

7.1.2 导引

可把系统定义为被组织起来实现某个特定功能或功能集的部件集合(IEEE 610.12-90)。系统的配置是在技术文档中说明并在产品中实现的硬件、固件或软件，或它们组合的功能和/或物理特性，(Buc96)也能将其视作一组根据特定的构建规程组合起来，以服务于特定目的的硬件、固件或软件项的特定版本的集合。这样，配置管理(CM)是在不同时间点上标识系统配置的学科，其目的是系统地控制配置变更，并在系统生存周期中维持配置的完整性和可追踪性(Ber97)。在(IEEE 610.12-90)中，将其正式定义为"应用技术指导和管理监督的学科：以标识和记录配置项的功能和物理特性，控制对这些特性的变更，记录和报告变更处理过程和实现状态，并验证与特定需求的一致性。"

软件配置管理(SCM)是一个支持性的软件生存周期过程(IEEE 12207.0-96)，它有益于项目管理、开发和维护活动及各种保证活动，也有益于成品的顾客和用户。尽管硬件CM和软件CM的实现有所不同，但CM的概念可应用于所有要控制的项。

SCM与软件质量保证(SQA)活动密切相关。正如软件质量知识域所定义，SQA过程通过规划、发布和执行一系列活动，保证项目生存周期中的软件产品和过程符合其特定的需求，从而确保软件质量。SCM活动帮助完成这些SQA目标。在某些项目语境中(参见IEEE 730-02)，特定的SQA需求规定了某些SCM活动。

SCM活动有：软件配置过程管理和规划、软件配置标识、软件配置控制、软件配置状态记述(SCSA)、软件配置审核和软件发布管理与交付。图9给出了这些活动的程式化表示。

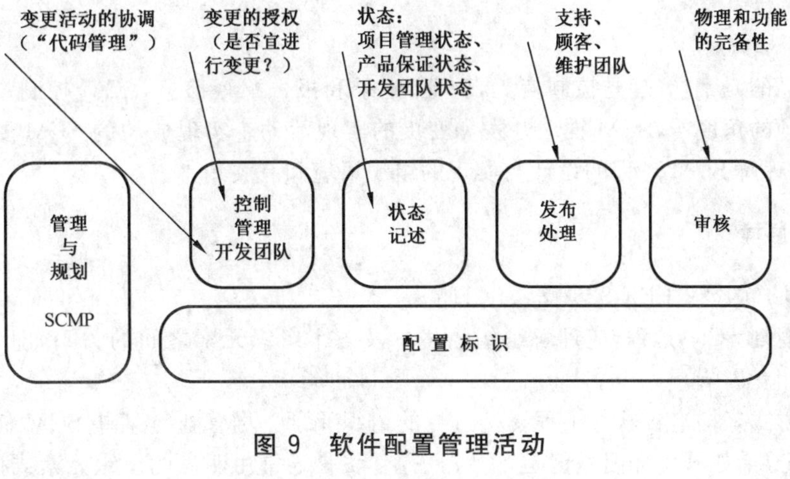

图9 软件配置管理活动

SCM知识域与其他所有的知识域都相关，因为CM的对象是整个软件工程过程中产生和使用的制品。

图10为软件配置管理知识域的主题分解图。

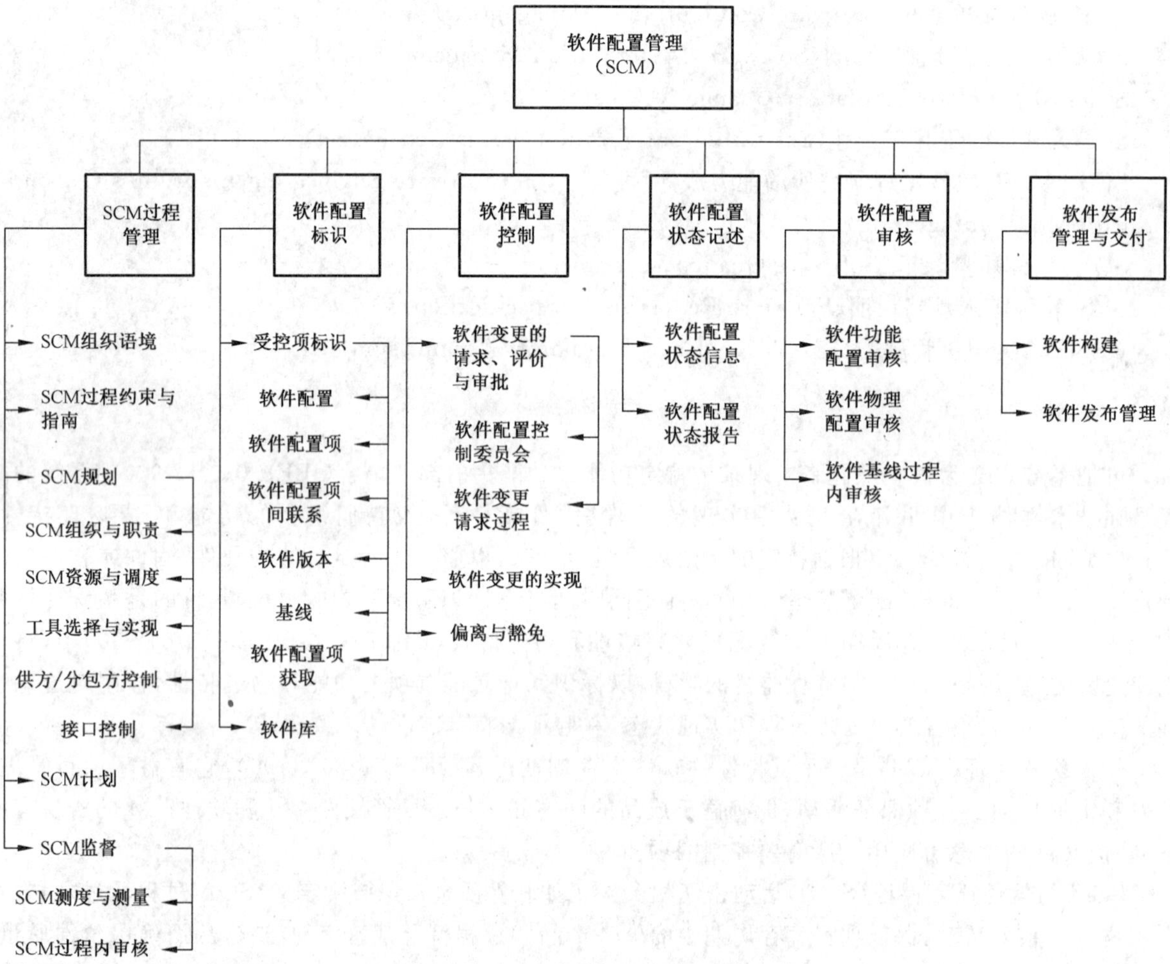

图 10　软件配置管理知识域的主题分解图

7.2　SCM 过程管理

7.2.1　概述

通过标识产品的元素，管理与控制变更，验证、记录和报告配置信息，SCM 控制产品的演化和完整性。从软件工程师的角度看，SCM 推动开发和变更的实现活动。实现成功的 SCM 要求进行仔细地规划和管理，还要求理解 SCM 过程的设计与实现的组织语境和有关约束。

7.2.2　SCM 组织语境

[Ber92:c4;Dar90:c2;IEEE 828-98:c4s2.1]

为了给项目规划 SCM 过程，应理解组织语境以及各个组织元素之间的关系，即 SCM 与几个其他活动或组织元素相互影响。

可用不同的方式来构造各软件工程支持过程的组织元素。尽管执行某些 SCM 任务的职责可分配给组织的其他部分(诸如开发部门)，但是 SCM 的总体责任通常由明确的组织元素或指定的个人负责。

软件通常是包含硬件和固件元素的更大系统的一部分。在这种情况下，SCM 活动与硬件和固件的 CM 活动同时进行，而且应与系统级的 CM 保持一致。Buckley 在[Buc96:c2] 中描述了这一语境中的 SCM。注意，固件包含硬件和软件，因此，硬件和软件的 CM 概念都适用于它。

SCM 可能与组织在诸如记录管理和不符合项问题的质量保证活动方面有接口。一些在 SCM 控制下的项，可能也是服从组织的质量保证程序规定的项目记录。管理不符合项通常是质量保证活动的责任，但是，SCM 可协助追踪和报告属于此类的软件配置项。

或许，SCM 与软件开发和维护组织的联系最紧密。

许多软件配置控制任务是在这一语境下进行的。同样的工具常常也可支持开发、维护和 SCM。

7.2.3 SCM 过程约束与指南

[Ber92：c5；IEEE 828-98：c4s1，c4s2.3；Moo98]

影响 SCM 过程的约束与用于 SCM 的指南有许多来源。组织级方针和规程，可能影响或规定给定项目的 SCM 过程的设计和实现。另外，需方与供方之间的合同可能包含一些影响 SCM 过程的规定。例如，可能需要某些配置审核，或者明确指出某些项应在 CM 的控制之下。当要开发的软件产品对公共安全有潜在影响时，外部的管制机构也可施加约束（例子参见 USNRC1.169-97）。最后，为软件项目选择的特定软件生存周期过程，以及为实现软件选择的工具，也影响 SCM 过程的设计和实现。[Ber92]

从“最佳实践”中能得到设计和实现 SCM 过程的指南。Moore 在[Moo98]中给这些组织及其标准提供了路线图。最佳实践也可在过程改进和过程评价模型中体现，如 SEI/CMMI（SEI 01）和 ISO/IEC 15504 软件工程—过程评估（ISO/IEC 15504-98）。

7.2.4 SCM 规划

7.2.4.1 概述

[Dar90：c2；IEEE 12207.0-96；Som01：c29]

为给定项目规划 SCM 过程宜与组织语境、适用的约束、普遍接受的指南和项目的本质（例如，规模和关键性）保持一致。覆盖的主要活动包括：软件配置标识、软件配置控制、SCSA、软件配置审核和软件发布管理与交付。另外，一般还要考虑一些问题，诸如，组织与职责、资源与调度、工具选择与实现、供方与分包方控制和接口控制等。规划活动的结果记录在 SCM 计划（SCMP）中，一般它要接受 SQA 的评审与审核。

7.2.4.2 SCM 组织与职责

[Ber92：c7；Buc96：c3；IEEE 828-98：c4s2]

为避免混淆，需要清晰地标识参与 SCM 过程的组织，也需要将 SCM 活动或任务的特定职责，以头衔或组织元素的方式分配给组织实体。宜在项目管理或质量保证规划阶段完成对 SCM 的总体授权机构和报告渠道的标识。

7.2.4.3 SCM 资源与调度

[Ber92：c7；Buc96：c3；IEEE 828-98：c4s4；c4s5]

对 SCM 的规划要确定承担 SCM 活动和任务的人员和工具。安排进度的方法：建立必要的 SCM 任务顺序，确定它们与在项目管理规划阶段建立的项目进度表和里程碑之间的关系，并详细说明实施计划和培训新员工的所有培训需求。

7.2.4.4 工具选择与实现

[Ber92：c15；Con98：c6；Pre01：c31]

工具的各种不同能力及它们的使用规程支持 SCM 活动。通过如下工具之间的组合来获取这些能力：手工工具、提供单一 SCM 能力的自动化工具、集成一系列 SCM（可能还包括其他过程）的自动化工具或者为软件工程过程中多个参与者服务的集成工具环境(例如SCM、开发、V&V)。随着项目规模的增长和项目环境的日益复杂,自动化工具的支持变得越来越重要。自动化工具提供以下支持:

——SCM库;

——SCR和批准规程;

——代码(和相关工作产品)和变更管理任务;

——报告软件配置状态和收集SCM测量;

——软件配置审核;

——管理和追踪软件文档;

——执行软件构建;

——管理和追踪软件发布及其交付。

在这些领域使用的工具,还能提供用于过程改进的测量。Royce在[Roy98]中描述了管理软件工程过程中有价值的7个核心测度。从不同软件配置管理工具得到的信息,与Royce的工作与进展管理指标相关,并与其变更流量和稳定性、分解与模块性、MTBF与成熟度等质量指标相关。这些指标的报表能用不同方式组织,诸如,按SCI或按请求的变更类型组织。

图11给出了工具和规程对SCM活动的代表性映射。

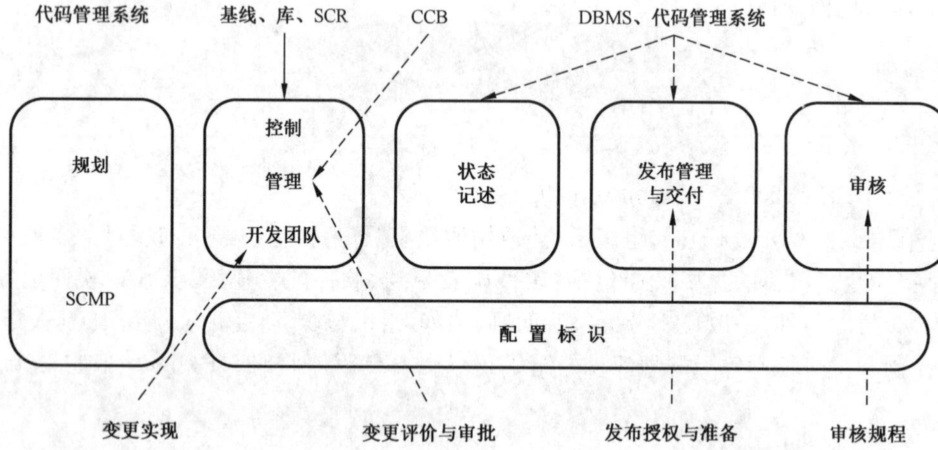

图11 软件配置管理工具与相关规程的表征

在这一例子中,代码管理系统通过控制对库元素的访问,协调多个用户的活动和帮助执行操作规程,来支持软件库的运行。其他工具支持根据库中的软件元素来构建软件和发布文档的过程。管理SCR的工具支持应用于受控软件项的变更控制规程。其他工具能为管理、开发和质量保证活动提供数据库管理和报告。如前所述,可将若干工具类型集成到SCM系统中,这些SCM依次与各种其他软件活动紧密耦合。在规划中,软件工程师选择与工作相适合的软件配置管理工具。规划时,特别是需要进行某种形式的文化变迁时,要考虑这些工具在实施时可能出现的问题。[Dar90:c3,AppA]综述了SCM系统和选择时需要做的考虑,[Mid97]给出了选择SCM系统的一个用例。有关软件配置管理工具的补充信息参见软件工程工具和方法知识域。

7.2.4.5 供方/分包方控制

[Ber92:c13;Buc96:c11;IEEE 828-98:c4s3.6]

软件项目可获取或利用采购的软件产品,如编译器或其他工具。SCM规划要考虑是否把这些项纳入配置管理、如何进行配置控制(如,集成进项目库中),以及如何评价和管理变更和更新。

对分包软件也要做类似的考虑。这种情况下,作为分包的一部分,以及作为监控符合性的手段,还需要建立施加于分包方的 SCM 过程的 SCM 需求。对监控符合性而言，要考虑哪些 SCM 信息对进行有效的符合性监控是有用的。

7.2.4.6 接口控制

[IEEE 828-98:c4s3.5]

当一个软件项要与另一个软件项或硬件项接口时，对其中任一个项的变更都能影响另一个项。SCM 过程规划，要考虑如何标识接口项，以及如何管理和传递对这些项的变更。SCM 角色可以是更大的、系统级的接口规格说明和接口控制过程的一部分，可涉及接口规格说明、接口控制计划以及接口控制文档。在这种情况下，SCM 的接口控制规划应在系统级过程的语境中进行。有关执行接口控制活动的讨论见[Ber92:c12]。

7.2.5 SCM 计划

[Ber92:c7;Buc96:c3;Pau93:L2-81]

将给定项目的 SCM 规划结果记录在 SCMP 中。该计划是供 SCM 过程参考的“活动文档”，有必要在软件生存周期中维护(更新或批准)他。在实施 SCMP 时，通常应开发若干更详细的附属规程，以定义特定的需求如何在日常活动中实现。

在许多参考文献中都可找到根据规划活动产生的信息创建和维护 SCMP 的指南，例如[IEEE 828-98:c4]。这一参考文献说明 SCMP 中需要包含的信息。其也定义和描述了要包含在 SCMP 中的 6 类 SCM 信息：

——引言(目的、范围、使用的术语)；

——SCM 管理(组织、职责、授权机构、可应用的方针、指示及规程)；

——SCM 活动(配置标识、配置控制等)；

——SCM 调度(与其他项目活动的协调)；

——SCM 资源(工具、物理资源、人力资源)；

——SCMP 维护。

7.2.6 SCM 监督

7.2.6.1 概述

[Pau93:L2-87]

在 SCM 过程实现后，为保证 SCMP 的规定内容被正常执行，应进行某种程度的监督(参见[Buc96])。可能有一些特定的 SQA 需求是为了保证符合特定的 SCM 过程和规程。这可能涉及 SCM 授权机构，以保证被分配了职责的人正确地执行定义的 SCM 任务。作为符合审核活动的一部分，SQA 授权机构也可执行这一监督。

使用具有过程控制能力的集成软件配置管理工具，能使监督任务更容易些；有些工具有助于提高过程符合性，同时为软件工程师适应规程提供了灵活性；其他工具强制实现过程，留给软件工程师的余地就小一些。工具选择中着重考虑的因素是对监督的需求和工具提供给软件工程师的灵活性。

7.2.6.2 SCM 测度与测量

[Buc96:c3;Roy98]

设计 SCM 测度(measures)，以提供关于产品演化的特定信息，或深刻理解 SCM 过程的运作。监控 SCM 过程的目标是发现过程改进的机会。SCM 过程的测量为持续监控 SCM 活动的有效性提供了良好手段。这些测量对于描述过程当前状态的特性，以及对提供随时间进行比较的基础，都有用处。分析测量可产生对过程变更和对 SCMP 的相应更新的理解。

软件库和各种软件配置管理工具能力，为提取有关 SCM 过程的特性信息以及项目和管理信息提供信息来源。例如，完成各种类型变更所需要时间的信息对制定为变更选择最佳授权机构的评价准则是有用的。

应注意把监督重点放在能从测量洞察到什么，而不是测量本身。关于过程与产品测量的讨论在软件工程过程知识域中展示。软件测量程序在软件工程管理知识域中描述。

7.2.6.3 SCM 过程内审核

[Buc96：c15]

审核能在软件工程过程中进行，以调查配置的特定元素的当前状态，或评估 SCM 过程的实现。SCM 过程内审核为监控该过程的某些方面提供了比较正式的机制，并可和 SQA 功能协调。可参见子域 7.6 软件配置审核。

7.3 软件配置标识

7.3.1 概述

[IEEE 12207.0-96：c6s2.2]

软件配置标识活动对受控项进行标识，为这些项及其版本确定标识方案，并确定获取和管理受控项所使用的工具和技术。这些活动为其他 SCM 活动提供了基础。

7.3.2 受控项标识

[Ber92：c8；IEEE 828-98：c4s3.1；Pau93：L2-83；Som05：c29]

控制变更的第一步是对受控软件项进行标识。这涉及理解在系统配置语境中的软件配置，选择 SCI，开发为软件项加标号并描述它们之间关系的策略，标识要使用的基线以及获取配置项基线的规程。

7.3.2.1 软件配置

[Buc96：c4；c6，Pre04：c27]

软件配置是在技术文档中说明或在产品中实现的软件的功能和物理特性的集合（IEEE 610.12-90），是整个系统配置的一部分。

7.3.2.2 软件配置项

[Buc96：c4；c6；Con98：c2；Pre04：c27]

软件配置项（SCI）是为配置管理特指的软件集合，并在 SCM 过程中作为单独的实体处理（IEEE 610.12-90）。除了代码本身，各种配置项通常也都由 SCM 控制。可能成为 SCI 的软件项包括：各种计划、规格说明和设计文档、测试资料、软件工具、源代码和可执行代码、代码库、数据和数据字典，以及为安装、维护、操作和软件使用准备的文档。

选择 SCI 是一个重要的过程，应在为项目控制提供足够的可见性和提供可控数量的配置项之间保持平衡。SCI 选择的准则列表在[Ber92]中给出。

7.3.2.3 软件配置项间联系

[Con98：c2；Pre04：c27]

所选 SCI 之间的结构关系及其组成部分，影响其他 SCM 活动或任务，如软件构建或对已提出变更的影响分析。为支持可追踪性，适当地追踪这些关系也很重要。为 SCI 设计标识方案时，宜考虑将标识项映射到软件结构，以及支持软件项及其相互关系演化的需求。

7.3.2.4 软件版本

[Bab86:c2]

软件项随软件项目的推进而演化。软件项的一个版本是特别标识和说明的软件项，是演化中的软件项的某个状态[Con98:c3-c5]。修订版是准备替换旧版本的软件项新版本。变体也是软件项的新版本，它将被加入到配置中但不替换旧版本。

7.3.2.5 基线

[Bab86:c5;Buc96:c4;Pre04:c27]

软件基线是 SCI 的集合，在软件生存周期的某个特定时间被正式指定和固定。这一术语也指被批准的 SCI 的特定版本。两种情况下，基线都只有在正式的变更控制规程下才能变更。基线及其被批准的所有变更代表当前被批准的配置。

通常使用的基线是功能基线、配置基线、开发基线和产品基线(例子见[Ber92])。功能基线对应评审后的系统需求。配置基线对应评审后的 SRS 和软件接口需求规格说明。开发基线表示在软件生存周期中的选定时间点演化的软件配置。对这一基线的变更授权机构通常主要由开发组织掌握，但可与其他组织分享(例如，SCM 或测试)。产品基线对应于交付给系统集成的已经完成的软件产品。通常在 SCMP 中标识对给定项目使用的基线以及批准变更所需要的相关授权等级。

7.3.2.6 软件配置项获取

[Buc96:c4]

SCI 是在 SCM 的控制下在不同时期置入的，即它们在软件生存周期的特定时间点被集成进特定的基线中。触发事件是某种形式的正式任务的完成，如正式评审。图 12 描述了基线化的软件项随着生存周期进展的增长特性。该图仅是基于瀑布模型的一个说明性例子，图中下标标明演化中软件项的版本。SCR 在主题 7.4.2 软件变更的请求、评价与审批中描述。

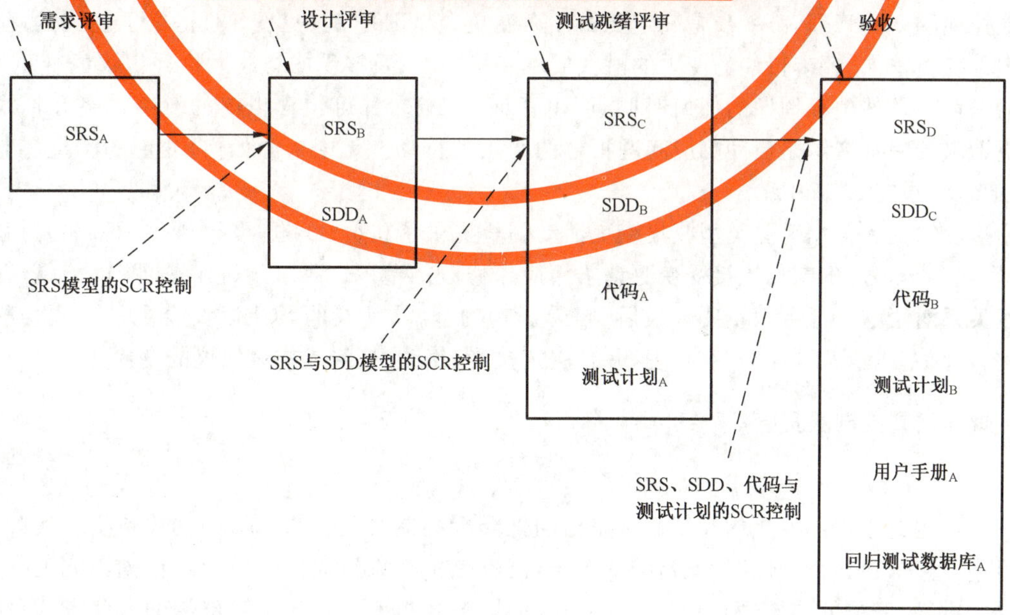

图 12　配置项获取

在获取 SCI 后，要像在 SCMP 中定义的那样，应酌情为所涉及的 SCI 和基线正式批准该软件项的变更。批准后，根据适当的规程，将软件项集成到软件基线中。

7.3.3 软件库

[Bab86:c2;c5;Buc96:c4;IEEE 828-98:c4s3.1;Pau93:L2-82;Som01:c29]

软件库是受控制的软件及相关文档的集合，用于帮助软件开发、使用和维护(IEEE 610.12-90)。它也是软件发布管理与交付活动中重要的工具。可使用的软件库有几类，每类对应软件项成熟度的特定等级。例如，工作库能支持编码，项目支持库能支持测试，主库能用于成品。每个库与一个适当的 SCM 控制级别相关，而 SCM 控制等级与基线和变更权限等级相关。访问控制和备份设施的安全性，是库管理的关键问题。[Ber92:c14] 描述了软件库的模型。

无论是控制 SCI，还是控制对库的访问，每个库使用的工具应支持这一库的 SCM 控制需求。在工作库层面上，这是一种服务于开发方、维护方和 SCM 的代码管理能力。在支持多个开发方的活动时，其关注软件项的版本管理。在更高的控制级别，访问将受到更多限制，并且，SCM 是主要的用户。

这些库也是测量工作和进展的重要信息来源。

7.4 软件配置控制

7.4.1 概述

[IEEE 12207.0-96:c6s2.3;Pau93:L2-84]

软件配置控制关注管理软件生存周期中的变更，包括确定作何种变更的过程、对批准某些变更的授权、对实现这些变更的支持，以及与项目需求的形式偏离和豁免这些偏离的概念。从这些活动导出的信息对测量变更流量、所花费用以及返工都有用。

7.4.2 软件变更的请求、评价与审批

7.4.2.1 概述

[IEEE 828-98:c4s3.2;Pre04:c27;Som05:c29]

对受控项的变更管理，第一步是确定要做什么变更。SCR 过程(见图 13)提供了正式的规程，用于提交和记录变更请求、评价拟议的变更的潜在成本和影响，以及接受或修改或拒绝拟议的变更。对 SCI 的变更请求可在软件生存周期的任何时间点，由任何人发起，并可包含拟议的解决方案和请求的优先权。变更请求的一个来源是启动响应问题报告的纠正性行动。无论来源如何，变更的类型(例如，缺陷或增强)通常记录在 SCR 中。

这为追踪缺陷和根据变更类型收集变更活动测量提供了机会。一旦接收到 SCR，就要进行技术评价(又叫影响分析)，以确定如果接受变更请求而应作修改的范围。很好地理解软件(可能是硬件)项之间的相互关系对于这一任务很重要。最后，与受影响的基线、涉及的 SCI 以及变更的本质相称的既定授权机构将评估变更请求的技术和管理，并且决定接受、修改、拒绝或推迟拟议的变更。

7.4.2.2 软件配置控制委员会

[Ber92:c9;Buc96:c9,c11;Pre04:c27]

对接受或拒绝拟议的变更的授权通常是由叫做配置控制委员会(CCB)的实体负责。实际上，在较小的项目中，这一授权可归于领导或指派的个人，而不是由多人组成的委员会。根据不同的准则，如涉及的项的关键性、变更的本质(例如对预算和进度的影响)、当前所在的生存周期的时间点，可能有多个等级的变更授权。给定系统的 CCB 的组合随这些准则而变化(但总有一个 SCM 代表)。所有的利益相关方在适当的 CCB 的等级上也有相应的代表。当 CCB 的授权作用域完全是软件时，就被称为软件配

置控制委员会(SCCB)。这种 CCB 的活动通常要接受软件质量审核或评审。

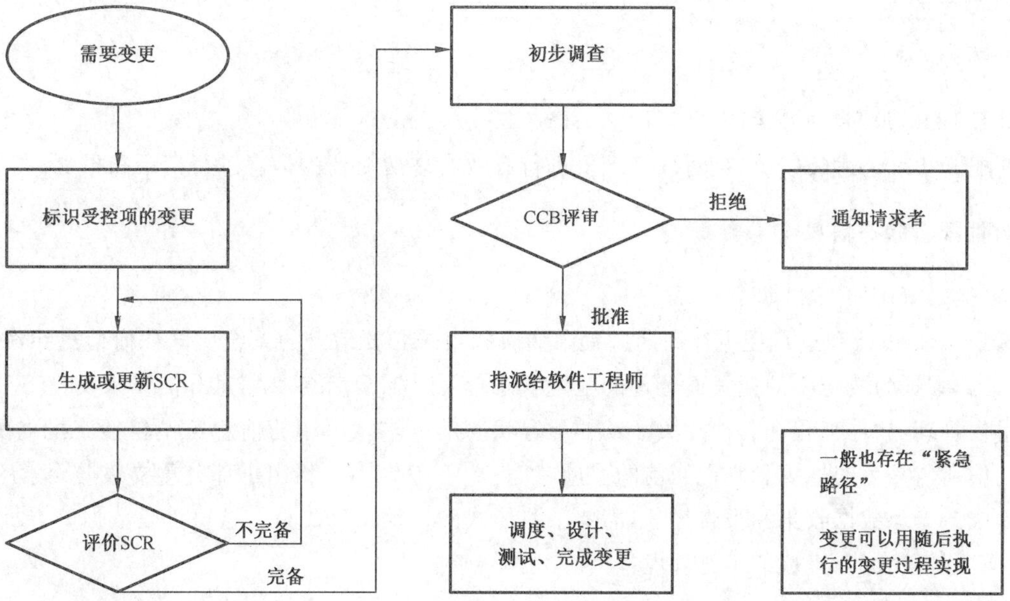

图 13　变更控制过程流程

7.4.2.3　软件变更请求过程

[Buc96:c9,c11;Pre04:c27]

有效的软件变更请求(SCR)过程需要使用支撑工具和规程(从纸质表格和文档化的规程到电子工具),以发起变更请求、强制执行变更过程的流程、获取 CCB 决定,并报告变更过程信息。这些工具与问题报告系统之间的连接,能帮助追踪所报告的问题的解决方案。多种参考文献,例如[Ber92:c9],都给出了对变更过程的描述和帮助信息(表格)。

7.4.3　软件变更的实现

[Bab86:c6;Ber92:c9;Buc96:c9,c11;IEEE 828-98:c4s3.2.4;Pre04:c27;Som05:c29]

按照适用的进度要求,使用定义好的软件规程来实现已经批准的 SCR。由于可能同时实现若干被批准的 SCR,所以,应提供一种手段来追踪在特定的软件版本和基线中集成了哪些 SCR。作为变更过程闭合的一部分,对已完成的变更可进行配置审核和软件质量验证。这包括确保只进行了已获批准的变更。上面描述的变更请求过程,一般要用文档记录该 SCM(和其他)变更的获批信息。

变更的实际实现是由库工具能力支持的。库工具提供版本管理和代码仓库。至少,这些工具也要提供检入/检出和相关的版本控制。更强大的工具能支持并行开发和分布式地理环境。这些工具可是独立的 SCM 组控制下的若干应用程序。它们也可是集成进软件工程环境的某个部分。最后,它们可以是像操作系统提供的基本变更控制系统那样的基础工具。

7.4.4　偏离与豁免

[Ber92:c9;Buc96:c12]

对开发过程中产生的软件工程成果或规格说明施加的约束,可能包含在生存周期的指定时间点无法满足的规定。偏离是在开发某软件项之前所允许的对某规定的偏离。豁免是对使用某个软件项的授权:该软件项的开发以某种方式偏离了规定。在这些情况下,要使用正式的过程来获得对偏离或豁免的批准。

7.5 软件配置状态记述

7.5.1 概述

[IEEE 12207.0-96:c6s2.4;Pau93:L2-85;Pre04:c27;Som05:c29]

软件配置状态记述(SCSA)是对软件配置进行有效管理所需要的信息进行记录和报告。

7.5.2 软件配置状态信息

[Buc96:c13;IEEE 828-98:c4s3.3]

SCSA活动,设计和运行在生存周期进程中捕获和报告必要信息的系统。同任何信息系统一样,应标识、收集和维护为演化中的配置而管理的配置状态信息。需要有各种信息和测量来支持SCM过程,并满足报告管理、软件工程和其他相关活动的配置状态的需求。可用的信息类型包括获批的配置的标识,变更、偏离与豁免的标识和它们当前的实施状态。[Ber92:c10]给出了部分重要数据元素的列表。

为完成SCSA数据收集和报告任务,需要某些形式的自动工具支持。这可以是数据库,或者是单独的工具,或者是较大的、集成的工具环境。

7.5.3 软件配置状态报告

[Ber92:c10;Buc96:c13]

所报告的信息能被各种组织和项目使用,包括开发团队、维护团队、项目管理和软件质量活动。报告制作能采用随机查询形式来回答特定问题,或定期生成事先定义好的报告。在生存周期中,由状态记述活动产生的信息可成为质量保证记录。

除了报告配置的当前状态外,SCSA获得的信息还能作为对关注管理、开发和SCM而进行的各种测量的基础。例如,每个SCI的变更请求数目、实现变更请求平均需要的时间等。

7.6 软件配置审核

7.6.1 概述

[IEEE 828-98:c4s3.4;IEEE 12207.0-96:c6s2.5;Pau93:L2-86;Pre04:c276c27]

软件审核是为独立评价软件产品和过程对适用的规则、标准、指南、计划和规程的符合性而执行的活动(IEEE 1028-97)。审核是根据定义明确的过程进行的。该过程由各种审核者角色和职责组成。因此,应仔细规划每个审核。一次审核可能需要若干人员在短时间内执行各种任务。用工具支持审核的规划和实施对该过程非常有益。在各种参考文献中都可找到软件审核指南,如[Ber92:c11;Buc96:c15]和(IEEE 1028-97)。

软件配置审核的任务是确定软件项满足所需要的功能和物理特性的程度。在生存周期的所有关键点都能进行这类非正式的审核。为管理合同(例如,包含关键软件的合同),可能要求进行两类正式审核:功能配置审核(FCA)和物理配置审核(PCA)。成功地完成这些审核可能是建立产品基线的前提。Buckley在[Buc96:c15]中对比了在硬件和软件语境中的这两类审核的目的,并建议在执行审核前,仔细评价是否需要进行软件的FCA和PCA。

7.6.2 软件功能配置审核

软件功能配置审核(FCA)的目的是保证被审核的软件项与其管理规格说明一致。软件V&V活动的输出是这一审核的关键输入。

7.6.3 软件物理配置审核

软件物理配置审核(PCA)的目的是保证设计和所涉及的文档与所完成的软件产品一致。

7.6.4 软件基线过程内审核

如前所述，审核能在开发过程中进行，以调查特定配置的当前状态。在这种情况下，可对抽样的基线项进行审核，以保证性能与规格说明一致，或保证演化中的文档继续与开发中的基线项保持一致。

7.7 软件发布管理与交付

7.7.1 概述

[IEEE 12207.0-96:c6s2.6]

在这一语境中所用的术语“发布”指的是，在开发活动外发行 SCI。这包括内部发布和对客户的发行。当软件项的不同版本(如适用不同平台的版本或具有不同能力的版本)可用于交付时，通常应重新构建特定的版本，并与将要交付的版本相关的正确资料打包。在执行发布和交付任务时，软件库是关键元素。

7.7.2 软件构建

[Bab86:c6;Som05:c29]

软件构建是一种活动:使用适当的配置数据，组合 SCI 的正确版本，形成交付给顾客或其他接收方(如测试活动)的可执行程序。对于有硬件或固件的系统，交付给系统构建活动的是可执行程序。构建指南确保以正确的顺序实施正确的构建步骤。除了为新的发布版本构建软件外，SCM 通常也应具有为恢复、测试、维护或附加发布目的而再构建先前发布版本的能力。

软件是使用支持工具(如编译器)的特定版本来构建的。有时可能有必要为以前构建的 SCI 重新构建一个精确的副本。在这种情况下，支持工具和相关的构建指南也需要处于 SCM 的控制下，以确保工具的正确版本可用。

某种工具有助于为给定目标环境选择软件项的正确版本，也有助于基于选定的版本和适当的配置数据自动构建软件。对于具有并行开发或分布式开发环境的大型项目，这种工具很必要。多数软件工程环境提供这种工具。这些工具的复杂性各异，从需要软件工程师学习专门的脚本语言，到隐藏了很多“智能”构建设施的复杂性的面向图形的方法。

通常要对构建过程和所构建的产品进行软件质量验证。构建过程的输出可供将来参考，并可作为质量保证记录。

7.7.3 软件发布管理

[Som05:c29]

软件发布管理包括标识、打包和交付产品的组成要素，例如，可执行程序、文档、发布说明和配置数据。假如产品持续发生变更，那么发布管理的一个关注点是确定发布时间。影响这一决定的因素包括发布所涉及的问题的严重性和对先前发布版本的故障密度的测量。(Som01)指出，根据产品的预期应用，打包任务应标识要交付哪些产品项，然后选择这些项的正确版本。

记录某个发布的物理内容的信息称为版本描述文件。发布说明一般描述新的性能、已知的问题和正常运行产品的平台必备的条件。要发布的包还包括安装或升级指南。由于一些当前用户可能拥有几个旧的发布版本，在这种情况下，最新的发布可能比较复杂。在某些情况下，可能要求发布管理活动追踪对各种顾客或目标系统进行的产品分发。例如，供方需要向顾客通报新发现的产品问题。

要支持这些发布管理功能,需要某种工具。支持变更请求过程的工具有助于将发布内容映射到已接收的 SCR。这种工具可能也要维护有关不同目标平台以及各种顾客环境的信息。

7.8 主题与参考文献对照表

表 7 为本章的主题与参考文献对照表。

表 7 主题与参考文献对照表

主 题	[Bab86]	[Ber92]	[Buc96]	[Con98]	[Dar90]	[IEEE 828-98]	[IEEE 12207.0-96]	[Mid97]	[Moo98]	[Pau93]	[Pre04]	[Roy98]	[Som05]
7.2 SCM 过程管理													
7.2.1 概述													
7.2.2 SCM 组织语境		c4	c2		c2	c4s2.1							
7.2.3 SCM 过程约束与指南		c5				c4s1,c4s2.3			*				
7.2.4 SCM 规划													
7.2.4.1 概述					c2		6.2.1						c29
7.2.4.2 SCM 组织与职责		c7	c3			c4s2							
7.2.4.3 SCM 资源与调度		c7	c3			c4s4,c4s5							
7.2.4.4 工具选择与实现		c15		c6	c3,AppA			*				*	
7.2.4.5 供方/分包方控制		c13	c11			c4s3.6							
7.2.4.6 接口控制		c12				c4s3.5							
7.2.5 SCM 计划		c7	c3			c4				L2-81			
7.2.6 SCM 监督													
7.2.6.1 概述			*			c4				L2-87			
7.2.6.2 SCM 测度与测量			c3									188-202,283-298	
7.2.6.3 SCM 过程内审核			c15										
7.3 软件配置标识													
7.3.1 概述							c6s2.2						
7.3.2 受控项标识		c8				c4s3.1				L2-83			c29
7.3.2.1 软件配置			c4,c6								c27		
7.3.2.2 软件配置项		*	c4,c6	c2							c27		
7.3.2.3 软件配置项间联系				c2							c27		

表 7（续）

主　题	［Bab86］	［Ber92］	［Buc96］	［Con98］	［Dar90］	［IEEE 828-98］	［IEEE 12207.0-96］	［Mid97］	［Moo98］	［Pau93］	［Pre04］	［Roy98］	［Som05］
7.3.2.4　软件版本	c2										c27		
7.3.2.5　基线	c5	*	c4								c27		
7.3.2.6　软件配置项获取			c4										
7.3.3　软件库	c2,c5	c14	c4			c4s3.1				L2-82			c29
7.4　软件配置控制													
7.4.1　概述							c6s2.3			L2-84			
7.4.2　软件变更的请求、评价与审批													
7.4.2.1　概述						c4s3.2					c27		c29
7.4.2.2　软件配置控制委员会		c9	c9,c11								c27		
7.4.2.3　软件变更请求过程		c9	c9,c11								c27		
7.4.3　软件变更的实现	c6	c9	c9,c11			c4s3.2.4					c27		c29
7.4.4　偏离与豁免		c9	c9,c12										
7.5　软件配置状态记述													
7.5.1　概述							c6s2.4			L2-85	c27		c29
7.5.2　软件配置状态信息		c10	c13			c4s3.3							
7.5.3　软件配置状态报告		c10	c13										
7.6　软件配置审核													
7.6.1　概述		c11	c15			c4s3.4	c6s2.5			L2-86	c26 c27		
7.6.2　软件功能配置审核													
7.6.3　软件物理配置审核													
7.7　软件发布管理与交付													
7.7.1　概述							c6s2.6						
7.7.2　软件构建	c6												c29
7.7.3　软件发布管理													c29

7.9 对软件配置管理推荐的参考文献

[Bab86] W.A.Babich.Software Configuration Management,Coordination for Team Productivity: Addison-Wesley,1986.

[Ber92] H.R.Berlack.Software Configuration Management.New York:John Wiley & Sons,1992.

[Buc96] F.J.Buckley.Implementing Configuration Management: Hardware, Software, and Firmware,Second ed.Los Alamitos,CA:IEEE Computer Society Press,1996.

[Con98] R.Conradi and B.Westfechtel."Version Models for Software Configuration Management".ACM Computing Surveys,vol.30,iss.2,June,1998.

[Dar90] S. A. Dart. Spectrum of Functionality in Configuration Management Systems. Carnegie Mellon University:Software Engineering Institute,1990.

[IEEE 828-98] IEEE Std 828—1998. IEEE Standard for Software Configuration Management Plans:IEEE,1998.

[IEEE 12207.0-96] IEEE/EIA 12207.0—1996//ISO/IEC 12207:1995,Industry Implementation of Int. Std. ISO/IEC 12207: 1995, Standard for Information Technology—Software Life Cycle Processes,vol.IEEE,1996.

[Mid97] A. K. Midha." Software Configuration Management for the 21st Century". Bell Labs Technical Journal,vol.2,iss.1,154-165,Winter,1997.

[Moo98] J. W. Moore. Software Engineering Standards, A User's Roadmap. Los Alamitos, CA: IEEE Computer Society,1998.

[Pau93] M. C. Paulk and al." Key Practices of the Capability Maturity Model, Version 1. 1". Software Engineering Institute, Carnegie Mellon University, Technical Report CMU/SEI-93-TR-025,1993.

[Pre04] R. S. Pressman. Software Engineering: A Practitioner's Approach, Sixth ed: McGraw-Hill,2004.

[Roy98] W.Royce,Software Project Management,A United Framework:Addison-Wesley,1998.

[Som05] I.Sommerville.Software Engineering,Seventh ed:Addison-Wesley,2005.©

7.10 进一步阅读的参考文献

(Bab86) W.A.Babich.Software Configuration Management,Coordination for Team Productivity: Addison-Wesley,1986.

(Ber92) H.R.Berlack.Software Configuration Management.New York:John Wiley & Sons,1992.

(Ber97) E. H. Bersoff." Elements of Software Configuration Management". in Software Engineering, M. Dorfman and R. H. Thayer, Eds. Los Alamitos, CA: IEEE Computer Society Press,1997.

(Buc96) F.J.Buckley.Implementing Configuration Management: Hardware, Software, and Firmware,Second ed.Los Alamitos,CA:IEEE Computer Society Press,1996.

(ElE98) K.El-Emam and al."SPICE,The Theory and Practice of Software Process Improvement and Capability Determination".presented at IEEE Computer Society,Los Alamitos,CA,1998.

(Est95) J.Estublier."Software Configuration Management".presented at ICSE SCM-4 and SCM-5 Workshops Selected Papers,Berlin,1995.

(Gra92) R. B. Grady. Practical Software Metrics for project Management and Process Management:Prentice Hall,Englewood Cliffs,NJ 07632,1992.

(Hoe02) A.v.d.Hoek."Configuration Management Yellow Pages".2002,available at http://www.cmtoday.com/yp/configuration_management.html.

(Hum89) W.Humphrey.Managing the Software Process:Massachusetts:Addison Wesley,1989.

(Pau95) M. C. Paulk and al, The Capability Maturity Model, Guidelines for Improving the Software Process.Reading,Massachusetts:Addison-Wesley,1995.

(Som01a) I. Sommerville." Software Configuration Management". presented at ICSE SCM-6 Workshop,Berlin,2001.

(USNRC 1.169-97) USNRC Regulatory Guide 1.169." Configuration Management Plans for Digital Computer Software Used in Safety Systems of Nuclear Power Plants". presented at U.S. Nuclear Regulatory Commission,Washington DC,1997.

(Vin88) J.Vincent.A.Waters and J.Sinclair,Software Quality Assurance:Practice and Implementation.Englewood Cliffs,NJ:Prentice-Hall,1988.

(Whi91) D. Whitgift. Methods and Tools for Software Configuration Management. Chichester, England:John Wiley & Sons,1991.

7.11 相关标准

(IEEE 730-02) IEEE Std 730—2002, IEEE Standard for Software Quality Assurance Plans: IEEE,2002.

(IEEE 828-98) IEEE Std 828—1998,IEEE Standard for Software Configuration Management Plans:IEEE,1998.

(IEEE 1028-97) IEEE Std 1028—1997 (R2002), IEEE Standard for Software Reviews: IEEE,1997.

(IEEE 12207.0-96) IEEE/EIA 12207.0—1996//ISO/IEC 12207:1995, Industry Implementation of Int. Std. ISO/IEC 12207: 1995, Standard for Information Technology—Software Life Cycle Processes,vol.IEEE,1996.

(IEEE 12207.1-96) IEEE/EIA 12207.1—1996, Industry Implementation of Int.Std. ISO/IEC 12207: 1995, Standard for Information Technology—Software Life Cycle Processes—Life cycle data: IEEE,1996.

(IEEE 12207.2-97) IEEE/EIA 12207.2—1997, Industry Implementation of Int. Std. ISO/IEC 12207:1995, Standard for Information Technology—Software Life Cycle Processes Implementation. Considerations:IEEE,1997.

(ISO 15846-98) ISO/IEC TR 15846:1998,Information Technology—Software Life Cycle Processes—Configuration Management.Geneva,Switzerland,:ISO and IEC,1998[9].

8 软件工程管理

8.1 综述

8.1.1 缩略语

下列缩略语适用于本文件。

PMBOK:项目管理知识体系指南(Guide to the Project Management Body of Knowledge)

SQA:软件质量保证(Software Quality Assurance)

8.1.2 导引

软件工程管理能被定义为实施各种管理活动(规划、协调、测量、监督、控制和报告),以确保软件的开发与维护是系统的、规范化的和可量化的(IEEE 610.12-90)。

---

9) GB/T 20158—2006 信息技术 软件生存周期过程 配置管理

软件工程管理知识域涉及软件工程的管理和测量问题。尽管测量是所有知识域的重要内容，但是是在本章讨论。

尽管在某种意义上可认为，有可能像对任何其他(复杂)过程一样来管理软件工程，但是软件产品和软件生存周期过程有其独特的地方，这使得有效管理变得复杂，以下只列出其中的一些：

——客户的认知导致对软件工程中固有的复杂性(特别是需求不断变更的影响)常常估计不足。

——软件工程过程本身几乎不可避免地产生新的客户需求或客户需求发生变更；

——结果，软件通常在迭代过程而非在闭合任务序列中被构建；

——软件工程有必要既容纳创造性，又遵循各种规则，但是，常常很难在二者之间维持平衡；

——软件的新颖性和复杂性通常很高；

——基础技术的变更速度很快。

对于软件工程，管理活动发生在三个层面上：组织和基础设施管理、项目管理，以及测量计划的规划和控制。在本知识域中，详细描述了后两个层面。但是，这并不不意味着消弱组织管理问题的重要性。

由于软件工程与管理的结合很重要，所以，对管理的描述将比在其他知识域更为详细。就其对软件工程(方针管理)的影响而言，组织管理很重要。组织方针和标准提供了实施软件工程的框架，这些方针可能需要受到有效的软件开发和维护的需求的影响，可能需要为软件工程在组织层面上的有效管理建立若干软件工程特定方针。要为软件工程任务(如设计、实现、估算、追踪和报告)建立特定的组织范围内的过程或规程，通常应确定组织方针。这些方针对于进行长期有效的软件工程管理是必要的。例如，建立一致的基本原则，并据此分析过去的软件工程执行情况以及所实施的改进。

管理的另一个重要的方面是人员管理。雇佣、培训、激励人员和指导职业生涯发展等方面的管理方针和规程不仅在项目层面上重要，而且对组织的长期成功也很重要。软件工程人事部门可提供独一无二的培训，也可面临人事管理难题(例如，在基础技术经历连续和迅速变化的背景下保持人员流动)。

在有必要精确理解用户要求以及复杂的需求和设计的场合，个人沟通管理能力是比较重要的，但是，往往被忽视。在软件工程中，组合管理也是必要的。组合管理能使人有全局观：不仅关注正在开发的软件集，并且关注已经使用的软件。

此外，软件重用是维持和改进生产率和竞争力的关键因素。有效的重用需要具有考虑重用技术的独特能量和必要性的战略性眼光。

除了理解只受软件影响的管理知识外，软件工程师还应具有更全面的知识(本指导性技术文件指的甚至是在毕业后的前 4 年)。

组织的文化和行为，以及采购、供应链、市场、销售和分发方面的企业管理，都对组织的软件工程过程有影响，尽管只是间接的。

与这一知识域相关的是项目管理概念，因为“构建有用的软件制品”通常是以单个项目(或程序)的形式进行管理的。对于这一点，可在 PMBOK(PMI00)中可得到广泛的支持，其本身包括了下列项目管理知识域：项目集成管理、项目范围管理、项目时间管理、项目成本管理、项目质量管理、项目 HRM 和项目沟通管理。显然，所有这些主题都与软件工程管理知识域有直接的关联。在这里重复 PMBOK 指南的内容既不可能也不适当。因此，建议对软件工程项目管理以外的项目管理感兴趣的读者，去参考 PMBOK 本身。项目管理的内容也可在软件工程章节的相关学科中找到。

软件工程管理知识域由软件项目管理过程(前 5 个子域)和软件工程测量(最后一个子域)这两个主题组成。通常认为这两个主题是分离的，它们也确实具有各自独特的地方，但是，由于它们的关系紧密，所以将它们组合在一起处理。延期交付产品、超出预算、质量低劣和功能不稳定是软件工业的普遍看法。合理的测量管理(任何真正工程学科的假定原则)能帮助人们改变这种看法。实际上，没有测量的管理，无论是定性还是定量，都缺乏严密性，没有管理的测量则缺乏目标或语境。同样，没有专家知识的管理和测量都相当于是无效的。所以应小心避免过分强调软件工程管理(SEM)的定量方面。有效的管理需要数字和经验的组合。

这里采用了下列工作定义：

——管理过程：为保证软件工程过程，以与组织的方针、目标和标准一致的方式开展的活动；

——测量：将值或标号分配给软件工程的各个方面（如[Fen98]定义的产品、过程和资源）以及从中导出的模型（无论这些模型是使用统计学、专家知识，还是使用其他技术开发的）。

软件工程项目管理子域广泛地利用了软件工程测量子域。

这一知识域与 SWEBOK 指南中其他知识域有紧密联系是意料之中的事情。结合本知识域来阅读下列知识域描述将很有用处。

——软件需求：描述项目的初启与范围界定阶段要执行的一些活动；

——SCM：处理软件配置的标识、控制、状态记述和审核，以及软件发布管理与交付；

——软件工程过程：过程和项目是紧密联系的（这一知识域也描述了过程与产品测量）；

——软件质量：质量是管理的一个永恒目标，是许多应管理的活动的目标。

因为软件工程管理知识域在此被认为是一个组织过程，集成了过程和项目管理的概念，所以，既基于主题、又基于生存周期的分解结构被创建。顶级分解结构的主要基础是管理软件工程项目的过程，有 6 个子域，前 5 个子域主要遵循 IEEE/EIA 12207 管理过程。这 6 个子域是：

——初启与范围界定：涉及启动软件工程项目的决定；

——软件项目规划：涉及从管理的角度为成功的软件工程而准备从事的活动；

——软件项目实施：涉及软件工程中发生的、普遍接受的软件工程管理活动；

——评审与评价：确保软件令人满意的；

——闭合：涉及软件工程项目完成后的活动；

——软件工程测量：涉及在软件工程组织中，测量程序的有效开发和实现（IEEE 12207.0-96）。

图 14 为软件工程管理知识域主题分解图。

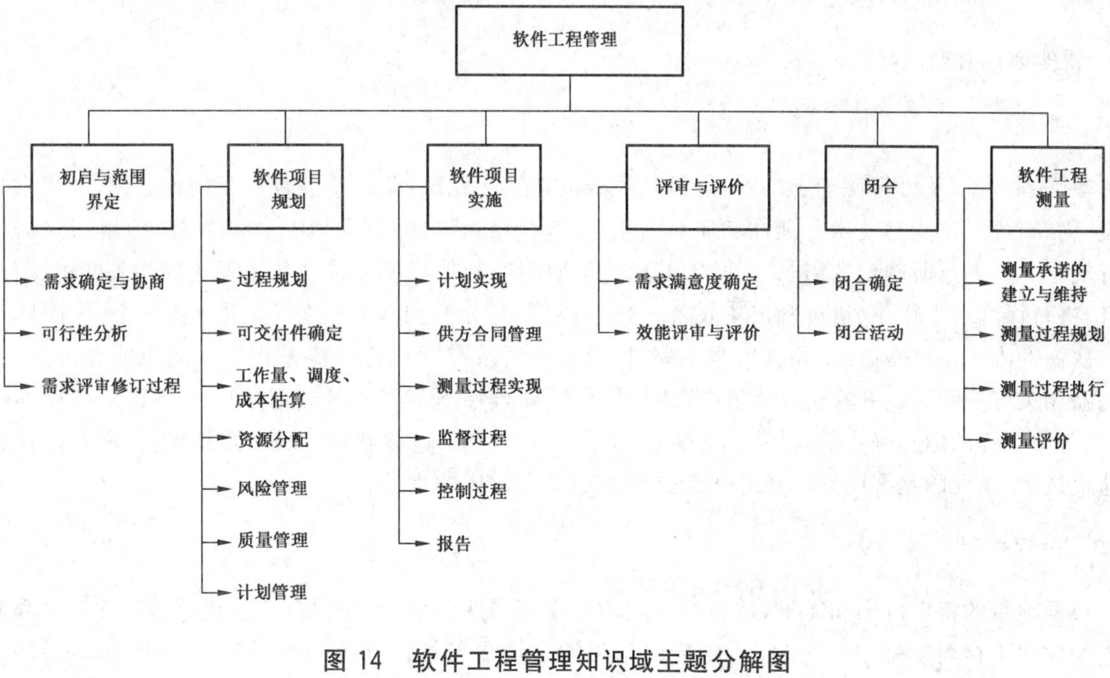

图 14　软件工程管理知识域主题分解图

8.2　初启与范围界定

8.2.1　概述

这组活动的中心任务是通过各种引出方法来有效地确定软件需求，并从不同的视点来评估项目的可行性。一旦确定了可行，这一过程中余下的任务就是制定需求确认和变更规程的规格说明（也参见软件需求知识域)。

8.2.2 需求确定与协商

[Dor02:v2c4;Pfl01:c4;Pre04:c7;Som05:c5]

应从各利益相关方的角度出发,为需求的引出(例如观察)、分析(例如数据建模、用况建模)、规格说明和确认(例如原型法)等活动选择和应用软件需求方法,从而确定项目的范围、目标和约束。因要为所执行的任务集合建立可见的边界,因此,需求的确定和协商是重要的活动,特别是当任务的创新性比较高时。更多的信息参见软件需求知识域。

8.2.3 可行性分析(技术的、操作的、财务的、社会的/政治的)

[Pre04:c6;Som05:c6]

为保证能以及时并有良好成本效益的方式(例如,使用需求能力对照表)成功地完成项目,应保证软件工程师在人员、技能、设备、基础设施和支持(内部和外部)方面有足够的能力和资源可使用。这通常需要基于一些适当方法(如经验丰富的专家的模拟技术)来进行工作量和成本的"实地"估算。

8.2.4 需求评审修订过程

变更是不可避免的,关键是利益相关方在初期就范围和需求的评审和修改方法达成一致(例如,一致同意的变更管理规程)。这显然意味着范围和需求不是一成不变的,能且宜在过程展开中的预定点再次进行审视(例如,设计评审、管理评审)。如果接受了变更,宜进行某种形式的可追踪性分析和风险分析来确认这些变更的影响。变更管理方法在评审项目的成果时很有用,而范围和需求构成了成功评价的基础。[Som05:c6]可参见 SCM 知识域的软件配置控制子域。

8.3 软件项目规划

8.3.1 概述

范围、需求以及可行性确定之后,进行迭代式的策划。此时,要评价软件生存周期过程,考虑项目的本质、创新程度、功能与技术复杂性和质量需求等,选择最适当的过程。用任务的层次分解形式对项目进行规划。根据与所确定的需求一致的质量和其他属性,具体说明和描述每个任务的相关的可交付件,并且,进行详细的工作量、进度和成本估算。然后,将资源分配到各个任务上,以便优化个人、团队和组织层次面的人工生产率、设备和物资利用率,以及使项目按进度执行。要进行详细的风险管理,要在所有利益相关方之间讨论并接受项目的"风险预测"。综合性 SQM 过程确定是作为为规划过程的一部分、以若干规程的形式确定的,并承担 SQA、V&V、评审与审核(参见软件质量知识域)的职责。作为一个迭代过程,重要的是要明确陈述并接受这些过程及其承担的责任。

8.3.2 过程规划

根据项目的特定范围和需求,选择适当的软件生存周期模型(例如,螺旋、演化原型),并调整和部署适当的软件生存周期过程。同时,还要选择相关的方法和工具。[Dor02:v1c6,v2c8;Pfl01:c2;Pre04:c2;Rei02:c1,c3,c5;Som05:c3;Tha97:c3]在项目层面上,使用适当的方法和工具将项目分解为有相关的输入、输出和完成条件的任务。[Dor02:v2c7;Pfl01:c3;Pre04:c21;Rei02:c4,c5;Som05:c4;Tha97:c4,c6]这又进而影响在项目的高级别进度表和组织结构上的决定。

8.3.3 可交付件确定

详细描述与说明每个任务的产品(例如,体系结构设计、审查报告等),说明产品的特性。

[Pfl01:c3;Pre04:c24;Tha97:c4]评价重用以前的开发的软部件或利用现货软件产品的可能性。规划第三方软件和采购的软件的使用,并选择供方。

8.3.4 工作量、调度与成本估算

基于任务的分解、输入和输出,可确定每个任务所期望的工作量范围。确定工作量的方法有多种:在有相关的历史工作量数据的地方,使用基于这些数据的经校正的估算模型;否则,使用其他方法,如请专家做判断。要建立任务之间的依赖关系,使用适当的方法(例如,关键路径分析)标识潜在瓶颈。要尽可能解除瓶颈,生成期望的任务进度表,为每个任务确定起始时间、持续时间和结束时间(例如,PERT图)。将资源(人力、工具)需求转换为成本估算。[Dor02:v2c7;Fen98:c12;Pfl01:c3;Pre04:c23,c24;Rei02:c5,c6;Som05:c4,c23;Tha97:c5]这是一个高迭代活动,在迭代过程中,应不断进行协商和修正,直到受影响的利益相关方(主要是工程和管理)之间达成一致。

8.3.5 资源分配

[Pfl01:c3;Pre04:c24;Rei02:c8,c9;Som05:c4;Tha97:c6,c7]

将设备、设施和人员分配到计划中的任务上,包括分配完成任务的职责(例如,可使用 Gantt 图)。这一活动的输入信息和约束条件,受限于资源的可用性,和在这些环境下资源的最优使用,以及与人员相关的问题(例如,个人/团队的生产率、团队动态及组织和团队结构)。

8.3.6 风险管理

要进行这些工作:风险的识别和分析(什么可能出错、如何出错、为什么、可能的后果是什么)、严重风险评估(就暴露程度而言,哪些是最重要的风险;如何调节风险)、风险减缓和应急规划(系统地阐述应对风险和管理风险记录的策略)。宜使用风险评估方法(例如,决策树和过程仿真)来强调和评价风险。此时,还宜与所有其他利益相关方讨论,确定"项目放弃"政策。[Dor02:v2c7;Pfl01:c3;Pre04:c25;Rei02:c11;Som05:c4;Tha97:c4]一些软件独有的风险,例如,软件工程师增加多余功能部件的倾向,或软件内在的,难于捕捉的风险,必定会影响项目的风险管理。

8.3.7 质量管理

[Dor02:v1c8,v2c3-c5;Pre04:c26;Rei02:c10;Som05:c24,c25;Tha97:c9,c10]

质量是根据特定项目及其相关产品的有关属性定义的,可定量,也可定性。这些质量特性将在详细的软件需求规格说明中确定。参见软件需求知识域。

为每个指标设置坚守质量的阈值,以适合利益相关方对软件的期望。这一阶段也要详细说明与贯穿全过程的 SQA 相关的规程和为产品(可交付件)V&V 制定的规程(例如,技术评审和审查)(也参见软件质量知识域)。

8.3.8 计划管理

[Som05:c4;Tha97:c4]

对如何管理项目和如何管理计划,也应进行规划。项目的报告、监督和控制应适合所选择的软件工程过程和项目的现实情况,也应反映在用于管理项目的各种文件中。在期望进行变更时,计划本身也要受管理。要遵循计划,就要系统地指导、监控、评审、报告计划的执行情况,必要时,对计划进行修改。与其他面向管理的支持过程相关的计划(例如,文档、SCM 和问题解决方案)也应用同样的方式来管理。

8.4 软件项目实施

8.4.1 概述

实施计划，并颁布计划中的过程。软件工程全过程的重心是对计划的遵循，期望通过遵循计划成功地达到项目的目标，并满足利益相关方的需求。enactmen 的基础是不间断地进行的测量、监督、控制和报告等管理活动。

8.4.2 计划实现

[Pfl01:c3;Som05:c4]

根据计划进度启动项目，开展项目活动。在这个过程中，使用资源（例如，人力、资金），产生可交付件（例如，体系结构设计文档、测试用例）。

8.4.3 供方合同管理

[Som05:c4]

制定与供方的协议；执行协议；监督供方对协议的执行；接收供方的产品，并进行适当的集成。

8.4.4 测量过程实现

[Fen98:c13,c14;Pre04:c22;Rei02:c10,c12;Tha97:c3,c10]

测量过程与软件项目一起颁布，以确保收集到相关和有用的数据（参见主题 8.7.3“测量过程规划”和主题 8.7.4“测量过程执行”）。

8.4.5 监督过程

[Dor02:v1c8,v2c2-c5,c7;Rei02:c10;Som05:c25;Tha97:c3;c9]

以预定的间隔连续地评估对计划的遵循程度。分析每个任务的输出和完成情况。按照要求的特性来评价（例如，评审与审核）可交付件。调查迄今为止花费的工作量、成本以及进度执行情况，检查资源使用情况。重温项目风险文档，评价对质量要求的遵循程度。

建立测量数据的模型并进行分析。根据实际值与预期结果值的偏离进行偏差分析。分析结果可用成本超出、进度推迟等形式给出。进行质量和其他测量数据的异常标识和分析（例如，缺陷密度分析）。重新计算出现的风险及其影响，根据新数据，重新制定决策树、重新进行仿真等。这些活动可基于超过的阈值来进行检测和异常标识。在必要时，以及在超过可接受的阈值的地方，要报告所得到的结果。

8.4.6 控制过程

[Dor02:v2c7;Rei02:c10;Tha97:c3,c9]

本过程的监督活动的结果为做出采取行动的决定提供了基础。在适当的时候，在对影响和相关风险进行了建模和管理的地方可对项目进行变更。可采用纠正性行动的方式（例如，重新测试某些部件），这可包括意外情况处理，以避免类似的情况再发生（例如，为辅助软件需求的确认而作出使用原型技术的决定）。也可要求修订各种计划和其他项目文档（例如，需求规格说明）以适用于非预期的结果及其隐含的结果。

在某些情况下，监控的结果可致使项目被放弃。在所有情况下，要遵循变更控制和 SCM 规程（参见 SCM 知识域），将决定记录到文档中，并与相关各方交流。必要时，重温并修改计划，将相关的数据记录到中心数据库中（参见主题 8.7.4“测量过程执行”）。

8.4.7 报告

[Rei02:c10;Tha97:c3,c10]

在约定的期间内,要向组织内部(例如,向项目 portfolio 指导委员会)和外部利益相关方(例如,客户、用户)汇报计划的执行情况。与项目组内频繁要求的详细报告不同,这类情况的报告宜专注于总体的执行情况。

8.5 评审与评价

8.5.1 概述

在项目的一些关键点,要评价为达到规定的目标和满足利益相关方需求的总体进展。同样,在特定的里程碑,要评估迄今为止总体过程的有效性、涉及的人员及使用的工具和方法。

8.5.2 需求满意度确定

[Rei02:c10;Tha97:c3,c10]

由于主要目标是达到利益相关方(用户和顾客)的满意度,所以,重要的工作是应正式地、周期性地评估向这一目标的进展的程度。在达到主要的项目里程碑(例如,软件设计体系结构的确认、软件集成技术评审)时,就要进行评估,要标识与预期的偏离,并采取适当的行动。与前面的控制过程中活动一样(参见主题 8.4.6“控制过程”),在所有情况下,要遵循变更控制和 SCM 规程(参见 SCM 知识域),将决定记录到文档中,并与相关各方交流,必要时,重温并修改计划,将相关的数据记录到中心数据库中(参见主题 8.7.4“测量过程执行”)。更多的信息可参见软件测试知识域主题 5.3.1“测试对象”和软件质量知识域主题 11.3.4“评审与审核”。

8.5.3 效能评审与评价

[Dor02:v1c8,v2c3,c5;Pfl01:c8,c9;Rei02:c10;Tha97:c3,c10]

为项目人员进行周期性的绩效评审,可了解按计划执行的可能性和可能会有困难的地方(例如,团队成员的冲突)。要评价使用的各种方法、工具和技术的有效性和适当性,也要系统和周期性地评估过程本身在项目语境中的相关性、实用性和功效。适当的时候,要进行变更并对之进行管理。

8.6 闭合

8.6.1 概述

当所有的计划和包含的过程都实施和完成后,项目达到闭合阶段,在这一阶段,重温项目成功的准则。一旦进入闭合阶段,就执行归档、事后分析和过程改进活动。

8.6.2 闭合确定

[Dor02:v1c8,v2c3,c5;Rei02:c10;Tha97:c3,c10]

完成计划中规定的任务,并确认完成准则的满意成果。所有计划的产品都要交付,并且这些产品具有可接受的特性。核对并确认需求已被满足,并且已经达到项目的目标。这些过程通常涉及所有利益相关方,并产生客户验收文档和所有已知余留问题报告。

8.6.3 闭合活动

[Pfl01:c12;Som05:c4]

确认闭合后,要将项目材料按符合利益相关方约定的方法、位置和保存期限进行归档。用最终的项目数据更新组织的测量数据库,并且,进行项目后的分析。要进行项目的事后分析,这样可分析过程(特别是通过评审与评价,见子域4评审与评价)中遇到的结果、问题和机会,从过程中获得教训,加入到组织的学习和改进活动中(参见软件工程过程知识域)。

8.7 软件工程测量

8.7.1 概述

[ISO 15939-02]

测量的重要性及其在更好的管理实践中的作用得到广泛认同,今后,它的重要性只有可能增加。有效的测量已经成为组织成熟度的一个基础。基于ISO国际测量衡词汇表[ISO 93],[ISO 15939-02]定义了软件测度和测量方法的关键术语。不过,读者仍可能在文献中遇到不同的术语,例如,有时,用“度量(metrics)”代替“测度(measures)”。

这一主题遵循国际标准ISO/IEC 15939,它描述一个过程以及测量信息模型,该过程对实现软件测量过程必要的活动和任务进行定义。

8.7.2 测量承诺的建立与维持

测量承诺建立与维持过程如下:

——接受测量的需求:每项测量工作宜由组织目标指导,并由组织和项目建立的一组测量需求驱动。例如,组织的目标可能是“新产品最先进入市场”[Fen98:c3,c13;Pre04:c22],这反过来可能产生一个需求,要求测量对这一目标有贡献的因素,以便管理项目来满足这一目标:

- 定义测量范围。应建立应用各种测量需求的组织单位。这可包括,功能区域、单个项目、单个地点,甚至整个企业。宜在定义的范围内开展与这一需求有关随之而来的所有测量任务。另外,宜标识利益相关方;
- 管理层和员工对测量的承诺。应正式确立承诺,为承诺进行沟通,并且有资源支持该承诺。

——承诺测量资源:组织对测量的承诺是成功的基本因素,要为测量过程的实施分配资源。资源分配包括为各种测量过程的任务分配职责(如用户、分析员和库管理员),提供足够的资金、培训、工具和支持,以便能持续地实施这一过程。

8.7.3 测量过程规划

[ISO 15939-02]

测量过程规划如下:

——描述组织单元特性:组织单元负责提供测量的语境,因此应使该语境明确,清晰地指出所承担的责任和所施加的约束。可依据组织过程、应用领域、技术和组织接口进行特性描述。组织过程模型也是典型的组织单元特性元素;

——标识信息需求:信息需求以组织单位的目标、约束、风险和问题为依据。它们可来源于业务、组织机构、管理者和/或产品目标。应标识这些需求并排列优先顺序。然后,选择要处理的子集,将结果记录到文档中,与利益相关方沟通,并进行评审;

——选择测度:应选择候选的测度,并与信息需求有清晰的链接。然后,基于信息需求的优先级和其他准则(例如,收集成本、收集过程中的破坏程度、分析的难易和获得准确一致数据的难易等)来选择测度;

——定义数据收集、分析和报告规程:这包括数据的收集规程与进度、存储、验证、分析、报告和配置管理;

——定义评价信息产品的准则：评价的准则受组织单元的技术和业务目标的影响。信息产品包括与正在生产的产品相关的，以及与用来管理和测量项目的过程相关的；

——评审、批准测量任务，并为其提供资源：

- 应由适当的利益相关方评审和批准测量计划。这包括所有的数据收集规程，存储、分析和报告规程，评价准则，进度和职责。评审这些制品的准则宜建立在组织单位或更高的等级上，并作为评审的基础。这种准则宜考虑以前的经验、资源的可用性和当建议对目前的实践进行变更时对项目潜在的破坏程度。批准这些准则表示对测量过程的承诺；
- 为实施已经规划并被批准的测量任务准备好资源。在广泛部署之前试行变更时就要考虑资源可用性。宜考虑为成功部署新规程或测度所必需的资源。

——获取和利用支持技术：这包括评价可用的支持技术、选择最适当的技术、获取和利用这些技术。

8.7.4 测量过程执行

[ISO 15939-02]

测量过程执行如下：

——将测量规程与相关的过程集成：应把诸如数据收集等测量规程集成到被测量的过程中。这可牵扯到改变目前的过程以适应数据收集或生成的活动。也可涉及对当前的过程的分析，使额外工作量最小化、评价对员工的影响，以保证测量规程被接受。需要考虑士气问题和其他人为因素。此外，应与提供数据的人员就测量规程进行交流，还可能需要提供培训，通常还应提供支持。一般，数据分析和报告规程应用类似的方式集成到组织和/或项目过程中；

——收集数据：应收集、验证和存储数据；

——分析数据和开发信息产品：作为分析过程的一部分，以与数据和信息需求的本质相适应的严谨度对数据进行聚集、转换或重新编码。分析的结果通常是一些指标，如图形、数值或其他应解释的指标，产生要提交给利益相关方的初步结论。应使用组织定义的正式或非正式的过程来评审结果和结论。数据提供者和测量用户宜参与数据评审，以保证数据有意义并且准确，保证这些数据能导致合理的行动；

——就结果进行交流：应把信息产品记录到文档中，并与用户和利益相关方进行交流。

8.7.5 测量评价

[ISO 15939-02]

测量评价细节如下：

——评价信息产品：根据规定的评价准则来评价信息产品，确定信息产品的强项和弱项。这可由内部过程或外部审核来完成，并宜包括来自测量用户的反馈。将取得的教训记录到适当的数据库中；

——测量评价过程：根据规定的评价准则来评价测量过程，确定过程的强项和弱项。这可由内部过程或外部审核来完成，并宜包括来自测量用户的反馈。将取得的教训记录到适当的数据库中；

——标识潜在的改进：这类改进可是指标格式的改变、测量单位的改变或类别的重新分类。确定潜在改进的成本和效益，选择适当的改进行动。与测量过程所有者和利益相关方交流所建议的改进，以便进行评审并获得批准。如果没有标识出改进，也要指出缺乏潜在的改进。

8.8 主题与参考文献对照表

表8为本章的主题与参考文献对照表。

表 8　主题与参考文献对照表

主题	[Dor02]	[ISO 15939-02]	[Fen98]	[Pfl01]	[Pre04]	[Rei02]	[Som05]	[Tha97]
8.2　初启与范围界定								
8.2.1　概述								
8.2.2　需求确定与协商	v2c4			c4	c7		c5	
8.2.3　可行性分析					c6		c6	
8.2.4　需求评审修订过程							c6	
8.3　软件项目规划								
8.3.1　概述								
8.3.2　过程规划	v1c6,v2c7,v2c8			c2,c3	c2,c21	c1,c3,c5	c3,c4	c3,c4,c6
8.3.3　可交付件确定				c3	c24			c4
8.3.4　工作量、调度与成本估算	v2c7		c12	c3	c23,c24	c5,c6	c2,c23	c5
8.3.5　资源分配				c3	c24	c8,c9	c4	c6,c7
8.3.6　风险管理	v2c7			c3	c25	c11	c4	c4
8.3.7　质量管理	v1c8,v2c3-c5				c26	c10	c24,c25	c9,c10
8.3.8　计划管理							c4	c4
8.4　软件项目实施								
8.4.1　概述								
8.4.2　计划实现				c3			c4	
8.4.3　供方合同管理							c4	
8.4.4　测量过程实现			c13,c14		c22	c10,c12		c3,c10
8.4.5　监督过程	v1c8,v2c2-c5,c7					c10	c25	c3,c9
8.4.6　控制过程	v2c7					c10		c3,c9
8.4.7　报告						c10		c3,c10
8.5　评审与评价								
8.5.1　概述								
8.5.2　需求满意度确定						c10		c3,c10
8.5.3　效能评审与评价	v1c8,v2c3,c5			c8,c9		c10		c3,c10
8.6　闭合								
8.6.1　概述								
8.6.2　闭合确定	v1c8,v2c3,c5					c10		c3,c10
8.6.3　闭合活动				c12			c4	
8.7　软件工程测量								
8.7.1　概述		*						

表 8（续）

主题	[Dor02]	[ISO 15939-02]	[Fen98]	[Pfl01]	[Pre04]	[Rei02]	[Som05]	[Tha97]
8.7.2 测量承诺的建立与维持			c3,c13		c22			
8.7.3 测量过程规划		c5,C,D,E,F						
8.7.4 测量过程执行		c5,G						
8.7.5 测量评价		c5,D						

8.9 对软件工程管理推荐的参考文献

[Dor02] M.Dorfman and R.H.Thayer, Eds."Software Engineering". (Vol.1 & Vol.2), IEEE Computer Society Press, 2002, Vol.1, Chap.6, 8, Vol.2, Chap.3, 4, 5, 7, 8.

[Fen98] N.E.Fenton and S.L.Pfleeger."Software Metrics: A Rigorous & Practical Approach". Second ed: International Thomson Computer Press, 1998, Chap.1-14.

[ISO 15939-02] ISO/IEC 15939: 2002. Software Engineering-Software Measurement Process: ISO and IEC, 2002[10].

[Pfl01] S.L.Pfleeger." Software Engineering: Theory and Practice". Second ed: Prentice-Hall, 2001, Chap 2-4, 8, 9, 12, 13.

[Pre04] R.S.Pressman."Software Engineering: A Practitioner's Approach". Sixth ed: McGraw-Hill, 2004, Chap.2, 6, 7, 22-26.

[Rei02] D.J.Reifer, Ed.." Software Management". IEEE Computer Society, 2002, Chap. 1-6, 7-12, 13.

[Som05] I.Sommerville."Software Engineering". Seventh ed: Addison-Wesley, 2005, Chap.3-6, 23-25.

[Tha97] R.H.Thayer, Ed.."Software Engineering Project Management". IEEE Computer Society, 1997, Chap.1-10.

8.10 进一步阅读的参考文献

(Adl99) T.R.Adler, J.G.Leonard and R.K.Nordgren."Improving Risk Management: Moving from Risk Elimination to Risk Avoidance". Information and Software Technology, vol.41, 29-34, 1999.

(Bai98) R.Baines."Across Disciplines: Risk, Design, Method, Process, and Tools". IEEE Software, 61-64, July/August, 1998.

(Bin97) R.V.Binder."Can a Manufacturing Quality Model Work for Software?". IEEE Software, 101-102, 105, September/October, 1997.

(Boe97) B.W.Boehm and T.DeMarco."Software Risk Management". IEEE Software, 17-19, May/June, 1997.

(Bri96) L.C.Briand, S.Morasca and V.R.Basili."Property-Based Software Engineering Measurement". IEEE Transactions on Software Engineering, vol.22, iss.1, 68-86, 1996.

---

10) GB/T 20917—2007 软件工程 软件测量过程

(Bri96a) L.Briand,K.E.Emam and S.Morasca."On the Application of Measurement Theory in Software Engineering".Empirical Software Engineering,vol.1,61-88,1996.

(Bri97) L. C. Briand, S. Morasca and V. R. Basili." Response to: Comments on 'Property-based Software Engineering Measurement: Refining the Addivity Properties". IEEE Transactions on Software Engineering,vol.23,iss.3,196-197,1997.

(Bro87) F. P. J. Brooks." No Silver Bullet: Essence and Accidents of Software Engineering". Computer,10-19,Apr.,1987.

(Cap96) J.Capers,Applied Software Measurement:Assuring Productivity and Quality,Second ed: McGraw-Hill,Inc.,1996.

(Car97) M.J.Carr."Risk Management May Not Be For Everyone".IEEE Software,21-24,May/June,1997.

(Cha96) R.N.Charette."Large-Scale Project Management is Risk Management".IEEE Software, 110-117,July,1996.

(Cha97) R.N.Charette,K.M.Adams and M.B.White."Managing Risk in Software Maintenance". IEEE Software,43-50,May/June,1997.

(Col96) B.Collier,T.DeMarco and P.Fearey."A Defined Process for Project Postmortem Review". IEEE Software,65-72,July,1996.

(Con97) E.H.Conrow and P.S.Shishido."Implementing Risk Management on Software Intensive Projects".IEEE Software,83-89,May/June,1997.

(Dav98) A.M.Davis."Predictions and Farewells".IEEE Software,6-9,July/August,1998.

(Dem87) T.DeMarco and T.Lister,Peopleware:Productive Projects and Teams:Dorset House Publishing,1987.

(Dem96) T.DeMarco and A.Miller."Managing Large Software Projects".IEEE Software,24-27, July,1996.

(Fav98) J.Favaro and S.L.Pfleeger."Making Software Development Investment Decisions".ACM SIGSoft Software Engineering Notes,vol.23,iss.5,69-74,1998.

(Fay96) M.E.Fayad and M.Cline."Managing Object-Oriented Software Development".Computer, 26-31,September,1996.

(Fen98) N.E.Fenton and S.L.Pfleeger,Software Metrics:A Rigorous & Practical Approach,Second ed:International Thomson Computer Press,1998.

(Fle99) R.Fleming."A Fresh Perspective on Old Problems".IEEE Software,106-113,January/February,1999.

(Fug98) A.Fuggetta,L.Lavazza,S.Morasca,S.Cinti,G.Oldano and E.Orazi."Applying GQM in an Industrial Software Factory".ACM Transactions on Software Engineering and Methodology,vol.7,iss. 4,411-448,1998.

(Gar97) P. R. Garvey, D. J. Phair and J. A. Wilson." An Information Architecture for Risk Assessment and Management".IEEE Software,25-34,May/June,1997.

(Gem97) A.Gemmer."Risk Management:Moving beyond Process".Computer,33-43,May,1997.

(Gla97) R.L.Glass."The Ups and Downs of Programmer Stress".Communications of the ACM, vol.40,iss.4,17-19,1997.

(Gla98) R.L.Glass."Short-Term and Long-Term Remedies for Runaway Projects".Communications of the ACM,vol.41,iss.7,13-15,1998.

(Gla98a) R.L.Glass."How Not to Prepare for a Consulting Assignment,and Other Ugly Consultancy Truths." Communications of the ACM, vol.41, iss.12, 11-13, 1998.

(Gla99) R. L. Glass." The Realities of Software Technology Payoffs". Communications of the ACM, vol.42, iss.2, 74-79, 1999.

(Gra99) R.Grable, J.Jernigan, C.Pogue and D.Divis."Metrics for Small Projects: Experiences at the SED".IEEE Software, 21-29, March/April, 1999.

(Gra87) R.B.Grady and D.L.Caswell, Software Metrics: Establishing A Company-Wide Program. Englewood Cliffs NJ, USA: Prentice-Hall, 1987.

(Hal97) T. Hall and N. Fenton." Implementing Effective Software Metrics Programs". IEEE Software, 55-64, Mar/Apr, 1997.

(Hen99) S. M. Henry and K. T. Stevens." Using Belbin's Leadership Role to Improve Team Effectiveness: An Empirical Investigation".Journal of Systems and Software, vol.44, 241-250, 1999.

(Hoh99) L. Hohmann." Coaching the Rookie Manager". IEEE Software, 16-19, January/February, 1999.

(Hsi96) P.Hsia."Making Software Development Visible".IEEE Software, 23-26, March, 1996.

(Hum97) W.S.Humphrey, Managing Technical People: Innovation, Teamwork, and the Software Process: Addison-Wesley, 1997.

(IEEE 12207.0-96) IEEE/EIA 12207.0—1996//ISO/IEC 12207: 1995, Industry Implementation of Int.Std.ISO/IEC 12207: 95, Standard for Information Technology—Software Life Cycle Processes, vol.IEEE, 1996.

(Jac98) M.Jackman." Homeopathic Remedies for Team Toxicity".IEEE Software, 43-45, July/August, 1998.

(Kan97) K.Kansala."Integrating Risk Assessment with Cost Estimation".IEEE Software, 61-67, May/June, 1997.

(Kar97) J. Karlsson and K. Ryan." A Cost-Value Aproach for Prioritizing Requirements". IEEE Software, 87-74, September/October, 1997.

(Kar96) D.W.Karolak."Software Engineering Risk Management".IEEE Computer Society, 1996.

(Kau99) K.Kautz."Making Sense of Measurement for Small Organizations".IEEE Software, 14-20, March/April, 1999.

(Kei98) M.Keil, P.E.Cule, K.Lyytinen and R.C.Schmict."A Framework for Identifying Software Project Risks".Communications of the ACM, vol.41, iss.11, 76-83, 1998.

(Ker99) B.Kernighan and R.Pike."Finding Performance Improvements".IEEE Software, 61-65, March/April, 1999.

(Kit97) B.Kitchenham and S.Linkman."Estimates, Uncertainty, and Risk".IEEE Software, 69-74, May/June, 1997.

(Lat98) F.v.Latum, R.v.Solingen, M.Oivo, B.Hoisl, D.Rombach and G.Ruhe."Adopting GQM-Based Measurement in an Industrial Environment".IEEE Software, 78-86, January-February, 1998.

(Leu96) H.K.N.Leung."A Risk Index for Software Producers".Software Maintenance: Research and Practice, vol.8, 281-294, 1996.

(Lis97) T.Lister."Risk Management is Project Management for Adults".IEEE Software, 20-22, May/June, 1997.

(Mac96) K. Mackey." Why Bad Things Happen to Good Projects". IEEE Software, 27-32, May, 1996.

(Mac98) K. Mackey." Beyond Dilbert: Creating Cultures that Work". IEEE Software, 48-49,

January/February,1998.

(Mad97) R.J.Madachy."Heuristic Risk Assessment Using Cost Factors".IEEE Software,51-59, May/June,1997.

(McC96) S. C. McConell, Rapid Development: Taming Wild Software Schedules: Microsoft Press,1996.

(McC97) S.C.McConell,Software Project Survival Guide:Microsoft Press,1997.

(McC99) S. C. McConell." Software Engineering Principles". IEEE Software, 6-8, March/April,1999.

(Moy97) T.Moynihan."How Experienced Project Managers Assess Risk".IEEE Software,35-41, May/June,1997.

(Ncs98) P.Ncsi."Managing OO Projects Better".IEEE Software,50-60,July/August,1998.

(Nol99) A.J.Nolan."Learning From Success".IEEE Software,97-105,January/February,1999.

(Off97) R. J. Offen and R. Jeffery." Establishing Software Measurement Programs". IEEE Software,45-53,Mar/Apr,1997.

(Par96) K.V.C.Parris."Implementing Accountability".IEEE Software,83-93,July,1996.

(Pfl97) S.L.Pfleeger."Assessing Measurement (Guest Editor's Introduction)".IEEE Software, 25-26,March/April,1997.

(Pfl97a) S. L. Pfleeger, R. Jeffery, B. Curtis and B. Kitchenham." Status Report on Software Measurement".IEEE Software,33-43,March/April,1997.

(Put97) L.H.Putman and W.Myers."Industrial Strength Software—Effective Management Using Measurement".Los Alamitos,CA,1997.

(Rob99) P.N.Robillard."The Role of Knowledge in Software Development".Communications of the ACM,vol.42,iss.1,87-92,1999.

(Rod97) A.G.Rodrigues and T.M.Williams."System Dynamics in Software Project Management: Towards the Development of a Formal Integrated Framework". European Journal of Information Systems,vol.6,51-66,1997.

(Rop97) J.Ropponen and K.Lyytinen."Can Software Risk Management Improve System Development:An Exploratory Study".European Journal of Information Systems,vol.6,41-50,1997.

(Sch99) C.Schmidt,P.Dart,L.Johnston,L.Sterling and P.Thorne."Disincentives for Communicating Risk:A Risk Paradox".Information and Software Technology,vol.41,403-411,1999.

(Sco92) R. L. v. Scoy." Software Development Risk: Opportunity, Not Problem". Software Engineering Institute,Carnegie Mellon University CMU/SEI-92-TR-30,1992.

(Sla98) S.A.Slaughter,D.E.Harter and M.S.Krishnan."Evaluating the Cost of Software Quality". Communications of the ACM,vol.41,iss.8,67-73,1998.

(Sol98) R. v. Solingen, R. Berghout and F. v. Latum." Interrupts: just a minute never is". IEEE Software,97-103,September/October,1998.

(Whi95) N. Whitten, Managing Software Development Projects: Formulas for Success: Wiley,1995.

(Wil99) B.Wiley,Essential System Requirements:A Practical Guide to Event—Driven Methods: Addison—Wesley,1999.

(Zel98) M. V. Zelkowitz and D. R. Wallace." Experimental Models for Validating Technology". Computer,vol.31,iss.5,23-31,1998.

8.11 相关标准

(IEEE 610.12-90) IEEE Std 610.12—1990 (R2002), IEEE Standard Glossary of Software Engineering Terminology:IEEE,1990.

(IEEE 12207.0-96) IEEE/EIA 12207.0—1996//ISO/IEC 12207:1995,Industry Implementation of Int.Std.ISO/IEC 12207:95,Standard for Information Technology—Software Life Cycle Processes, vol.IEEE,1996.

(ISO 15939-02) ISO/IEC 15939:2002,Software Engineering—Software Measurement Process: ISO and IEC,2002.

(PMI00) Project Management Institute Standards Committee,A guide to the project management body of knowledge (PMBOK):Project Management Institute,2000.

9 软件工程过程

9.1 综述

9.1.1 缩略语

下列缩略语适用于本文件。

CMMI:能力成熟度模型集成(Capability Maturity Model Integration)

EF:经验工厂(Experience Factory)

FP:功能点(Function Point)

HRM:人力资源管理(Human Resources Management)

IDEAL:初启—诊断—建立—行动—学习(模型)(Initiating-Diagnosing-Establishing-Acting- Learning (model))

OMG:对象管理组(Object Management Group)

QIP:质量改进范例(Quality Improvement Paradigm)

SCAMPI:标准的CMMI过程改进评估方法(Standard CMMI Appraisal Method for Process Improvement)

SCE:软件能力评价(Software Capability Evaluation)

SEPG:软件工程过程小组(Software Engineering Process Group)

9.1.2 导引

能在两个层面上检查软件工程过程知识域。第一个层面包括软件生存周期过程中的技术和管理的活动,它们是在软件获取、开发、维护和退役中完成的。第二个层面是元层面,涉及软件生存周期过程本身的定义、实施、评估、测量、管理 、变更和改进。第一个层面由指南中其他知识域覆盖,本知识域关注第二个层面。

术语“软件工程过程”能用不同方式解释,并且可引起混淆:

——第一种含义是指以正确的方式来完成软件工程任务。本指导性技术文件将避免这种含义,因为这种过程不存在;

——第二种含义是指对软件工程相关过程的一般性讨论,这是本知识域的标题的含义,也是知识域描述中最经常使用的含义;

——第三个含义可能突出组织内实际完成的一组活动,从组织内部来看,它们可被认为是一个过程。本知识域在较少数实例中使用了这一含义。

这一知识域应用于软件生存周期过程管理的任何部分，为过程或产品改进引入规程变更或技术变更。

软件工程过程不仅仅与大型组织有关。相反，与过程相关的活动能够并且已经成功地由小型组织、团队和个人完成。

管理软件生存周期过程的目标，无论是个人的、项目的还是组织的，都是在实践中实现新的或更好的过程。

这一知识域并不像在人员能力成熟度模型(People CMM)(Cur02)和系统工程过程中那样明确地论及人力资源管理(HRM)[ISO 1528-028;IEEE 1220-98]。

要认识到的是，许多软件工程过程问题与其他学科紧密相关，如管理，虽然有时使用了不同的术语。

图 15 为软件工程过程知识域主题分解图。

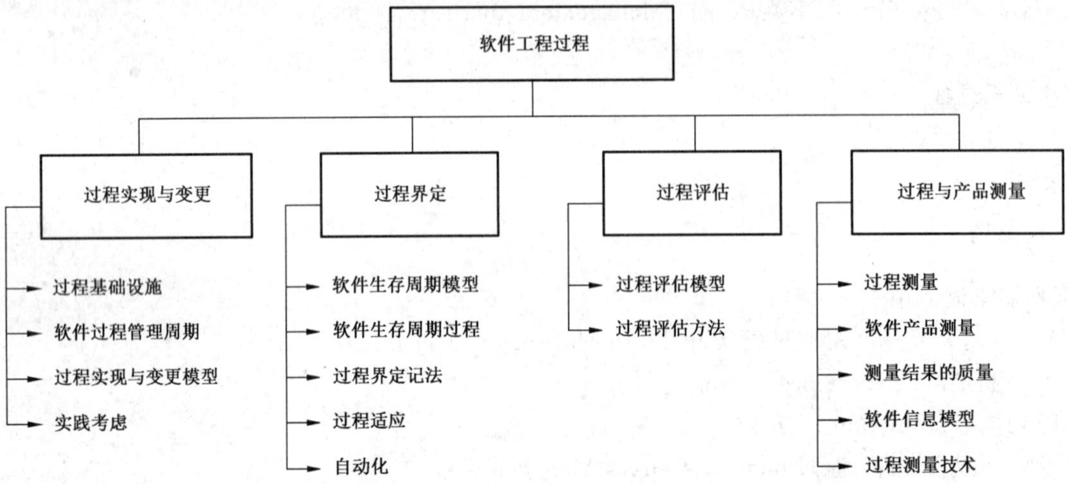

图 15 软件工程过程知识域主题分解图

9.2 过程实现与变更

9.2.1 概述

这一子域重点放在组织变更，描述了过程实现与变更的基础设施、活动、模型和实践考虑。

这里描述的是第一次部署过程时的情况(例如，引入项目的审查过程，或引入覆盖整个生存周期的方法)，和变更当前过程的情况(例如，引入工具或优化规程)。可将后者称为过程演化。在两种情况下，都应修改现有的实践活动。如果要做的修改涉及面广泛，则有必要变更组织的文化。

9.2.2 过程基础设施

9.2.2.1 概述

[IEEE 12207.0-96;ISO 15504-98;SEL96]

这一主题包括与软件工程过程基础设施相关的知识。

要建立软件生存周期过程，应准备好适当的基础设施，即应有可用的资源(有能力的员工、工具和资金)并确定了职责。完成这些任务就表示对软件工程过程工作做出了管理承诺，并拥有其管理权。为完成软件工程过程的工作，应成立各种委员会，例如负监督职责的指导委员会。

[McF96]描述了用于过程一般改进的基础设施。在实践中使用的两类主要的基础设施是软件工程过程组和 EF。

9.2.2.2 软件工程过程小组

建立软件工程过程小组(SEPG)的目的是使其成为软件工程过程改进的中心点，在启动和维持过程改进方面承担很多职责。[Fow90]描述了这些职责。

9.2.2.3 经验工厂

经验工厂(EF)的概念将项目组织(例如，软件开发组)与过程改进组织分开。项目组织重点关注软件的开发和维护，而 EF 关注软件工程过程改进。

建立 EF 的目的是通过开发、更新和向项目组织交付如指南、模型和培训课程等过程资产(又称为经验包)，将组织收集的经验制度化。项目组织向 EF 提供其产品、开发中使用的计划以及开发和运行中收集的数据。经验包的例子见[Bas92]。

9.2.3 软件过程管理周期

[Bas92;Fow90;IEEE 12207.0-96;ISO 15504-98;Mcf96;SEL96]

软件过程管理由迭代周期中顺序排列的 4 种活动组成，以允许软件过程的持续反馈和改进：

——建立过程基础设施活动包括，建立对过程实现与变更的承诺(包括引入管理)，准备好适当的基础设施(资源和职责)，以便过程的实现与改进；

——规划活动的目标是理解个人、项目或组织的当前业务目标和过程需求，以标识其强项和弱项，并为过程实现与变更作出计划；

——过程实现与变更的目标是执行计划，部署新的过程(可能涉及工具部署和员工培训)和/或变更现有过程；

——过程评价关注的是检查实现和变更进行得如何，期望的收益是否已经实现。检查结果将作为后续周期的输入。

9.2.4 过程实现与变更模型

已有的两个推进过程实现与变更的通用模型是质量改进范例(QIP)[SEL96]和初启—诊断—建立—行动—学习(IDEAL)模型[McF96]。[SEL96]对这两个模型进行了比较。对过程实现与变更结果的评价可以是定性的，也可以是定量的。

9.2.5 实践考虑

过程实现与变更构成了组织变更的实例。许多成功的组织变更工作，将变更作为一个项目处理，并具有适当的计划、监控和评审。

[Moi98;San98;Sti99]给出了软件工程组织内关于过程实现与变更的指南，包括行动规划、培训、管理发起、承诺及覆盖过程和工具的试点项目的选择等。(ElE99a)报告了关于过程变更的成功因素的试验研究。

(Hut94)讨论了在这一活动中变更机构的角色。过程实现与变更也可看成是内部或外部咨询项目实例。

(Rog83)从技术转移的角度看待组织变更。软件工程的文章(Pfl99;Rag89)讨论了技术转移和新技术(可能包括过程相关技术)接收方的特性。

可采取两种方式来评价过程实现与变更：根据对过程本身的变更，或根据对过程结果的变更(例如，测量进行变更的投资回收)。(Her98)给出了从这类评价研究能得到什么的实用观点。

[Gol99]，(Kit98;Kra99;McG94) 综述了如何评价过程实现与变更，并给出实例。

9.3 过程界定

9.3.1 概述

过程定义可能是一个规程、一个方针或一个标准。定义软件生存周期过程有诸多原因，包括提高产品质量、便于人员理解和沟通、支持过程改进、支持过程管理、提供自动化的过程指导和提供自动化的执行支持等。所需要的过程定义的类型，至少部分地依赖于定义的原因。

需要指出的是，项目和组织的语境将确定最有用的过程定义的类型。要考虑的重要变量包括，工作的本质(例如，是维护还是开发)、应用领域、生存周期模型和组织的成熟度。

9.3.2 软件生存周期模型

[Pfl01:c2;IEEE 12207.0-96]

软件生存周期模型作为软件开发各个阶段的高层定义，不是为了给出细节，而是要强调关键活动及其相互依赖关系。软件生存周期模型的例子是瀑布模型、丢弃式原型模型、演化开发、增量/迭代交付、螺旋模型、可重用的软件模型和自动软件综合体。[Com97]，(Dav88)给出对这些模型的比较，(Ale91)给出在这些模型中进行选择的方法。

9.3.3 软件生存周期过程

软件生存周期过程的定义比软件生存周期模型详细。但是软件生存周期过程并不试图按时间顺序排列这些过程，这意味着，在原则上，可安排软件生存周期过程，以适合任何软件生存周期模型。这一领域的主要参考文献是 IEEE/EIA 12207.0:信息技术—软件生存周期过程[IEEE 12207.0-96]。

开发生存周期过程的 IEEE 1074:1997，也为软件开发和维护提供了过程和活动的列表[IEEE 1074-97]，以及生存周期活动列表。后者的活动能被映射到各个过程，并按任何软件生存周期模型的相同方式来组织。此外，IEEE 1074:1997 标识了其他 IEEE 软件标准，并将其他标准链接到表中的活动。原则上说，IEEE 1074 标准能用于构建符合任何生存周期模型的过程。专注于维护过程的标准是 IEEE 1219—1998 和 ISO 14764:1998 [IEEE 1219-98]。

其他提供过程定义的重要标准包括：

——IEEE 1540:软件风险管理(IEEE 1540-01)；

——IEEE 1517:软件重用过程(IEEE 1517-99)；

——ISO/IEC 15939:软件测量过程[ISO 15939-02]。这一过程的详细描述可参见软件工程管理知识域。

在某些情况下，在定义软件工程过程时，应考虑质量管理的组织过程。ISO 9001[ISO 9001-00]为质量管理过程提供了需求，而 ISO/IEC 9003 为开发软件的组织解释了这些需求(ISO 9003-04)。

某些软件生存周期过程强调快速的交付和充分的用户参与，例如极限编程等敏捷方法。选择问题表涉及在敏捷计划驱动方法上的选择。(Boe03a)介绍了基于风险作出决定的方法。

9.3.4 过程界定记法

过程能在不同的抽象层上定义(例如，通用定义 vs 适应性定义，描述性定义 vs 说明性定义 vs 强制性定义)[Pfl01]，能定义过程的各种元素，例如，活动、产品(制品)和资源。(Mad94)描述了将定义过程所需要的信息类型组织起来形成体系的详细框架。

有许多记法用于定义过程(SPC92)，它们之间的关键区别是前面提到的框架所定义、捕获和使用的信息类型。软件工程师宜知道以下方法：表示过程目的和结果的 DFD[ISO 15504-98]、分解为用自然语言定义的组成活动和任务的过程列表[IEEE 12207.0-96]、状态图(Har98)、ETVX (Rad85)、施动者依赖建模(Yu94)、结构化分析设计技术(SADT)记法(Mcg93)、Petri 网(Ban95)、IDEF0 (IEEE 1320.1-98)和基于规则的记法(Bar95)。最近,OMG 发布了过程建模标准,称为 SPEM (Software Process Engineering Meta-Model,软件过程工程元模型)规格说明[OMG02]。该标准的目的是协调统一建模记法。

9.3.5 过程适应

[IEEE 12207.0-96;ISO 15504-98;Joh99]

需要强调的是,要适应自身的需要,应修改预定义过程(甚至是标准过程),例如,组织语境、项目规模、管制需求、业界实践和公司文化。某些标准(如 IEEE/EIA 12207)包含完成这些修改的机制和推荐方法。

9.3.6 自动化

[Pfl01:c2]

自动化工具或者支持对过程定义的执行,或者为执行所定义的过程的人提供指导。在进行过程分析时,某些工具允许多种类型的仿真(例如,离散事件仿真)。

此外,有一些工具支持上面提到的每一种过程界定记法。而且,这些工具能执行过程定义,为实际过程提供自动支持,或者,在某些情况下将过程定义完全自动化。过程建模工具的综述参见[Fin94],以过程为中心的环境的综述参见(Gar96)。

9.4 过程评估

9.4.1 概述

过程评估要使用评估模型和评估方法。当以授权合同为目的进行评估时,使用术语“能力评价”。

9.4.2 过程评估模型

评估模型捕获什么是所谓的良好实践。这些实践可仅与技术性的软件工程活动有关,也可涉及管理、系统工程和 HRM 活动等。

ISO/IEC 15504[ISO 15504-98]定义了一个典型的评估模型和对其他评估模型的一致性要求。可用并已经使用的特定评估模型包括,SW-CMM (SEI95)、CMMI[SEI01]和 Bootstrap [Sti99]。也已经定义了许多其他的能力和成熟度模型,例如,一些用于设计、文档和形式方法的模型。ISO 9001 是另一个常见的评估模型,已经被许多软件组织采用(ISO 9001-00)。

根据(EIA/IS731-99),还有一个已经开发了的系统工程成熟度模型。如果某个项目或组织涉及包括软件在内的系统开发和维护时,该模型将很有用。

[Joh99;San98]介绍了评估模型对于小型组织的适用性。

评估模型有两种通用体系结构,区别在于对过程评估顺序的假设:连续的和分阶段的(Pau94)。这两种情况的差别很大,建议由组织来考虑评价,以确定哪个最适合组织的需要和目标。

9.4.3 过程评估方法

[Gol99]

为进行评估,需要遵循某种特定的评估方法,以便产生表示过程能力(或组织成熟度)的分值。

例如,CBA-IPI 评估方法专注于过程改进(Dun96),SCE 方法专注于评价供方的能力(Bar95)。这两种方法都是为 SW-CMM 开发的,都是良好的评估实践。[ISO 15504-98],(Mas95)介绍对这两种方法的需求。SCAMPI 方法是为 CMMI 评估准备的[SEI01]。以改进为目的的评估在执行的活动、对这些活动的工作量分配及评估环境方面与以完成合同为目的的评估是不同的。

人们对过程评估方法和模型有过一些评论，例如（Fay97；Gra98）。多数评论关注支持应用评估模型和方法的经验证据。这些文章发表后，已经有一些系统性的证据来支持过程评估的功效（Cla97；Ele00；Ele00a；Kri99）。

9.5 过程与产品测量

9.5.1 概述

虽然软件工程中对测量的应用可能很复杂，特别是在建模和分析方法方面，但是有若干测量是基础性的，并且是许多更高级的测量与分析过程的基础。此外，只有在建立一组基线测度后，才能评估过程和产品改进工作的成效。

要启动过程的实施与变更，或评价过程实施与变更的结果，或者对产品本身，都可执行测量。

在 ISO 国际计量学词汇的基础上，ISO/IEC 15939 定义了软件测度和测量方法的关键术语。该标准也为测量过程和产品特性提供了标准过程。[VIM93]

不过，读者可能会在文献中遇到术语上的差异，例如，有时用术语“度量 metric”代替“测度 measure”。

9.5.2 过程测量

[ISO 15539-02]

这里的术语“过程测量”表示收集、分析和解释关于过程的定量信息。测量用于标识过程的强项和弱项，评价已经实现的和/或变更的过程。

过程测量也可用于其他目的，例如，用于管理软件工程项目。在这里，重点是为过程实现与变更进行过程测量。

图 16 中的路径图显示了在多数软件工程项目中作出的重要假设，通常，过程对项目结果产生影响。语境影响着过程和过程结果之间的关系。这意味着，过程到过程结果之间的关系依赖于语境。

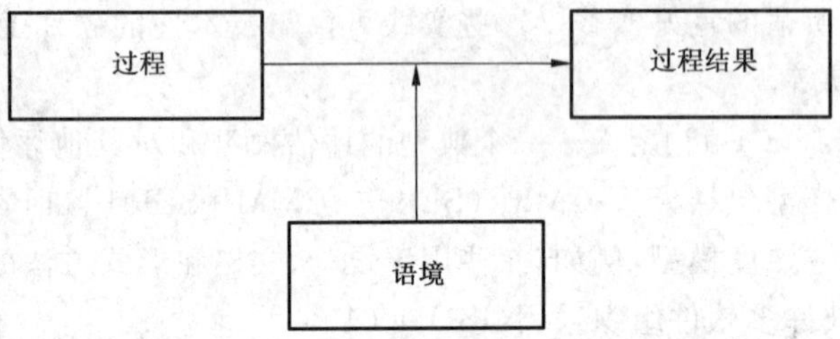

图 16 过程与结果间的关系路径图

并非每个过程都对所有结果有正面影响。例如，进行软件审查可减少测试工作量和成本，但如果因为安排了大型检查会议，而每次检查都导致严重延迟，就可增加花费的时间（Vot93）。因此，最好使用对组织业务重要的多个过程结果测度。

虽然可花费一些工作量在评估工具和硬件的效用上，但是软件工程中需要管理的主要资源是人员。所以，软件工程关注的主要是与团队或过程生产率有关的测度（例如，每个单位“人—工作量”所产生的 FP 的测度），以及团队或过程在通常的软件工程中和特定技术上的相关经验水平。[Fen98：c3，c11；Som05：c25]

过程结果可以是产品质量（每千行代码或每个 FP 的故障数）、可维护性（进行某种类型变更的工作量）、生产率（每人月的代码行数或 FP 数）、上市时间，或顾客满意度（通过顾客调查得到）。其中的关联取决于特定的语境（例如，组织规模或项目规模）。

一般，过程结果最令人关注。但是，为得到期望的过程结果(例如，更好的质量、更好的可维护性、更好的顾客满意度)，应实施适当的过程。

当然，不仅仅是过程对结果有影响，其他一些因素也起着重要作用，如员工的能力和使用的工具的能力。在评价过程变更的影响时，将其他的影响因素分解出来是很重要的。此外，过程制度化的程度(过程执行的忠诚度)也很重要，这就是为什么在给定条件下“好的”过程并不总是给出期望的结果。

9.5.3 软件产品测量

9.5.3.1 概述

[ISO 9126-01]

软件产品测量主要包括对产品规模、结构、质量的测量。

9.5.3.2 规模测量

软件产品规模最常用长度(例如，模块中源代码行数、SRS文档页数)或功能性(例如规格说明中的FP数)等测度来评估。IEEE 14143.1介绍了FSM原则。ISO/IEC 19761、20926和20968[IEEE 14143.1-00；ISO 19761-03；ISO 20926-03；ISO 20968-02]是FSM方法的国际标准。

9.5.3.3 结构测量

可将软件产品结构不同范围的测度应用到高层和低层设计以及代码制品，以反映控制流(例如，回路数、代码节点)、数据流(例如，切片的测度)、嵌套(例如，嵌套多项式测度、BAND测度)、控制结构(例如，向量测度、NPATH测度)和模块结构与交互(例如，信息流、基于树的测度、耦合与内聚度)。[Fen98：c8；Pre04：c15]

9.5.3.4 质量测量

作为多维属性，质量测量的定义不如上述的测量直接。此外，质量的一些维度可能需要定性测量而不是定量测量。有关软件质量测量的更详细讨论在软件质量知识域的主题11.4.4。ISO软件产品质量模型和相关的测量参见ISO 9126的1～4部分[ISO 9126-01]。[Fen98：c9，c10；Pre04：c15；Som05：c24]

9.5.4 测量结果的质量

测量结果的质量(准确度、可再制造、可重复性、可转换性和随机测量误差)对于提供有效和有界的结果的测量程序很关键。测量结果的关键特性和测量工具的相关质量已经在ISO国际计量词汇中定义[VIM93]。

测量理论为进行有意义测量奠定了基础。[Kan02]讨论了测量理论和标度类型。在该理论中，将测量定义为“以系统的方式将数字赋给对象，以表示对象的性质”。

重要的是要对软件测量分级以及每种级别的含义进行正确评价。测量的分级与随后选择数据分析方法有关[Abr96；Fen98：c2；Pfl01：c11]。为此，测量理论提供了一系列越来越严格的分配测度的方式。如果所赋的值是数字，则仅仅是为对象分类提供标号，则称它们为名义测度。如果要以为对象排次序(例如，好、较好和最好)的方式赋值，则称它们为序数测度。如果涉及与所定义的测量单元相关的性质的等级，则称它们为间隔测度(除非特别指出，否则，间隔在数字间是一样的，可相加)。如果有绝对零点，测量就是按比例的，因此，到零点距离的比例就是有意义的。

9.5.5 软件信息模型

9.5.5.1 概述

一旦收集了数据并把它们放进测量库，就可使用数据和知识来构建模型。

所建模型是为了进行分析、分类和预测，所以，需要对这些模型进行评价，以保证模型有足够的准确性，并让使用者充分了解他们的限制条件。另一个重要的活动是模型的完善。这一活动可在项目中进行，也可在项目完成后进行。

9.5.5.2 模型构建

模型构建包括对模型的校正和评价。目标驱动型测量方法会向模型构建过程通报模型构建到了何种程度，以回答相关问题，并达到改进软件的目标。这一过程受特定测量等级的固有局限性影响，这与分析方法的选择有关。要使用相关的观测数据(例如，最近的项目、使用类似技术的项目)校正模型，并评价模型的有效性(例如，在固定样本上测试模型的性能)。[Fen98：c4，c6，c13；Pfl01：c3，c11，c12；Som05：c25]

9.5.5.3 模型实现

模型实现包括模型的解释和完善。将校正后的模型应用到过程中，在过程/项目的语境中解释并评价其成果，并在适当时完善模型。[Fen98：c6；Pfl01：c3，c11，c12；Pre04：c22；Som05：c25]

9.5.6 过程测量技术

9.5.6.1 概述

测量技术可用来分析软件工程过程，并标识其强项和弱项。执行这一过程，以启动过程实现与变更，或者评价过程实现与变更的结果。

因为既有基于工具的测量，也有判断性的测量(例如，当评估者为特定的过程评分时)，所以，测量结果的质量(如准确度、可重复性和可再制造)是软件工程过程测量中的问题。[Gol99]对达到测量质量问题进行讨论，并给出方法。

过程测量技术大体分为两类：分析的和标杆的。因为这两类技术基于不同类型的信息，所以能一起使用。(Car91)

9.5.6.2 分析技术

分析技术的特性依赖于定量证据，根据定量证据确定什么地方需要改进和改进工作是否成功。QIP是分析类型的样板，由理解、评估、打包的循环组成[SEL96]。下面给出的是分析技术的其他例子。[Fen98；Mus99]，(Lyu96；Wei93；Zel98) 特定的组织是否使用所有这些技术取决于(或者至少部分取决于)组织的成熟度。

——实验研究：实验法在组织中设置受控的或准受控的实验来评价过程。(McG94)通常，要将新过程与当前过程进行比较，以确定前者是否具有更好的过程结果。另一类实验研究是过程仿真。这类研究用于分析过程行为：探索过程改进的潜能；如果当前过程以确定的方式进行变更，则预测过程结果；控制过程的执行。为了进行仿真，需要收集执行当前过程的初始数据作为基础；

——过程定义评审：一种方法，用于评审过程定义(描述性或说明性，或者是二者)、标识缺陷及可能的过程改进。典型的例子见(Ban95；Kel98)。易于操作的分析过程方法是将该过程与现有标准(国家、行业或国际标准)作比较，如 IEEE/EIA 12207.0[IEEE 12207.0-96]。使用这一方法，不收集过程的定量数据，即使收集，也只扮演支持性角色。进行过程定义分析的人员运用他们的知识和能力来决定，什么样的过程变更可能导致期望的过程结果。观察性研究也能为标识过程改进提供有用的反馈信息(Agr99)；

——正交缺陷分类：是一种用于将发现的故障与潜在原因联系在一起的技术。这种技术依赖于故障类型和故障触发之间的映射(Chi92;Chi96)。在这一语境中，IEEE 标准(IEEE 1044-93 软件异常分类标准)可能有帮助；

——根本原因分析：实践中的另一个常用的分析技术。它追踪检测到的问题(例如，故障)，标识过程的起因，过程变更的目标是在将来避免这些问题。(Col93;Ele97;Nak91)给出了不同过程类型的实例；

——前面介绍的正交缺陷分类技术能用于发现哪些类型存在着许多问题，在哪一点上能分析这些问题。正交缺陷分类可作定量选择，以确定在何处进行根本原因分析；

——统计过程控制(SPC)：使用控制图及对控制图的解释来标识过程中稳定性如何的有效方法。(Flo99) 介绍了软件工程语境下的 SPC；

——个体软件过程：定义了一系列以规定的顺序对个人开发实践进行的改进[Hum95]。它规定要根据数据解释进行个体数据收集和改进，在这一意义上，它是“自底向上”的。

9.5.6.3 标杆技术

第二类技术，标杆——标识某领域中的杰出组织，并将其实践和工具记录到文档中。标杆技术假设：如果不太成熟的组织采用杰出组织的实践，它也可变为杰出组织。标杆技术包括对组织成熟度或组织过程能力的评估，以软件过程评估工作来举例说明。(Zah98)给出了过程评估及其应用的介绍性综述。

9.6 主题与参考文献对照表

表 9 和表 10 为本章的主题与参考文献对照表。

表 9 主题与参考文献对照表一

主题	[Abr96]	[Bas92]	[Bec99]	[Boe08]	[Com97]	[Fen98]	[Fin94]	[Fow90]	[Gol99]	[Joh99]	[Mcf96]	[Moi98]	[Mus99]	[OMG02]	[Pfl01]	[Pre04]	[San98]	[SEI01]	[SEL96]	[Som05]	[Sti99]
9.2 过程实现与变更																					
9.2.1 概述																					
9.2.2 过程基础设施		*						*			*								*		
9.2.3 软件过程管理周期		*						*			*								*		
9.2.4 过程实现与变更模型											*								*		
9.2.5 实践考虑									*			*					*				*
9.3 过程界定																					
9.3.1 概述																					
9.3.2 软件生存周期模型					*										c2						
9.3.3 软件生存周期过程			*	*																	
9.3.4 过程界定记法														*	c2						
9.3.5 过程适应										*											
9.3.6 自动化							*								c2						
9.4 过程评估																					
9.4.1 概述																					
9.4.2 过程评估模型										*							*	*			*
9.4.3 过程评估方法									*									*			
9.5 过程与产品测量																					
9.5.1 概述																					
9.5.2 过程测量						c3,c11														c25	
9.5.3 软件产品测量						c8-c10										c15				c24	

表 9（续）

主题	[Abr96]	[Bas92]	[Bec99]	[Boe08]	[Com97]	[Fen98]	[Fin94]	[Fow90]	[Gol99]	[Joh99]	[Mcf96]	[Moi98]	[Mus99]	[OMG02]	[Pfl01]	[Pre04]	[San98]	[SEI01]	[SEL96]	[Som05]	[Sti99]
9.5.4 测量结果的质量	*					c2									c11						
9.5.5 软件信息模型																					
9.5.5.1 概述																					
9.5.5.2 模型构建						c4,c6,c13									c3,c11,c12					c25	
9.5.5.3 模型实现						c6									c3,c11,c12	c22			*	c25	
9.5.6 过程测量技术						*			*				*								

表 10 主题与参考文献对照表二

主题	ISO 9000	ISO 9000-3	ISO 9126	ISO 14764	ISO 15504	ISO 15288	ISO 15939	ISO 19761	ISO 20926	ISO 20968	ISO VIM	IEEE 1044	IEEE 1061	IEEE 1074	IEEE 1219	IEEE 1517	IEEE 1540	IEEE 12207	IEEE 14143.1
9.2 过程实现与变更																			
9.2.1 概述																			
9.2.2 过程基础设施					*													*	
9.2.3 软件过程管理周期					*													*	
9.2.4 过程实现与变更模型																			
9.2.5 实践考虑																			
9.3 过程界定																			
9.3.1 概述																			
9.3.2 软件生存周期模型																			

表 10（续）

主题	ISO 9000	ISO 9000-3	ISO 9126	ISO 14764	ISO 15504	ISO 15288	ISO 15939	ISO 19761	ISO 20926	ISO 20968	ISO VIM	IEEE 1044	IEEE 1061	IEEE 1074	IEEE 1219	IEEE 1517	IEEE 1540	IEEE 12207	IEEE 14143.1
9.3.3 软件生存周期过程	*	*		*			*							*	*	*	*	*	
9.3.4 过程界定记法					*														
9.3.5 过程适应																		*	
9.3.6 自动化																			
9.4 过程评估																			
9.4.1 概述																			
9.4.2 过程评估模型	*				*														
9.4.3 过程评估方法					*														
9.5 过程与产品测量																			
9.5.1 概述																			
9.5.2 过程测量							*				*								
9.5.3 软件产品测量			*				*	*	*										*
9.5.4 测量结果的质量											*								
9.5.5 软件信息模型																			
9.5.5.1 概述																			
9.5.5.2 模型构建																			
9.5.5.3 模型实现																			
9.5.6 过程测量技术												*						*	

9.7 对软件工程过程推荐参考的文献

[Abr96] A. Abran and P. N. Robillard." Function Points Analysis: An Empirical Study of its Measurement Proc-esses".IEEE Transactions on Software Engineering, vol.22, 895-909, 1996.

[Bas92] V.Basili, G.Caldiera, F.McGarry, R.Pajerski, G.Page and S.Waligora."The Software Engineering Laboratory—An Operational Software Experience Factory," presented at Proceedings of the International Conference on Software Engineering, 1992.

[Bec99] K.Beck, Extreme Programming Explained: Embrace Change: Addison-Wesley, 1999.

[Boe03] B. Boehm and R. Turner." Using Risk to Balance Agile and Plan—Driven Methods". Computer, 57-66, June, 2003.

[Com97] E. Comer." Alternative Software Life Cycle Models". presented at Software Engineering, 1997.

[ElE99] K.El-Emam and N.Madhavji, Elements of Software Process Assessment and Improvement: IEEE CS Press, 1999.

[Fen98] N.E.Fenton and S.L.Pfleeger, Software Metrics: A Rigorous & Practical Approach, Second ed: International Thomson Computer Press, 1998.

[Fin94] A.Finkelstein, J.Kramer and B.NuSEIbeh."Software Process Modeling and Technology". Research Studies Press Ltd., 1994.

[Fow90] P.Fowler and S.Rifkin." Software Engineering Process Group Guide". Software Engineering Institute, Technical Report CMU/SEI-90-TR-24, 1990, available at http://www.SEI.cmu.edu/pub/documents/90.reports/pdf/tr24.90.pdf.

[Gol99] D.Goldenson, K.El-Emam, J.Herbsleb and C.Deephouse."Empirical Studies of Software Process Assessment Methods".presented at Elements of Software Process Assessment and Improvement, 1999.

[IEEE 1074-97] IEEE Std 1074—1997, IEEE Standard for Developing Software Life Cycle Processes: IEEE, 1997.

[IEEE 12207.0-96] IEEE/EIA 12207.0—1996//ISO/IEC 12207: 1995, Industry Implementation of Int.Std.ISO/IEC 12207: 95, Standard for Information Technology—Software Life Cycle Processes, vol.IEEE, 1996.

[VIM93] ISO VIM, International Vocabulary of Basic and General Terms in Metrology.Geneva, Switzerland: ISO, 1993.

[ISO 9126-01] ISO/IEC 9126-1: 2001, Software Engineering—Product Quality-Part 1: Quality Model: ISO and IEC, 2001.

[ISO 15504-98] ISO/IEC TR 15504: 1998, Information Technology—Software Process Assessment (parts 1-9): ISO and IEC, 1998.

[ISO 15939-02] ISO/IEC 15939: 2002, Software Engineering—Software Measurement Process: ISO and IEC, 2002.

[Joh99] D.Johnson and J.Brodman."Tailoring the CMM for Small Businesses, Small Organizations, and Small Projects". presented at Elements of Software Process Assessment and Improvement, 1999.

[McF96] B.McFeeley."IDEAL: A User's Guide for Software Process Improvement". Software Engineering Institute CMU/SEI-96-HB-001, 1996, available at http://www.SEI.cmu.edu/pub/documents/96.reports/pdf/hb001.96.pdf.

[Moi98] D.Moitra."Managing Change for Software Process Improvement Initiatives:A Practical Experience—Based Approach". Software Process—Improvement and Practice, vol. 4, iss. 4, 199-207,1998.

[Mus99] J.Musa,Software Reliability Engineering:More Reliable Software,Faster Development and Testing:McGraw Hill,1999.

[OMG02] Object Management Group." Software Process Engineering Meta—model Specification".2002,available at http://www.omg.org/docs/formal/02-11-14.pdf.

[Pfl01] S.L.Pfleeger,Software Engineering:Theory and Practice,Second ed:Prentice-Hall,2001.

[Pre04] R.S.Pressman,Software Engineering:A Practitioner's Approach,Sixth ed:McGraw-Hill,2004.

[San98] M.Sanders."The SPIRE Handbook:Better,Faster,Cheaper Software Development in Small Organisations".European Comission,1998.

[SEI01] Software Engineering Institute."Capability Maturity Model Integration,v1.1".2001, available at http://www.SEI.cmu.edu/CMMI/CMMI.html.

[SEL96] Software Engineering Laboratory."Software Process Improvement Guidebook".NASA/GSFC,Technical Report SEL-95-102,April,1996,available at http://sel.gsfc.nasa.gov/website/documents/online-doc/95-102.pdf.

[Som05] I.Sommerville,Software Engineering,Seventh ed:Addison-Wesley,2005.

[Sti99] H.Stienen."Software Process Assessment and Improvement:5 Years of Experiences with Bootstrap".in Elements of Software Process Assessment and Improvement,K.El-Emam and N. Madhavji,Eds.:IEEE CS Press,1999.

9.8 进一步阅读的参考文献

(Agr99) W.Agresti."The Role of Design and Analysis in Process Improvement".presented at Elements of Software Process Assessment and Improvement,1999.

(Ale91) L.Alexander and A.Davis."Criteria for Selecting Software Process Models".presented at Proceedings of COMPSAC'91,1991.

(Ban95) S.Bandinelli,A.Fuggetta,L.Lavazza,M.Loi and G.Picco."Modeling and Improving an Industrial Software Process".IEEE Transactions on Software Engineering,vol.21,iss.5,440-454,1995.

(Bar95) N.Barghouti,D.Rosenblum,D.Belanger and C.Alliegro."Two Case Studies in Modeling Real,Corporate Processes".Software Process—Improvement and Practice,vol.Pilot Issue,17-32,1995.

(Boe03a) B.Boehm and R.Turner,Balancing Agility and Discipline:A Guide for the Perplexed:Addison-Wesley,2003.

(Bur99) I.Burnstein,A.Homyen,T.Suwanassart,G.Saxena and R.Grom."A Testing Maturity Model for Software Test Process Assessment and Improvement".Software Quality Professional,vol.1,iss.4,8-21,1999.

(Chi92) R.Chillarege,I.Bhandhari,J.Chaar,M.Halliday,D.Moebus,B.Ray and M.Wong."Orthogonal Defect Classification—A Concept for In-Process Measurement".IEEE Transactions on Software Engineering,vol.18,iss.11,943-956,1992.

(Chi96) R.Chillarege."Orthogonal Defect Classification".in Handbook of Software Reliability Engineering,M.Lyu,Ed.:IEEE CS Press,1996.

(Col93) J.Collofello and B.Gosalia."An Application of Causal Analysis to the Software Production Process".Software Practice and Experience,vol.23,iss.10,1095-1105,1993.

(Cur02) B.Curtis, W.Hefley and S.Miller."The People Capability Maturity Model: Guidelines for Improving the Workforce".Addison-Wesley, 2002.

(Dav88) A.Davis, E.Bersoff and E.Comer."A Strategy for Comparing Alternative Software Development Life Cycle Models". IEEE Transactions on Software Engineering, vol. 14, iss. 10, 1453-1461, 1988.

(Dun96) D.Dunnaway and S.Masters."CMM-Based Appraisal for Internal Process Improvement (CBA IPI): Method Description".Software Engineering Institute CMU/SEI-96-TR-007, 1996, available at http://www.SEI.cmu.edu/pub/documents/96.reports/pdf/tr007.96.pdf.

(EIA/IS731-99) EIA."EIA/IS 731 Systems Engineering Capability Model". 1999, available at http://www.geia.org/eoc/G47/index.html.

(ElE-97) K.El-Emam, D.Holtje and N.Madhavji."Causal Analysis of the Requirements Change Process for a Large System". presented at Proceedings of the International Conference on Software Maintenance, 1997.

(ElE-99a) K.El-Emam, B.Smith and P.Fusaro."Success Factors and Barriers in Software Process Improvement: An Empirical Study". in Better Software Practice for Business Benefit: Principles and Experiences, R.Messnarz and C.Tully, Eds.: IEEE CS Press, 1999.

(ElE-00a) K.El-Emam and A.Birk."Validating the ISO/IEC 15504 Measures of Software Development Process Capability".Journal of Systems and Software, vol.51, iss.2, 119-149, 2000.

(ElE-00b) K. El-Emam and A. Birk." Validating the ISO/IEC 15504 Measures of Software Requirements Analysis Process Capability".IEEE Transactions on Software Engineering, vol.26, iss.6, 541-566, June, 2000.

(Fay97) M.Fayad and M.Laitinen."Process Assessment: Considered Wasteful".Communications of the ACM, vol.40, iss.11, November, 1997.

(Flo99) W.Florac and A.Carleton, Measuring the Software Process: Statistical Process Control for Software Process Improvement: Addison Wesley, 1999.

(Gar96) P.Garg and M.Jazayeri."Process-Centered Software Engineering Environments: A Grand Tour".in Software Process, A.Fuggetta and A.Wolf, Eds.: John Wiley & Sons, 1996.

(Gra97) R.Grady, Successful Software Process Improvement: Prentice Hall, 1997.

(Gra88) E.Gray and W.Smith."On the Limitations of Software Process Assessment and the Recognition of a Required Re-Orientation for Global Process Improvement".Software Quality Journal, vol. 7, 21-34, 1998.

(Har98) D. Harel and M. Politi, Modeling Reactive Systems with Statecharts: The Statemate Approach: McGraw-Hill, 1998.

(Her98) J.Herbsleb."Hard Problems and Hard Science: On the Practical Limits of Experimentation".IEEE TCSE Software Process Newsletter, vol.11, 18-21, 1998, available at http://www.seg.iit.nrc.ca/SPN.

(Hum95) W.Humphrey, A Discipline for Software Engineering: Addison Wesley, 1995.

(Hum99) W.Humphrey, An Introduction to the Team Software Process: Addison-Wesley, 1999.

(Hut94) D.Hutton, The Change Agent's Handbook: A Survival Guide for Quality Improvement Champions: Irwin, 1994.

(Kan02) S. H. Kan, Metrics and Models in Software Quality Engineering, Second ed: Addison-Wesley, 2002.

(Kel98) M. Kellner, U. Becker-Kornstaedt, W. Riddle, J. Tomal and M. Verlage."Process Guides:

Effective Guidance for Process Participants". presented at Proceedings of the 5th International Conference on the Software Process,1998.

(Kit98) B. Kitchenham." Selecting Projects for Technology Evaluation". IEEE TCSE Software Process Newsletter,iss.11,3-6,1998,available at http://www.seg.iit.nrc.ca/SPN.

(Kra99) H.Krasner."The Payoff for Software Process Improvement: What it is and How to Get it".presented at Elements of Software Process Assessment and Improvement,1999.

(Kri99) M.S.Krishnan and M.Kellner."Measuring Process Consistency: Implications for Reducing Software Defects". IEEE Transactions on Software Engineering, vol. 25, iss. 6, 800-815, November/December,1999.

(Lyu96) M.R.Lyu,Handbook of Software Reliability Engineering: Mc-Graw-Hill/IEEE,1996.

(Mad94) N. Madhavji, D. Hoeltje, W. Hong and T. Bruckhaus." Elicit: A Method for Eliciting Process Models". presented at Proceedings of the Third International Conference on the Software Process,1994.

(Mas95) S.Masters and C.Bothwell."CMM Appraisal Framework—Version 1.0".Software Engineering Institute CMU/SEI-TR-95-001,1995,available at http://www.SEI.cmu.edu/pub/documents/95.reports/pdf/tr001.95.pdf.

(McG94) F. McGarry, R. Pajerski, G. Page, S. Waligora, V. Basili and M. Zelkowitz." Software Process Improvement in the NASA Software Engineering Laboratory".Software Engineering Institute CMU/SEI-94-TR-22, 1994, available at http://www. SEI. cmu. edu/pub/documents/94. reports/pdf/tr22.94.pdf.

(McG01) J.McGarry,D.Card,C.Jones,B.Layman,E.Clark,J.Dean and F.Hall,Practical Software Measurement: Objective Information for Decision Makers: Addison-Wesley,2001.

(Mcg93) C. McGowan and S. Bohner." Model Based Process Assessments". presented at Proceedings of the International Conference on Software Engineering,1993.

(Nak91) T.Nakajo and H.Kume.A Case History Analysis of Software Error.

Cause-Effect Relationship.IEEE Transactions on Software Engineering,vol.17,iss.8,1991.

(Pau94) M.Paulk and M.Konrad."Measuring Process Capability Versus Organizational Process Maturity".presented at Proceedings of the 4th International Conference on Software Quality,1994.

(Pfl99) S.L.Pfleeger."Understanding and Improving Technology Transfer in Software Engineering".Journal of Systems and Software,vol.47,111-124,1999.

(Pfl01) S. L. Pfleeger, Software Engineering: Theory and Practice, Second ed: Prentice-Hall, Inc.,2001.

(Rad85) R.Radice,N.Roth,A.O.H.Jr.and W.Ciarfella."A Programming Process Architecture". IBM Systems Journal,vol.24,iss.2,79-90,1985.

(Rag89) S.Raghavan and D.Chand."Diffusing Software-Engineering Methods".IEEE Software, 81-90,July,1989.

(Rog83) E.Rogers,Diffusion of Innovations: Free Press,1983.

(Sch99) E.Schein,Process Consultation Revisited: Building the Helping Relationship: Addison-Wesley,1999.

(SEI95) Software Engineering Institute, The Capability Maturity Model: Guidelines for Improving the Software Process: Addison-Wesley,1995.

(SEL96) Software Engineering Laboratory."Software Process Improvement Guidebook".Software Engineering Laboratory: NASA/GSFC, Technical Report SEL-95-102, April, 1996, available at http:

//sel.gsfc.nasa.gov/website/documents/online-doc/95-102.pdf.

(SPC92) Software Productivity Consortium."Process Definition and Modeling Guidebook". Software Productivity Consortium,SPC-92041-CMC,1992.

(Som97) I.Sommerville and P.Sawyer,Requirements engineering:A Good Practice Guide:John Wiley and Sons,1997.

(Vot93) L.Votta."Does Every Inspection Need a Meeting ?".ACM Software Engineering Notes, vol.18,iss.5,107-114,1993.

(Wei93) G. M. Weinberg."Quality Software Management". First-Order Measurement (Ch. 8, Measuring Cost and Value),vol.2,1993.

(Yu94) E.Yu and J.Mylopolous."Understanding 'Why' in Software Process Modeling,Analysis, and Design". presented at Proceedings of the 16th International Conference on Software Engineering,1994.

(Zah98) S.Zahran,Software Process Improvement:Practical Guidelines for Business Success: Addison Wesley,1998.

(Zel98) M.V.Zelkowitz and D.R.Wallace."Experimental Models for Validating Technology". Computer,vol.31,iss.5,23-31,1998.

9.9 相关标准

(IEEE 1044-93) IEEE Std 1044—1993 (R2002),IEEE Standard for the Classification of Software Anomalies:IEEE,1993.

(IEEE 1061-98) IEEE Std 1061—1998,IEEE Standard for a Software Quality Metrics Methodology:IEEE Computer,1998.

(IEEE 1074-97) IEEE Std 1074—1997,IEEE Standard for Developing Software Life Cycle Processes:IEEE,1997.

(IEEE 1220-98) IEEE Std 1220—1998,IEEE Standard for the Application and Management of the Systems Engineering Process:IEEE,1998.

(IEEE 1517-99) IEEE Std 1517—1999,IEEE Standard for Information Technology—Software Life Cycle Processes-Reuse Processes:IEEE,1999.

(IEEE 1540-01) IEEE Std 1540—2001//ISO/IEC 16085:2003,IEEE Standard for Software Life Cycle Processes-Risk Management:IEEE,2001.

(IEEE 12207.0-96) IEEE/EIA 12207.0—1996//ISO/IEC 12207:1995,Industry Implementation of Int.Std.ISO/IEC 12207:95,Standard for Information Technology—Software Life Cycle Processes, vol.IEEE,1996.

(IEEE 12207.1-96) IEEE/EIA 12207.1—1996,Industry Implementation of Int.Std.ISO/IEC 12207:95, Standard for Information Technology—Software Life Cycle Processes-Life cycle data:IEEE,1996.

(IEEE 12207.2-97) IEEE/EIA 12207.2—1997,Industry Implementation of Int.Std.ISO/IEC 12207:95, Standard for Information Technology—Software Life Cycle Processes—Implementation. Considerations: IEEE,1997.

(IEEE 14143.1-00) IEEE Std 14143.1—2000//ISO/IEC 14143-1:1998,Information Technology—Software Measurement-Functional Size Measurement—Part 1:Definitions of Concepts:IEEE,2000.

(ISO 9001-00) ISO 9001:2000,Quality Management Systems—Requirements:ISO,1994[11].

11) GB/T 19001—2000 质量管理体系 要求(现已修订为 GB/T 19001—2008)

(ISO 9126-01) ISO/IEC 9126-1:2001,Software Engineering—Product Quality—Part 1:Quality Model:ISO and IEC,2001.

(ISO 14674-99) ISO/IEC 14674:1999,Information Technology—Software Maintenance:ISO and IEC,1999.

(ISO 15288-02) ISO/IEC 15288:2002,Systems Engineering—System Life cycle process:ISO and IEC,2002[12].

(ISO 15504-98) ISO/IEC TR 15504:1998,Information Technology—Software Process Assessment (parts 1-9):ISO and IEC,1998.

(ISO 15939-02) ISO/IEC 15939:2002,Software Engineering—Software Measurement Process:ISO and IEC,2002.

(ISO 19761-03) ISO/IEC 19761:2003,Software Engineering—Cosmic FPP-A functional Size Measurement Method:ISO and IEC,2003.

(ISO 20926-03) ISO/IEC 20926:2003,Software Engineering—IFPUG 4.1 Unadjusted functional Size measurement method—Counting practices manual:ISO and IEC,2003.

(ISO 20968-02) ISO/IEC 20968:2002,Software Engineering—MK Ⅱ Function Point Analysis—Counting Practices Manual:ISO and IEC,2002.

(ISO 90003-04) ISO/IEC 90003:2004,Software and Systems Engineering—Guidelines for the Application of ISO 9001:2000 to Computer Software:ISO and IEC,2004[13].

(VIM93) ISO VIM,International Vocabulary of Basic and General Terms in Metrology.Geneva,Switzerland:ISO,1993.

10 软件工程工具与方法

10.1 综述

10.1.1 缩略语

下列缩略语适用于本文件。

CASE:计算机辅助软件工程(Computer Assisted Software Engineering)

10.1.2 导引

软件开发工具是在计算机上使用的工具,用于辅助软件生存周期过程。工具将重复性的、定义良好的行动自动化,以减少软件工程师的认知负担,使他们可专注于过程的创造性工作。通常,设计工具的目的是支持特定的软件工程方法,减少与人工应用此方法相关的管理性负担。与软件工程方法一样,这些工具使软件工程更加系统化,工具覆盖的范围从支持单个任务到包括整个生存周期。

软件工程方法将软件工程活动结构化,目标是使活动系统化并且最终更可能获得成功。通常,软件工程方法提供记法和词汇表,为执行可标识的任务提供规程,为检查过程和产品提供指南。方法的覆盖范围很广,从单个生存周期阶段到整个生存周期。因为特定阶段的方法由其他知识域覆盖,所以,本知识域的重点是介绍包含多个生存周期阶段的软件工程方法。

尽管已经有对特定工具做详尽介绍的手册、大量关于新型工具的研究论文,但是,关于软件工程工具的通用技术读物却相对不足。难点在于,常用软件工具变化速度太快。特定的细节经常变化致使技术读物难以提供具体的、最新的例子。

---

12) GB/T 22032—2008 系统工程 系统生存周期过程

13) GB/T 19003—2008 软件工程 GB/T 19001—2000 应用于计算机软件的指南

软件工程工具和方法知识域覆盖整个生存周期的所有过程，因此，与本指导性技术文件中每个知识域都有关。

图 17 为软件工程工具与方法的知识域主题分解图。

图 17　软件工程工具与方法的知识域主题分解图

10.2 软件工程工具

10.2.1 概述

软件工程工具子域的前5个主题对应指南的前5个知识域(软件需求、软件设计、软件构建、软件测试、软件维护);随后4个主题对应余下的知识域(SCM、软件工程管理、软件工程过程、软件质量);附加的主题是“其他”——涉及多个领域,例如可能应用于所有类别工具的工具集成技术。

10.2.2 软件需求工具

[Dor97,Dor02]

处理软件需求的工具分为两类:建模和追踪工具:

——需求建模工具:用于引出、分析、规定和确认软件需求;

——需求追踪工具[Dor02]:由于这类工具与其他生存周期过程也有关,因此将它们从需求建模工具中独立出来。随着软件复杂性的增加,这类工具变得越来越重要。

10.2.3 软件设计工具

[Dor02]

这一主题覆盖进行软件设计和检查软件设计的工具。由于软件设计记法和设计方法的多样性,致使这类工具的种类很多。虽然多样,但是并没有对这一主题进行强制分类。

10.2.4 软件构造工具

[Dor02,Rei96]

本主题覆盖软件构造工具。这些工具用于产出和翻译程序的表示(如源代码),这种表示足够详细和明确,所以可由机器执行:

——程序编辑器:用于创建和修改程序,也可创建和修改相关的文档。程序编辑器既可以是一般的文本或文档编辑器,也可以是特定目标语言专用的编辑器;

——编译器与代码生成器:传统上,编译器是源代码的非交互式翻译器,但发展趋势是集成编译器和程序编辑器,以提供集成式编程环境。本主题也覆盖预处理程序、连接程序/装入程序和代码生成器;

——解释器:通过模拟来执行软件,能通过为程序的执行提供更可控和更可观察的环境来支持软件构建活动;

——调试器:虽然调试器支持软件构建过程,但它们与程序编辑器和编译器是不同的,所以把它们单独作为一类。

10.2.5 软件测试工具

[Dor02,Pfl01,Rei96]

软件测试工具包括:

——测试生成器:辅助测试用例的开发;

——测试执行框架:在一个受控的环境中执行测试用例,可观察被测试对象的行为;

——测试评价工具:对测试执行结果进行评估,帮助确定观察到的行为是否符合期望的行为;

——测试管理工具:为软件测试过程的各个方面提供支持;

——性能分析工具:[Rei96]用于测量和分析软件性能。性能分析工具是一种特殊形式的测试,其目的是评估性能而不是功能。

10.2.6 软件维护工具

[Dor02,Pfl01]

本主题包括在修改现有软件时对软件维护特别重要的工具。软件维护工具有两类:理解工具和重构工程工具:

——理解工具:[Re196]辅助人们理解程序。例子包括可视工具,诸如动画生成器和程序切片器;

——重构工程工具:在软件维护知识域中对重构工程的定义是,审查和修改主体软件以便以新的形态进行重构。重构工程包括对新形态软件的后续维护。重构工程工具支持重构工程活动。

逆向工程工具支持这样的过程:从现有产品逆向工作,产生规格说明和设计描述等,然后对它们进行改造,生成与旧产品不同的新产品。

10.2.7 软件配置管理工具

[Dor02,Rei96,Som05]

配置管理工具被划分为3类:追踪工具、版本管理工具和发布工具。

——缺陷、升级与问题追踪工具:这些工具的使用与追踪特定软件产品中的问题有关;

——版本管理工具:这些工具用于管理产品的多个版本;

——发布与构建工具:用于管理发布与构建软件的任务。这类工具包括目前已经广泛应用的软件产品安装工具。

更多信息参见SCM知识域主题7.2.4SCM规划。

10.2.8 软件工程管理工具

[Dor02]

软件工程管理工具分为3类:项目规划与追踪工具、风险管理工具和测量工具:

——项目规划与追踪工具:用于软件项目工作量测量和成本估算,以及项目进度安排;

——风险管理工具:用于标识、估算和监控风险;

——测量工具:辅助执行与软件测量程序相关的活动。

10.2.9 软件工程过程工具

[Dor02,Som05]

软件工程过程工具分为建模工具、管理工具、软件开发环境:

——过程建模工具:[Pfl01]用于软件工程过程的建模和研究;

——过程管理工具:为软件工程管理提供支持;

——集成CASE环境[Rei96,Som05](ECMA55-93,ECMA69-94,IEEE 1209-92,IEEE 1348-95,Mul96):在此子主题中,包括集成的CASE工具或环境。这些工具和环境覆盖了软件工程生存周期的多个阶段。这类工具执行多个功能,并且有可能与正在执行的软件生存周期过程有交互;

——以过程为中心的软件工程环境:[Rei96](Gar96)这些环境明确地包含有关软件生存周期过程的信息,并根据所定义的过程,指导和监督用户。

10.2.10 软件质量工具

[Dor02]

质量工具分为两类:审查工具和分析工具:

——评审与审核工具:用于支持评审与审核;

——静态分析工具:[Cla96,Pfl01,Rei96]用于分析软件制品,如语法和语义分析器,数据、控制流和依赖性分析器。这些工具用于检查软件制品的一致性,或验证所需要的性质。

10.2.11 其他工具问题

[Dor02]

本主题覆盖的问题适用于所有类别的工具。其他工具有3类:工具集成技术、元工具和工具评价:

——工具集成技术:[Pfl01,Rei96,Som01](Bro94)工具集成对各个工具之间的协作很重要。虽然这一类与应用了集成技术的集成CASE环境类有可能重叠,但是,差异性也非常明确,所以有必要将其独立为一类。工具集成技术的典型种类有平台、表示、过程、数据和控制;

——元工具:生成其他工具的工具,其中经典例子是编译器的编译器;

——工具评价:[Pfl01] (IEEE 1209-92,IEEE 1348-95,Mos92,Val97)由于软件工程工具的不断演化,工具评价是必不可少的主题。

10.3 软件工程方法

10.3.1 概述

软件工程方法子域分3个主题:非形式的启发式方法、基于数学的形式方法和基于各种形式原型的原型制作法。这3个主题不是相互排斥的,只是代表了截然不同的思想。例如,面向对象的方法可集成形式技术,并依赖于原型法来实现V&V。与软件工程工具一样,方法论也不断地演化。因此,本知识域尽可能避免命名特定的方法论。

10.3.2 启发式方法

[Was96]

本主题包含4类:结构化方法、面向数据方法、面向对象方法和领域特定方法。领域特定类包括用于开发诸如实时、安全或保密系统的专门方法:

——结构化方法:[Dor02,Pfl01,Pre04,Som05]从功能的观点构建系统,从高层的视图开始,逐步将其精化为更详细的设计;

——面向数据方法:[Dor02,Pre04]着眼点是程序操作的数据结构,而不是其执行的功能;

——面向对象方法:[Dor02,Pfl01,Pre04,Som05]将系统看作是一组对象而不是一组功能。

10.3.3 形式方法

[Dor02,Pre04,Som05]

形式方法是基于数学的软件工程方法,并根据形式方法的各个方面进行进一步划分:

——规格说明语言与记法:[Cla96,Pfl01,Pre01]关注规格说明记法或使用的语言。规格说明语言又分为面向模型的、面向性质的或面向行为的;

——提炼法:[Pre04]涉及如何将规格说明提炼(或转换)至更接近所期望的可执行程序的最终形式;

——验证/证明属性:[Cla96,Pfl01,Som05]覆盖特定于形式方法的验证属性,包括理论证明和模型检查。

10.3.4 原型制作方法

[Pre04,Som05,Was96]

原型法进一步划分为原型风格、原型对象和原型评价技术:

——原型风格：[Dor02，Pfl01，Pre04]（Pom96）本主题支持的各类方法：抛弃法、渐进法和可执行规格说明法；

——原型对象：[Dor97]（Pom96）可以是需求、体系结构设计或用户界面；

——原型评价技术：使用原型设计结果的手段。

10.4 主题与参考文献对照表

表 11 为本章的主题与参考文献对照表。

表 11 主题与参考文献对照表

主题	[Cla96]	[Do202] {Dor97}	[Pfl01] {Pfl98}	[Pre04]	[Rei96]	[Som05]	[Was96]
10.2 软件工程工具							
10.2.1 概述							
10.2.2 软件需求工具		{c4s1}，v2c8s4					
需求建模工具							
需求追踪工具		v1c4s2					
10.2.3 软件设计工具		v2c8s4					
10.2.4 软件构造工具		v2c8s4			c112s2		
程序编辑器							
编译器与代码生成器							
解释器							
调试器							
10.2.5 软件测试工具		v2c8s4	c8s7，c9s7		c112s3		
测试生成器							
测试执行框架							
测试评价工具							
测试管理工具							
性能分析工具					c112s5		
10.2.6 软件维护工具		v2c8s4	c11s5				
理解工具					c112s5		
重构工程工具							
10.2.7 软件配置管理工具		v2c8s4	c11s5		c112s3	c29	
缺陷、升级与问题追踪工具							
版本管理工具							
发布与构建工具							
10.2.8 软件工程管理工具		v2c8s4					
项目规划与追踪工具							

表 11（续）

主题	[Cla96]	[Do202] {Dor97}	[Pfl01] {Pfl98}	[Pre04]	[Rei96]	[Som05]	[Was96]
风险管理工具							
测量工具							
10.2.9　软件工程过程工具		v2c8s4					
过程建模工具			c2s3,c2s4				
过程管理工具							
集成 CASE 环境					c112s3,c112s4	c3	
以过程为中心的软件工程环境					c112s5		
10.2.10　软件质量工具		v2c8s4					
评审与审核工具							
静态分析工具	*		c8s7		c112s5		
10.2.11　其他工具问题		v2c8s4					
工具集成技术			c1s8		c112s4		*
元工具							
工具评价			c9s10				
10.3 软件工程方法							
10.3.1　概述							
10.3.2　启发式方法							*
结构化方法		v1c5s1,v1c6s3	c4s5	c7-c9		c15	
面向数据方法		v1c5s1,v1c6s3		c7-c9			
面向对象方法		v1c6s2,v1c6s3	c4s4,c6,c8s5	c7-c9		c12	
10.3.3　形式方法		v1c6s5		c28		c9	
规格说明语言与记法	*		c4s5				
提炼法							
验证/证明属性	*		c5s7,c8s3				
10.3.4　原型制作方法						c8	*
原型风格		v1c4s4	c4s6,c5s6				
原型对象		v1c4s4					
原型评价技术							

10.5　对软件工程工具与方法推荐的参考文献

[Cla96] E.M.Clarke,J.M.Wing and al."Formal Methods:State of the Art and FutureDirections". ACM Computer Surveys,vol.28,iss.4,626-643,1996.

[Dor97] M. Dorfman and R. H. Thayer, Eds.." Software Engineering". IEEE Computer Society

Press,1997.

[Dor02] M.Dorfman and R.H.Thayer, Eds.."Software Engineering, Vol. 1 & Vol. 2". IEEE Computer Society Press,2002.

[Pfl01] S. L. Pfleeger, Software Engineering: Theory and Practice, Second ed: Prentice-Hall, Inc.,2001.

[Pre04] R.S.Pressman, Software Engineering: A Practitioner's Approach, Sixth ed: McGraw-Hill,2004.

[Rei96] S.P.Reiss,Software Tools and Environments in The Computer Science and Engineering Handbook:CRC Press,1996.

[Som05] I.Sommerville,Software Engineering,Seventh ed:Addison-Wesley,2005.

[Was96] A.I.Wasserman."Toward a Discipline of Software Engineering".IEEE Software,vol.13, iss.6,23-31,November,1996.

10.6 进一步阅读的参考文献

(Ber93) E.V.Berard,Essays on Object-Oriented Software Engineering:Prentice-Hall,1993.

(Bis92) W. Bischofberger and G. Pomberger, Prototyping-Oriented Software Development: Concepts and Tools:Springer-Verlag,1992.

(Bro94) A.W.Brown and al,Principles of CASE Tool Integration:Oxford University Press,1994.

(Car95) D.J.Carney and A.W.Brown."On the Necessary Conditions for the Composition of Integrated Software Engineering Environments".presented at Advances in Computers,1995.

(Col94) D.Coleman,P.Arnold,S.Godoff,C.Dollin,H.Gilchrist,F.Hayes and P.Jeremaes,Object-Oriented Development:The Fusion Method:Prentice Hall,1994.

(Cra95) D.Craigen,S.Gerhart and T.Ralston."Formal Methods Reality Check:Industrial Usage". IEEE Transactions on Software Engineering,vol.21,iss.2,90-98,February,1995.

(Fin00) A.Finkelstein,Ed.,"The Future of Software Engineering".ACM,2000.

(Gar96) P.K.Garg and M.Jazayeri,Process—Centered Software Engineering Environments:IEEE Computer Society,1996.

(Har00) W.Harrison,H.Ossher and P.Tarr."Software Engineering Tools and Environments: A Roadmap".2000.

(Jar98) S.Jarzabek and R.Huang."The Case for User—Centered CASE Tools".Communications of the ACM,vol.41,iss.8,93-99,August,1998.

(Kit95) B. Kitchenham, L. Pickard and S. L. Pfleeger." Case Studies for Method and Tool Evaluation".IEEE Software,vol.12,iss.4,52-62,July,1995.

(Lam00) A. v. Lamsweerde." Formal Specification: A Roadmap". in The Future of Software Engineering,A.Finkelstein,Ed.:ACM,2000,149-159.

(Mey97) B.Meyer,Object-Oriented Software Construction,Second ed:Prentice-Hall,1997.

(Moo98) J.W.Moore,Software Engineering Standards,A User's Roadmap.Los Alamitos,CA: IEEE Computer Society,1998.

(Mos92) V.Mosley."How to Assess Tools Efficiently and Quantitatively".IEEE Software,vol.9, iss.3,29-32,May,1992.

(Mül96) H.A.Muller,R.J.Norman and J.Slonim,Eds."Computer Aided Software Engineering". A special issue of Automated Software Engineering,3(3/4),Kluwer,1996.

(Mül00) H. Müller and al." Reverse Engineering: A Roadmap". in The Future of Software

Engineering,A.Finkelstein,Ed.:ACM,2000,49-60.

(Pom96) G. Pomberger and G. Blaschek, Object-Orientation and Prototyping in Software Engineering:Prentice Hall,1996.

(Pos96) R.M.Poston,Automating Specification-based Software Testing:IEEE,1996.

(Ric92) C. Rich and R. C. Waters." Knowledge Intensive Software Engineering Tools". IEEE Transactions on Knowledge and Data Engineering,vol.4,iss.5,424-430,October,1992.

(Son92) X. Song and L. J. Osterweil." Towards Objective, Systematic Design-Method Comparisons".IEEE Software,vol.9,iss.3,43-53,May,1992.

(Tuc96) A.B.Tucker,The Computer Science and Engineering Handbook:CRC Press,1996.

(Val97) L. A. Valaer and R. C. B. Ⅱ." Choosing a User Interface Development Tool". IEEE Software,vol.14,iss.4,29-39,1997.

(Vin90) W.G.Vincenti,What Engineers Know and How They Know It—Analytical Studies form Aeronautical History.Baltimore and London:John Hopkins University Press,1990.

(Wie98) R. Wieringa." A Survey of Structured and Object—Oriented Software Specification Methods and Techniques".ACM Computing Surveys,vol.30,iss.4,459-527,1998.

10.7 相关标准

(ECMA55-93) ECMA, TR/55 Reference Model for Frameworks of Software Engineering Environments,Third ed,1993.

(ECMA69-94) ECMA,TR/69 Reference Model for Project Support Environments,1994.

(IEEE 1175.1-02) IEEE Std 1175.1—2002,IEEE Guide for CASE Tool Interconnections—Classification and Description:IEEE,2002.

(IEEE 1209-92) IEEE Std 1209—1992,Recommended Practice for the Evaluation and Selection of CASE Tools,(ISO/IEC 14102,1995),1992[14).

(IEEE 1348-95) IEEE Std 1348—1995,Recommended Practice for the Adoption of CASE Tools,(ISO/IEC 14471),1995[15)].

(IEEE 12207.0-96) IEEE/EIA 12207.0—1996//ISO/IEC 12207:1995,Industry Implementation of Int. Std. ISO/IEC 12207: 1995, Standard for Information Technology—Software Life Cycle Processes,vol.IEEE,1996.

11 软件质量

11.1 综述

11.1.1 缩略语

下列缩略语适用于本文件

CMMI:能力成熟度集成模型(Capability Maturity Model Integrated (Model))

COTS:商用现货软件(Commercial Off-the-Shelf Software)

PDCA:计划、实施、检查、行动(Plan,Do,Check,Act)

SQA:软件质量保证(Software Quality Assurance)

SQM:软件质量管理(Software Quality Management)

14) GB/T 18234—2000 信息技术 CASE工具的评价与选择指南.

15) GB/Z 18914—2002 信息技术 软件工程 CASE工具的采用指南.

TQM：全面质量管理(Total Quality Management)

V&V：验证和确认(Verification and Validation)

11.1.2 导引

什么是软件质量？为什么它如此重要而在 SWEBOK 指南中到处出现？多年以来，许多作者和组织对术语“质量”有着不同的定义。对于 Phil Crosby (Cro79)来说，质量就是“符合用户需求”；Watts Humphrey (Hum89)认为质量就是“达到适合使用的卓越程度”。IBM 发明了短语“市场驱动的质量”，其以达到完全的顾客满意为根据。关于组织质量的 Baldrige 准则(NIST03)使用了一个类似的短语“顾客驱动的质量”，将顾客满意作为主要的考虑因素。最近，在(ISO 9001-00)中，质量被定义为“一组内在特性满足需求的程度”。

本章讨论跨越生存周期过程的软件质量因素。软件质量是软件工程中无所不在的问题，许多知识域都考虑了质量问题。SWEBOK 指南描述了许多达到软件质量的方式。特别是，本知识域将涉及静态技术。这些技术不需要执行被评价的软件。而动态技术则包含在软件测试知识域中。

图 18 为软件质量知识域的主题分解图。

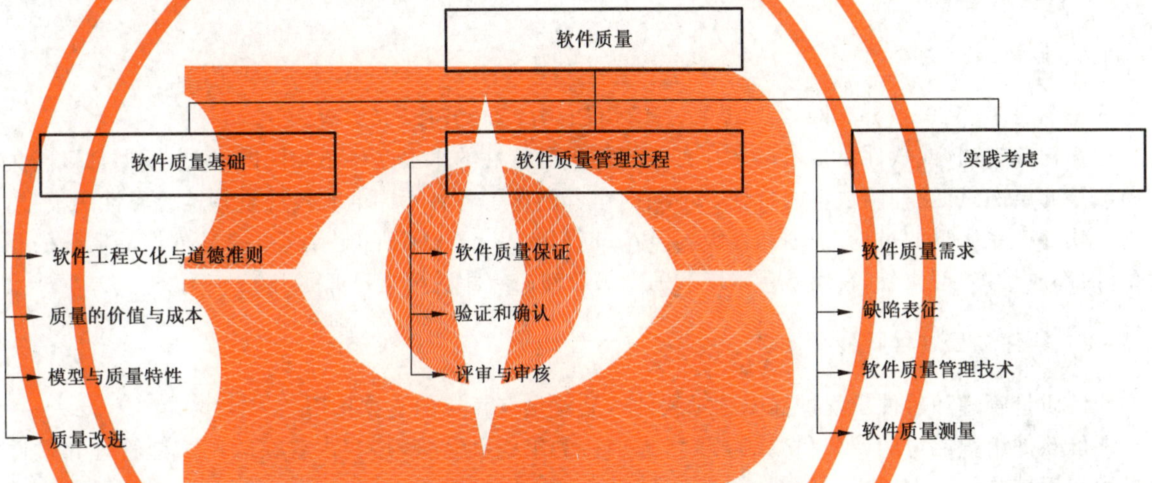

图 18 软件质量知识域的主题分解图

11.2 软件质量基础

11.2.1 概述

要在质量需求上达成一致，清晰地沟通质量的构成，就需要正式地进行质量多个方面的定义，并与软件工程师进行讨论。

软件工程师宜了解质量概念和质量属性的基础含义，以及它们对开发或维护中的软件的价值。其中，最重要的是软件需求定义了软件所需的质量特性，并影响评估这些特性的测量方法和验收准则。

11.2.2 软件工程文化与道德准则

通常期望软件工程师共同将对软件质量的承诺作为文化的一部分，[Wie96]中描述了健康的软件工程文化。

道德准则能在软件质量、文化和软件工程师的态度中起到重要作用。IEEE 计算机学会和 ACM [IEEE 99]制定了基于八项原则的道德准则和职业实践法规，以帮助软件工程师增强对于质量和其工作独立性的态度。

11.2.3 质量的价值与成本

[Boe78;NIST03;Pre04;Wei93]

“质量”的概念并非看起来那么简单。对于任何工程产品，都需要在确定产品需求时，讨论和确定所期望的与产品特性相关的质量，需不需要某些质量特性、需求多少，应作出权衡[Pfl01]。质量成本可区分为预防成本、评审成本、内部失效成本和外部失效成本[Hou99]。

软件项目背后的动机是期望创造有价值的软件，这一价值也许能也许不能被量化为成本。顾客脑子里有的是最大成本，作为回报，他们期望能实现软件的基本目标。有时，顾客可能有对软件质量有所期望；有时，顾客可能没有考虑清楚质量问题或相关的成本。对软件而言，质量特性仅仅是一个装饰还是必须的？如果答案位于二者之间(通常是这种情况)，就要求顾客参与决策过程，并充分了解质量的成本和效益。理想情况下，多数决策是在软件需求过程作出的(参见软件需求知识域)，但问题可能出现在整个软件生存周期。目前还没有如何作出决策的确定性规则，但软件工程师应有能力提出质量的可选方案及其成本。涉及质量需求的成本和价值的讨论参见[Jon96:c5;Wei96:c11]。

11.2.4 模型与质量特性

11.2.4.1 概述

[Dac01;Kia95;Lap91;Lew92;Mus99;NIST;Pre01;Rak97;SEI02;Wal96]

在各种分类法(或软件质量模型)中，有关软件质量特性的术语是各不相同的，每个模型都可能具有不同数量的层次，以及不同数量的特性。不同的作者创作了各种不同的软件质量特性或属性的模型，都能用于软件产品质量的讨论、规划和评级。[Boe78;McC77] ISO/IEC 定义了 3 个软件产品质量的相关模型(内部质量、外部质量、在用质量)(ISO 9126-01)和一组相关要素(ISO 14598-98)。

11.2.4.2 软件工程过程质量

软件质量管理和软件工程过程质量对软件产品质量有直接的支撑作用。

评价软件组织能力的模型和准则主要考虑项目的组织和管理，这些内容在软件工程管理和软件工程过程知识域。

当然，不可能将过程质量与产品质量完全区分开来。

本指导性技术文件的软件工程过程知识域讨论过程质量。过程质量影响软件产品的质量特性，进而影响顾客观察到的在用质量。

两个重要的质量标准是 TicKIT [Llo03]和 ISO 9001[ISO 9001-00]，后者对软件质量连同应用于软件的指南有影响[ISO 9003-04]。

另一个软件质量的工业标准是能力成熟度集成模型(CMMI)[SEI02]，在软件工程过程知识域进行讨论。CMMI 力图提出过程改进指南。与质量管理相关的特定过程域是：

a) 过程与产品质量保证；

b) 过程验证；

c) 过程确认。

CMMI 将评审与审核归类为验证方法，而不像(IEEE 12207.0-96)那样将其归类为特定过程。

最初，对是否推荐软件工程师使用 ISO 9001 或 CMMI 来保证质量有过争论，并发表了许多文章。最后结果是，二者是互补的，通过 ISO 9001 认证能极大地帮助达到更高的 CMMI 成熟度等级。[Dac01]

11.2.4.3 软件产品质量

首先，软件工程师需要确定软件的真实目的。就此而言，最重要的是应牢记顾客的需求第一，这些需求不仅包括功能需求，而且包括了质量需求。软件工程师有责任去引出最初可能不明确的质量需求，并讨论各种质量需求的重要性，以及达到这样的质量要求的难度等级。在设计所有与软件质量有关的过程(例如，构建、检查、改进质量)时，都应考虑质量需求，当然，会有附加的成本。

(ISO 9126-01)标准为其三个质量模型中的两个定义了相关的质量特性和子特性，以及对评估软件产品质量有用的测度(Sur03)。

术语"产品"的含义已扩展到在构建最终软件产品的整个过程中输出的所有制品。产品的例子包括，但不局限于：整个系统需求规格说明、系统软部件 SRS、设计模块、代码、测试文档集或作为质量分析任务结果的报告。尽管多数对质量处理的描述都根据最终的软件和系统性能，但可靠的工程实践需要在整个软件工程过程中评价与质量有关的中间产品。

11.2.5 质量改进

[NIST03；Pre04；Wei96]

软件产品的质量能通过迭代进行持续改进，这需要由多个并发过程来进行管理控制、协调和反馈，这些并发过程包括：

a) 软件生存周期过程；

b) 错误/缺陷的检测、消除和预防过程；

c) 质量改进过程(Kin92)。

质量改进的理论和概念都与软件工程有关，例如：通过对错误的预防和早期检测、持续改进、顾客为中心等来内建质量。这些概念都以质量领域专家的工作为基础，认为产品的质量与创建产品的过程的质量直接相关(Cro79，Dem86，Jur89)。

诸如"计划—实施—检查—行动"(PDCA 循环)的全面质量管理(TQM)过程等方法，都是能实现质量目标的工具。管理层首先要支持对过程和产品的评价以及结果发现；然后，开发改进程序，标识行动细节以及在可行的时间框架内可改进的项目。管理支持意味着每个改进项目都有足够的资源来达到为其定义的目标。应经常通过积极主动的沟通来获得管理层的支持。有关工作组的参与、中层管理的支持和项目层的资源分配等内容在软件工程过程知识域中介绍。

11.3 软件质量管理过程

11.3.1 概述

软件质量管理(SQM)适用于软件过程、产品和资源的所有方面。其定义了过程、过程所有者、对过程的需求、过程的测量及其输出和反馈通道(Art93)。

SQM 过程由许多活动组成：一些活动可直接查找缺陷，另一些则指出对什么做进一步检查可能有价值。前者是直接缺陷发现活动。许多活动可同时达到这两个目的。

软件质量规划涉及：

——根据质量特性定义所需要的产品(更详细的介绍在软件工程管理知识域)。

——规划过程以获得所需要的产品(更详细的介绍在软件设计和软件构建知识域)。

质量规划与规划 SQM 过程本身有所不同，规划 SQM 过程是评估列入计划的质量特性，质量规划则实施这些计划。SQM 过程应考虑软件产品做得如何，顾客和利益相关方需求是否得到满足，是否为顾客和其他利益相关方提供价值，是否提供满足软件需求的软件质量。

像评价成品一样，SQM 能用来评价中间产品。

(IEEE 12207.0-96)定义了一些特定的 SQM 过程：

——质量保证过程；

——验证过程；

——确认过程；
——评审过程；
——审核过程。

这些过程都促进质量的提高，也查找可能存在的问题，但侧重点有些不同。

在给定的项目中，SQM 过程帮助确保更高的软件质量。作为副产品，它们也提供一般管理信息，包括整个软件工程过程的质量指标。软件工程过程和软件工程管理知识域讨论适用于软件开发组织的质量程序。SQM 能为这些领域提供相关的反馈。

SQM 过程由一些任务和技术组成，指导如何实现软件规划（例如，管理、开发、配置管理），以及如何让中间品和成品很好地满足规定的需求。在采取纠正措施之前，这些任务的结果被汇编到管理报告中。SQM 过程的管理也是一个任务，用于保证这些报告的结果是准确的。

正如本知识域描述的那样，各个 SQM 过程密切相关，它们之间能重叠，有时甚至要组合在一起。它们看起来在很大程度上是被动的，因为过程是被实践的、产品是被生产的。但是，在对过程和规程的主动规划阶段，它们充当重要角色，而过程和规程需要实现利益相关方所要求的质量特性以及软件的质量水平。

风险管理在交付高质量软件方面也有重要作用。将规范的风险分析和管理技术集成到软件生存周期过程，能提高生产高质量软件的潜力（Cha89）。风险管理的有关内容可参见软件工程管理知识域。

11.3.2 软件质量保证

[Ack02；Ebe94；Fre98；Gra92；Hor03；Pfl01；Pre04；Rak97；Sch99；Som05；Voa99；Wal89；Wal96]

软件质量保证（SQA）过程提供保证规划、发布和执行一系列活动，使项目生存周期中的软件产品和过程符合所规定的需求，为将质量融入软件提供足够的信心。这意味着确保能清晰、适当地阐明问题，以及恰当地定义和展示解决方案的需求。存在问题是任何复杂活动几乎不可避免的特征。通过在每个阶段都执行各种能及早识别问题的活动，SQA 设法将质量维护贯穿于产品开发和维护过程始终。SQA 对于过程的作用是确保所规划的过程是恰当的，然后根据计划进行实施，并且为相应的组织提供相关的测量过程。

SQA 计划定义一些方法，以保证为特定产品开发的软件满足用户需求，并在项目的约束内具有可能的最高质量。为此，SQA 计划应首先保证清晰地定义和理解质量目标；应为该软件考虑管理、开发和维护计划。详细介绍请参见 IEEE 730-98。

SQA 计划要安排特定的质量活动和任务，包括成本和资源需求、总体管理目标、进度计划等与软件工程管理、开发或维护计划中的目标等相关的内容。SQA 计划宜与 SCMP（参见 SCM 知识域）一致。SQA 计划确定管理项目用的文档、标准、实践和约定，及如何进行检查和监督才能保证适当性和符合性。SQA 计划还确定测度、统计技术、报告问题和纠正措施的规程、工具/技术/方法论等资源、物理介质安全性、训练、SQA 的报告和文档。此外，SQA 计划要说明软件计划中描述的任何其他活动的 SQA 活动，如项目的供方软件采购或商业现货软件（COTS）的安装以及软件交付后的服务，也可能还包含验收准则，以及对于软件质量很关键的报告和管理活动。

11.3.3 验证和确认

[Fre98；Hor03；Pfl01；Pre04；Som05；Wal89；Wal96]

为简明起见，验证和确认（V&V）在本指导性技术文件中是一个主题，而不是像 IEEE 12207.0-96 标准那样是两个主题。“软件 V&V 是一种规范的方法，在整个产品生存周期内自始至终都要对软件产品进行评估。V&V 力图保证质量已经融入软件中，并且软件满足用户需求”（IEEE 1059-93）。

V&V 直接讨论软件产品质量，并且使用能定位缺陷的测试技术，以便对缺陷进行讨论。V&V 也评估中间产品，并以这种能力评价软件生存周期过程的中间步骤。

V&V 过程确定，给定的开发或维护活动的产品是否符合活动的需求，最终的软件产品是否达到其意图并满足用户需求。验证活动努力确保产品被正确地制造，即一个活动的输出产品满足前面活动给这些产品规定的规格说明。确认活动则试图确保制造正确的产品，即产品满足其特定的目的。验证过程和确认过程都在开发或维护阶段的早期就开始了。其检查关键产品特性，这些特性与前一道工序的产品和产品应满足的规格说明有关。

规划 V&V 的目的是确保已经明确地分配了每个资源、角色和职责。所产生的 V&V 计划记录和描述各种资源以及它们的角色、活动、要使用的技术和工具。充分理解每个 V&V 活动的不同目的，有助于仔细规划达到目标所需的技术和资源。(IEEE 1012-98：s7，IEEE 1059-93：Appendix A)等标准规定了通常 V&V 计划的内容。

V&V 计划也处理 V&V 活动的管理、交流、方针、沟通规程和它们之间的交互，以及缺陷报告和文档需求。

11.3.4 评审与审核

11.3.4.1 概述

为简洁起见，评审与审核在本指导性技术文件属同一主题，不像在 IEEE 12207.0-96 中分两个主题。IEEE 12207.0-96 宽泛地定义评审与审核，IEEE 1028-97 的定义则较为详细，并将其分为 5 类：

——管理评审；

——技术评审；

——审查；

——走查；

——审核。

11.3.4.2 管理评审

“管理评审的目的是监督进展，判定计划和进度的状态，确认需求及其系统分配，或评价为达到目标所采用的管理方法的有效性”[IEEE 1028-97]。管理评审支持对软件项目期间所需要的变更和纠正措施进行的决策。管理评审确定计划、进度安排和需求是否适当，并监督他们的进展或不一致性。这些评审可能针对产品进行，诸如审核报告、进展报告、V&V 报告、各类计划，包括风险管理、项目管理、SCM、软件安全性和风险评估。相关材料参见软件工程管理和 SCM 知识域。

11.3.4.3 技术评审

[Fre98；Hor03；Lew92；Pfl01；Pre04；Som05；Voa99；Wal89；Wal96]

“技术评审的目的是评价软件产品，以确定其对预期用途的适合程度。技术评审的目标是识别软件产品与获批的规格说明及标准之间的差异。评审结果宜为管理提供证据，以表明产品是否满足规格说明并符合标准，产品变更是否处于受控状态(IEEE 1028-97)”。

在技术评审中应设置特定的角色：决策者、评审领导者、记录员和技术人员，以支持评审活动。为了进行技术评审，应准备好所需要的信息：

——目标说明；

——特定的软件产品；

——特定的项目管理计划；

——与产品有关的问题列表；

——技术评审规程。

评审团队根据规程进行评审：具备资格的技术人员介绍产品的概貌，在一次或多次会议上对产品进行检查。一旦完成检查表中列出的所有活动，就完成了技术评审。

11.3.4.4 审查

[Ack02；Gil93；Rad02；Rak97]

“审查的目的是检测和标识软件产品的异常”(IEEE 1028-97)。与评审两个重要区别是：

a) 管理职位高于检查团队的任何成员的人不得参与审查；

b) 审查应由受过审查技术培训的、公正的主持人来领导。

软件审查总是涉及中间或成品的作者，而其他评审则不然。审查组包括一位领导、一位记录员和2～5个审查人员。审查组的成员宜具有不同的专门技能，如领域技能、设计方法技能或语言技能。一次审查通常只针对产品的某个相对小的部分。在评审会前，每个审查组成员应检查软件产品和其他评审所需信息，也许还要在产品的某小部分或整个产品上应用分析技术(参见 11.4.3.4)，但只专注某个方面，例如接口。审查组成员发现的任何异常都要记录到文档中，并提交给审查组领导。在审查过程中，审查组领导主持会议，并检查是否每个成员都为审查作好了准备。审查中常用的工具是检查表，列出与所关注的议题密切相关的异常和问题。审查结果的列表通常将异常分类(详细参见 IEEE 1044-93)，审查组要评审结果列表的完备性和准确性。如果要结束审查，应符合下面三个准则之一：

a) 接受，没有或最多偶少量返工；

b) 接受，但需要重新验证；

c) 重新审查。

审查会议一般持续几个小时，而技术评审与审核的范围通常比较宽，时间会长一些。

11.3.4.5 走查

[Fre98；Hor03；Pfl01；Pre04；Som05；Wal89；Wal96]

“走查的目的是评价软件产品。走查也可用于培训关注软件产品的听众。”主要目标是[IEEE 1028-97]：

——查找异常；

——改进软件产品；

——考虑替代的实施方案；

——评价软件对标准和规格说明的符合性。

走查类似于审查，但通常不那么正式。作为一种保障技术，走查主要由软件工程师组织，让其同事复审其工作。

11.3.4.6 审核

[Fre98；Hor03；Pfl01；Pre01；Som05；Voa99；Wal89；Wal96]

“软件审核的目的是提供独立评价：软件产品和过程符合适用的规则、标准、指南、计划和规程的程度”[IEEE 1028-97]。审核是正式组织的活动，参与者有特定的角色，诸如主审核员、审核员、记录员、发起者，包括被审核组织的代表。审核将列举不符合的实例，并产生一个报告，要求开发团队采取纠正措施。

评审与审核能在任何产品的开发或维护过程的任何阶段进行。

11.4 实践考虑

11.4.1 软件质量需求

[Hor03；Lew92；Rak97；Sch98；Wal89；Wal96]

11.4.1.1 影响因素

各种影响 SQM 活动和技术的规划、管理和选择的因素包括：

——软件所属的系统的领域(安全关键型、任务关键型、业务关键型)；

——系统和软件需求；

——系统中将要使用的商用(外部)和标准(内部)部件；

——适用的特定软件工程标准；

——用于开发、维护以及质量评价与改进的方法和软件工具；

——所有过程的预算、人员、项目组织、计划和进度安排；

——系统的意向用户和系统的用途；

——系统的完整性等级。

有关这些因素的信息影响着如何组织和记录 SQM 过程，如何选择特定的 SQM 活动，需要什么资源，以及对工作量的限制。

11.4.1.2 可信性

如果系统失效会造成极其严重的后果，所以，总体的可信性(硬件、软件和人员)是处于基本功能之上主要的质量需求。软件可信性包括的特性有：故障容忍(fault tolerance)、安全性(safety)、保密性(security)和易用性(usability)。可靠性也是能根据可信性来定义的一个准则(ISO 9126)。

"可信性"是从传统机电系统引进到软件中的术语，用以讨论威胁或危险、风险、系统完整性和相关的概念。

11.4.1.3 软件完整性级别

完整性级别是根据软件失效的可能后果以及失效的概率确定的。对于安全性或保密性非常重要的软件，可使用针对安全性的危险分析技术和针对保密性的威胁分析技术，来制定一个规划活动以标识潜在问题点的所在。类似软件的失效历史有助于识别什么技术对于检测故障和评估质量最有用。完整性级别(例如完整性分级)是在 IEEE 1012-98 中提出的。

11.4.2 缺陷表征

[Fri95；Hor03；Lew92；Rub94；Wak99；Wal89]

SQM 过程的任务是查找缺陷。描述这些缺陷的特征有助于理解产品、推动对过程或产品缺陷的纠正，以及有助于向项目管理层或客户通报过程或产品的状态。业界有许多缺陷(故障)的分类方法，人们也试图在分类方法上达成一致，但有关文献显示，实际使用的仍有好几种[Bei90，Chi96，Gra92]，(IEEE 1044-93)。在审核和评审中也用到缺陷(异常)的特征描述，例如，为评审会准备的异常列表。

随着新的设计方法和语言的发展，以及总体软件技术的进步，出现了新的缺陷类型，因此需要做大量的工作来解释以前定义的类别。追踪缺陷时，软件工程师不仅对缺陷数目感兴趣，而且对缺陷类型也感兴趣。没有某种分类的孤立信息对于识别缺陷的根本原因几乎没有用处，因为应把特定类型的问题聚集在一起才能作出有关判断。建立缺陷分类对组织和软件工程师都有意义。

SQM 在软件开发和维护的所有阶段都能发现信息。通常，使用"缺陷(defect)"一词时，指的是下面定义的"故障(fault)"。由于不同的文化和标准可对这些术语赋予稍微不同的意义，所以应对它们进行定义。从 IEEE 610.12-90 中摘录的部分定义如下：

——误差(Error)：计算结果与正确结果之间的差异；

——故障(Fault)：计算机程序中的不正确的步骤、过程或数据定义；

——失效(Failure)：故障(Fault)的[不正确]结果；

——过失(Mistake):产生不正确结果的人的动作。

在本条,把由于软件故障而测试出的失效作为缺陷来讨论。可靠性模型是根据软件测试中收集的失效数据或根据使用中的软件建立的,因而能预测未来的失效,并有助于决定何时可停止测试[Mus89]。

根据SQM发现的问题而采取的一个行动是:从被检查的产品中消除缺陷。其他一些行动包括:分析和总结发现的结果,使用测量技术来改进产品和过程,以及追踪缺陷并消除缺陷。这些行动可能使SQM活动的发现实现全部价值。过程改进主要在软件工程过程知识域中讨论,在那里,SQM过程是一个信息源。

如果不做记录,在实施SQM技术时发现的不充分性和缺陷数据就可能丢失。所以,做技术评审、审核、审查时,记录员要出席,以记录这样的信息、问题和决策。如果使用了自动化工具,该工具的输出可提供缺陷信息。手工或自动地(从分析工具)收集有关缺陷的数据,并记录在软件变更请求(SCR)表中,随后录入进某种类型的数据库。缺陷报告会被提交给组织的管理层。

11.4.3 软件质量管理技术

11.4.3.1 概述

[Bas94;Bei90;Con86;Chi96;Fen97;Fri95;Lev95;Mus89;Pen93;Sch98;Wak99;Wei93;Zel98]

SQM技术能按静态、人力密集、分析、动态等多种方式分类。

11.4.3.2 静态技术

静态技术涉及检查项目文档和软件,以及其他有关软件产品的信息,但不执行软件。这些技术可能包括人力密集的活动(如11.4.3.3的定义)或由个人进行的分析活动(如3.3.3的定义),可能有,也可能没有使用自动化工具。

11.4.3.3 人力密集型技术

设定人力密集型技术(包括评审与审核在内)可召开正式会议、非正式会议或做“桌面检查”,但通常至少有两人或两人以上参加,参会人应提前作好准备。除了要检查的科目外,还需要其他资源:检查表、技术分析结果以及测试结果。这些活动在IEEE 1028-97的评审与审核部分讨论。[Fre98,Hor03][Jon96,Rak97]

11.4.3.4 分析技术

软件工程师一般要应用分析技术。有时,几个软件工程师使用同一技术,但却是将其应用到产品的不同方面。某些技术是工具驱动的,其他则是手工的。某些技术可直接查找缺陷,但通常是用来支持其他技术。某些技术也包括作为总体质量分析组成部分的各种评估。这类技术的例子包括:复杂性分析、控制流分析和算法分析。

每一类分析都有其特定目的,并非每个项目都要应用到所有类型的分析。复杂性分析是支持型技术的一个例子,其有助于确定设计或实现是否太复杂,以致难以正确开发、测试或维护。复杂性分析的结果可用于测试用例的开发。缺陷发现技术(诸如控制流分析)也可能用于支持其他活动。对有许多算法的软件而言,算法分析很重要,尤其对不正确的算法将引起灾难性后果的情况。分析技术太多,这里不能一一列举。这里提供的列表和参考文献,可为选择技术提供识别能力,并对参考资料的进一步阅读提出建议。

其他更正式的分析技术叫做形式方法。它们用来验证软件需求和设计。可对软件的关键部分应用

正确性证明技术。这些技术主要用于关键系统的重要部分的验证,诸如特定的保密性和安全性需求。(Nas97)

11.4.3.5 动态技术

在软件开发和维护阶段,始终都使用了不同类型的动态技术。一般,动态技术指的是测试技术,但诸如仿真、模型检查和符号执行也可认为是动态技术。通常认为代码阅读是静态技术,但有经验的软件工程师在通读代码时,也可执行代码。在这一意义上,代码阅读也可认为是动态技术。这种分类的差异表明,组织中不同角色的人员可用不同的方式来考虑和应用这些技术。

根据项目的组织,可在开发、SQA 或 V&V 过程中进行测试。由于 SQM 计划涉及测试,所以本条包括一些对测试的论述。软件测试知识域为测试的理论、技术和自动化提供了讨论和技术参考。

11.4.3.6 测试

SQA 与 V&V 中描述的保证过程检查每个相关 SRS 的输出,以确保输出的可追踪性、一致性、完备性、正确性和性能。确保的输出也包括开发和维护过程的输出,以及收集、分析和测量的结果。SQA 确保规划、开发与实施适当类型的测试,而 V&V 则开发测试计划、策略、用况和规程。

软件测试知识域中详细讨论了测试。有两类测试可能归于 SQA 和 V&V,因为它们负责项目中使用的材料的质量:

——项目中要使用的工具的评价与测试(IEEE 1462);

——产品中要使用的部件和 COTS 产品的符合性测试(或符合性测试的评审);现在已经有一个软件包的标准(IEEE 1465-98)。

有时,会让独立的 V&V 组织来监督测试过程,有时让其见证实际的执行,以确保测试是按指定的规程进行的。V&V 也可用来评价测试本身:测试计划与规程的适当性,以及测试结果的适当性和准确性。

另一类可归于 V&V 组织的测试是第三方测试。第三方既不是开发方,与产品的开发也没有任何联系。第三方是一个独立的机构,通常由某个权威机构认证。其目的是测试产品是否符合一组特定的需求。

11.4.4 软件质量测量

[Gra92]

软件产品质量模型通常包括某些测度,用来确定产品的每个质量特性达到质量目标的程度。

如果选择适当,像软件生存周期过程的其他质量保障方法一样,测度能以多种方式支持软件质量。在管理决策过程,它们能帮助做决策,能发现软件过程中有问题的地方和瓶颈,还能帮助软件工程师为 SQA 或长期的过程质量改进而评估自己的工作。

随着软件复杂性的增加,质量问题远不只是软件是否工作,还包括软件达到可测量的质量目标的程度。

关于测量如何直接支持 SQM 的主题还有若干,例如,可靠性模型或标杆方法可帮助对何时停止测试做出决策,这两种方式都使用故障和失效数据。

在决定如何组织一个项目时几乎应提出来的问题是 SQM 过程的成本。通常使用成本的通用模型处理成本问题,所需要的基础数据是:缺陷是何时发现的,与在开发过程早期发现并修复这一缺陷相比所需要的工作量有多大。项目数据可较好地描述成本。对这一主题的讨论可见[Rak97:pp.39-50]。相关的信息在软件工程过程和软件工程管理知识域。

最后,SQM 报告本身不仅为这些过程提供有价值的信息,而且为如何改进所有软件生存周期过程提供信息。有关这些主题的讨论参见[McC04]和 IEEE 1012-98。

质量特性和产品特性的测度本身是有用的(例如,有缺陷的需求的数目或比例),能应用下列数学和图形技术来辅助对这些测度的解释(见[Fen97,Jon96,Kan02,Lyu96,Mus99]):

——基于统计学的(例如,Pareto 分析、运行图、散布图、正态分布);

——统计测试(例如,二项分布测试、卡方测试);

——趋势分析;

——预测(例如,可靠性模型)。

基于统计的技术和测试通常提供快照,指出正检测的软件产品容易出错的地方,所产生的图表和图形是可视的,能帮助决策者把资源集中到最需要的地方。趋势分析的结果可用来表明一些问题的存在,例如,测试没有按照进度计划进行,或者,如果在开发中不采取纠正措施,某类故障将变得更加严重。预测性技术有助于规划测试时间和预测失效。在软件工程过程和软件工程管理知识域中有更多有关测量的讨论。在软件测试知识域中有专门针对测试测量的信息。

参考文献[Fen97,Kan02,Pfl01,Jon96]对缺陷分析进行讨论,包括测量缺陷的发生,应用统计方法来理解最常发生的缺陷类型,即回答与缺陷发生密度的评估相关的问题。缺陷分析也辅助理解检测技术的工作状态和趋势,以及开发和维护过程的进展。对测试覆盖范围的测量帮助人们估算还需要多少测试工作量,并预测可能的残留缺陷。使用这些测量方法,能勾画出特定应用领域的缺陷概貌。然后,使用这一概貌来指导下一个软件系统的 SQM 过程,即为最可能发生问题的地方分配更多的工作量。同样,那个领域独有的标杆或缺陷数可作为确定产品何时可交付的一种辅助手段。

有关使用来自 SQM 的数据改进开发和维护过程的讨论,参见软件工程管理和软件工程过程知识域。

11.5 主题与参考文献对照表

表 12～表 14 为本章的主题与参考文献对照表。

表 12 主题与参考文献对照表一

主题	[Boe78]	[Dac01]	[Hou99]	[IEEE 99]	[ISO 9001-00]	[ISO 9003-04]	[Jon96]	[Kia95]	[Lap91]	[Lew92]	[L1003]	[Mcc77]	[Mus99]	[NIST]	[Pre04]	[Rak97]	[Sei02]	[Wal96]	[Wei93]	[Wei96]
11.2 软件质量基础																				
11.2.1 概述														*						
11.2.2 软件工程文化与道德准则																				*
11.2.3 质量的价值与成本	*		*				*							*	*				*	*
11.2.4 模型与质量特性		*						*	*	*	*	*	*	*	*	*	*	*		*
11.2.5 质量改进														*	*					*

表 13 主题与参考文献对照表二

主题	[Ack97]	[Ebe94]	[Fre90]	[Gil93]	[Gra92]	[Hor03]	[Lew92]	[Pfl01]	[Pre04]	[Rad02]	[Rak97]	[Soh98]	[Som05]	[Voa99]	[Wal89]	[Wal96]
11.3 软件质量管理过程																
11.3.1 概述																
11.3.2 软件质量保证	*	*	*		*	*		*	*		*	*	*	*	*	*
11.3.3 验证和确认			*			*		*	*				*		*	*
11.3.4 评审与审核	*		*	*		*	*	*	*	*	*		*	*	*	*

表 14 主题与参考文献对照表三

主题	[Bas04]	[Bei90]	[Con86]	[Chi96]	[Fen97]	[Fre98]	[Fri95]	[Gra92]	[Hor03]	[Jon96]	[Kan02]	[Lev95]	[Lew92]	[Lyu96]	[McC04]	[Mus89]	[Mus99]	[Pen93]	[Pfl01]	[Rak97]	[Rub94]	[Sch99]	[Wak99]	[Wal89]	[Wal96]	[Wei93]	[Zel98]
11.4 实践考虑																											
11.4.1 软件质量需求									*				*							*		*		*	*		
11.4.2 缺陷表征		*		*			*	*	*				*			*					*		*	*			
11.4.3 软件质量管理技术	*	*	*	*	*	*	*		*	*		*				*		*		*		*	*			*	*
11.4.4 软件质量测量	*		*		*	*								*	*		*		*	*							

11.6 对软件质量推荐的参考文献

[Ack97] F. A. Ackerman." Software Inspections and the Cost Effective Production of Reliable Software".1997.

[Bas84] V.R.Basili and D.M.Weiss."A Methodology for Collecting Valid Software Engineering Data".IEEE Transactions on Software Engineering,vol.SE-10,iss.6,728-738,November,1984.

[Bei90] B.Beizer,Software Testing Techniques:International Thomson Press,1990.

[Boe78] B. W. Boehm and al." Characteristics of Software Quality". TRW series on Software Technologies,vol.1,1978.

[Chi96] R.Chillarege."Orthogonal Defect Classification".in Handbook of Software Reliability Engineering,M.Lyu,Ed.:IEEE CS Press,1996.

[Con86] S.D.Conte, H.E.Dunsmore and V.Y.Shen, Software Engineering Metrics and Models: The Benjamin/Cummings Publishing Company,Inc.,1986.

[Dac01] G. Dache." IT Companies will gain competitive advantage by integrating CMM with ISO 9001".Quality System Update,vol.11,iss.11,November,2001.

[Ebe94] R.G.Ebenau and S.Strauss,Software Inspection Process:McGraw-Hill,1994.

[Fen98] N.E.Fenton and S.L.Pfleeger, Software Metrics: A Rigorous & Practical Approach, Second ed:International Thomson Computer Press,1998.

[Fre98] D. P. Freedman and G. M. Weinberg, Handbook of Walkthroughs, Inspections, and Technical Reviews: Little, Brown and Company, 1998.

[Fri95] M.A.Friedman and J.M.Voas, Software Assessment: Reliability, Safety Testability: John Wiley & Sons, Inc., 1995.

[Gil93] T.Gilb and D.Graham, Software Inspections, Addison-Wesley, 1993.

[Gra92] R. B. Grady, Practical Software Metrics for project Management and Process Management: Prentice Hall, Englewood Cliffs, NJ 07632, 1992.

[Hor03] J. W. Horch, Practical Guide to Software Quality Management: Artech-House Publishers, 2003.

[Hou99] D.Houston."Software Quality Professional".ASQC, vol.1, iss.2, 1999.

[IEEE-CS-99] IEEE-CS—1999."Software Engineering Code of Ethics and Professional Practice". IEEE-CS/ACM, 1999, available at http://www.computer.org/certification/ethics.htm.

[ISO 9001-00] ISO 9001:2000, Quality Management Systems—Requirements, ISO, 2000.

[ISO 9003-04] ISO/IEC 9003: 2004, Software and Systems Engineering-Guidelines for the Application of ISO 9001:2000 to Computer Software, ISO and IEC, 2004.

[Jon96] C. Jones and J. Capers, Applied Software Measurement: Assuring Productivity and Quality, Second ed: McGraw-Hill, 1996.

[Kan02] S. H. Kan, Metrics and Models in Software Quality Engineering, Second ed: Addison-Wesley, 2002.

[Kia95] D.Kiang."Harmonization of International Software Standards on Integrity and Dependability". presented at Proc. IEEE International Software Engineering Standards Symposium, Los Alamitos, CA, 1995.

[Lap91] J.C.Laprie, Dependability: Basic Concepts and Terminology in English, French, German, Italian and Japanese, IFIP WG 10.4.New York: Springer-Verlag, 1991.

[Lev95] N. G. Leveson, Safeware: System Safety and Computers: Massachusetts: Addison-Wesley, 1995.

[Lew92] R.O.Lewis, Independent Verification and Validation: A Life Cycle Engineering Process for Quality Software: John Wiley & Sons, Inc., 1992.

[Llo03] Lloyd's Register."TickIT Guide".iss.5, 2003, available at http://www.tickit.org.

[Lyu96] M.R.Lyu, Handbook of Software Reliability Engineering: Mc-Graw-Hill/IEEE, 1996.

[Mcc77] J.A.McCall."Factors in Software Quality-General Electric".n77C1502, June, 1977.

[McC04] S. McConnell, Code Complete: A Practical Handbook of Software Construction, Microsoft Press, second ed., 2004.

[Mus89] J. D. Musa and A. F. Ackerman." Quantifying Software Validation: When to stop testing?".IEEE Software, vol.6, iss.3, 19-27, May, 1989.

[Mus99] J.Musa, Software Reliability Engineering: More Reliable Software, Faster Development and Testing: McGraw Hill, 1999.

[NIST03] National Institute of Standards and Technology."Balridge National Quality Program". available at http://www.quality.nist.gov.

[Pen93] W.W.Peng and D.R.Wallace."Software Error Analysis".National Institute of Standards and Technology, Gaithersburg, NIST SP 500-209 MD 20899, December, 1993, available at http://hissa.nist.gov/SWERROR/.

[Pfl01] S. L. Pfleeger, Software Engineering: Theory and Practice, Second ed: Prentice-Hall, Inc., 2001.

[Pre04] R.S.Pressman, Software Engineering: A Practitioner's Approach, Sixth ed: McGraw-Hill, 2004.

[Rad02] R.Radice, High Quality Low Cost Software Inspections, Paradoxicon, 2002, p.479.

[Rak97] S.R.Rakitin, Software Verification and Validation: A Practitioner's Guide: Artech House, Inc., 1997.

[Rub94] J.Rubin, Handbook of Usability Testing: How to Plan, Design, and Conduct Effective Tests: John Wiley & Sons, 1994.

[Sch99] G.C.Schulmeyer and J.I.McManus, Handbook of Software Quality Assurance, Third ed: Prentice Hall, 1999.

[SEI02] Software Engineering Institute."Capability Maturity Model Integration for Software Engineering.(CMMI)".Software Engineering Institute, Carnegie Mellon University CMU/SEI-2002-TR-028, ESC-TR-2002-028, 2002.

[Som05] I.Sommerville, Software Engineering, Seventh ed: Addison-Wesley, 2005.

[Voa99] J.Voas."Certifying Software For High Assurance Environments".IEEE Software, vol.16, iss.4, 48-54, July-August, 1999.

[Wak99] S.Wakid, D.R.Kuhn and D.R.Wallace."Toward Credible IT Testing and Certification". IEEE Software, 39-47, July-August, 1999.

[Wal89] D.R.Wallace and R.U.Fujii."Software Verification and Validation: An Overview".IEEE Software, vol.6, iss.3, 10-17, May, 1989.

[Wal96] D.R.Wallace, L.Ippolito and B.Cuthill."Reference Information for the Software Verification and Validation Process". @ NIST SP 500-234, Gaithersburg, NIST MD 20899, April, 1996, available at http://hissa.nist.gov/VV234/.

[Wei93] G.M.Weinberg."Quality Software Management: First-Order Measurement".vol.2: Dorset House, 1993, Ch.8, Measuring Cost and Value.

[Wie96] K.Wiegers, Creating a Software Engineering Culture: Dorset House, 1996.

[Zel98] M.V.Zelkowitz and D.R.Wallace, "Experimental Models for Validating Technology," Computer, vol.31, iss.5, 23-31, 1998.

11.7 进一步阅读的参考文献

(Abr96) A.Abran and P.N.Robillard."Function Points Analysis: An Empirical Study of its Measurement Processes".presented at IEEE Transactions on Software Engineering, 1996.

(Art93) L.J.Arthur, Improving Software Quality: An Insider's Guide to TQM: John Wiley & Sons, 1993.

(Bev97) N.Bevan."Quality and Usability: A New Framework".in Achieving Software Product Quality, E.v.Veenendaal and J.McMullan, Eds.Uitgeverij Tutein Nolthenius, Holland, 1997.

(Cha89) R.N.Charette, Software Engineering Risk Analysis and Management: McGraw-Hill, 1989.

(Cro79) P.B.Crosby, Quality is free: McGraw-Hill, 1979.

(Dem86) W.E.Deming, Out of the Crisis: MIT Press, 1986.

(Dod00) Department of Defense and US Army."Practical Software and Systems Measurement: A Foundation for Objective Project Management, Version 4.0b". October, 2000, available at http://www.psmsc.com.

(Hum89) W. Humphrey."Managing the Software Process". Massachusetts: Addison Wesley,

1989,Chap.8,10,16.

(Hya96) L.E.Hyatt and L.Rosenberg."A Software Quality Model and Metrics for Identifying Project Risks and Assessing Software Quality".presented at 8th Annual Software Technology Conference,Utah,1996.

(Inc94) D.Ince,ISO 9001 and Software Quality Assurance.London:McGraw-Hill,1994.

(Jur89) J.M.Juran,Juran on Leadership for Quality.New-York:The Free Press,1989.

(Kin92) M.R.Kindl."Software Quality and Testing: What DoD Can Learn from Commercial Practices". U.S. Army Institute for Research in Management Information, Communications and Computer Sciences,Georgia Institute of Technology,Atlanta,Georgia August,1992.

(NASA97) NASA."Formal Methods Specification and Analysis Guidebook for the Verification of Software and Computer Systems, Volume Ⅱ: A Practitioner's Companion".1997,available at http://eis.jpl.nasa.gov/quality/Formal_Methods/.

(Pal) J.D.Palmer."Traceability".in Software Engineering,M.Dorfman and R.Thayer,Eds.,1997,266-276.

(Ros98) L. Rosenberg." Applying and Interpreting Object-Oriented Metrics". presented at Software Tech.Conf.,1998,available at http://satc.gsfc.nasa.gov/support/index.html.

(Sur03) W.Suryn,A.Abran and A.April."ISO/IEC SQuaRE.The second generation of standards for software product quality".presented at IASTED2003,Marina del Rey,California,2003.

(Vin90) W.G.Vincenti,What Engineers Know and How They Know It—Analytical Studies form Aeronautical History.Baltimore and London:John Hopkins University Press,1990.

11.8 相关标准

(FIPS140.1-94) FIPS 140-1,Security Requirements for Cryptographic Modules,1994.(IEC 61508-98) IEC 61508."Functional Safety—Safety—related Systems—Parts 1,2,3".Institution of Electrical Engineers,1998.

(IEEE 610.12-90) IEEE Std 610.12—1990 (R2002), IEEE Standard Glossary of Software Engineering Terminology:IEEE,1990.

(IEEE 730-02) IEEE Std 730—2002, IEEE Standard for Software Quality Assurance Plans: IEEE,2002.

(IEEE 982.1-88) IEEE Std 982.1—1988, IEEE Standard Dictionary of Measures to Produce Reliable Software,1988.

(IEEE 1008-87) IEEE Std 1008—1987 (R2003), IEEE Standard for Software Unit Testing: IEEE,1987.

(IEEE 1012-98) IEEE Std 1012—1998,Software Verification and Validation:IEEE,1998.

(IEEE 1028-97) IEEE Std 1028—1997 (R2002), IEEE Standard for Software Reviews: IEEE,1997.

(IEEE 1044-93) IEEE Std 1044—1993 (R2002),IEEE Standard for the Classification of Software Anomalies:IEEE,1993.

(IEEE 1059-93) IEEE Std 1059—1993, IEEE Guide for Software Verification and Validation Plans:IEEE,1993.

(IEEE 1061-98) IEEE Std 1061—1998,IEEE Standard for a Software Quality Metrics Methodology: IEEE,1998.

(IEEE 1228-94) IEEE Std 1228—1994,Software Safety Plans:IEEE,1994.

(IEEE 1462-98) IEEE Std 1462—1998//ISO/IEC 14102,Information Technology—Guideline for the Evaluation and Selection of CASE tools[16].

(IEEE 1465-98) IEEE Std 1465—1998//ISO/IEC 12119: 1994, IEEE Standard Adoption of International Standard IDO/IEC 12119: 1994 (E), Information Technology—Software packages-Quality requirements and testing:IEEE,1998.

(IEEE 12207.0-96) IEEE/EIA 12207.0—1996//ISO/IEC 12207:1995,Industry Implementation of Int. Std. ISO/IEC 12207: 1995, Standard for Information Technology—Software Life Cycle Processes,vol.IEEE,1996.

(ISO 9001-00) ISO 9001:2000,Quality Management Systems—Requirements:ISO,1994.

(ISO 9126-01) ISO/IEC 9126-1:2001,Software Engineering—Product Quality—Part 1:Quality Model:ISO and IEC,2001.

(ISO 14598-98) ISO/IEC 14598:1998,Software Product Evaluation:ISO and IEC,1998[17].

(ISO 15026-98) ISO/IEC 15026:1998,Information technology—System and Software Integrity Levels:ISO and IEC,1998.

(ISO 15504-98) ISO/IEC TR 15504—1998, Information Technology—Software Process Assessment (parts 1-9):ISO and IEC,1998.

(ISO 15504-98) ISO/IEC TR 15504—1998, Information Technology—Software Process Assessment (parts 1-9):ISO and IEC,1998.

(ISO 15939-00) ISO/IEC 15939:2000,Information Technology—Software Measurement Process: ISO and IEC,2000.

(ISO 90003-04) ISO/IEC 90003:2004,Software and Systems Engineering—Guidelines for the Application of ISO 9001:2000 to Computer Software:ISO and IEC,2004.

12 软件工程相关学科

12.1 导引

为限定软件工程的范围,有必要认定软件工程的边缘学科。本章以字母顺序列出这些相关学科。当然,相关学科之间也有很多公共边缘。

本章利用了公认的资料来源为每一相关学科认定下列内容:

——可行时的信息性定义;

——知识域清单。

图 19 给出这些相关学科的图示。

---

16) GB/T 18234—2000 信息技术 CASE 工具的评价与选择指南.

17) GB/T 18905.1—2002 软件工程 产品评价 第 1 部分:概述;GB/T 18905.2—2002 软件工程 产品评价 第 2 部分:策划和管理;GB/T 18905.3—2002 软件工程 产品评价 第 3 部分:开发者用的过程;GB/T 18905.4—2002 软件工程 产品评价 第 4 部分:需方用的过程;GB/T 18905.5—2002 软件工程 产品评价 第 5 部分:评价者用的过程;GB/T 18905.6—2002 软件工程 产品评价 第 6 部分:评价模块的文档编制.

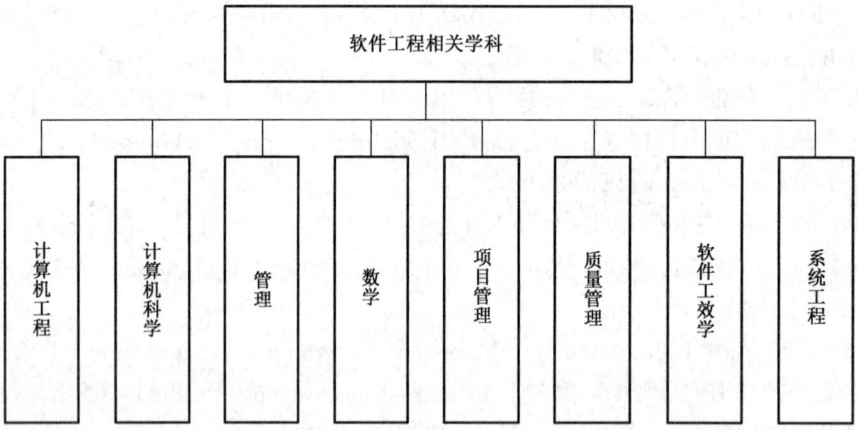

图 19　软件工程相关学科结构图

12.2　计算机工程

计算技术课程 2001 项目(Computing Curricula 2001,CC2001)计算机工程卷草案报告[18]中界定:“计算机工程包括设计、构建、实现和维护现代计算系统和计算机控制设备中的软硬件部件的科学和技术。”

该报告为计算机工程认定了下列知识域:

——算法与复杂性;
——计算机体系结构与组织;
——计算机系统工程;
——电路与系统;
——数字逻辑;
——离散结构;
——数字信号处理;
——分布式系统;
——电子学;
——嵌入式系统;
——人机交互;
——信息管理;
——智能系统;
——计算机网络;
——操作系统;
——程序设计基础;
——概率与统计;
——社会与职业问题;
——软件工程;
——测试与验证;
——VLSI/ASIC 设计。

18)　参见 http://www.eng.auburn.edu/ece/CCCE/Iron_Man_Draft_October_2003.pdf.

12.3 计算机科学

计算技术课程 2001 项目计算机科学卷最终报告[19] 为计算机科学认定了下列知识域：

——离散结构；

——程序设计基础；

——算法与复杂性；

——体系结构与组织；

——操作系统；

——以网(络)为中心的计算；

——程序设计语言；

——人机交互；

——图形学与可视计算；

——智能系统；

——信息管理；

——社会与职业问题；

——软件工程；

——计算科学与数值方法。

12.4 管理

欧洲国家认证团体协会(European association of national accreditation bodies, EQUAL)界定的欧洲 MBA 指南[20] 指出，MBA 学位宜包括以下方面的教育培训：

——会计学；

——财政学；

——市场与营销；

——运作管理；

——信息系统管理；

——法律；

——人力资源管理(HRM)；

——经济学；

——定量分析；

——商务方针与战略。

12.5 数学

被选择认定数学知识域清单的来源有两个。

加拿大工程认证委员会(Canadian Engineering Accreditation Board)在《认证准则与规程》报告[21] 中指出，本科生工程课程宜包括下列领域的适当内容：

——线性代数；

——微积分(学)；

——微分方程；

---

19) 参见 http://www.computer.org/education/cc2001/final/cc2001.pdf.

20) 参见 http://www.efmd.be/.

21) 参见 http://www.ccpe.ca/e/files/report_ceab.pdf.

——概率；
——统计；
——数值分析；
——离散数学。

支持软件工程的更专门的数学主题清单(称为单元和主题)可在计算技术课程2001项目(Computing Curricula 2001,CC2001)的软件工程卷的草案报告找到[22)]。

12.6 项目管理

2000年版的《项目管理知识体系指南》(A Guide to the Project Management Body of Knowledge, PMBOK ® Guide 6)界定了项目管理,该指南由项目管理研究所(Project Management Institute)出版,并被采纳为IEEE 1490—2003。项目管理界定为:"为满足项目需求而将知识、技能、工具和技术应用到项目活动的领域"。

项目管理PMBOK指南中认定的知识域包括:
——项目综合管理；
——项目范围管理；
——项目时间管理；
——项目成本管理；
——项目质量管理；
——项目人力资源管理；
——项目沟通管理；
——项目风险管理；
——项目采购管理。

12.7 质量管理

ISO 9000:2000中将质量管理界定为:"指导并控制某一组织关于质量的协调活动"。关于质量管理所选的3个的引用文件是:
——ISO 9000:2000 质量管理体系 基础与词汇；
——ISO 9001:2000 质量管理体系 需求；
——ISO 9004:2000 质量管理体系 性能改进指南。

美国质量协会在其认证质量工程师的知识体系中认定了以下知识域(第一级分解主题)[23)]:
——质量工程中的管理与领导；
——质量体系开发、实现和验证；
——产品和工艺质量的策划、控制和保证；
——可靠性与风险管理；
——问题解决与质量改进；
——定量方法。

12.8 软件工效学

工效学领域由ISO 159工效学技术委员会界定为:"工效学(或人力因素)是有关理解人与系统中其

22) 参见 http://sites.computer.org/ccse/volume/FirstDraft.pdf.

23) 参见 http://iso tc.iso.ch/livelink/livelink.exe/fetch/2000/2122/687806/ISO _TC_159_Ergonomics_.pdf?nodeid=1162319&vernum=0http://www.asq.org/cert/types/cqe/bok.html.

他元素之间交互的学科，并且是将理论、数据和方法应用于设计以优化人类福祉与系统总体性能的专业。”[24]

对工效学应用于软件的知识域清单，建议如下[25]：

——认知；

——认知性人工智能Ⅰ：推理；

——机器学习和语法归纳；

——认知科学中的形式方法：语言；

——认知科学中的形式方法：推理；

——认知科学中的形式方法：认知体系结构；

——认知性人工智能Ⅱ：学习；

——认知科学基础；

——语音和文本中的信息提取；

——词汇处理；

——计算语言获取；

——人机界面(HCI)的本质；

- 人机界面(HCI)的(元)模型；

——计算机的使用和语境；

- 人力组织和工作；
- 应用领域；

——人机配合与适应；

——人力特性；

- 人力信息处理；
- 语言、沟通、交互；
- 工效学；

——计算机系统和接口体系结构；

- 输入输出设备；
- 对话技术；
- 对话样式；
- 计算机图形学；

——对话体系结构；

——开发过程；

- 设计方法；
- 实现技术；
- 评价技术；
- 示例系统与个案研究。

---

24) 参见 http://iso tc.iso.ch/livelink/livelink.exe/fetch/2000/2122/687806/ISO _TC_159_Ergonomics_.pdf? nodeid=1162319&vernum=0.

25) 该表为 SWEBOK 指南 2001 年版而编制，出自约翰·霍普金斯大学(John Hopkins University)认知科学系课程和美国计算机学会(ACM)SIGHCI 人机交互课程，而后，由该领域的三位专家进行细化。其中两位专家来自加拿大魁北克蒙特利尔大学(Université du Québec à Montréal)，另一位专家 W.W.McMillan 来自美国东密歇根州大学(Eastern Michigan University)。三位专家受邀指出宜让软件工程师了解的主题，其中被两位专家否决的主题已从原表移除.

用于软件工程课程人机界面设计主题(报告中称为单元或主题)的更专门清单,可参见计算技术课程2001项目(CC2001)的软件工程卷的草案报告。

注:见 http://sites.computer.org/ccse/volume/FirstDraft.pdf.

12.9 系统工程

国际系统工程理事会(INCOSE)(参见 www.incose.org)界定:“系统工程是使系统能成功实施的一种跨学科的方法和工具。专注于在开发周期的早期阶段就界定顾客的需求和所需功能(体系),并将需求文档化,然后,在进行设计综合和系统确认的同时,考虑以下齐套问题:运行性能、测试、制造、成本和进度、培训,以及支持与处置。”

系统工程将所有的学科和专业群体整合为一个团队活动,形成结构化开发过程:从概念到生产再到运行。系统工程对所有客户的业务和技术需要并重,旨在提供满足用户需要的高质量产品。

INCOSE正在编写系统工程知识体系的指南。初版包括下列第一级技能域:

a) 业务过程和运营评估(BPOA);

b) 系统/解决方案/测试体系结构(SSTA);

c) 生存周期成本与成本效益分析(LCC&CBA);

d) 可服务性/后勤保障(S/L);

e) 建模、仿真和分析(MS&A);

f) 管理:风险、配置、基线(Mgt)。

附　录　A
（资料性附录）
IEEE 与 ISO 软件工程标准对 SWEBOK 知识域的分配

表 A.1 列出了由 IEEE 和 ISO/IEC JTC1/SC7 制定的标准，以及从其他来源选择的若干标准。对于每个标准，都给出了其编号和标题。另外，“描述”列给出从标准的摘要或其他介绍材料中摘录的信息。每个标准都被映射到 SWEBOK 指南的知识域。有少数标准，如词汇表标准，等同地用于全部的知识域，则在该标准的各列中都会出现大写的 X。在多数情况下，每个标准被强制映射到单一的、主要的知识域，这种映射以大写“P”表示。在有些情况下，将标准二次映射到其他知识域，以大写“S”表示。此表以标准编号为序，而不考虑其类别(IEEE 、ISO 等)。

表 A.1　各标准对 SWEBOK 知识域的分配

标准编号	标准名称	描　述	软件需求	软件设计	软件构造	软件测试	软件维护	软件配置管理	软件工程管理	软件工程过程	软件工程工具和方法	软件质量
IEEE Std 610.12—1990 (R2002)	IEEE 标准 软件工程术语词汇	此标准为软件工程术语词汇	X	X	X	X	X	X	X	X	X	X
IEEE Std 730—2002	IEEE 标准 软件质量保证计划	此标准规定 SQA 计划的格式和内容						S	S			P
IEEE Std 828—1998	IEEE 标准 软件配置管理计划	此标准规定 SCM 计划的内容以及对特定活动的需求						P	S			
IEEE Std 829—1998	IEEE 标准 软件测试文档	此标准描述用于软件测试规划、执行和报告的基本文档集的格式和内容			S	P						S
IEEE Std 830—1998	IEEE 推荐实践 软件需求规格说明	此标准推荐软件需求规格说明的内容和特性，并给出样例大纲	P									
IEEE Std 982.1—1988	IEEE 标准 用于生产可靠软件的测度词典	此标准提供一组测度，用于评价软件产品的可靠性，并用于早期预测正在开发的产品的可靠性		S	S	S			S			P

表 A.1（续）

标准编号	标准名称	描　述	软件需求	软件设计	软件构造	软件测试	软件维护	软件配置管理	软件工程管理	软件工程过程	软件工程工具和方法	软件质量
IEEE Std 1008—1987 (R2003)	IEEE 标准 软件单元测试	此标准描述进行软件单元测试的可靠方法，以及它基于的概念和假设；并提供指南和资源信息			S	P				S		S
IEEE Std 1012—1998 and 1012a—1998	IEEE 标准 软件验证和确认	此标准描述软件 V&V 过程，V&V 过程用于确定某个活动的软件产品是否满足此活动的需求，并确定软件是否满足用户期待的使用要求。其范围包括分析、评价、评审、审查、评估以及对产品和过程的测试										P
IEEE Std 1016—1998	IEEE 推荐实践 软件设计描述	此文档为软件设计描述的内容和组织给出推荐建议		P								
EEE Std 1028—1997 (R2002)	IEEE 标准 软件评审	此标准定义五类软件评审及其执行规程。评审类型包括管理评审、技术评审、审查、走查和审核	S	S	S			S	S			P
IEEE Std 1044—1993 (R2002)	IEEE 标准 软件异常分类	此标准对软件和文件中发现的异常提供统一的分类方法，包括异常分类的帮助列表和相关的数据				S			S	S		P
IEEE Std 1045—1992 (R2002)	IEEE 标准 软件生产率度量	此标准给出用于软件生产率测度的一致性术语，并定义了测量计算软件生产率元素的一致性方法							P	S		
IEEE Std 1058—1998	IEEE 标准 软件项目管理计划	此标准描述软件项目管理计划的格式和内容							P			

表 A.1（续）

标准编号	标准名称	描　述	软件需求	软件设计	软件构造	软件测试	软件维护	软件配置管理	软件工程管理	软件工程过程	软件工程工具和方法	软件质量
IEEE Std 1061—1998	IEEE 标准 软件质量度量方法	此标准描述一种跨越整个生存周期的度量方法，以建立质量需求，标识、实施并确认相关的测度			S		S		S	S		P
IEEE Std 1062，1998 Edition	IEEE 推荐实践 软件获取	此文档推荐一系列有用的实践，供在软件获取时选择与应用。他主要适用于开发或修改的获取，而不是现货购买	S						P			
IEEE Std 1063—2001	IEEE 标准 用户文件	此标准提供对打印或电子版用户文档的结构、内容以及格式的最低要求			P							S
IEEE Std 1074—1997	IEEE 标准 开发软件生存周期过程	此标准描述定义软件生存周期过程的方法								P		
IEEE Std 1175.1—2002	IEEE 指南 CASE 工具互连　分类和描述	此标准是已策划的系列标准的第一个标准。该系列标准的内容是关于如何将 CASE 工具集成进生产性软件过程环境的。本部分描述基本概念，并介绍系列标准的剩余部分									P	
IEEE Std 1219—1998	IEEE 标准 软件维护	此标准描述软件维护过程及其管理					P			S		
IEEE Std 1220—1998	IEEE 标准 系统工程过程的应用和管理	此标准描述整个系统生存周期所需的系统工程活动和过程，以开发满足客户需要、需求和约束的系统								P		

表 A.1（续）

标准编号	标准名称	描述	软件需求	软件设计	软件构造	软件测试	软件维护	软件配置管理	软件工程管理	软件工程过程	软件工程工具和方法	软件质量
IEEE Std 1228—1994	IEEE 标准 软件安全计划	此标准描述安全关键型系统软件的开发、采购、维护和退役计划必不可少的内容	S			S			S			P
IEEE Std 1233，1998 Edition	IEEE 指南 开发系统需求规格说明	此文档为开发系统需求规格说明提供指南，包括对需求的识别、组织、表述和修改，并给出有关需求的特性和质量的指南	P									
IEEE Std 1320.1—1998	IEEE 标准 功能建模语言 IDEF0 的语法和语义	此标准定义了用于表示组织或系统的决定、行动和活动的 IDEF0 建模语言。IDEF0 可根据期望系统执行的功能，定义需求	S	S						S	P	
IEEE Std 1320.2—1998	IEEE 标准 概念建模 IDEF1X97（IDEFobject 的）语言语法和语义	此标准定义两种概念建模语言，共称为 IDEF1X97（IDEFObject）。这两种语言支持关系数据库、对象数据库和对象模型的实施	S	S							P	
IEEE Std 1362—1998	IEEE 指南 信息技术 系统定义 运行概念（ConOps）的文档	此文档给出关于运行概念（ConOps）文档格式和内容的指南，从用户的观点描述所建议的系统特性	P									
IEEE Std 1420.1—1995，1420.1a—1996，and 1420.1b—1999 (R2002)	IEEE 标准 信息技术 软件重用 重用库互操作性的数据模型	此标准及其附录描述软件重用库能交换的信息，以便相互交换									P	

表 A.1（续）

标准编号	标准名称	描　述	软件需求	软件设计	软件构造	软件测试	软件维护	软件配置管理	软件工程管理	软件工程过程	软件工程工具和方法	软件质量
IEEE Std 1462—1998// ISO/IEC 14102:1995	IEEE 标准 采纳国际标准 ISO/IEC 14102:1995，信息技术　评价和选择 CASE 工具的指南	此标准为评价和选择 CASE 工具提供指南									P	
IEEE Std 1465—1998// ISO/IEC 12119	IEEE 标准 采纳国际标准 ISO/IEC 12119:1994(E)，信息技术　软件包　质量需求和测试	此标准描述特别适用于软件包的质量需求，以及针对这些需求测试软件包的指南	S									P
IEEE Std 1471—2000	IEEE 推荐实践 软件加强系统的体系结构描述	此文档推荐用于软件加强系统体系结构描述的概念框架与内容	S	S							P	
IEEE Std 1490—1998	IEEE 指南 采用 PMI 标准　项目管理知识体系指南	此文档是 IEEE 采用由项目管理研究所(PMI)定义的 PMBOK，标识并描述有关项目管理普遍接受的知识							P			
IEEE Std 1517—1999	IEEE 标准 信息技术　软件生存周期过程　重用过程	此标准提供系统地重用软件的生存周期过程。这些过程适合与 IEEE/EIA 12207 一起使用			S					P		
IEEE Std 1540—2001// ISO/IEC 16085:2003	IEEE 标准 软件生存周期过程 风险管理	此标准给出软件风险管理的生存周期过程。此过程适合与 IEEE/EIA 12207 一起使用							S	P		
IEEE Std 2001—2002	IEEE 推荐实践 互联网　网站工程、管理和生存周期	此文档推荐在内联网和外联网环境下使用万维网网页工程化的实践										P
ISO 9001:2000	质量管理体系　需求	此标准为组织的质量管理系统规定了需求，目的是提供满足需求的产品并提高客户的满意度								S		P

表 A.1(续)

标准编号	标准名称	描述	软件需求	软件设计	软件构造	软件测试	软件维护	软件配置管理	软件工程管理	软件工程过程	软件工程工具和方法	软件质量
ISO/IEC 9126-1:2001	软件工程　产品质量　第1部分:质量模型	此标准提供软件产品质量模型,包括内部质量、外部质量和使用质量。该模型是所定义的软件特性的分类方式	P	S	S	S						
IEEE/EIA 12207.0—1996//ISO/IEC 12207:1995	国际标准 ISO/IEC 12207:1995 的工业实现标准,信息技术　软件生存周期过程	此标准提供跨越整个软件生存周期适用的过程的框架	X	X	X	X	X	X	X	P	X	X
IEEE/EIA 12207.1—1996	国际标准 ISO/IEC 12207:1995 的工业实现,信息技术标准　软件生存周期过程标准　生存周期数据	IEEE/EIA 12207.0 生存周期各过程会产生数据,此文档给出记录这些数据的指南	X	X	X	X	X	X	X	P	X	X
IEEE/EIA 12207.2—1997	国际标准 ISO/IEC 12207:1995 的工业实现,标准信息技术　软件生存周期过程　实践考虑	此文档为实现 IEEE/EIA 12207.0 的生存周期过程提供附加的指南	X	X	X	X	X	X	X	P	X	X
IEEE Std 14143.1—2000//ISO/IEC 14143-1:1998	ISO/IEC 14143-1:1998 的 IEEE 采用,信息技术　软件测量　功能规模测量　第1部分:概念定义	此标准描述关于公认的功能规模测度分类的基本概念	P				S		S			S
ISO/IEC TR 14471:1999	信息技术　软件工程　采用 CASE 工具的指南	此文档提供建立采用 CASE 技术的过程和活动的指南									P	
ISO/IEC 14598 (Six parts)	信息技术　软件产品评价	ISO/IEC 14598 系列标准给出软件产品评价过程的综述,并给出在组织或项目级进行评价的需求和指南。此标准提供测量、评估和评价的方法										P

表 A.1（续）

标准编号	标准名称	描　述	软件需求	软件设计	软件构造	软件测试	软件维护	软件配置管理	软件工程管理	软件工程过程	软件工程工具和方法	软件质量
ISO/IEC 14764:1999	信息技术　软件维护	此标准详细描述在 ISO/IEC 12207 中给出的维护过程，给出实现过程需求的指南					P					
ISO/IEC 15026:1998	信息技术　系统和软件集成等级	此国际标准介绍软件集成等级和软件集成需求的概念，定义集成等级相关的概念，定义确定集成等级和软件集成需求的过程，并将需求归入各个过程	S	S								P
ISO/IEC TR 15271:1998	信息技术 ISO/IEC 12207 的指南（软件生存周期过程）	此文档是对使用 ISO/IEC 12207 的指南								P		
ISO/IEC 15288:2002	系统工程　系统生存周期过程	此标准提供跨越整个人工系统的生存周期使用的过程的框架								P		
ISO/IEC TR 15504 (9 parts) and Draft IS 15504 (5 parts)	软件工程　过程评估	此技术报告给出执行过程评估方法的需求，作为过程改进或能力确定的基础								P		
ISO/IEC 15939:2002	软件工程　软件测量过程	此标准给出软件测量的生存周期过程，此过程适合与 IEEE/EIA 12207 一起使用							S	P		S
ISO/IEC 19761:2003	软件工程　COSMIC-FFP 一种功能性的规模测量方法	此标准描述 COSMIC-FFP 功能性规模测量方法，一种与 ISO/IEC 14143-1 需求相符合的功能性规模测量方法	P				S		S			S

表 A.1（续）

标准编号	标准名称	描述	软件需求	软件设计	软件构造	软件测试	软件维护	软件配置管理	软件工程管理	软件工程过程	软件工程工具和方法	软件质量
ISO/IEC 20926:2003	软件工程 IFPUG 4.1 未调整的功能规模测量方法 计数实践手册	此标准描述 IFPUG 4.1 未调整的 FP 计数，一种与 ISO/IEC 14143-1 需求相符合的功能性规模测量方法	P				S		S			S
ISO/IEC 20968:2002	软件工程 Mk Ⅱ 功能点分析 计数实践手册	此标准描述 Mk Ⅱ功能点分析，一种与 ISO/IEC 14143-1 需求相符合的功能性规模测量方法	P				S		S			S
ISO/IEC 90003	软件和系统工程 ISO 9001:2000 应用于计算机软件方面的指南	此标准为把 ISO 9001:2000 应用到计算机软件的获取、供应、开发、运行和维护等方面的组织提供指南								S		P

附 录 B
（资料性附录）
根据 Bloom 的分类法进行的主题分类

Bloom 的分类法（参见 B Bloom 编，Taxonomy of Educational Objectives：The Classification of Educational Goals，Mackay，1956）是众所周知并被广泛使用的认知教育目标的分类。本指导性技术文件帮助那些希望在如下领域把本指导性技术文件当做工具使用的读者群：定义课程资料、大学课程表、大学程序认证准则，进行软件工程过程定义中的职务描述和角色描述，了解职业发展路径和职业培训程序，以及其他需要。本附录为具有 4 年工作经验的软件工程专业硕士研究生提出 SWEBOK 指南主题的 Bloom 分类等级建议。实际上，具有 4 年工作经验的软件工程专业硕士研究生是 SWEBOK 指南的"目标"读者，因为本指导性技术文件是凭借普遍接受的知识进行阐述的（参见 SWEBOK 指南引言）。

因为本附录仅仅适合于被认为是"普遍接受"的知识，所以重要的是要记住，软件工程师应了解比这一范畴的知识更多的东西。除了"普遍接受的"知识，具有 4 年工作经验的软件工程专业硕士研究生应具有来自相关学科的知识，以及某些专业知识、高级知识，甚至是研究性知识（参见 SWEBOK 指南引言）。在确定所建议的分类法级别时，提出下列假设：

——所提议的评价是针对"最普通的"软件工程师，而不是针对工作在特定小组（例如 SCM 小组）的软件工程师。很明显，特定小组内的软件工程师将需要或达到特定小组擅长领域的更高的分类等级；

——具有 4 年工作经验的软件工程专业硕士研究生仅仅处在其职业生涯的开始阶段，分配给他的管理任务将比较少，或者，至少不是主要的任务。因此，在所建议的评价中，没有把"管理相关的主题"排在优先位置。出于同样的原因，与生存周期早期相关的主题（例如软件需求有关的主题），其分类法等级就比与技术有关的主题（例如软件设计、软件构建和软件测试等）的等级低；

——这些评价能适应更高级别的软件工程师或专攻某些知识域的软件工程师，这里没有给出在分类法等级上超过"分析"的主题。这一点与软件工程教育知识体系（Software Engineering Education Body of Knowledge，SEEK）中采用的方法一致。在后者，没有任何主题的分类等级超过"应用"。（参见：Joint Task Force on Computing Curricula—IEEE Computer Society Association for Computing Machinery，Computing Curricula—Software EngineeringVolume—Publid Draft 1—Computing Curriculum SoftwareEngineering，2003. http://sites.computer.org/ccse/）。SEEK 的目的是定义适合于指导本科生软件工程课程表开发的软件工程教育知识体系。尽管 SEEK 和 SWEBOK 的范围十分不同，但二者密切相关。（参见：PBourque，F. Robert，J.-M. Lavoie，A. Lee，S. Trudel，T. Lethbridge，"Guide to theSoftware Engineering Body of Knowledge（SWEBOK）and the Software EngineeringEducation Body of Knowledge（SEEK） - A Preliminary Mapping"，in Proc.Tenth Intern.Workshop Software Technology and Engineering Practice Conference（STEP 2002），pp.8-35，2002）。

Bloom 在 1956 年提出的认知领域分类法包括 6 个级别，表 B.1 给出了这些级别以及与各个级别经常相关的关键字，表 B.2～表 B.11 给出了详细分类。（参见 http://www.nwlink.com/～donclark/hrd/bloom.html）。

表 B.1 Bloom 分类法

Bloom 分类级别	关联的关键字
知识 knowledge:回忆数据	定义、描述、识别、知道、标记、列表、匹配、命名、轮廓、回忆、认识、再现、选择、陈述
理解 comprehension:理解指令和问题的含义、翻译、改写和解释;用自己的话陈述问题	理解、转换、辩解、区别、估计、阐明、扩展、归纳、举例、推理、解释、释义、预言、重写、总结、翻译
应用 application:在新情形下使用一个概念,或使用一种抽象概念。将教室里学到的东西应用到新的工作情况中	应用、改变、计算机、构建、演示、发现、操纵、修改、操作、预测、准备、生产、联系、表示、解决、使用
分析 analysis:将资料或概念分解成成分,以使其组织结构能被理解;区分事实与推论	分析、结构分解、比较、对比、图表、解构、区分、辨别、区别、识别、举例说明、推导、轮廓、联系、选择、分离
综合 synthesis:用不同的元素构建一个结构或模式;将部件组装为整体,重点是创造一个新含义或结构	分类、组合、编排、合成、创造、设想、设计、解释、产生、修改、组织、计划、重排、重构、联系、重组、修订、重写、总结、讲述、写作
评价 evaluation:对思想或素材的价值作出判断	评估、比较、下结论、对比、批评、评论、辩解、描述、区分、评价、解释、释义、判断、联系、总结、支持

表中主题分解并不完全与知识域的结构分解匹配。

表 B.2 软件需求[26)]

主题分解	分类级别
1. 软件需求基础	
软件需求界定	C
产品与过程需求	C
功能与非功能需求	C
突现性	C
可量化需求	C
系统需求与软件需求	C
2. 需求过程	
过程模型	C
过程参与者	C
过程支持与管理	C
过程质量与改进	C
3. 需求引出	
需求来源	C
引出技术	AP
4. 需求分析	
需求分类	AP

26) K 知识、C 理解、AP 应用、AN 分析、E 评价、S 综合。下同。

表 B.2（续）

主题分解	分类级别
概念建模	AN
体系结构设计与需求分配	AN
需求协商	AP
5. 需求规格说明	
系统界定文档	C
系统需求规格说明	C
软件需求规格说明	AP
6. 需求确认	
需求评审	AP
原型	AP
模型确认	C
验收测试	AP
7. 实践考虑	
需求过程的迭代本质	C
变更管理	AP
需求属性	C
需求追踪	AP
需求测量	AP

表 B.3　软件设计

主题分解	分类级别
1. 软件设计基础	
广义设计概念	C
软件设计	C
软件设计过程	C
使能技术	AN
2. 软件设计的关键问题	
并发性	AP
事件控制与处理	AP
部件分配	AP
错误及异常处理与故障容耐	AP
交互与表示	AP
数据持久性	AP

表 B.3（续）

主题分解	分类级别
3. 软件结构与体系结构	
总体结构与视点	AP
体系结构风格(宏体系结构模式)	AN
设计模式(微体系结构模式)	AN
程序族与框架族	C
4. 软件设计质量分析与评价	
质量属性	C
质量分析与评价技术	AN
测度	C
5. 软件设计	
结构描述(静态视图)	AP
行为描述(动态视图)	AP
6. 软件设计策略与方法	
通用策略	AN
面向功能的(结构化)设计方法	AP
面向对象的设计方法	AN
数据结构集中式设计方法	C
基于部件的设计(CBD)方法	C
其他方法	C

表 B.4　软件构造

主题分解	分类级别
1. 软件构造基础	
复杂性最小化	AN
对变更的预测	AN
易于验证的构造	AN
构造的相关标准	AP
2. 构造管理	
构造模型	C
构造规划	AP
构造测量	AP
3. 实践考虑	
构造设计	AN
构造语言	AP
编码	AN
构造测试	AP
构造质量	AN
集成	AP

表 B.5 软件测试

主题分解	分类级别
1. 软件测试基础	
测试相关术语	C
关键问题	AP
测试与其他活动的联系	C
2. 测试级别	
测试对象	AP
测试目的	AP
3. 测试技术	
基于测试者直觉和经验的技术	AP
基于规格说明的技术	AP
基于代码的技术	AP
基于故障的技术	AP
基于用法的技术	AP
有关应用性质的技术	AP
技术的选择和组合	AP
4. 测试相关测度	
对在测程序的评价	AN
对已完成测试的评价	AN
5. 测试过程	
实践考虑	C
测试活动	AP

表 B.6 软件维护

主题分解	分类级别
1. 软件维护基础	
术语	C
维护的本质	C
维护	C
维护的主要成本	C
软件的演化	C
维护	AP
2. 软件维护的关键问题	
技术问题	
有限理解	C

表 B.6（续）

主题分解	分类级别
测试	AP
影响分析	AN
可维护性	AN
管理问题	
与组织目标的一致	C
人员组织	C
过程	C
维护的组织方面	C
维护成本估算	
成本估算	AP
参数模型	C
经验	AP
软件维护测量	AP
3. 维护过程	
各种维护过程模型	C
维护活动	
独有活动	AP
支持活动	AP
4. 维护技术	
程序理解	AN
重构工程	C
逆向工程	C

表 B.7　软件配置管理

主题分解	分类级别
1. SCM 过程管理	
SCM 组织	C
SCM 过程约束与指南	C
SCM 规划	
SCM 组织与职责	AP
SCM 资源与调度	AP
工具选择与实现	AP
供方/分包方控制	C

表 B.7（续）

主题分解	分类级别
接口控制	C
SCM 计划	C
SCM 监督	
SCM 测度与测量	AP
SCM 过程内审核	C
2. 软件配置标识	
受控项标识	
软件配置	AP
软件配置项	AP
软件配置项间联系	AP
软件版本	AP
基线	AP
软件配置项获取	AP
软件库	C
3. 软件配置控制	
软件变更的请求、评价与审批	
软件配置控制委员会	AP
软件变更请求过程	AP
软件变更的实现	AP
偏离与豁免	C
4. 软件配置状态记述	
软件配置状态信息	C
软件配置状态报告	AP
5. 软件配置审核	
软件功能配置审核	C
软件物理配置审核	C
软件基线过程内审核	C
6. 软件发布管理与交付	
软件构建	AP
软件发布管理	C

表 B.8 软件工程管理

主题分解	分类级别
1. 初启与范围界定	
需求确定与协商	AP
可行性分析	AP
需求评审修订过程	C
2. 软件项目规划	
过程规划	C
可交付件确定	AP
工作量、调度与成本估算	AP
资源分配	AP
风险管理	AP
质量管理	AP
计划管理	C
3. 软件项目实施	
计划实现	AP
供方合同管理	C
测量过程实现	AP
监督过程	AN
控制过程	AP
报告	AP
4. 评审与评价	
需求满意度确定	AP
效能评审与评价	AP
5. 闭合	
闭合确定	AP
闭合活动	AP
6. 软件工程测量	
测量承诺的建立与维持	C
测量过程规划	C
测量过程执行	C
测量评价	C

表 B.9 软件工程过程

主题分解	分类级别
1. 过程实现与变更	
过程基础	
软件工程过程小组	C
经验工厂	C
软件过程管理周期	AP
过程实现与变更模型	K
实践考虑	C
2. 过程界定	
软件生存周期模型	AP
软件生存周期过程	C
过程界定记法	C
过程适应	C
自动化	C
3. 过程评估	
过程评估模型	C
过程评估方法	C
4. 过程与产品测量	
过程测量	AP
软件产品测量	AP
规模测量	AP
结构测量	AP
质量测量	AP
测量结果的质量	AN
软件信息模型	
模型构建	AP
模型实现	AP
过程测量技术	
分析技术	AP
标杆技术	C

表 B.10 软件工程工具与方法

主题分解	分类级别
1. 软件工程工具	
软件需求工具	AP
软件设计工具	AP
软件构造工具	AP
软件测试工具	AP

表 B.10（续）

主题分解	分类级别
软件维护工具	AP
软件工程过程工具	AP
软件质量工具	AP
软件配置管理工具	AP
软件工程管理工具	AP
其他工具问题	AP
2. 软件工程方法	
启发式方法	AP
形式方法	C
原型制作方法	AP
其他方法问题	C

表 B.11 软件质量

主题分解	分类级别
1. 软件质量基础	
软件工程文化与道德	AN
质量的价值与成本	AN
模型与质量特性	
软件工程过程质量	AN
软件产品质量	AN
质量改进	AP
2. 软件质量管理过程	
软件质量保证	AP
验证和确认	AP
评审与审核	
审查	AP
同行评审	AP
走查	AP
测试	AP
审核	C
3. 实践考虑	
软件质量需求	
影响因素	C

表 B.11 软件质量

主题分解	分类级别
可信性	C
软件完整性级别	C
缺陷表征	AP
软件质量管理技术	
静态技术	AP
人力密集型技术	AP
分析技术	AP
动态技术	AP
软件质量测量	AP

附 录 C
（资料性附录）
本指导性技术文件与 ISO/IEC TR 19759:2005 相比的结构变化情况

本指导性技术文件与 ISO/IEC TR 19759:2005 相比，章条编号有了变化，对照情况列入表 C.1。

表 C.1 本指导性技术文件与 ISO/IEC TR 19759:2005 章条编号变化一览表

本指导性技术文件章条编号	对应 ISO/IEC TR 19759:2005 的章条编号
前言	—
引言	CHAPTER 1
1	Introduction
2.1	—
2.1.1	(CHAPTER 2) ACRONYMS
2.1.2	(CHAPTER 2) INTRODUCTION
2.2	(CHAPTER 2) 1
2.2.1	(CHAPTER 2) 1.1
2.2.2	(CHAPTER 2) 1.2
2.2.3	(CHAPTER 2) 1.3
2.2.4	(CHAPTER 2) 1.4
2.2.5	(CHAPTER 2) 1.5
2.2.6	(CHAPTER 2) 1.6
2.3、2.3.1	(CHAPTER 2) 2
2.3.2	(CHAPTER 2) 2.1
2.3.3	(CHAPTER 2) 2.2
2.3.4	(CHAPTER 2) 2.3
2.3.5	(CHAPTER 2) 2.4
2.4、2.4.1	(CHAPTER 2) 3
2.4.2	(CHAPTER 2) 3.1
2.4.3	(CHAPTER 2) 3.2
2.5、2.5.1	(CHAPTER 2) 4
2.5.2	(CHAPTER 2) 4.1
2.5.3	(CHAPTER 2) 4.2
2.5.4	(CHAPTER 2) 4.3
2.5.5	(CHAPTER 2) 4.4
2.6、2.6.1	(CHAPTER 2) 5
2.6.2	(CHAPTER 2) 5.1
2.6.3	(CHAPTER 2) 5.2

表 C.1（续）

本指导性技术文件章条编号	对应 ISO/IEC TR 19759:2005 的章条编号
2.6.4	(CHAPTER 2) 5.3
2.7、2.7.1	(CHAPTER 2) 6
2.7.2	(CHAPTER 2) 6.1
2.7.3	(CHAPTER 2) 6.2
2.7.4	(CHAPTER 2) 6.3
2.7.5	(CHAPTER 2) 6.4
2.8、2.8.1	(CHAPTER 2) 7
2.8.2	(CHAPTER 2) 7.1
2.8.3	(CHAPTER 2) 7.2
2.8.4	(CHAPTER 2) 7.3
2.8.5	(CHAPTER 2) 7.4
2.8.6	(CHAPTER 2) 7.5
2.9	(CHAPTER 2) MATRIX OF TOPICS VS.REFERENCE MATERIAL
2.10	(CHAPTER 2) RECOMMENDED REFERENCES FOR SOFTWARE REQUIREMENTS
2.11	(CHAPTER 2) APPENDIX A.LIST OF FURTHER READINGS
2.12	(CHAPTER 2) APPENDIX B.LIST OF STANDARDS
3.1	—
3.1.1	(CHAPTER 3) ACRONYMS
3.1.2	(CHAPTER 3) INTRODUCTION
3.2、3.2.1	(CHAPTER 3) 1
3.2.2	(CHAPTER 3) 1.1
3.2.3	(CHAPTER 3) 1.2
3.2.4	(CHAPTER 3) 1.3
3.2.4.1	(CHAPTER 3) 1.3.1
3.2.4.2	(CHAPTER 3) 1.3.2
3.2.5	(CHAPTER 3) 1.4
3.2.5.1	(CHAPTER 3) 1.4.1
3.2.5.2	(CHAPTER 3) 1.4.2
3.2.5.3	(CHAPTER 3) 1.4.3
3.2.5.4	(CHAPTER 3) 1.4.4
3.2.5.5	(CHAPTER 3) 1.4.5
3.2.5.6	(CHAPTER 3) 1.4.6
3.3、3.3.1	(CHAPTER 3) 2

表 C.1（续）

本指导性技术文件章条编号	对应 ISO/IEC TR 19759:2005 的章条编号
3.3.2	(CHAPTER 3) 2.1
3.3.3	(CHAPTER 3) 2.2
3.3.4	(CHAPTER 3) 2.3
3.3.5	(CHAPTER 3) 2.4
3.3.6	(CHAPTER 3) 2.5
3.3.7	(CHAPTER 3) 2.6
3.4、3.4.1	(CHAPTER 3) 3
3.4.2	(CHAPTER 3) 3.1
3.4.3	(CHAPTER 3) 3.2
3.4.4	(CHAPTER 3) 3.3
3.4.5	(CHAPTER 3) 3.4
3.5、3.5.1	(CHAPTER 3) 4
3.5.2	(CHAPTER 3) 4.1
3.5.3	(CHAPTER 3) 4.2
3.5.4	(CHAPTER 3) 4.3
3.6、3.6.1	(CHAPTER 3) 5
3.6.2	(CHAPTER 3) 5.1
3.6.3	(CHAPTER 3) 5.2
3.7、3.7.1	(CHAPTER 3) 6
3.7.2	(CHAPTER 3) 6.1
3.7.3	(CHAPTER 3) 6.2
3.7.4	(CHAPTER 3) 6.3
3.7.5	(CHAPTER 3) 6.4
3.7.6	(CHAPTER 3) 6.5
3.7.7	(CHAPTER 3) 6.6
3.8	(CHAPTER 3) MATRIX OF TOPICS VS.REFERENCE MATERIAL
3.9	(CHAPTER 3) RECOMMENDED REFERENCES FOR SOFTWARE DESIGN
3.10	(CHAPTER 3) APPENDIX A.LIST OF FURTHER READINGS
3.11	(CHAPTER 3) APPENDIX B.LIST OF STANDARDS
4.1	—
4.1.1	(CHAPTER 4) ACRONYMS
4.1.2	(CHAPTER 4) INTRODUCTION
4.2、4.2.1	(CHAPTER 4) 1

表 C.1(续)

本指导性技术文件章条编号	对应 ISO/IEC TR 19759:2005 的章条编号
4.2.2	(CHAPTER 4) 1.1
4.2.3	(CHAPTER 4) 1.2
4.2.4	(CHAPTER 4) 1.3
4.2.5	(CHAPTER 4) 1.4
4.3	(CHAPTER 4) 2
4.3.1	(CHAPTER 4) 2.1
4.3.2	(CHAPTER 4) 2.2
4.3.3	(CHAPTER 4) 2.3
4.4、4.4.1	(CHAPTER 4) 3
4.4.2	(CHAPTER 4) 3.1
4.4.3	(CHAPTER 4) 3.2
4.4.4	(CHAPTER 4) 3.3
4.4.5	(CHAPTER 4) 3.4
4.4.6	(CHAPTER 4) 3.5
4.4.7	(CHAPTER 4) 3.6
4.4.8	(CHAPTER 4) 3.7
4.5	(CHAPTER 4) MATRIX OF TOPICS VS.REFERENCE MATERIAL
4.6	(CHAPTER 4) RECOMMENDED REFERENCES FOR SOFTWARE CONSTRUCTION
4.7	(CHAPTER 4) APPENDIX A.LIST OF FURTHER READINGS
4.8	(CHAPTER 4) APPENDIX B.LIST OF STANDARDS
5.1	—
5.1.1	(CHAPTER 5) ACRONYMS
5.1.2	(CHAPTER 5) INTRODUCTION
5.2	(CHAPTER 5) 1
5.2.1	(CHAPTER 5) 1.1
5.2.1.1	(CHAPTER 5) 1.1.1
5.2.1.2	(CHAPTER 5) 1.1.2
5.2.2	(CHAPTER 5) 1.2
5.2.2.1	(CHAPTER 5) 1.2.1
5.2.2.2	(CHAPTER 5) 1.2.2
5.2.2.3	(CHAPTER 5) 1.2.3
5.2.2.4	(CHAPTER 5) 1.2.4
5.2.2.5	(CHAPTER 5) 1.2.5

表 C.1（续）

本指导性技术文件章条编号	对应 ISO/IEC TR 19759:2005 的章条编号
5.2.2.6	(CHAPTER 5) 1.2.6
5.2.2.7	(CHAPTER 5) 1.2.7
5.2.3	(CHAPTER 5) 1.3
5.3	(CHAPTER 5) 2
5.3.1	(CHAPTER 5) 2.1
5.3.1.1	(CHAPTER 5) 2.1.1
5.3.1.2	(CHAPTER 5) 2.1.2
5.3.1.3	(CHAPTER 5) 2.1.3
5.3.2	(CHAPTER 5) 2.2
5.3.2.1	(CHAPTER 5) 2.2.1
5.3.2.2	(CHAPTER 5) 2.2.2
5.3.2.3	(CHAPTER 5) 2.2.3
5.3.2.4	(CHAPTER 5) 2.2.4
5.3.2.5	(CHAPTER 5) 2.2.5
5.3.2.6	(CHAPTER 5) 2.2.6
5.3.2.7	(CHAPTER 5) 2.2.7
5.3.2.8	(CHAPTER 5) 2.2.8
5.3.2.9	(CHAPTER 5) 2.2.9
5.3.2.10	(CHAPTER 5) 2.2.10
5.3.2.11	(CHAPTER 5) 2.2.11
5.3.2.12	(CHAPTER 5) 2.2.12
5.3.2.13	(CHAPTER 5) 2.2.13
5.4、5.4.1	(CHAPTER 5) 3
5.4.2	(CHAPTER 5) 3.1
5.4.2.1	(CHAPTER 5) 3.1.1
5.4.2.2	(CHAPTER 5) 3.1.2
5.4.3	(CHAPTER 5) 3.2
5.4.3.1	(CHAPTER 5) 3.2.1
5.4.3.2	(CHAPTER 5) 3.2.2
5.4.3.3	(CHAPTER 5) 3.2.3
5.4.3.4	(CHAPTER 5) 3.2.4
5.4.3.5	(CHAPTER 5) 3.2.5
5.4.3.6	(CHAPTER 5) 3.2.6
5.4.4	(CHAPTER 5) 3.3

表 C.1（续）

本指导性技术文件章条编号	对应 ISO/IEC TR 19759:2005 的章条编号
5.4.4.1	(CHAPTER 5) 3.3.1
5.4.4.2	(CHAPTER 5) 3.3.2
5.4.4.3	(CHAPTER 5) 3.3.3
5.4.5、5.4.5.1	(CHAPTER 5) 3.4
5.4.5.2	(CHAPTER 5) 3.4.1
5.4.5.3	(CHAPTER 5) 3.4.2
5.4.6	(CHAPTER 5) 3.5
5.4.6.1	(CHAPTER 5) 3.5.1
5.4.6.2	(CHAPTER 5) 3.5.2
5.4.7	(CHAPTER 5) 3.6
5.4.8	(CHAPTER 5) 3.7
5.4.8.1	(CHAPTER 5) 3.7.1
5.4.8.2	(CHAPTER 5) 3.7.2
5.5、5.5.1	(CHAPTER 5) 4
5.5.2、5.5.2.1	(CHAPTER 5) 4.1
5.5.2.2	(CHAPTER 5) 4.1.1
5.5.2.3	(CHAPTER 5) 4.1.2
5.5.2.4	(CHAPTER 5) 4.1.3
5.5.2.5	(CHAPTER 5) 4.1.4
5.5.2.6	(CHAPTER 5) 4.1.5
5.5.3	(CHAPTER 5) 4.2
5.5.3.1	(CHAPTER 5) 4.2.1
5.5.3.2	(CHAPTER 5) 4.2.2
5.5.3.3	(CHAPTER 5) 4.2.3
5.5.3.4	(CHAPTER 5) 4.2.4
5.6、5.6.1	(CHAPTER 5) 5
5.6.2	(CHAPTER 5) 5.1
5.6.2.1	(CHAPTER 5) 5.1.1
5.6.2.2	(CHAPTER 5) 5.1.2
5.6.2.3	(CHAPTER 5) 5.1.3
5.6.2.4	(CHAPTER 5) 5.1.4
5.6.2.5	(CHAPTER 5) 5.1.5
5.6.2.6	(CHAPTER 5) 5.1.6
5.6.2.7	(CHAPTER 5) 5.1.7

表 C.1（续）

本指导性技术文件章条编号	对应 ISO/IEC TR 19759:2005 的章条编号
5.6.2.8	(CHAPTER 5) 5.1.8
5.6.3、5.6.3.1	(CHAPTER 5) 5.2
5.6.3.2	(CHAPTER 5) 5.2.1
5.6.3.3	(CHAPTER 5) 5.2.2
5.6.3.4	(CHAPTER 5) 5.2.3
5.6.3.5	(CHAPTER 5) 5.2.4
5.6.3.6	(CHAPTER 5) 5.2.5
5.6.3.7	(CHAPTER 5) 5.2.6
5.6.3.8	(CHAPTER 5) 5.2.7
5.7	(CHAPTER 5) MATRIX OF TOPICS VS.REFERENCE MATERIAL
5.8	(CHAPTER 5) RECOMMENDED REFERENCES FOR SOFTWARE TESTING
5.9	(CHAPTER 5) APPENDIX A.LIST OF FURTHER READINGS
5.10	(CHAPTER 5) APPENDIX B.LIST OF STANDARDS
6.1	—
6.1.1	(CHAPTER 6) ACRONYMS
6.1.2	(CHAPTER 6) INTRODUCTION
6.2、6.2.1	(CHAPTER 6) 1
6.2.2	(CHAPTER 6) 1.1
6.2.3	(CHAPTER 6) 1.2
6.2.4	(CHAPTER 6) 1.3
6.2.5	(CHAPTER 6) 1.4
6.2.6	(CHAPTER 6) 1.5
6.2.7	(CHAPTER 6) 1.6
6.3、6.3.1	(CHAPTER 6) 2
6.3.2	(CHAPTER 6) 2.1
6.3.2.1	(CHAPTER 6) 2.1.1
6.3.2.2	(CHAPTER 6) 2.1.2
6.3.2.3	(CHAPTER 6) 2.1.3
6.3.2.4	(CHAPTER 6) 2.1.4
6.3.3	(CHAPTER 6) 2.2
6.3.3.1	(CHAPTER 6) 2.2.1
6.3.3.2	(CHAPTER 6) 2.2.2
6.3.3.3	(CHAPTER 6) 2.2.3

表 C.1（续）

本指导性技术文件章条编号	对应 ISO/IEC TR 19759:2005 的章条编号
6.3.3.4	(CHAPTER 6) 2.2.4
6.3.3.5	(CHAPTER 6) 2.2.5
6.3.4、6.3.4.1	(CHAPTER 6) 2.3
6.3.4.2	(CHAPTER 6) 2.3.1
6.3.4.3	(CHAPTER 6) 2.3.2
6.3.4.4	(CHAPTER 6) 2.3.3
6.3.5、6.3.5.1	(CHAPTER 6) 2.4
6.3.5.2	(CHAPTER 6) 2.4.1
6.4、6.4.1	(CHAPTER 6) 3
6.4.2	(CHAPTER 6) 3.1
6.4.3、6.4.3.1	(CHAPTER 6) 3.2
6.4.3.2	(CHAPTER 6) 3.2.1
6.4.3.3	(CHAPTER 6) 3.2.2
6.4.3.4	(CHAPTER 6) 3.2.3
6.4.3.5	(CHAPTER 6) 3.2.4
6.4.3.6	(CHAPTER 6) 3.2.5
6.5、6.5.1	(CHAPTER 6) 4
6.5.2	(CHAPTER 6) 4.1
6.5.3	(CHAPTER 6) 4.2
6.5.4	(CHAPTER 6) 4.3
6.6	(CHAPTER 6) MATRIX OF TOPICS VS.REFERENCE MATERIAL
6.7	(CHAPTER 6) RECOMMENDED REFERENCES FOR SOFTWARE MAINTENANCE
6.8	(CHAPTER 6) APPENDIX A.LIST OF FURTHER READINGS
6.9	(CHAPTER 6) APPENDIX B.LIST OF STANDARDS
7.1	—
7.1.1	(CHAPTER 7) ACRONYMS
7.1.2	(CHAPTER 7) INTRODUCTION
7.2、7.2.1	(CHAPTER 7) 1
7.2.2	(CHAPTER 7) 1.1
7.2.3	(CHAPTER 7) 1.2
7.2.4、7.2.4.1	(CHAPTER 7) 1.3
7.2.4.2	(CHAPTER 7) 1.3.1
7.2.4.3	(CHAPTER 7) 1.3.2

表 C.1（续）

本指导性技术文件章条编号	对应 ISO/IEC TR 19759:2005 的章条编号
7.2.4.4	(CHAPTER 7) 1.3.3
7.2.4.5	(CHAPTER 7) 1.3.4
7.2.4.6	(CHAPTER 7) 1.3.5
7.2.5	(CHAPTER 7) 1.4
7.2.6、7.2.6.1	(CHAPTER 7) 1.5
7.2.6.2	(CHAPTER 7) 1.5.1
7.2.6.3	(CHAPTER 7) 1.5.2
7.3、7.3.1	(CHAPTER 7) 2
7.3.2	(CHAPTER 7) 2.1
7.3.2.1	(CHAPTER 7) 2.1.1
7.3.2.2	(CHAPTER 7) 2.1.2
7.3.2.3	(CHAPTER 7) 2.1.3
7.3.2.4	(CHAPTER 7) 2.1.4
7.3.2.5	(CHAPTER 7) 2.1.5
7.3.2.6	(CHAPTER 7) 2.1.6
7.3.3	(CHAPTER 7) 2.2
7.4、7.4.1	(CHAPTER 7)3
7.4.2、7.4.2.1	(CHAPTER 7)3.1
7.4.2.2	(CHAPTER 7)3.1.1
7.4.2.3	(CHAPTER 7)3.1.2
7.4.3	(CHAPTER 7)3.2
7.4.4	(CHAPTER 7)3.3
7.5、7.5.1	(CHAPTER 7) 4
7.5.2	(CHAPTER 7) 4.1
7.5.3	(CHAPTER 7) 4.2
7.6、7.6.1	(CHAPTER 7) 5
7.6.2	(CHAPTER 7) 5.1
7.6.3	(CHAPTER 7) 5.2
7.6.4	(CHAPTER 7) 5.3
7.7、7.7.1	(CHAPTER 7) 6
7.7.2	(CHAPTER 7) 6.1
7.7.3	(CHAPTER 7) 6.2
7.8	(CHAPTER 7) MATRIX OF TOPICS VS.REFERENCE MATERIAL
7.9	(CHAPTER 7) RECOMMENDED REFERENCES FOR SCM

表 C.1（续）

本指导性技术文件章条编号	对应 ISO/IEC TR 19759:2005 的章条编号
7.1	(CHAPTER 7) APPENDIX A.LIST OF FURTHER READINGS
7.11	(CHAPTER 7) APPENDIX B.LIST OF STANDARDS
8.1	—
8.1.1	(CHAPTER 8) ACRONYM
8.1.2	(CHAPTER 8) INTRODUCTION
8.2、8.2.1	(CHAPTER 8) 1
8.2.2	(CHAPTER 8) 1.1
8.2.3	(CHAPTER 8) 1.2
8.2.4	(CHAPTER 8) 1.3
8.3、8.3.1	(CHAPTER 8) 2
8.3.2	(CHAPTER 8) 2.1
8.3.3	(CHAPTER 8) 2.2
8.3.4	(CHAPTER 8) 2.3
8.3.5	(CHAPTER 8) 2.4
8.3.6	(CHAPTER 8) 2.5
8.3.7	(CHAPTER 8) 2.6
8.3.8	(CHAPTER 8) 2.7
8.4、8.4.1	(CHAPTER 8) 3
8.4.2	(CHAPTER 8) 3.1
8.4.3	(CHAPTER 8) 3.2
8.4.4	(CHAPTER 8) 3.3
8.4.5	(CHAPTER 8) 3.4
8.4.6	(CHAPTER 8) 3.5
8.4.7	(CHAPTER 8) 3.6
8.5、8.5.1	(CHAPTER 8) 4
8.5.2	(CHAPTER 8) 4.1
8.5.3	(CHAPTER 8) 4.2
8.6、8.6.1	(CHAPTER 8) 5
8.6.2	(CHAPTER 8) 5.1
8.6.3	(CHAPTER 8) 5.2
8.7、8.7.1	(CHAPTER 8) 6
8.7.2	(CHAPTER 8) 6.1
8.7.3	(CHAPTER 8) 6.2
8.7.4	(CHAPTER 8) 6.3

表 C.1（续）

本指导性技术文件章条编号	对应 ISO/IEC TR 19759:2005 的章条编号
8.7.5	(CHAPTER 8) 6.4
8.8	(CHAPTER 8) MATRIX OF TOPICS VS.REFERENCE MATERIAL
8.9	(CHAPTER 8) RECOMMENDED REFERENCES FOR SOFTWARE ENGINEERING MANAGEMENT
8.10	(CHAPTER 8) APPENDIX A.LIST OF FURTHER READINGS
8.11	(CHAPTER 8) APPENDIX B.LIST OF STANDARDS
9.1	—
9.1.1	(CHAPTER 9) ACRONYM
9.1.2	(CHAPTER 9) INTRODUCTION
9.2、9.2.1	(CHAPTER 9) 1
9.2.2、9.2.2.1	(CHAPTER 9) 1.1
9.2.2.2	(CHAPTER 9) 1.1.1
9.2.2.3	(CHAPTER 9) 1.1.2
9.2.3	(CHAPTER 9) 1.2
9.2.4	(CHAPTER 9) 1.3
9.2.5	(CHAPTER 9) 1.4
9.3、9.3.1	(CHAPTER 9) 2
9.3.2	(CHAPTER 9) 2.1
9.3.3	(CHAPTER 9) 2.2
9.3.4	(CHAPTER 9) 2.3
9.3.5	(CHAPTER 9) 2.4
9.3.6	(CHAPTER 9) 2.5
9.4、9.4.1	(CHAPTER 9) 3
9.4.2	(CHAPTER 9) 3.1
9.4.3	(CHAPTER 9) 3.2
9.5、9.5.1	(CHAPTER 9) 4
9.5.2	(CHAPTER 9) 4.1
9.5.3、9.5.3.1	(CHAPTER 9) 4.2
9.5.3.2	(CHAPTER 9) 4.2.1
9.5.3.3	(CHAPTER 9) 4.2.2
9.5.3.4	(CHAPTER 9) 4.2.3
9.5.4	(CHAPTER 9) 4.3
9.5.5、9.5.5.1	(CHAPTER 9) 4.4
9.5.5.2	(CHAPTER 9) 4.4.1

表 C.1（续）

本指导性技术文件章条编号	对应 ISO/IEC TR 19759:2005 的章条编号
9.5.5.3	(CHAPTER 9) 4.4.2
9.5.6、9.5.6.1	(CHAPTER 9) 4.5
9.5.6.2	(CHAPTER 9) 4.5.1
9.5.6.3	(CHAPTER 9) 4.5.2
9.6	(CHAPTER 9) MATRIX OF TOPICS VS.REFERENCE MATERIAL
9.7	(CHAPTER 9) RECOMMENDED REFERENCES
9.8	(CHAPTER 9) APPENDIX A.LIST OF FURTHER READINGS
9.9	(CHAPTER 9) APPENDIX B.LIST OF STANDARDS
10.1	—
10.1.1	(CHAPTER 10) ACRONYM
10.1.2	(CHAPTER 10) INTRODUCTION
10.2、10.2.1	(CHAPTER 10) 1
10.2.2	(CHAPTER 10) 1.1
10.2.3	(CHAPTER 10) 1.2
10.2.4	(CHAPTER 10) 1.3
10.2.5	(CHAPTER 10) 1.4
10.2.6	(CHAPTER 10) 1.5
10.2.7	(CHAPTER 10) 1.6
10.2.8	(CHAPTER 10) 1.7
10.2.9	(CHAPTER 10) 1.8
10.2.10	(CHAPTER 10) 1.9
10.2.11	(CHAPTER 10) 1.10
10.3、10.3.1	(CHAPTER 10) 2
10.3.2	(CHAPTER 10) 2.1
10.3.3	(CHAPTER 10) 2.2
10.3.4	(CHAPTER 10) 2.3
10.4	(CHAPTER 10) MATRIX OF TOPICS VS.REFERENCE MATERIAL
10.5	(CHAPTER 10) RECOMMENDED REFERENCES FOR SOFTWARE ENGINEERING TOOLS AND METHODS
10.6	(CHAPTER 10) APPENDIX A.LIST OF FURTHER READINGS
10.7	(CHAPTER 10) APPENDIX B.LIST OF STANDARDS
11.1	—
11.1.1	(CHAPTER 11) ACRONYM
11.1.2	(CHAPTER 11) INTRODUCTION

表 C.1（续）

本指导性技术文件章条编号	对应 ISO/IEC TR 19759:2005 的章条编号
11.2、11.2.1	(CHAPTER 11) 1
11.2.2	(CHAPTER 11) 1.1
11.2.3	(CHAPTER 11) 1.2
11.2.4、11.2.4.1	(CHAPTER 11) 1.3
11.2.4.2	(CHAPTER 11) 1.3.1
11.2.4.3	(CHAPTER 11) 1.3.2
11.2.5	(CHAPTER 11) 1.4
11.3、11.3.1	(CHAPTER 11) 2
11.3.2	(CHAPTER 11) 2.1
11.3.3	(CHAPTER 11) 2.2
11.3.4、11.3.4.1	(CHAPTER 11) 2.3
11.3.4.2	(CHAPTER 11) 2.3.1
11.3.4.3	(CHAPTER 11) 2.3.2
11.3.4.4	(CHAPTER 11) 2.3.3
11.3.4.5	(CHAPTER 11) 2.3.4
11.3.4.6	(CHAPTER 11) 2.3.5
11.4	(CHAPTER 11) 3
11.4.1	(CHAPTER 11) 3.1
11.4.1.1	(CHAPTER 11) 3.1.1
11.4.1.2	(CHAPTER 11) 3.1.2
11.4.1.3	(CHAPTER 11) 3.1.3
11.4.2	(CHAPTER 11) 3.2
11.4.3、11.4.3.1	(CHAPTER 11) 3.3
11.4.3.2	(CHAPTER 11) 3.3.1
11.4.3.3	(CHAPTER 11) 3.3.2
11.4.3.4	(CHAPTER 11) 3.3.2
11.4.3.5	(CHAPTER 11) 3.3.3
11.4.3.6	(CHAPTER 11) 3.3.4
11.4.4	(CHAPTER 11) 3.4
11.5	(CHAPTER 11) MATRIX OF TOPICS VS.REFERENCE MATERIAL
11.6	(CHAPTER 11) RECOMMENDED REFERENCES FOR SOFTWARE QUALITY
11.7	(CHAPTER 11) APPENDIX A.LIST OF FURTHER READINGS
11.8	(CHAPTER 11) APPENDIX B.LIST OF STANDARDS

表 C.1（续）

本指导性技术文件章条编号	对应 ISO/IEC TR 19759:2005 的章条编号
12.1	(CHAPTER 12) INTRODUCTION
12.2	(CHAPTER 12) Computer Engineering
12.3	(CHAPTER 12) Computer Science
12.4	(CHAPTER 12) Management
12.5	(CHAPTER 12) Mathematics
12.6	(CHAPTER 12) Project Management
12.7	(CHAPTER 12) Quality Management
12.8	(CHAPTER 12) Software Ergonomics
12.9	(CHAPTER 12) Systems Engineering
—	APPENDIX A
—	APPENDIX B
附录 A	APPENDIX C
附录 B	APPENDIX D

ICS 35.080
L 77

中华人民共和国国家标准化指导性技术文件

GB/Z 31103—2014

系统工程 GB/T 22032(系统生存周期过程)应用指南

Systems engineering—A guide for the application of GB/T 22032 (System life cycle processes)

[ISO/IEC TR 19760:2003, Systems engineering—A guide for the application of ISO/IEC 15288(System life cycle processes), MOD]

2014-09-03 发布　　　　2015-02-01 实施

中华人民共和国国家质量监督检验检疫总局
中国国家标准化管理委员会　发布

前言

本指导性技术文件按照GB/T 1.1—2009 给出的规则起草。

本指导性技术文件使用重新起草法修改采用ISO/IEC TR 19760：2003《系统工程 ISO/IEC 15288(系统生存周期过程)应用指南》。

本指导性技术文件与ISO/IEC TR 19760：2003相比，主要差异是在规范性引用文件中用不注日期的国家标准代替相应不注日期的国际标准。

本指导性技术文件仅供参考。有关对本指导性技术文件的建议和意见，向国务院标准化行政主管部门反映。

本指导性技术文件由全国信息技术标准化技术委员会(SAC/TC 28)提出并归口。

本指导性技术文件起草单位：北京邮电大学、中国电子技术标准化研究院。

本指导性技术文件主要起草人：袁玉宇、林杰、卢立蕾、刘潇健、张旸旸、王宝艾、杨金翠、高翊、庞浩、王磊、刘翔、路鑫、姜姗、葛生燕、胡文博、郭新伟、胡宇。

系统工程 GB/T 22032(系统生存周期过程)应用指南

1 范围

1.1 目的

本指导性技术文件为 GB/T 22032 在各种规模和类型的系统和项目中的应用提供指南。本指导性技术文件可用作 GB/T 22032 的伴用文档。

本指导性技术文件详细阐述了在应用 GB/T 22032 时应考虑的各种因素，并在应用 GB/T 22032 的各种例证方式的背景中予以详述。另外，本指导性技术文件中罗列的内容并不详尽，但为用户提供了各种考虑例子。

本指导性技术文件中包含的指南，当适合于系统和项目时，可利用 4.4 和 GB/T 22032 的附录 A 中的指南进行剪裁。

本指导性技术文件旨在提供与其他标准的适当链接，以支持 GB/T 22032 的应用，并帮助评估 GB/T 22032应用的有效性。

本指导性技术文件对 GB/T 22032 各领域的处置有所侧重，在提供的特定信息有助于应用 GB/T 22032之处就提供得多。本指导性技术文件不拟为 GB/T 22032 的每一领域都提供如何去做的指南。

1.2 适用群体

本指导性技术文件适用于例如以下认定的群体：

a) 应用 GB/T 22032 的人员；

b) 在特定系统中采用 GB/T 22032 的人员；

c) 起草基于 GB/T 22032 的组织的或特定领域标准的人员。

1.3 先决条件

下面列出用户使用本指导性技术文件的先决条件：

a) 有可用的 GB/T 22032；

b) 熟悉 GB/T 22032；

c) 熟悉有关的组织和项目的政策；

d) 具有项目管理、系统工程和系统生存周期模型的一般知识。

2 规范性引用文件

下列文件对于本文件的应用是必不可少的。凡是注日期的引用文件，仅注日期的版本适用于本文件。凡是不注日期的引用文件，其最新版本(包括所有的修改单)适用于本文件。

GB/T 8566 信息技术 软件生存周期过程(GB/T 8566—2007，ISO/IEC 12207：1995，MOD)

GB/Z 18493 信息技术 软件生存周期指南(GB/Z 18493—2001，ISO/IEC TR 15271：1998，IDT)

GB/T 22032 系统工程 系统生存周期过程(GB/T 22032—2008，ISO/IEC 15288：2002，IDT)

ISO/IEC 15504(所有部分) 信息技术 过程评估(Information technology—Process assessment)

3 本指导性技术文件的背景

3.1 概述

本章有两个目标:第一是为动态利用GB/T 22032的关键的概念和过程提供概述。本章举例说明了系统类型、系统生存周期与应用协议、企业、项目和技术4种过程之间的关系。第二是给出本指导性技术文件各章的线索,而各章都是为应用GB/T 22032的概念和过程的用户提供指南的。

3.2 GB/T 22032的背景

各种组织都需要能够在各系统(包括关联的产品和服务)上从事商业活动。GB/T 22032通过提供公共的框架,在系统的需方与供方之间达成并执行关于在界定的生存周期内开发、使用和管理一个系统的协议,以此便利商业活动。GB/T 22032可适用于组织、企业或项目,而不论其是作为系统的需方还是供方。

GB/T 22032的背景如图1所示。

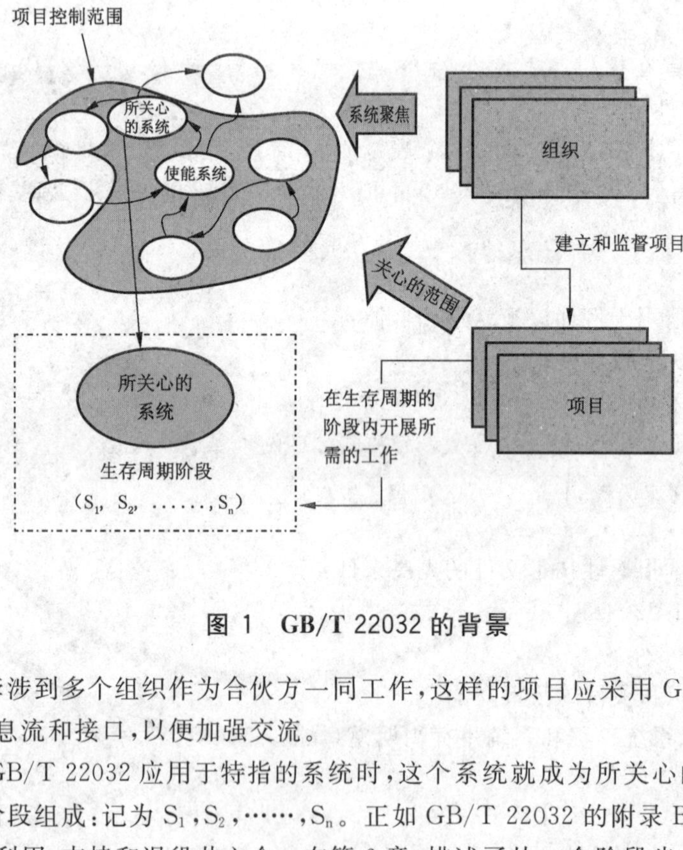

图1 GB/T 22032的背景

单一的项目可牵涉到多个组织作为合伙方一同工作,这样的项目应采用GB/T 22032在各组织间建立公共术语表、信息流和接口,以便加强交流。

当一个组织将GB/T 22032应用于特指的系统时,这个系统就成为所关心的系统。所关心的系统的生存周期由多个阶段组成:记为S_1,S_2,……,S_n。正如GB/T 22032的附录B所描述的,典型的阶段有概念、开发、生产、利用、支持和退役共六个。在第6章,描述了从一个阶段步入另一个阶段的管理以及与提供适合的工作产品和决策制定信息所关联的工程化活动。

部署一定数量的使能系统贯穿于系统的生存周期,以便为所关心的系统提供所需的支持。在系统投入使用前的生存周期每一阶段(概念、开发和生产三个阶段)都能要求某个使能系统。在利用、支持和退役三个阶段期间,也需要与所关心系统协调工作的使能系统。重要的是,注意使能系统有其自身的生存周期,而一旦对其应用GB/T 22032,该使能系统也变成一个所关心的系统。使能系统的角色和使用,在5.2.3、5.3.1.4和6.2.5中描述。

GB/T 22032可适用于与所关心的系统关联的任何级别的结构。在将一个系统递归地分解成其系统元素时,GB/T 22032 的过程可用于每一系统和该系统结构中的每一个系统元素。每一个系统和系统元素都有自身的生存周期和自身的使能系统集。在 5.2.1 中描述这种系统结构。

在各系统的生存周期期间,为了对这些系统进行所需的操作和转换,所属组织创建并监控各个项目。各项目均有界定的范围、资源(包括时间)和重点。项目的范围能涉及管理生存周期的所有阶段、各阶段的一个子集、一个或多个界定的过程或者一个或多个过程活动。时间尺度可以是长度不定的时间周期,例如一小时或数十年。项目的重点与所关心的系统和以某一形式的系统结构中该项目的各系统和系统元素有关,或者与阶段划分有关。有关的项目概念在 5.3 描述,系统生存周期概念在 5.4 描述。

各组织的重点都放在组织内的或与其他组织联合的项目所创建的系统上。项目具有所关心的跨度——包括所关心的系统及其有关的使能系统。有些使能系统受到项目的直接控制。所关心的系统以及那些使能系统共同构成了项目的控制跨度。所关心的跨度在 5.3.1.4 中描述。

在系统生存周期的一个或多个阶段之内,由项目进行的工作是对所关心的系统进行,或与其一起进行。GB/T 22032 的范围包括:对一个系统适合的生存周期定义,选择适用于整个生存周期的过程,将这些过程应用于履行协议并达到顾客的满意度。

能将 GB/T 22032 适用于由以下一项或多项组成的所有类型的系统和系统元素:硬件,软件,人员,过程,规程,设施和自然出现的实体。GB/T 22032 用于范围很广的系统是其主要优点之一。

在处置系统生存周期时,为容纳多样的项目要求,可对 GB/T 22032 的用法进行调配。这可以按 4.2中的描述调整范围,并按 4.4 和 GB/T 22032 附录 A 中的描述加以剪裁。

3.3 GB/T 22032 的过程类别

图 2 绘出 GB/T 22032 中四个过程组及之间的主要关系。"企业"和"项目"两组过程的角色是,在适用的生存周期各阶段中,达到该项目的目标以满足某一协议。企业各过程提供用于创建、支持和监控项目并评估项目有效性的使能资源和基础设施。项目过程组确保进行了适当的策划、评估和控制活动,以便管理各过程和生存周期阶段。

从各"技术过程"中选出合适的过程并将其用于填充项目,以使该项目进行与生存周期有关的工作。

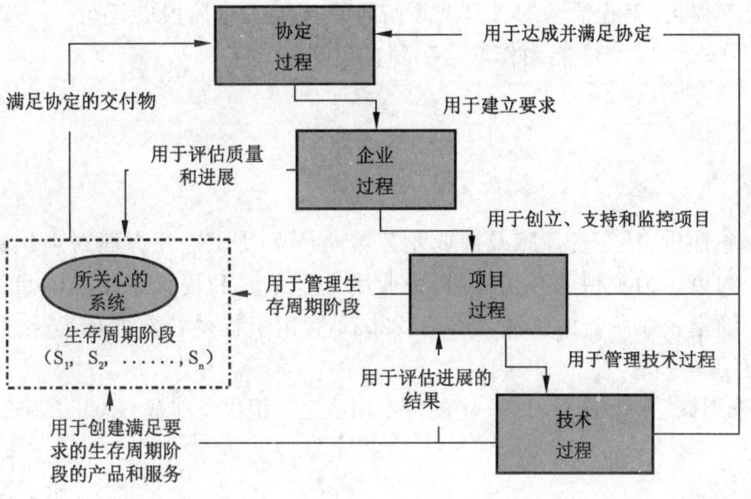

图 2 GB/T 22032 各过程的角色

项目有可能需要与所属组织内的其他项目以及与其他组织内的项目建立关系。这些关系通过购置和供应协议过程(如图 3 所示)来建立。协议的正式程度与项目间的内部或外部业务关系相适应。5.3.1.3中提供了使用协议过程的例子和论述。

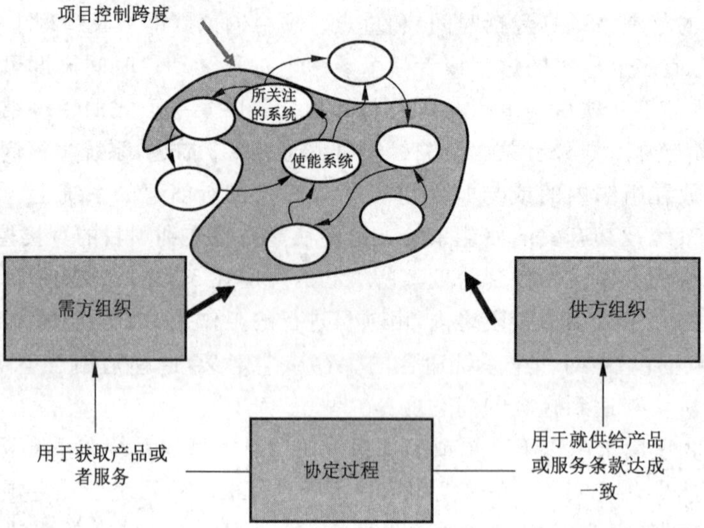

图 3 协议过程的使用

4 GB/T 22032 的采用

4.1 概述

能采用 GB/T 22032 的原因有以下一种或几种：

a) 特定项目能将 GB/T 22032 用于所关心的系统的工程化、利用、支持或退役；

b) 一个组织能将 GB/T 22032 用于对系统生存周期的一个或几个阶段的运行进行支持和控制；

c) 一个领域组织或其他组织能将 GB/T 22032 用于制定领域专用或组织专用的标准，这些标准能针对系统的工程化、工程活动的管理或系统生存周期一个阶段的运行。

d) 对于多个组织，GB/T 22032 能用作联合项目的基础。

4.2 采用的概念

4.2.1 总则

每一组织都受其业务性质、社会责任感及商业业务策略所驱使。这几方面对组织或其企业所能开拓的可用商业机遇带来约束。为了帮助开拓机遇，企业制定了策略和规程来指导项目的进行。而为了建立这些策略和规程并确定企业所需的资源，GB/T 22032 能用于提供特定的标准化过程，供在一个或多个生存周期模型内使用。

图 4 绘出一种建议采用概念。该图针对 4.1 中的特定用法之一提供了剪裁 GB/T 22032 范围的基础。

4.2.2 范围剪裁

举例说，当一个企业只做开发而不涉及利用、支持或退役这三种生存周期阶段时，这种企业就可以相应地剪裁 GB/T 22032 的范围。GB/T 22032 不适用部分所要求的策略和规程将不会纳入所在组织的策略和规程中去。相应的，像下面列出的投入能帮助企业制定策略和规程：

a) 企业为决策制定以及为建立一个项目的里程碑性的评审所采用的生存周期模型及有关的进入

退出准则；

b） 资源的可用性及企业愿意投入的资源；

c） 为提供企业产品和服务而对企业可用的专家经验和技能；

d） 对企业的产品和服务可用的技术。

4.2.3 过程剪裁

为了满足共同利益者的需求或需方的规格说明而建立一个项目时，企业策略和规程中或GB/T 22032本身包括的各过程，能依据要做的工作的范围、规模和投资进行剪裁。对项目的策划工作会取决于下列因素：

a） 企业策略和规程所要求的或需方所要求的团队结构，以及团队存在和表现的企业文化；

b） 在与需方协议中所制定的要求及进度；

c） 为实施生存周期的过程拟用的特定生存周期模型；

d） 企业为项目准备的可用资源。

图4绘出在一个项目背景内，对GB/T 22032中经剪裁的技术过程和管理过程的应用。GB/T 22032的企业过程也能经选择在企业级应用。

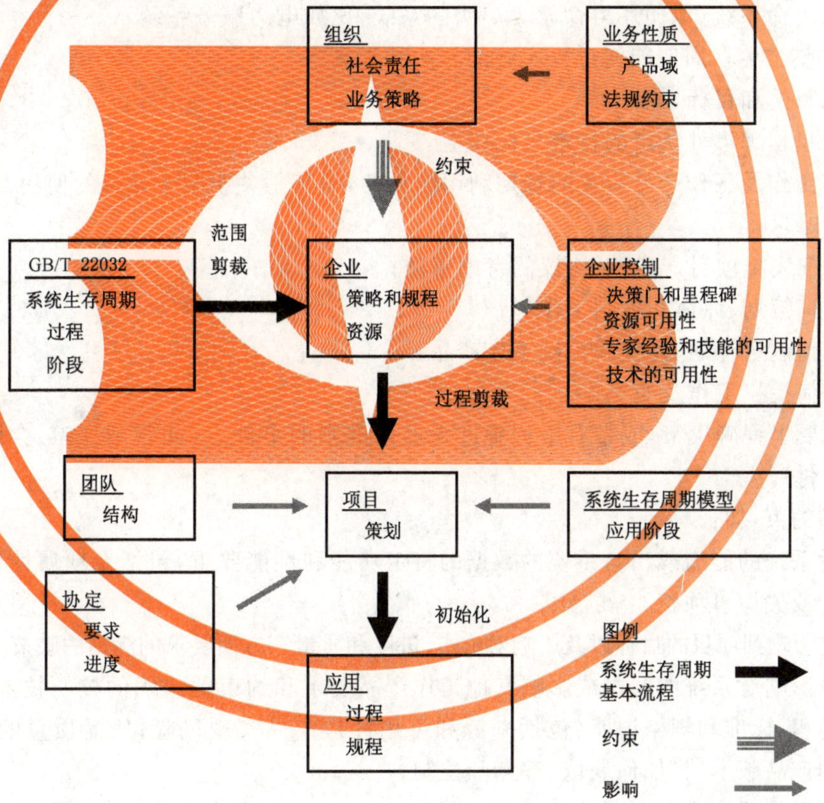

图4 采用的概念

4.3 制定采用计划

对于持续的特定项目或组织连续进行的工作，均能考虑采用GB/T 22032。

以下是一些计划采用GB/T 22032时考虑项的列举。

a） 工作范围，如：

1） 组织内部的或组织内企业内部的单个项目，或者多方协议的组成部分；

2） 对预期给组织或企业带来一定收益的某些关键过程或单个过程的专注；

3） 对单一生存周期阶段以实施该阶段的运作的专注。

b） 认定并列出有关的共同利益者如：

1） 工作产品、可应用的系统或服务的预定的用户或顾客；

2） 使能系统的提供方；

3） 对产品或服务感兴趣或有股本的其他利益方；

4） 要求(包括约束)的来源方。

c） 期望的结果如：

1） 工作产品(如所关心的系统、纸面报告、数字数据、硬件或软件配置项、废料或规程文档)；

2） 在项目结束或特定里程碑事件时待交付的或演示的服务或能力。

d） 专门考虑事项如：

1） 侧重于软件、硬件、人员、过程或规程的系统技术；

2） 对系统的利用，包括单次使用、重复使用和连续使用；

3） 系统预制，如一种一件式、多次复制式或大规模生产式；

4） 系统拓扑，如网络(像公司全局网)、由多个系统组成的系统(像指挥、控制与电信系统)、长寿命系统(像使用寿命永无尽头的系统，比如电力服务系统)；

5） 在整个生存周期能使过程实施的方法和工具。

e） 项目的目的和目标，如：

1） 由里程碑事件认定的特定目标；

2） 与工作及工作产品有关的长期利用的目的，尤其是关于某个系统的使用。

f） 项目策略，如：

1） 如何实施项目，包括对协议的考虑事项；

2） 如何策划、评估和控制工作包；

3） 如何制定计划、评价和控制工作产品；

4） 如何授权工作及变更；

5） 主要里程碑决策，或带有里程碑进入退出准则的事件点(如管理评审、会议、试点测试、部署和交付)。

g） 要求和约束，如：

1） 对系统的能力或出自系统的数据的特定功能和性能要求，包括专项属性和对易用性的期望或关切事项；

2） 将影响到项目的目标以及影响对成本、进度和质量三方面要求的满足的政策、优先级和约束；

3） 将影响对系统的要求或影响其他工作产品要求和约束的组织的核心技术；组织的可适用过程、标准和规格说明(包括来源和可用性)；产品实现风险；所需质量的信息(包括不同的产品版本)将如何获取、存储和控制；

4） 适用的系统生存周期阶段活动(如开发、试点测试、全力生产和退役)及期望的结果(如可交付件、工作产品和管理评审)；

5） 有关阶段的进入退出准则，包括期望的系统成熟度级别，可接受的风险级别和管理评审关切事项；

6） 项目启动和结束的日期，包括适用时与批准和进展评审以及试点测试关联的里程碑事件的日期；

7） 管理结构，包括参与者及其角色；

8） 组织和人员(若适用时)的排除在外，包括这种排除有效或无效两种情况；

9） 若适用时，安全密级和其他的安全考虑事项；

10） 在里程碑事件、项目结束及项目进行期间的期望的可交付件；

11） 环境、回收和重复使用事宜。

对上述 a)～g) 的信息应适当编制文档。基于这些文档式的信息，应制定详细的行动计划，以便产生能指导应用 GB/T 22032 的相应计划。

4.4 剪裁

4.4.1 总则

在企业采用 GB/T 22032 制定一套管控项目工作的政策和规程时，若对拟制政策和规程的业务策略和种类有必要，可利用剪裁来适当减少或扩大 GB/T 22032 的使用范围。

当一个项目采用 GB/T 22032 时，可利用剪裁来适当考虑项目、生存周期阶段或协议的独具的特性。因为每一个项目都应考虑并论证做些什么的收益以满足共同利益者的需求，所以就需要重视有关的过程和活动以及期望的结果，包括特定的输出文档。

剪裁采取删除、改变或增加三种形式。对于 GB/T 22032 中不给过程、所关心系统或系统元素增加价值的因素，弃用时应慎重考虑。

进行剪裁时，重要的是确保满足 GB/T 22032 的可适用的符合性要求（见 GB/T 22032 第 2 章）。

4.4.2 剪裁考虑事项

协议的目标和要求应界定 GB/T 22032 的应用背景。在辅助界定执行某些过程所需的细节级别和工作量时，剪裁中应考虑到以下各点：

a） 生存周期阶段以及适用的退出准则；

b） 对所关心系统的每一主要功能要求的任务轮廓、运行场景和运行概念；

c） 需方通常用于确定对需求的满意度的有效性（相对重要性）的测度集；

d） 会影响对项目和企业的约束及风险进行描述的经验数据，包括预算、资源、竞争和进度；

e） 对采用各种技术的技术基础和各种限制。

附加的剪裁考虑事项都能在 GB/T 22032 的第 2 章中的符合性要求及 GB/T 22032 附录 A 中查到。

4.4.3 剪裁指南

无论是负责制定政策和规程的组织单位，还是分派去策划项目的项目团队或个人，都能对完成适当的剪裁负责。为辅助进行剪裁，影响项目工作量的以下因素应有所帮助。

a） 对项目的各种要求，如所需的工作、进度、投资及技术需求（功能要求、性能要求和接口要求等），都能促成各阶段的时间安排及考虑中的系统的界定，也能促使系统及其使能系统达到临界状态；

b） 在 GB/T 22032 中，应用于领域、组织的业务以及企业类型（如供方、用户、需方或其他共利益者）的适用过程，应包括在项目计划之中。协议中能要求不属于 GB/T 22032 的其他过程，项目的性质、可适用的系统、组织的类型都能要求此类过程。此类过程连同其目的、结果和活动可一起添加进来；

c） 每一适用的过程的活动及每一活动的期望的结果均应加以选择。依据项目的规模和范围、企业的类型以及项目的对象是否是一个没有先例的系统，GB/T 22032 中某一过程的各项活动中会有一项或几项不适用。同样，当需要满足协议的要求或满足系统的独特要求时，过程也可添加结果和活动。附录 A 详述了这种附加活动的来源；

d） 应确定完成活动所需的任务、方法和工具。GB/T 22032 中不包括可适用的任务、方法和可用工具。这些内容可在对所采纳过程策划期间由项目或组织添加进来。附加任务细节的来源参见附录 A；

e） 适用于生存周期阶段的或者在支配性协议中或组织的政策和规程中订立的报告和技术评审要求，均应加以考虑；

f） 为汇集和报告用以评价项目进展的关键测度，应包括项目测度要求的条款；

g） 与涉及专业工程和职能性规章制度的活动及任务有关的要求，可整合成适当的过程。这些过程包括要求（特别要求或关键性项目和系统的要求）和生存周期阶段的进入退出准则（如安全性、保密安全、人员因素工程、设计、软件开发、生产、测试和后勤）。为确保项目工作完成所需的专业计划和职能计划，均可包括在工作界定之中；

h） 适用的标准、政策、规程、规章和法律，即使没有包括在 GB/T 22032 的过程要求之内，仍能作为附加过程和活动要求的来源而加进工作界定之中。附录 B 中提供了一些应设计进体系结构解决方案中的专项因素的引用标准。

4.4.4 剪裁的文档编制

GB/T 22032 要求对剪裁编制文档，以备执行或评估所产生的过程集合的人员使用。应建立剪裁记录并加以维护。下面是对编制剪裁文档提出的一些建议。

a） 对过程、活动、任务的显式描述，以及对输出文档的描述，均应编入项目管理计划、工程化计划、运行计划或类似的高级的计划的文档之中；

b） 在无需正式编制剪裁文档之处，能用一种标出增删内容的注记式副本；

c） 对 GB/T 22032 的每一过程及生存周期阶段，均能开发出模板或工作表，以便指定特指项目文档编制所要求的详细程度；

d） 能开发出一种矩阵来表明符合性的级别（完全的、经剪裁的、完全不符合的或不适用的），并对剪裁和对删减和组织、企业或项目按 GB/T 22032 要求编制文档的可追踪性的依据加以描述。

5 适用概念

5.1 概述

本章是对 GB/T 22032 附录 D 的扩展，以便在系统边界和适用的生存周期模型的约束之内为将系统生存周期过程应用到某一系统提供基础。

5.2 与系统有关的概念

5.2.1 系统结构

GB/T 22032 中的图 D.4 认定了系统结构的三种视图。左侧视图是一个由多个系统构成的系统的系统结构分层视图。在该视图层次结构的某一下层，系统能通过构建、购买或重新使用来实施。在该分层结构中位于该层之上的所有系统都集成为下层各系统的组合系统。

在 GB/T 22032 的图 D.4 中部的视图中，系统结构中的顶部系统称为“所关心的系统”并由下层各系统组成。在系统结构的最底层是系统元素。

认定并理解系统结构十分重要，这是由于为了将所关心的系统工程化，每个下属系统和系统元素都应工程化。这两种系统结构之间的唯一差别是，每个系统元素都应予以实现，而所有其他系统和所关心的系统都集成到由较低层的系统元素和系统组成的组合系统。对所关心的系统、每一系统及该系统结构中的每一系统元素，都单独地应用 GB/T 22032 的适当过程，以便界定其要求、开发其体系结构设计解决方案并实现其物理产品和服务。

GB/T 22032 的图 D.4 右侧的视图提供项目的一种层次结构，并将对所关心的系统的责任指派到项目。因此，一个项目有责任将 GB/T 22032 的生存周期过程应用到所关心的系统。

5.2.2 系统种类

GB/T 22032 考虑两种特定的系统——所关心的系统和使能系统。这两种系统之间存在某种关系。在系统的生存周期中，每一个所关心的系统都有与其关联的使能系统集合，从使用中创建、利用和收回该产生兴趣的系统。

所关心的系统提供共利益者(如顾客或用户)所要求的或期望的运行能力以及运行功能。所关心的系统的例子有：飞行器、汽车、工资表处理系统、卫星、船舶、电信网或 X 射线机。当由采用 GB/T 22032 的生存周期过程的项目进行工程化时，这些范例性的所关心的系统的下属系统也都认为是一种所关心的系统。

每个所关心的系统都与一个或多个使能系统关联，在所关心系统的寿命的始终，要求由其他系统提供必不可少的服务。为履行与生存周期阶段关联的责任，可需要这样的其他系统，如概念系统、开发系统、生产系统、利用系统、支持系统或退役系统。此外还可以有基础设施系统，如供水供电系统和用于测试、交付、维护和培训的系统。与所关心系统有关的使能系统有可能已经存在，也有可能需要专门开发来支持所关心系统。

GB/T 22032 中的图 D.1 提供了一种飞行器系统的例子，其中带有几个有关的系统(架构、推进、机组、飞行控制系、生命保障和导航等系统，而导航系统又带有其有关的系统如显示系统和全球定位接收系统)。图 5 给出了所关心的飞行器系统的范例性使能系统，包括开发、生产、利用、支持和退役五个系统。这些使能系统使飞行器在其生存周期中得以实现并完成其功能。每个使能系统都有一套产品和服务来完成其功能。例如图 5 中的飞行器使能系统包括了供利用的培训模拟器、供生产用的设施及作保障的加油设备。GB/T 22032 中的图 D.5 指出了所关心系统与其使能系统之间的交互关系。

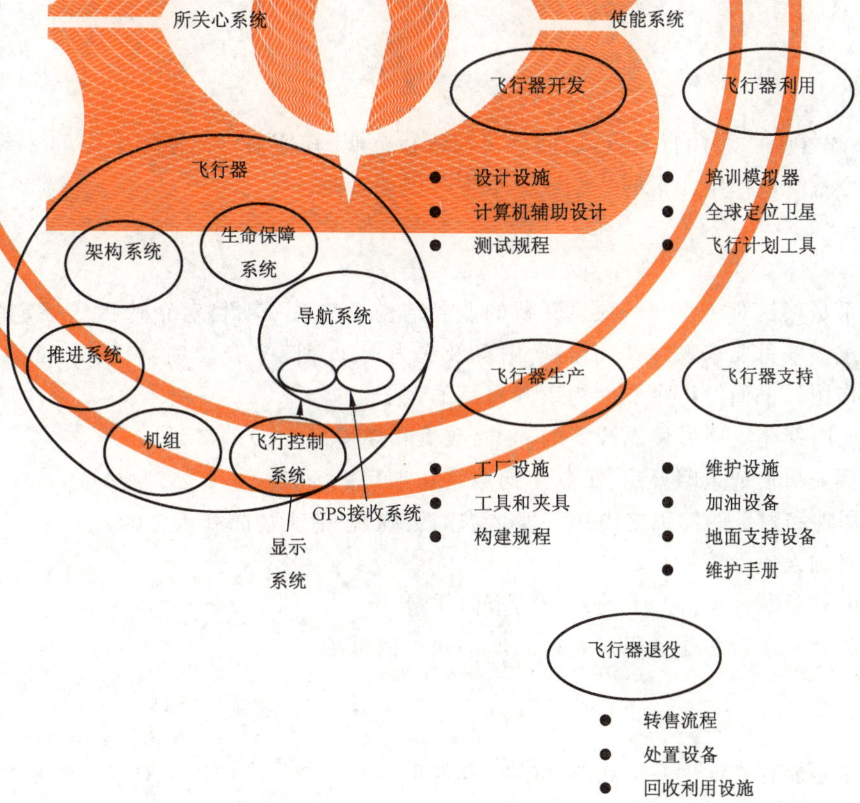

图 5 范例性所关心的飞行器系统及其使能系统

图 5 与 GB/T 22032 中的图 D.5 一起表明了所关心系统与其使能系统的几个重要关系如下：

a) 列举出所需的使能系统，为所关心系统提供生存周期支持；

b) 列出所关心系统与其使能系统之间的交互关系，由此引出了功能的和物理的接口要求；

c) 界定系统边界，以此建立要求管理的接口；

d) 所关心的系统能影响其使能系统，或受其使能系统影响。

5.2.3 系统边界

所关心的系统与其各使能系统之间的关系由边界界定。这样的系统边界确立了哪些系统在或不在项目的直接控制之下，在边界之内的系统在项目直接控制之下。虽然项目不能控制边界之外的系统，但有可能需要该项目影响这些系统以减少对所关心的系统的影响，或者使这些系统适合所关心系统的要求。当边界以外的各系统不能被影响时，这些系统相对于边界内的系统构成了设计或其他生存周期过程的约束。

使能系统能处于项目所负责的边界以内或者边界以外。一个特指的使能系统不论是处在边界以内或者以外，该使能系统由于接口和进度安排的约束都处于项目所关心的跨度之内。第 3 章的图 1 表明了一个所关心系统的边界，在该系统的使能系统中，某些在项目控制跨度以内，其余的在跨度以外，但都在所关心的跨度之内。

系统边界也建立了接口，对此，在边界内的系统与边界外的系统之间，对环境的、物理的、功能的或数据的连通性应界定要求。

5.3 与项目有关的概念

5.3.1 项目重点

5.3.1.1 总则

GB/T 22032 中有一种项目重点，以此界定与所在企业、其他项目及使能系统的关系。一个项目指派责任给所关心系统或系统元素的一个或多个生存周期阶段。

5.3.1.2 企业关系

第一种关系是项目对企业——项目驻留的业务结构的关系。项目对企业提出一定的需求，企业也对项目提出需求。项目要求物理基础设施、财务及人力资源保障来开展项目工作。企业对项目起到约束和保障双重作用。下面给出企业的约束和保障的例子：

a) 在企业内部建立项目赖以开展的标准、政策和规程；

b) 依据商业机遇或策略开启、重新定向或终止项目；

c) 在可用性和财务的约束之内提供所请求的资源，包括实物的和人力的；

d) 提供基础设施保障；

e) 管理由外部顾客项目产生的系统的全面质量。

一个项目的计划通常用作项目与企业之间的协议的基础。

5.3.1.3 项目关系

第二种关系是能存在于项目与组织、企业、其他项目及子项目之间的关系。此处所用的及图 6 所示的子项目，是指为承担项目的一部分而组织起来的资源和任务的集合。指派了工作的子项目可认为是一个项目。图 6 所示是对项目建立了内部和外部项目关系的协议的典型角色。

项目关系视情况而定按照组织或企业的政策及规程通过正式的或非正式的协议加以管理。依据所涉及的项目关系的类型，协议可存在于单个企业之内，或者跨越企业或组织的边界。在企业内，协议可存在于项目与企业之间、多个项目之间或项目与其子项目之间。各协议为要解决的问题、要做的工作、所建立的约束、可交付件以及明确界定的责任和可审核性提供了互相谅解。

当两个或更多个组织协作完成单个项目时，会适用其他种类的关系，这在图 6 中没有表示出来。在这种情况下，重要的是界定每一组织的职权、责任和权利，包括对协议中适用于项目的专利信息的共享。

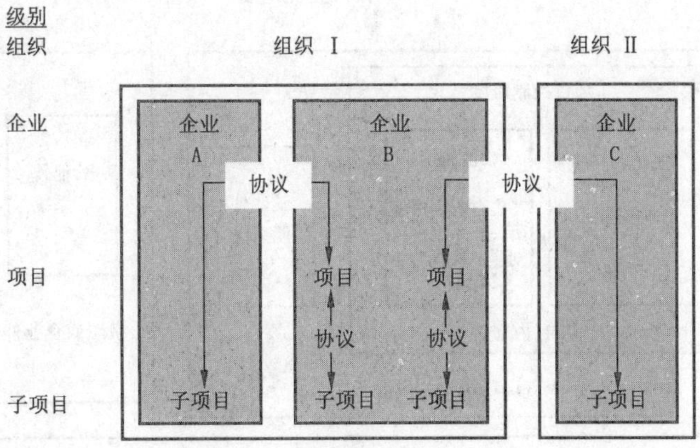

图 6　协议的角色

无论哪种协议，都有一些开展 GB/T 22032 要求的工作所需的基本信息。每一协议，无论是正式的或是非正式的，均应包括下列适当详细程度的信息：

a)　对期望做的工作的职责，如采用工作陈述形式的职责；
b)　已知的功能的和性能的要求、属性和特性，其中明确指派系统及其有关服务期望要做什么，类似什么以及包含什么，包括与其他系统、人员和环境的接口。所期望的这些内容能采用正式的要求陈述或规格说明的形式；
c)　可交付件，如产品、服务和数据；
d)　可适用生存周期模型的一个或多个阶段，包括有关阶段进入退出准则。这些准则为确定项目是否准备就绪以进入适用的下一生存周期阶段提供了基础；
e)　所需的技术评审，以追踪协议的完成情况并评估系统的成熟度；
f)　其他适当的信息，如：
    1)　成本和进度的约束；
    2)　开发可交付件的里程碑事件；
    3)　付款额进度；
    4)　策划文档，包括适用的工作分解或系统结构、有关配置文档以及需方提供的工程化计划；
    5)　验证和确认的责任；
    6)　验收条件和移交说明书(如对包装、装卸、交付和安装)；
    7)　与技术数据关联的权利及限制(如对著作权、知识产权和专利)。

第 3 章提供了一种应用 GB/T 22032 过程达成协议的模型。

5.3.1.4　使能系统关系

第三种关系涉及使能系统。项目有责任确保所需的使能系统在需要完成所关心的系统的功能或需要能使此系统实现时可用。在使能系统中，有些或者可能全部会处于项目的直接责任(边界)之外。有些或者全部使能系统会已经存在于项目的组织之内，其他使能系统会很容易使之可用，如通过租赁或者购买。不过，一个或几个使能系统可以不存在，应及时创建并使之可用以提供所需的服务。

在项目所关心的跨度之内，不但所关心的系统而且在系统生存周期的始终所需的所有使能系统都应相应地使之可用。因此,项目应确定所需的使能系统并采取适当的行动确保其使用时可用。在项目与内部或外部的组织或企业之间,应于适用时订立协议,以确保在需要时提供规定的使能系统的服务。一个项目所关心的跨度如图7所示。

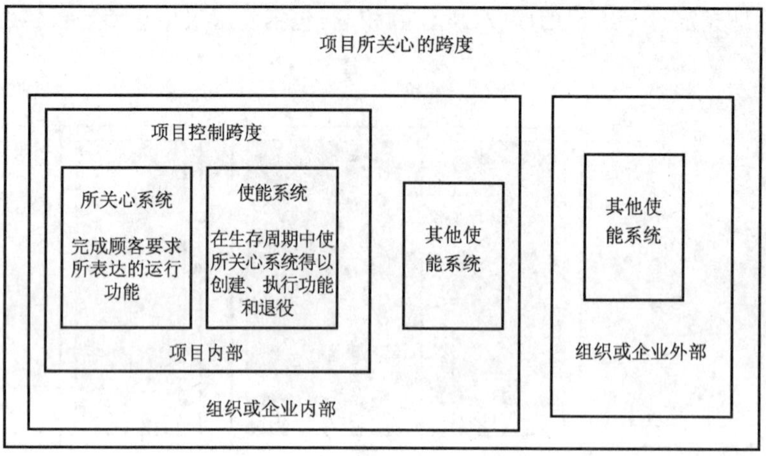

图7 项目所关心的跨度

5.3.2 项目的层次结构

图7绘出项目所关心的跨度,图中的基本关系能与GB/T 22032中图D.4所示的系统结构的层次视图和图D.3中的所关心的系统的结构相结合,给出一个项目的层次视图。项目所负责的系统认为是所关心的系统。每一个下级项目或子项目本身也认为是一个项目。这样就能形成各项目最终的分层结构,如图8所示。

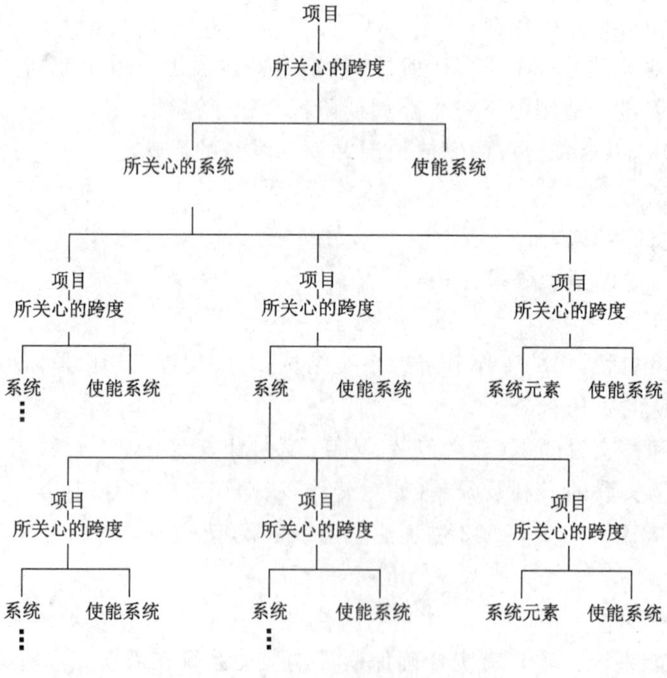

图8 项目的层次

图8仅示出一个系统中的低层项目。然而,每一个系统都应分解为较低层的项目,直至每个项目仅由一个系统元素及其使能系统组成。图8中有两个这样的项目以一个系统元素结束。每一项目都应采

用适用的系统生存周期过程进行到各项要求所需的程度，并满足适用的生存周期阶段的进入退出准则。

按图 7 中的解释，图 8 中的使能系统可以在项目控制之下，或者，当对项目是外部时，在其他组织或企业的控制之下。不过，项目应通过协议与这些其他组织或企业一同工作，确保所需的使能系统在其生存周期期间需要支持所关心的系统时可用。

5.3.3 项目的组织结构

应用 GB/T 22032 不要求项目有某种特定的组织结构。然而，一个恰当的组织结构非常重要。为了做好满足项目要求所需的工作，例如某个过程的各项活动和任务，调集、构建适当的团队和小组并赋予适当的责任和权限尤其重要。

指派负责所关心系统的团队或小组的成员需要是现成可用并能胜任。在复杂系统的背景下，这会要求团队或小组的结构是多学科的，并具有执行所需任务的必要技能。

凭经验而论，项目团队由 5～9 名成员组成，以便培育使效率和有效性最大化所应的团队精神。一般来讲，团队需要依靠组织提供的专家或职能组来完成像对安全性(1)、安全性(2)、生存率、可靠性和有效性的评估以及权衡研究、风险分析和设计工作这样的任务。在这种背景下，团队就成了在系统生存周期一个阶段中进行过程活动的集成式决策制定机构。然而重要的是，个别的团队同工作在同一系统和毗邻系统的使能系统的其他团队共享知识和沟通。应建立这种沟通机制以使得到的所关心的系统自最低层向上正确地集成。保证系统结构中每一个系统和系统元素在其生存期内得到相应的支持也很重要。

5.4 系统生存周期概念

每个所关心的系统，无论其种类或规模，都遵从一个从初始的概念化到最终的退役的生存周期。系统的生存周期通常按阶段划分，从而促进对所关心的系统的设计、准备、运行和支持。这种划分通过建立决策制定门为系统提供一种有序的进展，以降低风险并确保过程满意地推进。

有几个因素导致对系统生存周期的设计、准备和运行难于管理。经济和市场的力量以及系统性、复杂性、运行稳定性都影响到系统生存周期的长短。有些系统的生存周期长达数十年(如飞行器、卫星和船舶)，有些则非常短暂(如仪器和消费电子产品)。

尽管如此，一个典型的系统从概念化、开发、生产、利用、支持到退役，经历一系列的共同阶段。图 9 所示的典型性的系统生存周期模型表明了这种推移。这种模型基于 GB/T 22032 的附录 B 和本指导性技术文件的第 7 章中所描述的六个阶段。

概念阶段	开发阶段	生产阶段	利用阶段	支持阶段	退役阶段

图 9　有的系统生存周期模型

这种生存周期模型是一个框架，有助于确保系统在其整个寿命期都能够满足所要求的功能性。图 9 中的各个阶段虽然是被描绘为各个独立的，但在实践中都是相互依赖、互相重叠的。因此，在概念阶段和开发阶段中明确系统需求和开发系统解决方案时，来自生存周期后续阶段(如生产、利用、支持、退役各阶段)的功能专家就需要进行权衡分析并帮助制定设计决策，最终达成一个平衡的解决方案。这样有助于确保系统尽早具备应的设计属性。同时这一点在确保必要的使能系统在实现所需的阶段功能时可用也是必要的。

下面列出与生存周期模型相关联的三项一般原则：

a) 系统在其生存期的进展经过几个特定阶段；

b) 为得到每个阶段的结局，使能系统应在每一阶段都可用。

c) 生存周期阶段的特定属性，如生产率、易用性、可支持性和可处置性，均应加以规定并设计在系统之中。

图 9 中提出的系统生存周期模型在第 7 章中从企业视图和工程化视图进行了论述。企业视图中阐明了(举例说明)顺序式、增量式和渐进式三种途径。

5.5 过程适用概念

5.5.1 过程适用

5.5.1.1 总则

GB/T 22032 的重点在生存周期内应用的各个过程。过程能由各组织(如职能组织和项目)使用，组织扮演需方、供方(如主承包方、分包方或服务提供方)或管理层的角色，以此履行关于所关心的系统的责任。另外，GB/T 22032 中的过程能用作以 ISO/IEC 15504 进行评估的参考模型。

过程是活动的集成的集合，这些活动将输入(如要求等数据的集合)转换成期望的输出(如描述期望的解决方案的数据的集合)。

图 10 所示是对系统工程化的过程的范例性输入输出。输入能转换成期望的输出或者能进行或控制转换。这些过程的输入和输出的每一集合都需要界定和管理。

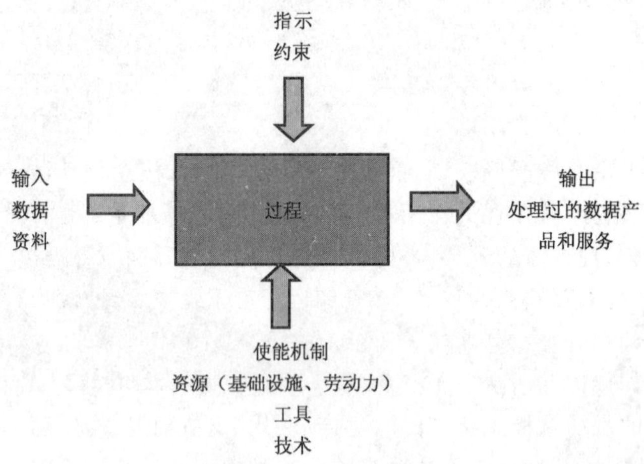

图 10 范例性的过程输入输出

5.5.1.2 控制

过程能由组织或企业的管理指示和约束以及政府法规法律控制。对过程的这类控制的例子包括：

a) 项目协议；
b) 与项目负责的其他系统的接口(见图 8)；
c) 应用的系统生存周期阶段；
d) 负责项目的组织或企业。

5.5.1.3 使能机制

每个过程都能有例如下列的使能机制的集合：

a) 完成有关过程的任务的人力；
b) 过程所需的其他资源，如设施、设备和资金；
c) 开展过程活动所需的工具(如软件的、硬件的、自动的、手动的)；

d） 人员开展活动的所需的技术，包括方法、规程和工艺。

5.5.2 生存周期过程

5.5.2.1 总则

在一个生存周期阶段内，各过程按要求达到所陈述的目标进行。一个系统在其整个生存期中的进展，就是一个或多个企业中的人员采用对某个生存周期阶段所选出的过程开展并管理各种行动的结果。

GB/T 22032 描述了系统生存周期的四组过程——协议过程、企业过程、项目过程和技术过程。每一过程都有特定的目的、期望的结局集合和活动集合。每组过程在 GB/T 22032 的附录 D 中均有描述，并在以下各章予以总结。第 6 章～第 8 章提供了应用 GB/T 22032 生存周期过程的指南。

小型组织在考虑一个新项目时，应选择一种如图 9 所示的生存周期模型以及必要的 GB/T 22032 生存周期过程，以满足适用的生存周期阶段的进入退出准则。至于选择过程的决策，应基于成本效益或降低风险。下面是对过程组的描述。

5.5.2.2 协议过程

协议过程适用于在供需双方之间建立关系和需求。协议过程为其他项目过程的初启提供基础，以便能就一个系统的工程化、利用、支持和退役以及购置或供应有关的服务达成协议。

协议过程能用于多种目的，例如以下所列：

a） 在供需双方之间，针对一个系统在系统结构的任何一层上的工作形成一项协议并确保完成；

b） 为了购置某个系统或有关使能系统服务建立并履行各项协议；

c） 在一个项目内，通过顾问、分包方、职能组织、项目或者个人、团队来获得工作成就。图 6 提供了例子。

d） 在系统已经交付，或者工作已经完成并支付了款项之后，为结清协议提供基础。

5.5.2.3 企业过程

企业过程针对通用管理中负责建立并实现有关组织的产品和服务的项目的部分。因此企业通过这些不同的过程提供服务——直接或间接地约束项目并使项目能满足要求。

GB/T 22032 中的企业过程不必是企业用于治理业务的仅有过程。例如，企业还有用于管理应收应付账款、工资单处理、市场营销的过程。这些过程并不直接在 GB/T 22032 的范围之内，因此，本指导性技术文件不作进一步论述。

对于一个企业涉及的或与一个企业接口的多个项目，或者对于各外部组织之间团队协作安排，能适当地建立其他的企业过程或者能对 GB/T 22032 过程进行适当剪裁。

为了开展这些过程，并不打算在企业内创建一个新部门或新的规章制度。已经认定的和界定的角色、责任和权限，可以指派给个人或现有的委员会或者指派给已建立的部门。当然，有必要时，也能建立新的企业部门。

GB/T 22032 的企业过程有其要达到的特定目标，例如以下所列：

a） 提供正确的环境，以使组织内的项目能实现其目的和目标；

b） 确保项目的起始、停止或重新定向以有序的途径进行；

c） 确保组织的政策和规程得以界定，以此确立 GB/T 22032 的过程，并使界定的政策和规程适用于企业内的项目；

d） 确保为项目选出并提供适当的模型、方法和工具，以便能有效、高效地完成过程活动；

e） 确保项目具有足够的资源，以使其在可接受风险范围内符合预算、进度和性能要求，并确保人力资源得到足以履行职责的培训；

f) 确保向顾客交付的项目工作产品具有适当的质量。

5.5.2.4 项目过程

应将项目过程用于管理技术过程的活动并用于确保满足协议。开展项目过程以便:制定并更新计划,根据计划和系统要求评估进展,控制工作量,制定所需的决策,管理风险和配置,获取、存储并传播信息。实施项目过程的结局有助于技术过程的完成。

项目过程适用于常常是更大项目组成部分的工程化项目。当属于这种情况时,在系统结构的每一层都实施适当的项目过程。在实施企业过程或开展与生存周期阶段(包括利用、支持和退役)有关的活动时,这些过程也适用。

当一个企业内共存多个项目时,应界定项目过程,以便将管理这些项目的资源和实施考虑在内。

5.5.2.5 技术过程

技术过程跨生存周期的所有阶段都适用。为了对系统工程化,应开展以下技术过程:

a) “共利益者(客户或用户)需求定义过程”;

b) “需求分析过程”;

c) “体系结构设计过程”;

d) “实现过程”;

e) “集成过程”;

f) “验证过程”;

g) “移交过程”;

h) “确认过程”。

应开展这些过程以满足系统生存周期过程一个阶段或阶段集合的进入退出准则。例如,在系统生存周期的早期阶段,可以用这些过程创建可行的系统概念,确定技术需要,并安排未来开发的成本、进度和风险。在系统生存周期的中期阶段,技术过程可用于界定和实现新的系统。在系统生存周期的后期阶段,可将技术过程用于遗留系统的技术更新或技术插入,以及在生产、利用、支持和退役期间修正对期望性能的变化。

其他三种技术过程(“运行过程”“维护过程”和“处置过程”)在任何系统生存周期期间均能用于达到生存周期阶段的目标并对用于系统工程化的技术过程提供支持。于适用时,“运行过程”和“维护过程”均能对系统的特指版本提供支持。“处置过程”能使遗留系统失活、对遗留系统进行处置以及安全地处置系统使用中不希望产生的副产品。

5.5.3 过程的递归与迭代应用

5.5.3.1 总则

过程应用的两种形式——递归和迭代对执行 GB/T 22032 的要求非常重要而且有用。

5.5.3.2 过程的递归应用

当同一过程集或过程活动集应用到系统结构中的系统元素的接续各层上时,这时的应用形式称为“递归的”。一个应用的结局用作系统结构中下一(或上一)系统的输入,以达到更详细或更成熟的结局集。这种途径为系统结构中后继的系统添加了价值。图 11 绘出了各过程对系统自顶向下的递归应用。

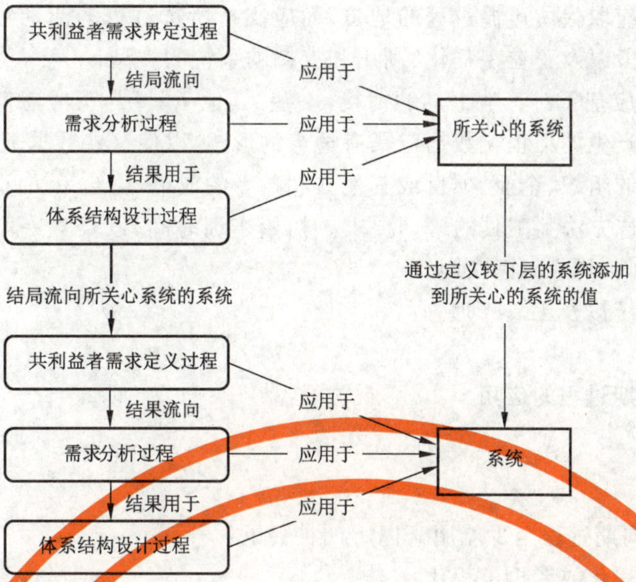

图 11　过程的递归应用

5.5.3.3　过程的迭代应用

当同一个过程或过程集重复用在同一系统时，这时的应用称为"迭代的"。迭代不仅是适当的而且是所期望的。通过一个过程或过程集的应用创建了新信息。这种信息通常采取关于需求、经分析的风险或机遇的有待解决问题的形式。这些问题应在完成一个过程或过程集的活动之前得到解决。当对活动或过程重新应用就能解决问题时，这样做就很有用。在将下一过程或活动集应用到所关心的系统之前，能要求迭代来确保采用可容许质量的信息。在这种情况下，迭代为正采用这些过程的系统添加了价值。过程的迭代应用如图 12 所示。

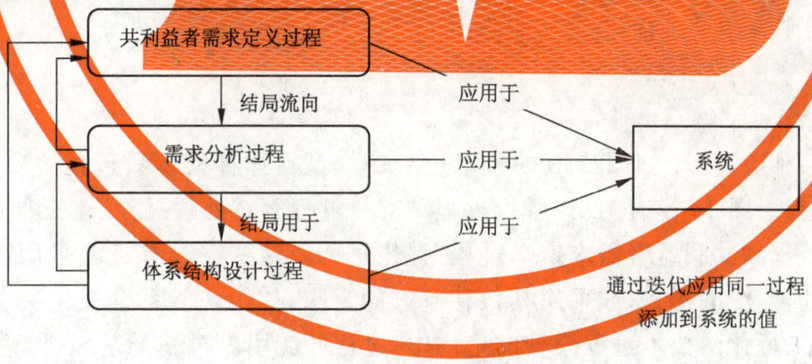

图 12　过程的迭代应用

5.5.4　方法和工具

在实践中，有许多情况是，由于系统的规模和复杂度，项目持续期，以及有贡献的组织的数目，要求过程执行得到各种方法和工具的支持。

对方法和工具的选择取决于很多因素，包括：生存周期中的阶段，在系统层次结构中的层，以及应用领域。因此，无论是 GB/T 22032 还是本指导性技术文件均未论述特定的方法和工具。然而，GB/T 22032的用户在选择和使用方法和工具来完成生存周期过程活动或有关任务时，有几个重要问题应当牢记。以下列出其中的四个：

a) 方法和工具不应取代所遵循过程的地位，而应支持所选过程的活动集。方法应选得适合系统的生存周期阶段以及正在工程化、利用和支持的系统的类型；

b) 对工具的选择应基于对其他工具的衔接，这些“其他工具”为正考虑使用的工具提供输入或利用其输出。所产生的工程化数据应具有适当的形式，以使这些数据只要需要就能获取、存储和可用。有需要的组织、企业、项目或其他共利益者的成员，应给予访问这些数据的权限；

c) 应考虑应用所选方法和工具的培训要求。初始培训时间，以及对一段时间未用此工具的用户的后续培训时间，均应考虑在内；

d) 应考虑使能系统以及工具管理。

6 GB/T 22032 生存周期过程的应用

6.1 概述

GB/T 22032 生存周期过程至少能用于以下四种目的：

a) 对一个系统工程化或者再工程化；

b) 形成协议；

c) 满足协议要求；

d) 对一个或多个生存周期阶段的运行目标的满意度作出贡献。

本章提供应用 GB/T 22032 生存周期过程帮助满足以上前三个目的的指南。这三个目的的列举顺序反映在本章的顺序之中。至于列举的第四个目的，第 7 章将对系统生存周期阶段内的过程应用提供指南。

满足 GB/T 22032 生存周期过程的要求与系统的规模或复杂度无关。而系统的需求和运行概念等因素却影响系统的规模和复杂度。这就意味着，从 GB/T 22032 生存周期过程得到的结果和活动对 GB/T 22032 范围内的系统的工程化是类属的、适用的。系统的规模和复杂度能影响项目的工作，例如影响执行系统生存周期过程活动所完成的任务，或者能影响过程应用中的工作产品的类型和形式。

6.2 技术过程应用于系统的工程化

6.2.1 总则

图 13 提供了一种应用 GB/T 22032 的技术过程的模型。这种模型只包括主要用于对所关心的系统工程化的技术过程。图 13 没有列出“运行过程”“支持过程”和“处置过程”这三种过程。视情况而定，应将这三种过程用于为“共利益者需求定义过程”提供输入。这些需求有可能采用需方需求（如可操作性、可支持性和可处置性）的形式，或采用其他利益方的需求（如给使能系统提供有关服务）的形式。在下面关于对系统的工程化的技术过程模型的论述中，过程的应用是对一个系统，无论顶层的所关心的系统，还是系统结构中的系统或系统元素之一。当过程应用恰好与所关心的系统或系统结构中的某一系统元素有关时，将采用特定的术语。

“共利益者需求定义过程”“需求分析过程”“体系结构设计过程”均用于为系统结构中各系统设计解决方案。对这些过程的应用能高度迭代，以便达到想望的解决方案（见 5.5.3.3）。“实现过程”“集成过程”“移交过程”和“验证过程”均用于实现对系统结构中每一系统的体系结构设计方案。同样的，这些过程也能高度迭代。

将前三个过程递归地应用于所关心的系统，继而自顶向下应用于其各系统，直到一个系统元素能利用该“实现过程”来实现（例如构建、买到、重用）。这种情况当没有系统需要进一步开发时。在系统结构的所有系统元素都实现以后，就进入了“集成过程”“验证过程”“移交过程”和“确认过程”就对每一系统自底向上递归进行，包括顶部的所关心的系统。

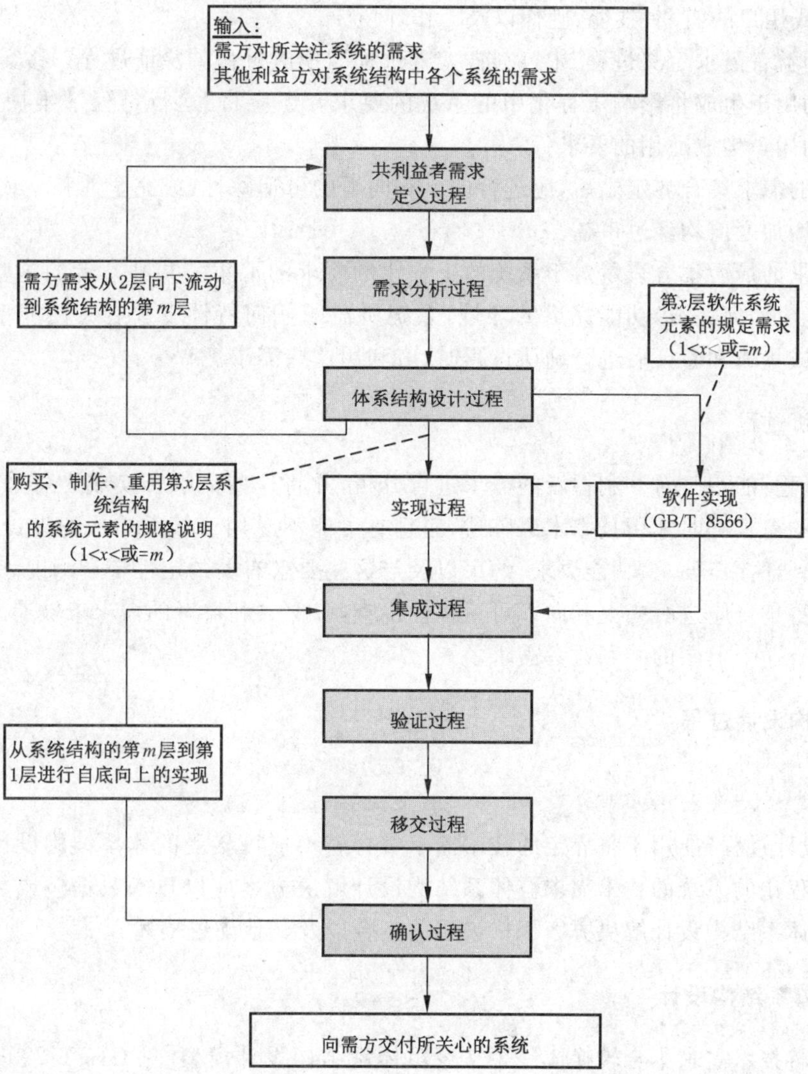

图 13　技术过程对所关心的系统的工程化的应用

下面对该模型的每一过程进行描述。附录 C 中提供的附加注解旨在帮助使用这些过程。

6.2.2　用于系统界定的有关技术过程

6.2.2.1　总则

对于自顶层所关心的系统向下直到系统结构的最底层的系统元素的系统，“共利益者需求定义过程”“需求分析过程”和“体系结构设计过程”均适用于为其创建设计解决方案。

6.2.2.2　共利益者需求定义过程

能将“共利益者需求定义过程”用于对共利益者的需求进行认定、收集和恰当界定。需方和其他利益方一起构成了与正在工程化的系统有关的共利益者。需方为系统结构中每一系统提供初始要求的集合。其他的利益方通常提供附加要求，这些要求能影响到设计的解决方案。下面列出实例：

a)　与关联的使能系统的接口，或者与预期的运行环境中其他系统的接口；

b)　关键性因素需要，如安全性(1)、安全性(2)、生产率、可靠性、可用性和可维护性；

c） 操作者或用户的需要、技能、胜任以及工作环境。

在进行“共利益者需求定义过程”中，应将“实现过程”“集成过程”“验证过程”“移交过程”和“确认过程”中的适当活动用于生成将影响工程化中的系统的要求。还应将“运行过程”“维护过程”和“处置过程”中的适当活动用于生成适用的要求。

在共利益者的需求集合界定之后，应进行向上和向下的可追踪性(或完全性和一致性检查)，以确保对要求的遗漏或增加之前均经过审核。

共利益者需求的最后集合表示对于系统的工程化的要求的汇集。共利益者的这些需求包括：要求完成的功能，功能应如何完成，功能完成的环境，系统所需的任何特性以及有关使能系统的任何服务。在系统已经实现或集成和验证后进行确认过程时，应利用这些需求。

6.2.2.3 需求分析过程

“需求分析过程”能用于对共利益者的需求进行分析，并将这些需求转换成为可采用的技术需求的集合。共利益者的需求有时未用技术术语陈述，而且有可能不易用于体系结构的设计。需求分析过程包括认定和分析外部接口要求、功能要求、约束以及与这些要求有关的定性定量测度。

技术需求所得集合应进行向上和向下可追踪性检查，确保共利益者的需求未被遗漏，并确保所有界定的技术需求都有一个上层的共利益者需求。

6.2.2.4 体系结构设计过程

6.2.2.4.1 总则

“体系结构设计过程”能用于将界定的技术需求集合转换成可接受的体系结构设计解决方案，此方案满足正进行工程化的系统的技术需求。体系结构设计解决方案应以技术数据包或数据库编制文档，数据库中应包括体系结构设计解决方案规格说明的集合以及其他配置描述。

6.2.2.4.2 逻辑体系结构设计

第一步应是将技术需求集合转换成一个从逻辑体系结构设计模型[见 GB/T 22032 的 5.5.4.3 a)]集合中已经派生的、更详细的技术需求的集合。这一转换能通过进行“体系结构设计过程”中的逻辑体系结构设计活动来完成。逻辑体系结构设计模型能采用像以下所描述的一种或多种形式：

a） 反映各主要功能分解成其子功能的功能流程框图；

b） 以显式绘出每一功能所需数据的同时将功能分解的数据流程图；

c） 带有对应功能以及与数据有关的并与所指派的技术需求关联的处理流程的数据结构；

d） 于适合于输入输出准则时，描述输入刺激和按功能输出并包括操作顺序的行为图；

e） 指明功能的主控因素和最终行为的控制图；

f） 系统的状态和模式；

g） 将时间要求分配到功能集合的时间表；

h） 功能失效模式，以及指明功能失效模式的可能影响的影响表，如未做设计要做的事或完成了不期望完成的功能；对每一失效模式都应生成可能的解决方案；

i） 将技术需求的分区和映射封装，并由已封装的属性(值、特性和数据)提供的服务(行为、功能、运行)分类的对象；

j） 从背景图派生的算法集合。

对每一逻辑体系结构设计模型均应进行评价，以确定该模型对系统质量的影响。

能将出自技术需求集合的性能要求分配到逻辑体系结构设计模型，以便形成考虑到运行环境的派生的技术需求的集合。这些派生技术需求集合能用作物理体系结构设计的基础。

在建立逻辑体系结构设计模型时，应考虑现有的系统元素或新技术的引入。利用现有系统有助于降低开发费用、缩短开发时间，但会增加复杂度。采用新技术能提高竞争优势但也能增加风险。考虑到这些情况，可引入新的接口，并应通过需求分析过程迭代将其包括在技术需求集合之内。

对派生的技术需求集合，应进行基于关于通过需求分析过程生成的技术需求的向上和向下的可追踪性检查。

6.2.2.4.3 物理体系结构设计

6.2.2.4.3.1 总则

逻辑体系结构设计完成后，进行物理体系结构设计。在进行物理体系结构设计时，逻辑体系结构设计模型、派生的技术需求以及未分配到逻辑体系设计模型的技术需求，均能用于形成替代的物理设计解决方案[见 GB/T 22032 的 5.5.4.3 b)～h)]。表 C.16 描述了为评价每一替代物理设计解决方案应进行的分析。对每一个替代的物理设计评价之后，应采用对成本有效性、运行有效性和风险的适当分析来选出首选的体系结构设计解决方案。

6.2.2.4.3.2 物理体系结构设计的输出

接着，应将选出的体系结构设计解决方案完全界定，以提供下面所列的输出：

a) 包括系统规格说明的配置描述，所指的系统已由“共利益者需求定义过程”“需求分析过程”和“体系结构设计过程”(见 6.2.2)界定。这种该配置描应在系统已经实现并集成后，当进行验证过程时采用；

b) 将下移至紧接的下一级系统或系统元素(见 6.2.3)的要求。应将这些要求用作开发各下级系统或系统元素的需方初始规格说明(或需求)，但体系结构设计解决方案是对不开发下级系统的系统元素时除外；

c) 为所设计的系统(见 6.2.5)提供生存周期支持所需的使能系统的要求。应将这些要求用于需方要求的使能系统。

配置描述能采用规格说明、基线、草图、图样、部件清单及其他适当的设计描述的形式。特定的配置描述将取决于正采用“体系结构设计过程”的生存周期阶段以及为满足此生存周期阶段的退出准则和下一阶段的进入准则所需的信息。

6.2.2.4.3.3 物理体系结构设计输出的可追踪性

对上面的配置描述输出中表述的要求，应通过适当的手段进行检查，以确保向上和向下均可追踪。可追踪性应对照以下三种来源的要求进行检查：

a) 从逻辑体系结构设计中的派生的技术需求；

b) 从分析替代的物理设计解决方案中得出的派生技术需求；

c) 从“需求分析过程”中输出的要求，其中的分析过程不曾分配到逻辑体系结构设计模型。这种情况会在出自需求分析的技术需求不能分配到逻辑体系结构设计模型(见 6.2.2.4.2 最后一段)时发生。

“共利益者需求定义过程”“需求分析过程”和“体系结构设计过程”于必要时都能再次进行，以此精化对物理体系结构设计解决方案的要求和有关的输出配置描述(见 5.5.3.3 中关于迭代概念的论述)。能引起这种迭代的因素包括：在体系结构设计期间对共利益者新的需求的需要的认定，或者对不能满足向上向下可追踪性检查的认定。

6.2.3 系统结构界定

从物理体系结构设计得到的可能结局之一包括对下一层系统或系统元素的要求。这些输出要求都是需方的要求:将“共利益者需求定义过程”、“需求分析过程”和“体系结构设计过程”递归地应用于系统结构中某一下层系统。在系统结构的紧接的下一级的系统和系统元素,将在稍后集成进已经分派这些要求的系统。

在 6.2.2 中描述的“共利益者需求定义过程”“需求分析过程”和“体系结构设计过程”的递归应用,在图 13 中明示为一个循环——标识为“需方需求从第 2 层向下流动到系统结构的第 m 层”。对系统结构中应开发的每一系统,均应应用“共利益者需求定义过程”“需求分析过程”和“体系结构设计过程”。其他利益方的需求也应确定,以形成共利益者对处于系统结构中下一层的每一系统或系统元素的需求的输入集合。(见 5.5.3.2 中关于递归概念的论述。)

图 13 中的递归循环一直持续至系统结构中所有的系统元素均已界定而且没有附加的系统或系统元素需要开发。系统元素能出现在系统结构中任一层 x 上,如 GB/T 22032 的图 D.3 所示。在第 x 层,当对系统结构中的系统不需要进一步开发时,应进行系统实现的下一个过程集(见 6.2.4 及图 13)。这是一个技术过程递归应用的例子,用以通过对下层各系统和系统元素的界定来加强顶层所关心的系统的界定。一个企业的顶层能视为顾客在商业市场上购买的汽车之类的系统。另一个企业的顶层能视为由该企业装配进汽车的发动机之类的系统结构内的系统。

此外,在任一层 x 上,能将系统元素认定为具有可用于实现所在系统的唯一标准。这对于采用 GB/T 8566 的软件如图 13 所示。

图 13 中的前三个过程的递归应用在系统结构内重复进行,直到该实现过程可应用于某一系统元素并且所有的系统元素均已实现。到此,系统结构才完全界定。

6.2.4 用于系统实现的有关技术过程

6.2.4.1 总则

应将“实现过程”“集成过程”“验证过程”“移交过程”和“确认过程”用于实现系统结构——从底层的系统元素到顶层的所关心的系统中每一系统的体系结构设计解决方案。

已实现的每一系统元素,在系统结构的紧接的高一层进行集成之前,均应采用“验证过程”进行验证并采用“确认过程”进行确认。

在系统结构中所有的系统元素都恰当实现后,系统结构的界定即是完全的。而后,应自底向上,从系统结构的第 m 层到第 1 层,对每一系统和所关心的系统递归地应用“集成过程”“验证过程”“移交过程”和“确认过程”。

6.2.4.2 实现过程

当不需要进一步开发系统元素时,能采用“实现过程”。此时能实现界定为体系结构设计解决方案组成部分的系统元素。应将“实现过程”用于把这样的系统元素界定转换成适合于可应用的生存周期阶段的产品或服务。已实现的系统元素能是单一产品(如部件或元件)或是组合产品(如装配件),这取决于该系统元素在系统结构中的地位及其对于适当的建模、构建、购买和重用的能力。

6.2.4.3 集成过程

在低层的系统元素已经实现并交付给负责集成到紧接的上一层的集成者之后,能采用“集成过程”。系统元素的集成可由完成此实现的同一方进行,或者由需方进行。将已实现的系统元素装配起来,并按照在对系统自顶向下界定和设计期间制定的配置描述集成进高一层的系统。对新集成的这一系统,采用“验证过程”加以验证,采用“移交过程”移交给紧接的下一高层的需方,并采用“确认过程”加以确认。对各系统的这种自底向上的集成一直持续到实现顶层的所关心的系统为止。

6.2.4.4 验证过程

“验证过程”能用于在系统的性能和特性与系统已据以实现或集成的配置描述之间的对应关系。这一过程确保每一系统元素、系统和系统结构中所关心的系统的均已正确实现或集成。

这种验证应依据验证计划进行。验证途径能取决于用于满足生存周期阶段的进入退出准则的系统的形式。范例性的途径列出如下：

a) 检查(如对图样进行检查)；

b) 分析(如采用数学建模、模拟或虚拟现实原型)；

c) 论证(如采用实体模型或物理模型)；

d) 相似性(如采用对于具有用类似配置描述的类似系统，或者对已得到某一标准的认证的系统的已经进行的验证)；

e) 运行(如对适用于生存周期成本或 MTBF 等系统属性的配置描述的验证)；

f) 测试(如采用物理产品、原型、实验电路板)。

应将已实现或集成的系统用于进行验证。在系统生存周期的早期各阶段，可以利用检查、分析、论证或相似性进行验证。在后期各阶段，可以用运行或测试进行验证。然而，对于非关键性的要求，在生存周期的任何阶段，采用模拟方法验证都能节省成本。

一般来讲，验证是在受控的条件下进行的，以确保系统满足每一配置描述的性能要求。照此，实际运行环境和使用操作人员并不是其中的一个因素。当运行环境成为特定性能要求的一个因素时，应将其包括在建模、模拟或其他验证形式内。

验证失败能起因于验证的实施不良，或者系统的实现或集成不当。在对系统(或系统元素、所关心的系统)进行验证期间发现的反常情况，需要在系统移交给需方和进行确认之前得到适当解决。

6.2.4.5 移交过程

“移交过程”能用于将完全集成的并经验证的系统交付给需方。当协议要求在移交前由供方完成确认时，也能确认已交付的系统。对系统结构中由底到顶的每一系统元素、系统和所关心的系统均应适当移交。

于适当时，对移交的考虑事项应包括包装、装卸、存储、运输、安装，并确保各站点对系统的安装和接收都准备得当。移交活动将取决于生存周期阶段以及该系统在系统结构内的地位。

6.2.4.6 确认过程

“确认过程”能用于在系统关于共利益者需求的性能和特性与其他协议要求之间建立对应关系。确认应确保已实现或集成的系统“正确”，以满足共利益者的需求或期望。用于确认的共利益者的需求集合能作为“共利益者需求定义过程”的输出。或者，该集合能作为需方需求和适用的利益方需求，这两种需求从协议中的需方收到并且曾是对“共利益者需求定义过程”的输入。应将已实现或集成的系统用于在实际的运行环境中(考虑了其他接口系统元素或所关心的系统)或者模拟的运行环境中进行确认。确认环境取决于系统在系统结构中的地位。该系统的形式将取决于进行确认所处的生存周期阶段。

在采用“验证过程”已经对同一系统验证后，应进行确认以证实已实现或集成的系统“正确”。对系统应验证其已被正当的实现或集成之后，才表明此系统是“正确的”。

对于满足适用的系统生存周期阶段的进入退出准则并满足有关协议适当时，确认能与模拟或数学建模、技术原型、产前原型或者已交付或已安装的系统一起进行。当有可能和适当时，应由预期的操作者或用户进行确认。

按照协议规定，确认能在向需方移交之前或之后进行。当对系统(“按已建模的”“按已构建的”“按已集成的”“按已验证的”)的确认是在移交之前进行时，正常情况下由供方承担。否则，在与应用于正在集成的系统的其他已购置的下层系统或系统元素之前，由需方对“按已交付的”系统进行确认。当确认的成本成为考虑因素时，或者在运行环境不易得到之处，能采用数学模型或模拟模型实施“确认过程”。

实施“确认过程”的几种途径例如以下所列：

a） 利用模拟、数学建模、检查、分析或测试，针对需方和适用的利益方的需求进行确认；

b） 针对已建立的要求进行认证测试；

c） 在运行环境中，利用运行过程和人员进行验收测试；

d） 按协议中所规定的。

所用的途径取决于进行验证的系统生存周期阶段以及成本、进度、在系统结构中的层和可用资源。

确认失败能起因于确认的实施不良，或者由共利益者需求到首选的体系结构设计解决方案的转换不当。对于在确认期间发现的反常情况，在将系统（或系统元素、所关心的系统）移交给需方（当由供方进行确认时）之前，或者在与其他系统或系统元素集成为更高一级的系统（当确认由需方在从供方接收之后进行）之前，应得到适当的解决。

6.2.5 使能系统的界定和实现

对于系统结构内的每一体系结构设计解决方案，应认定有关系统的使能系统的要求。这些要求应通过对需要研制的使能系统的工程化得到满足，或者通过对现有的和可用的使能系统的购置或调度予以满足。在适用的生存周期阶段期间，为支持系统结构中适用的系统，应采取这些行动，以确保所需的使能系统服务在需要时可用。图 14 绘出使能系统与图 13 中过程的关系。

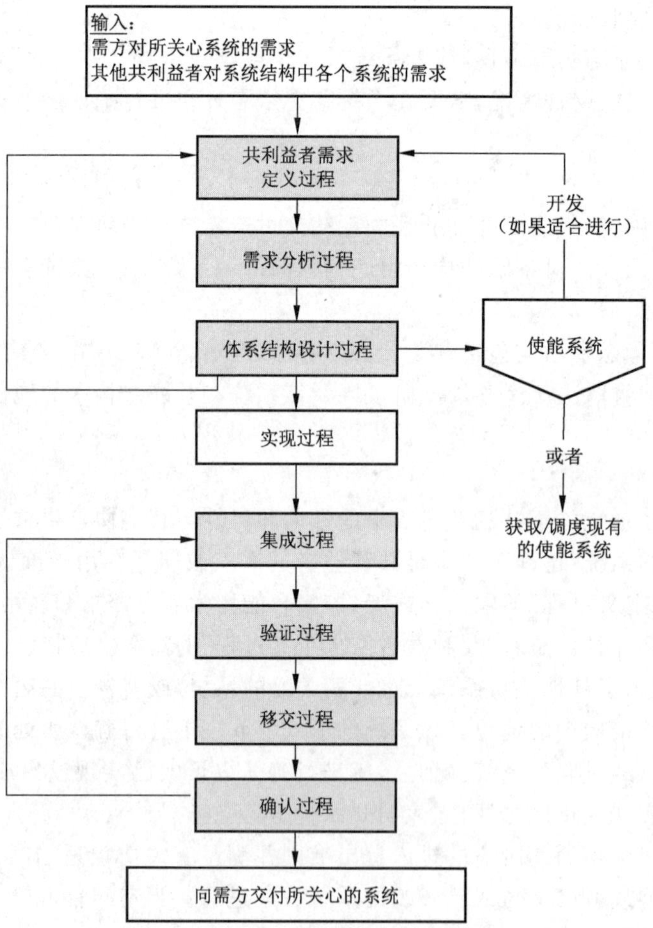

图 14 使能系统的实现

以下论述图 14 中的一个应用实例：为实现系统元素或者为将低层系统元素或系统集成所需的设备和工具的可用性。当这样的设备和工具已经存在时，就不需采用图 13 中的过程。而应于适当时购置或调度现有的使能系统。不过，当需要开发设备或工具时，应以 6.2.2 到 6.2.4 中描述的方式采用图 13 中的过程。每一使能系统的需方需求都来自在将“共利益者需求定义过程”“需求分析过程”和“体系结构设计过程”应用到被实现的系统期间认定的要求。这些要求会包括允许的容限、材料类型、材料加工(切割、铣削和冲压等)。另外,对实现以及实现的约束的运行的概念(或策略)均应是可用的,以便包括所用到的专用技术。图 14 表明,界定为一个所关心的系统并采用图 13 中的过程实现的使能系统,也应具有其自身的使能系统集合,以提供适当的生存周期支持。

6.3 生存周期过程应用于形成协议

GB/T 22032 的过程可用于达成协议。图 15 说明了协议过程的采用,而且说明了 GB/T 22032 中其他的生存周期过程一起来达成协议。协议可在组织之间、企之间业、项目之间达成,并能对项目内的工作量达成。这些情况如图 6 所示。

图 15 的模型用意不在反映达成协议的所有可能的过程流,而是表明 GB/T 22032 中全部过程所能起的作用:制定协议,尤其是具有法律约束力的正式协议。当协议涉及同一个项目内的子项目的个人之间的关系时,预期就远没有图 15 模型中所示的那么正式。下面几段描述了图 15 中模型的流程以及适当时的例外情况。

GB/T 22032 中各过程能起始于收到一份购置请求,如一份正式的招标书或对于要做的某一工作的非正式的内部指示。这可以在新的工程化工作形成项目之前,或者在是对项目有关的工作时的一个项目内。

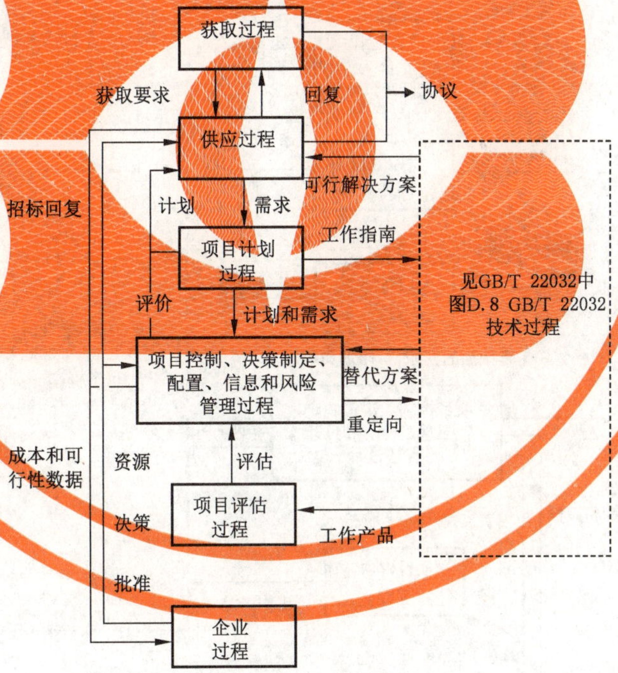

图 15 形成正式协议的过程应用

依据项目的规模和复杂度,会指派适当的团队或个人去考虑并起草对购置请求的回复。对较小项目,可以指派一人负责准备回复、进行工作并创建所需的拟交付的工作产品。

受指派的团队或个人应开展适宜于制定协议的供应过程的活动。团队或个人应首先制定必要的计划,以便对回复准备工作定下策略范围,了解做好所请求的工作所需的能力。计划中应包括里程碑事件的进度和提交回复的决策准则,还应考虑组织或企业的目的以及适用的投资决策准则。

为了确定对招标书是否回复或确定回复的细节,能对技术过程制定计划并进行到系统结构中适合于系统的性质和规模以及生存周期阶段的层上。另外,应确定工作范围、系统成本以及在给定的约束内满足需求的可行性。对技术过程的应用应按计划并应利用适当的项目过程加以评估和控制。于适当时,将企业过程实现到支持技术过程、监控结局和批准回复所必要的程度。

与正式化的级别相适应,应将下面列出的期望事项用于建立供需双方理解项目要求的公共基础:

a) 系统和服务的要求;

b) 期望的可交付件;

c) 开发和交付进度的里程碑事件;

d) 验收条件,异常处置规程,要求对协议再协商的条件,要求合法终止协议的条件,要求给予惩罚或奖励的条件,付款进度;

e) 与技术数据关联的权利和限制,知识产权,版权和专利。

当协议的条款对供需双方均可接受时,即能考虑协商完毕。

6.4 生存周期过程应用于满足协议

建立协议后即形成项目,当尚未到位时,采用 GB/T 22032 中适当的协议、项目和企业三种过程并与 GB/T 22032 的技术过程一起进行工作,以满足协议的要求。图 16 所示的模型提供了在项目内用于满足协议的过程关系的例子。这个例子并不表示所有可能的项目的所有过程流。然而这个例子的确提供了一种能在建立适合于特指项目的过程流时考虑的途径。较小项目也会采用同样的过程,但在正式化、文档编制或活动级别上均有可能按适合于项目经济的比例应减少。

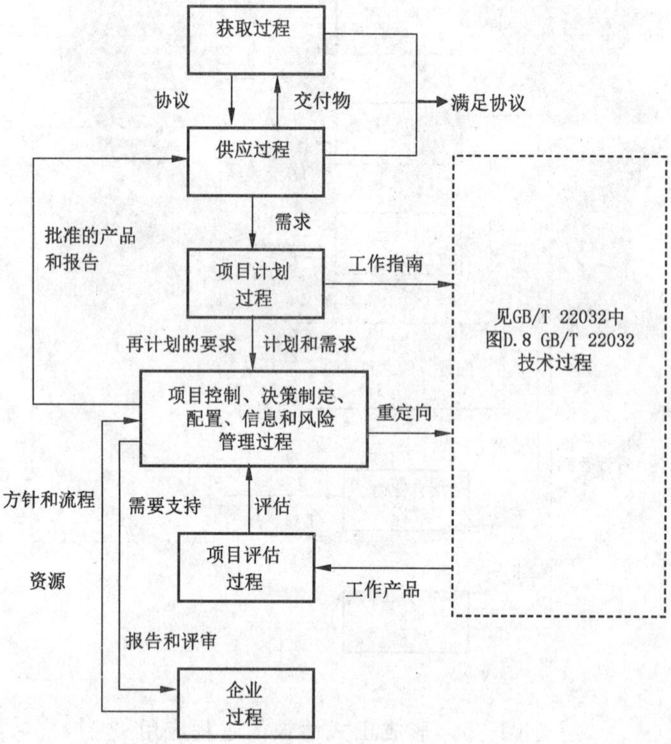

图 16 满足协议的过程应用

在获得满足项目协议所需的资金、团队成员、设备设施等资源且计划下达之后,才应将项目工作展开。

项目成立是为通过提供符合期望质量的可交付件来满足协议的。项目进行“计划制定过程”,此过程可能由用于形成对需方请求的回复的各项更新计划组成,或者由源于前一个生存周期阶段的各项适用计划构成。将满足计划制定的要求所需的工作指派给适合的团队。这些团队进行与技术过程应用关联的工作,以获得所需的工作产品。应将“评估过程”“控制过程”“决策制定过程”“风险管理过程”“配置管理过程”和“信息管理过程”用于监视、控制和评估技术过程的结局,以便能将工作保持在可接受的成本、进度、风险之内,以此满足系统的性能需求。企业过程以适合于对项目提供支持并于适当时对项目进行评审的方式实现。企业过程的目标见5.5.2.3。

当交付所需的产品和服务完全满足协议的要求时,就认为图16所示的过程活动完成。

所关心系统、系统或者系统元素的实际的实现形式能发生变化,从概念模型到生成有代表性的产品。可交付件的实现形式一般是适用的系统生存周期阶段的退出准则和协议要求的一种功能。

7 GB/T 22032过程应用

7.1 概述

GB/T 22032要求建立一个生存周期模型来提供执行GB/T 22032过程的框架,还要求定义该生存周期模型中每一阶段的目的和输出。GB/T 22032在附录B中提供了对六个生存周期阶段的描述,包括目的和输出。本指导性技术文件在5.4的图9中提供了反映这六个阶段的模型,在图17中引用了这一模型,包括系统生存周期的两个有关视图——企业视图和工程视图。

图17所示的系统生存周期模型并未隐含应用GB/T 22032生存周期各过程的先后次序。使用生存周期过程的次序受多种因素(例如社会责任、世界贸易法律、组织的文化、技术考虑事项)的影响。每一种因素在系统生存周期期间都会发生变化。系统生存周期阶段的管理者一般选择满足退出准则和其他阶段目标的生存周期过程的适当集合。例如,在生存周期后期的任何阶段,管理者可以使用运行过程、维护过程和处置过程来管理系统,使系统完成其所需的功能或者得到满足系统需求的服务。在生存周期的前期阶段,可以使用同样的过程来帮助开发管理系统,以及处理废品或不再需要的工作产品。

为了确定在系统生存周期阶段选择和应用哪些过程,管理者可以参考每一阶段的目的和输出(见GB/T 22032的附录B)。选择适合的过程能使系统在整个生存周期的进展得到管理。图17的系统生存周期模型可以看做是与系统从一个生存阶段到另一个阶段关联的有序通道的描述。图17的企业视图和工程视图可以帮助实现这一通道。

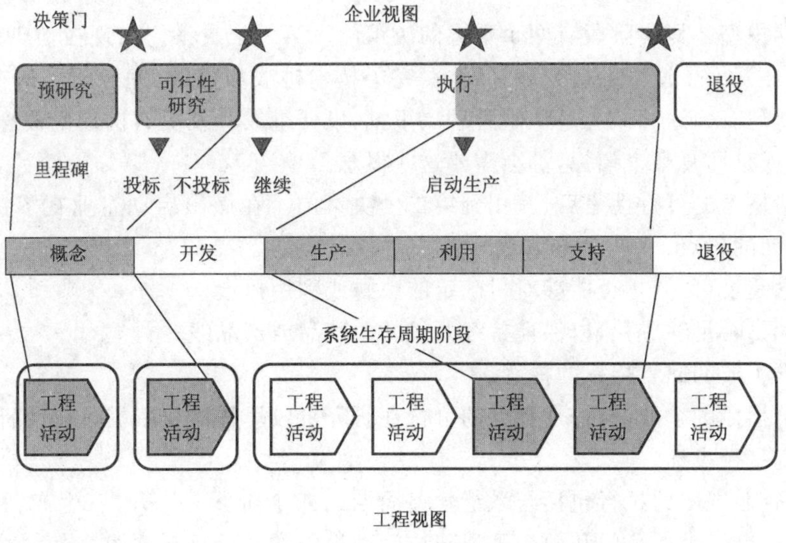

图17 与代表性系统生存周期模型有关的企业视图和工程视图

一个企业(例如汽车公司或医疗设备供应商)或者一个组织的领域组(例如政府保卫部门或工业集

团)通常具有唯一的系统生存周期的视图,以此控制系统从一个阶段到下一个阶段的通道。图 17 所示的企业视图包括了以管理为重点的活动,用于形成里程碑和决策门。企业将这些里程碑和决策门用作决策点,可以在此做出投资决策,看系统是宜继续进行到下一生存周期阶段,还是宜修改、取消或退役,或是在批准之前修订下一个阶段的计划。在创建或使用系统时,企业可以使用这些里程碑和决策门,以便在创建或利用系统时考虑与成本、进度和功能关联的内在的不确定性和风险。

图 17 的企业视图提供了一个范例框架,在该框架中可以采用不同的途径来满足企业的目的和目标。在下面的 7.2 中描述企业视图框架和途径示例。

为了满足决策门的退出准则,应将系统适当工程化,并且需要生产适合的工作产品,以便提供决策制定信息和所需的可交付件。因而,在系统生存周期的每一个阶段,都需要进行计划的工程活动,以便得到输出并且达到该阶段或一组阶段的目的。图 17 的工程视图提供了工程活动的一个范例框架,该工程活动需要满足管理决策门和有关系统生存周期模型里程碑的准则。这种工程化视图在 7.3 中描述。

7.2 企业视图

7.2.1 途径

图 17 中的企业视图可以依据所关心系统或企业业务的性质、目的、使用和当时的情况而发生变化。不过,尽管在这种视图中变化是必要的并且显然是无限的,但总有一种潜在概念性的表征里程碑和决策门的集合存在。每个里程碑和决策门对系统生存周期都有各不相同的目的和贡献。在计划和执行系统生存周期时,宜考虑这些里程碑和决策门。里程碑为管理决策门之间或之前的评审过程提供了一种中期机会。下面的段落中给出里程碑的例子。决策门提供了一种框架,在此框架内企业管理对项目具有高度的可视性和控制能力。

在系统生存周期的各早期阶段,管理层能利用已建立的决策门来确定系统生存周期阶段的目标(财务的以及技术的)是否圆满完成,并确定系统是否做好进入下一个阶段的准备。在系统生存周期各后期阶段,虽然正在使用系统(利用和支持),但决策门通常用于做出以下三种决策:

a) 系统技术是否应该刷新(改变基线配置而不改变性能);

b) 是否应加进新的系统技术(改变系统的性能);

c) 系统是否应适时退役。

系统生存周期模型的概念阶段有两个重大的决策门。第一个决策门出现在预研究时期之后。在这个决策门之前,已经开展了适当的研究和开发,探究了技术挑战和机遇,并分析了潜在的系统概念。把那些对未来业务机遇有前途的概念呈送给管理层审批,以便继续开发更有前途的概念。开发新的市场、响应特定的威胁,或是回复某个招标,都会需要这些概念。

在研究了替代概念的可行性之后,就用到第二个决策门。在做出启动企业视图执行阶段的决定之前,应确定以下所列的各点:

- 一个概念是否可行,是否能够对付确定的威胁或利用机会;
- 一个概念是否足够成熟,以保证持续开发新的产品或产品线;
- 是否批准生成的回复招标的提案。

对于正在回复招标的企业,有一个重要的可行性研究阶段里程碑。依据可行性研究的初步结果,利用这个里程碑确定是否投标。

图 17 所示的企业视图的执行包括与系统生存周期的四个阶段——开发、生产、利用和支持有关的活动。一般情况下,有两个决策门和两个里程碑与管理视图的执行活动关联。第一个里程碑为管理层提供了在计划执行前先进行评审的机会。第二个里程碑提供了在做出启动生产的决策之前评审进展的机会。在执行期间,使用决策门来确定是否生产已开发的所关心的系统以及是否改进该系统或让其退役。

企业视图不仅适用于所关心的系统，而且适用于组成系统结构的子系统和系统元素。不同企业负责系统结构中的不同子系统。此外，在所关心的系统生存期间，嵌入其中的子系统和系统元素比所关心的系统寿命更短。这些系统和系统元素可能需要用改进的子系统或系统元素来替换。

为满足相差悬殊的业务和风险解决策略，对图 17 中企业视图的执行活动，企业部署各不相同。经常使用的有顺序途径、增量途径和演化途径，这些途径在下面的章节中论述。作为一种选择，也可以开发适合的组合途径。

一个组织对这些途径的选择、开发和利用取决于以下所列的几种因素：

- 组织的购置政策；
- 系统的性质和复杂性；
- 系统要求的稳定性；
- 技术机遇；
- 在不同时间对不同系统能力的需要；
- 资源的可用性。

7.2.2 顺序途径

7.2.2.1 总则

对于在交付第一个系统之前开发周期在五年或以上的系统，采用顺序开发途径是适合的。许多系统，像汽车行业生产的系统，采用类似的开发途径，历时多达三年才推出新款车型。

顺序途径如图 17 中企业视图所示，并且已经定义了决策门，从而使企业能够管理系统从概念形成到退役的有序进展。

对于严重依赖现货系统元素的系统，开发一般直接从图 17 中的执行阶段开始而不做概念研究。在这种情况下，项目需要意识到不作降低风险的早期工程化研究就启动开发带来的风险。现货系统元素的使用并不减轻为确保系统可行所做的需要的工程，也不减轻做降低风险分析以及确保接口兼容、系统元素预期兼容和互操作从而满足功能要求所需要的有效性评估。这种现货途径所做的，只是减少经过早期决策门的这种需要，并未排除降低这种途径的风险所必需的分析。

顺序途径用于前所未有的系统或采用最新技术以提供竞争优势的系统的工程化。采用顺序途径的项目面临很多挑战，包括：成本控制、投资变更、技术变更、劳动力保持、需求变更以及最终客户或需方需求的满意度。这些挑战都是由系统从建立初始需求开始到系统在市场上部署的长期性所致。

7.2.2.2 适用系统

顺序途径对于一类中的一个或几个系统有效，或者对需要大量生产的那些系统有效。可以使用这种途径的系统的例子有：基础设施信息技术系统、制造系统改装、汽车、控制系统以及消费产品。在生产阶段，可以生产并交付一个或几个系统，或者启动大批量生产并有可能持续到利用和支持阶段。利用和支持阶段通常是生存周期中最长的时期，会持续很多年。采用这种途径实现的主系统的运行寿命往往有数十年，伴有采用技术革新或技术插入的改装，以维持系统并延长使用寿命。

顺序途径也适用于对遗留系统的现代化。不过工程化是对正在增强的系统及其有关的较低层系统和系统结构中的系统元素进行。对所关心的系统造成的影响确实需要加以分析，并且在冲突显露之处，需要改变较高层的系统和所关心的系统，或者需要修订适用系统的需求。

7.2.2.3 风险

由于采用顺序途径开发的时间很长，所以应考虑如下所列的风险并在采纳之前加以解决：

a) 与系统有关的预期和需求可能在开发的各年份改变；

b） 团队中知识深厚的工作人员可能更替；

c） 组织中的决策制定人员可能变更；

d） 需方组织中的客户人员可能会变更；

e） 系统元件及其有关服务的提供者可能停业或者改变技术；

f） 技术风险可能出现；

g） 在很长的开发期间可能出现技术过时。

7.2.2.4 机遇

与顺序途径关联的机遇如下所列：

a） 采用的途径审慎、逐步精化，在每个里程碑对系统开发的进展都仔细评价，并在进入开发、批量生产或投放市场的下一个阶段之前，允许对系统质量和风险进行评价、对投资决策进行证实；

b） 所有的系统能力都在同一时间交付；

c） 服务中的修改决策可以决定是否对系统进行维护、做重大修改或者让系统从服务中退役；

d） 旧的系统能同时从服务中退役或从市场撤回。

7.2.3 增量途径

7.2.3.1 总则

增量途径适用于定期或以预先计划的时间间隔将产品新版本投放市场的组织。所用的企业视图与图 17 所示的视图没有什么不同。然而，为引进一种有计划的、能发布到市场的系统版本，需要在计划的各个时间间隔建立里程碑。作为概念阶段的结果所实现的系统可以成为第一个版本。

一般来讲，在系统开发之初，就能知道推向市场的最新版本的总体能力。不过分配到第一个版本中的能力集合是有限的。后续版本中不断加进新的能力，直至最后版本完全并入所有的能力。

在实现系统的每一个版本时，可以应用图 13、图 15 和图 16 所示的 GB/T 22032 生存周期过程。对每种版本的运行和支持都与后续各版本的开发、利用和支持并行进行。随着客户群购买并使用新的版本，系统的早期版本以及对这些版本的支持会逐步停止，或者对这些较早的版本进行大块修改以并入后一版本的新能力。

7.2.3.2 适用系统

增量途径主要适用于依赖在短时间间隔内引入新的、增强能力的系统版本，以保持在市场中的竞争力。例如各种信息技术系统，如业务系统、医药系统以及路由选择和防火墙系统。

7.2.3.3 风险

在采纳增量途径之前，应考虑和解决如下所列与之关联的风险：

a） 系统的初始版本的能力可能有限，以至于顾客可能不满，并对购买下一版本失去兴趣；

b） 各版本上市间隔太短，可能引起顾客对升级费用或再培训费用不满；

c） 由一个版本转到下一版本的培训费用（时间和费用）可能无法让人接受；

d） 如果客户期望在第一个版本中实现全部能力，预期可能得不到满足；

e） 对需求的理解没有最初设想的那样好时，实现的结果可能很糟；

f） 未计划的技术变更或者竞争者的系统能力可能要求对开发重新定向，于是给后续版本的成本和进度表带来重大影响；

g） 随着开发的进展，客户可能变更需求。

7.2.3.4 机遇

增量途径与如下所列的机遇关联：

a) 需方对早期能力的需求可能得到满足；

b) 为每一早期里程碑开发的原型在市场中可能有一席之地；

c) 早期引入的系统，尽管能力有限，但仍有可能通过在市场竞争中取胜而开拓市场。

7.2.4 演化途径

7.2.4.1 总则

演化途径也适用于定期的或以预先计划的时间间隔将产品新版本投放市场的企业。这一途径与增量途径的主要区别在于，在进行演化开发时，系统最后版本的全部能力是未知的。最初系统需求是部分定义的，当从早期版本的使用中习得的教训被转换成新的期望能力时，系统需求也随着系统每一个后续版本的推出而得到精化。

图13、图15和图16中所示的GB/T 22032生存周期过程适用于实现每一种版本。在这种情况下，新版本的开发可以串行进行或者有部分重叠地并行进行。同采用增量途径开发的版本类似，不同版本能并行运行并得到支持。不过，应特别注意维持对每种版本的配置控制，以使运行、培训和支持规程适合于正在使用的版本。通常，增强能力的新版本会替换较早版本，或者对较早版本进行大块修改，以便将新的能力并入后一版本。

7.2.4.2 适用系统

演化途径主要适用于虽然对系统的需求有所了解并经批准但对需求仍没有很好理解的复杂系统。这些系统通常只是一种中的一个或少量生产的系统。范例性的系统包括：定制信息技术系统，军用信息系统，特定的信息技术安全系统。这一途径对于应达到使用质量的系统也是有用的。

7.2.4.3 风险

采纳演化途径之前，应加以考虑和解决如下所列与之关联的风险：

a) 全部能力在同一时间可能都是首选；

b) 对转到下一版本的培训费用可能无法让人接受；

c) 可能存在和确定未来需求有关的不确定性；

d) 对计划下一版本的进度发布可能存在不确定性；

e) 配置控制可能成为问题；

f) 在生产中不适当地过早使用一种产品的原型。

7.2.4.4 机遇

演化途径能与如下所列的机遇关联：

a) 需方对早期能力的要求可以得到满足；

b) 客户反馈可能用于增强系统未来版本的能力；

c) 为满足早期里程碑开发的原型可能应用于市场中；

d) 早期引入的能力有限的系统可能抵消竞争者的威胁；

e) 利用新兴技术的优势。

7.3 工程化视图

7.3.1 总则

对正在研究、定义和创建的系统，在其生存周期早期阶段(概念和开发)涉及工程化。在后期阶段(生产、利用、支持和退役)，由于设计错误或故障而出现不希望有的或无法预料的变化时，或者因为技术或竞争的改变而提出了新的需求时，涉及系统的再工程化。

在概念阶段，为了对可行的系统解决方案工程化，需要对系统结构充分定义和评价。应这样做是要确保所选的可行系统概念满足系统要求，而且成本和风险均已明了。当以部件表作为退出准则(如需要作为提案的一部分或者为了准备一份可信的成本提案)，应进行充分详细的工程化，以确保部件表完备，成本和风险也都明了。

在开发阶段，为了将系统解决方案工程化，需要对系统进行适当详细的设计，自所关心的系统层向下，通过接续的系统层，直至系统元素能够被制作、购买、重新使用或由软件实现。对每一系统，应验证其是否满足在体系结构设计的配置描述中包括的规格说明需求，并应确认是否满足接收方及其他利益方的需求。每一系统元素均需移交给接收方，在接收方进行装配并集成进更高一层的系统，加以验证、移交和确认。这一行动继续沿接续层向上，直到实现所期望、所关心的系统。

这一途径无论用于概念阶段还是开发阶段，一般都称为“自顶向下并自底向上的工程化”，描述了在图 17 的工程化视图中所示的工程化活动块。自顶向下并自底向上的途径如图 18 所示，在技术文献中称为“V”型图或“V”型模型。这个图所反映的工作产品和活动，正是图 13 中定义和实现系统结构的过程递归应用所期望的结果。

尽管图 18 中的工程化“V”型模型只绘出 4 层，但“共利方需求定义过程”“需求分析过程”、“体系结构设计过程”仍适用于系统结构中所关心的系统、系统和系统元素，而范例工作产品(规格说明、验证和确认计划)仍应从系统结构的第 1 层至第 m 层进行开发，如图 13 所示。

图 18 中“V”型底部的框表示在系统结构第 x 层对“实现过程”的应用，其中 $1<x\leqslant m$。其结果是要移交给需方的一个已实现的系统元素——可以是一个数学模型或物理原型，或实物产品。实际产品取决于系统生存周期阶段以及企业视图中决策门或里程碑事件的退出准则。

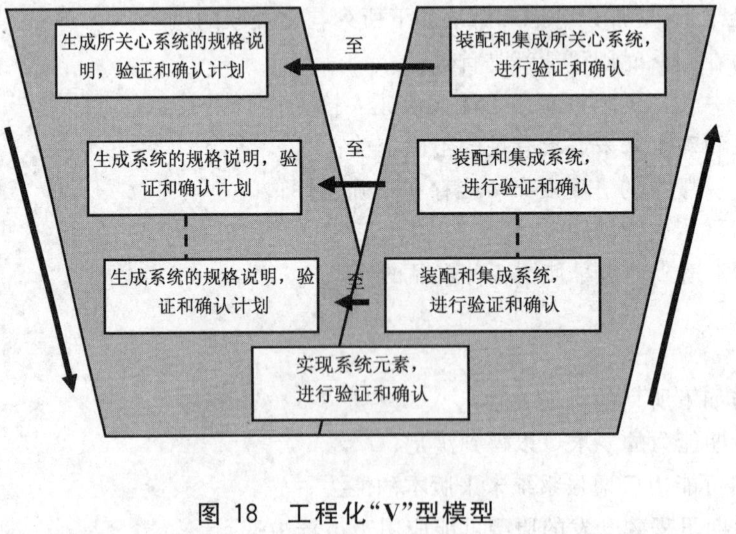

图 18 工程化“V”型模型

图 18 中“V”型模型右侧绘出了“集成过程”“验证过程”“移交过程”和“确认过程”在形成更高层次的系统时的应用。这些过程从第 m 层至第 1 层递归地应用到每一系统元素、每一系统，最后是所关心的系统。这表明系统结构中的每一系统，包括所关心的系统，均应对照配置描述以及图中左侧对应系统的其他描述性文档进行集成、验证和确认。

为修正变化或故障以及为满足变更需求所做的再工程化工作，通常始于系统结构内且低于所关心的系统所在层的系统层，使用“V”型模型相同的一般工程化方法是适当的。然而在这种情况下，受到影响的系统处于系统结构中再工程化工作开始之处。要分析变更的需求如何影响接口和交互系统以及所关心系统的性能；然后，沿系统结构的接续层向下使用“共利方需求定义过程”“需求分析过程”和“体系结构设计过程”，以定义体系结构解决方案。在使用“实现过程”实现系统元素以后，沿接续层向上使用“集成过程”“验证过程”“移交过程”和“确认过程”至所关心的系统，这种方法常称为“由中间向外的工程化”。

工程化“V”型模型可以适当应用于系统生存周期的每一阶段，以满足阶段进入或退出准则，或者满足企业视图的里程碑事件或决策门需求。这种用法如图 19 所示，就是通过将图 17 中标识为“工程活动”的框替换为图 18 中“V”型工程化模型而得到。

“V”型图中的每一应用均提供了有代表性的输出。这些产品用于满足企业视图（见图 17）中应用里程碑或决策门的需求。

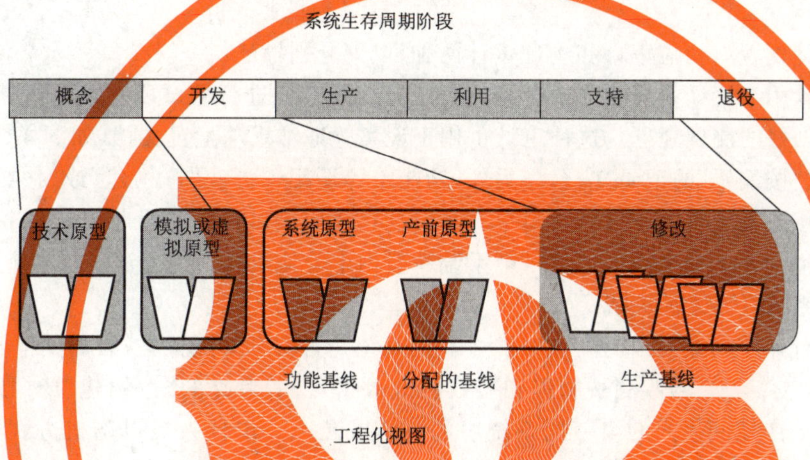

图 19 带“V”型模型的工程化视图

7.3.2 技术评审

应当对每一个使用工程视图的项目适当进行如下所列的技术评审：

a) 在完成“需求分析过程”之前进行评审，以确保共利方需求是完备的，与需方的意图一致，被供方理解，并已经加以确认。这种评审可以防止有不可接受的需求集合。

b) 所进行的评审要考虑所有明确的概念，并确定首选概念是否有潜力满足已定义的共利方需求，是否基于一组可行、可追踪并且就成本、进度和风险经过平衡的技术需求的集合。

c) 评价已建立的功能基线，以确保系统定义是以技术需求的实现为基础，也可用于确保为系统结构中的每一系统进行初步设计做好了准备。

d) 对系统结构中每一子系统的初步设计进行评审，以证实：

   1) 规格说明及其他的配置描述得到适当定义；

   2) 设计的解决方案与需方的需求一致；

   3) 使能系统的需求得到充分定义，以便需要时启动使能系统的开发，或者购置适用的使能系统；

   4) 适当计划了用于开发设计预生产原型的方法；

   5) 风险得到识别，解决方案的计划可行并判断为有效。

e) 对系统结构中每一子系统的详细设计进行评审，以论证：

1）规格说明和图样得到了适当定义，以便适当时通过实现或集成来实施设计解决方案；

2）设计解决方案与需方的需求一致；

3）为生存周期提供支持的使能系统的需求已经得到充分定义，以便视情况而定启动使能系统的开发或购置。

f）在对已实现或集成的测试系统进行一系列按进度表的测试之前进行评审，通过证实所有与使能系统有关的测试适当而且已准备好测试环境来确保测试就绪，以实现测试目标。

g）在为第一个系统发布每一设计解决方案之前或批量生产之前进行评审，通过证实生产使能系统和材料适当而且已准备好生产环境来确保生产准备就绪，以实现生产目标。

在基于分配的基线完成系统结构中每个系统的详细设计，并证明生产系统已经就绪且其他使能系统也就绪或者于需要时预期可用时，系统才能够发布投产。所生产的系统可以是一种中的一个、有限版本中的第一个或者将生产的许多产品中的第一个。

7.3.3 审计配置

能进行的审计配置有功能审计和物理审计两种，以下分别描述：

a）功能审计用于论证系统验证或合格性测试的结果符合进行测试所对照的规格说明，并论证遵照了计划好的测试规程。这种审计也用于证实验证结果与配置文档（如图样、授权的变更、“按构建”或“按编码”的记录）吻合。另外，功能审计还用于证实“按构建”或“按编码”的配置已通过了对照配置文档（如图样、材料单、规格说明、代码表、手册、符合性测试和符合性数据）的考查。预生产原型或生产出的第一个系统一般用于验证或合格性测试。这种审计通常应在最初生产的系统发布之前完成；

b）物理审计用于考查“按构建”或“按编码”的系统是否符合其配置文档（如图样、材料单、规格说明、代码表、手册、验收测试规程和验收测试数据）。所考查的“按构建”或“按编码”系统应是在最初生产期间生产的第一批系统中的一个或几个。审计人员以随机方式选择用于审计的系统。物理审计的目的如下：

1）证实系统已经按照图样或规格说明正确实现；

2）证实信息数据库表示了工作产品或工程化制品的必要的集合；

3）证实此前完成的规格说明所需的变更已经包括在内；

4）证实未来系统生存周期阶段的使能系统可用，能加以执行，并满足共利方的需求；

5）如果适用，为将来系统生产审批提供基础。

8 组织应用

8.1 概述

组织既是系统的生产者，又是系统的消费者；就是说进行产品和服务两种贸易。组织在购置和使用或者创建和供应系统时可以采用 GB/T 22032 过程。这些过程在系统生存周期任一适合的阶段，可应用于系统结构中的任何一层，并适用于对系统负有责任的任一组织。一个层的输出，无论是信息、产品或是服务，都是下一层的输入，并产生相应的响应，包括信息、产品或服务。在系统结构的每一个具体的层上，（递归地）使用过程的同一个基础集来描述组织的业务、项目和技术活动，这是应用 GB/T 22032 的一个重要方面。

另外，在同一系统上工作的多组织项目的管理组，可以采用 GB/T 22032 提供一个公用过程集合、一个集成的系统生存周期模型以及一个公用的通信和工作基础。

8.2 组织内应用 GB/T 22032

在一个组织内,GB/T 22032 有三个关键应用,如图 20 所示,描述如下:

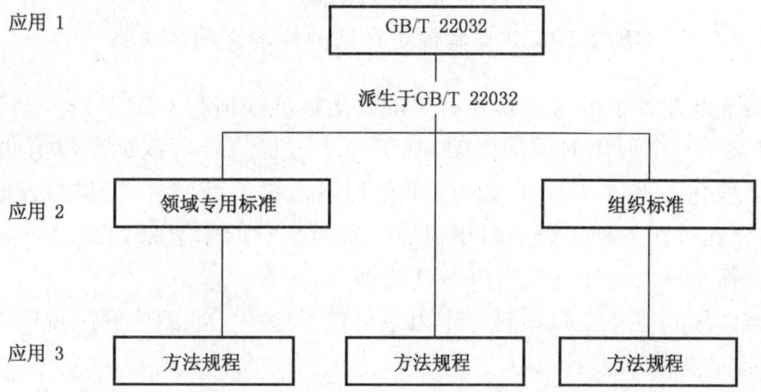

图 20 GB/T 22032 的三个应用

应用 1 是将 GB/T 22032 直接应用于组织的工作。GB/T 22032 按照过程名、目的、输出和活动来描述生存周期过程。因此,直接应用就是将所选的生存周期过程集合,在生存周期阶段的过程中,适当应用到所关心的系统,以获得过程的输出并满足阶段目标和退出准则。为了成功应用所选的过程,每一活动都由组织进一步定义,包括认定借以完成活动的任务。根据这些任务以及活动的性质,确定有效、高效完成任务所需的工具和方法。完成任务的输出应包括适当的文档,文档的内容应基于项目规模、生存周期阶段退出准则、协议可交付件、可用资源以及认定出的任何其他影响因素。

为了在组织内成功应用 GB/T 22032,应选择完成活动和任务的工具和方法并使之对项目可用。对涉及应用过程的团队成员应就 GB/T 22032 的概念和要求以及所选的方法和工具进行培训。

应用 2 的目的是创建适合的组织标准或组织领域标准。这些标准可以从 GB/T 22032 的适用的概念和要求中派生出来,以便将组织和领域(例如航空航天、汽车、医药设备)的主要工作标准化。图 4 说明这种采纳对组织来说是对 GB/T 22032 范围进行的一种剪裁,这种应用中,也可以是针对适用领域对 GB/T 22032 的范围进行剪裁。应用 2 类型的标准应更侧重于各种组织单位和领域的业务。与应用 1 类似,应用 2 也需要对活动进行详细的定义,应通过认定必要的任务,选择并提供适当的方法和工具,依照标准中的规程和顺序来开展工作。在应用到某个项目之前,对组织和领域的团队成员应进行适合的标准以及适用的方法和工具的培训。

应用 3 的目的是准备适合的文档来描述组织和领域的方法、规程和指南,用于实现组织标准或领域标准以及直接应用 GB/T 22032。在对项目应用前,就适用的文档进行适当的培训是必要的。

附 录 A
（资料性附录）
GB/T 22032 与其他更详细的标准之间的关系

本附录的目的是帮助读者了解与工程化有关的其他标准如何与 GB/T 22032 一起使用。

GB/T 22032 定义了一个通用的顶层框架，基于一个过程集合。该标准没有也不打算详细定义系统工程或对系统的工程化。不过，GB/T 22032 期望加强系统工程、软件工程与其他受到影响的工程学科之间的关系，并打算通过在各种工程学科中倡导一致而统一的术语来做到这一点。该标准还打算在需要创建系统的各工程学科之间建立交互并改进沟通。

有各种其他标准详细涵盖各工程学科。本附录借鉴了这些标准的内容来说明上述框架而不是试图提供具体的对照，考虑的标准如下：

a） ISO 13407　交互系统以人为中心的设计过程

b） IEC 61508　电气/电子/可编程电子安全有关系统的功能安全

c） GB/T 18492　信息技术　系统及软件完整性级别

d） ANSI/EIA 632　工程化系统的过程

e） IEEE 1220　系统工程过程的应用和管理

f） GB/T 8566　信息技术　软件生存周期过程

g） GB/Z 18493　信息技术　软件生存周期过程指南

h） GB/T 20917　软件工程　软件测量过程

i） GB/T 16260（所有部分）　软件工程　产品质量

j） GB/T 18905（所有部分）　软件工程　产品评价

GB/T 22032 用作建立生存周期过程的适用集合的基础，生存周期过程提供达到陈述目的的活动。由 GB/T 22032 定义的过程在系统整个生存周期都有可能被调用。

另外，这些过程可以从 GB/T 22032 描述的一个以上的阶段中被调用。例如，“需求分析过程”不仅在概念和开发阶段先于初始设计被调用，而且在支持阶段用于所有随后的演化。这种不同的应用通常要求纳入差异，以考虑到来自生存周期内的调用点。

图 A.1 表明其他标准与 GB/T 22032 在概念上的交互作用。在这个例子中，能用四种标准为 GB/T 22032生存周期过程提供活动和任务层细节。从这一视角看，GB/T 22032 中的生存对过程提供了更高层的需求。基于过程的责任和阶段退出准则，用户可以选择适合的过程来管理系统的生存周期。图 A.1 表明第二排的标准能提供类似的或替代的活动来实现选出的过程。第二排中不同的标准可以用在生存周期过程的后期阶段而不是前期阶段。第三排的标准可以为实现第一排和第二排标准中的活动提供所需要的任务细节。采用多种来源来定义 GB/T 22032 生存周期过程的活动和任务，提供了一种构造系统生存周期过程集合的有效手段，这些过程能在各种系统生存周期阶段适用于给定的系统，以满足企业视图中里程碑事件和决策门的退出准则。

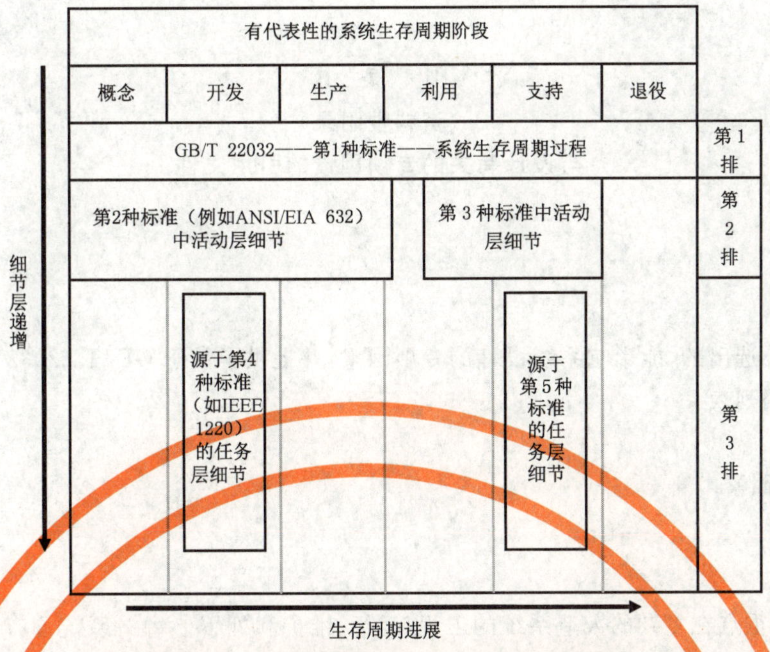

图 A.1 GB/T 22032 和其他工程化标准

附 录 B
（资料性附录）
与设计有关的专项因素的引用文件

B.1 总则

本附录论述了选出的、能影响系统设计的专项因素，并提供了关于GB/T 22032需求的这些专项因素应用的指导引用列表。

B.2 范例性专项因素

B.2.1 总则

GB/T 22032重点在复杂的人造系统的工程、运行、维护和处置。每一系统均有如下所列的必不可少的专项因素，应将其纳入体系结构设计解决方案，以使系统能获得成功。

a） 操作者、用户以及公众的健康、安全和福利的关切事项；

b） 关于系统的互操作性、安全性(1)、安全性(2)、可靠性和可处置性的关切事项。

B.2.2 健康

纳入计划的使用率和使用环境、运行概念以及其他系统需求，能给人员生命带来关于潜在损害的健康风险，包括对与系统有接触或者存在于系统运行环境中的操作者和其他对象(人或动物)。用例、人机接口、操作环境、电磁辐射、热和噪音发射以及废料，均应加以分析以确定此类风险。从这些分析得出的结果应包括特定健康关切事项和与健康有关的设计需求的建议，其中的设计需求能防止认定的健康危险。

注意，健康问题可持续到系统退役以后。

B.2.3 人员

人员同与系统关联的产品和服务的交互，应当从对操作者、用户和公众产生影响的视角来看待。应对此类影响进行分析以确定不利影响，并应通过系统设计避免或减弱这种负面影响。从这些分析得出的结果应包括人员关切事项和与设计需求有关的建议，其中的设计需求能减弱认定的不利影响。

B.2.4 互操作性

数据流在系统之内和系统之间都十分重要，以使运行功能可以在系统生存期内成功完成。应分析造成数据(或信息)正常流动失效的潜在原因，包括采用与外部系统或系统结构内的内部系统一起的适当的通信连通性协议。从这些分析得出的结果应包括特定互操作性关切事项和有关设计需求的建议，其中的设计需求能改善互操作性。

B.2.5 安全性(1)

运行概念以及其他的系统需求能给人员生命、财产和环境带来关于潜在损害的安全风险。用例、人机接口、操作环境、电磁辐射、热和噪音发射、废料以及失效模式，均应加以分析以确定此类风险。从这些分析得出的结果应包括特定安全关切事项和与安全有关的需求建议，其中的需求能减少认定的安全危险。

B.2.6 安全性(2)

运行概念、使用环境以及其他的系统需求都能给系统及其用户带来安全风险。风险包括:①人事、财产和信息的访问和损坏;②敏感信息的讹误、失窃或泄密;③对财产或信息的经批准的访问被拒;④未经授权的系统访问;⑤生命或财产损失。应分析安全的适用领域,包括物理安全、通信安全、计算机安全和电子发射安全。从这些分析得出的结果应包括特定安全关切事项和与安全有关的需求建议,其中的需求能减少认定的安全风险。

B.2.7 易用性

许多系统的运行有效性以及由此而来的验收取决于用户实现系统拟定能力的能力。包括人员要素的系统依赖于在规定时间内完成任务的系统操作者和所需的精度以及对资源的有效和高效利用。对于用例、人机接口、操作环境和培训以及操作规程,一是应基于可理解性、可学习性、可操作性、吸引性等易用性的目标加以定义;二是对照有效性、生产率、安全性(1)和满意度等使用质量准则予以评价。

B.2.8 可信赖性

在任何运行使用期间、任何给定(随机的)时刻,当需要且只要需要时,系统中任何部分的失效潜在性都将确定该系统是否可用。影响可信赖性的因素包括平均失效间隔时间、平均修复时间和管理性停机时间。应当对这些因素进行分析,以确定其对系统寿命的影响。从这些分析得出的结果应包括特定可信赖性关切事项和与需求有关的建议,其中的需求能辅助该系统使其更可信赖。

B.2.9 可处置性

危险物资的处理对环境的影响能给所有的生命形式带来风险。风险包括失去生命、疾病以及生活标准降低。处置来自所关心的系统使用的废品及其来自处置寿命已尽的所关心的系统或其系统元素之一的废品而造成的环境影响,均应加以分析。从这些分析得出的结果应包括特定环境影响关切事项和与需求有关的建议,其中的需求可以减少与系统处置有关的风险。

B.3 特定专项因素与设计之间的衔接

表 B.1 说明了 B.2 中的范例性特定因素与范例性系统元素种类的衔接,其中的系统元素构成所关心的系统,也是体系结构设计工作的主题。表 B.1 中特定因素与系统元素的交点表明,当这个特定因素对系统将产生影响时,应考虑到系统的体系结构设计。对用户领域的其他特定因素和系统元素,能利用这一途径来分析适用于设计的重要关系。

表 B.1 系统元素种类与特定设计因素之间的衔接

范例性特定因素	范例性系统元素种类			
	硬件	软件	人员	其他
互操作性	●	●	●	
安全性(1)	●	●	●	●
安全性(2)	●	●	●	●
可信赖性	●	●	●	●

表 B.1（续）

范例性特定因素	范例性系统元素种类			
	硬件	软件	人员	其他
可处置性	●	●	●	●
其他		●	●	●
其他	●	●		●

这种分析的目的如下：

a） 确保特定因素需求被包含进系统开发之中；

b） 确保适合的特定因素专家参与系统体系结构设计工作；

c） 从影响构成系统结构的系统或系统元素的角度，确保适当地将特定因素设计到该系统的体系结构设计解决方案之中。

B.4 特殊因素参考

参见表 B.2。

表 B.2 特殊因素参考

特殊因素	参　考	描　　述
人员	ISO 6385	提供了工作系统的设计指南，特别是任务和作业设计
	ISO 9241	分成 19 个部分的标准，对包括软件的系统的任务、工作空间、物理的和软件的工效学提供了建议
	ISO 9241-2	扩展了 ISO 6385 中的使用指南，将使用基于计算机的系统包括进来
	ISO 9241-11	为准备并分析一个使用环境的陈述提供了指南，并将易用性规定为一个系统的累积性能测度。“使用质量”是 ISO/IEC 9126 中采用的等效术语
	ISO 10075	为智力工作量的测度和管理提供了指南
	ISO 13407	描述了以人为中心的系统开发的原则，以及涉及最终用户的迭代性生存周期的过程。以项目经理指南的形式写成。包括要求以人为中心时的设计的评估准则
	ISO TR 18529	以 GB/T 22032 中采用的格式提供了以人为中心的生存周期过程描述
质量	ISO 9000 ISO 9001:2008	提供了质量管理和质量管理体系的需求，特别是有关认证的需求
	GB/T 16260.1	为信息技术中的软件产品提供了质量模型
	GB/T 18905	第 1 部分——对信息技术中的软件产品评价提供了通用综述。这是一个用于评价所有类型软件产品质量的框架，并且是对软件产品测度和评价方法的需求的陈述。 第 2 部分——提供了信息技术中的计划和管理。在此提供了与软件产品评价关联的计划和管理需求的细节，还重点阐明了为确保评价成功而宜由组织提供的需求。 第 3 部分——为开发者提供了信息技术中软件产品评价的过程。提供了阐明质量要求以及实现并分析软件质量测度的指南，这适用于在开发周期所有阶段的一切软件。 第 4 部分——为需求方提供了信息技术中软件产品评价的过程。在购置现货软件产品、定制软件产品或者修改现有软件产品期间，提供了对软件产品质量进行系统化测度、评估和评价的需求、建议和指南

表 B.2（续）

特殊因素	参　考	描　　述
安全性(1)	IEC 61508	提供了采用电动和电子过程控制系统的安全工程的指南
安全性(2)	GB/T 18336	提供了评价信息技术产品和系统的安全性(2)性质的基础
	GB/T 9387	提供了开放系统互连和安全体系结构的基本参考模型
易用性	ISO/IEC 9126	提供了定义和评价易用性的信息
可信赖性	IEC 60300-1	提供了非定量的产品特性，涵盖了可用性性能的所有方面及其可靠性性能、可维护性性能及维护支持过程的因素
可处置性（环境）	GB/T 24001	提供了为满足环境需要而进行系统管理的信息

附 录 C
（资料性附录）
对应用 GB/T 22032 过程的注解

C.1 总则

本附录为 GB/T 22032 的用户提供了附加的帮助来选择和使用所选的 GB/T 22032 过程。这种帮助基于有可能影响过程的选择和应用的注解。

GB/T 22032 的每一过程都有两个必不可少的元素，即目的和输出集合。目的陈述提供了采用该过程的全部理由。输出是从完成一个过程的活动中预期可观测到的结果。为 GB/T 22032 每一过程提供的输出均有益于激发选择和执行该过程。下面的各个注解旨在帮助实现应用过程活动的输出。为便于使用，提供了对 GB/T 22032 中一个或多个条款的交叉引用。

GB/T 22032 各条款内的"注解"都只是资料性的指南材料，并不构成 GB/T 22032 的要求。GB/T 22032内的"注解"旨在阐明与之关联的活动的意图，并处于本附录所包括的"附录"的相同地位。

C.2 协议过程注解

参见表 C.1、表 C.2。

表 C.1 购置过程

注 解	GB/T 22032 章条号
1. 为了正确地完成"购置过程"的活动，应视情况而定实现适用的项目过程、技术过程和企业过程	5.2.2.3 5.3，5.4，5.5
2. 在任何购置情形下，一般都有几种处理途径或方法。想要的途径或方法最好达到全面购置目标并满足约束。所考虑的事项包括： a） 后市场机遇； b） 业务单位政策； c） 企业环境； d） 财务资源可用性； e） 人员因素； f） 改进策略； g） 集成和互操作性； h） 后勤（可保障性）； i） 过时； j） 运行环境（污染，处置）； k） 生产率； l） 安全性(1)； m） 安全性(2)； n） 竞争； o） 共利方目的； p） 生存性； q） 投放市场时间的约束； r） 购置和供应的潜在风险	5.2.2.3 a)

表 C.1(续)

注　　解	GB/T 22032 章条号
3. 采用"项目计划制定过程"来准备购置计划	5.2.2.3 a) 5.4.2
4. 典型的招标文档包括:购置请求书(例如请求建议书、请求投标书、请求信息书、请求报价书),意向备忘录,报价或指示	5.2.2.3 b)
5. 无论何时对可能涉及外部供方的正式合同的情形,潜在供方需介入购置请求文档的定义,以提供能力与系统要求的最优匹配	5.2.2.3 c)

表 C.2　供应过程

注　　解	GB/T 22032 章条号
1. 为了正确完成"供应过程"的活动,于必要时,实现适用的业务单位过程、项目管理过程和技术过程,以提供所需的工作产品、财务信息和制定计划信息	5.2.3.3 a) 5.3,5.4,5.5
2. 招标一般来自内部的或外部的业务单位(对项目可以是内部单位)。招标不必是正式的	5.2.3.3 a)
3. 供选择的是,业务单位进行市场调研,以便在一个特定的业务部门内确立可用的机遇	5.2.3.3 a)
4. 利用"项目计划制定过程"准备供应计划	5.4.2.2
5. 在任何供应情形下,一般都有几种处理途径或方式。想要的途径或方法最好达到全面组织和供应目标并满足约束。所考虑的事项包括: a) 适用于供方的法律和规章; b) 业务单位的目的; c) 竞争; d) 企业环境以及政策和规程; e) 资源可用性; f) 有关的管理风险、技术风险和资源风险; g) 分包选项	5.2.3.3 b)

C.3　企业过程注解

参见表 C.3～表 C.7。

表 C.3　企业环境管理过程

注　　解	GB/T 22032 章条号
1. "企业环境管理过程"为业务单位设置了完成多个进行中项目的环境,包括适用的策略和策略业务计划、系统生存周期模型、政策、规程和标准。另外,该过程为技术、产品线、项目管理辅助工具建立了约束,为项目之间及项目与企业的交互提供了通信路径	5.3.2.1
2. 对支持和指导项目(完成服务并生产业务单位产品)的政策和规程,应定期评价。对政策和规程的变更进行评价,以确保为满足其策略和策略目标而实现业务单位成熟度的持续改进	5.3.2.3 b)
3. 由项目生产的不同系统的完整性级别,会要求不同的策略和规程集合	5.3.2.3 b)

表 C.3（续）

注　解	GB/T 22032 章条号
4. 通常要建立适当的管理辅助工具，使用于指导并使之实现的项目的有效信息可用，包括：项目状态、标准化的自动化工具、组织的可用于可重用的产品、新兴技术的状态、有关的市场机遇及威胁、仓储所获取的数据和文档的信息数据库	5.3.2.3 c) 5.3.2.3 d) 5.3.2.3 e) 5.3.4.3 c)
5. 这种过程的一个重要工作产品是建立并维护适合的生存周期模型，如图 17 所示的企业视图。所选的模型用于监视项目在其寿命跨度上的进展，并能就项目的启动、重定向和终止进行决策	5.3.2.3 d) 5.3.2.3 e)

表 C.4　投资管理过程

注　解	GB/T 22032 章条号
1. 用于确立新的业务机遇的评价准则通常基于：业务单位的策略计划、业务单位的能力、业务单位的政策、收益目标、市场区段、市场定位、投资资源、风险级别、对顾客的价值、技术和竞争优势	5.3.3.3 a)
2. 市场调研包括：1)　与潜在用户组接触，以认定对系统、系统元素及其有关服务的即将出现的需要，并认定对未来的系统、系统元素及服务所期望的使用环境；2)　搜集用户和共利方(利益方)对已经在使用的系统、系统元素和服务的反馈；3)　分析用户技能、工作负荷和工作环境上的趋势	5.3.3.3 a)

表 C.5　系统生存周期过程管理过程

注　解	GB/T 22032 章条号
1. 在选择适用于某一系统生存周期阶段内的过程时，能发现 GB/T 22032 的一些过程对业务单位并不适用。在这种情况下，期望这些过程不被包括在业务单位标准、政策、规程和其他指导性媒介内。在业务单位希望将一个过程中的某些活动作为指导材料部分的情况下，这些所选的活动作为其他过程的定义部分被包括进来，或者整个过程服从另一过程之下的活动级	5.3.4.3 a) 5.3.4.3 b)
2. 能形成新的项目过程，或者将系统生存周期过程之下的某个活动提升到过程级	5.3.4.3 a) 5.3.4.3 b)
3. 一个业务单位内的生存周期过程的标准化可以变化。不过，业务单位通常鼓励所有的项目以及职能性业务单位采用共同惯例和标准，只要这样做有利	5.3.4.3 b)
4. 依照业务单位的政策、规程和投资决策，标准化过程的定义包括在项目中待实现的有关方法和工具	5.3.4.3 b) 5.3.4.3 c)
6. 对所有的企业过程和数据库，通常均制定适合的灾后恢复规程	5.3.4.3 e)

表 C.6　资源管理过程

注　解	GB/T 22032 章条号
1. 该企业过程包括建立人员的和非人员的资源服务，这些服务能使业务单位在约束和协议要求内达到其目的和目标	5.3.5.3 a) 5.3.5.3 b)

表 C.6（续）

注　解	GB/T 22032 章条号
2. 非人员资源服务包括但不应限于： a)　机密材料和项目设施安全； b)　通信系统； c)　计算和信息技术以及服务； d)　合同管理； e)　设备设施维护； f)　制造和生产； g)　现场支持； h)　财务管理； i)　基础设施支持，如门卫、邮件收发室和出版物复制； j)　市场调研和营销； k)　包装、装卸、运输、接收和储存服务； l)　研究和开发支持； m)　工具和技术； n)　工作、培训和测试设施设备	5.3.5.3 b)
3.为保持业务单位战略目标和战术目标的一致性，应评审项目中的基础设施和人员技能组合	5.3.5.3 a) 5.3.5.3 c)

表 C.7　质量管理过程

注　解	GB/T 22032 章条号
1. 该企业过程与建立质量管理途径(符合 ISO 9001)一致	5.3.6
2. 该过程提供了足够的置信水平：每一个项目系统和服务的质量属性都得到了充分的定义，所有活动得到了有效且高效的管理，结果使客户需求得到满足，企业业务的其他利益方也感到满意	5.3.6.3 b) 5.3.6.3 d)

C.4　项目过程注解

参见表 C.8～表 C.13。

表 C.8　项目计划制定过程

注　解	GB/T 22032 章条号
1. “项目计划制定过程”定义了支持其他过程的必要计划。例如：1)　形成一个投资决策；2)　对招标准备负责任的回复；3)　确定是否开展工作或继续工作，以满足特定组织模型阶段进入/退出准则；4)　对工作进行指导，以满足协议的需求；5)　对工作重新制定计划	1) 5.3.3.3 a) 2) 5.2.3.3 c)和 5.4.2.3 l) 3) 5.3.3.3 h)～j) 4) 5.4.2.3 j) 5) 5.4.2.3 b)～j)
2. 各项计划均受到业务目的和目标以及共利方需要的约束	5.4.2.3 a)

表 C.8(续)

注　解	GB/T 22032 章条号
3. 重新制定计划一般由以下引起:1)　协议要求时;2)　其他过程的输出认定有重大变化或异常时;3)　在实现与企业选出的系统生存周期模型有关的下一工程化视图或企业视图阶段之前(见图 17)	5.4.2.3 a)
4. 当存在能导致项目或工作重定向的已知风险或机遇(例如在预算、进度、需求、技术或资源可用性上的重大变化)时,在计划中采用应急选项	5.4.2.3 a)
5. 应从级别和正式性上对计划进行剪裁,以适应项目或工作的复杂性、不确定性和资源(包括资金)	5.4.2.3 b)
6. 计划包括范围、任务、方法、工具、测度、风险和资源,用于对适用的系统或系统元素的实现、集成、验证、移交和过程确认,以便能有效、高效地利用每一应急选项	5.4.2.3 b)~l)
7. 下列各项应有助于确定项目进度、员工配备要求和资源需求:	5.4.2.3 b)
a)　满足技术需求(如技术评审、生产准备就绪评审、验收测试、修改决策评审)所需的关键事件	5.4.2.3 d)
b)　与完成每个关键事件的进入退出准则有关的主要任务(如定义共利方需求、准备工程图样、完成技术或管理评审包、进行测试)	5.4.2.3 d)
c)　能使员工完成主要任务以达到其目标的保障任务[如:1)购置资源、设备和设施;2)聘用对完成主要任务有相称技能的人员;3)安排旅程]	5.4.2.3 g)
d)　指导、监控、评审和批准主要任务及支持任务所需的管理任务(如担任技术评审主席、评审并批准转递给客户的文档、出席管理评审会议、决定是否进行技术更新、技术插入或让系统退役)	5.4.2.3 h) 5.4.2.3 g)
8. 通常建立与系统结构及适用的非系统结构特定的有关项目过程活动的"工作分解结构"(work breakdown structure, WBS)。非系统结构有关的项目过程活动包括:项目计划制定、评估和控制、风险管理、决策制定、信息管理和配置管理	5.4.2.3 c)
9. 初始的 WBS 应基于系统结构及系统生存周期过程。WBS 一般是发展的,以确定与特定系统关联、与该系统存在于其中的结构的技术定义并行的任务和工作包	5.4.2.3 c)
10. 项目进度经相应的行政机构批准后,即认为是一种基线,但服从符合组织的政策和规程的变更控制	5.4.2.3 d) 5.4.2.3 e)
11. 计划的预算经相应的行政机构批准后,通常即认为是一种基线,但服从符合业务单位的政策和规程的变更控制	5.4.2.3 f)
12. 计划可以是文档集中或者从电子媒体中获取的供适当参与者访问的个人文档。计划是过程的初始输出,能使该过程高效且有效地完成。计划的制定应使用适合的项目计划制定过程活动	5.4.2.3 j)
13. 工程化计划提供下列解释:需要做什么,将怎么做,由谁来做,何时来做,在何处做;以及对每一技术过程完成工作所应的资源的多少(见图 13)。工程化计划是在已建立的资源和员工的约束内,并且为了在可接受的风险范围内满足成本、进度和性能的要求而解释以上各点	5.4.2.3 j)
14. 工程化计划适合于每一个适用的企业视图阶段(见图 17)以及采用工程化"V"型模型的每个项目(对系统的工程化或再工程化)	5.4.2.3 j)
15. 工程化计划又称"系统工程管理计划(Systems Engineering Management Plan, SEMP)"或"集成管理计划(Integrated Management Plan, IMP)"	5.4.2.3 j)

表 C.8（续）

注　解	GB/T 22032 章条号
16. 下面的列表应作为一种检查表使用，以确保包含和完成工程化计划中必要和适用的信息。 a) 待解决的普遍性问题； b) 需方的利益(业务单位视角)； c) 待解决的普遍性问题的应用场景； d) 待解决的普遍性问题的边界，以此表明：开发者(内部)能控制什么、什么影响开发以及什么受开发影响而不受开发者(外部)控制； e) 所需的输入输出，包括对使能系统的依存关系； f) 影响因素和约束； g) 关于可靠性、可用性、可维护性、安全性(1)、安全性(2)、信息质量、健康因素、可生存性、电磁兼容性、射频管理以及人员因素的系统关切事项； h) 待完成的项目过程、活动和任务； i) 每个适用的技术过程将如何完成，以及每个过程如何与其他的技术过程、项目过程、企业的和协议的过程衔接(输入和输出数据流、顺序安排)； j) 为完成每一适用过程的活动和任务所计划的资源、方法和工具； k) 将如何购置和使用所需的资源和工具； l) 为确保高效且有效的团队工作所使用的组织结构； m) 项目如何配备员工并加以管理； n) 对产品质量的关键测度以及如何确定满意度； o) 关键的中间事件以及如何确定这种事件的完成； p) 何时、何处、由谁来完成活动和事件； q) 涉及的技术风险以及这些风险将如何管理； r) 潜在的机遇以及对机遇的认定和跟踪； s) 用于过程活动的完成准则； t) 再次进行每个过程的进入和退出准则； u) 将如何确定完成	5.4.2.3 j)

表 C.9　项目评估过程

注　解	GB/T 22032 章条号
1. 对成本和进度的管理存在形式化的方法。例子有： a) 按成本设计(用于建立一个与其他系统性能要求等价的成本需求)； b) 基于事件的进度安排[用于建立事件(如里程碑事件)、与事件有关的重大活动和任务以及确定任务和活动的完成准则]； c) 挣得的价值(用于定义所开展工作的预算成本，比较按进度安排的工作的预算成本与所完成工作的实际成本，以确定工作完成时的估计值以及成本和进度的差额	5.4.3.3 a)

表 C.9(续)

注　解	GB/T 22032 章条号
2. 进行适当的分析和评估,以便: a) 确定项目计划(管理和技术的)的持续一致性和相关性; b) 利用定义的技术度量体系,基于估计的成绩和里程碑事件的完成,确定项目的技术进展; c) 利用可能的客观测度(如技术成绩和资源利用效率)确定项目团队技术角色和结构的有效性; d) 确定团队成员的技术能力和技能足够,以满足技术角色并完成技术任务; e) 确定支持性培训的有效性和价值; f) 确定技术基础设施和服务在定义的时间间隔足够和可用,以证实对组织内的承诺感到满意; g) 确定系统设计的质量和进展、所用的资料和使能系统服务; h) 确定项目估计的技术差异,并确定成本、可用性和性能规格说明的差异; i) 评价技术数据的采集、处理和传播的有效性; j) 确定期望的结果与评估的结果之间的技术差异,以查明发展趋势并认定根本原因; k) 确定所采集的技术数据的质量,以及所派生的信息的价值、及时性、完全性、有效性、机密性(若要求时),以及对接受者的好处	5.4.3.3 a)~f)
3. 应将"项目评估过程"用于选择、评估和汇集系统及过程的测度,以便为支持项目管理提供信息。明确地说,这包括确定: a) 项目的进展; b) 用于风险解决方案的信息; c) 有意义的财务和非财务绩效; d) 有效性和风险信息,用于进行权衡分析以及对采取的行动和产生的影响提供建议	5.4.3.3 a)~l)
4. 通过提供从监视和分析项目工作得到的信息,利用"项目评估过程"辅助管理决策制定,以便确定: a) 对照计划(工作生产率)及技术需求(产品质量)取得的的进展和成绩; b) 坚持惯例和规程; c) 进入企业视图下一阶段的准备就绪(通过决策门和里程碑事件评审),或进入系统结构的下一层的准备就绪; d) 与替代方案关联的有效性、风险和机遇对决策制定者可用; e) 权衡分析的结果包括推荐的行动过程以及每一过程对成本、进度、绩效和风险的影响	5.4.3.3 a)~f)
5. 以产品测度对系统和其他工作产品的技术需求评估进展和成绩	5.4.3.3 a) 5.4.3.3 d) 5.4.3.3 f)
6. 系统测度(又称"产品测度")用于评估共利方满意度,并用于向项目产品和服务的需方交付一直改善着的价值。这些测度也指明设计过程正沿着可接受解决方案的方向进行。输入系统测度的一个例子是材料质量以及委派项目人员的技能。输出测度的例子有:顾客投诉,在服务的故障报告,技术性能测度(technical performance measures,TPM)。TPM 是一个用于评估设计进展、是否符合性能要求以及关键性能参数技术风险的测度。TPM 派生于 MOP(见附录 C.18 注解 1),MOP 重点在设计和实现系统时系统特定体系结构元素的临界技术参数。对 TPM 的选择应限于关键技术阈值或参数,这些阈值或参数若不予满足,将使项目面临成本、进度或性能的风险。TPM 从满足关键技术参数要求的角度,提供了一种设计适当的早期预警。TPM 包括预计的性能,例如带有可接受方差的阈值的增长曲线。系统或系统元素的性能在整个生存周期中均受到追踪,并与项目预计的或要求的值作比较。在生存周期早期,性能值可基于模拟或建模加以估计。随着生存周期的进行,实际数据取代估计值,提高了信息的保真度。这样的测度随设计解决方案的演变使得能在过程的早期采取行动,而不是等到系统测试之后	5.4.3.3 a)

表 C.9（续）

注　　解	GB/T 22032 章条号
7. 应当对计划的时间、实际的或估计的工作量、材料及服务的成本进行汇集和评价，并与基线预算和现行预测作比较	5.4.3.3 a) 5.4.3.3 h)
8. 生产率评估的结果(进展满意计划)提供状态信息，以便能够高效利用资源、对照计划评价进展、认定成本和计划好的项目基线中的进度之间的差异、在早期认定和解决生产率问题	5.4.3.3 b) 5.4.3.3 h)
9. 当变化显著或者无法通过再次执行已产生结果数据的过程任务加以修正时，可以再次启动项目计划制定过程，以便计划并实现适当的修正性行为	5.4.3.3 d) 5.4.3.3 e) 5.4.3.3 f)
10. 认定测度并将其用于评价按进度排定的工作的效率。范例性测度包括：挣值(成本/进度测度)，废物量，工程变更次数，图样完成百分率，图样错误次数，代码行完成百分率，返工百分率，空闲时间(例如工作进展)，人员变更率及更替。选择过程测度的准则基于：项目绩效的提高与潜在顾客对于成本、进度和风险的满意度的改善如何很好地相关	5.4.3.3 e)
11. 定义并利用测度，同时采集数据，以便能对顾客满意度进行评估	5.4.3.3 e)
12. 对照技术计划、按定义的进度进行技术评审、审计和检查，以论证行动和输出对计划的技术工作的符合性	5.4.3.3 f)
13. 典型的评审目标包括确定： a)　系统成熟度以及解决方案满足需求的程度； b)　需求的可追踪性，假设和决策理据的有效性； c)　对未解决的问题和在项目工作期间未确定的问题的认定； d)　进入下一个系统生存周期阶段的相关风险、所需资源和充足准备	5.4.3.3 f)
14. 所关心的系统层的评审能与企业视图的里程碑事件评审、决策门评审或质量评审一并进行	5.4.3.3 f)
15. 应当记录可交付的工作产品、服务和过程的不符合性，并应当提出采取适当行动以改正达不到符合性的条件的建议	5.4.3.3 g)～l)

表 C.10　项目控制过程

注　　解	GB/T 22032 章条号
1. 利用“项目控制过程”辅助获取和管理来自项目管理和技术工作(包括对该工作的重定向)的结果，以便克服障碍、对不断变化的环境做出响应或者修正差异	5.4.4.3 a) 5.4.4.3 b)
2. 需求管理与追踪项目协议及技术要需求的遵从性的对成本、进度、质量、配置、接口、风险以及变更的管理活动并行进行	5.4.4.3 a) 5.4.4.3 b)

表 C.11 决策制定过程

注 解	GB/T 22032 章条号
1. 在生存周期过程进行期间通常所作的权衡分析的类型包括： a) 正式型：正式进行的，带有技术评审的结果。特定的正式权衡分析通常在协议中认定； b) 非正式型：沿用正式权衡分析的相同方法，但所需文档较少，对需方的重要性较小； c) 判断型：在不甚严格的分析(与正式权衡分析相比，且后果不那么重要)之后，基于分析者或设计者的判断，选择一个建议的选项。当一个选项明显优于其他，或者时间不适用于更正式的方法时采用。所进行的权衡分析大多数是判断型	5.4.5.3 a)～e)
2. 权衡分析贯穿于实现项目和技术过程的始终，以便去解决冲突(如需求冲突)，从一组已定义的替代解决方案中选出推荐的解决方案(例如对风险解决方案、需求冲突解决方案、替代逻辑体系结构设计方案、替代物理体系结构解决方案采取可选的行动)。权衡分析的结果包括：建议的选项、实现的考虑事项、与每一选项有关的影响、做出建议和假设的根据	5.4.5.3 c) 5.4.5.3 d) 5.4.5.3 e)

表 C.12 风险管理过程

注 解	GB/T 22032 章条号
1. 风险管理不应被视为一项额外的活动、处在指派工作层之上的活动或项目的责任之外的活动	5.4.6.3 a)
2. 风险管理是解决风险的通用规程。当可能的后果可接受时，即认为风险得到解决。可接受意味着项目能承受最坏情况的结果。风险管理包括： a) 风险计划制定，包括准备风险管理计划； b) 风险评估，用于定义风险，包括认定来源和评价潜在的效应； c) 风险控制，用于解决风险，包括：制定风险解决方案行动计划，建立实现风险解决方案行动计划的启动机制，监视风险状态，当启动机制启动时实现风险解决方案行动计划，修正对项目计划的偏差	5.4.6.3 a)～j)
3. 风险管理有两个认识维度，即过去维和将来维。风险的过去维基于过去的经验并包括：以基准衡量项目测度和习得的教训，用期望结果测度实际结果，将可用资源对应到关于定义和开展工作以及实现产品生产计划的需求上。将来维基于将项目愿景转变成用于建立计划和意识未来的目的和目标，由此认定风险和机会，并在工作期间揭示可用信息和资源的模糊性以及不确定性	5.4.6.3 a) 5.4.6.3 i)
4. 风险管理包括： a) 风险识别，包括：来源和有关的重大问题，关切事项，疑虑，不确定性，假设； b) 基于建立的准则的分析，包括：对风险的概率和后果的估计，风险的优先级化； c) 为风险解决方案制定备选策略计划，为选出的途径定义特定风险行动计划，并为采取风险解决方案行动建立启动机制(或阈值)； d) 追踪，包括：监视风险状态并将风险状态与阈值作比较，利用启动机制提供早期预警，基于风险测度报告状态； e) 风险解决方案，通过：恰当认定启动机制，实现行动计划、报告结果并继续进行计划的行动直至风险可以接受	5.4.6.3 a) ～i)

表 C.12（续）

注　解	GB/T 22032 章条号
5. 风险管理工具包括： a) 风险识别：风险分类，研究，访谈，习得教训，控制图表，隶属关系图，相互关系图和系统结构或 WBS 接口； b) 风险分析：影响模型，概率模型，甘特图，影响分布，风险耦合，系统结构或 WBS 接口，ISO 风险图； c) 风险替代策略计划制定：ISO 风险图，习得教训，风险杠杆作用，被保证人和保险； d) 风险追踪：技术性能测度，挣值，测度和风险观察清单； e) 风险解决方案：影响模型，风险观察清单，风险模板和风险管理矩阵	5.4.6.3 a) ～f)
6. 成功的风险管理的关键包括： a) 正确的人选。问题、关切事项和不确定性都靠人来沟通。必不可少的是定义所希望的参与、能力和动机； b) 正确的过程。过程通过风险管理活动（包括定义和执行）将不确定性转化成可接受的风险； c) 正确的基础设施。组织的文化确定了项目如何利用风险管理。基础设施一般通过适当的政策和标准来规定，并包括识别和传播资源（员工、进度和预算）、需求（合同的和标准的）以及期望的结果（成本、效益）； d) 正确的信息。用于评价风险和风险状态的信息正确、可靠和适时十分重要； e) 正确的实现。对于特定项目，重要的是制定风险管理计划并采用一套适当的方法进行风险管理	5.4.6.3 a)～j)
7. 考虑的风险有三种类型： a) 项目风险——组织中、运行中、合同中的关切事项，包括：资源约束，外部接口，供方关系，合同限制，缺乏组织支持及供应商反应迟钝； b) 过程风险——计划制定，员工配备，追踪，质量保证和配置管理； c) 产品风险——技术过程实现，工作产品特性，需求稳定性，设计性能，复杂度及测试要求	5.4.6.3 b)
8. 风险解决方案替代途径包括： a) 接受（承受）； b) 避免（消除）； c) 保护（冗余）； d) 减弱（缓解——风险管理文化——实施正确的过程）； e) 预防（团队活动——使用集成产品开发团队）； f) 预测（定量风险管理测度，优先级化，积极主动的途径）； g) 机遇（着眼好的而不只是坏的输出、各人责任、降低成本、比计划的做得更好）； h) 研究（更多的信息）； i) 储备（应急资金）； j) 转移（给另一人或组织）	5.4.6.3 f)

表 C.13　信息管理过程

注　解	GB/T 22032 章条号
信息管理通常包括：制定信息计划，需求，进程状态报告，用于或来自需方、项目管理、技术评审的评审数据包和其他资料，设计数据和架构，习得教训，对输入输出信息质量的评价，来自确认、验证及其他进展评估的变更和异常，数据可交付件，批准的变更，由管理决策、计划制定和批准的变更导致的工作授权和工作定单	5.4.8.3 a)

C.5 技术过程注解

参见表 C.14～表 C.24。

表 C.14 共利方需求过程

注　解	GB/T 22032 章条号
1. 共利方的需求构成了建立待解决问题的原始输入(基于在使用期间发现的不足、故障或其他异常的新的系统概念或修改过的系统)	5.5.2.3 a)～j)
2. 需方共利方可以在组织内部(例如另一项目、营销部门、父公司产品团队、产品团队本身、用户、操作者、执行经理、监管者),也可以在组织外部(例如采购代理、主要合同方、另一组织、客户、用户、操作者、拥有者、买方)	5.5.2.3 a)
3. 用户是需方共利方的特例:用户运行一个系统(如计算机),或者安装一个系统(如软件),以便形成系统结构中更高层次的系统(如计算机或微芯片)	5.5.2.3 a)
4. 利益方又称"其他共利方"或者除需方外对工程化或再工程化工作的输出有利益关系的各方。在协议中不必由需方提供的其他利益方的需求包括:1) 组织需求和项目需求,如那些处理系统市场和组织过程的需求;2) 环境的、本地的、国家的以及国际的法律法规;3) 用于系统开发和集成、生产、测试、运行和后勤的职能支持需求(部署、培训、维护和处置)	5.5.2.3 a) 5.5.2.3 b)
5. 需求通常由应做什么(功能)和应如何做好组成。功能一般是一种陈述,具有动作者(名词)、动作(动词)和该动作的对象(名词)。例如,"致动器(动作者)打开了(动作)门(对象)。"	5.5.2.3 b) 5.5.2.3 g) 5.5.3.3 b)
6. 在提供系统和有关服务中获取和表达供方要满足的需求以及要达到的目的时,共利方需求过程包括由供方或为供方完成的活动和任务	5.5.2.3 b)
7. 共利方需求过程涉及确保认定对下游系统生存周期影响系统功能体系的关切事项的要求:生产、测试、运行、后勤(部署、培训、维护、处置)	5.5.2.3 b)
8. 成本可以是一种陈述为固定成本(独立变量)或最大成本(约束)的要求	5.5.2.3 c)
9. 应用陈述的背景[如 GB/T 22032 对活动 5.2.3d)的注解中所描述]是关于围绕系统的物理元素、技术元素、社会元素和文化元素的信息的一种汇集以及对这些元素如何影响(或将影响)系统、系统又如何使用的分析。在为系统用户和运行要求作准备时,应用陈述的背景是有用的支持信息的汇集。在考虑设计替代方案上,应用陈述的背景为设计者提供了如何使用和在何处使用系统的指南,也是为系统设计确认活动的一个参考文档。应用陈述的背景是关于系统用户及工作环境的最详细的信息源,并被用作为试验和测试选择用户时的首要指南(有关定义和分析应用背景的更多信息见 ISO 9241-11)	5.5.2.3 d) 5.5.4.3 5.5.9.3
10. 由于各种不同的共利方的需求可能会互相冲突,所以一个特定的系统通常不可能满足所有共利方(需方及其他利益方)的需求。在该过程进行期间,这些冲突应加以认定并解决,或者在各活动或其他技术过程活动之一进行期间,一旦认定有冲突,就应立即加以解决。解决冲突应利用有效性评估、权衡分析和风险分析活动	5.5.2.3 g)
11. 对系统结构中的每个系统,应以显式认定有效性测度(measure of effectiveness, MOE)。MOE 是对成功的"运行的"测度,在预定的运行环境中和一组规定的条件下,成功与正被评价的运行目标的完成有密切关系;例如,解决方案如何很好地达到了预定目的。从用户/客户的角度陈述,在整个生存周期中,MOE 是客户达到性能、适宜性、价格承受能力目标的关键指标	5.5.2.3 g) 5.5.2.3 j)

表 C.14（续）

注　解	GB/T 22032 章条号
12. 共利方需求是确认采用该技术过程实现的或集成的系统的基础	5.5.2.3 k) 5.5.9.3 d)
13. 需求可追踪性启动于跟踪需求和变更需求点，其中需求变更贯穿体系结构设计、来自共利方的初始输入	5.5.2.3 l)

表 C.15　需求分析过程

注　解	GB/T 22032 章条号
1. 每个 MOE 都有对应的“性能测度”(Measure of Performance，MOP)的集合。MOP 是一种表征有关系统运行的物理的或功能的属性的测度。这些“系统”技术性能指标是在规定的测试和(或)运行环境条件下测度的。这些属性对确保系统有能力达到运行目标很重要。MOP 用于评估系统是否满足设计或性能需求，这些需求对满足派生于 MOP 的 MOE 是必要的。MOP 由解决方案提供者的观点派生出来，并着眼于所交付的系统性能满足系统级需求的程度，如系统性能或能力的一个方面。MOP 常常对应于系统规格说明中的关键性能需求，以明显量化的性能特征(如速度、载荷、值域或频率)来表达。在“需求分析过程”和逻辑体系结构设计期间，这要求仔细定义 MOP，还要求有效的需求跟踪以确保 MOP 事实上得到认定并设计进系统之中	5.5.3.3 d)
2. 每一技术需求陈述均得到确认，以确保其展示出以下质量属性： a)　保留竞争性的能力：当通过需求所交付的利益是正当的，允许保持竞争性态势，仅以此作为对竞争性态势的约束； b)　清晰性：需求陈述易于理解而无需分析所用词语或术语的含义； c)　正确性：需求陈述不包含事实错误； d)　可行性：需求能在如下范围内得到满足：1)在自然物理约束内，2)在适用于项目的最新技术水平内，3)在适用于项目所有其他约束内； e)　重点：表达需求要从“什么”和“为何”或者形式、适合和功能的角度，而不是从如何开发产品或者要采用的材料的角度；对此，指导产品详细设计所需的详细要求除外； f)　可实现性：需求陈述包含能使需求得以实现的必要信息； g)　可修改性：能完全并且一致地做出需求的必要变更； h)　歧义排除：对需求的含义只允许一种解释，例如不以无法测度的词语或术语“过多的”、“充分的”、“耐…的”等来定义； i)　独一性：需求陈述中不能表达成具有不同的施动者、动作、对象或工具的两个或更多个需求； j)　可测试性：存在有限的客观过程，以此验证需求已经得到满足； k)　可验证性：能在所陈述的系统结构层加以验证； l)　抽象：对企业视图阶段和系统成熟度的抽象级别正确	5.5.3.3 f)
3. 对技术需求陈述成对或成组进行确认，确保此过程展现以下质量属性： a)　没有冗余：对每个需求只规定一次； b)　衔接性：一个需求内的所有术语均与其他需求并与词和术语的定义适当链接，以使各单个需求均与作为一个集合的其他需求正确地联系； c)　消除冲突：一个需求与其他需求或自身不能冲突	5.5.3.3 f)

表 C.15（续）

注　　解	GB/T 22032 章条号
4. 为帮助确保需求的实现，供方应考虑： a) 现有的系统元素，如商业现货(commercial-off-the-shelf, COTS)，称为 COTS，能有助于减少开发时间和降低成本，但可增加复杂度； b) 能提供竞争优势的新技术的引入； c) 可能的物理解决方案； d) 能引入的新接口	5.5.3.3 f)
5. 对技术需求所得结果的集合确认其对设计所关心系统的体系结构设计解决方案是必要而且充分的，视情况而定，这包括： a) 所确认的共利方需求的集合对所定义的技术需求的集合的向下可追踪性； b) 来自所定义的技术需求集合中的各单个技术需求陈述，对所确认的共利方需求集合的向上可追踪性； c) 证实假设和派生的需求有效并与工程化中或再工程化中的系统及有关服务一致； d) 对认定的空缺、差异和冲突的解决，包括： 1) 证实当所定义的技术需求的集合无法向上追踪到经确认的共利方的需要的集合时，已经采取了适合的行动； 2) 确定是否引入过无源的(孤的)需求或约束，这些需求或约束是否是适合的共利方所希望的； 3) 当共利方的需要没有充分反映在所定义的技术需求的集合中时，将遗漏的需求添加到所定义的技术需求的集合； 4) 当需要对已确认的共利方的需要的各集合之一做出变更时，证明对技术需求的集合已经再次确认，并证明共利方的适当的活动和任务需要定义过程，并且于适当时再次进行需求分析过程	5.5.3.3 g)

表 C.16　体系结构设计过程

注　　解	GB/T 22032 章条号
1. 体系结构设计关切的是：针对派生的技术需求的集合开发既满意又可行的系统概念，在整个开发阶段维护这些概念的完整性，确保所构建的使用系统对照在验证期间的设计描述规格说明和在确认期间的可适用的共利方需求经适当证实，并且贯穿利用和支持阶段确保系统概念配置的完整性。在系统的生存周期的始终均应采用完备的体系结构设计，以便预测和跟踪对使用以及对评估系统变更的适合性	5.5.4
2. 对使能系统的需求来自：1)　用户需求或客户需求或已分配的需求以及其他共利方对系统的需要，2)　派生的对系统和产生的应用体系结构设计过程的技术需求。因而，启动使能系统的开发或采购(项目的系统边界的一种职能)，取决于正被工程化或再工程化的系统的体系结构设计解决方案的完成，以及适用的系统生存周期阶段和有关的工程化视图活动或企业视图阶段的完成	5.5.4.3 a) 5.5.4.3 b) 5.5.4.3 g) 5.5.4.3 i)
3. 逻辑体系结构设计包括查看需求的各种逻辑分解和其他表示。各种表示没有固定的格式或形式。所选的格式或形式是那种于适用时最好地定义功能、行为、数据流或数据结构的，并且允许给潜在的物理元素、手动操作或使能系统最好的分配，以生成替代的物理体系结构设计解决方案	5.5.3.3 a)

表 C.16（续）

注　解	GB/T 22032 章条号
4. 将已定义的技术需求适当地分配给所生成的逻辑体系结构设计表示。从各种表示中生成派生的技术需求的集合，供体系结构设计使用。在这种分配完成后，可能有一些未分配的技术需求。将这些技术需求直接分配给替代的物理体系结构设计解决方案	5.5.3.3 a)
5. 在分配逻辑表示的需求及派生的技术需求上，是否提供有可能做得最好的需求，考虑以下方式： a)　通过与开发和集成、生产、测试、运行、支持或退役关联的使能系统； b)　以手动方式，或者通过设施、资料或数据； c)　通过硬件的、软件的、固件的物理元素(新的或现有的)	5.5.4.3 b)
6. 对系统结构中相继的每一较低层，重复进行"共利方需求定义过程"、"需求分析过程"和"体系结构设计过程"，直至对所有系统元素的规定需求均已定义，或者直至所定义的系统元素能予以构建、重用或购买。当要求进一步开发某一系统元素时，有可能采用适合的系统元素开发标准(如对软件的 ISO/IEC 12207)来进行	5.5.4.3 b) 5.5.4.3 c) 5.5.4.3 h)
7. 在体系结构设计期间，如果确定是由于和解决方案因素(见体系结构设计预期的结果)有关的无法解决的问题或者由于对可用替代方案的成本、进度、性能或风险不利而导致需求无法满足时，有必要重复进行"共利方需求定义过程"、"需求分析过程"及"体系结构设计过程"	5.5.4.3 b) 5.5.4.3 c) 5.5.4.3 j)
8. 在确定首选的物理体系结构设计解决方案时，对每一替代方案进行分析时考虑： a)　物理接口(人员、形式、适合、功能、数据流和互操作性)： 　1)　在物理设计解决方案中认定的物理元素之间； 　2)　与系统结构中其他系统元素； 　3)　与使能系统； 　4)　与外部系统； b)　对每个认定的关键性能参数的可变性和对可变性的敏感性； c)　为使替代方案有效所必要的技术需求，为满足派生的技术需求而引进新技术或先进技术时所关联的风险，以及可能取代无法接受的更高风险技术而替代的较低风险技术； d)　现货最终产品(非开发的硬件或可重用软件)的可用性；如果不是恰好适合，在修改现货系统元素时确定成本和风险以满足设计和接口要求； e)　设计的效果考虑到保持或者使物理解决方案替代产品对潜在或现有的竞争对手的产品有竞争力； f)　当失效模式的结果、影响和关键性的故障分析有不可接受或高危害度的评分时，为容纳冗余度并支持宽限性降级，可能需要进一步的设计努力； g)　每一替代物理解决方案满足派生技术需求性能的程度； h)　能够将以下属性设计进来的程度：安全性(1)、安全性(2)、生产率、可测试性、易于部署、可安装性、可操作性、可支持性、可维护性、可培训性和可处置性； i)　使能系统的需要、需求和约束； j)　当系统投产或投放市场时的以下能力：演化，再工程化，吸纳新技术，增强性能，增加功能或者其他提高成本效益或竞争性的改进； k)　阻止所关心的系统或者系统元素以及有关服务的能力演化(技术更新或技术插入)的各种限制； l)　实现系统元素、在组织内进行集成或者求助于既有的供方的优缺点； m)　采用标准化的系统元素、协议、接口等的优缺点； n)　集成关切事项，可能包括： 　1)　对其他系统、操作者或环境的潜在危害因素； 　2)　内置测试和故障隔离测试需求； 　3)　易于访问，便于拆卸，使用的常用工具，零件数影响，模块化优势，标准化，所需认知技能较少； 　4)　构成解决方案的集成元素的动态或静态冲突、不一致性和不正确的功能	5.5.4.3 c)～g)

表 C.16（续）

注　解	GB/T 22032 章条号
9. 在形成涉及人员和人员约束(例如物理空间限制、气候限制、眼球运动、手臂手指所及)的体系结构设计解决方案时,应考虑信息率和工效学。人的易用性因素也应加以分析。这些因素在整个系统寿命中均会影响到人与其他系统的交互以及该系统的人机界面	5.5.4.3 d)
10. 在体系结构设计期间,比例模型、目标模型、行为模型、数学模型和管理模型可以用于开发和交流设计解决方案。具体类型的模型取决于适用的企业视图阶段、其目的或协议的需求	5.5.4.3 f)～h)
11. “共利方需求定义过程”“需求分析过程” 和“体系结构设计过程”也可用于开发使能系统解决方案,在这种开发需求作为定义开发中所关心的系统或系统元素的结果得到认定和定义以后。使能系统的开发或采购适用于系统结构中每一个所关心的系统和系统元素	5.5.4.3 g) 5.5.4.3 i)
12. 由物理体系结构设计生成的规格说明(规定的要求)可以分为两种——性能规格说明和详细规格说明。生成哪种规格说明通常取决于开发中的下一个步骤或者将如何使用规格说明。当下一个步骤是开发较低层的系统,而且希望供方有灵活性地创新地提供一个可接受的解决方案时,就采用性能规格说明。当适合从以下角度陈述需求时,就采用性能规格说明: a) 所需的结果,而不陈述获得所需结果所用的方法; b) 功能(应完成什么)和性能(每个功能应如何很好地完成); c) 环境,所关心系统或系统元素应在其中完成这些功能; d) 接口和互换性特性; e) 用于验证符合性的手段	5.5.4.3 h)
13. 通过以上活动生成的初始或“开发”规格说明,如果有的话为启动系统的下一个较低层的开发提供了输入,即需方需求。在“共利方需求定义过程”“需求分析过程” “体系结构设计过程”应用于每一个较低层系统元素之后,这些初始规格说明才结束。规格说明描述了系统结构中各系统所需的特性,包括:功能和性能需求、接口需求、要求系统完成其功能的环境、物理特性和属性、评价验证和确认测试系统的基础、验证符合性的方法、预期的用途以及使能系统需求	5.5.4.3 h)
14. “共利方需求定义过程”“需求分析过程”和“体系结构设计过程”应用于随后的较低层系统元素,直至能实现构建、购买或者采用标准(例如用于软件实现的 ISO/IEC 12207)进一步开发由此产生的体系结构设计解决方案	5.5.4.3 h)
15. “实现过程”“集成过程”“验证过程”“移交过程”和“确认过程”用于自底向上实现系统结构内的各系统	5.5.4.3 h)
16. 当适合从以下一种或多种角度陈述设计需求时,应采用详细规格说明: a) 所用的资料; b) 应如何达到某一需求; c) 系统应当如何制造或构造	5.5.4.3 h)

表 C.16（续）

注　解	GB/T 22032 章条号
17. 应评价体系结构设计解决方案最终所得的集合以及有关的派生技术需求，以便适当时表明：对物理解决方案来说，派生的技术需求陈述的每一集合均具有可接受的质量，包括： a) 证实系统和有关服务（由派生的技术需求以及直接分配给物理解决方案的技术需求来表达）的预期功能得以正确实现； b) 系统和有关服务的约束（包括接口）得到满足； c) 认定的空缺、差异及冲突的解决，包括： 1) 重写派生的技术需求，到具有可接受的质量； 2) 证实当规定的需求无法向上追踪到派生技术需求集合时已经采取了适当的行动，促使体系结构设计解决方案和技术需求直接分配给解决方案物理实体； 3) 确定是否曾引入了无源的（孤的）规定需求，这些需求是否是预期要包括在内的以及是否是适合的共利方所希望的； 4) 当确定派生技术需求没有被充分反映在体系结构设计解决方案中时，已经将遗漏的派生技术需求添加到体系结构设计解决方案； 5) 认定并记录所采取的以下行动：消除无源的规定需求，建立正确的派生技术需求的集合，修订经确认的技术要求的集合； 6) 证明当经确认的技术需求的集合需要变更时，已经对规定的需求进行了再验证，并证明需求分析过程和体系结构设计过程的适合的活动和任务曾于适当时再次进行； 7) 证明当测试结果的变化或异常曾追踪到验证不足或验证环境不适当时，曾重复进行了再验证测试	5.5.4.3 h) 5.5.4.3 j)
18. 体系结构设计解决方案的基线描述用于所关心的系统或系统元素的配置管理	5.5.4.3 i)
19. 对于系统或系统结构中高于被工程化或再工程化的所关心的系统的所关心的系统，也可能有必要对系统体系结构设计解决方案再工程化	5.5.4.3 j)
20. 逻辑体系结构设计表示的最终所得的集合及有关的派生技术需求也得到确认，以便于适用时表明每个派生技术需求陈述的集合均具有可接受的质量，并包括： a) 证实关于形成逻辑体系结构设计表示的集合和派生技术需求的假设和决策均有效，并与正在工程化的系统及有关服务的技术需求一致； b) 对已认定的空缺、差异和冲突的解决，包括： 1) 将派生技术需求重写成具有可接受的质量； 2) 证实当逻辑体系结构设计表示的各种集合内的要求无法向上追踪到经确认的技术需求的集合时，已经采取了适当的行动； 3) 确定是否在逻辑体系结构设计表示的集合内曾引入无源的（孤的）的需求或者约束，以及这种需求和约束是否是适当的共利方所希望的； 4) 认定在派生技术需求集合中不曾得到充分反映的技术需求，如有可能，应将这些技术需求添加到逻辑体系结构设计表示的适当集合中； 5) 认定不可指派到逻辑体系结构设计表示集合的技术需求。这些要求应被直接指派为物理体系结构设计要求； 6) 认定并记录所采取的以下行动：消除无源的需求，建立派生的需求，修订经确认的技术需求的集合； 7) 证明当需要变更经确认的技术需求的集合时，已经对逻辑体系结构设计表示的集合以及有关的派生技术需求再次确认，并证明曾于适当时再次完成了“需求分析过程”的适合的活动和任务	5.5.3.3 j)

表 C.17 实现过程

注　解	GB/T 22032 章条号
1. 对任何系统元素均能基于以下建模：系统元素定义的成熟度以及适合的企业视图阶段、里程碑事件或决策门及关联的退出准则	5.5.5.3 a)
2. 系统元素不是单一产品(如部件或零件)就是产品的组合件(如子汇编或行替换单元)，这取决于系统元素在系统结构中的层及其被构建、购买或采用某项标准(如 ISO/IEC 12207)实现的能力	5.5.5.3 c)
3. 仅仅由硬件项组成的系统元素可以是：1) 从供方或卖方购买的现货；2) 机构内部制造的；3) 来自机构内部的现货供应	5.5.5.3 c)
4. 仅仅由软件项组成的系统元素可以是：1) 从供方或卖方购买的现货；2) 内部编码件；3) 重用件	5.5.5.3 c)
5. 由软件和硬件组合而成但作为现货项存在的系统元素，可以从供方购买或者重复使用	5.5.5.3 c)
6. 形成实现策略时所考虑的方面包括： a) 实现是生产新颖的系统元素，是按现有设计和实现的数据重新生成系统元素，或是对现有系统元素的适应性改制； b) 管理有关的实现技术、技术规程或产品部门的标准实践； c) 安全性(1)、安全性(2)、隐私和环境因素； d) 实现所处的位置和环境； e) 实现的技能及其可用性和可持续性； f) 所选的制造材料、耗材和副产品； g) 操作者特性； h) 要求重复实现实例的时期	5.5.5.3 a)
7. 对已实现的系统元素，在交付给需方之前采用适当过程进行验证。确认可以在交付前或者在完成基于协议需求的集成过程之前进行	5.5.5.3 d)
8. 在系统生存周期的始终，“按构建”的配置均应予以记录并维护	5.5.5.3 d)

表 C.18 集成过程

注　解	GB/T 22032 章条号
1. 在将低层系统集成进预定的组合系统之前，确保对每一系统都已经由供方或由机构内部进行了适当确认	5.5.6.3 e)
2. 在进行集成之前，应于适当时评审系统确认测试结果、文档汇集和规程	5.5.6.3 e)

表 C.19 验证过程

注　解	GB/T 22032 章条号
很可能有必要让供方对正在验证的组合系统中有缺陷的系统进行再工程化。也有可能要求应用“共利方需求定义过程”“需求分析过程”“体系结构设计过程”，以便得到正确的验证规格说明集。这能提出如下需要：对系统结构中组成正在验证的组合系统的各低层系统进行再工程化，然后重新进行验证过程	5.5.7.3 e) 5.5.7.3 f) 5.5.7.3 g)

表 C.20 移交过程

注　解	GB/T 22032 章条号
1. 支持用户或培训操作者的需求应由负责进行“资源管理过程”有关培训活动的企业提供。应开发用于培训的使能系统，包括必要的培训模块、文档、辅助工具和资料	5.5.8.3 a) 5.5.8.3 b)
2. 在被替换以及在安装并验证新系统和培训新系统操作者的同时，可能有必要继续运行某些系统	5.5.8.3 f) 5.5.8.3 g)

表 C.21 确认过程

注　解	GB/T 22032 章条号
1. 当带电测试是破坏性的或以其他方式不切实际时，采用模拟和建模，对研究运行环境中的系统性能和对节约成本可能有用	5.5.9.3 a) 5.5.9.3 b)
2. 所关心系统的最终客户对照需方需求(通常是可能已经纳入也可能还没有纳入到产品中的当前需求)采用确认过程对所交付的产品进行确认。这可以采用验收测试或初始运行测试和评价的形式	5.5.9.3 a)～d)
3. 为了得到供确认的适当系统，可能有必要让供方对系统再工程化。这能提出如下需要：对构成正在确认的系统所在系统结构中的较低层系统进行再工程化	5.5.9.3 a) 5.5.9.3 b) 5.5.9.3 g)
4. 应注意，要确保由排除变度派生的需求不与输入、经确认的共利方需求或协议需求的集合相冲突，而无需与适当的共利益者协调这样的变更	5.5.9.3 d) 5.5.9.3 f) 5.5.9.3 g)
5. 非符合性变化包括：确认测试不当，测试设计不正确，系统设计有缺陷，按构建的测试项未列入设计解决方案描述(图样、原理图、规格说明、接口要求等)，共利方的需求不正确、过时或新发现的。故障解决在与成本有效的补救措施一致的解决方案的层次上进行，包括后续的缺陷修正进行再确认或者组织的质量改进行动	5.5.9.3 d) 5.5.9.3 f)

表 C.22 运行过程

注　解	GB/T 22032 章条号
1. “运行过程”用在系统生存周期任一阶段的系统运行，并用于适用的使能系统以完成阶段的功能体系目标	5.5.10.3 a) 5.5.10.3 b)
2. 生存周期每一阶段都有一种运行功能来实现该阶段的目的和目标。因此，“运行过程”适用于任一阶段，并会针对该系统和适用于该阶段的使能系统的运行有不同的策略和计划	5.5.10.3 a) 5.5.10.3 b)
3. 在系统生存周期的概念阶段和开发阶段，运行计划可以是项目计划或工程化计划	5.5.10.3 a)

表 C.23 维护过程

注　解	GB/T 22032 章条号
1. “维护过程”包括后勤保障的所有元素：培训维护人员、服务中的配置管理、仓库和维护设施的运转、供应管理、按协议或其他指示中定义的供应职能、包装、装卸、存储、运输	5.5.11.3 a)

表 C.23（续）

注　解	GB/T 22032 章条号
2. 系统生存周期每一阶段均有维护功能来实现该阶段的目的和目标。因此，这一过程适用于任一阶段，并能针对维护该系统和适用于该阶段的使能系统有不同的策略和计划	5.5.11.3 a)
3. 在维护活动期间采取改正性行动时，应将失效项隔离到计划的系统失效水平以下。应制定解决方案计划并对失效情景通过如下手段加以改正：替换掉失效的系统，补充消耗品，或整修损耗的或失效的零件。在失效情况得到解决后，能做出改正性能的认证	5.5.11.3 a)
4. 应保持适当的文档记录维护行动和结果	5.5.11.3 d) 5.5.11.3 j)

表 C.24　处置过程

注　解	GB/T 22032 章条号
生存周期每一阶段均具有处置功能以实现该阶段的目的和目标。因此，这一过程适用于任一阶段，并能就处置以下各项订有不同的策略和计划：系统，模型，废品，不可修复或不可回收的产品，本阶段不想要的副产品	5.5.12.3 a)

参 考 文 献

[1] ISO 6385：2004 Ergonomic principles in the design of work systems

[2] ISO 9241 Ergonomic requirements for office work with visual display terminals(VDTs)

[3] ISO 9241-2：1992 Ergonomic requirements for office work with visual display terminals (VDTs)—Part 2：Guidance on task requirements

[4] ISO 9241-11：1998 Ergonomic requirements for office work with visual display terminals (VDTs)—Part 11：Guidance on usability

[5] ISO 10075-1：1991 Ergonomic principles related to mental workload—General terms and definitions

[6] ISO 13407：1976 Cylindrical gears—Information to be given to the manufacturer by the purchaser in order to obtain the gear required

[7] ISO TR 18529：2000 Ergonomics—Ergonomics of human-system interaction—Human-centred lifecycle process descriptions

[8] ISO 9000 Quality management systems—Fundamentals and vocabulary

[9] ISO 9001：2008 Quality management systems—Requirements

[10] GB/T 16260.1 软件工程 产品质量 第1部分：质量模型(GB/T 16260.1—2006，ISO/IEC 9126-1：2001，IDT)

[11] GB/T 18905.1 软件工程 产品评价 第1部分：概述(GB/T 18905.1—2002，ISO/IEC 14598-1：1999，IDT)

[12] GB/T 18905.2 软件工程 产品评价 第2部分：策划和管理(GB/T 18905.2—2002，ISO/IEC 14598-2：2000，IDT)

[13] GB/T 18905.3 软件工程 产品评价 第3部分：开发者用的过程(GB/T 18905.3—2002，ISO/IEC 14598-3：2000，IDT)

[14] GB/T 18905.4 软件工程 产品评价 第4部分：需方用的过程(GB/T 18905.4—2002，ISO/IEC 14598-4：1999，IDT)

[15] IEC 61508 Functional Safety of Electrical/Electronic/Programmable Electronic Safety-related Systems

[16] GB/T 18336(所有部分) 信息技术 安全技术 信息技术安全性评估准则[ISO/IEC 15408(所有部分)]

[17] GB/T 9387(所有部分) 信息技术 开放系统互连 基本参考模型[ISO/IEC 7498(所有部分)]

[18] ISO/IEC 9126：2001 Software engineering—Product quality

[19] IEC 60300-1：2003 Dependability management—Part 1：Dependability management systems

[20] GB/T 24001 环境管理体系 要求及使用指南(GB/T 24001—2004，ISO 14001：2004，IDT)

ICS 85.100
Y 91

中华人民共和国国家标准

GB/T 31104—2014

造纸机械用钢制烘缸(筒)技术条件

Specification for steel paper machine dryer

2014-09-03 发布　　2015-08-01 实施

中华人民共和国国家质量监督检验检疫总局
中国国家标准化管理委员会　发布

前　　言

本标准按照 GB/T 1.1—2009 给出的规则起草。

本标准由中国轻工业联合会提出。

本标准由全国轻工业机械标准化技术委员会(SAC/TC 101)归口。

本标准起草单位:山东省特种设备检验研究院枣庄分院、山东鲁台造纸机械集团有限公司。

本标准主要起草人:孙光、刘广华、周广华、李念国、刘林勇、李伟、季涛、陈海鹏、王姬、许书铭、吴磊。

造纸机械用钢制烘缸(筒)技术条件

1 范围

本标准规定了造纸机械用钢制烘缸(筒)[以下简称烘缸(筒)]的术语和定义、总则、材料、制造、检验与验收、标志、包装、运输、贮存。

本标准适用于造纸行业中纸机烘干部的钢制烘缸,同时,食品、印染、纺织、皮革和木材加工等行业类似工况的设备也参照执行。本标准规定的钢制烘缸(筒)直径不大于 4 000 mm,工作压力不高于 1.2 MPa;直径大于 4 000 mm～4 600 mm 的烘缸(筒),进行技术评审后,可参照此标准执行。

2 规范性引用文件

下列文件对于本文件的应用是必不可少的。凡是注日期的引用文件,仅注日期的版本适用于本文件。凡是不注日期的引用文件,其最新版本(包括所有的修改单)适用于本文件。

GB 150(所有部分) 压力容器
GB/T 191 包装储运图示标志
GB/T 699 优质碳素结构钢
GB/T 700 碳素结构钢
GB 713 锅炉和压力容器用钢板
GB/T 985.1 气焊、焊条电弧焊、气体保护焊和高能束焊的推荐坡口
GB/T 985.2 埋弧焊的推荐坡口
GB/T 1220 不锈钢棒
GB 3087 低中压锅炉用无缝钢管
GB/T 3274 碳素结构钢和低合金结构钢热轧厚钢板和钢带
GB/T 3280 不锈钢冷轧钢板和钢带
GB/T 5117 非合金钢及细晶粒钢焊条
GB/T 5118 热强钢焊条
GB/T 5293 埋弧焊用碳钢焊丝和焊剂
GB 5310 高压锅炉用无缝钢管
GB 6479 高压化肥设备用无缝钢管
GB/T 7659 焊接结构用铸钢件
GB/T 8110 气体保护电弧焊用碳钢、低合金钢焊丝
GB/T 8163 输送流体用无缝钢管
GB 9948 石油裂化用无缝钢管
GB/T 14957 熔化焊用钢丝
GB/T 14976 流体输送用不锈钢无缝钢管
GB 24511 承压设备用不锈钢钢板及钢带
HG 20531 铸钢、铸铁容器
HG/T 20592 钢制管法兰(PN 系列)
HG/T 20615 钢制管法兰(Class 系列)

HG/T 21514　钢制人孔和手孔的类型与技术条件
HG/T 21518　回转盖带颈对焊法兰人孔
HG/T 21521　垂直吊盖带颈对焊法兰人孔
HG/T 21523　水平吊盖带颈平焊法兰人孔
HG/T 21531　带颈对焊法兰手孔
JB/T 4711　压力容器涂敷与运输包装
JB/T 4730　承压设备无损检测
JB/T 9168(所有部分)　切削加工通用工艺守则
NB/T 47008　承压设备用碳素钢和合金钢锻件
NB/T 47010　承压设备用不锈钢和耐热钢锻件
NB/T 47014　承压设备焊接工艺评定
NB/T 47015　压力容器焊接规程
NB/T 47016　承压设备产品焊接试件的力学性能检验
NB/T 47018　承压设备用焊接材料订货技术条件
NB/T 47027　压力容器法兰用紧固件
NB/T 47040　锅炉人孔和手孔装置
QB/T 3917　造纸机械辊筒与烘缸动平衡
TSG R0004　固定式压力容器安全技术监察规程

3　术语和定义

下列术语和定义适用于本文件。

烘缸(筒)有关压力、厚度、温度等参数的定义按照 GB 150(所有部分)规定。

3.1

轴头　spindle head

烘缸(筒)操作侧轴与传动侧轴的总称。

3.2

环状加强圈　annular reinforcement plate

烘缸(筒)轴头上与加强筋板(圈)连接的用以分配轴头扭矩的环状装置。

3.3

面宽　width of cylinder

烘缸(筒)筒体轴向长度。

3.4

缸盖　cylinder head

烘缸(筒)的端盖。

3.5

平衡块　counterbalance weight

为达到动、静平衡试验要求所附加的配重物块。

3.6

光泽缸　glazing cylinder

安装于涂布机整饰缸和压光机后面用于提高涂布板纸光泽性和平滑性的烘缸。

4 总则

4.1 基本要求

4.1.1 本标准范围内的烘缸(筒),其设计、制造、检验与验收除应符合本标准规定外,还应遵守国家颁布的有关法令、法规和规章等。

4.1.2 产品应按经规定程序批准的图样和技术文件制造。

4.1.3 本标准未规定事项执行 GB 150(所有部分)等标准、规范及国家有关法令、法规、合同的规定。

4.2 附加要求

4.2.1 设计单位应在设计文件中注明烘缸(筒)机加工受压元件的材料名义厚度和机加工后的最小有效厚度。

注:机加工受压元件是指受压元件材料厚度方向进行切削加工制作的元件。

4.2.2 设计单位应对烘缸(筒)进行刚度、失稳计算。无法精确计算时,应采用经验方法进行计算。造纸用烘缸缸体及缸盖应在最小计算厚度的基础上再加上厚度附加量作为烘缸机加工后的最小有效厚度,推荐厚度附加量一般取 10 mm～20 mm。

4.2.3 设计单位应在设计文件中规定烘缸(筒)耐压试验种类,以及液压试验和气液组合压力试验时采用的支撑方式。

4.2.4 制造单位在竣工文件中应注明烘缸(筒)机加工受压元件的材料名义厚度和机加工后的受压元件最小实测厚度。

4.3 结构

4.3.1 总成

烘缸(筒)应采用满足产品结构强度、刚度、弯矩及动载荷要求的应力分布较均匀、受力情况较好的结构型式。结构示意图见图 1。

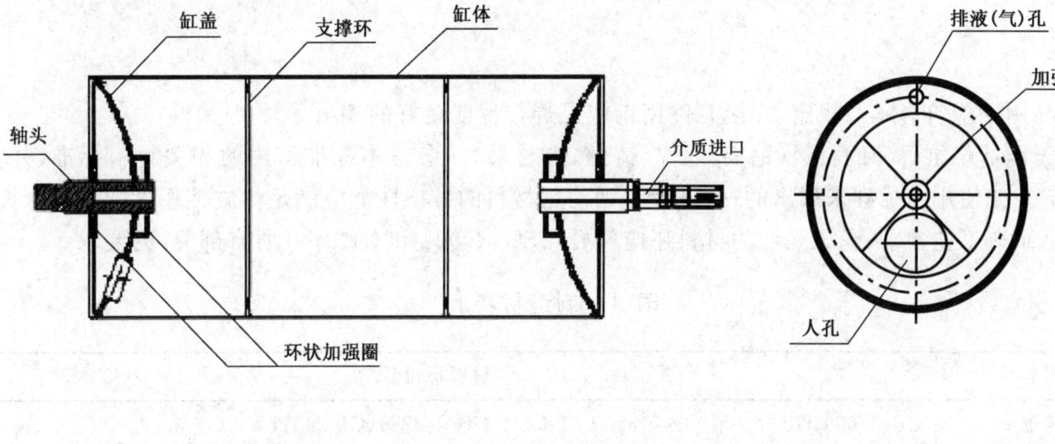

图 1 烘缸(筒)结构示意图

4.3.2 缸(筒)体

4.3.2.1 缸(筒)体应采用圆筒型结构。

4.3.2.2 面宽不大于 2 500 mm 时,宜采用整块钢板卷制。单筒节拼接时,只允许增加一条焊缝,两条纵向焊缝间距应大于钢板厚度的 3 倍,且大于等于 100 mm,并与筒体轴线平行;多筒节拼接时,应不多于3个筒节拼接，且每个筒节不宜再进行拼接，筒节长度应大于等于300 mm。

4.3.2.3 当缸(筒)体内径大于等于1 000 mm时，其内部支撑环与缸(筒)体的连接宜采用焊接方式；支撑环的设计和计算应参考GB 150(所有部分)有关加强圈的规定。

4.3.2.4 当缸体采用双层结构时，其内筒应按GB 150(所有部分)外压圆筒的相关要求进行设计。

4.3.3 缸盖

4.3.3.1 缸盖应选择满足安全性能要求的压力容器封头型式，可根据需要增设加强筋板和环状加强圈。

4.3.3.2 缸盖宜采用球冠形(凹面向外)封头型式，当缸(筒)体内径小于2 500 mm时，允许采用其他形式封头。

4.3.3.3 缸盖宜采用整块钢板，若采用拼接结构，拼接数量应尽量少，拼接结构型式应符合GB 150(所有部分)的规定，且拼接焊缝距轴头边缘最短距离不小于100 mm。

4.3.3.4 缸盖与缸(筒)体、轴头、加强筋、环状加强圈、人孔、手孔等连接的焊接接头应采用全焊透结构。

4.3.3.5 当缸(筒)体内径不大于500 mm时，缸盖可不开设手孔；当缸(筒)体内径大于500 mm时，应至少开设1个人孔或2个手孔[当烘缸(筒)无法开设人孔时]。

4.3.3.6 缸盖开孔和开孔补强应符合GB 150(所有部分)的规定。

4.3.3.7 盛装无毒、非可燃介质的烘缸(筒)人孔、手孔结构可按照NB/T 47040规定；当盛装中度以上毒性程度或易爆介质以及强腐蚀性介质的，应采用HG/T 21514、HG/T 21518、HG/T 21521、HG/T 21523、HG/T 21531中带颈对焊人孔、手孔及密封结构，不应采用内闭式人孔、手孔结构。

4.3.4 轴头

4.3.4.1 轴头不应采用影响安全性能要求的结构型式。

4.3.4.2 轴头承压段变径处应圆滑过渡，轴头键槽的开设不应影响受压部位的承载能力。

4.3.4.3 直径大于等于2 500 mm或缸面线速度大于500 m/min的轴头宜采用带有凸缘(凸缘与缸盖对焊连接或螺栓连接)的锻钢件。当缸(筒)体内径不大于300 mm时，推荐采用轴头、缸盖一体的锻件结构。

5 材料

5.1 产品用钢应符合本章规定，焊接元件用钢应是焊接性能良好的钢材。

5.2 用于制造烘缸(筒)的材料(钢板、锻件、铸件、焊材等)应参考本标准引用的相关材料标准，并符合表1规定。如使用本标准未列出的材料标准，则使用材料的各项性能应满足烘缸使用性能及安全性能，且能满足制造工艺要求；受压元件的材料还应符合TSG R0004和GB 150(所有部分)的要求。

表1 制造材料表

材料名称	材料标准
钢 板	GB/T 699、GB/T 700、GB 713、GB/T 3274、GB/T 3280、GB 24511
钢 管	GB 3087、GB 5310、GB 6479、GB/T 8163、GB 9948、GB/T 14976
锻 件	NB/T 47008、NB/T 47010
管法兰、紧固件	HG/T 20592、HG/T 20615、NB/T 47027
结构件	GB/T 699、GB/T 700、GB/T 1220、GB/T 7659
焊 材	GB/T 5117、GB/T 5118、GB/T 5293、GB/T 8110、GB/T 14957、NB/T 47018

5.3 当设计温度不大于 300 ℃,且烘缸(筒)盛装介质为无毒非易燃非强腐蚀介质,采用名义厚度大于 16 mm 的 Q235B、Q235C 钢板做烘缸(筒)壳体时,应逐张进行超声检测,钢板的超声检测应按 JB/T 4730 的规定进行,质量等级应不低于Ⅱ级,采用 Q235B 钢板时最大厚度为 30 mm,Q235C 钢板最大厚度为 40 mm。

5.4 产品用钢应附有钢材生产单位的钢材质量证明书(或其他有效质量证明文件)。产品制造单位应按质量证明书对钢材进行验收,必要时进行复验。受压元件质量证明书应符合 TSG R0004 的要求。

5.5 对钢材有特殊要求时,应在图样或相应技术文件中注明。

5.6 奥氏体不锈钢作为产品用钢时,应在固溶或稳定化状态下使用,表面还应做酸洗钝化处理(表面抛光处理的除外)。

5.7 缸(筒)体、缸盖用钢板厚度大于 30 mm 时,应逐张进行超声波检测,钢板的超声检测应按 JB/T 4730 的规定进行,质量等级应不低于Ⅲ级。

5.8 轴头应逐件进行超声波检测,超声检测应按 JB/T 4730 的锻件规定进行,质量等级应不低于Ⅱ级。当轴头(仅限非受压元件)采用铸钢件时,应符合 HG 20531 的有关规定,进行退火或正火处理。

5.9 产品紧固件等零部件的选用按照 GB 150(所有部分)等标准的规定。当设计温度不大于 250 ℃时,或螺柱(螺栓)直径小于 M24 时,可选用商品级;当设计温度大于 250 ℃时,或螺柱(螺栓)直径大于等于 M24 时,应选用专用级。

6 制造、检验与验收

6.1 加工过程要求

烘缸(筒)的制造、检验与验收应符合 GB 150(所有标准)的规定,还应符合设计图样的要求,同时满足本章规定。

6.2 焊接及热处理

6.2.1 烘缸(筒)的焊接、热处理应满足 GB 150(所有部分)、NB/T 47014、NB/T 47015、NB/T 47016 等标准的规定。

6.2.2 坡口型式应按照 GB/T 985.1 及 GB/T 985.2 选取。要求全焊透的焊接接头,其坡口宜采用机加工方法制备。

6.2.3 要求全焊透的单面焊焊缝,应采用氩弧焊打底的焊接工艺。

6.2.4 焊缝的返修应在热处理前进行,热处理后进行焊缝返修的,仍应进行热处理。

6.2.5 烘缸(筒)全部焊接成形后,应进行消除应力热处理,焊接后热处理应在耐压试验前进行。

6.2.6 烘缸(筒)应采用整体热处理,对于热处理后进行焊缝返修的,允许对返修部位进行局部热处理。

6.2.7 奥氏体不锈钢制产品焊接后一般不要求做热处理,如有特殊要求需进行焊后热处理时,应在设计图样上注明。

6.3 机加工及外观质量

6.3.1 缸(筒)体的切削加工一般在焊缝外观检验合格、无损检测合格和热处理后进行。允许缸(筒)体焊缝无损检测和切削加工面的外观检查在缸体切削加工后进行,缸(筒)体切削加工后的缸面对接焊缝表面不允许存在焊接缺陷,否则应进行返修。

6.3.2 缸(筒)体切削加工后的厚度不应低于设计图样规定的最小有效厚度。

6.3.3 缸(筒)体与轴头等部件的机加工工艺和方法不应影响其承载能力,不应改变材料的工艺性能及使用性能。

6.3.4 烘缸(筒)的机加工应根据工件材料、精度要求和机床、刀具、夹具等情况,合理选择切削用量,加工过程应符合标准 JB/T 9168(所有部分)要求。烘缸(筒)的同轴度、直线度、圆柱度、粗糙度等公差参数应符合相关标准及设计图样规定,推荐使用表 2 机加工要求数据表。

表 2　机加工要求数据表

项　目		光泽缸	多缸纸机的烘缸	其他类型烘缸(筒)
缸(筒)体表面粗糙度(镀后)Ra/μm		≤0.2	≤0.8	设计规定或用户委托
缸(筒)体外径公差/mm		±2	$^{+1}_{0}$	设计规定或用户委托
缸(筒)体/mm 壁厚公差	缸体外径≤2 000 mm	$^{+2}_{-1}$		设计规定或用户委托
	缸体外径＞2 000 mm	缸体外径+0.1% −0.05%		设计规定或用户委托
缸面圆柱度公差/级	面宽＜3 m	≥8		设计规定或用户委托
	面宽≥3 m	≥9		设计规定或用户委托
缸面对两端轴承公共轴线径向圆跳动/级		≥8		设计规定或用户委托

6.3.5　烘缸(筒)几何尺寸及外观质量要求应符合有关标准的规定,烘缸(筒)缸面的外观质量还应符合设计图样的规定。

6.3.6　缸面设计有镀层的,其镀层厚度及加工要求应符合设计图样规定,镀层质量应满足合同要求。

6.4　无损检测

6.4.1　烘缸(筒)的无损检测应符合 TSG R0004 及 GB 150(所有部分)的规定。

6.4.2　烘缸(筒)焊接接头的无损检测应在外观检验合格后进行,切削加工的焊接接头允许在切削加工后进行无损检测。

6.4.3　拼接缸盖的对接接头应进行 100%射线检测或者超声波检测,检测技术等级及合格级别与缸体一致;缸盖与缸(筒)体、轴头、加强筋、环状加强圈、人孔装置等连接的角接或 T 型焊接接头应做表面无损检测,铁磁性材料优先选择磁粉检测,检测比例为 100%,Ⅰ级合格。

6.4.4　当缸(筒)体内径大于等于 1 000 mm 时,缸盖与缸(筒)体连接的 T 型焊接接头应进行超声波检测,检测比例大于等于 20%,不应低于Ⅱ级合格。

6.5　耐压试验和泄漏试验

6.5.1　耐压试验应根据设计图样规定的试验种类选取试验介质,试验时应考虑烘缸(筒)受力支撑面及变形量是否满足烘缸(筒)安全性能及刚度、弯矩等要求。

6.5.2　在用烘缸(筒)定期检验需要进行耐压试验的,应根据设计图样的规定实施。

6.5.3　盛装导热油或其他可燃、有毒介质的烘缸(筒)应做泄漏试验。

6.5.4　耐压试验和泄漏试验应符合 TSG R0004 及 GB 150(所有部分)的规定。

6.6　烘缸(筒)的平衡

6.6.1　烘缸(筒)应进行静平衡试验,其剩余不平衡量应不超过产品自重的 0.05%;当重量小于 100 kg 或外径小于 300 mm 且轴承间距小于 500 mm 的产品可免做静平衡试验。

6.6.2　缸(筒)面线速度大于等于 500 m/min 时,应进行动平衡校核,平衡品质应按设计文件规定;设计未规定的,造纸用烘缸平衡品质不低于 QB/T 3917 规定的 G4 级,其他类型烘缸(筒)应按有关标准执行。

6.6.3 每块平衡块重量应不超过 25 kg，应采用焊接或其他方法固定在缸盖内侧，不应焊接在人孔盖、手孔盖等开孔部位，尽量避免焊接在应力集中部位和形状突变部位，焊接位置不应影响内件的安装和内部检修。

6.6.4 用户对烘缸(筒)平衡有合同或委托协议约定的，执行合同或委托协议，并应在设计文件中注明。

6.7 机加工质量检验

6.7.1 缸面粗糙度检测可根据需要选用比较样块、轮廓仪、粗糙度仪等测量工具检测。

6.7.2 缸面圆柱度的测量允许在不同截面上以外径法(即两点法)测量。面宽小于 3 000 mm 时，按等距离分布测量截面不少于三个；面宽大于等于 3 000 mm 时，按等距离分布测量截面不少于五个。

6.7.3 缸面径向圆跳动可在机床上用百分表检测。

6.8 镀层缸面硬度测试

一般应在镀层试块上用维氏硬度计测定，也可直接在缸面镀层上测定。测试点应在离缸(筒)体两端 30 mm～80 mm 范围内，每端测试点不少于三点，三点应在圆周方向上均匀分布，所测点硬度的算术平均值为缸面硬度值。

6.9 烘缸(筒)平衡试验

静平衡试验，宜采用导轨式静平衡装置；动平衡试验，按照 QB/T 3917 等规定方法进行试验。

6.10 其他

6.10.1 成套机组中多个同一设计图号制造的烘缸(筒)，安装时应按烘缸(筒)实际外径尺寸进行编组，形状位置公差与配合应能够满足使用要求。

6.10.2 为了满足压力试验及生产工艺要求，产品可在缸盖上设有放气孔及排液孔，两孔相隔 180°，使用中应确保其密封性能。

6.10.3 不锈钢烘缸(筒)材料摆放、制造加工、成品摆放应有专用场地，不得与其他材料混放，制造完成后应进行酸洗钝化处理(抛光处理面可免做酸洗钝化处理)。

6.10.4 产品出厂资料除须提供 TSG R0004 规定的资料外，还应包括装箱清单、出厂资料目录或明细、安装说明书、使用说明书等。

7 标志、包装、运输、贮存

7.1 合格产品的处置

产品的标志、包装、运输、贮存应符合 GB 150(所有部分)及 JB/T 4711 的规定。

7.2 标志

7.2.1 每台产品均应在操作侧轴端打印出厂编号。有旋转方向要求的产品，还应在操作侧端盖上做出旋转方向标记。

7.2.2 产品成套供货编组时，应在操作侧做出编组标记。

7.2.3 产品铭牌应符合 TSG R0004 规定，还应包括[外径×面宽]。

7.2.4 每个产品包装物上应做出标记，其内容包括：

a) 收货站及收货单位名称或收货人名称；

b) 发货站及发货单位名称或发货人名称；

c) 合同号及产品名称、型号；

d) 毛重、净重、箱号及外型尺寸；

e) 重心、起吊线、储运图示标志；

f) 另有合同约定的执行合同规定。

7.2.5 包装储运图示标志应符合 GB/T 191 的有关规定。

7.2.6 对钢材有特殊要求时，应在图样或相应技术文件中注明。

7.3 包装

7.3.1 缸面必须洁净并涂防锈油脂，外包防潮纸。

7.3.2 轴头进气孔、进油孔应严密封盖，轴头应涂防锈油脂，外包防油纸和油毡纸。

7.4 运输

包装后的产品在运输过程中应符合交通部门的有关文件规定，并适合运输及装卸要求。对有特殊要求的产品应在设计文件或商业合同中规定运输要求。

7.5 贮存

7.5.1 产品包装后，不允许长期露天存放，也不允许放在潮湿、积水的地面上，不得堆放、撞击和摔跌等。

7.5.2 从发货之日起，产品每存放 6 个月，用户应重新检查缸面，必要时进行涂油防锈处理，并使缸体转动 180°。

7.5.3 奥氏体不锈钢产品应防止铁素体及碳污染，不能与其他材料混放，奥氏体不锈钢产品应防止氯离子腐蚀，接触含水物质时，应检测氯离子含量不应大于 25 mg/L。

7.5.4 对贮存条件有特殊要求时，应在图样或相应技术文件中注明。

ICS 83.140.01
Y 28

中华人民共和国国家标准

GB/T 31105—2014

涂布不同涂料的双向拉伸聚丙烯双面涂布膜

Biaxially oriented polypropylene both sides coated film with diversified coating materials

2014-09-03 发布　　2015-08-01 实施

中华人民共和国国家质量监督检验检疫总局
中国国家标准化管理委员会　发布

前　言

本标准按照 GB/T 1.1—2009 给出的规则起草。

本标准由中国轻工业联合会提出。

本标准由全国塑料制品标准化技术委员会(SAC/TC 48)归口。

本标准起草单位:海南赛诺实业有限公司、轻工业塑料加工应用研究所。

本标准主要起草人:谢文波、胡连芹、杨强、黄宏存、刘仁成、陈倩。

涂布不同涂料的双向拉伸聚丙烯双面涂布膜

1 范围

本标准规定了聚偏二氯乙烯(PVDC)、丙烯酸(AC)、改性聚乙烯醇(PVOH)互相搭配涂布在双向拉伸聚丙烯(BOPP)基膜上制得的涂布薄膜(简称 BOPP 双面涂布膜)的分类、要求、试验方法、检验规则、标志、包装、运输和贮存。

本标准适用于以透明双向拉伸聚丙烯薄膜或白色发泡双向拉伸聚丙烯薄膜为基材膜,一面涂布丙烯酸(AC)、另一面涂布聚偏二氯乙烯(PVDC)或改性聚乙烯醇(PVOH)中的一种而制得的 BOPP 双面涂布薄膜。

本标准不适用于与食品直接接触的涂布不同涂料的双向拉伸聚丙烯双面涂布膜。

2 规范性引用文件

下列文件对于本文件的应用是必不可少的。凡是注日期的引用文件,仅注日期的版本适用于本文件。凡是不注日期的引用文件,其最新版本(包括所有的修改单)适用于本文件。

GB/T 191—2008 包装储运图示标志

GB/T 1040.3—2006 塑料 拉伸性能的测定 第3部分:薄膜和薄片的试验条件

GB/T 2410—2008 透明塑料透光率和雾度的测定

GB/T 2828.1—2012 计数抽样检验程序 第1部分:按接收质量限(AQL)检索的逐批检验抽样计划

GB/T 2913—1982 塑料白度试验方法

GB/T 2918—1998 塑料试样状态调节和试验的标准环境

GB/T 6672—2001 塑料薄膜和薄片厚度的测定 机械测量法

GB/T 6673—2001 塑料薄膜和薄片长度和宽度的测定

GB/T 8807—1988 塑料镜面光泽试验方法

GB/T 10006—1988 塑料薄膜和薄片摩擦系数测定方法

GB/T 14216—2008 塑料 膜和片润湿张力的测定

GB/T 19789—2005 包装材料 塑料薄膜和薄片氧气透过性试验 库伦计检测法

GB/T 21529—2008 塑料薄膜和薄片水蒸气透过率的测定 电解传感器法

3 产品分类及规格

3.1 分类

BOPP 双面涂布膜根据基材和涂料及 PVDC 阻隔等级的不同分成七类,见表1。

表 1 分类

类别	产品结构	产品型号
第Ⅰ类	以透明 BOPP 薄膜为基材，一面涂布丙烯酸（AC）乳胶，另一面涂布高阻隔聚偏二氯乙烯（PVDC）乳胶	HPA
第Ⅱ类	以透明 BOPP 薄膜为基材，一面涂布丙烯酸（AC）乳胶，另一面涂布中阻隔聚偏二氯乙烯（PVDC）乳胶	MPA
第Ⅲ类	以透明 BOPP 薄膜为基材，一面涂布丙烯酸（AC）乳胶，另一面涂布一般阻隔聚偏二氯乙烯（PVDC）乳胶	BPA
第Ⅳ类	以透明 BOPP 薄膜为基材，一面涂布丙烯酸（AC）乳胶，另一面涂布改性聚乙烯醇（PVOH）溶液	VPA
第Ⅴ类	以白色发泡 BOPP 薄膜为基材，一面涂布丙烯酸（AC）乳胶，另一面涂布高阻隔聚偏二氯乙烯（PVDC）乳胶	HWA
第Ⅵ类	以白色发泡 BOPP 薄膜为基材，一面涂布丙烯酸（AC）乳胶，另一面涂布中阻隔聚偏二氯乙烯（PVDC）乳胶	MWA
第Ⅶ类	以白色发泡 BOPP 薄膜为基材，一面涂布丙烯酸（AC）乳胶，另一面涂布一般阻隔聚偏二氯乙烯（PVDC）乳胶	BWA
注 1：高阻隔聚偏二氯乙烯（PVDC）乳胶的定义：在 19 μm BOPP 基材上涂布 2 μm 厚度的 PVDC 涂层，其涂布膜透氧率＜15 cc/(m² · 24 hr)(23 ℃，0%RH)的为高阻隔聚偏二氯乙烯（PVDC）乳胶。 注 2：中阻隔聚偏二氯乙烯（PVDC）乳胶的定义：在 19 μm BOPP 基材上涂布 2 μm 厚度的 PVDC 涂层，其涂布膜透氧率 在 15～35 cc/(m² · 24 hr)(23 ℃，0%RH)的为中阻隔聚偏二氯乙烯（PVDC）乳胶。 注 3：一般阻隔聚偏二氯乙烯（PVDC）乳胶的定义：在 19 μm BOPP 基材上涂布 2 μm 厚度的 PVDC 涂层，其涂布膜透氧率＞35 cc/(m² · 24 hr)(23 ℃，0%RH)的为低阻隔聚偏二氯乙烯（PVDC）乳胶。		

3.2 规格

厚度范围：19 μm～70 μm；
宽度范围：25 mm～1 700 mm；
特殊规格由供需双方商定。

4 要求

4.1 尺寸偏差

尺寸偏差应符合表 2 的要求。

表 2 尺寸偏差

序号	项目		指标
1	宽度偏差	＜500 mm	±2.0 mm
		500 mm～1 700 mm	±3.0 mm
2	厚度偏差	19 μm～29 μm	±8.0%
		30 μm～70 μm	±7.0%

4.2 段长和接头数

段长和接头数应符合表3的要求。

表3 段长和接头数

序号	项目		指标
1	接头数/(个/卷)		≤2
2	每段长度/m	卷长≤1 000 m	≥100
		1 000<卷长≤2 000	≥200
		卷长>2 000	≥500
3	端面卷绕不平整度/mm		≤2

4.3 外观

外观应符合表4的要求。

表4 外观

序号	项目	指标
1	单卷端面颜色	允许稍有不同
2	薄膜皱折	不允许
3	膜面污染	不允许
4	涂布层	均匀
5	涂布条纹	允许轻微
6	暴筋	不允许
7	端面划痕	不允许
注：不同膜卷端面颜色可能出现差异但这不影响产品使用性能。		

4.4 物理力学性能

4.4.1 物理力学性能应符合表5的要求。

表5 物理力学性能

序号	项目名称		指标						
			第Ⅰ类	第Ⅱ类	第Ⅲ类	第Ⅳ类	第Ⅴ类	第Ⅵ类	第Ⅶ类
1	拉伸强度/MPa ≥	纵向	130				75		
		横向	200				120		
2	断裂标称应变/% ≤	纵向	200				150		
		横向	80				50		

表 5（续）

序号	项目名称		指标						
			第Ⅰ类	第Ⅱ类	第Ⅲ类	第Ⅳ类	第Ⅴ类	第Ⅵ类	第Ⅶ类
3	热收缩率/%	纵向	≤4.0				≤5.0		
		横向	≤2.0				≤4.0		
4	雾度/%		≤4.0	≤4.0	≤4.0	≤4.0	—	—	—
5	透光率/%		—	—	—	—	≤45	≤45	≤45
6	白度/%		—	—	—	—	≥88	≥88	≥88
7	动摩擦系数(同类涂层/同类涂层)		≤0.28	≤0.28	≤0.28	≤0.28	≤0.28	≤0.28	≤0.28
8	润湿张力(涂层面)/(mN/m)		≥40 (AC 面)	≥40 (AC 面)	≥40 (AC 面)	≥46 (PVOH 面)	≥40 (AC 面)	≥40 (AC 面)	≥40 (AC 面)
9	热封强度/(N/15 mm)(127 ℃,1.4bars,1sec)		≥3.5 (PVDC/PVDC)	≥3.5 (PVDC/PVDC)	≥3.5 (PVDC/PVDC)	≥2.0 (AC/AC)	≥2.0 (PVDC/PVDC)	≥2.0 (PVDC/PVDC)	≥2.0 (PVDC/PVDC)
10	起始热封温度/℃		≤110	≤110	≤100	≤90	≤110	≤110	≤110
11	水蒸气透过率(WVTR) g/(m^2·24hr)(38 ℃,90%RH)		≤3.5	≤4.5	≤5.5	≤9.0	≤13.5	≤14	≤14.5
12	氧气透过率(OTR) cc/(m^2·24 hr)(23 ℃,0%RH)		≤8.0	≤30	≤60	≤1.5	≤13	≤30	≤6
注：起始热封温度是指热封强度达到 1.2 N/15 mm 时的热封温度。									

5 试验方法

5.1 取样

把成品膜卷表面去掉几层，取样作尺寸、外观及物理力学性能检测。

5.2 试样状态调节和试验的标准环境

按 GB/T 2918—1998 规定，在 23 ℃±2 ℃，相对湿度 50%±10%的标准环境中进行样品状态调节，状态调节不少于 4 h，并在此条件下试验。

5.3 宽度和长度

按 GB/T 6673—2001 进行。

5.4 厚度偏差

按 GB/T 6672—2001 进行。

5.5 段长和接头数

端面绕卷不平整度用精度为 0.5 mm 的直尺测量；每段长度通过安装在设备上的计米器自动测量。

5.6 外观

自然光下进行目测。

5.7 拉伸强度和断裂标称应变

按 GB/T 1040.3—2006 进行。

试样尺寸：长×宽＝150 mm×15 mm；

夹具间距：100 mm；

拉伸速度：200 mm/min±20 mm/min。

5.8 热收缩率

5.8.1 试验仪器

a) 鼓风式恒温箱；

b) 最小刻度值为 0.02 mm 的游标卡尺；

c) 不锈钢板；

d) 秒表。

5.8.2 试样：在膜卷宽度方向均匀截取 120 mm×120 mm 试样 5 片。从试样纵、横向的中间离边缘 10 mm 处标上记号，并准确测量标记间长度。

5.8.3 温度与时间控制：温度 120 ℃±2 ℃，加热时间 2 min。

5.8.4 将试样平置于达到规定温度的鼓风的恒温烘箱中的不锈钢板上，不锈钢板位于恒温箱中部。试验时不鼓风，达到试验时间后取出，待冷却到环境温度后，测量纵、横向标记长度，按式(1)分别计算纵、横向的热收缩率，取 5 个试样的算术平均值。

$$T=\left|\frac{L_1-L_2}{L_1}\right|\times 100\% \qquad \cdots\cdots(1)$$

式中：

T ——热收缩率，用百分率(%)表示；

L_1 ——加热前长度，单位为毫米(mm)；

L_2 ——加热后长度，单位为毫米(mm)。

5.9 雾度

按 GB/T 2410—2008 进行。

5.10 白度

按 GB/T 2913—1982 进行。

5.11 动摩擦系数

按 GB/T 10006—1988 进行。

5.12 润湿张力

按 GB/T 14216—2008 进行。

5.13 热封强度

5.13.1 热封仪：温度波动±2.0 ℃。

5.13.2 热封参数设定为:温度 127 ℃,时间 1.0 s,压力 0.14 MPa。

5.13.3 试样:取样 5 片,将试样涂布面相对在热封机上热封,在膜卷宽度方向均匀裁取,样宽 15 mm±0.1 mm,长 150 mm。

5.13.4 以热封部分为中心线,把试样的两端分别夹在试验机的两个夹具上,试样纵轴应与上下夹具中心线相重合,并要松紧适宜,以防试样滑脱和断裂在夹具内,夹具间距为 100 mm,拉力机试验速度为 100 mm/min±10 mm/min,读取试样在热封处破坏时的最大载荷。若试样未在热封处断裂,则此试样作废,另取试样补做。取 5 个试样的算术平均值,以 N/15 mm 表示。

5.14 起始热封温度

起始热封温度是指在热封时间 1.0 s,压力 0.14 MPa 的条件下热封强度达到 1.2 N/15 mm 时所对应的热封温度。其值由该规定的热封条件下,热封温度按下表 6 进行设定测定热封强度,以热封温度为横坐标,以热封强度(N/15 mm)为纵坐标作图而求出。

表 6 起始热封温度测试的温度梯度设定

热封温度/℃	120	115	110	105	100	95	90	85	80
热封强度/(N/15 mm)									

5.15 水蒸气透过率(WVTR)

按 GB/T 21529—2008 进行。

5.16 透光率

按 GB/T 8807—1988 进行。

5.17 氧气透过率(OTR)

按 GB/T 19789—2005 进行。

6 检验规则

6.1 组批

BOPP 双面涂布膜验收以批为单位,同一批基材、同一配方以及稳定工艺条件下连续制造出来的 BOPP 双面涂布膜为一批,每批不超过 45 t。

6.2 抽样

外观与尺寸偏差按 GB/T 2828.1—2012 正常检查二次抽样方案规定进行,采用一般检查水平Ⅱ;接收质量限(AQL)为 6.5。每一卷为一个样本单位,物理力学性能从抽取的任一样本中裁取足够试验用的样品,见表 7。

表 7 抽样

批量范围 N	样本	样本量	累计样本量	AQL=6.5	
				接收数 Ac	拒收数 Re
1～8	第一	2	2	0	1
9～15	第一	3	3	0	1
16～25	第一	3	3	0	2
	第二	3	6	1	2
26～50	第一	5	5	0	2
	第二	5	10	1	2
51～90	第一	8	8	0	3
	第二	8	16	3	4
91～150	第一	13	13	1	3
	第二	13	26	4	5
151～280	第一	20	20	2	5
	第二	20	40	6	7
281～500	第一	32	32	3	6
	第二	32	64	9	10

6.3 出厂检验

出厂检验项目包括 4.1、4.2 及表 5 中的 4 项～12 项。

6.4 型式检验

型式检验项目为第 4 章的全部要求，当有下列情况之一时，应进行型式检验：

a) 新产品鉴定或老产品转厂投产；

b) 正式生产后，如原料、工艺有较大改变，可能影响产品性能时；

c) 正常生产每 12 个月时；

d) 国家质量监督机构提出型式检验要求时；

e) 产品停产半年以上，恢复生产时；

f) 出厂检验结果与上次型式检验有较大差异时。

6.5 判定规则

6.5.1 BOPP 双面涂布膜的外观、尺寸偏差若有一项不合格，则该卷为不合格品。该批产品的外观、尺寸偏差的判定按表 2 和表 4 规定进行。

6.5.2 BOPP 双面涂布膜的物理力学性能检验结果若有不合格项时，应在原批中加倍抽样，对不合格项目进行复测，复测结果全部合格，则该批产品物理力学性能合格；复测结果如仍不合格，则整批为不合格。

6.5.3 产品的外观、尺寸偏差、物理力学性能均合格时该批产品合格。

7 标志、包装、运输和贮存

7.1 标志

标志应符合 GB/T 191—2008 规定。

膜卷内或包装上应有合格证，注明产品名称、类别、规格、净重、生产日期、检验章、生产工厂与地址。

7.2 包装

由供需双方商定。

7.3 运输

运输时应防止挤压、机械碰撞和日晒雨淋。

7.4 贮存

7.4.1 BOPP 双面涂布膜应贮存在清洁、干燥库房内；远离热源，避免有毒、有害污染源，避免阳光直射。

7.4.2 贮存期自生产之日起不超过一年。

ICS 97.140
Y 80

中华人民共和国国家标准

GB/T 31106—2014

家具中挥发性有机化合物的测定

Determination of volatile organic compounds in furniture

2014-09-03 发布　　　　2015-08-01 实施

中华人民共和国国家质量监督检验检疫总局
中国国家标准化管理委员会 发布

前　言

本标准按照 GB/T 1.1—2009 给出的规则起草。

请注意本文件的某些内容可能涉及专利。本文件的发布机构不承担识别这些专利的责任。

本标准由中国轻工业联合会提出。

本标准由全国家具标准化技术委员会(SAC/TC 480)归口。

本标准主要起草单位:深圳市计量质量检测研究院、上海市质量监督检验技术研究院、国家家具及室内环境质量监督检验中心、浙江省家具与五金研究所、国家家具产品质量监督检验中心(成都)、江苏省产品质量监督检验研究院、深圳市华源轩家具股份有限公司、湖南星港家居发展有限公司。

本标准参加起草单位:敏华家具制造(深圳)有限公司、清华大学。

本标准主要起草人:吴海涛、张淑艳、李伟恒、张晓杰、郭洪智、肖峥、张晓波、罗炘、梁米加、李隆平、朱宇宏、刘韻铮、陈碧煌、黄小卫、张寅平、胡杰。

家具中挥发性有机化合物的测定

1 范围

本标准规定了家具中释放的挥发性有机化合物测试方法。

本标准适用于家具中甲醛、苯系物、总挥发性有机化合物释放量的测定。

2 规范性引用文件

下列文件对于本文件的应用是必不可少的。凡是注日期的引用文件，仅注日期的版本适用于本文件。凡是不注日期的引用文件，其最新版本(包括所有的修改单)适用于本文件。

GB/T 601 化学试剂 标准滴定溶液的制备

GB/T 603 化学试剂 试验方法中所用制剂及制品的制备

GB/T 6682 分析实验室用水规格和试验方法

3 术语和定义

下列术语和定义适用于本文件。

3.1

挥发性有机化合物 volatile organic compounds(VOC)

从样品中释放的并能在测试设备的出口气体中被检测到的有机化合物。

注：测试设备的出口系指测试家具挥发性有机化合物释放量的设备的出气口，包括设计用于采集气体样品的采样口。例如：气候舱法测试家具挥发性有机化合物释放量时，测试设备的出口系指气候舱的排气口，或气候舱的采样口。

3.2

总挥发性有机化合物 total volatile organic compounds(TVOC)

利用 Tenax GC 或 Tenax TA 采样，非极性色谱柱(极性指数小于 10)进行分析，保留时间在正己烷和正十六烷之间的挥发性有机化合物。

3.3

标准状态 normal state

温度为 273 K，压力为 101.325 kPa 时的干物质状态。

4 甲醛测定

4.1 方法一：酚试剂分光光度法

4.1.1 原理

空气中的甲醛与酚试剂反应生成嗪，嗪在酸性溶液中被高铁离子氧化形成蓝绿色化合物。根据颜色深浅，比色定量。

4.1.2 试剂

除另有规定外，所用试剂的纯度应在分析纯及以上，所用标准滴定溶液、制剂及制品，应按

GB/T 601、GB/T 603 的规定制备,实验室用水应符合 GB/T 6682 中三级水的规格。

4.1.2.1 吸收液原液:称取 0.10 g 酚试剂[$C_6H_4SN(CH_3)C:NNH_2 \cdot HCl$,简称 MBTH],加水溶解,置于 100 mL 容量瓶中,加水到刻度,摇匀。放冰箱中保存,可稳定 3 d。

4.1.2.2 吸收液:量取吸收液原液 5 mL,加 95 mL 水,即为吸收液。采样时,临用现配。

4.1.2.3 0.1 mol/L 盐酸溶液:量取 9 mL 盐酸,溶于水中,并稀释至 1 000 mL。

4.1.2.4 1%硫酸铁铵溶液:称取 1.0 g 硫酸铁铵[$NH_4Fe(SO_4)_2 \cdot 12H_2O$],用 0.1 mol/L 盐酸溶解,并稀释至 100 mL。

4.1.2.5 碘溶液[$c(\frac{1}{2}I_2) = 0.1$ mol/L]:称取 40 g 碘化钾,溶于 25 mL 水中,加入 12.7 g 碘。待碘完全溶解后,用水定容至 1 000 mL。移入棕色瓶中,贮存于暗处。

4.1.2.6 1 mol/L 氢氧化钠溶液:称取 40 g 氢氧化钠,溶于水中,并稀释至 1 000 mL。

4.1.2.7 0.5 mol/L 硫酸溶液:取 28 mL 浓硫酸缓慢加入水中,冷却后,稀释至 1 000 mL。

4.1.2.8 硫代硫酸钠标准滴定溶液[$c(Na_2S_2O_3)=0.100\,0$ mol/L]:可购买标准试剂,也可按GB/T 601 的规定进行配制和标定 。

4.1.2.9 0.5%淀粉溶液:将 0.5 g 可溶性淀粉,用少量水调成糊状后,再加入 100 mL 沸水,并煮沸 2 min~3 min 至溶液透明。冷却后,加入 0.1 g 水杨酸或 0.4 g 氯化锌,保存。

4.1.2.10 甲醛标准储备溶液:取 2.8 mL 含量为 36%~38%甲醛溶液,放入 1 000 mL 容量瓶中,加水稀释至刻度,摇匀,此溶液 1 mL 约相当于 1 mg 甲醛,其准确浓度用下述碘量法标定。也可购买标准试剂。

甲醛标准储备溶液的标定:精确量取 20.00 mL 待标定的甲醛标准储备溶液,置于 250 mL 碘量瓶中。加入 20.00 mL 碘溶液(4.1.2.5)和 15 mL 氢氧化钠溶液(4.1.2.6),放置 15 min,加入 20 mL 硫酸溶液(4.1.2.7),再放置 15 min。用硫代硫酸钠标准滴定溶液(4.1.2.8)滴定,至溶液呈现淡黄色时,加入 1 mL淀粉溶液(4.1.2.9),继续滴定至刚使蓝色褪去为终点,记录所用硫代硫酸钠标准滴定溶液体积(V_2)。同时用水作试剂空白滴定,记录空白滴定所用硫代硫酸钠标准滴定溶液的体积(V_1)。甲醛溶液的浓度按式(1)计算:

$$\omega = (V_1 - V_2) \times c \times \frac{15.02}{20.00} \qquad \cdots\cdots(1)$$

式中:

ω ——甲醛标准储备溶液中甲醛浓度,单位为毫克每毫升(mg/mL);

V_1 ——滴定空白时所用硫代硫酸钠标准滴定溶液的体积,单位为毫升(mL);

V_2 ——滴定甲醛溶液时所用硫代硫酸钠标准滴定溶液的体积,单位为毫升(mL);

c ——硫代硫酸钠标准滴定溶液的浓度的准确数值,单位为摩尔每升(mol/L);

15.02 ——甲醛摩尔质量的数值[$M(\frac{1}{2}HCHO)=15.02$],单位为克每摩尔(g/mol);

20.00 —— 所取甲醛标准储备溶液的体积,单位为毫升(mL)。

两次平行滴定,滴定所用硫代硫酸钠标准滴定溶液的体积误差应小于 0.05 mL,否则应重新标定。

4.1.2.11 甲醛标准溶液:临用时,将甲醛标准储备溶液用吸收液(4.1.2.2)稀释成 1.00 mL 含 1 μg 甲醛。此标准溶液可稳定 24 h。

4.1.3 仪器和设备

4.1.3.1 大型气泡吸收管:有 10 mL 刻度线。

4.1.3.2 空气采样器:流量范围 0 L/min~2 L/min。流量稳定可调,采样前和采样后应用皂沫流量计校准采样流量,误差小于 5%。

4.1.3.3 具塞比色管：10 mL。

4.1.3.4 大气压力表：精度 0.01 kPa。

4.1.3.5 分光光度计。

4.1.3.6 一般实验室常用仪器设备。

4.1.4 采样

用一个内装 10 mL 吸收液(4.1.2.2)的大型气泡吸收管(4.1.3.1)，以 0.5 L/min～1.0 L/min 流速，自测试设备的出口气体中采样，采样体积取决于待测气体中的甲醛浓度，一般不低于 10 L，采样时，应确保采样流量不大于设备出口气体流量的 80%。记录采样点的温度和大气压力。采样后样品在室温下应在 24 h 内分析。

4.1.5 分析步骤

4.1.5.1 标准曲线的绘制

取 10 mL 具塞比色管，用甲醛标准溶液按表 1 制备标准系列。

表 1 甲醛标准系列

管号	0	1	2	3	4	5	6	7	8
标准溶液体积/mL	0	0.10	0.20	0.40	0.60	0.80	1.00	1.50	2.00
吸收液体积/mL	5.00	4.90	4.80	4.60	4.40	4.20	4.00	3.50	3.00
甲醛含量/μg	0	0.10	0.20	0.40	0.60	0.80	1.00	1.50	2.00

在各管中加入 1%硫酸铁铵溶液 0.4 mL，摇匀。在不低于 18 ℃的环境中放置 15 min。用 1 cm 比色皿，在波长 630 nm 下，以水作参比，测定各管溶液的吸光度。以甲醛含量为横坐标，吸光度为纵坐标，绘制标准曲线，并计算回归曲线斜率，以斜率倒数作为样品测定的计算因子 B_g。

4.1.5.2 样品测定

采样后，用少量吸收液冲洗吸收管，合并使总体积为 10 mL，移取 5.00 mL 样品溶液入比色管中。按绘制标准曲线的操作步骤(4.1.5.1)测定吸光度(A)，如果测得的吸光度值超出了标准曲线的线性范围，则重新移取样品溶液，稀释后测定，记录稀释因子(d)；在每批样品测定的同时，用 5.00 mL 未采样的吸收液作试剂空白，测定试剂空白的吸光度(A_0)。

4.1.6 结果计算

4.1.6.1 将采样体积按式(2)换算成标准状态下的采样体积：

$$V_0 = V \times \frac{T_0}{T} \times \frac{p}{p_0} \qquad \cdots\cdots\cdots\cdots(2)$$

式中：

V_0——换算成标准状态下的采样体积，单位为升(L)；

V ——采样体积，单位为升(L)；

T_0——标准状态的绝对温度，273 K；

T ——采样时采样点现场的摄氏温度(t)与标准状态的绝对温度之和，(t+273)K；

p ——采样时采样地点的大气压力，单位为千帕(kPa)；

p_0——标准状态下的大气压力，101.3 kPa。

4.1.6.2 样品气体中甲醛浓度按式(3)计算：

$$c=(A-A_0)\times B_g\times\frac{2d}{V_0} \qquad \cdots\cdots(3)$$

式中：

c ——样品气体中甲醛浓度，单位为毫克每立方米(mg/m^3)；

A ——样品溶液的吸光度；

A_0——空白溶液的吸光度；

B_g——由标准曲线的绘制(4.1.5.1)得到的计算因子，单位为微克(μg)；

d ——稀释因子；

V_0——换算成标准状态下的采样体积，单位为升(L)。

计算结果保留两位有效数字。

4.1.7 测量范围、干扰和排除

4.1.7.1 测量范围

用5 mL样品溶液，本法测定范围为0.1 μg～1.5 μg；采样体积为20 L时，可测浓度范围0.01 mg/m^3～0.15 mg/m^3。

4.1.7.2 干扰和排除

20 μg酚、2 μg醛以及二氯化氮对本法无干扰。二氧化硫共存时，使测定结果偏低。因此对二氧化硫干扰不可忽视，可将气样先通过硫酸锰滤纸过滤器，予以排除。

4.1.8 精密度

4.1.8.1 重复性

在重复性条件下获得的两次独立测试结果的绝对差值不大于这两个测定值的算术平均值的20%，以大于这两个测定值的算术平均值的20%的情况不超过5%为前提。

4.1.8.2 再现性

在再现性条件下获得的两次独立测试结果的绝对差值不大于这两个测定值的算术平均值的40%，以大于这两个测定值的算术平均值的40%的情况不超过5%为前提。

4.2 方法二：变色酸分光光度法

4.2.1 原理

甲醛与变色酸在硫酸溶液中呈紫色化合物，其颜色的深浅与甲醛含量成正比，与标准比较定量。

4.2.2 试剂

除另有规定外，所用试剂的纯度应在分析纯及以上，所用标准滴定溶液、制剂及制品，应按GB/T 601、GB/T 603的规定制备，实验室用水应符合GB/T 6682中三级水的规格。

4.2.2.1 吸收液：称取10.0 g亚硫酸氢钠，置于烧杯中，加水溶解，置于1 000 mL棕色容量瓶中，加水到刻度，摇匀，贮存于暗处。

4.2.2.2 1%变色酸($C_{10}H_8O_8S_2$)溶液：称取0.1 g变色酸，置于锥形瓶中，加水10 mL，摇匀使其完全溶解(临用现配)。

4.2.2.3 碘溶液[$c(\frac{1}{2}I_2)=0.1$ mol/L]:同 4.1.2.5。

4.2.2.4 1 mol/L 氢氧化钠溶液:同 4.1.2.6。

4.2.2.5 硫酸(H_2SO_4):浓硫酸。

4.2.2.6 0.5 mol/L 硫酸溶液:同 4.1.2.7。

4.2.2.7 硫代硫酸钠标准滴定溶液[$c(Na_2S_2O_3)=0.100\ 0$ mol/L]:同 4.1.2.8。

4.2.2.8 0.5%淀粉溶液:同 4.1.2.9。

4.2.2.9 甲醛标准储备溶液:同 4.1.2.10。

4.2.2.10 甲醛标准溶液:临用时,将甲醛标准储备溶液(4.2.2.9)用吸收液(4.2.2.1)稀释成 1.00 mL 含 1 μg甲醛。此标准溶液可稳定 24 h。

4.2.3 仪器和设备

4.2.3.1 大型气泡吸收管:50 mL。

4.2.3.2 空气采样器:同 4.1.3.2。

4.2.3.3 具塞比色管:25 mL。

4.2.3.4 大气压力表:同 4.1.3.4。

4.2.3.5 分光光度计:同 4.1.3.5。

4.2.3.6 一般实验室常用仪器设备。

4.2.4 采样

用一个内装 20 mL 吸收液(4.2.2.1)的大型气泡吸收管(4.2.3.1),以 0.5 L/min～1.0 L/min 流速,自测试设备的出口气体中采样,采样体积取决于待测气体中的甲醛浓度,一般不低于 20 L,采样时,应确保采样流量不大于设备出口气体流量的 80%。记录采样点的温度和大气压力。采样后样品在室温下应在 24 h 内分析。

4.2.5 分析步骤

4.2.5.1 标准曲线的绘制

取 25 mL 具塞比色管,用甲醛标准溶液按表 2 制备标准系列。

表 2 甲醛标准系列

管号	0	1	2	3	4	5	6
标准溶液体积/mL	0	0.10	0.30	0.50	0.70	1.00	1.50
吸收液体积/mL	4.00	3.90	3.70	3.50	3.30	3.00	2.50
甲醛含量/μg	0	0.10	0.30	0.50	0.70	1.00	1.50

在各管中加入 1%变色酸溶液(4.2.2.2) 0.1 mL,摇匀,缓慢加入浓硫酸(4.2.2.5) 6 mL,并缓慢轻轻地摇动具塞比色管,使其均匀(溶液不分层时即完全混合均匀),将比色管盖上盖子置于沸水浴中加热 15 min,待冷却至室温,用 1 cm 比色皿,在波长 580 nm 下,以水作参比,测定各管溶液的吸光度。以甲醛含量为横坐标,吸光度为纵坐标,绘制标准曲线,并计算回归曲线斜率,以斜率倒数作为样品测定的计算因子 B_g。

注 1:如室温显色 2 h 后上机测试吸光度,则不需将比色管置于沸水浴中加热 15 min。

注 2:如空白试剂吸光度比水高 0.030 以上,需重新进行测试。

4.2.5.2 样品测定

采样后，用少量吸收液冲洗吸收管，合并使总体积为 20 mL，移取 4.00 mL 样品溶液入比色管中。按绘制标准曲线的操作步骤(4.2.5.1)测定吸光度(A)，如果测得的吸光度值超出了标准曲线的线性范围，则重新移取样品溶液，稀释后测定，记录稀释因子(d)；在每批样品测定的同时，用 4.00 mL 未采样的吸收液作试剂空白，测定试剂空白的吸光度(A_0)。

4.2.6 结果计算

4.2.6.1 将采样体积按式(2)换算成标准状态下采样体积。

4.2.6.2 样品气体中甲醛浓度按式(4)计算：

$$c=(A-A_0)\times B_g\times\frac{5d}{V_0} \qquad \cdots\cdots\cdots(4)$$

式中：

c ——样品气体中甲醛浓度，单位为毫克每立方米(mg/m^3)；

A ——样品溶液的吸光度；

A_0——空白溶液的吸光度；

B_g——由标准曲线的绘制(4.2.5.1)得到的计算因子，单位为微克(μg)；

d ——稀释因子；

V_0——换算成标准状态下的采样体积，单位为升(L)。

计算结果保留两位有效数字。

4.2.7 精密度

4.2.7.1 重复性

在重复性条件下获得的两次独立测试结果的绝对差值不大于这两个测定值的算术平均值的 20%，以大于这两个测定值的算术平均值的 20%的情况不超过 5%为前提。

4.2.7.2 再现性

在再现性条件下获得的两次独立测试结果的绝对差值不大于这两个测定值的算术平均值的 40%，以大于这两个测定值的算术平均值的 40%的情况不超过 5%为前提。

5 苯系物和总挥发性有机化合物的测定

5.1 原理

在规定的实验条件下，利用含有 Tenax GC 或 Tenax TA 吸附剂的采样管采集一定体积含有家具样品释放出的挥发性有机化合物的混合气体，混合气体中挥发性有机化合物保留在采样管中，随后在实验室进行分析。收集到的挥发性有机化合物通过热解析，并经惰性载气传输通过冷阱，进入配备有毛细管柱的气相色谱，使用质谱检测器进行检测，用质谱定性，峰高或峰面积定量。

5.2 试剂和材料

分析过程中使用的试剂应为色谱纯。如果为分析纯，需经纯化处理，以保证色谱分析无杂峰。

5.2.1 气相色谱校准用挥发性有机化合物

5.2.1.1 标准气体

制备含各待测化合物气体组分浓度约为 100 μg/m^3 的混合标准气体。也可以购买有证混合标准气体。

5.2.1.2 液体标准物质

各待测溶剂为色谱纯,不受与待测化合物共同流出的化合物的影响。

5.2.1.3 校准混合溶液

采用 5.2.1.2 的液体标准物质自行配制,用甲醇溶液作稀释溶剂。也可以购买有证混合液体标准。

5.2.1.3.1 含有每种液体标准物质约 10 mg/mL 的溶液

在 100 mL 容量瓶中加入 50 mL 甲醇溶液,准确称取 1 g(精确至 0.001 g)液体标准物质于该容量瓶中,可以几种液体标准物质称取在同一容量瓶中,从挥发性最弱的液体标准物质开始称取。用甲醇溶液定容到刻度,摇匀。该标准溶液在 4 ℃冰箱中密封保存,可贮存 1 个月。

5.2.1.3.2 含有每种液体标准物质约 1 mg/mL 的溶液

在 100 mL 容量瓶中加入 50 mL 甲醇溶液,准确移取按 5.2.1.3.1 制得的标准溶液 10.00 mL,用甲醇溶液定容到刻度,摇匀。该标准溶液应现用现配。

5.2.1.3.3 含有每种液体标准物质约 100 μg/mL 的溶液

在 100 mL 容量瓶中加入 50 mL 甲醇溶液,准确移取按 5.2.1.3.2 制得的标准溶液 10.00 mL,用甲醇溶液定容到刻度,摇匀。该标准溶液应现用现配。

5.2.1.3.4 含有每种液体标准物质约 10 μg/mL 的溶液

在 100 mL 容量瓶中加入 50 mL 甲醇溶液,准确移取按 5.2.1.3.3 制得的标准溶液 10.00 mL,用甲醇溶液定容到刻度,摇匀。该标准溶液应现用现配。

5.2.1.4 校准用挥发性有机化合物

校准用挥发性有机化合物至少包括下列物质:苯、甲苯、对二甲苯、间二甲苯、邻二甲苯、苯乙烯、乙苯、乙酸正丁酯、十一烷。

5.2.2 标准采样管

5.2.2.1 气体标准法

分别准确移取标准气体(5.2.1.1) 100 mL、200 mL、500 mL、1 L、2 L、5 L、10 L,使标准气体通过采样管,作为标准系列。制备好的标准采样管应立即密封待测。

5.2.2.2 液体标准法

在有 100 mL/min 的高纯氮(5.2.4.1)通过采样管的情况下,用注射器(5.3.2)分别准确抽取 1 μL~5 μL含液体组分 10 μg/mL、100 μg/mL 和 1 mg/mL 的校准混合溶液(5.2.1.3),注入采样管,5 min 后取下采样管密封,配制成依次含标准物质约 10 ng、20 ng、50 ng、100 ng、200 ng、500 ng、1 μg 的标准采样管,作为标准系列。

5.2.3 吸附剂

Tenax GC 或 Tenax TA,粒径为 0.18 mm～0.25 mm(60 目～80 目),吸附剂在装管前应在其最高使用温度下,用惰性气流加热活化处理至少 18 h。为了防止二次污染,吸附剂应在清洁空气中冷却、储存、装管。

5.2.4 惰性气体

5.2.4.1 高纯氮:氮的纯度不低于 99.999%。

5.2.4.2 高纯氦:氦的纯度不低于 99.999%。

注:载气的质量是非常重要的,因为气体中的污染物可能与被测物质在冷阱中一起富集。

5.3 仪器和设备

5.3.1 采样管:采用热解吸仪配套的采样管,或者采用适当内径和长度、内壁抛光的不锈钢管或玻璃管,采样管应有标记,以便确认采样入口,采样管两端可采用金属螺帽配聚四氟乙烯套圈进行密封,采样管应包含至少 200 mg 的吸附剂(5.2.3)。所有采样管在使用前需经活化处理(5.4.1),热解吸温度应低于活化温度。

5.3.2 注射器:10 μL 液体注射器;10 μL 气体注射器;1 mL 气体注射器。

5.3.3 空气采样器:流量范围 0 L/min～0.5 L/min。流量稳定可调,采样前和采样后应用皂沫流量计校准采样流量,误差小于 5%。

5.3.4 管路:适当直径的聚乙烯或聚四氟乙烯管用于确保空气采样器和样品管的连接和防漏。不应在采样管气路上游使用塑料管。管路的干扰可以引入污染物。在采样管气路上游使用的管路,在使用前应检查其管内部是否含有干扰测定的污染物。

5.3.5 皂膜流量计:用于空气采样器的气体流量校准。

5.3.6 大气压力表:同 4.1.3.4。

5.3.7 气相色谱仪:配备质谱检测器,最低检出量至少为 1 ng 甲苯。

5.3.8 色谱柱:非极性(极性指数小于 10)石英毛细管柱,可选择柱长 30 m～60 m,内径 0.25 mm～0.32 mm,固定相厚度为 0.25 μm～1.00 μm 的石英柱,固定相可以是 100%的二甲基硅氧烷或 5%苯基、1%乙烯基、94%甲基硅氧烷。

5.3.9 检测特定的挥发性有机化合物时,可以根据化合物的特性选择合适的色谱柱。

5.3.10 热解吸装置:能对采样管进行二次热解吸,并通过惰性气体把解吸气带入到气相色谱仪。

5.3.11 典型的二次热解吸系统应包含固定采样管、加热采样管同时让惰性气体吹扫的装置、浓缩并二次热解吸样品的冷阱。解吸温度、解析时间和载气流量等皆可调节。

5.3.12 液体标准系列采样管制备的注射设备:常规的气相色谱进样口,可以在原位置使用,也可以单独安装,保留进样口的载气连线,进样口下端可与采样管相连。也可以购买标样制备器。

5.3.13 一般实验室常用仪器设备。

5.4 采样管的活化和贮存

5.4.1 采样管活化

每次采样前,需预先活化采样管,在 50 mL/min～100 mL/min 的惰性载气流下,300 ℃加热至少 10 min 活化采样管,以去除采样管中可能留存的痕量挥发性有机化合物。

5.4.2 采样前已活化采样管的贮存

活化后的采样管应用金属螺帽配聚四氟乙烯套圈密封，也可以使用热解吸仪配套的采样管密封组件密封，室温下保存在没有杂质释放的容器内，有效期为4周。如果4周未进行采样，则重新活化。

5.5 采样

将采样管(5.3.1)与空气采样器(5.3.3)用管路(5.3.4)连接。安装采样管到测试设备的气体出口，打开空气采样器，调节流量(适当的采样流量在50 mL/min～200 mL/min)，采样1 L～6 L(根据样品挥发性有机化合物释放量大小确定采样体积，在本标准的测试条件下，3 L的采样体积能满足绝大多数样品测试)，记录采样开始和结束的时间、采样流量、温度和大气压力。采样后将管取下，并立即将管两端密封。20 ℃下，苯系物各组分在填装有200 mg的Tenax TA采样管中的安全采样体积，见附录A。

5.6 样品管的储存

采样后的采样管应密封，并存放在无释放的室温容器中。为了避免可能的变化，样品应尽快分析，最好在采样后的4周内完成。

5.7 空白空气采样

根据产品标准的要求，采集空白空气样品，采样体积与样品采样体积相同。

5.8 分析步骤

5.8.1 二级热解吸、气相色谱-质谱分析条件

5.8.1.1 二级热解吸分析条件

选择热解吸的温度、时间和气体流速，使十六烷的热解吸效率达到95%以上。由于达到热解吸效率的要求与所使用仪器有关，因此只能给出二级热解吸的基本参数，其余的参数设置参考热解吸仪的使用指南。下面给出的参数为基本参数：

a) 热解吸温度：260 ℃～280 ℃；
b) 热解吸时间：5 min～15 min；
c) 热解吸气体流速：30 mL/min～50 mL/min；
d) 冷阱：最高温度：280 ℃，最低温度：−30 ℃，吸附剂：与采样管中吸附剂相同，40 mg～100 mg；
e) 传输线路温度：220 ℃～250 ℃；
f) 分流比：介于样品管和二级冷阱之间以及二级冷阱和分析柱之间的分流比应根据采样管中挥发性有机化合物的质量来选择。

5.8.1.2 气相色谱-质谱分析条件

由于测试结果与所使用的仪器有关，因此不可能给出气相色谱-质谱分析的通用参数。设定参数的原则是在最短的时间内获得最好的分离效果，下面给出的参数已经实验验证是可行的：

a) 色谱柱：30 m×0.25 mm×0.25 μm的石英柱，固定相为5%苯基、1%乙烯基、94%甲基硅氧烷；
b) 色谱柱温度：程序升温，初始温度40 ℃，保持2 min，以6 ℃/min速率程序升温到150 ℃，然后以15 ℃/min速率程序升温到250 ℃，再以25 ℃/min速率程序升温到300 ℃，保持10 min；

c) 色谱-质谱接口温度:280 ℃;

d) 离子源温度:250 ℃;

e) 质量扫描范围:30 amu~500 amu;

f) 载气:氦气,1.2 mL/min;

g) 电离方式:EI;

h) 电离能量:70 eV。

5.8.2 标准曲线的绘制

将采样管安装在热解吸仪上,气流方向与采样时方向相反。用热解析气相色谱-质谱分析采样管标准系列,以扣除空白后峰面积为纵坐标,以待测物质量为横坐标,绘制标准曲线。一般来说,建议每周做一次标准曲线,或者每批样品做一个已知浓度的标准采样管,应用标准曲线定量结果偏差在15%以内。典型GC-MS总离子色谱图参见附录B。

5.8.3 样品分析

每只样品采样管按绘制标准曲线的操作步骤进行分析,用质谱定性,峰面积定量。

5.9 结果计算

5.9.1 将采样体积按式(2)换算成标准状态下采样体积。

5.9.2 样品气体中苯系物、挥发性有机化合物组分浓度按式(5)计算,没有标准曲线或未能定性的挥发性有机化合物组分浓度,按甲苯的响应系数计算:

$$c=\frac{m_{\mathrm{F}}-m_{\mathrm{B}}}{V_0}\times 1\ 000 \qquad \cdots\cdots\cdots(5)$$

式中:

c ——标准状态下样品气体中苯系物、挥发性有机化合物组分的浓度,单位为毫克每立方米(mg/m^3);

m_{F}——采样管所采集到的苯系物、挥发性有机化合物组分的质量,单位为毫克(mg);

m_{B}——空白管中苯系物、挥发性有机化合物组分的质量,单位为毫克(mg);

V_0—— 换算成标准状态下的采样体积,单位为升(L)。

计算结果表示到小数点后三位。

5.9.3 样品气体中总挥发性有机化合物(TVOC)浓度的计算

5.9.3.1 应对保留时间在正己烷和正十六烷之间(包括正己烷和正十六烷)的所有化合物进行分析。

5.9.3.2 根据标准曲线,对尽可能多的挥发性有机化合物组分定性定量,至少应对10个最高峰进行定性定量。所有这些保留时间在正己烷和正十六烷之间(包括正己烷和正十六烷)的挥发性有机化合物组分浓度之和即为TVOC浓度,计算结果表示到小数点后两位。

5.10 方法特性

5.10.1 检测下限

采样量为6 L时,单个挥发性有机化合物的检测下限为0.002 mg/m^3;总挥发性有机化合物的检测下限为0.050 mg/m^3。

5.10.2 精密度

5.10.2.1 重复性

对于单个挥发性有机化合物的测定结果,在重复性条件下获得的两次独立测试结果的绝对差值不大于 0.01 mg/m^3,以大于 0.01 mg/m^3 的情况不超过 5%为前提;对于总挥发性有机化合物的测定结果,在重复性条件下获得的两次独立测试结果的绝对差值不大于 0.03 mg/m^3,以大于 0.03 mg/m^3 的情况不超过 5%为前提。

5.10.2.2 再现性

对于单个挥发性有机化合物的测定结果,在再现性条件下获得的两次独立测试结果的绝对差值不大于 0.02 mg/m^3,以大于 0.02 mg/m^3 的情况不超过 5%为前提;对于总挥发性有机化合物的测定结果,在再现性条件下获得的两次独立测试结果的绝对差值不大于 0.05 mg/m^3,以大于 0.05 mg/m^3 的情况不超过 5%为前提。

附 录 A
（规范性附录）
苯系物的安全采样体积

20 ℃下，苯系物各组分在填装有 200 mg 的 Tenax TA 采样管中的安全采样体积，见表 A.1。

表 A.1 苯系物的安全采样体积

组分	安全采样体积/L
苯	6.2
甲苯	38
乙苯	180
二甲苯	300
异丙苯	480
苯乙烯	300

附 录 B
（资料性附录）
苯系物及挥发性有机化合物的典型 GC-MS 总离子色谱图

苯系物及挥发性有机化合物的典型 GC-MS 总离子色谱图见图 B.1。

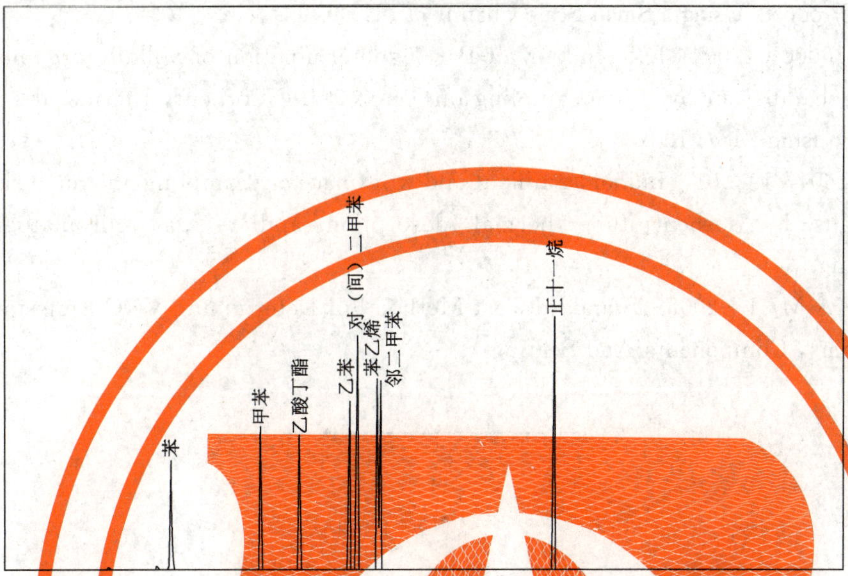

图 B.1 苯系物及挥发性有机化合物的典型 GC-MS 总离子色谱图

参 考 文 献

［1］ GB/T 18204.26—2000 公共场所空气中甲醛的测定方法

［2］ HJ 583—2010 环境空气 苯系物的测定 固体吸附/热脱附-气相色谱法

［3］ ASTM D 6007—2002 Standard Test Method for Determining Formaldehyde Concentration in Air from Wood Products Using a Small Scale Chamber

［4］ ISO 16000-6：2004（E） Indoor air-Part 6：determination of volatile organic compounds in indoor and test chamber air by active sampling on Tenax TA@ sorbent，thermal desorption and gas chromatography using MS/FID

［5］ ISO 16017-1：2001 Indoor，ambient and workplace air-Sampling and analysis of volatile organic compounds by sorbent tube/thermal desorption/capillary gas chromatography-Part 1：Pumped sampling

［6］ BIFMA M7.1—2005 Standard Test Method For Determining VOC Emissions From Office Furniture Systems，Components And Seating

ICS 97.140
Y 81

中华人民共和国国家标准

GB/T 31107—2014

家具中挥发性有机化合物检测用气候舱通用技术条件

Environmental chamber for the determination of volatile organic compounds of furniture—General technical requirements

2014-09-03 发布 2015-08-01 实施

中华人民共和国国家质量监督检验检疫总局
中国国家标准化管理委员会 发布

前　言

本标准按照 GB/T 1.1—2009 给出的规则起草。

请注意本文件的某些内容可能涉及专利。本文件的发布机构不承担识别这些专利的责任。

本标准由中国轻工业联合会提出。

本标准由全国家具标准化技术委员会(SAC/TC 480)归口。

本标准主要起草单位:上海市质量监督检验技术研究院、国家家具及室内环境质量监督检验中心、昆山市创新科技检测仪器有限公司。

本标准参加起草单位:上海科绿特环境科技有限公司、东莞市升微机电设备科技有限公司、济南海纳特科技有限公司、敏华家具制造(深圳)有限公司,沈阳紫微机电设备有限公司、重庆优玛科学仪器有限公司。

本标准主要起草人:高建卫、谢明舜、许俊、姚晨岚、张晓波、孔庆媛、陶泽成、汪进、张福基、肖华、夏可瑜、黄小卫、李攀。

家具中挥发性有机化合物检测用气候舱通用技术条件

1 范围

本标准规定了家具中挥发性有机化合物检测用气候舱的要求、试验方法、检验规则和标志、包装、运输、贮存。

本标准适用于家具中挥发性有机化合物检测用气候舱(以下简称"气候舱")。

2 规范性引用文件

下列文件对于本文件的应用是必不可少的。凡是注日期的引用文件,仅注日期的版本适用于本文件。凡是不注日期的引用文件,其最新版本(包括所有的修改单)适用于本文件。

GB/T 191 包装储运图示标志

GB/T 6388 运输包装收发货标志

GB/T 9969 工业产品使用说明书 总则

GB/T 10586—2006 湿热试验箱技术条件

GB/T 13306 标牌

GB/T 14436 工业产品保证文件 总则

GB 18584 木家具中有害物质限量

GB/T 24343 工业机械电气设备 绝缘电阻试验规范

GB/T 24344 工业机械电气设备 耐压试验规范

GB/T 31106 家具中挥发性有机化合物的测定

JB/T 9512 气候环境试验设备与试验箱 噪声声功率级的测定

JJF 1101 环境试验设备温度、湿度校准规范

3 术语和定义

下列术语和定义适用于本文件。

3.1

气候舱 climate chamber

由舱体、空气循环装置、空气交换装置、空气净化装置、温度和相对湿度控制装置、监测装置等组成,具有受控的操作参数、用于模拟家具中挥发性有机化合物释放环境的试验设备。

注:参见附录 A。

3.2

吸附率 adsorption ratio

封闭舱体,在给定时间内,测定的气候舱内空气中累计的目标挥发性有机化合物(VOC)的量,除以在相同时间内加入到气候舱中的该挥发性有机化合物(VOC)的量,用 1 减去该值并以百分比表示。

用 a 表示。

3.3

供气率　clean air delivery rate

单位时间内进入气候舱的清洁空气量，单位为 m^3/min。

用 V_s 表示。

3.4

舱内空气泄漏率　air leakage rate

单位时间内泄露出气候舱的空气体积，单位为 m^3/min。

用 V_L 表示。

3.5

空气交换率　air exchange rate

单位时间内进入气候舱的清洁空气量与气候舱舱容的比。

用 n 表示。

4　要求

4.1　气候舱性能要求

4.1.1　防结露保温

舱体内壁不应结露。

4.1.2　密闭性

为避免与外界空气交换，所有结合部位(除进样处外)应被密封，气候舱内以 10 Pa～20 Pa 的正压运行。

气候舱应满足如下密封要求之一：

a)　在 1 kPa 正压(表压)时，舱内空气泄漏率 $V_L \leqslant 0.5\% \times$ 舱容/min；

b)　舱内空气泄漏率 $V_L \leqslant 5\% \times$ 供气率 V_s。

4.1.3　吸附率

温度(23±2)℃、相对湿度(45±5)%时，气候舱的吸附率应小于 20%。

4.1.4　背景浓度

气候舱具有清洁空气补给功能，在气候舱空载运行时，在采样口测得空气中相关物质含量要求：甲醛含量不得超过 0.006 mg/m^3，TVOC 的含量不得超过 0.05 mg/m^3，各个单体(主要是苯、甲苯、二甲苯)的含量不应超过 0.005 mg/m^3。

注：指定检测物质的气候舱，仅对被检物质做相应背景浓度要求。

4.1.5　监测装置性能指标

气候舱内监测装置性能指标的要求见表 1。

表 1　气候舱监测装置性能指标要求

气候舱规格	调节范围		允许偏差		测量精度	
	温度/℃	相对湿度/%	温度/℃	相对湿度/%	温度/℃	相对湿度/%
≤6 m^3	10～30	30～80	±1	±3	±0.1	±1
>6 m^3	10～30	40～70	±2	±5	±0.5	±3

4.1.6　舱内空气均匀度

气候舱空载时任意两采样点之间参考标准的浓度值相对偏差应≤5%。

4.1.7　舱内空气流速

空载时舱内的空气流速为(0.1～0.3)m/s。

4.1.8　空气交换率

空气交换率 n 为(0.2～2.0),允许偏差为±(3% × 舱容×空气交换率设定值)/h。

4.1.9　连续工作时间

气候舱连续工作时间不应小于 28 d。

4.1.10　噪声

气候舱正常运行时的噪声值不大于 70 dB(A)。

4.1.11　绝缘电阻

气候舱带电部位对箱壳的绝缘电阻不小于 1 MΩ,箱体应设有接地良好、明显的标志。

4.1.12　耐电压强度

气候舱加热器端子(包括引线)与控制系统开路时,对舱壳应能承受电压 1 500 V、交流 50 Hz、历时 1 min 的耐电压强度试验,其绝缘应无击穿或闪络现象。

4.2　使用条件

4.2.1　环境条件

气候舱应能在下列环境条件下正常使用:

——环境温度(5～35)℃;

——相对湿度不大于 85 %;

——大气压参照 GB/T 10586—2006 中条款 4.1;

——周围无高浓度粉尘及腐蚀性物质;

——无强烈震动;

——无强电磁场影响;

——无阳光直接照射或者其他热源直接照射。

4.2.2 供电条件

电压为 220 V±22 V 或 380 V±38 V；频率为 50 Hz±0.5 Hz。

4.2.3 加湿用水条件

应符合 GB/T 10586—2006 中 4.3 的规定。

5 试验方法

5.1 气候舱结构

按照图纸、说明书和实物进行检查。

5.2 性能

5.2.1 防结露保温

按以下规定操作顺序进行检查：

——关闭气候舱门；

——测量气候舱内的露点；

——将舱外环境温度降至舱内空气的露点以下，保持 30 min 后观察舱内壁是否结露。

5.2.2 密闭性

气候舱密闭性的检测可按以下两种方法进行：

a) 恒压检漏法。保持舱内温度恒定，偏差±0.5 ℃，整个检测过程应记录舱内温度的变化。操作过程如下：

——除加压送气口外，所有其他工作孔洞全部密封，包括：舱门、所有通风管道、采样口及其他预留舱内孔洞或管道；

——对气候舱进行充气加压，使舱内压力达到 1 kPa 正压，随后停止充气；

——继续向舱内补气，通过充气管路上的调节阀调整补气量，以维持舱内压力 1 kPa 不下降，每隔 1 min 记录一次充气管路上流量计的读数，此数即为漏气量，测试持续时间不宜超过 5 min，取平均值。

b) 压差法。保持舱内温度恒定，偏差±0.5 ℃，整个检测过程应记录舱内温度的变化。空气交换率一般选择设备使用范围的上、中、下限值。用精度不低于 1% 的流量计同时监测气候舱进、出气口的流量，累计 1 h，两处检测结果差值不超过±5%。

5.2.3 吸附率

采用甲苯或正十二烷进行吸附率试验。试验的温度和相对湿度条件可参照 GB 18584。试验开始时，测定甲苯或正十二烷的本底浓度(c_0)，然后将给定量的标准物质甲苯或正十二烷投放入气候舱内(c_1)，试验开始 72 h 后测定甲苯或正十二烷的浓度(c_2)，计算吸附率。甲苯或正十二烷的给定浓度(c_1)与实际检测时的被检测物质的浓度应在同一量值水平。

具体按下式计算：

$$a = 1 - \frac{c_2 - c_0}{c_1}$$

式中：

a ——吸附率；

c_2 ——72 小时后测定的甲苯或正十二烷浓度，单位为毫克每立方米（mg/m^3）；

c_0 ——甲苯或正十二烷的本底浓度，单位为毫克每立方米（mg/m^3）；

c_1 ——给定的甲苯或正十二烷浓度，单位为毫克每立方米（mg/m^3）。

注 1：在增湿空气中可能导致吸湿性 VOC 的吸附率增加。

注 2：沉积影响，泄漏或不良测量校正可造成满足最低要求的困难。沉积和吸收特性在很大程度上依赖于挥发化合 物的类型。采用具有不同分子量和极性的 TVOC 所进行的附加回收试验，可用于加强对这些影响的理解。

5.2.4 背景浓度

按被测样品的测试条件设定气候舱内温度、相对湿度和空气交换率，空载运行 5 h 以上，按 GB/T 31106《家具中挥发性有机化合物的测定》测定甲醛、苯、甲苯、二甲苯和 TVOC 浓度。

5.2.5 监测装置性能

在气候舱空载条件下，温度测试按照 JJF 1101 的规定方法进行，相对湿度测试按照 JJF 1101 的规定方法进行。

5.2.6 舱内空气均匀度

试验条件应满足：

a） 舱内空气均匀度的测试点位置按照 JJF 1101 温湿度校准测试点位置的要求；

b） 温、湿度及空气交换率一般选择设备使用范围的上、下限及中间值，或根据用户需要选择实际常用的温、湿度及空气交换率值；

c） 参考标准甲醛的浓度为 0.1 mg/m^3；

d） 空载运行不少于 15 min。

按 GB/T 31106《家具中挥发性有机化合物的测定》测定参考标准甲醛的浓度。

5.2.7 舱内空气流速

应在气候舱空载条件下测量。当舱容≤6 m^3 时，空气流速测量一点，位于舱内几何中心；舱容＞6 m^3时，应以舱内几何中心为起点，沿长度方向的中心线上每隔 0.8 m 设一个测量点。

5.2.8 空气交换率

应选以下两种方法之一进行：

a） 根据设备使用流量计的相关标准要求进行空气交换率的测量范围和调节偏差的测试；

b） 在气候舱空载时，设定温度（23±2）℃、相对湿度（45±5）%，测量一定时间内（＞1 h）进气口的流量值，求每小时的流量平均值，与设定值做比较。

5.2.9 连续工作时间

开机连续运行 28 d，观察是否正常。

5.2.10 噪声

按照 JB/T 9512 的规定方法进行。

5.2.11 绝缘电阻

按照 GB/T 24343 的规定方法进行。

5.2.12 耐电压强度

按照 GB/T 24344 的规定方法进行。

6 检验规则

6.1 检验分类

出厂检验、交付检验。

6.2 出厂检验

出厂检验项目为第 4 章中除 4.1.3,4.1.4 外的所有条款。

6.3 交付检验

设备交付时应进行交付检验,交付检验为第 4 章中所有条款。

7 标志、包装、运输和贮存

7.1 标志

7.1.1 每台产品应在明显部位固定标牌,标牌应符合 GB/T 13306 的规定,内容包括:

1) 产品型号、名称;
2) 制造厂名称、地址;
3) 主要技术参数(舱容、空气交换率调节范围、温湿度调节范围、供电条件等)、执行标准;
4) 出厂编号;
5) 出厂日期。

7.1.2 产品包装储运标志应符合 GB/T 191 的规定。

7.1.3 运输包装收发货标志应符合 GB/T 6388 的规定。

7.2 包装

产品包装前,应对外露零件、涂镀件进行防锈处理。

产品分箱包装,每个包装箱应编有序号。不能倒放和易碎部件应有明显标志,技术文件放在第一包装箱内。技术文件应至少包括:

a) 产品合格证,产品合格证的编写应符合 GB/T 14436 的规定;
b) 使用说明书,使用说明书的编写应符合 GB/T 9969 的规定;
c) 装箱单。

若贮存期超过 1 年,出厂前应开箱检查,发现产品包装不符合有关规定时,应重新进行包装。

7.3 运输

产品运输过程中应保持竖直状态，禁止倒放。起吊时，应按包装箱外壁上的起吊标志稳起、轻放，防止跌落、碰撞。

7.4 贮存

产品应贮存在干燥、通风的地方，避免受潮。

附 录 A
（资料性附录）
气候舱结构

A.1 气候舱结构基本要素

气候舱应有舱体、进样处、空气循环装置、空气交换装置、空气净化装置、温度和相对湿度控制装置、监测装置、浓度校准检测口、防反锁保护装置、出气口、采样口等组成部分，原理图如图 A.1。

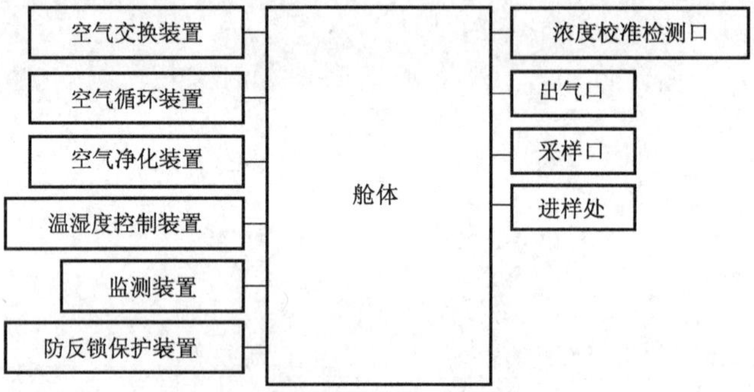

图 A.1 气候舱结构要素示意图

A.2 舱内设施及其加工要求

舱内壁应平整光滑，内部应无冷凝管、增湿器及冷凝水蓄水池，进样处及其他的接缝都应密封。

A.3 舱体材料

舱内壁和管道材料应采用具有低散发、低吸附挥发性有机化合物的材料制造，且该材料与挥发性有机化合物不反应、易于清洗。

A.4 舱容

舱容允许误差±2%，舱内照明设备、传感器等所占空间不计。气候舱内长、宽、高尺寸应满足试件尺寸放置要求。

A.5 空气采样口

气候舱至少应有 2 个采样口，位于气候舱长度方向上。舱容≤ 6 m^3 气候舱的采样口距离任一内壁≥ 150 mm，高度以便于采样为宜，可置于一侧或两侧对称设置；舱容＞ 6 m^3 气候舱的采样口距对称的任一内壁 ≥ 600 mm，高度在(1 300～1 500)mm 之间。空气出气口直径尽可能大，但不大于 50 mm。

根据舱体积或是检测要求可增加内部采样口，以方便和出气口采样相比较。

参 考 文 献

[1] ISO 16000-9:2006 Indoor air—Part 9:Determination of the emission of volatile organic compounds from building products and furnishing—Emission test chamber method

[2] ENV 717-1:2004 Wood-based panels Determination of formaldehyde release—Part 1:Formaldehyde emission by the chamber method

[3] ASTM E 1333—96 (Reapproved 2002) Standard Test Method for Determining Formaldehyde Concentrations in Air and Emission Rates from Wood Products Using a Large Chamber

[4] ASTM D6007—2002 Standard Test Method for Determining Formaldehyde Concentration in Air from Wood Products Using a Small Scale Chamber

[5] BIFMA M7.1—2005 Standard Test Method For Determining VOC Emissions From Office Furniture Systems, Components And Seating

ICS 39.060
Y 88

中华人民共和国国家标准

GB/T 31108—2014

首饰镶嵌工艺信息分类与代码

Classification and codes of jewelry inlay information

2014-09-03 发布 2015-08-01 实施

中华人民共和国国家质量监督检验检疫总局
中国国家标准化管理委员会 发布

前言

本标准按 GB/T 1.1—2009 给出的规则起草。

本标准由中国轻工业联合会提出。

本标准由全国首饰标准化技术委员会(SAC/TC 256)归口。

本标准主要起草单位:华昌珠宝有限公司、福建省标准化研究院、上海老凤祥有限公司、上海老凤祥钻石加工中心有限公司、国家首饰质量监督检验中心。

本标准主要起草人:张国王、杨林、王希吟、卢江海、陈伟、郑荣华、吴宏、林松、王若川、刘红宝、段体玉、李素青、邵海凤、陈苒。

首饰镶嵌工艺信息分类与代码

1　范围

本标准规定了首饰镶嵌工艺信息的分类与代码。

本标准适用于首饰镶嵌工艺信息的分类、处理与交换。

2　规范性引用文件

下列文件对于本文件的应用是必不可少的。凡是注日期的引用文件，仅注日期的版本适用于本文件。凡是不注日期的引用文件，其最新版本(包括所有的修改单)适用于本文件。

GB/T 7027　信息分类和编码的基本原则与方法

3　首饰镶嵌工艺信息分类原则与方法

3.1　分类原则

按 GB/T 7027 的规定，遵循科学性、系统性、可扩延性、兼容性和综合实用性。

3.2　分类方法

本标准按以下分类依据进行分类：

a)　按镶嵌制作工艺分类，如爪镶、钉镶等；

b)　按镶嵌宝玉石排列方式分类，如梯形、单粒、密排等。

4　镶嵌制作工艺分类与代码

4.1　镶嵌制作工艺分类

按首饰镶嵌制作工艺的特征，采用层级分类，逐次分为大类、中类、小类三级。大类依次分为爪镶、包镶、槽镶、钉镶、窝镶、无边镶、组合镶、插镶、错镶、蜡镶、压镶、铲镶、虎口镶、澳洲镶等。在每一大类中根据镶嵌制作工艺实际，可逐次分为中类、小类。

4.2　代码结构

代码采用三层六位数字代码。第一、二、三位表示大类，第四、五位表示中类，第六位表示小类。代码结构见图 1。

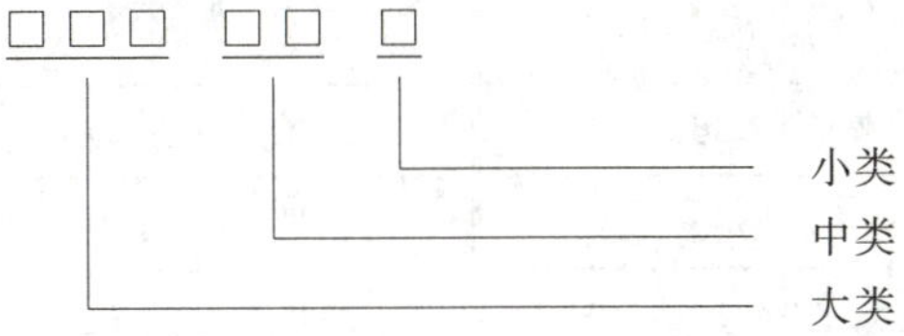

图 1　制作工艺代码结构

4.3 编码方法

第一、二、三位表示大类，第一位用特征码“7”表示，第二、三位用01～99表示；

第四、五位表示中类，用01～99表示；

第六位表示小类，用1～9表示。

4.4 分类与代码表

镶嵌制作工艺分类与代码见表1。

表1 镶嵌制作工艺分类与代码

名称	代码	名称	代码
爪镶	701000	三爪	701043
椭圆爪	701010	四爪	701044
二爪	701012	五爪	701045
三爪	701013	六爪	701046
四爪	701014	八爪	701048
五爪	701015	其他	701049
六爪	701016	三角爪	701050
八爪	701018	二爪	701052
其他	701019	三爪	701053
心形爪	701020	四爪	701054
二爪	701022	五爪	701055
三爪	701023	六爪	701056
四爪	701024	八爪	701058
五爪	701025	其他	701059
六爪	701026	圆头爪	701060
八爪	701028	二爪	701062
其他	701029	三爪	701063
齿形爪	701030	四爪	701064
二爪	701032	五爪	701065
三爪	701033	六爪	701066
四爪	701034	八爪	701068
五爪	701035	其他	701069
六爪	701036	方爪	701070
八爪	701038	二爪	701072
其他	701039	三爪	701073
虎爪	701040	四爪	701074
二爪	701042	五爪	701075

表 1（续）

名 称	代 码	名 称	代 码
六爪	701076	迫圆钻	703010
八爪	701078	迫方钻	703020
其他	701079	田字钻	703030
包角爪	701080	其他	703990
二爪	701082	钉镶	704000
三爪	701083	钉数	704010
四爪	701084	二钉镶	704012
五爪	701085	三钉镶	704013
六爪	701086	四钉镶	704014
八爪	701088	密钉镶	704015
其他	701089	工艺	704020
对爪	701090	倒钉镶	704021
二爪	701092	起钉镶	704022
三爪	701093	齿钉镶	704023
四爪	701094	微镶	704024
五爪	701095	配合方式	704030
六爪	701096	一钉三石	704033
八爪	701098	一钉四石	704034
其他	701099	其他	704039
尖爪	701100	窝镶	705000
二爪	701102	普通窝镶	705010
三爪	701103	光圈镶	705020
四爪	701104	其他	705990
五爪	701105	无边镶	706000
六爪	701106	组合镶	707000
八爪	701108	插镶	708000
其他	701109	错镶(金银错)	709000
其他	701990	蜡镶	710000
包镶	702000	压镶	711000
全包镶	702010	铲镶	712000
半包镶	702020	虎口镶	713000
齿包镶	702030	澳洲镶	714000
其他	702990	其他	799000
槽镶	703000		

5 镶嵌宝玉石排列方式分类与代码

5.1 镶嵌宝玉石排列方式分类

按镶嵌宝玉石排列方式进行划分。

5.2 代码结构

代码采用三位数字代码，第一位为特征码，第二、三位为一组代码。代码结构见图2。

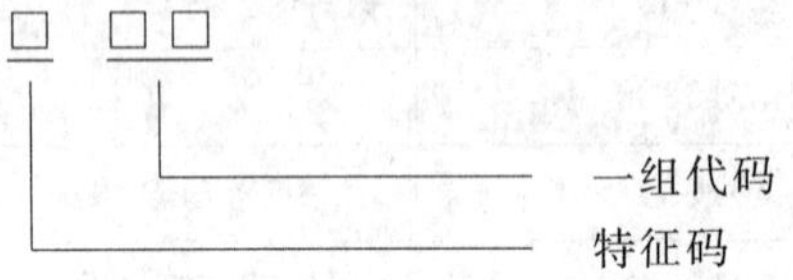

图2 宝玉石排列方式代码结构

5.3 编码方法

第一位用特征码“8”表示，第二、三位用01～99表示。

5.4 分类与代码表

宝玉石排列方式分类与代码见表2。

表2 宝玉石排列方式分类与代码

名 称	代 码
单粒	801
密排	803
复式	805
梯形	807
弧形	809
方形	811
椭圆形	813
圆钻形	815
心形	817
不规则形	819
其他	899

ICS 97.200.20
Y 58

中华人民共和国国家标准

GB/T 31109—2014

乐器声学品质评价方法

Method of evaluation for acoustic quality of musical instrument

2014-09-03 发布　　2015-08-01 实施

中华人民共和国国家质量监督检验检疫总局
中国国家标准化管理委员会　发布

前　言

本标准按照 GB/T 1.1—2009 给出的规则起草。

请注意本文件的某些内容可能涉及专利。本文件的发布机构不承担识别这些专利的责任。

本标准由中国轻工业联合会提出。

本标准由全国乐器标准化技术委员会(SAC/TC 371)归口。

本标准起草单位:武汉艾立卡电子有限公司、吟飞科技(江苏)有限公司、广州珠江钢琴集团股份有限公司、北京乐器研究所、上海民族乐器一厂、武汉音乐学院。

本标准主要起草人:张鉴堂、王伟、庄严、范廷国、梁志伟、王国振、潘绮珊、陈民杰、李健、吴东亮、秦宏伟、周耘、谷杰。

乐器声学品质评价方法

1 范围

本标准规定了乐器声学品质中音质评价的术语和定义、评价原则、要求、评价项目和评价程序。

本标准适用于乐器声学品质中音质的主观评价。

本标准不适用于乐器声学品质物理量的客观检测。

2 规范性引用文件

下列文件对于本文件的应用是必不可少的。凡是注日期的引用文件，仅注日期的版本适用于本文件。凡是不注日期的引用文件，其最新版本(包括所有的修改单)适用于本文件。

GB/T 2900.86—2009 电工术语 声学和电声学

GB/T 3947—1996 声学名词术语

3 术语和定义

GB/T 2900.86—2009、GB/T 3947—1996 界定的以及下列术语和定义适用于本文件。

3.1

清晰 definitional

声音纯净、有层次，泛音可辨。

注：其反义词是模糊、浑浊。

3.2

柔和 mellow

声音松通，听感舒适。

注：其反义词是生硬、刺耳。

3.3

明亮 bright

中音丰满而有力，高音充分、泛音丰富，明快活跃。

注：其反义词是暗淡、沉闷。

3.4

丰满 full

声音饱满、厚实，富有弹性。

注：其反义词是单薄、干瘪。

3.5

圆润 smooth

声音优美、松通，饱满而润泽，不尖糙。

注：其反义词是粗糙、尖锐。

3.6

平衡 balanced

乐器全音域范围内各音区的音量分布协调，音色统一。

注：其反义词是失衡、不均。

3.7

谐和　harmonious

乐器全音域内的同度音和八度音协调、融合。

注：其反义词是失谐。

3.8

独立评价(法)　independent evaluation

不以某个特定乐器作为参照物而进行的评价。

注：也称单刺激评价法、绝对评价法。

3.9

对比评价(法)　comparative evaluation

以某个特定乐器作为参照物而进行的评价。

注：也称相对评价法、比较评价法。

4　评价原则

4.1　评价法的选择

4.1.1　当需要对乐器进行鉴定、检测时，应采用独立评价法。

4.1.2　当需要将某种乐器作参照对象，确定它们之间相似程度时(如仿制、达标等)，应采用对比评价法。

4.2　评价形式

4.2.1　评价人员应通过自己的听觉和专业经验，独立对乐器声学品质进行评定，乐器的各种标识(包括包装物)应予遮盖，乐器与评价人员之间应以幕布隔离(见5.3.7)，必要时，可在评价人员之间采取隔离措施。

4.2.2　当对某项评价项目的结果存在疑义，可在打分结束后再开启幕布，由评价人员亲自演奏以得到确切结论。

5　要求

5.1　评价小组

应符合下述的规定：

a)　评价人员应至少具有中级职称，并从事乐器专业工作5年以上；

b)　所有成员均应熟悉被评的同类乐器；

c)　评价小组的人数应为不少于3人的奇数，并具有代表性；

d)　评价人员的人选由组织方确定，必要时，可在不少于组成人数2倍的备选人员中随机抽取；

e)　评价人员应执行回避制度；

f)　评价前应由全体成员推举1位组长，负责汇总评语结论。

5.2　演奏人员

5.2.1　演奏人员应至少具有国家三级演奏员或中级职称专业资格，并有10年以上被评乐器的演奏经验。

5.2.2　演奏人员应由评价组织方选定。

5.3　评价室

5.3.1　评价室几何参数

应符合下述的规定：

a) 室内长度、宽度、高度的比例应避免整数倍关系；

b) 应进行室内简正振动频率的计算，以避免孤立的或成群的简正振动；

c) 评价室的容积应不小于 50 m^3。

5.3.2 评价室内气候环境条件

应符合下述规定：

a) 温度：18 ℃～27 ℃；

b) 相对湿度：45%～75%。

5.3.3 评价室内的本底噪声

评价室内无人员时，听音区的本底噪声应小于 35 dB(A 计权)。

5.3.4 评价室内的混响时间

混响时间 T_{60} 应符合表 1 的要求。

表 1 混响时间 T_{60} 要求

房间容积/m^3	混响时间 T_{60} 平均值/s		
	63 Hz～200 Hz	200 Hz～4 000 Hz	4 000 Hz～8 000 Hz
≤100 m^3	0.3～0.75	0.3～0.7	0.3～0.65
100 m^3～300 m^3	0.3～0.9	0.3～0.85	0.3～0.8
>300 m^3	0.3～2.0	0.3～1.8	0.3～1.6

5.3.5 评价室内的声频响曲线

应符合图 1 的要求。

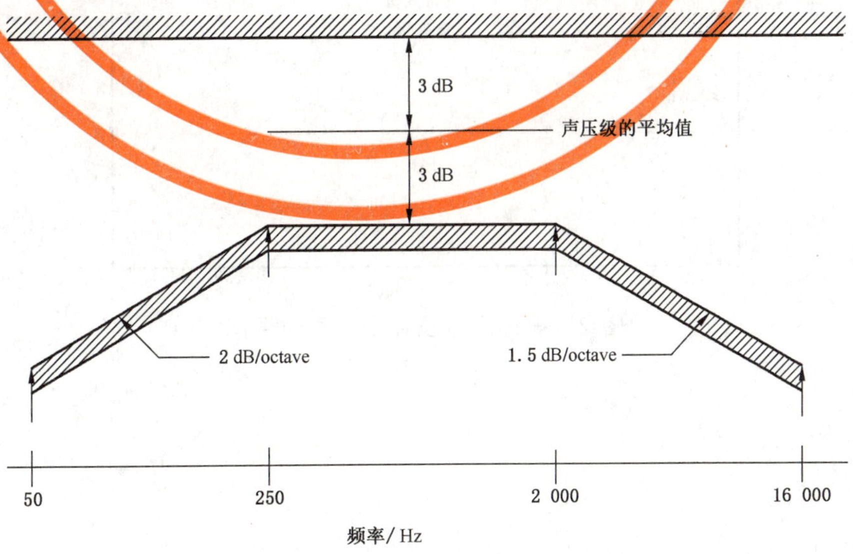

图 1 声频响曲线

5.3.6 评价人员的座位安排

应符合下述的规定：

a） 进行声学品质的音质评价时，评价人员应坐在图 2 所示的听音区内。

b） 评价人员距侧墙至少 0.6 m，距后墙至少 1 m。

c） 评价人员之间的间隔至少 0.6 m。评价人员的座椅应是软椅，并且座椅靠背应不高于肩，评价室内评价人员的座位安排应使前、后排位置错开，以免影响评价效果。

5.3.7 被评乐器的放置

应符合下述的规定：

a） 所有被评乐器应处于正常演奏状态；

b） 被评乐器距墙至少 1 m（应根据乐器体积及响度的强弱作相应调整），距最前排中间位置的评价人员 1.6 m～2.0 m，见图 2；

c） 被评乐器应置于透声幕布后面，幕布应是透声性能好且不透光的，在 8 kHz 以下的频率范围内，声传输损失应小于 1 dB。

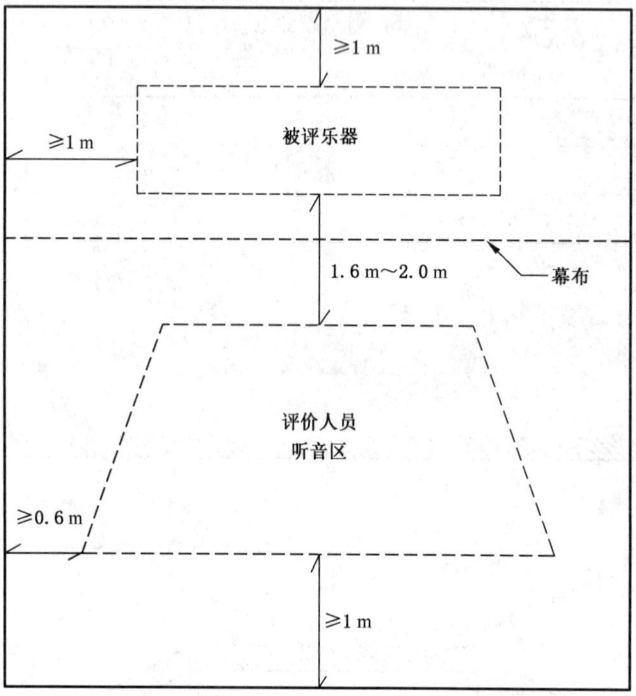

图 2 被评乐器及评价人员位置图

5.4 乐器

5.4.1 被评乐器

被评乐器的品种、品牌、规格等，应根据评价目的由组织方确定。

5.4.2 参照乐器

除因评价目的而特指的品牌、型号外，参照乐器与被评乐器的类型应基本一致，采用业内公认的优质品，音质、音色及性能为评价人员所熟悉，并应在评价报告中加以说明。

5.5 评价曲目

评价曲目应由评价的组织方根据乐器种类、评价目的，与评价小组协商确定，一般情况下宜选择公认的被评乐器最具代表性的曲目，可选择全曲或其中的几个乐句，但应包括该乐器音域的所有音区。

6 评价项目

6.1 评价基本项目

乐器声学品质中音质评价的基本项目与用语见表2。

6.2 评价等级与加权

乐器声学品质中的音质评价划分为5个等级，见表2。

除所列的5个级别外，每次评价前应根据乐器音质特点、评价目的，由评价小组根据各评价项目对该乐器音质的重要程度，确定每个项目的加权系数，其数值可在0.1～1.0之间选择。

表2 音质评价的基本项目、等级与用语

音质等级		优(9～10分)	良(7～8分)	中(5～6分)	差(3～4分)	劣(0～2分)
评价项目	清晰(度)	清晰纯净、层次感好	较清晰、有层次	一般	较模糊、浑浊	模糊，浑浊
	柔和(度)	柔和不紧、舒服悦耳	较柔和、不刺耳	一般	较生硬或者过软	生硬，刺耳
	明亮(度)	明亮悦耳、泛音丰富	较明亮	一般	较暗或者过亮	暗淡，沉闷
	丰满(度)	丰满、有弹性	较丰满、弹性尚好	一般	较干瘪或者过于饱满	干瘪，单薄
	圆润(度)	圆润、舒适	较圆润	一般	较粗糙，略扁	粗糙，干扁
	平衡(度)	平衡、均匀	较平衡、均匀	一般	部分失衡，有不均现象	完全失衡
	谐和(性)	谐和、协调	较谐和、协调	一般	部分失谐	完全失谐
	穿透(力)	穿透力强，传远好	穿透力较好	一般	穿透力小，音感较散	松弛，发散

7 评价程序

7.1 准备工作

正式评价前应做好下列准备：

a） 乐器至少应在评价室内放置60 min，使其达到温湿度平衡；

b） 如果使用电源，应将被评乐器按制造商规定的时间通电预热；

c） 应按制造商的规定，由组织方指定的专业人员对参与评价的乐器进行调整，使其达到正常演奏的状态；

d） 多件乐器的演奏先后顺序应协商确定，必要时由抽签决定；

e） 在对比评价或多个乐器独立评价开始前，应由组织方对所有乐器进行随机编号，并以编号的形式提交评价人员。

7.2 评价

评价应按下述程序进行：

a) 在参与评价的乐器调整就绪后，调试人员应退出，评价人员方能进入评价现场；

b) 演奏员应按事先的规定演奏所选定的乐曲或乐句；对于重要细节，在演奏结束后评价人员可提出重复演奏某一乐句，但至多演奏3遍；

c) 除特殊情况外，评价应在同一现场由同一演奏员演奏；

d) 对比评价时，若条件允许，可在被评乐器与参照乐器之间快速反复比较同一乐句，以得到准确结论。

7.3 评价持续时间

评价人员和演奏员的连续工作时间不应过长，评价活动的持续时间不应超过45 min，评价人员1 d的总评价时间不宜超过6 h。

附　录　A
（资料性附录）
评分、统计与报告

A.1　评分

评价人员应独立评分，各项目的分值在 0～10 之间，最小单位值为 1 分，并给出被评乐器的总体印象分，评分表的样式参见表 A.1。

为方便分析评价结果，评价人员应对各评价项目分别给出评语，所采用的用语可在表 2 基础上选择、增补和修订。

表 A.1　单件乐器评分表

被评乐器编号：

序号	评价项目	评　语	单项得分
1	××（度）		
2	××（度）		
3	××（度）		
…	××（度）		
n	总体印象		
综合评语			

评价人：　　　　　　座位号：　　　　　　日期：　　　年　　　月　　　日

A.2　统计

A.2.1　单件乐器独立评价的分数统计与评语

在所有评价人员完成评分后，将得分填入汇总表（参见表 A.2），按以下方法进行统计：

a）　按式（A.1）计算该乐器各评价项目的单项平均得分 P_J：

$$P_J = \sum_{i=1}^{n} P_i / n \qquad \cdots\cdots\cdots\cdots (A.1)$$

式中：

P_J ——各评价项目的单项平均得分；

n ——评价人员总人数；

P_i ——第 i 个评价人员对该评价项目的评价分数。

注：当评价人员多于 5 人且某个单项分值出现异常高分或低分（与单项平均分相差 30% 以上），可减去一个最高分和一个最低分后再行计算，此时式（A.1）中应以 n_1 代替 n，$n_1=n-2$。

b）　将各评价项目的单项平均分数乘以加权系数，得到加权后单项得分；

c）　将各单项得分相加，并计算各评价项目加权后的满分值；

d）　按式（A.2）计算出被评乐器的最终评价得分（保留 2 位小数）：

$$P=\frac{\sum_{i=1}^{n}P_J}{\sum_{i=1}^{n}P_Z}\times 100 \quad \cdots\cdots(A.2)$$

式中：

P ——最终评价得分；

P_J——各评价项目的单项平均得分；

P_Z——各评价项目加权后的满分值；

n ——评价项目数。

e) 最后在表 A.2 上形成综合评语。

表 A.2 单件乐器评价得分汇总表

被评乐器编号：

序号	评价项目	座位号 1	座位号 2	座位号 3	座位号 4	座位号 5	座位号 6	…	座位号 n	单项平均得分	单项加权系数	加权后单项得分
1	××(度)											
2	××(度)											
3	××(度)											
…	××(度)											
n	总体印象分											
加权后单项得分之和												
最终评价得分												
综合评语：												

评价组长： 日期： 年 月 日

A.2.2 多件乐器独立评价的分数统计与评语

多件乐器采用独立评价时的分数统计与方法如下：

a) 先按 A.2.1 中 a)～d)的步骤，采用表 A.1、表 A.2，统计、计算出各乐器的最终评价得分；

b) 然后采用表 A.3 进行汇总、排序，形成综合评语。

表 A.3 多件乐器独立评价得分汇总表

被评乐器编号	评价项目及单项加权后得分						最终评价得分	排序
	××(度)	××(度)	××(度)	…	××(度)	总体印象分		
1								
2								
3								
…								
n								
综合评语：								

评价组长： 日期： 年 月 日

A.2.3 对比评价法的分数统计与评语

采用对比评价时的统计方法如下：

a) 采用对比评价法时，首先应分别对被评乐器和参照乐器打分、加权统计，统计方法与独立评价法相同（参见表A.1、表A.2）；

b) 然后将被评乐器与参照乐器的各项得分进行比较（参见表A.4），分别得出各项评语：

1) 若被评乐器的分数等于或高于参照乐器，分项评语为"达到"或"超过"；
2) 若被评乐器的分数比参照乐器低1分以内，分项评语为"相当"；
3) 若被评乐器的分数比参照乐器低1～2分之间，分项评语为"接近"；
4) 若被评乐器的分数比参照乐器低2～3分之间，分项评语为"有一定差距"；
5) 若被评乐器的分数比参照乐器低3～4分之间，分项评语为"差距较大"；
6) 若被评乐器的分数比参照乐器低4分以上，分项评语为"完全不同"。

最终在表A.4的基础上，确定两个乐器之间的相似度，给出综合结论。

表A.4 对比评价得分汇总表

被评乐器编号：　　　　　　　　　　参照乐器编号：

序号	评价项目	被评乐器单项加权后得分	参照乐器单项加权后得分	单项分值差	单项结论
1	××(度)				
2	××(度)				
3	××(度)				
…	××(度)				
n	总体印象分				
综合评语：					

评价组长：　　　　　　　　　　日期：　　年　　月　　日

A.3 评价报告

在上述统计的基础上，应经过集体讨论，对被评乐器声学品质中音质评价的结果给出评价报告，原则上应包含下列内容：

a) 评价目的、评价组织方、评价方式；
b) 所有参与评价乐器的制造商、商标、型号、出厂日期（或编号），以及在评价时的编号；
c) 评价室内的物理环境（包括：几何参数、气候环境、本底噪声、混响时间等）；
d) 乐器摆放说明；
e) 评价所用曲目及乐句；
f) 评价中出现的问题及采取的措施；
g) 被评乐器的单项得分、总体印象分及综合评语。

ICS 85.010
Y 30

中华人民共和国国家标准

GB/T 31110—2014

纸和纸板 Z向抗张强度的测定

Paper and board—Determination of z-directional tensile strength

(ISO 15754:2009,MOD)

2014-09-03 发布 2015-08-01 实施

中华人民共和国国家质量监督检验检疫总局
中国国家标准化管理委员会 发布

前　言

本标准按照 GB/T 1.1—2009 给出的规则起草。

本标准使用重新起草法修改采用 ISO 15754:2009《纸和纸板　Z 向抗张强度的测定》。

本标准与 ISO 15754:2009 的主要技术性差异及其原因如下：

关于规范性引用文件，本标准做了具有技术性差异的调整，以适应我国的技术条件，调整的情况集中反映在第 2 章"规范性引用文件"中，具体调整如下：

- 用修改采用国际标准的 GB/T 450 代替 ISO 186(见 7.1)；
- 用等效采用国际标准的 GB/T 10739 代替 ISO 187(见 7.1)。

本标准由中国轻工业联合会提出。

本标准由全国造纸工业标准化技术委员会(SAC/TC 141)归口。

本标准起草单位：中国制浆造纸研究院、芬欧汇川(中国)有限公司、珠海经济特区红塔仁恒纸业有限公司、国家纸张质量监督检验中心。

本标准主要起草人：张清文、左建波、袁晓宇、张东生、杨国柱、马洪生。

纸和纸板 Z向抗张强度的测定

1 范围

本标准规定了一种Z向抗张强度的测定方法。

本标准适用于纸和纸板，不适用于瓦楞纸板。

本标准对纸张定量范围没有明确的限定，但是当纸张定量低于60.0 g/m^2 时，双面胶有可能使纸的强度增加，其测试结果仅供参考。

2 规范性引用文件

下列文件对于本文件的应用是必不可少的。凡是注日期的引用文件，仅注日期的版本适用于本文件。凡是不注日期的引用文件，其最新版本(包括所有的修改单)适用于本文件。

GB/T 450 纸和纸板 试样的采取及试样纵横向、正反面的测定(GB/T 450—2008，ISO 186：2002，MOD)

GB/T 10739 纸、纸板和纸浆试样处理和试验的标准大气条件(GB/T 10739—2002，ISO 187：1990，EQV)

3 术语和定义

下列术语和定义适用于本文件。

3.1

Z向 z-direction

与纸面垂直的方向。

3.2

Z向抗张强度 z-directional tensile strength

在规定的试验条件下，单位面积纸或纸板的Z向所能承受的最大抗张力，以千帕(kPa)表示。

4 原理

用双面胶将试样粘贴于两块平整的金属盘之间，给试样施加一定的压力，并保持加压至规定的时间。利用抗张试验仪沿试样的Z向施加张力，在规定的加荷时间内使试样破坏，仪器记录整个拉伸过程中最大的抗张力。

5 试验器材

5.1 抗张试验仪

5.1.1 加压装置，能将双面胶与试样、测试盘粘合在一起，保持压力1.4 MPa±0.1 MPa。

5.1.2 抗张力测试装置，示值准确度为±2%。

注：量程为1 kN的测力装置是合适的。

5.1.3 两块平整的圆形(或方形)测试盘,测试面积为 645 mm^2 ±10 mm^2 或 1 000 mm^2 ±10 mm^2。测试盘的平行度可通过自动调节(转向)装置或固定安装的压板达到,如果是通过后者达到的,测试盘表面水平最长方向的平行度误差应不大于 0.000 5 mm/mm。测试盘应坚固以便测试盘表面在加压或拉伸过程中不发生变形。

注:有些设备,其中一个测试盘的面积比另一个测试盘的面积大,此时测试面积应按较小的测试盘计。

5.1.4 抗张试验仪的动态性能至关重要,应能瞬间记录测试过程中的峰值。

5.1.5 抗张试验仪还应有速度调节装置,以便按 6.3 的步骤设定拉伸速度。

5.2 测试盘同轴度校准装置

用于调节测试盘垂直轴,使两盘轴向的偏移量不超过 0.5 mm。

5.3 双面胶

双面胶与试样的粘结强度(以 Z 向抗张强度计)比试样 Z 向抗张强度大,双面胶面积大于测试盘面积。

注 1:双面胶生产者总是在不断地改变双面胶的配方和质量,因此无法规定双面胶的品牌和具体的强度指标。

注 2:双面胶的质量会受到双面胶老化的影响,应按照厂家建议的方法保存。

5.4 制备试样的冲刀或切纸刀

用于裁切试样,裁切的试样尺寸应稍大于测试盘尺寸。

5.5 溶剂

乙醇或类似溶剂。

6 校准

6.1 概述

按照仪器生产商提供的说明书校准或检查仪器参数。

6.2 检查

检查仪器的平行度是否满足 5.1.3 要求,检查仪器的同轴度是否满足 5.2 要求。

6.3 设定测试速度

6.3.1 本标准要求试验过程中的应力应在 200 ms±20 ms 时间内达到 500 kPa。应力速度可以通过调节拉伸速度获得,拉伸速度取决于仪器的抗挠性。

6.3.2 按以下步骤设定拉伸速度:根据试验所使用的测试盘,计算力值 F(F=应力×测试面积)。用一层双面胶将两块测试盘牢固地粘合在一起,任意设定一个拉伸速度(如 60 mm/min),进行初测,记录力值从 0 增长到 F 的时间 t。如果 t 不在规定的范围内,调节拉伸速度重新测试,直至 t 为 200 ms ±20 ms,记录此时设定的拉伸速度(ER),在以后所有的测试中,无论使用何种纸样和双面胶,都使用该拉伸速度(ER)。

注:仪器生产商通常会提供拉伸速度(ER)。

7 试样的采取和处理

7.1 取样

试样的采取按照 GB/T 450 进行。

7.2 样品的温湿处理

按 GB/T 10739 的规定，在 23 ℃±1 ℃和 50 R.H.%±2 R.H.%的标准大气下对样品进行温湿处理，并在标准大气中进行试验。

7.3 试样的制备

从采取的未受破坏的样品中切取试样，避免从有水印、折痕和皱纹的部位取样。切取的试样数应至少能完成 5 次试验，试样的尺寸应略大于测试盘的面积。

注：试样的测试面积通过测试盘的面积测得。

8 试验步骤

8.1 将试样装入测试盘中

8.1.1 测试前，用溶剂(5.5)清洁测试盘(5.1.3)，然后用干的纸巾或软布将测试盘擦干，时刻保持测试盘表面清洁，避免用裸手接触清洁的测试盘。

8.1.2 取一片双面胶(5.3)，去掉一侧的保护层，然后将双面胶粘贴在试样的一面，双面胶覆盖试样的面积至少应与测试盘面积相等。在试样的另一面重复此步骤。

8.1.3 去掉试样两面的双面胶的保护层。

8.1.4 将试样放置在调整好的测试盘中间，使试样略微伸出测试盘的边缘。

8.1.5 启动抗张试验仪加压装置，使两测试盘夹紧试样(两测试盘内表面应被双面胶完全覆盖)并对试样施加 1.4 MPa±0.1 MPa 的压力，保持该压力 6 s±1 s。试样粘贴好以后，应避免弯曲或拉伸测试盘。

8.2 测试

8.2.1 使用 6.3 中设定的拉伸速度，启动拉伸试验至试样被破坏，记录最大的力值 F。试验完成后，揭去测试盘上的试样，避免接触测试盘的测试面。

8.2.2 如果在清除测试盘上的双面胶或其他物质时，触碰到了测试盘的测试面，应用溶剂重新清洁测试盘，并将测试盘擦干。不应使用任何尖锐工具去除测试盘上的双面胶，确保测试盘的表面完好。

8.2.3 试样破坏后，应仔细观察试样的破坏是否发生在试样内部，如果破坏发生在双面胶与测试盘之间或双面胶和试样之间，应舍弃该测试结果。

8.2.4 如果 20%以上的测试结果由于破坏未发生在试样内部而导致测试结果无效，应按照 5.3 要求更换粘结强度更大的双面胶进行试验，舍弃之前所有的测试结果，然后重新测试。

注：由于测试结果受双面胶、压合条件及测试速度的影响，因此，本标准测定的 Z 向抗张强度并不是纸的绝对强度。

8.2.5 至少应完成 5 次有效的试验。

9 计算

按式(1)计算 Z 向抗张强度的平均值 σ_{ZD}，以千帕(kPa)表示：

$$\sigma_{ZD} = \frac{\overline{F}}{A} \times 10^3 \qquad \cdots\cdots(1)$$

式中：

$\overline{F}$——最大抗张力平均值，单位为牛顿(N)；

A——测试盘的面积，单位为平方毫米(mm^2)。

报告 Z 向抗张强度 σ_{ZD}，结果保留三位有效数字，同时计算 Z 向抗张强度的变异系数。

10 精确度

10.1 重复性

在实验室间比对研究中，采用本标准规定的试验速度，12 个实验室分别测试了 3 种不同的纸种：纸袋纸、牛皮箱纸板、纸板。五种不同的仪器都是有代表性的。每个实验室分别报告了 3 种不同纸种 5 次测试结果的平均值。

其中 11 家实验室报告的三种纸的变异系数平均值分别为：5.3％、4.5％、3.7％。另外 1 家实验室报告的异常值按“Dixon 和 Massey”舍弃。

10.2 再现性

在实验室间比对研究中，采用本标准规定的试验速度，12 个实验室分别测试了 3 种不同的纸种：纸袋纸、牛皮箱纸板、纸板。五种不同的仪器都是有代表性的。每个实验室分别报告了 3 种不同纸种 5 次测试结果的平均值。

测试结果见表 1，异常值按“Dixon 和 Massey”舍弃。

表 1 再现性数据

样品名称	平均值 Z 向抗张强度 kPa	标准偏差 s kPa	变异系数 %	再现性极限 R[a] kPa
纸袋纸	668	146	21.8	405
牛皮箱纸板	444	65.1	14.6	180
纸板	285	39.1	13.7	108
采用了 ISO/TR 24498 中的建议。				
[a] $R=1.96\sqrt{2}\cdot s_R$。				

11 试验报告

试验报告应包括以下内容：

a） 本标准编号；

b） 试验日期和地点；

c） 试验的大气条件；

d） 区分样品的全部必要信息；

e） 双面胶的品牌和型号；

f） Z 向抗张强度，单位为 kPa；

g） Z 向抗张强度变异系数；

h） 任何偏离本标准和其他影响测试结果的情况。

附 录 A
（资料性附录）
双面胶质量对测试结果的影响

A.1 使用相同双面胶的数据

在一次试验[1]中，4个实验室使用同一批双面胶测试了取自同一样本的纸和纸板，测量重复性和再现性的变异系数见表A.1。

表 A.1 使用同种双面胶时的重复性和再现性

样品名称	Z向抗张强度 kPa	重复性变异系数 %	再现性变异系数 %
盒用纸板	507	2.6	3.4
箱纸板	489	4.3	6.1
高级纸	936	5.0	6.7
注：变异系数 $CV=s\times100/\overline{Z}$。其中，$s$ 为标准偏差；$\overline{Z}$ 为Z向抗张强度平均值。			

A.2 使用不同双面胶的数据

在一次试验[1]中，4个实验室使用不同的双面胶测试了取自同一样本的纸和纸板，测量重复性和再现性的变异系数见表A.2。

表 A.2 使用不同双面胶时的重复性和再现性

样品名称	Z向抗张强度 kPa	重复性变异系数 %	再现性变异系数 %
盒用纸板	508	6.2	5.7
箱纸板	509	3.4	3.9
高级纸	924	5.4	10.5

1） 在ISO/TC 6/SC 2/WG 30的指导下完成的，测试项目为抗张强度。

ICS 29.140.99
K 71

中华人民共和国国家标准

GB/T 31111—2014

反射型自镇流LED灯规格分类

Classification of self-ballasted LED reflector lamps

2014-09-03 发布　　　　2015-08-01 实施

中华人民共和国国家质量监督检验检疫总局
中国国家标准化管理委员会　发布

前　言

本标准按照GB/T 1.1—2009给出的规则起草。

本标准由中国轻工业联合会提出。

本标准由全国照明电器标准化技术委员会(SAC/TC 224)归口。

本标准起草单位：厦门通士达照明有限公司、杭州汉光照明有限公司、苏州盟泰励宝光电有限公司、国家电光源质量监督检验中心(北京)、松下电器研究开发(苏州)有限公司、佛山电器照明股份有限公司、浙江阳光照明电器集团股份有限公司、泰州亿嘉电子科技有限公司、德泓(福建)光电科技有限公司、杭州鸿雁电器有限公司、横店集团得邦照明有限公司、浙江上光照明有限公司、浙江生辉照明有限公司、杭州杭科光电股份有限公司、杭州安得电子有限公司、浙江金陵光源电器有限公司、杭州固态照明有限公司、北京电光源研究所。

本标准主要起草人：秦碧芳、吴永强、张迎春、张伟、戴忻、魏彬、吕军、陈震、沈清全、王勤荣、王米成、陈亮、陆军民、陆光明、高基伟、伍兆兆、黄晓明、郑为、江姗、段彦芳。

反射型自镇流LED灯规格分类

1 范围

本标准规定了用于替换PAR系列卤钨灯的反射型自镇流LED灯的规格分类。

本标准适用于在家庭、商业和类似场合作为定向照明用，把稳定燃点部件集成为一体的反射型自镇流LED灯。

适用范围如下：

——额定电压AC 220 V 50 Hz；

——符合GB/T 1406.1、GB/T 1406.2或GB/T 1406.5要求的灯头。

注：在本标准中出现的“灯”代表“反射型自镇流LED灯”，除非特别指明是其他类型的灯。

2 规范性引用文件

下列文件对于本文件的应用是必不可少的。凡是注日期的引用文件，仅注日期的版本适用于本文件。凡是不注日期的引用文件，其最新版本(包括所有的修改单)适用于本文件。

GB/T 1406.1 灯头的型式和尺寸 第1部分：螺口式灯头

GB/T 1406.2 灯头的型式和尺寸 第2部分：插脚式灯头

GB/T 1406.5 灯头的型式和尺寸 第5部分：卡口式灯头

GB/T 2900.65 电工术语 照明

GB/T 7249 白炽灯的最大外形尺寸

GB/T 24826 普通照明用LED和LED模块术语和定义

3 术语和定义

GB/T 2900.65和GB/T 24826中界定的以及下列术语和定义适用于本文件。

3.1

反射型自镇流LED灯 self-ballasted LED reflector lamp

内含灯头、LED光源和保持其稳定燃点所必需的元件并使之为一体的，在不损坏其结构时是不可拆卸的，且在π sr的立体角(对应于120°锥角的圆锥)内集中了至少80%光通量的灯。

3.2

光束角 beam angle

在通过光束轴线的平面上的两条给定直线之间的夹角，这两条直线分别都通过灯的正面中心和发光强度为中心光强50%的发光点。

3.3

中心光强 center beam intensity

Ic

在光束轴线上测得的发光强度值，单位为坎德拉(cd)。

4 产品规格分类

4.1 外形规格

按灯的外形尺寸，分为 PAR16、PAR20、PAR30 和 PAR38 四种外形规格。每种规格的外形应符合 GB/T 7249 的对应灯外形数据活页要求，详见表 1。

表 1 灯的外形规格

序号	灯型	GB/T 7249 的对应灯型及灯外形数据活页号
1	PAR16	7249-GB/T-1510
2	PAR20	7249-GB/T-1520
3	PAR30	7249-GB/T-1610
4	PAR38	7249-GB/T-1620

4.2 光束角规格

按灯的光束角分类，分为 10°、18°、24°、36°、45°、60°六种光束角规格。本标准优先推荐 10°、24°、36°和 60°四种光束角规格。

4.3 光通量规格

按灯的标称光通量分类，分为 250 lm、400 lm、700 lm、1 100 lm 四种光通量规格，光通量规格和对应宣称替换的卤钨灯规格详见表 2。

表 2 灯的光通量规格

序号	灯外形规格	光通量规格	替换的卤钨灯规格
1	PAR16	250 lm	35 W
2		400 lm	50 W
3	PAR20	400 lm	50 W
4		700 lm	75 W
5	PAR30	700 lm	75 W
6		1 100 lm	100 W
7	PAR38	700 lm	75 W
8		1 100 lm	100 W

4.4 色调规格

按灯的色温分类，分为 2 700 K(白炽灯色)、3 000 K(暖白色)、3 500 K(白色)、4 000 K(冷白色)、5 000 K(中性白色)和 6 500 K(日光色)六种标准颜色的色调规格，其色调代码和色坐标目标值详见表 3。

表 3　灯的色调规格

序号	色调规格	色调代码	色坐标目标值	
			x	y
1	6 500 K(日光色)	65	0.313	0.337
2	5 000 K(中性白色)	50	0.346	0.359
3	4 000 K(冷白色)	40	0.380	0.380
4	3 500 K(白色)	35	0.409	0.394
5	3 000 K(暖白色)	30	0.440	0.403
6	2 700 K(白炽灯色)	27	0.463	0.420
		P27	0.458	0.410
注：P27 代表色坐标最接近普朗克曲线、色温为 2 700 K 的色调代码。				

ICS 29.140.99
K 71

中华人民共和国国家标准

GB/T 31112—2014

普通照明用非定向自镇流LED灯规格分类

Classification of non-directional self-ballasted LED-lamps for general lighting services

2014-09-03 发布　　2015-08-01 实施

中华人民共和国国家质量监督检验检疫总局
中国国家标准化管理委员会　发布

前言

本标准按照 GB/T 1.1—2009 给出的规则起草。

本标准由中国轻工业联合会提出。

本标准由全国照明电器标准化技术委员会(SAC/TC 224)归口。

本标准起草单位:杭州菁蓝照明科技有限公司、松下电器研究开发(苏州)有限公司、厦门通士达照明有限公司、苏州盟泰励宝光电有限公司、国家电光源质量监督检验中心(北京)、浙江阳光照明电器集团股份有限公司、佛山电器照明股份有限公司、泰州亿嘉电子科技有限公司、德泓(福建)光电科技有限公司、浙江上光照明有限公司、横店集团得邦照明有限公司、杭州杭科光电股份有限公司、杭州鸿雁电器有限公司、浙江金陵光源电器有限公司、杭州安得电子有限公司、上海三思电子工程有限公司、东莞市凯晟灯头实业公司、北京电光源研究所。

本标准主要起草人:吴永强、戴忻、秦碧芳、张迎春、张伟、吕军、魏彬、杨立功、沈清全、王勤荣、柯建锋、陈欣平、严钱军、孙泉明、吴志平、伍兆兆、王鹏、姚利民、段彦芳、江姗。

普通照明用非定向自镇流LED灯规格分类

1 范围

本标准规定了普通照明用非定向自镇流LED灯的规格分类。

本标准适用于在家庭和类似场合作为普通照明用、把稳定燃点部件集成为一体的非定向自镇流LED灯。

适用范围如下：

——额定电压AC 220 V频率50 Hz；

——采用符合GB/T 1406.1的螺口式灯头或符合GB/T 1406.5的卡口式灯头。

注：在本标准中出现的"灯"代表"普通照明用非定向自镇流LED灯"，除非特别指明是其他类型的灯。

2 规范性引用文件

下列文件对于本文件的应用是必不可少的。凡是注日期的引用文件，仅注日期的版本适用于本文件。凡是不注日期的引用文件，其最新版本(包括所有的修改单)适用于本文件。

GB/T 1406.1 灯头的型式和尺寸 第1部分：螺口式灯头

GB/T 1406.5 灯头的型式和尺寸 第5部分：卡口式灯头

GB/T 10681 家庭和类似场合普通照明用钨丝灯 性能要求

GB/T 24826 普通照明用LED和LED模块术语和定义

3 术语和定义

GB/T 24826界定的以及下列术语和定义适用于本文件。

3.1

光束角 beam angle

在通过光束轴线的平面上的两条给定直线之间的夹角，这两条直线分别都通过灯的正面中心和发光强度为中心光强50%的发光点。

3.2

定向照明 directional lighting

灯在立体角为π sr(相当于120°锥角圆锥的立体角)内有80%以上的光输出。

3.3

非定向照明 non-directional lighting

灯在立体角为π sr(相当于120°锥角圆锥的立体角)内的光输出小于80%。

3.4

自镇流LED灯 self-ballasted LED lamp

含有灯头、LED光源和保持其稳定燃点所必需的元件并使之为一体的，在不损坏其结构时是不可拆卸的灯。

3.5

非定向自镇流LED灯 self-ballasted non-directional LED lamp

具备非定向照明灯特性的自镇流LED灯。

3.6

全配光型　ominidirectional light distribution

灯的光束角大于180°,且光分布符合图1要求的配光类型。

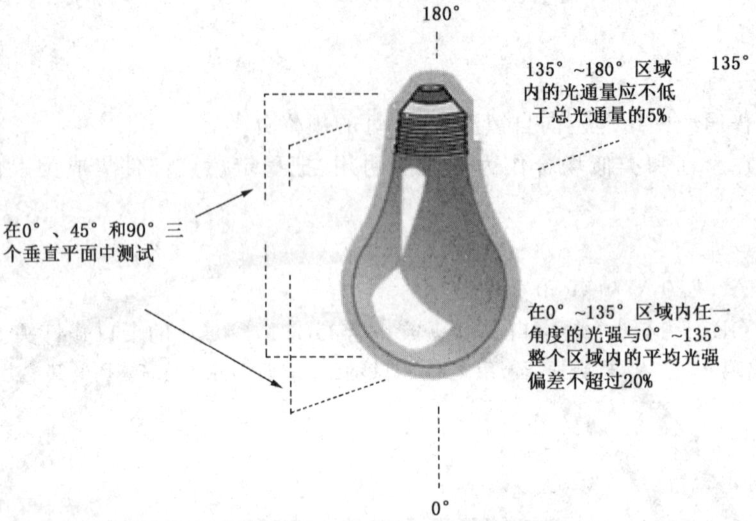

图1　全配光型灯的光分布要求

3.7

准全配光型　quasi-ominidirectional light distribution

灯的光束角大于180°,且光分布不符合图1要求的配光类型。

3.8

半配光型　semispatial light distribution

灯的光束角不大于180°的非定向照明配光类型。

4　产品规格分类

4.1　光通量规格

按灯的标称光通量分类,分为150 lm、250 lm、500 lm、800 lm、1 000 lm和1 500 lm六种光通量规格,分别可替换GB/T 10681中的对应白炽灯规格,见表1。

表1　光通量规格

序号	光通量规格	替换的白炽灯规格
1	150 lm	15 W
2	250 lm	25 W
3	500 lm	40 W
4	800 lm	60 W
5	1 000 lm	75 W
6	1 500 lm	100 W

4.2 配光规格

按灯的配光类型分类，分为全配光型(代码：O)、准全配光型(代码：Q)和半配光型(代码：S)三种配光规格。

4.3 色调规格

按灯的色温分类，分为2 700 K(白炽灯色)、3 000 K(暖白色)、3 500 K(白色)、4 000 K(冷白色)、5 000 K(中性白色)和6 500 K(日光色)等标准颜色的色调规格，其色调代码和色坐标目标值详见表2。

表2 色调规格

序号	色调规格	色调代码	色坐标目标值	
			x	y
1	6 500 K(日光色)	65	0.313	0.337
2	5 000 K(中性白色)	50	0.346	0.359
3	4 000 K(冷白色)	40	0.380	0.380
4	3 500 K(白色)	35	0.409	0.394
5	3 000 K(暖白色)	30	0.440	0.403
6	2 700 K(白炽灯色)	27	0.463	0.420
		P27	0.458	0.410

注：P27代表色坐标最接近普朗克曲线、色温为2 700 K的色调代码。

ICS 83.180
G 38

中华人民共和国国家标准

GB/T 31113—2014

胶黏剂抗流动性试验方法

Measurement of the resistance to flow for adhesive

[ISO 14678:2005, Adhesive—
Determination of resistance to flow (Sagging), MOD]

2014-09-03 发布　　2015-03-01 实施

中华人民共和国国家质量监督检验检疫总局
中国国家标准化管理委员会　发布

前　言

本标准按照 GB/T 1.1—2009 的给出的规则起草。

本标准使用重新起草法修改采用 ISO 14678:2005《胶黏剂抗流动性的测定》。

本标准与 ISO 14678:2005 相比在结构上有一些调整，附录 A 中列出了本标准与 ISO 14678:2005 的章条编号对照一览表。

本标准与 ISO 14678:2005 相比，存在技术性差异，这些差异涉及的条款已通过在其外侧页边空白位置的垂直单线(|)进行了标示，附录 B 中给出了技术性差异及其原因的一览表。

本标准由中国石油和化学工业联合会提出。

本标准由全国胶粘剂标准化技术委员会(SAC/TC 185)归口。

本标准起草单位：上海橡胶制品研究所、苏州天山新材料技术有限公司、上海康达化工新材料股份有限公司、湖北回天胶业股份有限公司、黑龙江省科学院石油化学研究院、成都硅宝科技股份有限公司、广州市白云化工实业有限公司、江苏黑松林粘合剂厂有限公司。

本标准主要起草人：张建庆、王霞、陈亚菊、胡红梅、刘鹏、付刚、曾荣、王小会、刘鹏凯、郑妙生、韩红丽、殷萍、袁素兰、王俊、邹正钱。

胶黏剂抗流动性试验方法

1 范围

本标准规定了测量胶黏剂抗流动性的七个试验方法。

本标准适用胶黏剂抗流动性能的测量，这些试验方法可用于质量控制和产品工艺性能研究。

2 规范性引用文件

下列文件对于本文件的应用是必不可少的。凡是注日期的引用文件，仅注日期的版本适用于本文件。凡是不注日期的引用文件，其最新版本(包括所有的修改单)适用于本文件。

GB/T 2943 胶黏剂术语

GB/T 20740—2006 胶黏剂 取样

GB/T 21526—2008 结构胶黏剂 粘结前金属和塑料表面处理导则

3 术语和定义

GB/T 2943 界定的以及下列术语和定义适用于本文件。

3.1

流动 flow

胶黏剂形态或胶层的变形。

3.2

下垂 sagging

在应用和固化期间，胶黏剂在重力作用下，向下运动，导致了具有不平涂层的下沿。

注：由此产生的下垂通常是限制于一个垂直表面上的局部区域。

4 方法种类与使用说明

胶黏剂抗流动性试验方法种类和使用说明见表 1。

表 1 胶黏剂抗流动性试验方法种类及使用说明

方法编号	方法名称	方法简称	使用指南
方法一	使用涂胶器制作湿胶条	涂胶器法	施胶时胶黏剂的下垂性
方法二	使用塞子模型	胶塞法	施胶时胶黏剂的下垂性
方法三	使用刮板涂覆胶黏剂湿膜层	刮板法	室温固化时胶黏剂的下垂性
方法四	使用试样块测量胶黏剂在施胶固化期间的静态流动	样块法	热固化胶黏剂的静态流动性
方法五	胶黏剂从搭接处流过	槽法	施胶后胶黏剂的流动性

表 1（续）

方法编号	方法名称	方法简称	使用指南
方法六	胶黏剂从小孔中流过	小孔法	施胶后胶黏剂的流动性
方法七	结构型胶黏剂胶膜固化时的流动	胶膜法	胶膜固化时的流动性

5 取样

根据 GB/T 20740—2006 对胶黏剂取样。

6 方法一：涂胶器法

6.1 原理

使用涂胶器将指定厚度和形状的胶黏剂湿胶条（后面简称胶条）涂布在试验板的平整水平面上。将试验板垂直竖起，置于试验环境下至指定的时间，测量胶黏剂下垂程度（可以使用试验板的顶部边缘作为参考）。

6.2 附加信息

采用此方法需要明确以下补充信息：

a） 试验板。

b） 试验板表面处理过程。

c） 状态调节。

d） 试验环境调节。

e） 双组分胶黏剂的混合方式及混合和施胶的时间。

f） 胶黏剂涂布方式和涂胶器凹槽的尺寸。

注：一般来说，通过涂胶器得到的胶层厚度小于凹槽深度。

g） 试验的持续时间。

6.3 装置和材料

6.3.1 试验板：玻璃或其他材料，尺寸约为 300 mm×200 mm。试验板能足够涂布相同厚度的三条胶。

6.3.2 涂胶器：不同凹槽尺寸（根据胶黏剂性质选择合适的涂胶器和试验板）。

6.3.3 恒温箱：提供规定的状态调节环境和/或试验环境。

6.4 状态调节和预处理

按 6.3.1 要求裁切试验板，彻底清洁试验板并进行规定的预处理。按规定对胶黏剂和试验板进行状态调节。

如果没有另外的规定，推荐的条件为（23±2）℃和（50±5）％的相对湿度。

6.5 试验步骤

将制备好的试验板水平放置，用涂胶器将胶黏剂涂布在试验板上，使胶条平行于试验板较长边（见图 1）。把其中一条较长边作为基准边，迅速测量基准边到每个胶条较远边的垂直距离，用毫米表示。

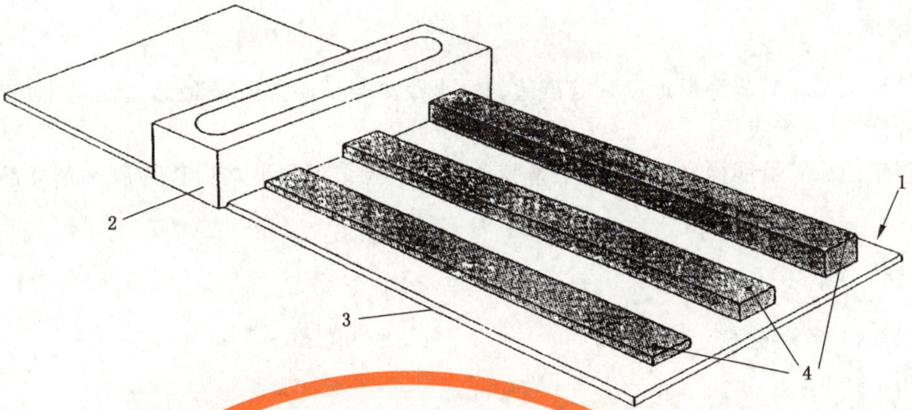

说明：

1——基准边；

2——涂胶器；

3——试验板；

4——胶条。

图 1 制备胶条的涂胶器(方法一:涂胶器法)

试验板垂直放置(偏差 2°以内),保持胶条水平,基准边位于顶部(见图 2),避免振动。在试验环境下将试验板停放至规定时间,测量每个胶条的最远流淌点与基准边之间的垂直距离。

说明：

1——基准边；

2——试验前胶条较低的边线；

3——最大的流动距离。

注 1：如果实际黏合过程中试验板表面条件不影响试样结果,试验板可以重复利用。

注 2：每个凹槽尺寸的涂胶器至少有三条胶条重复试验。

图 2 胶条的流动(方法一:涂胶器法)

6.6 结果的表述

计算每个胶条试验后流淌最远点到基准边的垂直距离与试验前胶条最远边到基准边的距离之差，差值为下垂程度，用毫米表示。

在每个规定的涂胶器凹槽尺寸下，取三条胶条试样试验结果的平均值作为胶黏剂样品下垂程度的结果。

6.7 试验报告

试验报告应包括下列内容：

a) 引用本标准；

b) 胶黏剂样品的完整标识信息，包括生厂商名称、生产日期、批号；

c) 6.2 中要求的附加信息；

d) 涂胶器的凹槽深度；

e) 每个胶条的测量值和胶黏剂样品平均值；

f) 试验方法符合本标准方法一的规定；或者，标明不符之处；

g) 任何方法一中没有规定的操作细节，以及任何可能影响试验结果的因素，如相分离等；

h) 试验日期。

7 方法二：胶塞法

7.1 原理

将胶黏剂填充入一个已知尺寸的孔中，并用流动试验装置上的活塞推出，形成胶黏剂胶塞。将流动试验装置垂直放置在试验环境中，测量指定时间内胶塞的下垂程度。

7.2 附加信息

采用此方法需要注明以下信息：

a) 状态调节；

b) 试验环境调节；

c) 双组分胶黏剂的混胶方式、混胶和施胶的时间；

d) 试验的持续时间。

7.3 装置和材料

7.3.1 流动试验装置：总体尺寸不小于(100 mm×50 mm)的金属块，如经过抛光的黄铜、轻合金或钢。在金属块的上端钻一个直径为(38±0.05)mm、深度为(9.5±0.05)mm 的圆柱形孔。胶塞被与孔匹配的固体柱塞从孔内推挤出来，并且推出后确保柱塞的表面与金属块的表面齐平。在金属块的下表面上标记或者刻上刻度，刻度总距离在 50 mm 以上。刻度的第一条线应与圆孔圆周的最低点相切，后续的刻度线间隔为(1±0.1)mm 或(2±0.1)mm。金属块的两端可装配端板，以便填充胶黏剂时支撑金属块，如图 3 所示。

单位为毫米

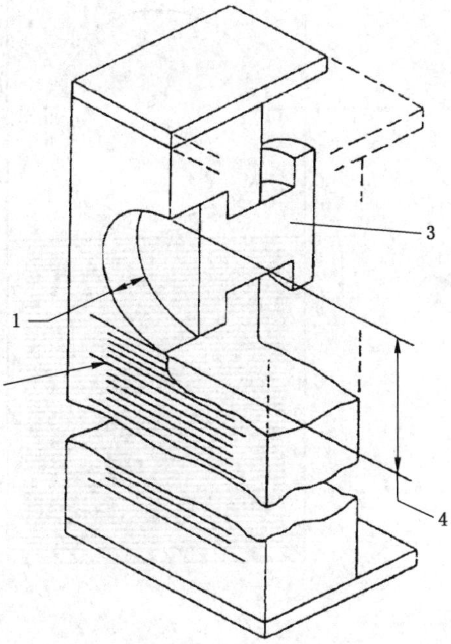

说明：

1——孔深[(9.5±0.05)mm]；

2——刻度；

3——柱塞；

4——孔的直径[(38±0.05)mm]。

图3 流动性试验装置(方法二:胶塞法)

7.3.2 塑料刮板:其宽度不小于模具宽度。

7.3.3 恒温恒湿实验室:保持(23±2)℃的温度和(50±5)%的相对湿度。

7.3.4 溶剂:适合于在使用前后清洗装置和去除多余的胶黏剂。

7.4 状态调节与预处理

用溶剂彻底地清洗试验装置。胶黏剂样品在设定的环境下放置至少5 h。

如果没有另外的规定,推荐的条件为(23±2)℃和(50±5)%的相对湿度。

7.5 试验步骤

试验装置放置在一个水平面上,钻孔面朝上,将柱塞压入形成9.5 mm深的孔。采用合适的方法充分混合或搅拌胶黏剂,将孔以胶黏剂填满并且确保无气泡形成。使用刮板(见7.3.2),将多余的胶黏剂从刻度尺一端(即胶黏剂将流过的部分)向另一端拉开,使胶黏剂表面与金属块表面平齐。

将柱塞推至其极限行程,使其表面与金属块表面持平,从而使待测胶黏剂在金属块平面上形成一个直径为38 mm的圆柱形塞子。

立即将胶塞在上部的装置垂直放置(如图4所示),并且避免振动;在试验环境下放置规定的时间。

单位为毫米

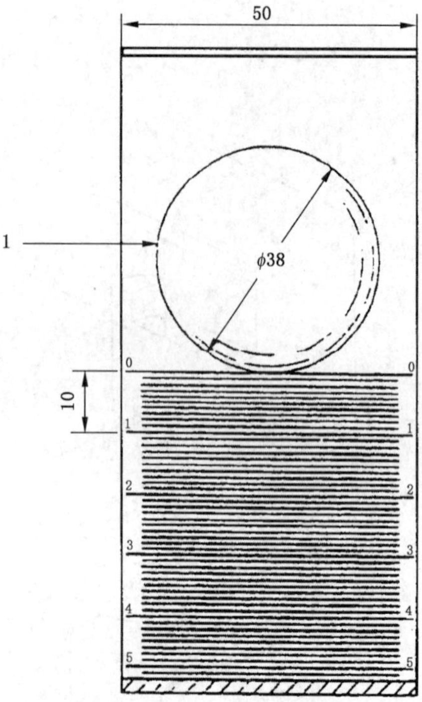

说明：
1——挤出的胶塞。

图 4　试验之前的胶塞(方法二:胶塞法)

试验结束时,准确读取胶塞流动到最低点的刻度(见图 5),以毫米表示。立即清洗装置,重新制备胶塞重复试验,至少进行三次。

单位为毫米

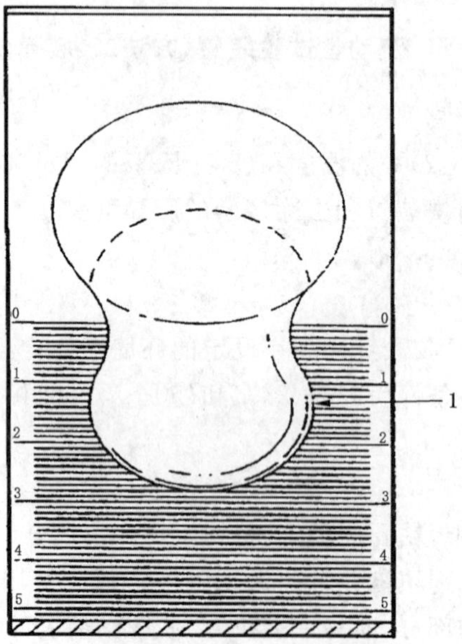

说明：
1——流动的胶体。

图 5　试验之后的胶塞(方法二:胶塞法)

7.6 结果的表述

以三个以上胶塞流动距离的平均值表征下垂程度，单位为毫米。

一个样品，至少取三个试样，取试样测量值的平均值表征胶黏剂的下垂程度。

7.7 试验报告

试验报告应包括以下内容：

a) 引用本标准；

b) 胶黏剂样品的完整标识信息，包括生厂商名称、生产日期、批号；

c) 7.2 给出的附加信息；

d) 每个试样的试验值和胶黏剂样品的平均值；

e) 试验方法符合本标准方法二的规定；或者，标明不符之处；

f) 任何方法二中没有规定的操作细节，以及任何可能影响试验结果的因素，如相分离等；

g) 试验日期。

8 方法三：刮板法

8.1 原理

本试验方法适用于表征室温固化过程中的胶黏剂的下垂性能，推荐用于质量控制。

采用刮板将胶黏剂涂覆于水平状态下的、平整的试验板表面，制成规定尺寸的湿膜层。然后，将装置垂直放置在试验环境中，测量指定时间内湿膜层的下垂程度。

8.2 附加信息

同 7.2。

8.3 装置和材料

8.3.1 一组刮板：按照图 6 给出的尺寸，从厚度为(1.62±0.05)mm 的铝板上剪裁而得。

单位为毫米

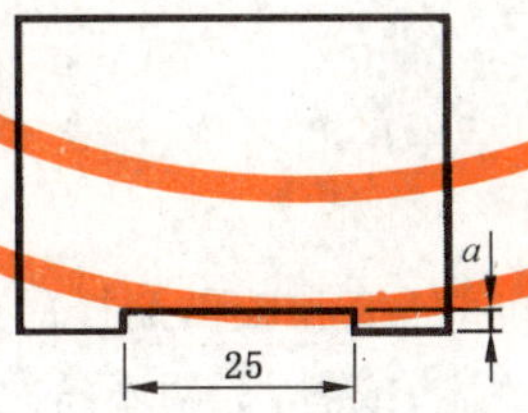

说明：

规格 1：a=1.6 mm；

规格 2：a=3.2 mm；

规格 3：a=4.8 mm；

规格 4：a=6.35 mm。

图 6 刮板(方法三：刮板法)

8.3.2 试验板：经脱脂处理后的平整的铝板，尺寸约为 100 mm×150 mm×1.6 mm。

8.3.3 热风循环烘箱：提供规定的状态调节和试验环境调节。

8.3.4 刻度尺：最小刻度为毫米。

8.4 状态调节和预处理

按规定要求剪裁试验板，并彻底清洗。然后进行指定的预处理。如果需要，将胶黏剂和处理好的试验板放入规定环境下进行状态调节。

如果没有另外的规定，推荐的条件为(23±2)℃和(50±5)%的相对湿度。

8.5 试验步骤

选取一块刮板。将胶黏剂涂覆于铝板上，使胶黏剂湿胶膜平行于铝板的100 mm侧边，胶黏剂湿胶膜的面积约为38 mm×75 mm，其厚度大于刮板的深度。

使刮板与胶黏剂湿胶膜成45°，慢慢地拉动刮板，形成一条均匀的、面积约为25 mm×75 mm的、平行于铝板100 mm侧边的湿胶膜。

注：显著偏离45°角将改变湿胶膜的厚度和下垂度的测量结果。

将涂覆有湿胶膜的试验板垂直(湿胶膜呈水平方向)置于(23±2)℃或者规定温度的热风循环烘箱中。在烘箱中测量的湿胶膜需在烘箱中放置30 min。

在(23±2)℃测量的湿胶膜需在(23±2)℃温度下放置至规定时间。

达到规定时间后，测量胶膜的宽度(W)。用其他的刮板重复上述试验步骤。

8.6 结果的表述

下垂程度(S)即为胶黏剂试样胶膜宽度的增量，按式(1)计算：

$$S = W - 25 \qquad (1)$$

式中：

S ——下垂程度，单位为毫米(mm)；

W——垂直放置至规定时间结束时的胶黏剂试样带的最大宽度，单位为毫米(mm)。

取三个试样的平均值为胶黏剂样品的试验结果。

8.7 试验报告

试验报告应包含以下信息：

a) 引用本标准；

b) 胶黏剂样品的完整标识信息，包括生厂商名称、生产日期、批号；

c) 8.2给出的附加信息；

d) 采用每个深度“a”的刮板所做的试样值和胶黏剂样品的平均值(见图6)；

e) 试验方法符合本标准方法三的规定；或者，标明不符之处；

f) 方法三中没有规定的操作细节，以及任何可能影响结果的因素，如相分离等；

g) 试验日期。

9 方法四：样块法

9.1 原理

本方法用于表征胶黏剂在应用(室温下测量30 min)和在烘箱中静置(规定的温度和时间)时的静态流动特性。

它特别适用于热固化胶黏剂。胶黏剂的流动特性采用试样块在倾斜面上的位移来表征。

9.2 装置和材料

9.2.1 恒温恒湿室：保持(23±2)℃的温度和(50±5)%的相对湿度。

9.2.2 热风循环烘箱：温度可调至250 ℃，精度为2 ℃。

9.2.3 安装架：与水平面成60 ℃的倾斜支架，也可根据需要选用另一种倾斜度。

9.2.4 垫片：直径为22 mm，厚度约0.1 mm的聚对苯二甲酸乙二醇酯膜。

9.2.5 试样块的制备装置(见图7)或模具(见图8)。

单位为毫米

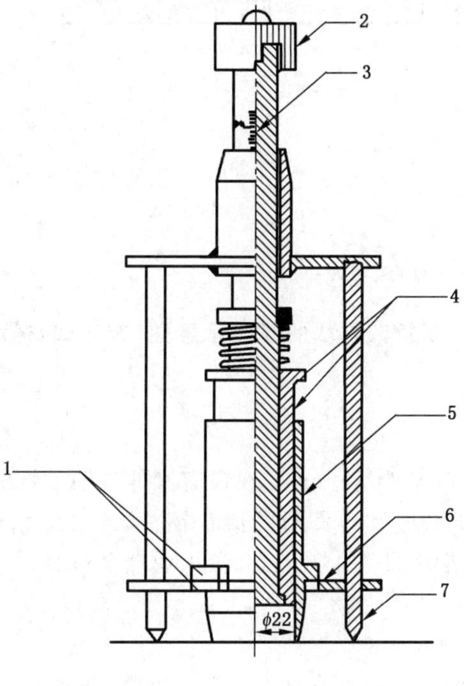

说明：

1——清洁时可拆卸的子母螺丝扣；

2——调节试样块高度的滚花旋钮；

3——单位为毫米的刻度尺；

4——推顶活塞组件；

5——注射筒；

6——下压板；

7——三脚架。

图7 制备试样块的装置(方法四：样块法)

单位为毫米

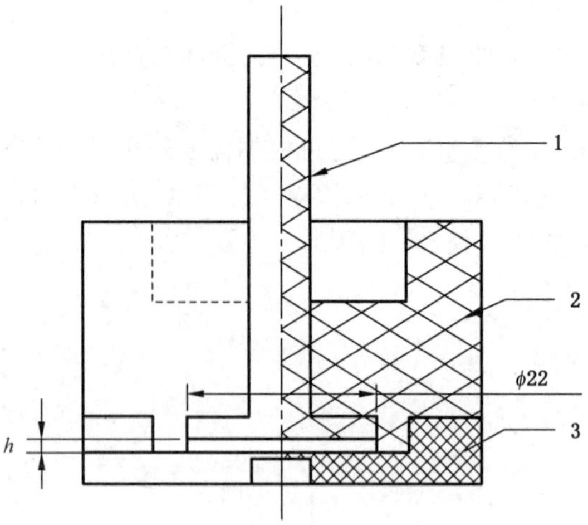

说明：

1—— 模具顶杆；

2—— 模具主体；

3—— 模具垫块；

h——试样块的厚度，可根据情况设计，通常为 4 mm。

图 8　制备试样块的模具示意图(方法四:样块法)

9.2.6　刻度尺:最小单位为毫米。

9.2.7　刮铲。

9.2.8　试验板:长约为 150 mm，宽约为 50 mm。在没有其他说明的情况下，制备试验板的薄钢板，可使用按照 GB/T 21526—2008 标准脱脂和再润滑的镀锌钢片，或者使用通过阳离子法(例如:CORONA ED 3002 型号)并于 200 ℃的温度中烘烤 17 min 的涂电镀漆的钢片。

9.3　预处理和取样

待测样品在恒温恒湿的条件下(见 9.2.1)调节 16 h。制备试样块的装置或模具及附件在环境温度下(23±2)℃预处理 6 h。

取样方法 A:在进行试验前立即使用刮铲取样，将样品混和均匀。

取样方法 B:把样品从存储容器中直接取出。

混合多组分的样品受刮铲的影响为 1 min，所以试验宜在混合后 5 min 开始。

注：选择方法 A 或方法 B 的取样条件宜在生产商的技术数据表中给出。

9.4　试验步骤

9.4.1　制样

9.4.1.1　用装置制样

在恒温恒湿条件下(见 9.2.1)进行制样。

调整制样装置(见 9.2.5)上的刻度以获得期望的试样块厚度，通常是 4 mm。

倒置制样装置，把垫片(见 9.2.4)置于由活塞的退回所形成的孔腔底部。

用样品将孔腔填满，并与孔腔边缘齐平，且注意保持注射筒与下压板接触。

在 15 min 之内，把装置放于水平表面的试验板(见 9.2.8)的一端。提起注射筒直至活塞的下边缘，稍稍提起制样装置，以便试样块(含 9.2.4 垫片)被放置在试验板上。

移走制样装置(见 9.2.5)。

标记试样块边缘起始位置 1，如图 9 所示。

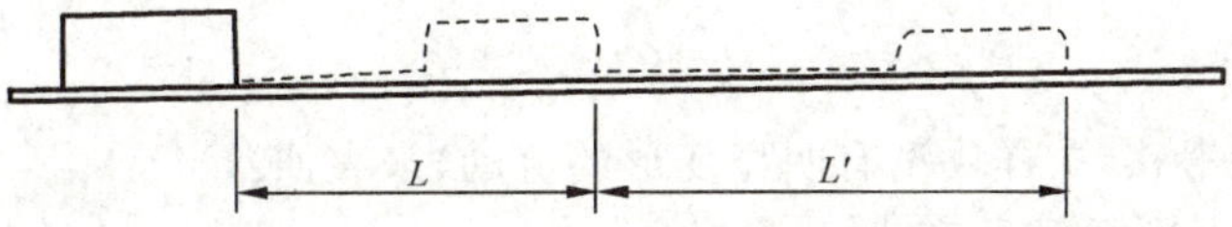

a) 试样块没有变形的流动

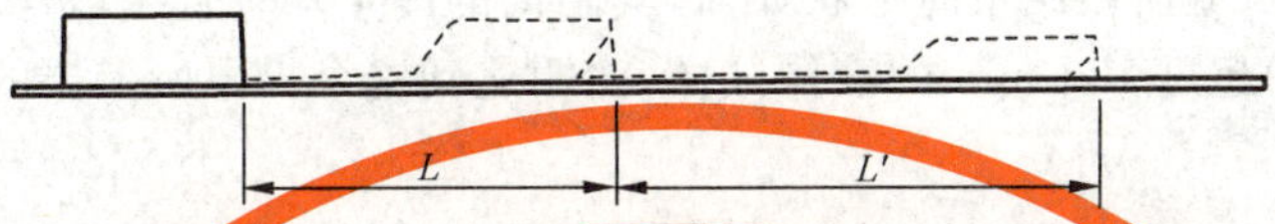

b) 试样块变形的流动

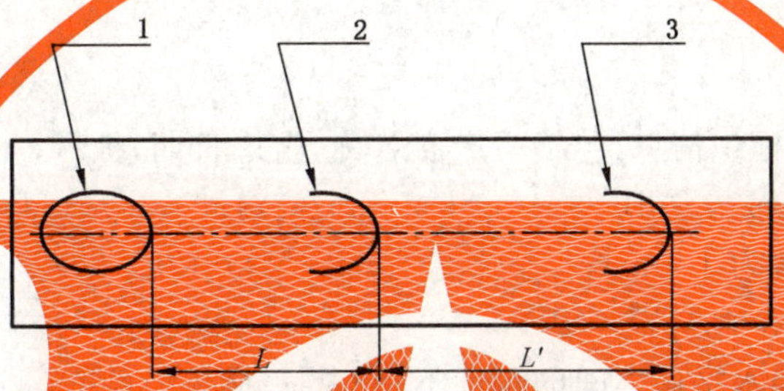

c) 试样块位移示意图

说明：

1——试样块的起始位置；

2——常温试验后试样块的位置；

3——烘烤条件试验后试样块的位置。

注：标记应被记在试样块轨迹的外面。

图 9 试验板上试样块位移的标记(方法四：样块法)

9.4.1.2 用模具制样

在恒温恒湿条件下(见 9.2.1)进行制样。

将垫片置于模具腔内，样品填满模具腔，并用刮铲缓慢地沿着模具边缘将多余的胶黏剂去掉。此过程注意避免产生气泡。

15 min 内将模具套接在模具垫块上，并轻放在水平放置的试验板上，缓慢推动模具的顶杆将试样块置于试验板上(含垫片)。小心提起顶杆，移走模具。

标记试样块边缘起始位置 1，如图 9 所示。

9.4.2 常温试验

制作好试样块(30±2)s 之后，将试验板和试样块放入已调节好状态的安装架(见 9.2.3)上，静置 30 min。

标记试样块边缘的新位置 2，如图 9 所示。

9.4.3 烘烤试验

将安装架、试验板和试样块置于规定温度的烘箱(见 9.2.2)中，静至规定的时间。

从烘箱中移走试件(试验板和试样块)。标记试样块边缘的新位置 3,如图 9 所示。

用刻度尺(9.2.6)测量长度 L 和 L'(见图 9),用毫米表示。

注:试样块的流动可分为两种:试样块没有变形的流动[见图 a)]和试样块变形的流动[见图 b)]。

9.5 结果表述

以试验块流动和/或滑移(试样块没有明显变形的流动)来表征:

常温下 30 min 试验块的位移距离为 L,单位:mm;

规定温度、规定时间静置后的试验块位移距离为 L',单位:mm。

无论试样块在不同试验阶段结束时形状如何,其距离的测量均垂直于试样块顶部[见图 a),图 b)]。

对于在 30 min 流动超过 120 mm 的液体试样,注明达到这个界限所需要的时间。建议采用本标准中其他试验方法。

9.6 试验报告

报告应包含以下信息:

a) 引用本标准;
b) 胶黏剂样品的完整标识信息,包括生产商名称,生产日期,批号;
c) 试样取样的方法 A 或方法 B;
d) 试样块的厚度(通常为 4 mm);
e) 所用试验板的材料;
f) 安装架的斜坡,若与水平面之间的角度不是 60°;
g) 加温烘烤试验的规定温度和规定时间;
h) 试验的实施次数;
i) 每个试样块的位移值和胶黏剂样品的位移平均值及流动类型,如:流动、滑动、混合;
j) 试验方法符合本标准方法四的规定;或者,标明不符之处;
k) 方法中没有规定的操作细节,以及任何会影响结果的因素,例如:相分离等;
l) 试验日期。

10 方法五:槽法

10.1 原理

将胶黏剂填充到一个由试验板形成的开放式狭槽中,并将这个试件在规定条件下垂直放置一定时间,记录胶黏剂在狭槽中的流动情况。

10.2 附加信息

采用此方法需要注明以下信息:

a) 试验板材质和其表面状态的描述;
b) 被试验的胶黏剂层的厚度;
c) 试验状态的调节;
d) 试验环境的调节;
e) 试验持续的时间。

10.3 装置和材料

10.3.1 试验板:规定材质及其表面处理状况,大板尺寸为 100 mm×50 mm,小板尺寸为 50 mm×25 mm。例如:阳极氧化铝合金板、聚四氟乙烯板等。

10.3.2　垫片：尺寸约为 5 mm×25 mm，不同厚度的隔离片，如厚度为 0.5 mm，1 mm，1.5 mm，2 mm 等，精度范围需控制在 5%之内。用于控制测量件中胶黏剂层的厚度，确保试验装备完整。

10.3.3　固定装置：固定试件。

10.3.4　恒温箱：提供规定的条件和/或试验环境。

10.3.5　塑料刮板。

10.4　状态调节和预处理

在规定的试验环境下调节胶黏剂和试验板至少 24 h。

如果没有另外的规定，推荐的条件为(23±2)℃和(50±5)%的相对湿度。

10.5　试验步骤

取大、小试验板(见 10.3.1)各一块，一对规定厚度的垫片(见 10.3.2)，然后制成一个如图 10 所示的试验槽组件。用胶黏剂填充两块试验板之间的狭槽，如有需要，采用固定装置(见 10.3.3)牢固试件。将组件水平放置，使小试验板处于最上端，并使用刮板平整从狭槽中溢出到小试验板边缘的胶黏剂。

将制备好的试验组件立即垂直方向安置(角度偏差 2°以内)。

在规定试验条件下，使大试验板的延伸端向下，并保持这种状态至规定时间，观察小试验板的下边缘是否有试样下垂到小试验板边缘之外。整个过程注意避免振动。

单位为毫米

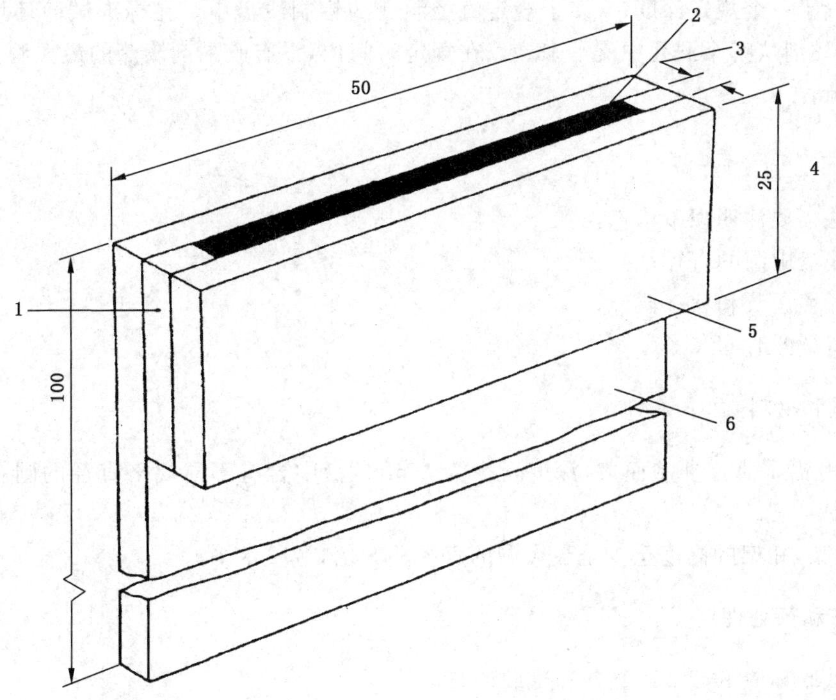

说明：

1——垫片；

2——胶黏剂；

3——试样厚度；

4——槽深；

5——小试验板；

6——大试验板。

图 10　测量胶黏剂搭接处流量的试样(方法五：槽法)

10.6 结果的表述

结果表示为：在规定的试验环境、规定的时间下，胶黏剂下垂或不下垂。

10.7 试验报告

报告应包含以下信息：

a) 引用本标准；

b) 胶黏剂样品的完整标识信息，包括生厂商名称、生产日期、批号；

c) 10.2 给出的附加信息；

d) 由 10.6 得到的试样和胶黏剂样品下垂结果；

e) 试验方法符合本标准方法五的规定；或者，标明不符之处；

f) 方法中没有规定的操作细节，以及任何会影响结果的因素，如相分离等；

g) 试验日期。

11 方法六：小孔法

11.1 原理

将胶黏剂置于一个规定深度、含多个规定直径洞孔的铝制浅盘中。在标准试验环境和规定的时间条件下，观察胶黏剂从哪个洞孔中流下来。以在规定时间内，没有胶黏剂滴落的最大洞孔的直径为试验结果，单位为 mm。

11.2 附加信息

采用此方法需要注明以下信息：

a) 铝制浅盘中洞的直径；

b) 试验环境调节和状态调节；

c) 试验持续的时间。

11.3 试验装置和材料

11.3.1 浅盘：由铝质薄片冲制而成，深度至少为 5 mm，盘中含有不同规格直径的圆孔，比如：3 mm，4 mm，5 mm 等。

11.3.2 水平托架：托架的高度至少是最大洞的直径的 5 倍，调整水平。

11.4 状态调节和预处理

在规定的试验环境下调节胶黏剂和试验浅盘。

如果没有另外的规定，推荐的条件为(23±2)℃和(50±5)%的相对湿度。

11.5 试验步骤

11.5.1 清洁浅盘，并将胶黏剂填充到置于平整表面的浅盘内，填充深度为 5 mm。

11.5.2 立即抬高浅盘，并使用托架水平支撑。浅盘与水平托架的距离至少 5 倍于最大孔径，以便胶黏剂液滴形成及脱落。

11.5.3 在规定时间内，记录每个洞孔是否发生胶黏剂的滴落情况。

11.6 结果表述

在规定时间内，以没有胶黏剂滴落的最大洞孔的直径为试验结果，单位为 mm。

11.7 试验报告

报告应包含以下信息：

a) 引用本标准；

b) 胶黏剂样品的完整标识信息，包括生厂商名称、生产日期、批号；

c) 11.2 给出的附加信息；

d) 由 11.6 得到的流动性的试样值和胶黏剂样品值；

e) 试验方法符合本标准方法六的规定；或者，标明不符之处；

f) 方法中没有规定的操作细节，以及任何会影响结果的因素，如相分离等；

g) 试验日期。

12 方法七：胶膜法

12.1 原理

本方法用于测量胶膜形式的结构胶黏剂的流动特性。即胶膜在受控条件下加压和固化，其表面积的增加。表征胶膜由于贮存时间的延长或环境变化而引起的流动特性的改变。

12.2 状态调节和预处理

12.2.1 将冷藏、原包装的胶膜自然放至室温。从未移除保护膜的胶膜中裁切出直径为(38±1)mm 的试样。

12.2.2 每次试验至少制备三个试样。

12.3 试验装置

试验装置由两个铝制或钢制平面压板组成，压板侧面上钻有用于测控温度的小孔。

为确保试样置于装置的中心，对每个压板均需进行标记。

根据所用的固化体系选择压板的厚度，以确保压力的分布一致。压板的面积由同时测量的试样数量决定。

每个试样所占面积不小于 100 cm^2，且相邻试样中点之间的距离至少为 100 mm，每个试样的中心和压板边缘间的距离至少为 50 mm。

如果只进行一个试样的测量，可使用弹簧加载的夹具(见图 11)或重物加载的夹具。

单位为毫米

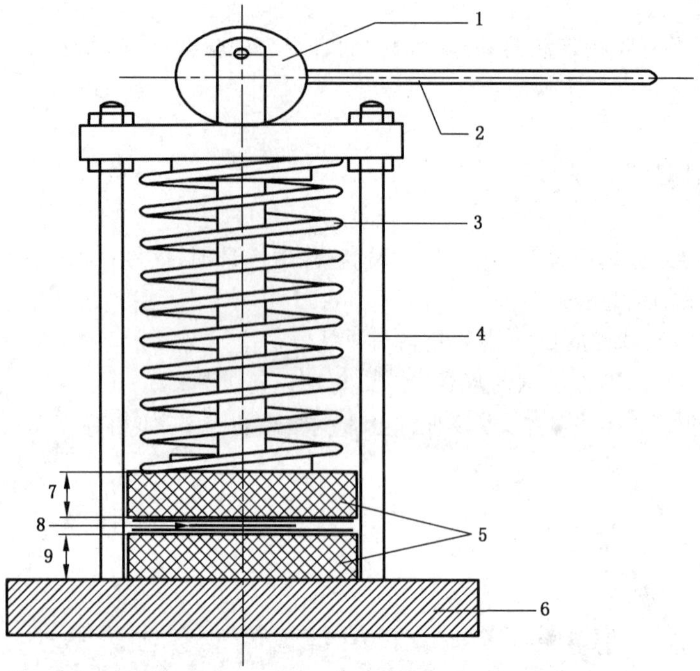

说明：

1——凸轮；

2——夹紧和释放操作杆；

3——预应力弹簧(弹簧常数 c=20 N/mm)；

4——导杆；

5——带有用于放置电热偶钻孔的压板。直径 100 mm；

6——基板；

7——高度 30 mm；

8——试样；

9——高度 30 mm。

图 11　载有弹簧的试验装置(方法七:胶膜法)

可用于试验的背衬膜为：

a)　测量温度低于 140 ℃时,用 0.05 mm 厚的聚对苯二甲酸乙二醇酯薄膜。

b)　测量温度高过 140 ℃时,用 0.05 mm 厚的聚偏氟乙烯薄膜。

注：在进行对照试验时,使用的背衬膜类型会对流动产生影响。

12.4　试验步骤

可以使用压机或热压罐,或借助空气循环箱的弹簧加载测量夹具或重物加载的夹具。试验装置和试样应经历胶膜材料标准中规定的固化周期。

同时测量具有不同流动性的试样时,由于试样之间的干扰会引起测量误差。仲裁时,应使用弹簧加载测量夹具或重物加载的夹具进行单个的验证试验。

采用热压罐(压板间没有进行平行调节)方法测量流动性得到的测量值与采用对压板进行平行调控(压机,符合图 11 的试验装置或重物加载的夹具)的方法所得到的测量值不能直接用于比较。

冷藏的胶膜应在达到室温后的 8 h 内完成测量。

胶膜从贮藏器中取出至开始固化期间,应处于适宜的温度和湿度条件下。

试样的直径，精确到 0.5 mm。

除去保护膜的试样置于两层背衬膜之间，试样中心之间的间隙见 12.3。

排列试样以确保背衬膜上的压力分布一致。

注：可以通过标记背衬膜的方法，简化试样在背衬膜上的排列以及背衬膜的中心定位(见图 12)。

单位为毫米

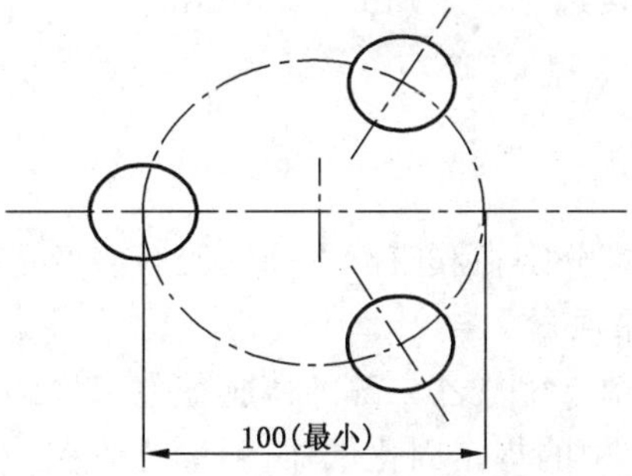

a) 排列案例 1

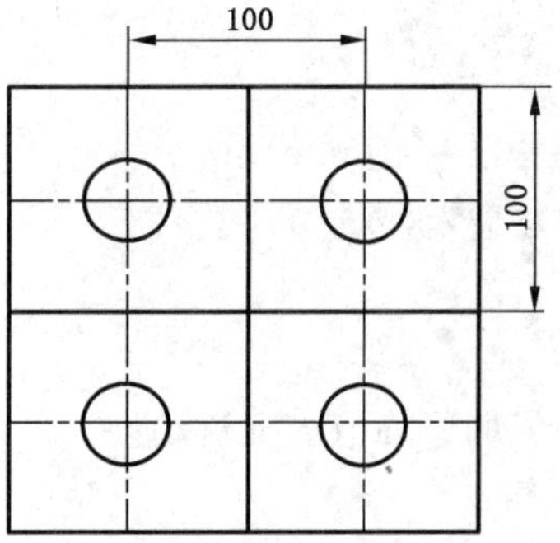

b) 排列案例 2

图 12 试验装置储存中试样在底模上的排列(方法七:胶膜法)

按照所测胶膜的固化周期进行流动试验。所需数据，如预热、固化温度和固化时间等可从相关材料标准中获得。

除非材料标准中另有规定，在 0.35 MPa 的压力下进行试验。

固化周期结束后，把试样连同背衬膜一起从试验夹具中移出，冷却到室温。

当试样达到室温后，测量每个试样的最大直径和最小直径，精确到 0.5 mm。这两个测量值的平均值记作直径 d_2。

12.5 流动性的计算

12.5.1 通过直径的变化计算

用式(2)计算流量(F)：

$$F=(d_2^2/d_1^2-1)\times 100\% \qquad \cdots\cdots(2)$$

式中：

d_1——试验之前试样的直径，单位为毫米(mm)；

d_2——试验之后试样的直径，单位为毫米(mm)。

12.5.2 通过面积的变化来计算

12.5.2.1 材料和装置

a) 0.05 mm 厚的聚对苯二甲酸乙二醇酯薄膜，尺寸接近于 250 mm×250 mm；
b) 0.05 mm 厚的铝箔，尺寸接近于 250 mm×250 mm；
c) 求积仪。

12.5.2.2 试验步骤

用直径为(38±1)mm 的冲裁模分别在胶膜的中间和胶膜的两边边缘裁切试样。
称量试样，精确至 0.1 mg，记录质量。
用铝箔盖住试样的一边，聚对苯二甲酸乙二醇酯薄膜盖住试样的另一边。
按照生产商的技术资料或规范中的规定固化试样，测量总面积。

12.5.2.3 计算

利用式(3)计算流动性(F_1)，以 mm^2/g 表示：

$$F_1=(A_t-A_0)/(W_e-K) \qquad (3)$$

式中：
A_t——固化后的总面积，单位为平方毫米(mm^2)；
A_0——试样初始面积，单位为平方毫米(mm^2)；
W_e——试样质量，单位为克(g)；
K——载体质量，单位为克(g)。
以胶膜中间试样和边缘试样测量值的平均值表征流动性。

12.6 试验报告

报告应包含以下信息：
a) 引用本标准；
b) 胶黏剂样品的完整标识信息，包括生厂商名称、生产日期、批号和卷号；
c) 固化周期，包括温度/时间和压力/时间；
d) 胶黏剂贮存期的信息(类型、贮存时间、温度)；
e) 试样的制备日期；
f) 试样数量；
g) 所用背衬膜的标识；
h) 试验装置的详细情况，包括压板的材料和尺寸，设备类型(压机、热压罐或其他装置)；
i) 由 12.5 得到的试样流动性的单个值和胶黏剂样品的平均值；
j) 试验方法符合本标准方法七的规定；或者，标明不符之处；
k) 任何方法七中没有规定的操作细节，以及任何可能影响试验结果的因素，如相分离等；
l) 试验日期。

附　录　A
（资料性附录）
本标准与 ISO 14678:2005 相比的结构变化情况

本标准与 ISO 14678:2005 相比的结构上基本一致，调整的具体章条编号对照情况见表 A.1。

表 A.1　本标准与 ISO 14678:2005 的章条编号对照情况

本标准的章条编号	对应 ISO 标准的章条编号
第 4 章中的表 1	4
—	6
6.1、6.2、6.3、6.4、6.5、6.6、6.7	7.1、7.2、7.3、7.4、7.5、7.6、7.7
7.1、7.2、7.3、7.4、7.5、7.6、7.7	8.1、8.2、8.3、8.4、8.5、8.6、8.7
8.1、8.2、8.3、8.4、8.5、8.6、8.7	9.1、9.2、9.3、9.4、9.5、9.6、9.7
9.1	10.1
9.2	10.2
图 8	—
9.3	10.3
9.4	10.4
9.4.1	10.4
9.4.1.1	10.4
9.4.1.2	—
9.4.2	10.4
9.4.3	10.4
图 9	图 8
9.5、9.6	10.5、10.6
10.1、10.2、10.3、10.4、10.5	11.1、11.2、11.3、11.4、11.5
图 10	图 9
10.6、10.7	11.6、11.7
11.1、11.2、11.3、11.4、11.5、11.6、11.7	12.1、12.2、12.3、12.4、12.5、12.6、12.7
12.1、12.2、12.3	13.1、13.2、13.3、
图 11	图 10
12.4	13.4
图 12	图 11
12.5、12.6	13.5、13.6

附　录　B
（资料性附录）
本标准与 ISO 14678:2005 相比的技术性差异及其原因

表 B.1 给出了本标准与 ISO 14678:2005 的技术性差异及其原因。

表 B.1　本标准与 ISO 14678:2005 的技术性差异及其原因

本标准的章条编号	技术性差异	原因
第 2 章	关于规范性引用文件，本标准做了具有技术性的调整，调整的情况集中反映在第 2 章“规范性引用文件”中，具体调整如下： 删除了引用 EN 923:1998 增加了引用 GB/T 2943 删除了引用 EN 13887 增加引用了 GB/T 21526—2008 删除了引用 EN 1067、EN 15605 增加了引用 GB/T 20740—2006	引用 GB/T 2943，便于标准使用者使用中文术语； 引用 GB/T 21526—2008 和 GB/T 20740—2006，便于标准使用者理解和使用，以适应我国国情
7.3.2	增加了“对塑料刮板的描述”：其宽度不小于模具宽度	保证刮板能整个跨过孔的上方刮去多余的胶，便于操作
9.2.5	增加了简易制作试样块的模具及图 8	制作试样块设备的终极目的是制作出符合要求的试样块。增加模具法，便于操作，符合国情
9.3	将原取样方法修改成方法 A，增加了针对单组分胶黏剂的直接取样方法 B	根据胶黏剂的组分，采取简洁、适用方法。便于实际操作
9.4.1.2	增加了模具制样方法	采用模具法制样，制出符合要求的试验快试样。方法简便，便于操作
9.5	删除最后一句话，增加了“建议采用该标准中其他试验方法”	流速超过 4 mm/min 的产品，因流淌性强，建议采用其他的方法，便于操作
12.3	增加“或重物加载的夹具”	根据我国实际情况，采用简便方法，便于操作
12.4	增加“或重物加载的夹具”	根据我国实际情况，采用简便方法，便于操作
12.5.2.2	将第二句中，“精确至 0.1 g”修改为“精确至 0.1 mg”	符合国情，便于操作

ICS 67.100.40
X 53

中华人民共和国国家标准

GB/T 31114—2014

冷冻饮品　冰淇淋

Frozen drinks—Ice cream

2014-09-03 发布　　　　2015-04-01 实施

中华人民共和国国家质量监督检验检疫总局
中国国家标准化管理委员会　发布

前　言

本标准按照GB/T 1.1—2009给出的规则起草。

本标准由中国商业联合会提出。

本标准由全国冷冻饮品标准化技术委员会(SAC/TC 497)归口。

本标准起草单位:内蒙古伊利实业集团股份有限公司、浙江五丰冷食有限公司、深圳市海川实业股份有限公司、祐康食品(杭州)有限公司、北京艾莱发喜食品有限公司、内蒙古蒙牛乳业(集团)股份有限公司、沈阳德氏企业集团有限公司、广东美怡乐食品有限公司、中国焙烤食品糖制品工业协会冷冻饮品专业委员会、中国商业联合会商业标准中心。

本标准主要起草人:李宁、胡五连、何唯平、赵建华、范清、毕鹏、刘卫星、张英春、王国明、欧阳淑珍、靳晓蕾、张曦。

冷冻饮品　冰淇淋

1　范围

本标准规定了冰淇淋的术语和定义、产品分类、原辅材料、技术要求、生产过程控制、检验方法、检验规则、标签、包装、运输、贮存、销售和召回的要求。

本标准适用于定型预包装冰淇淋的生产、检验和销售，不适用于现制现售的软冰淇淋制品。

2　规范性引用文件

下列文件对于本文件的应用是必不可少的。凡是注日期的引用文件，仅注日期的版本适用于本文件。凡是不注日期的引用文件，其最新版本(包括所有的修改单)适用于本文件。

GB 317　白砂糖

GB 2716　食用植物油卫生标准

GB 2749　蛋制品卫生标准

GB 2759.1　冷冻饮品卫生标准

GB 2760　食品安全国家标准　食品添加剂使用标准

GB 5749　生活饮用水卫生标准

GB 7718　食品安全国家标准　预包装食品标签通则

GB 14880　食品安全国家标准　食品营养强化剂使用标准

GB 14881　食品安全国家标准　食品生产通用卫生规范

JJF 1070　定量包装商品净含量计量检验规则

SB/T 10009　冷冻饮品检验方法

定量包装商品计量监督管理办法(国家质量监督检验检疫总局第75号令)

食品召回管理规定(国家质量监督检验检疫总局第98号令)

3　术语和定义

下列术语和定义适用于本文件。

3.1

冰淇淋　ice cream

以饮用水、乳和(或)乳制品、蛋制品、水果制品、豆制品、食糖、食用植物油等的一种或多种为原辅料，添加或不添加食品添加剂和(或)食品营养强化剂，经混合、灭菌、均质、冷却、老化、冻结、硬化等工艺制成的体积膨胀的冷冻饮品。

3.2

全乳脂冰淇淋　full-milk fat ice cream

主体部分乳脂质量分数为8%以上(不含非乳脂)的冰淇淋。

3.3

清型全乳脂冰淇淋　milk fat ice cream

不含颗粒或块状辅料的全乳脂冰淇淋，如奶油冰淇淋、可可冰淇淋等。

3.4

组合型全乳脂冰淇淋　combiantion of milk fat ice cream

以全乳脂冰淇淋为主体，与其他种类冷冻饮品和(或)巧克力、饼坯等食品组合而成的制品，其中全乳脂冰淇淋所占质量分数大于50%，如巧克力奶油冰淇淋、蛋卷奶油冰淇淋等。

3.5

半乳脂冰淇淋　half milk-fat ice cream

主体部分乳脂质量分数大于等于2.2%的冰淇淋。

3.6

清型半乳脂冰淇淋　uniform half-milk fat ice cream

不含颗粒或块状辅料的半乳脂冰淇淋，如香草半乳脂冰淇淋、橘味半乳脂冰淇淋、香芋半乳脂冰淇淋等。

3.7

组合型半乳脂冰淇淋　combination of half-milk fat ice cream

以半乳脂冰淇淋为主体，与其他种类冷冻饮品和(或)巧克力、饼坯等食品组合而成的制品，其中半乳脂冰淇淋所占质量分数大于50%，如脆皮半乳脂冰淇淋、蛋卷半乳脂冰淇淋、三明治半乳脂冰淇淋等。

3.8

植脂冰淇淋　vegetable fat ice cream

主体部分乳脂质量分数低于2.2%的冰淇淋。

3.9

清型植脂冰淇淋　uniform vegetable fat ice cream

不含颗粒或块状辅料的植脂冰淇淋，如豆奶冰淇淋、可可植脂冰淇淋等。

3.10

组合型植脂冰淇淋　combination vegetable fat ice cream

以植脂冰淇淋为主体，与其他种类冷冻饮品和(或)巧克力、饼坯等食品组合而成的食品，其中植脂冰淇淋所占质量分数大于50%，如巧克力脆皮植脂冰淇淋、华夫夹心植脂冰淇淋等。

3.11

软塌　collapse

冰淇淋的形态软化塌落。

3.12

收缩　shrinkage

冰淇淋成形后体积缩小的现象。

3.13

膨胀　expansion

冰淇淋浆料经相关工序形成冰淇淋后体积增加的现象。

3.14

非脂乳固体　non-fat milk solid

乳固体中扣除乳脂肪的剩余物质。

4 产品分类

4.1 全乳脂冰淇淋

4.1.1 清型全乳脂冰淇淋

4.1.2 组合型全乳脂冰淇淋

4.2 半乳脂冰淇淋

4.2.1 清型半乳脂冰淇淋

4.2.2 组合型半乳脂冰淇淋

4.3 植脂冰淇淋

4.3.1 清型植脂冰淇淋

4.3.2 组合型植脂冰淇淋

5 原辅材料

5.1 饮用水

应符合 GB 5749 的规定。

5.2 白砂糖

应符合 GB 317 的规定。

5.3 乳制品

应符合相关国家标准或行业标准的规定。

5.4 蛋制品

应符合 GB 2749 的规定。

5.5 食用植物油

应符合 GB 2716 的规定。

5.6 其他原辅料

使用范围和使用量应分别符合 GB 2760 和 GB 14880 的规定。

5.7 食品添加剂和食品营养强化剂

品质应符合相关国家标准或行业标准的规定。

6 技术要求

6.1 感官要求

应符合表 1 的规定。

表 1 感官要求

项目	要求					
	全乳脂		半乳脂		植脂	
	清型	组合型	清型	组合型	清型	组合型
色泽	主体色泽均匀,具有品种应有的色泽					
形态	形态完整,大小一致,不变形,不软塌,不收缩					
组织	细腻滑润,无气孔,具有该品种应有的组织特征					
滋味气味	柔和乳脂香味,无异味		柔和淡乳香味,无异味		柔和植脂香味,无异味	
杂质	无正常视力可见外来杂质					

6.2 理化指标

应符合表 2 的规定。

表 2 理化指标

项目		指标					
		全乳脂		半乳脂		植脂	
		清型	组合型	清型	组合型	清型	组合型
非脂乳固体/(g/100 g)	≥	6.0					
总固形物/(g/100 g)	≥	30.0					
脂肪/(g/100 g)	≥	8.0		6.0	5.0	6.0	5.0
蛋白质/(g/100 g)	≥	2.5	2.2	2.5	2.2	2.5	2.2
注 1:组合型产品的各项指标均指冰淇淋主体部分。 注 2:非脂乳固体含量按原始配料计算。							

6.3 卫生指标

卫生指标应符合 GB 2759.1 的规定。

6.4 净含量

应符合《定量包装商品计量监督管理办法》的规定。

6.5 食品添加剂和食品营养强化剂

应分别符合 GB 2760 和 GB 14880 的规定。

7 生产过程控制

应符合 GB 14881 的规定。

8 检验方法

8.1 感官要求

在冻结状态下，取单只包装样品，置于清洁、干燥的白瓷盘中，先检查包装质量，然后剥开包装物，用目测检查色泽、形态、组织和杂质；用口尝、鼻嗅检查滋气味。

8.2 净含量负偏差

应按 JJF 1070 的规定执行。

8.3 总固形物、脂肪、蛋白质

按 SB/T 10009 规定的方法测定。

8.4 卫生指标

按 GB 2759.1 规定的方法测定。

9 检验规则

9.1 组批

同一班次、同一品种、同一规格的产品为一批。

9.2 抽样方法和数量

在成品库按批随机分散均匀抽取 1/2 000，每批抽取不少于 2 kg。

9.3 出厂检验

9.3.1 成品出厂前应逐批检验，检验合格后方可出厂。

9.3.2 出厂检验项目包括感官要求、净含量、卫生指标中规定的菌落总数和大肠菌群。

9.4 型式检验

9.4.1 正常生产时，每半年应进行一次型式检验，但有下列情况之一时，也应进行型式检验：

a) 新产品试制鉴定时；
b) 产品长期停产后，恢复生产时；
c) 当原料、工艺有较大变化，可能影响产品质量时；
d) 出厂检验结果与上次型式检验结果有较大差异时；
e) 质量检验机构提出检验要求时。

9.4.2 型式检验项目包括“6 技术要求”的全部项目。

9.5 判定规则

9.5.1 出厂检验判定和复验

9.5.1.1 出厂检验项目全部符合本标准规定，判为合格品。

9.5.1.2 出厂检验项目有 1 项(卫生指标中规定的菌落总数和大肠菌群除外)不符合本标准规定，可以加倍抽样复验，复验后仍不符合本标准规定，判该批产品为不合格品。

9.5.1.3 卫生指标中规定的菌落总数和大肠菌群中若有 1 项不符合本标准规定，判该批产品为不合格品，不应复验。

9.5.2 型式检验判定和复验

9.5.2.1 型式检验项目全部符合本标准规定，判为合格品。

9.5.2.2 型式检验项目不超过 3 项(含 3 项，卫生指标中规定的微生物指标除外)不符合本标准规定，可以加倍抽样复验，复验后仍有 1 项不符合本标准规定，判该批产品为不合格品。型式检验项目超过 3 项不符合本标准规定，判该批产品为不合格品，不应复验。

9.5.2.3 卫生指标中规定的微生物中若有 1 项不符合本标准规定，判该批产品为不合格品，不应复验。

10 标签

10.1 预包装产品的标签应符合 GB 7718 的规定，并注明类别。

10.2 冰淇淋中原果汁含量的质量分数低于 2.5%的产品，可标为"××果味冰淇淋"；原果汁含量的质量分数≥2.5%的产品，可标为"××果汁冰淇淋"；含水果肉(或果块)的产品，可以标为"××水果冰淇淋"。

11 包装

11.1 包装材料应符合相关国家标准或行业标准的规定。

11.2 单件包装应完整，封口严密，无破损。

11.3 包装箱应牢固、整齐、完整、无破损，且外表清洁，与所装内容物相符合，箱外胶封。

12 运输

12.1 运输车辆应符合卫生要求，短途运输应使用冷藏车，长途运输冷藏车厢温度应<－15 ℃。

12.2 产品不应与有毒、有污染的物品混装、混运，防止挤压。

12.3 搬运产品应轻拿轻放，不应摔扔、撞击、挤压。

13 贮存

13.1 产品应贮存在≤－18 ℃的专用冷库内，冷库应定期清扫、消毒。

13.2 产品应使用垛垫堆码，离地、离墙应大于 10 cm。

13.3 产品贮存不应与有毒、有害、有异味、易挥发的物品或其他杂物一起混贮。

14 销售

产品应放在低温陈列柜内销售，低温陈列柜的温度为≤－15 ℃。

15 召回

应按《食品召回管理规定》执行。

ICS 67.060
X 01

中华人民共和国国家标准

GB/T 31115—2014

豆制品生产 HACCP 应用规范

Application guidelines of HACCP system in bean products

2014-09-03 发布　　　　2015-02-01 实施

中华人民共和国国家质量监督检验检疫总局
中国国家标准化管理委员会　发布

前　言

本标准按照 GB/T 1.1—2009 给出的规则起草。

本标准由中华人民共和国商务部提出并归口。

本标准起草单位:商务部流通产业促进中心、中国食品工业协会豆制品专业委员会、中食恒信(北京)质量认证中心有限公司、上海清美绿色食品有限公司、深圳福荫食品有限公司。

本标准主要起草人:徐敏、周敏云、吴月芳、孙鑫、于林鑫、石瑞芳、武改兰、张美玲、林榆生。

引　言

本标准参考了国际食品法典委员会(CAC)发布的CAC/RCP 1-1969,Rev.4(2003)的附件《HACCP体系及其应用准则》[Hazards analysis and critical control point (HACCP) systems and guidelines for its application],《危害分析与关键控制点(HACCP)体系及其应用指南》(GB/T 19538—2004)和《食品生产企业危害分析与关键控制点(HACCP)管理体系认证管理规定》(国家认证认可监督管理委员会2002年第3号)的有关内容,并结合我国豆制品行业的现状制定。

豆制品生产 HACCP 应用规范

1 范围

本标准规定了豆制品生产企业建立和实施危害分析与关键控制点(HACCP)体系的术语和定义、总要求及文件要求、良好操作规范(GMP)、卫生标准操作程序(SSOP)、标准操作规程(SOP)和 HACCP 体系的建立规程等方面的要求。

本标准适用于豆制品生产企业 HACCP 体系的建立、实施和评价。

2 规范性引用文件

下列文件对于本文件的应用是必不可少的。凡是注日期的引用文件,仅注日期的版本适用于本文件。凡是不注日期的引用文件,其最新版本(包括所有的修改单)适用于本文件。

GB 2760 食品安全国家标准 食品添加剂使用标准

GB 5749 生活饮用水卫生标准

GB 7718 食品安全国家标准 预包装食品标签通则

GB/T 19000 质量管理体系 基础和术语

GB/T 19080 食品与饮料行业 GB/T 19001—2000 应用指南

GB/T 19538 危害分析与关键控制点(HACCP)体系及其应用指南

定量包装商品计量监督管理办法 国家质量监督检验检疫总局令[2005]第 75 号

食品标识管理规定 国家质量监督检验检疫总局令[2009]第 123 号

3 术语和定义

GB/T 19000、GB/T 19080 和 GB/T 19538 界定的以及下列术语和定义适用于本文件。

3.1

卫生标准操作程序 sanitation standard operating procedure;SSOP

为保障产品卫生质量,企业在产品加工过程中应遵守的操作规范。包括以下范围:接触产品(包括原料、半成品、成品)或与产品有接触的物品(包括水和冰)应符合安全、卫生要求;接触产品的器具和内外包装材料等应清洁、卫生和安全;确保产品免受交叉污染;保证操作人员手的清洗消毒,保持洗手间设施的清洁;防止润滑剂、燃料、清洗消毒用品、冷凝水及其他化学、物理和生物等污染物对产品造成安全危害;正确标注、存放和使用各类有毒化学物质;保证与产品有接触的员工的身体健康和卫生;预防和清除鼠害、虫害。

3.2

标准操作规程 standard operating procedure;SOP

为保障产品质量,企业在产品加工过程中应遵守的设备及工艺操作规范。

3.3

豆制品 bean products

以大豆或其他杂豆为原料经加工制成的产品。

4 HACCP体系

4.1 总要求

4.1.1 管理层及HACCP工作小组应对HACCP体系的建立、实施、验证及改进给予全面责任承诺和参与。

4.1.2 应按本标准的要求建立实施HACCP体系所要求的前提文件及HACCP体系文件,加以实施和保持,并持续改进其有效性。

4.1.3 HACCP体系应充分体现GB/T 19538中的7项原理。

4.2 文件要求

4.2.1 HACCP体系前提文件与记录

4.2.1.1 基础前提文件

应包括以下内容:

a) 良好操作规范;
b) 卫生标准操作程序;
c) 标准操作规程;
d) 职工培训计划;
e) 产品标识、质量追溯和产品召回制度;
f) 设备、设施、仪器的维护、校准、校验和保养程序;
g) 致病性微生物、农药残留和有关污染物等检验规程。

4.2.1.2 其他前提文件

应包括以下内容:

a) 产品标准;
b) 实验室管理制度;
c) 委托社会实验室检测的合同或协议;
d) 文件与资料控制程序;
e) 企业使用的其他文件化内容(以书面或电子形式),可包括:
   1) 规范。
   2) 图纸:厂区及周围地区平面图、车间平面图(物流图、人流图和气流图)、工艺流程图、供水与排水网络图和捕鼠图。
   3) 现行法规。
   4) 其他支持性文件(如设备手册,制定抑制细菌性病原体生长方法时所使用的资料,建立产品货架期所使用的资料,以及在确定杀死细菌性病原体加热强度时所使用的资料。除了数据资料外,支持文件也包含向有关顾问或专家进行咨询的信件)。

4.2.1.3 前提文件记录表

4.2.2 HACCP体系文件与记录

应包括以下内容:

a) HACCP体系建立规程;

b) HACCP 小组名单及职责分配;
c) 产品描述表;
d) 产品加工流程图;
e) 危害分析表;
f) HACCP 计划表;
g) HACCP 计划记录表。

4.2.3 文件控制

HACCP 体系文件的建立参照附录 A 的逻辑程序进行,企业应对此文件进行控制。

4.2.4 记录控制

企业应建立并保持记录,提供符合要求和 HACCP 体系有效运行的证据。

5 良好操作规范

遵照附录 B 的规定。

6 卫生标准操作程序

遵照附录 C 的规定。

7 标准操作规程

应按实际情况制定标准操作规程,遵照附录 D 的规定。

8 HACCP 体系的建立规程

8.1 HACCP 体系建立前期程序

8.1.1 组建 HACCP 工作小组

HACCP 工作小组负责制定 HACCP 计划以及确认、实施和验证 HACCP 体系。HACCP 工作小组应具备建立有效 HACCP 体系所需要的相关专业知识和经验,人员组成应包括企业具体管理 HACCP 体系实施的领导、生产技术人员、工程技术人员、品控人员以及其他必要人员。

技术力量不足的部分小型企业可以外聘专家,当需要外部专家帮助建立、实施、运行或评估 HACCP 体系时,应在签订的协议或合同中对这些专家的职责和权限予以规定。

8.1.2 描述产品,确定产品的预期用途

HACCP 工作小组的首要任务是对实施 HACCP 体系管理的产品进行描述,形成描述表。描述的内容应包括:

a) 产品名称;
b) 产品的原料和主要成分;
c) 产品的理化性质及加工处理方式;
d) 包装方式;

e) 贮存条件；

f) 保质期限；

g) 销售方式；

h) 销售区域；

i) 有关食品安全的流行病学资料(必要时)；

j) 产品的预期用途和消费人群。

8.1.3 绘制和确认产品生产工艺流程图

HACCP 工作小组应详细了解产品的生产加工过程,绘制产品的生产工艺流程图,对每一工序进行详细的操作描述,绘制完成后需要现场验证流程图。

8.2 HACCP 体系建立程序

8.2.1 进行危害分析(原理 1)

8.2.1.1 危害分析

8.2.1.1.1 应分析从原料、加工到贮存、销售的每一阶段所有合理预期发生的潜在危害。

8.2.1.1.2 危害评估是对每一个危害发生的可能性及其严重程度进行评价,以确定出对食品安全非常关键的显著危害,并将其纳入 HACCP 计划。

8.2.1.2 涉及安全问题的危害

进行危害分析时应区分安全问题与一般质量问题。应考虑的涉及安全问题的危害包括：

a) 生物危害:包括有害细菌、真菌、病毒及寄生虫等；

b) 化学危害:无意或有意加入的化学品、农药残留、重金属和各类毒素等；

c) 物理危害:任何潜在于原辅料或豆制品中的有害异物。

8.2.1.3 列出危害分析表

危害分析表可以使执行者明确危害分析的思路。HACCP 工作小组应考虑对每个危害可采取的控制措施。

8.2.2 确定关键控制点(原理 2)

8.2.2.1 参照附录 E 中判断树的逻辑推理方法,确定 HACCP 系统中的关键控制点(CCP)。对判断树的应用应当灵活,必要时也可采用其他方法。如果在某一步骤上对一个确定的危害进行控制对保证食品安全是必要的,然而在该步骤及其他的步骤上都没有相应的控制措施,那么,应在该步骤或其前后的步骤上对生产或加工工艺包括控制措施进行修改。

8.2.2.2 通过豆制品产品危害分析表确定关键控制点。

8.2.3 建立每个关键控制点的关键限值(原理 3)

8.2.3.1 每个关键控制点会有一项或多项控制措施确保预防、消除已确定的显著危害或将其减至可接受的水平,每一项控制措施要有一个或多个相应的关键限值。

8.2.3.2 关键限值的确定应以科学为依据,参考资料可来源于科学刊物、法规性指南、专家、试验研究、行业惯例和企业历史生产数据等,用来确定限值的依据和参考资料应作为 HACCP 体系支持文件的一部分。

8.2.3.3 通常关键限值所使用的指标包括温度、时间、湿度和其他物理参数,pH,防腐剂使用量和感官指标等。

8.2.4 建立对每个关键控制点进行监控的系统(原理 4)

8.2.4.1 通过监测能够发现关键控制点是否失控,此外,通过监控还能提供必要的信息,以便及时调整生产过程,防止超出关键限值。

8.2.4.2 一个监控系统的设计应确定以下内容:

a) 监控内容:通过观察和测量评估一个 CCP 的操作是否在关键限值内。

b) 监控方法:设计的监控措施应能够快速提供结果。物理和化学检测能够比微生物检测更快地进行,常用的物理、化学检测指标包括时间和温度组合、酸碱度或 pH、感官检验等。

c) 监控设备:如温湿度计、钟表、天平、金属探测仪和化学分析设备等。

d) 监控频率:监控可以是连续的或非连续的。连续监控对许多物理或化学参数都是可行的,非连续监控应确保关键控制点是在监控之下。

e) 监控人员:可以进行 CCP 检测的人员包括流水线上的人员、设备操作者、监督员、维修人员、品控人员等。负责 CCP 检测的人员应接受 CCP 监控技术的培训,认识 CCP 监控的重要性,能及时进行监控活动,准确报告每次监控工作,随时报告偏离关键限值的情况以便及时采取纠偏措施。

8.2.5 建立纠偏措施(原理 5)

8.2.5.1 在 HACCP 体系中,应对每一个关键控制点预先建立相应的纠偏措施,以便在出现偏离时实施。

8.2.5.2 纠偏措施应包括以下内容:

a) 确定引起偏离的原因;

b) 确定偏离期间产品采取的处理方法,例如进行隔离和保存并做安全评估、退回原料、重新加工、销毁产品等,纠偏措施应保证 CCP 重新处于受控状态;

c) 记录纠偏措施,包括偏离的描述、对受影响产品的最终处理、采取纠偏措施人员的姓名、必要的评估结果。

8.2.6 建立验证程序(原理 6)

8.2.6.1 通过验证、审查、检验(包括随机抽样化验),可确定 HACCP 体系是否有效运行,验证程序包括对 CCP 的验证和对 HACCP 体系的验证。

8.2.6.2 CCP 的验证活动应包括以下内容:

a) 校准:CCP 验证活动包括监控设备的校准,以确保测量的准确度;

b) 校准记录的复查:复查设备的校准记录、检查日期和校准方法,以及实验结果;

c) 针对性的采样检测;

d) CCP 记录的复查。

8.2.6.3 HACCP 体系的验证应包括以下内容:

a) 验证的频率:验证的频率应足以确认 HACCP 体系的有效运行,每年至少进行一次,或在计划发生故障时、产品原材料或加工过程发生显著改变时或发现了新的危害时进行。

b) 计划的验证内容包括检查产品说明和生产流程图的准确性;检查 CCP 是否按 HACCP 的要求被监控;监控活动是否在 HACCP 计划中规定的场所执行;监控活动是否按照 HACCP 计划中规定的频率执行;当监控表明发生了偏离关键限值的情况时,是否执行了纠偏措施;设备是否按照 HACCP 计划中规定的频率进行了校准;工艺过程是否在既定的关键限值内操作;检查记录是否准确和是否按照要求的时间来完成等。

8.2.7 建立记录档案(原理7)

HACCP体系应保存的记录应包括以下内容:

a) 危害分析表:用于进行危害分析和建立关键限值的任何信息的记录;

b) HACCP计划表:HACCP计划表应包括产品名称、CCP所处的步骤和危害的名称、关键限值、监控程序、纠偏措施、验证程序和记录保持程序;

c) HACCP体系运行记录表:包括监控记录、纠偏措施记录及验证记录。

8.3 HACCP计划模式表

豆制品企业应根据生产实际情况,参照附录F,制定HACCP计划模式表,应包括以下内容:

a) HACCP小组成员及职责表;

b) 产品描述表(以北豆腐为例);

c) 生产工艺流程图(以北豆腐为例);

d) 危害分析工作表(以北豆腐为例);

e) HACCP计划表(以北豆腐为例)。

9 宣传与培训

企业应定期对HACCP体系相关人员进行培训并形成记录,确保与HACCP体系有关的人员在上岗前掌握相关的HACCP知识。

10 其他

10.1 企业应将实施HACCP体系和企业的基础设施、技术设备的改造结合起来。

10.2 企业在执行HACCP体系中应定期或者根据需要及时对HACCP体系进行内部审核和调整。

10.3 本标准提供了一系列有关HACCP计划的表格,供企业和评审机构实施和评审HACCP体系时参考,这些表格的具体格式可以灵活,内容要结合企业实际情况编写,同时企业可考虑将HACCP体系与其他体系整合。

附　录　A
（资料性附录）
HACCP 应用逻辑程序图

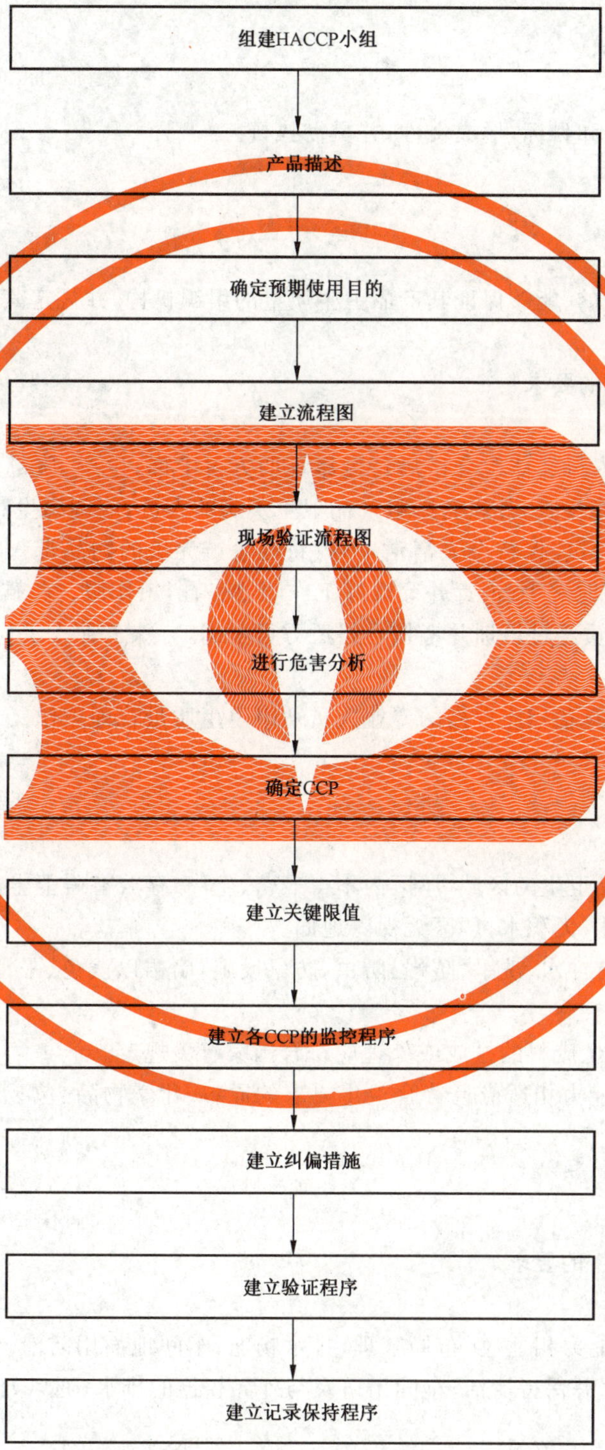

图 A.1　HACCP 应用逻辑程序图

附　录　B
（规范性附录）
良好操作规范

B.1　卫生质量方针和目标

应制定卫生质量方针和目标，形成文件，并贯彻执行。

B.2　组织机构及其职责

应建立与生产相适应的、能够保证其产品卫生质量的组织机构，并规定其职责和权限。

B.3　生产、质量管理人员的要求

B.3.1　与生产有接触的人员经体检合格后持健康证明方可上岗；生产、质量管理人员每年进行一次健康检查，必要时做临时健康检查，凡患有影响产品卫生疾病的人员，应调离生产岗位。
B.3.2　生产、质量管理人员应保持个人清洁，不得将与生产无关的物品带入车间；工作时不得戴首饰、手表，不得化妆；进入车间时洗手、消毒并穿戴好工作服、帽、鞋，工作服、帽、鞋应当定期清洗消毒。
B.3.3　生产、质量管理人员经过培训并考核合格后方可上岗，特殊工种人员应经过专业培训，获得合格证书后方能上岗操作。
B.3.4　配备足够数量的、具备相应资格的专业人员从事卫生质量管理工作。

B.4　环境卫生的要求

B.4.1　不得建在有碍产品卫生的区域，厂区内不得兼营、生产、存放有碍卫生的其他产品。
B.4.2　厂区路面平整硬化、无积水，厂区无裸露地面。
B.4.3　厂区卫生间应当有冲水、洗手、防蝇、防虫、防鼠设施，墙裙以浅色、平滑、不透水、无毒、耐腐蚀的材料修建，并保持清洁。
B.4.4　生产中产生的废水、废料的排放或处理应符合国家有关规定。
B.4.5　厂区建有与生产能力相适应且符合卫生要求的原料、化学物品、包装材料贮存等辅助设施和废物、垃圾暂存设施。
B.4.6　生产区与生活区隔离。

B.5　库房及设施设备卫生的要求

B.5.1　车间面积与生产能力相适应，布局合理，排水畅通；车间地面用防滑、坚固、不透水、耐腐蚀的无毒材料修建，平坦、无积水并保持清洁；车间出口及与外界相连的排水、通风处应当安装防鼠、防蝇、防虫等设施。
B.5.2　车间内墙壁、屋顶或者天花板应使用无毒、浅色、防水、防霉、不脱落、易于清洗的材料修建，墙角、地角、顶角具有弧度。
B.5.3　车间窗户有内窗台的，内窗台下斜约45°；车间门窗用浅色、平滑、易清洗、不透水、耐腐蚀的坚固材料制作，结构严密。

B.5.4 车间内位于加工生产线上方的照明设施装有防护罩，工作场所和检验台的照度符合生产、检验的要求，光线以不改变被加工物的本色为宜。

B.5.5 车间供电、供气、供水满足生产需要。

B.5.6 在适当的地点设有足够数量的洗手、消毒、烘干手的设备和用品，洗手水龙头应为非手动开关。

B.5.7 根据产品加工需要，车间入口处设有鞋、靴和车轮消毒设施。

B.5.8 设有与车间相连接的更衣室，不同清洁程度要求的区域设有单独的更衣室，视需要设立与更衣室相连接的卫生间和淋浴室，更衣室、卫生间、淋浴室应当保持清洁卫生，其设施和布局不得对车间造成潜在的污染风险。

B.5.9 车间内的设备、设施和工器具应使用无毒、耐腐蚀、不生锈、易清洗消毒、坚固的材料制作，其构造易于清洗消毒。

B.5.10 应当设有专门区域用于贮存加工废料。

B.5.11 按照生产工艺流程及不同卫生要求分别设置原料处理、半成品处理和工器具的清洗消毒、成品内包装、成品外包装、成品检验和成品贮存等区域，防止交叉污染。

B.5.12 有温度和湿度要求的车间(库)应根据工艺要求控制环境的温度和湿度，配备监控装置，并定期进行校准。

B.6 生产加工用原料卫生的要求

B.6.1 生产用原料应符合安全卫生的要求，应避免来自空气、水、肥料中的农药或者其他有害物质的污染。

B.6.2 加工用水和冰应符合 GB 5749 的规定，对水质的公共防疫卫生检测每年不得少于两次，自备水源应当具备有效的卫生保障设施。

B.6.3 超过保质期的原料、辅料不得用于生产。

B.7 生产过程卫生的要求

B.7.1 生产设备布局合理，人流、物流、水流和气流不交叉。

B.7.2 盛放产品的容器不得直接接触地面。

B.7.3 班前班后对车间的环境和设备进行卫生清洁工作，专人负责检查，并保持检查记录。

B.7.4 原料和成品的存放区域应避免受到污染。

B.7.5 对生产过程中产生的不合格品、跌落地面的产品和废弃物，在固定地点用有明显标识的专用容器分别收集盛装，并在检验人员监督下及时处理，其容器和运输工具应及时清洗和消毒。

B.7.6 对不合格品产生的原因进行分析，并及时采取纠偏措施。

B.8 产品储存、包装、运输卫生的要求

B.8.1 包装材料应整洁、无污染、无异味、无毒无害，且应符合相关卫生标准的要求。

B.8.2 包装材料间应干燥通风，内、外包装材料分别存放，不得有污染。

B.8.3 运输工具符合卫生要求，并根据产品特点配备防雨、防尘、冷藏和保温等设施。

B.8.4 贮存间(库)应保持清洁，定期消毒，有防霉、防鼠、防虫设施，其内物品与墙壁、地面、顶、排管保持一定距离，不得存放有碍卫生的物品；同一贮存间(库)内不得存放可能造成交叉污染的产品。

B.9 有毒有害物品的控制

严格执行有毒有害物质的贮存、使用的管理规定，确保使用的洗涤剂、消毒剂、杀虫剂、燃油、润滑油和化学试剂等有毒有害物质得到有效控制，避免对产品、产品接触表面和包装材料造成污染。

B.10 检验的要求

B.10.1 组织应有与生产能力相适应的内设检验机构和具备相应资格的检验人员。

B.10.2 组织内设检验机构应具备检验工作所需要的标准资料、检验设施和仪器设备，检验仪器按规定进行计量检验要有记录。

B.10.3 使用社会实验室承担组织卫生质量检验工作的，实验室应具有相应的资格，并与组织签订合同。

B.11 保证卫生质量体系有效运行的要求

B.11.1 应制定并有效执行原料、辅料、半成品、成品及生产过程卫生控制程序，做好记录。

B.11.2 应建立并执行卫生标准操作程序，做好记录，确保生产用水的安全卫生、产品接触表面的卫生、有毒有害物质、虫害防治等处于受控状态。

B.11.3 对影响卫生的关键工序，应制定明确的操作规程并得到连续的监控，同时做好监控记录。

B.11.4 应制定并执行对不合格品的控制制度，包括不合格品的标识、记录、评价、隔离处置和可追溯性等内容。

B.11.5 应制定并执行生产设备、设施的维护程序，保证设备、设施满足生产加工的需要。

B.11.6 应建立内部审核和管理评审程序，按策划的时间间隔进行内部审核和管理评审（一般为每半年进行一次内部审核，每年进行一次管理评审），并做好记录。

B.11.7 应对反映产品卫生质量情况的有关记录制定并执行标记、收集、编目、归档、保存和处理等管理规定，所有质量记录应真实、准确、规范并具有卫生质量的可追溯性，保存期不少于两年。

B.12 人员培训

应制定、实施职工培训计划并做好培训记录，保证不同岗位的人员熟练完成本职工作。

B.13 特殊工艺

对于应使用传统工艺生产加工的产品，在保证产品安全卫生的前提下，可以按传统工艺生产加工。

附　录　C
（规范性附录）
卫生标准操作程序

C.1　生产用水的卫生安全控制

C.1.1　生产用自来水/自备深水井等水源卫生，按 GB 5749 的规定执行，并保留检测记录。

C.1.2　应制定供水和排水网络图，各执行部门应对各自辖区内的加工生产用水龙头进行标识编号。

C.1.3　应每月一次对生产用水管道及污水管道进行检查，重点对可能出现问题的交叉连接进行检查，并予以记录；软管使用后应盘起挂在架子或墙壁上，管口不许接触地面。

C.1.4　开工前和工作期间应对软管进行监测，防止虹吸、回流和交叉现象的发生，并予以记录。

C.1.5　加工用水按 C.1.3、C.1.4 的要求进行监测。

C.1.6　当监测发现加工用水存在问题时，企业的质检部门或 HACCP 工作小组应及时评估，如有必要，应终止使用存在问题的加工用水，直到问题得到解决，并重新检测合格后，方准继续使用。

C.2　产品接触面的卫生安全控制

C.2.1　监测的目的是确保产品接触面的设计、安装、制作便于操作、维护、保养、清洁及消毒，以符合卫生要求。

C.2.2　监测对象是接触面的卫生状况、消毒剂的类型和浓度、接触产品的工器具、手套、套袖、工作衣、围裙的清洁及状态等。

C.2.3　监测方法有视觉检查、化学检测、微生物检测和验证检查。

C.2.4　生产用的工作台、运输车、刀具等应为无毒、耐腐蚀、不生锈、坚固的材料制成，且易于清洁消毒。

C.2.5　高清洁区工作服每天一次由洗衣房统一进行清洗，不同清洁区的工作服应分别清洗消毒。

C.2.6　应按规定对加工车间内的空气进行消毒。

C.2.7　化验室对生产中及消毒后的接触面（工器具、工作服、手）和车间空气进行微生物抽样检测，一旦发现问题及时纠正。

C.3　防止交叉污染

C.3.1　交叉污染指通过原料、包装材料、产品加工者或加工环境把物理的、化学的、生物的污染转移到产品的过程。

C.3.2　控制交叉污染的目的是为了预防不卫生的物品污染产品、包装材料和其他产品接触面导致的交叉污染。

C.3.3　控制交叉污染的范围包括人员、工器具、工作服、手套和包装材料等。

C.3.4　操作人员、设备、器械等在接触了不卫生的物品后应及时清洗消毒。

C.3.5　无后续防范措施的生产环节中禁止使用竹、木器具，禁止堆放与生产无关的物品。

C.3.6　所有加工中产生的废弃物应用专用容器收集、盛放，并及时清除，处理时，防止交叉污染。

C.3.7　清洁区、非清洁区应分开，两区工作人员不得串岗，不同加工工序的工器具不得交叉使用。

C.3.8　车间废水排放从清洁度高的区域流向清洁度低的区域，污水直接排入车间下水道中。

C.4 洗手消毒和卫生间设施

C.4.1 应建立洗手、消毒及卫生间设施，洗手、消毒设施应为非手触式，安放于车间入口，并有醒目标识。
C.4.2 洗手、消毒及卫生间的设施应保持清洁并由专人负责。
C.4.3 必要时，车间入口处有鞋、靴消毒池或提供鞋套（或内部工作用鞋），消毒池用 0.2 g/kg～0.3 g/kg 的次氯酸钠溶液或使用其他有效的消毒剂消毒，各种消毒液应交替使用，配制消毒液要有配制记录。
C.4.4 消毒剂具有良好的杀菌效果，消毒液浓度的标识要醒目。个人及工业化生产使用的洗涤剂和消毒剂应安全有效，在加工过程中不会造成食品污染。
C.4.5 应制定明确的洗手消毒程序及相应的方法、时间、频率。
C.4.6 应对洗手消毒进行监控，并做好记录，化验室定期做表面微生物的检验，并进行记录。
C.4.7 卫生间设施如与车间相连，门应能自动关闭，且不得直接朝向车间。
C.4.8 应制定进出卫生间的程序要求。
C.4.9 卫生间采用单个冲水式设置，通风良好，地面干燥，无异味，并有防蚊蝇设施，墙裙以浅色、平滑、不透水、无毒、耐腐蚀的材料修建，并保持清洁。

C.5 防止产品被污染

C.5.1 防止产品被污染，即防止产品、包装材料和产品所有接触表面被生物、化学和物理的污染物所污染。
C.5.2 污染物的来源主要是水滴、冷凝水、灰尘、外来物质、地面污物、无保护装置的照明设备及消毒剂、杀虫剂、化学药品的残留等。
C.5.3 用于包装的物料应符合卫生标准且保持清洁卫生，在加工及贮藏过程中不得产生有毒有害物质，不易褪色，应对其实行进货索证。包装材料贮存间应保持干燥、清洁、通风、防霉，内外包装材料应分别存放。
C.5.4 洗涤剂、消毒剂应符合卫生要求，不得与产品接触，消毒后的车间地面、墙面、工器具、操作台要用清水洗净洗涤剂、消毒剂的残留物（免水洗的消毒剂除外）。
C.5.5 每天班前和班后将所有工器具和操作台进行全面清洗消毒，在加工过程中断、重新启动前也应重新清洗消毒，并予以记录。
C.5.6 每天班中对工器具及操作台按照规定的消毒频率参照以下流程进行消毒：清水→不低于 82 ℃热水或消毒剂→清水→擦干晾干。
C.5.7 每天班后或在设备停止使用时参照以下流程对地面进行清洗消毒：清水→清洗剂→清水→不低于 82 ℃热水或消毒剂→清水。
C.5.8 每班班后或在设备停止使用时参照以下流程对设备进行清洗消毒：清水→清洗剂→清水→不低于 82 ℃热水或消毒剂→清水。
C.5.9 加工车间通风良好，通风道清洁，车间温度控制在要求的范围内，并由专人负责，防止水滴、冷凝水、冰霜对产品造成污染。
C.5.10 设备与产品接触面出现凹陷或裂缝、不光滑并影响残留物清洗应及时修补、更换，防止造成污染。

C.6 有毒化学物质的标志、贮存和使用

C.6.1 所使用的化学物质具备主管部门批准生产、销售和使用说明的证明，化学物质的使用说明包括

主要成分、药性、使用剂量的注意事项等。

C.6.2 应制定并公布化学物质的使用、贮存规章制度，并对操作人员进行培训。

C.6.3 应有专门的场所、固定容器贮存化学物质。

C.6.4 化学物质的使用由专人管理，定期检查，做好记录。

C.6.5 对清洁剂、消毒剂、杀虫剂等化学物质作好标识与登记，列明名称、毒性、生产厂名、生产日期、使用剂量、注意事项、使用方法等。

C.6.6 对清洁剂、消毒剂、杀虫剂等化学物质的使用严格控制，防止污染产品、产品接触面和包装材料。

C.7 员工的健康和卫生控制

C.7.1 从事生产的人员应经卫生防疫部门体检合格，获得健康证明方可上岗。

C.7.2 从事生产的人员每年进行一次健康检查，患传染病、皮肤病和手外伤未愈等而不宜直接从事生产的人员不得上岗，经检查合格方可上岗。

C.7.3 应建立健康申报制度，教育员工发现患有疾病或可能患有疾病的人员及时报告。

C.7.4 每年定期或不定期对员工进行培训，记录存档。

C.8 虫害的防治

C.8.1 应确保车间、库房等区域无苍蝇、蚊子、老鼠等虫害，确保其符合卫生要求。

C.8.2 应制定虫害防治计划并加以实施，控制的重点场所包括车间、卫生间、下水道出口、垃圾箱周围、食堂等虫害易孳生的地方。

C.8.3 应采用风幕、纱窗、暗道、捉鼠板、灭蝇灯、水封等措施，防止虫害进入车间。

C.8.4 厂区内禁止使用灭鼠药。

附　录　D
（规范性附录）
豆制品生产标准操作规程

D.1　总要求

D.1.1　应确保原料、辅料和包装材料为合格品，并分别制定相应的采购、验收、加工、不合格品处置、包装、标识、贮存和运输的控制程序以及加工设备的操作规范。

D.1.2　在产品生产前应制定加工工艺、操作规程、产品配方、检验规程和企业产品标准，并形成文件，加以控制。

D.1.3　应按工艺标准要求对生产过程实施控制，确定关键控制点，并有过程控制记录。

D.2　原辅材料的采购和保存

D.2.1　应对供方的供货能力、产品质量保证能力进行综合评价，以确定合格供方，建立并保存"供方评价表"和"合格供方明细表"。

D.2.2　向供应商索要同批产品的检验合格证或化验单。应确保原料、辅料的安全，具有转基因成分的原料应明确标注。

D.2.3　原材料的购入，应根据生产和储存能力，有计划地购买合适的量。防止一次采购过多，短期内用不完而造成积压变质。

D.2.4　原辅材料的验收应符合相应的食品安全标准及有关规定，应对容器包装的状态、标识、原材料的品质、鲜度等方面进行抽检并记录下抽检结果，检验合格的原辅材料方可入库。

D.2.5　原辅材料应按适当的方法进行保存。并对不同批次购入的原料进行分批保管。

D.2.6　原辅材料应分别保存在各自专用的保管场所内，以防不同原辅材料之间产生相互污染。原辅材料使用时应遵循先进先出的原则。

D.3　加工过程

D.3.1　文件要求

应针对产品特点和加工过程制定作业指导书，明确工艺技术参数及操作要求，对于生产线的设备应制定设备操作规程和设备清洁消毒管理制度及相关记录。

D.3.2　原料预处理

D.3.2.1　原材料使用前，应确认其品质状态及各种理化指标。

D.3.2.2　原料应进行精选及洗净等预处理步骤。

D.3.2.3　经过预处理的原料，应放在干净卫生的容器内。

D.3.3　生产加工

D.3.3.1　应对员工进行培训，使其能够采取适当措施避开落地后溅起的水直接接触到加工中的食品及器具内的食品。

D.3.3.2 生产开始前和生产结束后应对包装物、食品接触面等进行洗净、杀菌。

D.3.3.3 食品添加剂的使用应符合 GB 2760 的规定，使用的添加剂应符合食品安全标准或/及有关规定；应根据食品添加剂的规格标准，明确使用目的、使用方法和使用量等信息，严格按照经批准的配方及工艺进行辅料配比混合；食品添加剂应由专人保管，单独存放，并应有购买、领用、使用记录。

D.3.3.4 为了防止机械、器具上的油污、零部件等混入食品中，应在生产开始前检查确认各器械上的零部件是否松动、有没有漏油等情况，生产完成后应检查确认零部件是否缺损。

D.3.4 产品包装

D.3.4.1 应制定产品的包装、标识、贮存和运输的控制文件。

D.3.4.2 包装材料和容器应符合相应安全标准及/或有关规定，存放在无污染的专用仓库中，使用前应进行卫生抽检。

D.3.4.3 包装结束后的产品，为了确保没有混入机械、器具类的碎片等金属质异物，应用金属探测仪等进行扫描确认。

D.3.5 成品

D.3.5.1 成品应符合相关的食品安全标准及(或)有关规定。

D.3.5.2 不应有异物混入成品。

D.3.5.3 产品的保存应符合以下要求：

a) 产品应用清洁卫生的包装容器进行包装，并使用杀菌消毒过的专用搬运器具进行搬运。

b) 生鲜产品应保存在 1 ℃～10 ℃环境下(以下称为“冷藏”)。

c) 产品入库前应经过检验，检验合格后的产品方可入库，未经检验或检验不合格的产品严禁入库存放。成品应存放在专用成品库中，并与原料、半成品隔离，出库坚持先进先出的原则。

D.4 标识

D.4.1 总要求

标识应符合 GB 7718、《食品标识管理规定》和《定量包装商品计量监督管理办法》的规定。

D.4.2 名称

应用贴切的名字表示出来。

D.4.3 原材料名称

原材料除了应标出主要原料、水，还应根据使用量由多到少的顺序标出所使用的辅料、食品添加剂。

D.4.4 特殊说明

转基因食品标识应符合国家的相关规定，在包装表面应标明对大豆蛋白过敏者不得食用。

D.4.5 生产日期和保质期

生产日期指制造日当天的日期，保质期指品质保持期限，应标记以上两点。

D.4.6 保存方法

对于生鲜豆制品应用“置于 1 ℃～10 ℃冷藏”“应冷藏”等文字标记符合产品保存标准的方法。

D.4.7 生产厂家

应标注生产厂家的名称、地址和联系电话等。

D.5 检验

应按照豆制品相关食品安全标准的要求,对有关食品安全指标和异物进行检验并达到合格要求。

D.6 不合格产品处理

D.6.1 不合格原材料,不应再使用。
D.6.2 对未出库的不合格库存产品,不再出库,对已经出库的不合格产品,应尽量回收,并采取适当措施将回收和库存的产品一并处理。同时,对各种器具及从业人员进行卫生检查,找出产品不合格的原因,以确保今后不会再发生类似的情况。
D.6.3 应将检查的结果记录下来,并保存两年。

D.7 样品保存

为了发生食物中毒事故时调查取证的需要,在生产的各批次成品中,选取一个以上的产品作为样品保存,考虑到销售流通的时间及产品的特性与保质期,根据产品特性进行冷藏或常温保存。

附 录 E
（资料性附录）
判断树及 CCP 识别顺序图

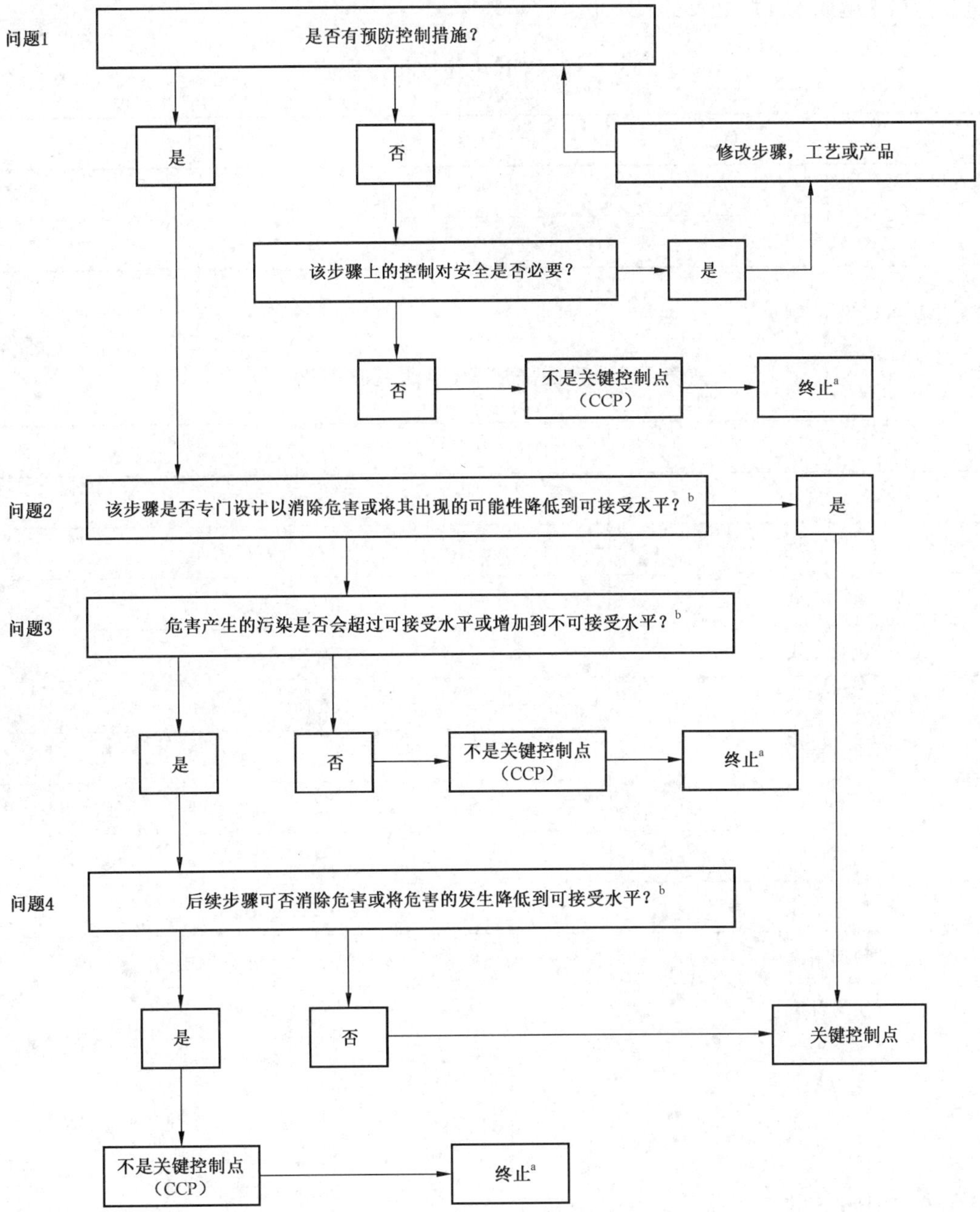

注：本图引用自 GB/T 19538—2004。

[a] 按描述的过程进行至下一个危害。

[b] 在识别 HACCP 计划中的关键控制点时，需要在总体目标范围内对可接受水平和不可接受水平作出规定。

图 E.1 判断树及 CCP 识别顺序图

附　录　F
（资料性附录）
豆制品生产 HACCP 计划模式表（以北豆腐为例）

F.1　HACCP 小组成员及职责表见表 F.1。

表 F.1　HACCP 小组成员及职责表

组内职务	姓名	担任职务	HACCP 小组内的职责

F.2　产品描述表及示例见表 F.2。

表 F.2　产品描述表（以北豆腐为例）

项　　目	说　　明
产品的名称	盒装北豆腐
产品的规格	375 g/盒（净含量）
组成成分	水、大豆、盐卤、石膏
包装方式	塑料方盒包装
质量特性	乳白色、方块型
	蛋白质≥7%，水分≤85%
	菌落总数≤750 CFU/g，大肠菌群≤40 MPN/100 g
保质期	2 ℃～10 ℃，7 d
贮存条件	2 ℃～10 ℃
预期用途	即食、烹炒、进一步加工
使用对象	普通消费者
标签说明	厂名：××××××× 厂址：×××××× 净含量：375 g/盒 产品名称：盒装北豆腐 标准号：Q/×××××× 配料：水、大豆、盐卤、石膏 电话：×××××× 保持冷藏
特殊情况	对大豆蛋白过敏者不得食用

F.3 生产工艺流程图及示例见图 F.1。

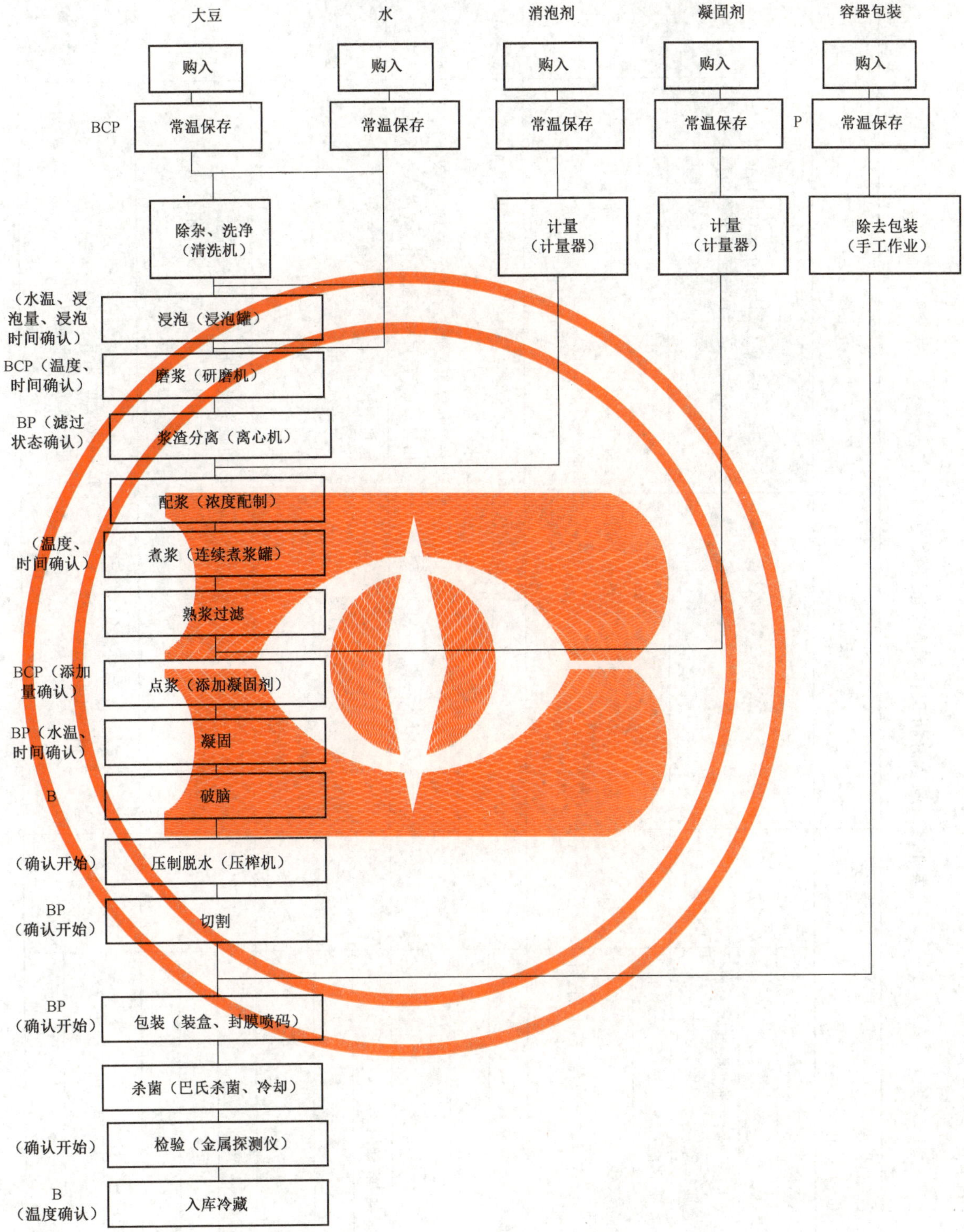

注：为便于分析，表中 B 为生物学危害因子，C 为化学危害因子，P 为物理危害因子。

图 F.1 生产工艺流程图（以北豆腐为例）

F.4 危害分析工作表及示例见表 F.3。

表 F.3 危害分析工作表(以北豆腐为例)

加工步骤	引入/控制/增加的潜在危害 (B-生物、C-化学、P-物理的)	显著与否 (是√ 否×)	判断依据	预防显著危害的措施	是否 CCP 点 (是√ 否×)
原料接收	B:黄曲霉、大肠菌群 C:矿物油、农残 P:杂质(灰尘、土粒、玻璃块、草秸木屑、纤维物、金属物等)	×	原料生产环境运输、贮存过程污染。检测资料。	1. 采购合同规定,验证供方有效认证证书。 2. 本厂检验、外送检或验证供方检验报告。	×
除杂	B:黄曲霉、大肠菌群 C:矿物油、农残 P:泥砂、石子、玻璃、金属物、草木屑、纤维物、毛发、昆虫、土块	×	原料生产环境运输、贮存过程污染。检测资料。	保持设备良好工况:重力去石、筛网去渣、吸铁除金属、旋风除尘。	×
大豆清洗	B:大肠菌群、黄曲霉 C:无 P:小土粒	×	筛选工艺处理未净。	1. 保持清洗水洁净。供水正常水量充足。 2. 水浮除霉豆。 3. 每 2 h 停机一次,清除旋洗机低部杂物。 4. 出料口、管路每班清洗干净,管内不存余豆。	×
浸泡	B:大肠菌群、酵母菌 C:无 P:无	×	生产用水、操作工手的污染。检测报告。	1. 每班清洗输料管路,不存余豆。 2. 每班清洗浸泡容器。 3. 保持供水充足。 4. 水浮霉豆,易流排出。	×
磨浆	B:大肠菌群、酵母菌 C:无 P:无	×	设备的污染。	1. 每班清洗磨制设备,保持洁净。 2. 生产用水定期检测。发现不合格,立即停用,改换水源。	×
浆渣分离	B:大肠菌群、酵母菌 C:无 P:无	×	空气、容器中微生物的污染。	1. 清洗地面,避免污水进入搅拌槽。 2. 每班清洗设备,避免结垢。	×

表 F.3（续）

加工步骤	引入/控制/增加的潜在危害（B-生物、C-化学、P-物理的）	显著与否（是√ 否×）	判断依据	预防显著危害的措施	是否 CCP 点（是√ 否×）
配浆	B:大肠菌群、酵母菌 C:无 P:无	×	容器表面、空气中微生物污染。	容器清洗消毒、空气臭氧消毒。 每季抽取豆浆接触面样本检测。	×
煮浆	B:脲酶 C:无 P:无	√	检测标准和检测报告。	1. 保持蒸汽压力 0.3 MPa～0.5 MPa。 2. 煮浆温度加温到 95 ℃以上，并持续 5 min～10 min。	√
滤浆	B:大肠菌群、酵母菌 C:无 P:头发丝	×	容器表面、空气中微生物污染。操作工头发。	1. 容器清洗消毒、空气臭氧消毒。 2. 操作工符合上岗卫生要求，头发卷入帽网。 3. 保持滤网通畅。	×
点浆	B:大肠菌群、酵母菌 C:凝固剂添加量超标、品种不符合 GB 2760 要求 P:头发丝	×	容器表面、空气中微生物污染。凝固剂添加量超标、品种不符合要求。	1. 容器清洗消毒、空气臭氧消毒，盐卤浓度调整在 6 rix～7 brix。 2. 操作工符合上岗卫生要求，头发卷入帽网。 3. 凝固剂品种、添加量符合 GB 2760。	×
凝固	B:大肠菌群、酵母菌 C:无 P:无	×	容器表面、空气中微生物污染。	容器清洗消毒、空气臭氧消毒。	×
破脑	B:大肠菌群、酵母菌 C:无 P:头发丝	×	容器表面、空气中微生物污染、员工的手部污染。	1. 容器清洗消毒、空气臭氧消毒、员工手部清洗消毒。 2. 操作工符合上岗卫生要求，头发卷入帽网。	×
压制脱水	B:大肠菌群、酵母菌、金黄色葡萄球菌、链球菌、痢疾杆菌 C:无 P:包布纤维、金属毛边飞刺	×	空气中、工具、操作工手的微生物污染。 压制包制工具的污染。	1. 箱盖每班前后均清洗消毒，不使用有毛刺、飞边的箱盖。 2. 包布每班完毕清洗消毒，使用完好的包布。 3. 操作人员上岗符合健康要求，手无受伤，穿戴符合规定并保持清洁。 4. 操作中的箱、盖、包布不落地。 5. 保持设备工况正常，不延长正常脱水时间 45 min～50 min。	×

表 F.3（续）

加工步骤	引入/控制/增加的潜在危害（B-生物、C-化学、P-物理的）	显著与否（是√ 否×）	判断依据	预防显著危害的措施	是否 CCP 点（是√ 否×）
切制	B:大肠菌群、酵母菌、金黄色葡萄球菌、链球菌、痢疾杆菌	×	空气中、工具、操作工手微生物污染。压制包制工具的污染。	1. 用具、设备每班清洗消毒，保持洁净。 2. 拆盖开包后，检查豆腐表面发现明显纤维及时剔除。 3. 操作人员上岗符合健康要求，手无受伤，穿戴符合规定并保持清洁。	×
	C:无				
	P:包布纤维、金属毛边飞刺				
装盒	B:大肠菌群、酵母菌、金黄色葡萄球菌、链球菌、痢疾杆菌	×	空气中、生产用水、操作工手的微生物污染。	1. 操作人员卫生符合上岗要求。 2. 装盒之前检查包装盒，发现灰尘立即隔离。 3. 水质符合饮用水标准。 4. 每月检查 1 次水质，操作使用时发现水色变异，立即关闭闸阀报告，并停止生产。	×
	C:无				
	P:灰尘				
封膜、喷码	B:大肠菌群、酵母菌、金黄色葡萄球菌、链球菌、痢疾杆菌	×	上一工序残留。	1. 包装膜入厂检验微生物超标退货。 2. 合同约束供方。 3. 贮存和使用过程避免污染。	×
	C:无				
	P:无				
巴氏杀菌	B:大肠菌群、酵母菌、金黄色葡萄球菌、痢疾杆菌	√	装盒工序残留。	1. 加温杀菌温度保持 80 ℃～95 ℃。 2. 水浴机速度适宜，保持杀菌时间≥35 min。	√
	C:无				
	P:无				
冷却	B:大肠菌群、酵母菌	√	装盒工序残留。	1. 冷却水温控制在 8 ℃～15 ℃。 2. 冷却时间≥35 min。	√
	C:无				
	P:无				

表 F.3（续）

加工步骤	引入/控制/增加的潜在危害（B-生物、C-化学、P-物理的）	显著与否（是√ 否×）	判断依据	预防显著危害的措施	是否 CCP 点（是√ 否×）
检验（感官、金属探测）	B:酵母菌 C:无 P:金属	√	空气中微生物污染。 金属异物的残存。	1. 封口出现缺陷的产品捡出隔离处理。 2. 检装人员符合健康标准，上岗穿戴符合卫生要求。 3. 转运工具保持洁净。 4. 确认实施金属探测仪的点检管理。	√
入库冷藏	B:酵母菌 C:无 P:无	√	空气中微生物污染。	冷库温度控制在 2 ℃～10 ℃。	√

F.5 HACCP 计划表见表 F.4。

表 F.4 HACCP 计划表（以北豆腐为例）

加工步骤	CCP 代码	显著危害	关键限值	监控程序				纠偏措施	记录	验证
				对象	方法	频率	责任人			
煮浆	1	脲酶	1. 保持蒸汽压力 0.3 MPa～0.5 MPa。 2. 煮浆温度加温到 95 ℃以上，并持续 5 min～10 min。	压力表温度计时间表	观察	连续	煮浆工	1. 压力表、温度计未达到额定值，立即报告生产部值班人员，通知维修工采取措施，恢复额定值。 2. 当蒸汽压力调整不能达到额定压力，通知锅炉房升压，未煮熟的浆不得排放转序。	1. 生产记录。 2. 设备维修记录。	生产部副经理每月 1 次； 设备部经理每月 1 次。
巴氏杀菌	2	大肠菌群、酵母菌、金黄色葡萄球菌、痢疾杆菌	1. 加温杀菌温度保持 80 ℃～95 ℃。 2. 水浴机速度适宜，保持杀菌时间≥35 min。	温度计计时器	观察	每 30 min 1 次	班长	1. 发现温度计温度不够，通知锅炉房立即保压供气。 2. 如发现设备行程时间不够，立即停机，通知设备部检修，保持正常工况。	1. 生产记录。 2. 设备维修记录。	生产部副经理每月 1 次； 设备部副经理每月 1 次。

表 F.4（续）

加工步骤	CCP代码	显著危害	关键限值	监控程序				纠偏措施	记录	验证
				对象	方法	频率	责任人			
冷却	3	大肠菌群、酵母菌	1. 冷却水温度 8 ℃～15 ℃。 2. 冷却时间≥35 min。	温度计 计时器	观察	每 30 min 1 次	班长	1. 发现温度计温度不够，通知锅炉房立即保压供气。 2. 如发现设备行程时间不够，立即停机，通知设备部检修，保持正常工况。	1. 生产记录。 2. 设备维修记录。	生产部副经理每月 1 次； 设备部副经理每月 1 次。
检验（金属探测）	4	金属异物的残存	铁：1 mm。不锈钢：2 mm。	金属探测仪	观察	连续监控	检验工序负责人	脱离关键限值时，停止金属探测仪，对其进行调查，进行改善，在确认能够正常进行检验后，重新开始作业。在脱离关键限值时检测出的可能是不良品的产品，在区分批次的情况下，跟合格产品进行区分保管，待金属探测仪能够正常工作后，进行再检查，舍弃不合格产品。	1. 产品的抽样检查记录。 2. 金属探测仪的精度点检记录。	操作工每天开工前校准金属探测仪，加工期间每小时对金属探测仪校准 1 次，车间质检员每天复核金属探测仪校准记录。
入库冷藏	5	酵母菌	冷库温度保持在 2 ℃～10 ℃。	冷库 温度计	观察	每 2 h 1 次	库管员	1. 发现温度超过指定温度，立即调节制冷机。 2. 如有损坏，立即通知设备部检修。	1. 生产记录。 2. 设备维修记录。	生产部副经理每月 1 次； 设备部副经理每月 1 次。

参 考 文 献

[1] GB 1352 大豆

[2] GB 5461 食用盐

[3] GB 14881 食品安全国家标准 食品生产通用卫生规范

[4] CNCA/CTS 0011-2008 食品安全管理体系 豆制品生产企业要求

[5] 中国标准出版社第一编辑室.中国食品工业标准汇编:豆制品卷[G].北京:中国标准出版社,2010.

[6] 食品生产企业危害分析与关键控制点(HACCP)管理体系认证管理规定,国家认证认可监督管理委员会2002年第3号.

[7] CAC/RCP 1-1969,Rev.4(2003) 食品卫生通用规范

[8] ISO 22000 食品安全管理体系 食品链中各类组织的要求

ICS 67.040
X 79

中华人民共和国国家标准

GB/T 31116—2014

八宝粥罐头

Canned mixed congee

2014-09-03 发布　　2015-02-01 实施

中华人民共和国国家质量监督检验检疫总局
中国国家标准化管理委员会 发布

前　言

本标准按照 GB/T 1.1—2009 给出的规则起草。

本标准由全国食品工业标准化技术委员会(SAC/TC 64)提出。

本标准由全国食品工业标准化技术委员会罐头分技术委员会(SAC/TC 64/SC 2)归口。

本标准起草单位:厦门银鹭食品集团有限公司、中国食品发酵工业研究院、中国罐头工业协会、扬州欣欣食品有限公司、杭州娃哈哈集团有限公司、安徽同福食品有限责任公司、广州鹰金钱企业集团公司。

本标准主要起草人:仇凯、沈喜、戴正海、舒志成、刘山国、林和兴、韦健。

八 宝 粥 罐 头

1 范围

本标准规定了八宝粥罐头的术语和定义,产品代号,技术要求,试验方法,检验规则,标签、包装、运输和贮存要求。

本标准适用于八宝粥罐头的生产和监督检验。

2 规范性引用文件

下列文件对于本文件的应用是必不可少的。凡是注日期的引用文件,仅注日期的版本适用于本文件。凡是不注日期的引用文件,其最新版本(包括所有的修改单)适用于本文件。

GB 317 白砂糖

GB 2760 食品安全国家标准 食品添加剂使用标准

GB 2762 食品安全国家标准 食品中污染物限量

GB/T 4789.26 食品卫生微生物学检验 罐头食品商业无菌的检验

GB 5749 生活饮用水卫生标准

GB 7718 食品安全国家标准 预包装食品标签通则

GB 8950 罐头厂卫生规范

GB/T 10786 罐头食品的检验方法

GB 14880 食品安全国家标准 食品营养强化剂使用标准

GB/T 20938 罐头食品企业良好操作规范

GB 28050 食品安全国家标准 预包装食品营养标签通则

JJF 1070 定量包装商品净含量计量检验规则

QB/T 1006 罐头食品检验规则

QB/T 4631 罐头食品包装、标志、运输和贮存

3 术语和定义

下列术语和定义适用于本文件。

3.1

八宝粥罐头 canned mixed congee

以八种或八种以上谷类、豆类、干果等植物性原料为主要原料,经预处理、装罐、密封、杀菌而制成的罐头食品。

3.2

结块 agglomeration

产品久置后,内容物结成团的现象。

3.3

分层 stratification

产品久置后,有明显汁液析出的现象。

4 产品代号

八宝粥罐头,产品代号为943。

5 技术要求

5.1 原辅材料要求

5.1.1 水

应符合GB 5749的要求。

5.1.2 白砂糖

应符合GB 317的要求。

5.1.3 谷类、豆类、干果等植物性原料及其他原辅料

应符合相关标准的要求。

5.1.4 食品添加剂

应符合相关产品标准的要求。

5.2 感官要求

感官要求应符合表1的要求。

表1 感官要求

项目	要求
色泽	呈各种配料煮熟后的色泽
滋味、气味	具有产品应有的滋味、气味,无异味
组织形态	呈糯软粥状,黏稠适度,无硬粒和回生现象。允许有少量结块和分层现象
杂质	无外来杂质

5.3 理化指标

理化指标应符合表2的规定。

表2 理化指标

项目		要求
净含量		应符合JJF 1070的相关要求
固形物含量/%	≥	55.0 单罐测定允许负偏差为5%, 每批产品平均固形物含量不低于标示值

表 2（续）

项　　目		要　　求
可溶性固形物含量(20 ℃,按折光计法)/%	≥	5.5
pH		5.4～6.7
干燥物含量(质量分数)/%	≥	12.0

5.4　卫生指标

5.4.1　污染物指标

污染物指标锡、铅、总砷的限量应符合 GB 2762 的要求。

5.4.2　微生物指标

微生物指标应符合罐头食品商业无菌要求。

5.4.3　加工过程卫生要求

加工过程卫生要求应符合 GB 8950 和 GB/T 20938 的规定。

5.5　食品添加剂

食品添加剂的使用应符合 GB 2760 的规定。

5.6　食品营养强化剂

食品营养强化剂的使用应符合 GB 14880 的规定。

6　试验方法

6.1　感官要求

按 GB/T 10786 规定的方法检验。

6.2　理化指标

6.2.1　净含量

按 GB/T 10786 规定的方法检验。

6.2.2　固形物含量

6.2.2.1　仪器

圆筛:用直径 200 mm 的圆筛,圆筛用不锈钢丝织成,其直径为 0.5 mm,孔眼为 0.85 mm×0.85 mm(相当于 20 目圆筛)。

6.2.2.2　测定步骤

开罐后,将内容物倾倒在预先称重的圆筛上,不搅动产品,倾斜筛子,沥干 5 min 后,将圆筛和沥干物一并称重,按式(1)计算固形物含量:

$$X = \frac{m_2 - m_1}{m} \times 100\% \quad \cdots\cdots (1)$$

式中：

X ——固形物含量，单位为克每 100 克(%)；

m_2——沥干物加圆筛质量，单位为克(g)；

m_1——圆筛质量，单位为克(g)；

m ——罐头标明净含量，单位为克(g)。

6.2.3 可溶性固形物含量

按 GB/T 10786 规定的方法测定。

6.2.4 pH

按 GB/T 10786 规定的方法测定。

6.2.5 干燥物含量

按 GB/T 10786 规定的方法测定。

6.3 微生物指标

按 GB/T 4789.26 规定的方法检验。

7 检验规则

7.1 其他要求按照 QB/T 1006 执行。其中，感官要求、净含量、固形物含量、可溶性固形物含量、pH、干燥物含量、微生物指标为出厂检验必检项目。干燥物含量作为型式检验，当固形物含量与干燥物含量二者发生矛盾时，以干燥物含量为准。

8 标签、包装、运输和贮存

8.1 产品的标签应符合 GB 7718 或 GB 28050 及其他相关规定，产品名称可标示为八宝粥。

8.2 标签上应标明固形物含量[以克(g)计或以%计]。

8.3 产品的包装、运输和贮存要求应符合 QB/T 4631 的有关规定，包装材料应符合相关标准要求。

ICS 47.020.20
U 41

中华人民共和国国家标准

GB 31117—2014

船用辅锅炉安全技术要求

Safety specification for marine auxiliary boiler

2014-09-03 发布 2015-07-01 实施

中华人民共和国国家质量监督检验检疫总局
中国国家标准化管理委员会 发布

前 言

本标准的全部技术内容为强制性。

本标准按照 GB/T 1.1—2009 给出的规则起草。

本标准由中国船舶工业集团公司提出。

本标准由全国船用机械标准化技术委员会(SAC/TC 137)归口。

本标准起草单位:青岛船用锅炉厂有限公司、中国船舶工业综合技术经济研究院、中国船级社青岛分社、江苏盐城市远洋水泵厂、青岛凯能锅炉设备有限公司。

本标准主要起草人:邱玉东、魏华兴、刘衍玲、管玉玲、车锐、单群、王波。

船用辅锅炉安全技术要求

1 范围

本标准规定了船用辅锅炉(以下简称"锅炉")的安全技术状态要求、安全技术管理要求及安全检验要求。

本标准适用于介质为水和饱和蒸汽的锅炉。

2 规范性引用文件

下列文件对于本文件的应用是必不可少的。凡是注日期的引用文件,仅注日期的版本适用于本文件。凡是不注日期的引用文件,其最新版本(包括所有的修改单)适用于本文件。

GB/T 11037 船用锅炉及压力容器强度和密性试验方法
GB/T 11038 船用辅锅炉及压力容器受压元件焊接技术条件
GB/T 14649 船用辅锅炉性能试验方法
GB/T 14650 船用辅锅炉通用技术条件
GB/T 24947 船用辅锅炉水质要求
CB 3111 船用辅锅炉微启式安全阀
CB/T 3161 船用辅锅炉控制箱技术条件
CB/T 3347 船用辅锅炉油漆、绝热、包装技术条件
CB/T 3348 船用锅壳式辅锅炉本体总装技术条件
CB/T 3596 船用辅锅炉膜式水冷壁
CB/T 3597 船用辅锅炉联箱
CB/T 3752 船用机械压力式燃烧器
CB/T 3920 船用辅锅炉螺纹管
CB/T 3921 船用辅锅炉人孔装置
CB/T 3922 船用辅锅炉主要受压元件制造技术条件
CB/T 3923 船用辅锅炉手孔装置
CB/T 3924 船用锅炉原材料入厂检验
CB/T 3967 船用蒸汽雾化式燃烧器
CB/T 4105 船用辅锅炉针形管
CB/T 4222 船用转杯式燃烧器

3 安全技术状态要求

3.1 锅炉设计

3.1.1 锅炉的设计应符合船级社规范及 GB/T 14650 的要求。

3.1.2 锅炉的强度计算应按船级社规范的有关要求进行。

3.1.3 蒸汽锅炉最低水位一般应符合如下规定:

a) 水管锅炉的最低水位高出最高受热面 100 mm,汽筒的下降管作为受热面;

b） 卧式烟管锅炉的最低水位高出燃烧室或烟管顶部不小于 75 mm，对多次回程的烟管锅炉可适当减小；

c） 组合式锅炉的最低水位高出热水管不小于 50 mm；

d） 立式竖烟管锅炉最低水位不低于 1/2 烟管高度；

e） 当船舶横倾 4°时，最低水位仍符合上述要求。

3.1.4 锅炉的水位控制、压力控制、温度控制及燃烧控制均应符合船级社规范及 GB/T 14650 的要求。

3.1.5 锅炉本体上应设置必要的人孔和手孔装置。

3.1.6 锅炉底座的设计应适应锅炉的热膨胀。

3.1.7 锅炉本体上应设置适于吊装及固定的吊耳。

3.1.8 锅炉本体的外表面应按 CB/T 3347 的要求进行绝热包扎，使锅炉连续运行时的外壁温度一般不超过 60 ℃。

3.1.9 锅炉应能在以下船舶倾斜的条件下满足相关产品标准规定的性能要求：

a） 横向：横倾 15°，横摇 22.5°；

b） 纵向：纵倾 5°，纵摇 7.5°。

3.2 锅炉原材料

3.2.1 锅炉受压元件用材料及焊接材料均应符合相应材料标准和船级社规范，并具有完整的质量保证书。

3.2.2 锅炉受压元件用材料及焊接材料的入厂检验应符合 CB/T 3924 的要求。

3.2.3 锅炉受压元件材料的代用应满足强度和结构要求，经技术部门同意，并报船级社批准。

3.2.4 采用新材料试制锅炉受压元件之前，锅炉制造厂商应对新材料进行焊接工艺评定，并报船级社批准。

3.2.5 锅炉制造厂商应建立材料保管和使用管理制度。锅炉受压元件用材料应有标记。用于受压元件的钢板下料前，应作标记移植，且便于识别。

3.2.6 对于锅炉用焊接材料，锅炉制造厂商应建立存放、烘干、发放和回收管理制度。

3.3 锅炉制造和焊接

3.3.1 锅炉受压元件的制造应符合 CB/T 3922 的要求。

3.3.2 锅炉针形管的制造应符合 CB/T 4105 的要求。

3.3.3 锅炉螺纹管的制造应符合 CB/T 3920 的要求。

3.3.4 锅炉膜式水冷壁的制造应符合 CB/T 3596 的要求。

3.3.5 锅炉联箱的制造应符合 CB/T 3597 的要求。

3.3.6 锅炉人孔装置的制造应符合 CB/T 3921 的要求。

3.3.7 锅炉手孔装置的制造应符合 CB/T 3923 的要求。

3.3.8 锅炉受压元件的焊接及热处理应符合 GB/T 11038 的要求。

3.3.9 锅炉本体总装应符合 CB/T 3348 的要求。

3.3.10 锅炉油漆、绝热及包装应符合 CB/T 3347 的要求。

3.3.11 锅炉受压元件焊接时，制造厂商应制定焊接工艺规程并进行焊接工艺评定，经船级社认可后方可用于生产。

3.3.12 焊接锅炉受压元件的焊工，应取得相应船级社焊工合格证书，且只能担任与其证书类别相应的焊接工作。

3.3.13 锅炉受压元件的焊缝附近应打上低应力的焊工代号钢印。

3.3.14 焊接设备的电流表、电压表、气体流量计等仪表应定期进行校准。上述仪表失灵时，不应进行焊接。

3.3.15 当焊接环境出现下列任一情况时，若无有效防护措施，不应施焊：

a) 手工焊时风速大于 10 m/s，气体保护焊时风速大于 2 m/s；

b) 相对湿度大于 90%；

c) 雨、雪天室外作业。

3.3.16 锅炉制造过程中，当焊件温度低于 0 ℃时，若无预热措施，不应进行焊接。

3.3.17 锅炉受压元件焊缝返修应作好返修记录，记入质量证明书中；除局部缺陷焊缝返修可用手工焊补，整条焊缝的返修，应采用原焊缝的焊接工艺；焊缝同一部位的返修次数一般不应超过两次。

3.3.18 锅炉受压元件焊后热处理一般应进行整体热处理。若因条件限制，无法进行整体热处理时，可允许分段热处理，但应保证焊缝的全长均受到热处理，纵缝热处理重叠部分至少为 1 500 mm，炉外部分应有绝热措施减小温度梯度。

3.4 锅炉检验和试验

3.4.1 锅炉受压元件的全部焊缝均应进行外观检验，表面质量应符合设计图样和 GB/T 11038 的相关要求。

3.4.2 锅炉受压元件的焊缝应进行无损检测。检测方法、检测比例和部位应符合设计图样和 GB/T 11038 的相关要求。

3.4.3 无损检测人员应取得船级社认可的资格证书。

3.4.4 锅炉受压元件焊接时应按 GB/T 11038 的要求制作焊接试板并进行试样的力学性能试验。

3.4.5 锅炉本体总装后应进行 1.5 倍锅炉设计压力的液压强度试验，试验方法按 GB/T 11037 的规定。

3.4.6 锅炉附件安装后应进行 1.25 倍锅炉设计压力的液压密性试验，试验方法按 GB/T 11037 的规定。

3.4.7 锅炉强度和密性试验时周围环境应整洁，环境温度一般应不低于 5 ℃。

3.4.8 锅炉强度和密性试验用介质的温度应保持高于周围空气露点的温度，但应不高于 70 ℃。对低碳钢试件，试验用介质的温度应不低于 5 ℃；合金钢试件，试验用介质的温度应高于该钢材的脆性转变温度。

3.4.9 锅炉机组应按 GB/T 14649 的规定进行性能试验。

3.4.10 锅炉的安全保护和报警试验应符合 CB/T 3161 的有关规定。

3.4.11 锅炉机组性能试验时，配套设备和附件应经检验合格。

3.4.12 锅炉机组性能试验时，使用的测试仪器、仪表应在计量合格有效期内。

3.5 锅炉附件

3.5.1 安全阀

3.5.1.1 锅炉上应至少装有两只安全阀，对于设计压力不超过 0.78 MPa，蒸发量不超过 1 t/h 的锅炉（以下简称“小型锅炉”）上可仅装有一只安全阀。

3.5.1.2 锅炉安全阀的开启压力应大于锅炉的工作压力，但应小于锅炉的设计压力。

3.5.1.3 安全阀与锅炉连接的通路面积，应不小于安全阀的排汽总面积。安全阀排汽管的通路面积，对微启式安全阀应不小于安全阀排汽总面积的 1.1 倍，对于全启式安全阀应不小于安全阀排汽总面积的 2 倍。

3.5.1.4 安全阀应有手动开启装置。

3.5.1.5 微启式安全阀应符合 CB 3111 的要求。

3.5.1.6 锅炉安全阀应垂直安装，并尽可能装在锅炉本体最高位置，在安全阀和锅炉本体之间，不应设置其他阀门。

3.5.1.7 烟管锅炉在蒸汽阀关闭和炉内充分燃烧的情况下，锅炉压力在安全阀开启后 15 min 内所能达到的最高值应不超过锅炉设计压力的 1.1 倍；水管锅炉在上述同样情况下，锅炉压力在安全阀开启后 7 min 内所能达到的最高值应不超过锅炉设计压力的 1.1 倍。

3.5.2 压力表及压力控制器

3.5.2.1 每台锅炉一般应设置两个表面直径不小于 100 mm、精度等级不低于 2.5 级的压力表，且应安装在锅炉前面容易看到的位置。

3.5.2.2 压力控制器的数量设置应与锅炉的负荷控制及报警要求相匹配。

3.5.2.3 压力表量程应为锅炉工作压力的 1.5 倍～2.0 倍。

3.5.2.4 压力控制器量程应为锅炉工作压力的 1.0 倍～2.0 倍。

3.5.2.5 压力表应由红线标明锅炉工作压力。

3.5.2.6 压力表安装前应校验，且应有校验接口。

3.5.3 水位表及水位控制器

3.5.3.1 每台锅炉应设置两个平板玻璃水位表。水位表上应有明显的水泵起停、高低水位及过低水位标记。

3.5.3.2 水位表可直接设置在锅炉本体上或设置在内径不小于 50 mm 的管柱上，管柱用连接管与锅炉连通；连接管应尽可能短，其结构应有足够的刚性；连接蒸汽部分的连接管，应无可积聚蒸汽凝水的低陷处或弯头。

3.5.3.3 水位控制器用连接管连接至锅炉本体时，锅炉本体上应设置截止阀。

3.5.3.4 水位表应设有吹洗装置。

3.5.3.5 水位控制器的控制和报警点应与水位表相对应。

3.5.4 燃烧器

3.5.4.1 机械压力式燃烧器应符合 CB/T 3752 的要求。

3.5.4.2 蒸汽雾化式燃烧器应符合 CB/T 3967 的要求。

3.5.4.3 转杯式燃烧器应符合 CB/T 4222 的要求。

3.5.5 控制箱

控制箱应符合 CB/T 3161 的要求。

3.5.6 给水阀

3.5.6.1 每台锅炉上应装设两套独立的给水阀；小型锅炉可装设一套。

3.5.6.2 给水阀由截止阀和止回阀组成。截止阀应直接装设在锅炉本体上，止回阀应尽可能与截止阀相邻。

3.5.7 蒸汽阀

蒸汽阀应直接设置在锅炉本体上。当两台或两台以上锅炉共用蒸汽管路时，蒸汽阀应采用截止止回阀。

3.5.8 排污阀

3.5.8.1 每台锅炉应设置下排污阀，上排污阀根据需要设置。排污阀通径应不小于 25 mm，但应不大于 40 mm。

3.5.8.2 锅炉内的上排污漏斗应安装在高出最低水位 25 mm 至低于正常水位 25 mm 的范围内。漏斗的数量和安装位置应使其能将全部蒸发面上的污物排除。

4 安全技术管理要求

4.1 安全标识

4.1.1 锅炉应在炉前明显位置处装有固定的金属铭牌,铭牌上一般应标明下列内容:

a) 名称及型号;

b) 设计压力,兆帕(MPa);

c) 工作压力,兆帕(MPa);

d) 试验压力,兆帕(MPa);

e) 额定蒸发量,吨每小时(t/h);

f) 干重,千克(kg);

g) 产品编号;

h) 制造日期;

i) 检验标志及编号;

j) 制造厂商名称。

4.1.2 锅炉上主要阀件应有标有名称及开启方向的金属铭牌,检测仪表上应有整定值标志。

4.2 包装、运输和贮存

4.2.1 包装

锅炉包装应符合 CB/T 3347 的有关规定。

4.2.2 运输

锅炉运输时应捆扎牢固,防止剧烈振动、倾倒和跌落。

4.2.3 贮存

锅炉应贮存在相对湿度不大于 80%、无腐蚀性气体的室内场所。

4.3 安装与试验

4.3.1 锅炉安装应符合设计要求,并按照制造厂商提供的安装使用说明书进行。

4.3.2 底座安装时,应保证必要的膨胀裕量。

4.3.3 锅炉在布置时,锅炉外壳离燃油舱壁距离应不小于 450 mm。

4.3.4 锅炉人孔前应至少留有 500 mm～600 mm 的操作空间,手孔前应至少留有 300 mm 的操作空间,燃烧器前应至少留有 700 mm 的操作空间。

4.3.5 锅炉烟囱布置应减少弯头,弯头的弯曲半径应不小于管子直径的 2 倍。

4.3.6 锅炉仪表板单独布置时,应布置在锅炉附近易于观察的位置,并应有足够的照明。

4.3.7 锅炉控制箱应布置在锅炉附近易于维护操作的位置。

4.3.8 锅炉安装后的系泊和航行试验应按照船级社认可的试验大纲进行。

4.4 安全操作

4.4.1 锅炉管理和操作人员应掌握锅炉的安全知识,按规定作业。

4.4.2 锅炉运行时，操作人员应执行有关锅炉运行的各项制度，做好运行值班记录和交接班记录。

4.4.3 锅炉手动点火时应按安全操作规程执行，并应保证扫气时间和控制点火时间。

4.4.4 锅炉运行中，遇到下列情况之一时，应立即停炉：

a) 锅炉水位低于水位表最低可见边缘；
b) 锅炉水位下降时，不断加大给水，但水位仍继续下降；
c) 锅炉水位超过最高可见水位，经放水仍不能见到水位；
d) 给水泵全部失效或给水系统故障，不能有效向锅炉给水；
e) 压力表、压力控制器、水位表或安全阀失效；
f) 燃烧装置出现故障影响安全保护功能；
g) 油分浓度和盐度超过规定值；
h) 受压元件泄漏、炉膛严重结焦、烟管严重积灰、受热面金属超温而又无法恢复正常等其他危及锅炉安全运行的异常情况或故障。

4.4.5 当锅炉水位低于水位表最低可见边缘，停炉后不能立即向锅炉给水。

4.4.6 锅炉使用过程中水位表应每天至少冲洗一次。水位表冲洗应在锅炉低压时进行。

4.4.7 锅炉使用过程中应执行排污制度。排污应在低负荷下进行，同时应监视水位。

4.4.8 锅炉使用过程中应每月拉动安全阀手动开启装置进行一次排汽，拉动安全阀手动开启装置应在锅炉内有压力时进行。

4.5 维护与保养

4.5.1 应按照锅炉各辅机使用说明书，定期对燃烧器、给水泵等辅机进行检修。

4.5.2 应定期检查锅炉安全阀、水位表、压力表及其他阀门仪表。

4.5.3 应定期检查锅炉自动控制系统，特别是安全报警系统。

4.5.4 电极式水位控制器应定期检查和打磨水位电极表面的污物。

4.5.5 应定期检查和清除炉胆、烟管等传热元件两侧的烟垢和水垢。

4.5.6 锅炉停炉时应按使用说明书的要求进行停炉保养。

4.6 锅炉水质

4.6.1 锅炉一般应配备加药装置或水处理装置，其给水和炉水水质应符合 GB/T 24947 的要求。

4.6.2 锅炉一般应配备必要的水质检测设备。

5 安全检验要求

5.1 在用锅炉应按船级社要求进行定期检验。定期检验包括外部检验和内部检验。

5.2 在用锅炉一般应每年进行一次外部检验，每 5 年至少进行两次内部检验，且两次检验间隔周期最长不超过 3 年。

5.3 当内部检验和外部检验同在 1 年进行时，应先进行内部检验，再进行外部检验。

5.4 对于不能进行内部检验的锅炉，可采用 1.25 倍锅炉工作压力的水压试验予以代替。

5.5 除定期检验外，锅炉有下列情况之一时，也应进行内部检验：

a) 移装锅炉投运前；
b) 锅炉停止运行 1 年以上需要恢复运行前；
c) 受压元件经重大修理或改造后及重新运行 1 年后。

5.6 锅炉经重大修理或改造后，应按 GB/T 11037 的规定进行水压试验。

5.7 锅炉的检验报告应存入锅炉技术档案，保存期限至少为 10 年。

ICS 13.020.01
Z 04

中华人民共和国国家标准

GB/T 31118—2014

土地生态服务评估　原则与要求

Principle and requirement for assessment of land ecological services

2014-09-03 发布　　　　2014-12-01 实施

中华人民共和国国家质量监督检验检疫总局
中国国家标准化管理委员会　发布

前言

本标准按照GB/T 1.1—2009给出的规则起草。

本标准由全国环境管理标准化技术委员会(SAC/TC 207)提出并归口。

本标准起草单位:中国矿业大学(北京)、中国科学院生态环境研究中心、中国标准化研究院、北京师范大学、中国土地勘测规划院、北京林业大学。

本标准起草人:杨柳、郑华、陈亮、赵文武、郭旭东、李锋、常智慧。

土地生态服务评估 原则与要求

1 范围

本标准规定了土地生态服务评估的相关术语和定义、原则和要求。

本标准适用于土地生态服务的实物量评估。

2 术语和定义

下列术语和定义适用于本文件。

2.1

土地 land

土地是地球表面由土壤、岩石、气候、水文、地貌、植被等组成的自然综合体，它包括人类过去和现在的活动结果。按照其用途、利用方式和覆盖特征等因素，分为耕地、园地、林地、草地、商服用地、工矿用地、住宅用地、交通用地、特殊用地、公共管理与公共服务用地、水域及水利设施用地和其他用地等类型。

注：其他用地主要指沼泽地。

2.2

土地生态服务 land ecological services

人类从不同的土地类型获得的各种收益，包括供给服务、调节服务、文化服务和支持服务。

2.3

供给服务 provisioning services

人类从生态系统获得的各种产品，主要包括食物、淡水和薪材等。

2.4

调节服务 regulating services

人类从生态系统过程的调节作用中获取的各种收益，主要包括调节气候、涵养水源、调节空气质量、控制侵蚀、净化水质和处理废物、调控疾病和调控自然灾害等。

2.5

文化服务 cultural services

人类通过精神满足、认知发展、思考、消遣和美学体验而从生态系统中获得的非物质收益，主要包括消遣和生态旅游、文化遗产价值等。

2.6

支持服务 supporting services

为生产其他所有的生态系统服务而必需的生态系统服务，主要包括养分循环、初级生产和生物多样性维持等。

3 评估原则

3.1 科学性

评估应建立在客观、准确、科学的基础上，评估结果应科学、准确。

3.2 针对性

应重点针对不同土地类型的供给服务、调节服务、支持服务和文化服务进行评价，突出重点。

3.3 可操作性

评估指标的选择应考虑数据的定量化和获取的难易程度，宜利用现有的统计资料，选择具有代表性的指标，具有可测性，在应用中具有较强的操作性；评估具体操作过程也需考虑可行性。标明后面表格涉及的数据来源，可对其进行筛选。

3.4 实用性

结合本标准提出的评估要求与地区实际，进行详细数据收集和评估，使评估结果具有实际指导作用，突出实用性。

4 评估要求

4.1 评估指标体系

土地生态服务评估指标体系宜包括目标层、要素层和指标层3个层次(见表1)。不同的土地类型，在评估其生态服务时所需考虑的类型不同(见表2)。

表1 土地生态服务评估指标体系

目标层	要素层	指标层
土地生态服务	供给服务	食物
		淡水
		薪材
	调节服务	调节气候
		涵养水源
		调节空气质量
		控制侵蚀
		净化水质和处理废物
		调控疾病
		调控自然灾害
	文化服务	消遣与生态旅游
		文化遗产
	支持服务	养分循环
		初级生产
		生物多样性维持

4.2 评估步骤

宜按照以下步骤开展土地生态服务评估：

a) 确定土地生态服务评估的地理范围；

b) 确定土地类型(见表 2)；

c) 确定拟评估的生态服务类型(见表 2)；

d) 确定土地生态服务实物量的评估指标(见表 2)。

注：土地生态服务评估数据采集表格示例参见附录 A (表 A.1～表 A.16)。

表 2 土地生态服务类型构成

<table>
<tr><th rowspan="3">土地类型</th><th colspan="15">生态服务类型</th></tr>
<tr><th colspan="3">供给服务</th><th colspan="7">调节服务</th><th colspan="2">文化服务</th><th colspan="3">支持服务</th></tr>
<tr><th>食物</th><th>淡水</th><th>薪材</th><th>调节气候</th><th>涵养水源</th><th>调节空气质量</th><th>控制侵蚀</th><th>净化水质和处理废物</th><th>调控疾病</th><th>调控自然灾害</th><th>消遣与生态旅游</th><th>文化遗产</th><th>养分循环</th><th>初级生产</th><th>生物多样性维持</th></tr>
<tr><td>耕地</td><td>●●●</td><td rowspan="10">○</td><td>○×</td><td>×</td><td>●●</td><td>○</td><td>●●</td><td>×</td><td>×</td><td>●●</td><td>○</td><td>×</td><td>●●</td><td>●●</td><td>●●</td></tr>
<tr><td>园地</td><td>●●</td><td>×</td><td>×</td><td>○</td><td>○</td><td>○</td><td>×</td><td>×</td><td>○</td><td>○</td><td>×</td><td>●●</td><td>●●</td><td>○</td></tr>
<tr><td>林地</td><td>○</td><td>●●</td><td>●●●</td><td>●●●</td><td>●●●</td><td>●●●</td><td>●●●</td><td>○</td><td>●●</td><td>●●</td><td>○</td><td>●●●</td><td>●●●</td><td>●●●</td></tr>
<tr><td>草地</td><td rowspan="7">×</td><td rowspan="9">×</td><td>●●</td><td>●●</td><td>●●</td><td>●●</td><td>●●</td><td>×</td><td>●●</td><td>●●</td><td rowspan="6">×</td><td>●●</td><td>●●</td><td>●●</td></tr>
<tr><td>商服用地</td><td rowspan="6">×</td><td rowspan="6">×</td><td rowspan="6">×</td><td rowspan="6">×</td><td rowspan="5">×</td><td rowspan="5">×</td><td rowspan="6">×</td><td rowspan="5">×</td><td rowspan="5">×</td><td rowspan="6">×</td><td rowspan="5">×</td></tr>
<tr><td>工矿用地</td></tr>
<tr><td>住宅用地</td></tr>
<tr><td>交通用地</td></tr>
<tr><td>特殊用地</td></tr>
<tr><td>公共管理与公共服务用地</td><td>●●</td><td>●●●</td><td>●●</td><td>●●</td><td>○</td><td>○</td></tr>
<tr><td>水域及水利设施用地</td><td>●●</td><td>●●●</td><td>●●</td><td>●●</td><td>○</td><td>○</td><td>●●</td><td rowspan="2">×</td><td>●●</td><td>●●</td><td>○</td><td>●●</td><td>●●</td><td>●●</td></tr>
<tr><td>其他用地</td><td>○</td><td>●●</td><td>●●</td><td>●●</td><td>○</td><td>●●</td><td>●●●</td><td>●●●</td><td>●●</td><td>●●</td><td>●●●</td><td>●●●</td><td>●●●</td></tr>
<tr><td colspan="16">注：●●、●●●为土地生态服务评估的必选指标。其中●●为重要的生态服务；●●●为极其重要的生态服务；○为生态服务评估的可选指标；×为不具备该项服务，或因数据不易获得而不评估的指标。</td></tr>
</table>

附 录 A
（资料性附录）
土地生态服务评估数据采集表格格式

表 A.1 食物供给服务评估数据汇总表

项目		人口数	面积	农作物					家畜					鱼类					汇总	人类消耗				…
				类型1	类型2	…	类型*n*	汇总	类型1	类型2	…	类型*n*	汇总	类型1	类型2	…	类型*n*	汇总		农作物	家畜	鱼类	汇总	
单位		万人	km^2	万 t					万 t					万 t					万 t	万 t				
耕地	类型 1																							
	类型 2																							
	…																							
	类型 *n*																							
	汇总																							
园地	类型 1																							
	类型 2																							
	…																							
	类型 *n*																							
	汇总																							
水域及水利设施用地	类型 1																							
	类型 2																							
	…																							
	类型 *n*																							
	汇总																							
汇总																								

注：土地类型划分，宜以土地利用分类（GB/T 21010—2007）为依据。

表 A.2 淡水供给服务评估数据汇总表

项目		人口数	面积	降水量	地表水				地下水				汇总	生活用水	工业用水	农业用水	汇总	…
					河流	湖泊	水库	汇总	上层滞水	潜水	承压水	汇总						
单位		万人	km^2	mm/a	亿 m^3				亿 m^3				亿 m^3	亿 m^3/a			亿 m^3/a	
水域及水利设施用地	类型 1																	
	类型 2																	
	…																	
	类型 n																	
	汇总																	
其他用地	类型 1																	
	类型 2																	
	…																	
	类型 n																	
	汇总																	
汇总																		

注：土地类型划分，宜以土地利用分类(GB/T 21010—2007)为依据。

表 A.3 薪材供给服务评估数据汇总表

项目		人口数	面积	木材木料					燃料					纤维					汇总	人类消耗				…
				类型 1	类型 2	…	类型 n	汇总	类型 1	类型 2	…	类型 n	汇总	类型 1	类型 2	…	类型 n	汇总		木材木料	燃料	光纤	汇总	
单位		万人	km^2	t/a					t/a					t/a					t/a	t/a				
林地	类型 1																							
	类型 2																							
	…																							
	类型 n																							
	汇总																							

注：土地类型划分，宜以土地利用分类(GB/T 21010—2007)为依据。

表 A.4 气候调节服务评估数据汇总表

项目		人口数	面积	降水量	蒸发蒸腾量	地表反射率	地表粗糙度	调节温室气体						O_2释放量	…
								CO_2释放量	CO_2吸收量	CH_4释放量	CH_4吸收量	N_2O释放量	N_2O吸收量		
单位		万人	km^2	$mm/(km^2 \cdot d)$		—	m	$t/(km^2 \cdot a)$							
林地	类型 1														
	类型 2														
	…														
	类型 *n*														
	汇总														
草地	类型 1														
	类型 2														
	…														
	类型 *n*														
	汇总														
水域及水利设施用地	类型 1														
	类型 2														
	…														
	类型 *n*														
	汇总														
其他用地	类型 1														
	类型 2														
	…														
	类型 *n*														
	汇总														
汇总															

注：土地类型划分，宜以土地利用分类(GB/T 21010—2007)为依据。气候调节参数参见表 A.16。

表 A.5 水分调节服务评估数据汇总表

项目		人口数	面积	降水量	蒸发蒸腾量	蓄水深度	土壤蓄水量	…
单位		万人	km^2	$mm/(km^2 \cdot d)$		m	m^3	
耕地	类型 1							
	类型 2							
	…							
	类型 n							
	汇总							
林地	类型 1							
	类型 2							
	…							
	类型 n							
	汇总							
草地	类型 1							
	类型 2							
	…							
	类型 n							
	汇总							
水域及水利设施用地	类型 1							
	类型 2							
	…							
	类型 n							
	汇总							
其他用地	类型 1							
	类型 2							
	…							
	类型 n							
	汇总							
汇总								

注：土地类型划分，宜以土地利用分类(GB/T 21010—2007)为依据。

表 A.6 空气质量调节服务评估数据汇总表

项目		人口数	面积	吸收硫化物	吸收氮化物	吸收卤素	滞尘能力	…
单位		万人	km^2	t/(km^2 · a)			kg/(km^2 · a)	
林地	类型 1							
	类型 2							
	…							
	类型 n							
	汇总							
草地	类型 1							
	类型 2							
	…							
	类型 n							
	汇总							
汇总								

注：土地类型划分，宜以土地利用分类(GB/T 21010—2007)为依据。

表 A.7 控制侵蚀服务评估数据汇总表

项目		人口数	面积	减少土壤侵蚀		保护土壤肥力	地表径流			…
				水土流失实际发生量	裸地水土流失量	减少的土壤侵蚀量中各养分的量	裸地地表径流量	有林地地表径流量	草地地表径流量	
单位		万人	km^2	t/a		t/a	m^3/s	m^3/s	m^3/s	
耕地	类型 1									
	类型 2									
	…							—	—	
	类型 n									
	汇总									
林地	类型 1									
	类型 2									
	…								—	
	类型 n									
	汇总									

表 A.7（续）

项目		人口数	面积	减少土壤侵蚀		保护土壤肥力	地表径流			…
				水土流失实际发生量	裸地水土流失量	减少的土壤侵蚀量中各养分的量	裸地地表径流量	有林地地表径流量	草地地表径流量	
单位		万人	km²	t/a		t/a	m³/s	m³/s	m³/s	
草地	类型 1							—		
	类型 2									
	…									
	类型 *n*									
	汇总									
其他用地	类型 1							—	—	
	类型 2									
	…									
	类型 *n*									
	汇总									
汇总										

注：土地类型划分，宜以土地利用分类(GB/T 21010—2007)为依据。—为无需填入数据。

表 A.8 净化水质和处理废物服务评估数据汇总表

项目		人口数	面积	微生物					水生植物					水生动物					去除率 *N*	去除率 *P*	金属去除率	污水处理量	…
				类型 1	类型 2	…	类型 *n*	汇总	类型 1	类型 2	…	类型 *n*	汇总	类型 1	类型 2	…	类型 *n*	汇总					
单位		万人	km²	个/m² 或 g/m²					个/m² 或 g/m²					个/m² 或 g/m²					%			万 t	
林地	类型 1																						
	类型 2																						
	…																						
	类型 *n*																						
	汇总																						
草地	类型 1																						
	类型 2																						
	…																						
	类型 *n*																						
	汇总																						

表 A.8（续）

项目		人口数	面积	微生物					水生植物					水生动物					去除率 N	去除率 P	金属去除率	污水处理量	…
				类型1	类型2	…	类型 n	汇总	类型1	类型2	…	类型 n	汇总	类型1	类型2	…	类型 n	汇总					
单位		万人	km^2	个/m^2 或 g/m^2					个/m^2 或 g/m^2					个/m^2 或 g/m^2					%			万 t	
公共管理与公共服务用地				—																			
水域及水利设施用地	类型 1																						
	类型 2																						
	…																						
	类型 n																						
	汇总																						
其他用地	类型 1																						
	类型 2																						
	…																						
	类型 n																						
	汇总																						
汇总																							

注：土地类型划分，宜以土地利用分类(GB/T 21010—2007)为依据。—为无需填入数据。

表 A.9　调控疾病服务评估数据汇总表

项目	人口数	面积	生物入侵					抗生素					死亡人数	因传染病和寄生虫病死亡人数	传染病和寄生虫病病例					…
			类型1	类型2	…	类型 n	汇总	类型1	类型2	…	类型 n	汇总			类型1	类型2	…	类型 n	汇总	
单位	万人	km^2	个/m^2 或 g/m^2					kg/km^2					万人/a		万人/a					
公共管理与公共服务用地																				
汇总																				

注：土地类型划分，宜以土地利用分类(GB/T 21010—2007)为依据。

表 A.10 调控自然灾害服务评估数据汇总表

项目		人口数	面积	年均降水量	极端降水量	年均温度	年均风速	河流流量	防火道	滞留时间	洪水发生次数	火灾发生次数	因洪水灾害死亡人数	因火灾死亡人数	…
单位		万人	km^2	mm/a		℃	m/s	m^3/s	m	a	次		万人		
林地	类型 1														
	类型 2														
	…														
	类型 *n*														
	汇总														
草地	类型 1														
	类型 2														
	…														
	类型 *n*														
	汇总														
水域及水利设施用地	类型 1														
	类型 2														
	…														
	类型 *n*														
	汇总														
其他用地	类型 1														
	类型 2														
	…														
	类型 *n*														
	汇总														
汇总															

注 1：土地类型划分，宜以土地利用分类(GB/T 21010—2007)为依据。

注 2：滞留时间：降水流经某系统停留其中的时间 (MA)。

表 A.11 消遣与生态旅游服务评估数据汇总表

<table>
<tr><td colspan="2">项目</td><td>人口数</td><td>面积</td><td>景区数量</td><td>旅游人数</td><td>娱乐场所</td><td rowspan="2">…</td></tr>
<tr><td colspan="2">单位</td><td>万人</td><td>km²</td><td>个</td><td>万人</td><td>个</td></tr>
<tr><td rowspan="5">林地</td><td>类型 1</td><td rowspan="21"></td><td></td><td></td><td></td><td></td><td></td></tr>
<tr><td>类型 2</td><td></td><td></td><td></td><td></td><td></td></tr>
<tr><td>…</td><td></td><td></td><td></td><td></td><td></td></tr>
<tr><td>类型 n</td><td></td><td></td><td></td><td></td><td></td></tr>
<tr><td>汇总</td><td></td><td></td><td></td><td></td><td></td></tr>
<tr><td rowspan="5">草地</td><td>类型 1</td><td></td><td></td><td></td><td></td><td></td></tr>
<tr><td>类型 2</td><td></td><td></td><td></td><td></td><td></td></tr>
<tr><td>…</td><td></td><td></td><td></td><td></td><td></td></tr>
<tr><td>类型 n</td><td></td><td></td><td></td><td></td><td></td></tr>
<tr><td>汇总</td><td></td><td></td><td></td><td></td><td></td></tr>
<tr><td colspan="2">公共管理与公共服务用地</td><td></td><td></td><td></td><td></td><td></td></tr>
<tr><td rowspan="5">水域及水利设施用地</td><td>类型 1</td><td></td><td></td><td></td><td></td><td></td></tr>
<tr><td>类型 2</td><td></td><td></td><td></td><td></td><td></td></tr>
<tr><td>…</td><td></td><td></td><td></td><td></td><td></td></tr>
<tr><td>类型 n</td><td></td><td></td><td></td><td></td><td></td></tr>
<tr><td>汇总</td><td></td><td></td><td></td><td></td><td></td></tr>
<tr><td rowspan="5">其他用地</td><td>类型 1</td><td></td><td></td><td></td><td></td><td></td></tr>
<tr><td>类型 2</td><td></td><td></td><td></td><td></td><td></td></tr>
<tr><td>…</td><td></td><td></td><td></td><td></td><td></td></tr>
<tr><td>类型 n</td><td></td><td></td><td></td><td></td><td></td></tr>
<tr><td>汇总</td><td></td><td></td><td></td><td></td><td></td></tr>
<tr><td colspan="2">汇总</td><td></td><td></td><td></td><td></td><td></td><td></td></tr>
<tr><td colspan="8">注：土地类型划分，宜以土地利用分类(GB/T 21010—2007)为依据。</td></tr>
</table>

表 A.12 文化遗产服务评估数据汇总表

项目		人口数	面积	等级 1		等级 2		…		等级 n		…
				数量	参观人数	数量	参观人数	数量	参观人数	数量	参观人数	
单位		万人	km^2	个	万人	个	万人	个	万人	个	万人	
公共管理与公共服务用地												
其他用地	类型 1											
	类型 2											
	…											
	类型 n											
	汇总											
汇总												

注：土地类型划分，宜以土地利用分类(GB/T 21010—2007)为依据。

表 A.13 养分循环服务评估数据汇总表

项目		人口数	面积	氮循环				磷循环		硫循环			碳循环			…
				肥料输入	大气沉积	内陆固氮	化石矿物燃烧输出	含磷矿物风化	肥料输入	植物吸收 SO_2	肥料输入	含硫矿石和油燃烧	绿色植物吸收量	海洋生物吸收	化石燃料燃烧	
单位		万人	km^2	mg/a				mg/a		mg/a			mg/a			
耕地	类型 1															
	类型 2															
	…															
	类型 n															
	汇总															
园地	类型 1															
	类型 2															
	…															
	类型 n															
	汇总															
林地	类型 1															
	类型 2															
	…															
	类型 n															
	汇总															

表 A.13（续）

项目		人口数	面积	氮循环				磷循环		硫循环			碳循环			…
				肥料输入	大气沉积	内陆固氮	化石矿物燃烧输出	含磷矿物风化	肥料输入	植物吸收 SO_x	肥料输入	含硫矿石和油燃烧	绿色植物吸收量	海洋生物吸收	化石燃料燃烧	
单位		万人	km^2	mg/a				mg/a		mg/a			mg/a			
草地	类型 1															
	类型 2															
	…															
	类型 n															
	汇总															
水域及水利设施用地	类型 1															
	类型 2															
	…															
	类型 n															
	汇总															
其他用地	类型 1															
	类型 2															
	…															
	类型 n															
	汇总															
汇总																

注：土地类型划分，宜以土地利用分类(GB/T 21010—2007)为依据。

表 A.14　初级生产服务评估数据汇总表

项目		人口数	面积	年均净初级生产力	月均净初级生产力	…
单位		万人	km^2	$t/(km^2 \cdot a)$	$t/(km^2 \cdot 月)$	
耕地	类型 1					
	类型 2					
	…					
	类型 n					
	汇总					

表 A.14（续）

项目		人口数	面积	年均净初级生产力	月均净初级生产力	…
单位		万人	km^2	t/(km^2 · a)	t/（km^2 · 月）	
园地	类型 1					
	类型 2					
	…					
	类型 *n*					
	汇总					
林地	类型 1					
	类型 2					
	…					
	类型 *n*					
	汇总					
草地	类型 1					
	类型 2					
	…					
	类型 *n*					
	汇总					
水域及水利设施用地	类型 1					
	类型 2					
	…					
	类型 *n*					
	汇总					
其他用地	类型 1					
	类型 2					
	…					
	类型 *n*					
	汇总					
汇总						

注：土地类型划分，宜以土地利用分类（GB/T 21010—2007）为依据。

表 A.15　生物多样性维持服务评估数据汇总表

项目		人口数	面积	植物						动物						微生物						…
				物种1	物种2	…	物种 n	汇总	科种类	物种1	物种2	…	物种 n	汇总	科种类	物种1	物种2	…	物种 n	汇总	科种类	
单位		万人	km^2	个					类	个					类	个					类	
林地	类型 1																					
	类型 2																					
	…																					
	类型 n																					
	汇总																					
草地	类型 1																					
	类型 2																					
	…																					
	类型 n																					
	汇总																					
水域及水利设施用地	类型 1																					
	类型 2																					
	…																					
	类型 n																					
	汇总																					
其他用地	类型 1																					
	类型 2																					
	…																					
	类型 n																					
	汇总																					
	汇总																					

注：土地类型划分，宜以土地利用分类(GB/T 21010—2007)为依据。

表 A.16　气候调节参数对照表

项目	单　　位	非林地		林　　地
地表反射率	—	无雪覆盖	0.16(高草地)～0.6(沙化土地)	0.11(常绿林)～0.2(落叶林)
		有雪覆盖	0.5～0.8	0.2～0.25
蒸发蒸腾量	mm/d	≤ 5		≤ 10
地表粗糙度	m	≤ 0.1		1.0～2.5

参 考 文 献

[1] GB/T 21010—2007 土地利用现状分类

[2] LY/T 1721 森林生态系统服务功能评估规范

[3] 千年生态系统评估项目概念框架工作组.生态系统与人类福祉:评估框架[R].张永民译.北京:中国环境科学出版社,2006。

ICS 67.100.40
X 53

中华人民共和国国家标准

GB/T 31119—2014

冷冻饮品　雪糕

Frozen drinks—Ice milk

2014-09-03 发布　　2015-04-01 实施

中华人民共和国国家质量监督检验检疫总局
中国国家标准化管理委员会　发布

前言

本标准按照 GB/T 1.1—2009 给出的规则起草。

本标准由中国商业联合会提出。

本标准由全国冷冻饮品标准化技术委员会(SAC/TC 497)归口。

本标准起草单位:浙江五丰冷食有限公司、祐康食品(杭州)有限公司、深圳市海川实业股份有限公司、内蒙古蒙牛乳业(集团)股份有限公司、内蒙古伊利实业集团股份有限公司、广东美怡乐食品有限公司、中国焙烤食品糖制品工业协会冷冻饮品专业委员会、中国商业联合会商业标准中心。

本标准主要起草人:胡五连、王英、何唯平、赵建华、刘卫星、张英春、兰宏旺、欧阳淑珍、靳晓蕾、张曦。

冷冻饮品　雪糕

1　范围

本标准规定了雪糕的术语和定义、产品分类、原辅材料、技术要求、生产过程管理、检验方法、检验规则、标签、包装、运输、贮存、销售和召回的要求。

本标准适用于雪糕的生产、检验和销售。

2　规范性引用文件

下列文件对于本文件的应用是必不可少的。凡是注日期的引用文件，仅注日期的版本适用于本文件。凡是不注日期的引用文件，其最新版本(包括所有的修改单)适用于本文件。

GB 317　白砂糖

GB 2716　食用植物油卫生标准

GB 2749　蛋制品卫生标准

GB 2759.1　冷冻饮品卫生标准

GB 2760　食品安全国家标准　食品添加剂使用标准

GB 5749　生活饮用水卫生标准

GB 7718　食品安全国家标准　预包装食品标签通则

GB 14880　食品安全国家标准　食品营养强化剂使用标准

GB 14881　食品安全国家标准　食品生产通用卫生规范

SB/T 10009　冷冻饮品检验方法

定量包装商品计量监督管理办法(国家质量监督检验检疫总局令第 75 号)

食品召回管理规定(国家质量监督检验检疫总局第 98 号令)

3　术语和定义

下列术语和定义适用于本文件。

3.1

雪糕　ice milk

以饮用水、乳和(或)乳制品、蛋制品、水果制品、豆制品、食糖、食用植物油等的一种或多种为原辅料，添加或不添加食品添加剂和(或)食品营养强化剂，经混合、灭菌、均质、冷却、成型、冻结等工艺制成的冷冻饮品。

3.2

清型雪糕　uniform ice milk

不含颗粒或块状辅料的雪糕。

3.3

组合型雪糕　combination ice milk

以雪糕为主体，与相关辅料(如巧克力等)组合而成的制品，其中雪糕所占质量分数大于 50%。

4 产品分类

4.1 清型雪糕

4.2 组合型雪糕

5 原辅材料

5.1 饮用水

应符合 GB 5749 的规定。

5.2 白砂糖

应符合 GB 317 的规定。

5.3 乳制品

应符合相关乳制品国家标准或行业标准的规定。

5.4 蛋制品

应符合 GB 2749 的规定。

5.5 食用植物油

应符合 GB 2716 的规定。

5.6 食品添加剂和食品营养强化剂

品质应分别符合相关国家标准或行业标准的规定。

5.7 其他原辅料

应符合相关国家标准或行业标准的规定。

6 技术要求

6.1 感官要求

应符合表 1 的规定。

表 1 感官要求

项目	要求	
	清型	组合型
色泽	具有品种应有的色泽	
形态	形态完整,大小一致。插杆产品的插杆应整齐,无断杆,无多杆	
组织	冻结坚实,细腻滑润	具有品种应有的组织特征
滋味和气味	滋气味柔和纯正,无异味	
杂质	无正常视力可见外来杂质	

6.2 理化指标

应符合表2的规定。

表2 理化指标

项目		指标	
		清型	组合型
总固形物/(g/100 g)	≥	20	
蛋白质/(g/100 g)	≥	0.8	0.4
脂肪/(g/100 g)	≥	2.0	1.0

6.3 卫生指标

卫生指标应符合GB 2759.1的规定。

6.4 食品添加剂和食品营养强化剂

使用范围和使用量应分别符合GB 2760和GB 14880的规定。

6.5 净含量

应符合《定量包装商品计量监督管理办法》的规定。

7 生产过程卫生管理

应符合GB 14881的规定。

8 检验方法

8.1 感官要求

在冻结状态下，取单只包装样品置于清洁、干燥的白瓷盘中，先检查包装质量，然后剥开包装物，用目测检查色泽、形态、杂质等，用口尝、鼻嗅检查滋、气味。

8.2 净含量负偏差

按JJF 1070的规定执行。

8.3 总固形物、蛋白质和脂肪

按SB/T 10009规定的方法测定。

8.4 卫生指标

按GB 2759.1规定的方法测定。

9 检验规则

9.1 组批

同一班次、同一品种、同规格的产品为一批。

9.2 抽样方法和数量

在成品库按批随机分散均匀抽取，每批抽取量不少于 2 kg 的样品。

9.3 出厂检验

9.3.1 成品出厂前应逐批检验，检验合格后方可出厂。

9.3.2 出厂检验项目包括感官要求、净含量、卫生指标中规定的菌落总数和大肠菌群。

9.4 型式检验

9.4.1 正常生产时，每半年应进行一次型式检验，但有下列情况之一时，也应进行型式检验：

a) 新产品试制鉴定时；

b) 产品长期停产后，恢复生产时；

c) 当原料、工艺有较大变化，可能影响产品质量时；

d) 出厂检验结果与上次型式检验结果有较大差异时；

e) 质量检验机构提出检验要求时。

9.4.2 型式检验项目包括"6 技术要求"的全部项目。

9.5 判定规则

9.5.1 出厂检验判定和复验

9.5.1.1 出厂检验项目全部符合本标准规定，判为合格品。

9.5.1.2 出厂检验项目有 1 项(卫生指标中规定的菌落总数和大肠菌群除外)不符合本标准规定，可以加倍抽样复验，复验后仍不符合本标准规定，判该批产品为不合格品。

9.5.1.3 微生物指标中有 1 项不符合本标准规定，判该批产品为不合格品，不应复验。

9.5.2 型式检验判定和复验

9.5.2.1 型式检验项目全部符合本标准规定，判为合格品。

9.5.2.2 型式检验项目不超过 3 项(含 3 项，卫生指标中规定的微生物指标除外)不符合本标准规定，可以加倍抽样复验，复验后仍有 1 项不符合本标准规定，判该批产品为不合格品。型式检验项目超过 3 项不符合本标准规定，不应复验，判该批产品为不合格品。

9.5.2.3 卫生指标中规定的微生物指标如有 1 项不符合该标准规定，不应复验，判该批产品为不合格品。

10 标签和标志

10.1 单件预包装产品的标签应符合 GB 7718 的规定，并注明类别。

10.2 雪糕中原果汁含量的质量分数低于 2.5%的产品，可标为"××果味雪糕"；原果汁含量的质量分数≥2.5%的产品，可标为"××果汁雪糕"；含水果果肉(或果块)的产品，可标为"××水果雪糕"。

11 包装

11.1 包装材料应符合相关国家标准或行业标准的规定。

11.2 单件包装应完整，封口严密，不破损。

11.3 包装箱应牢固、整齐、完整、无破损，且外表清洁，与所装内容物相符合，箱外胶封。

12 运输

12.1 运输车辆应符合卫生要求，短途运输应使用冷藏车，长途运输冷藏车厢温度应＜－15 ℃。

12.2 产品不应与有毒、有污染的物品混装、混运，防止挤压。

12.3 搬运产品应轻拿轻放，不应摔扔、撞击、挤压。

13 贮存

13.1 产品应贮存在≤－18 ℃的专用冷库内。冷库应定期清扫、消毒。

13.2 产品应使用垛垫堆码，离地、离墙应大于 10 cm。

13.3 产品不应与有毒、有害、有异味、易挥发的物品或其他杂物一起混贮。

14 销售

产品应放在低温陈列柜内销售，低温陈列柜的温度应≤－15 ℃。

15 召回

按《食品召回管理规定》执行。

ICS 67.180.10
X 33

中华人民共和国国家标准

GB/T 31120—2014

糖 果 术 语

Candy terminology

2014-09-03 发布　　2015-02-01 实施

中华人民共和国国家质量监督检验检疫总局
中国国家标准化管理委员会　发布

前　言

本标准按照 GB/T 1.1—2009 给出的规则起草。

本标准由中国商业联合会提出。

本标准由全国糖果和巧克力标准化技术委员会(SAC/TC 375)归口。

本标准主要起草单位:石狮黎祥食品有限公司、上海金丝猴食品股份有限公司、晋江奇峰食品有限公司、东莞徐记食品有限公司、北京康贝尔食品有限责任公司、旺旺集团、福建雅客食品有限公司、中国食品有限公司、箭牌糖果(中国)有限公司、玛氏食品(中国)有限公司、雀巢(中国)有限公司、好丽友食品有限公司、广东真美食品集团有限公司、中国食品工业协会糖果专业委员会、北京中商华测商业标准咨询中心有限责任公司、中国焙烤食品糖制品工业协会、上海市质量监督检验技术研究所。

本标准主要起草人:丁绍辉、翁延俊、楚朝阳、林景昌、马浩、高绍川、余明达、施双全、郑荣珍、许敏青、李宇、邹文静、赵立云、陈楚锐、高峰、刘振宇、陈丽平、张斌、彭亚锋。

糖果术语

1 范围

本标准规定了糖果的术语。

本标准适用于糖果领域的生产、流通、教学、科研和管理等。

2 一般术语

2.1

糖果 candy

以食糖或糖浆或甜味剂等为主要原料，经相关工艺制成的固态、半固态或液态甜味食品。

注：改写 GB/T 23823—2009，定义 2.1。

2.2

硬质糖果 hard candy

以食糖或糖浆或甜味剂等为主要原料，经相关工艺加工制成的硬、脆固体糖果。

2.3

奶糖糖果 milk candy

以食糖或糖浆或甜味剂、乳制品等为主要原料制成具有乳香味的糖果。

2.4

夹心糖果 filled candy

以糖体为外皮，再以其他原料为馅芯体，经相关工艺制成的糖果。

2.5

酥质糖果 crisp candy

以食糖或糖浆或甜味剂、果仁碎粒（或酱）等为主要原料制成的疏松酥脆的糖果。

2.6

焦香糖果 caramel candy

太妃糖果

以食糖或糖浆或甜味剂、油脂和乳制品等为主要原料，经相关工艺制成具有焦香味的糖果。

2.7

充气糖果 aerated candy

以食糖或糖浆或甜味剂等为主要原料，经相关工艺制成内有分散细密气泡的糖果。

2.8

凝胶糖果 gelatinous candy

以食糖或糖浆或甜味剂、食用胶（或淀粉）等为主要原料，经相关工艺制成具有弹性和咀嚼性的糖果。

2.9

胶基糖果 chewing gum candy

以食糖或糖浆或甜味剂、胶基等为主要原料，经相关工艺制成的咀嚼型或吹泡型的糖果。

2.10

压片糖果　tablet candy

以食糖或糖浆(粉剂)或甜味剂等为主要原料,经混合、造粒、压制成型等相关工艺制成的固体糖果。

2.11

流质糖果　liquid candy

以食糖或糖浆或甜味剂等为主要原料,经熬煮、灌装、杀菌等工艺制成的液体糖果。

2.12

无糖糖果　sugar-free candy

含糖量(以单糖和双糖计)≤0.5 g/100 g(固体)或100 mL(液体)的糖果。

2.13

巧克力　chocolate

以可可制品(可可脂、可可液块或可可粉)为主要原料,添加(或不添加)非可可植物脂肪、食糖和/或甜味剂、乳制品及食品添加剂,经特定工艺制成的固体或半固体食品。

注:非可可植物脂肪质量分数≤5%。

2.13.1

黑巧克力　dark chocolate

呈棕褐色或棕黑色,具有可可苦味的巧克力。

2.13.2

牛奶巧克力　milk chocolate

在巧克力中添加了乳制品,呈棕色或浅棕色,具有可可和乳脂风味的巧克力。

2.13.3

白巧克力　white chocolate

不添加非脂可可物质的巧克力。

2.14

巧克力制品　chocolate products

由巧克力与其他食品按一定比例制成的食品,其中巧克力部分质量分数≥25%。

2.15

代可可脂巧克力　chocolate with cocoa butter alternatives, compound chocolate

以代可可脂为主要原料,添加或不添加可可制品(可可脂、可可液块或可可粉)、食糖和(或)甜味剂、乳制品及食品添加剂,经特定工艺制成的固体或半固体食品。

2.16

代可可脂巧克力制品　chocolate products with cocoa butter alternatives

由代可可脂巧克力与其他食品按一定的比例制成的食品,其中代可可脂巧克力部分质量分数≥25%。

2.17

非脂可可固形物　cocoa solids non-fat

巧克力中不包括可可脂的可可干物质。

[GB/T 19343—2003,定义3.2]

2.18

总可可固形物　total cocoa solids

巧克力中可可制品的总和。

2.19

无糖巧克力及巧克力制品　sugar-free chocolate and chocolate products

含糖量(以单糖和双糖计)≤0.5 g/100 g(固体)或 100 mL(液体)的巧克力制品。

2.20

无糖代可可脂巧克力及代可可脂巧克力制品　sugar-free chocolate and chocolate products with cocoa butter alternatives

含糖量(以单糖和双糖计)≤0.5 g/100 g(固体)或 100 mL(液体)的代可可脂巧克力制品。

3　原辅料术语

3.1

食糖　sugar

以甘蔗或甜菜为原料制成的白砂糖、绵白糖、赤砂糖、黄砂糖、冰糖等的总称。

3.2

淀粉糖浆　starch syrup

以淀粉为原料,经酸解和(或)酶水解制成的液体糖浆。根据组分不同,可分为葡萄糖浆、麦芽糖浆等。

3.3

低聚糖浆　oligosaccharide syrup

以单糖聚合度≤10 的糖类为主要成分的糖浆。

3.4

转化糖浆　invert sugar syrup

食糖经酸或酶水解后所得的由等量葡萄糖和果糖组成的混合物。

3.5

糖醇　polyol

以淀粉或淀粉质或淀粉以外的碳水化合物为原料,经过水解得到的产物,再经氢化、或发酵、或酶催法精制而成含有两个以上羟基的产品。

[GB/T 28720—2012,定义 2.1.6]

3.6

乳制品　milk products

以鲜牛(羊)等的乳及其制品为主要原料,经加工制成的各种食品,如乳粉、炼乳、奶油和干酪等。

3.7

食用胶　gelatinizing agent

可在糖果中形成质地柔软的凝胶状的可食用物质,如明胶、琼脂、果胶、卡拉胶等。

3.8

香料　flavor substance

适合人类消费的具有香气和(或)香味的物质。前者指能被人类嗅觉感知的物质,后者指使人类产生滋味(香气、味道和口感的综合效果)的物质。分子量一般小于 300,具有相当大的挥发性,一般不直接消费,而是配制成香精用于加香产品后间接消费。按用途可将香料分为日用和食用两大类。

[GB/T 21171—2007,定义 2]

3.9

食用着色剂　colour agent

用作增强或改善食物色泽,以强化感官体验的人工合成或是天然提取物。

3.10

天然着色剂 natural colour agent

从植物、动物或微生物组织中提取的一类可改善食品色泽,以提高食品感官指标的着色物质。

3.11

可可脂 cocoa butter

以纯可可豆为原料,经清理、筛选、焙炒、脱壳、磨浆、机榨等工艺制成的产品。

[GB/T 20707—2006,定义 3.1]

3.12

可可饼块 cocoa cake

以可可仁或可可液块为原料,经机器榨、脱脂等工艺制成的产品。

3.13

可可粉 cocoa powder

可可饼块经粉化制成的产品。

[GB/T 20706—2006,定义 3.1]

3.14

可可液块 cocoa mass

以可可仁为原料,经碱化(或不碱化)、研磨等工艺制成的产品。

[GB/T 20705—2006,定义 3.1]

3.15

代可可脂 cocoa butter alternatives

用作可可脂部分代用品的一类油脂加工制品,如氢化植物油。其物理性质(如熔点、硬度、脆性、收缩性等)与天然可可脂相似,但化学组成与构型与天然可可脂不同,且缺少多晶型特性。

3.16

类可可脂 cocoa butter equivalent

用作可可脂部分代用品的一类油脂加工制品。其物理性质(如熔点、硬度、稳定性等)与天然可可脂十分接近,而且化学组成中的脂肪酸的类型和含量也与天然可可脂相似。

4 生产工艺术语

4.1

化糖 sugar melting

用适量的水将食糖或甜味剂加热溶化的过程。

4.2

熬煮 boiling

通过加热将糖溶液内的部分水除去,并获得具有适当水分、质构、风味的糖膏的过程。

4.2.1

常压熬煮 atmospheric boiling

在常压下熬煮糖液的过程。

4.2.2

真空熬煮 vacuum boiling

在负压环境下熬煮糖液的过程。

4.3

焦香化　caramelizing

糖中的羰基与氨基在共存时加热发生美拉德反应，同时糖与糖之间发生焦糖化作用，从而产生焦香风味的过程。

4.4

砂质化　graining

使物料内处于微小结晶状态的糖或甜味剂产生一定程度再结晶的过程。

4.5

充气　aerating

通过压缩的空气充气或机械快速搅拌或定向机械拉伸等方法在糖膏中形成细密气泡的过程。

4.6

造粒　prilling

将粉状物料制成颗粒的过程。

4.7

冲压成型　plastic forming

在机械作用下，利用糖膏在一定温度下的可塑性进行成型的过程。

4.8

浇模成型　deposit forming

将液态的糖膏或巧克力定量注入模型后，冷却定型的过程。

4.9

干燥　drying

利用干燥的流通空气使糖体中的水分蒸发和扩散的过程。

4.10

拌砂　sanding

在糖果表面拌或粘上单一或混合物的过程。

4.11

包衣　coating

在特定的设备中按特定的工艺将糖料或其他能成膜的材料涂覆在芯体的外表面，使其干燥后成为紧密粘附在表面的一层或数层不同厚薄、不同弹性的多功能保护层。

4.12

抛光　polishing

在特定的设备中按特定的工艺对产品进行加工，使其表面具有较高光亮度的过程。

4.13

精磨　refining

将物料的颗粒研磨至一定细度的过程。

4.14

精炼　conching

通过加热和搅拌，改善物料质构、风味和口感的过程。

4.15

调温　temperature control

在物料变为固相前，通过调节和控制温度，最大程度地使物料由不稳定晶体转为稳定晶体的过程。

4.16

涂挂　coating

在各种芯体表面涂饰巧克力或代可可脂巧克力物料的过程。

5　其他术语

5.1

丝光状　silken

糖果表面带有丝状光泽的状态。

5.2

弹性　elasticity

糖果受外力作用变形，作用力消失后能基本恢复原来形状的性质。

5.3

脆性　brittle

糖果受力时易破碎的性质。

5.4

砂性　sandy

糖果内具有细微的砂质质构，食用时有微粒感的性质。

5.5

韧性　chewness，toughness

糖果受力时变形但不易断裂的性质。

5.6

再结晶性　re-crystallization

糖果吸收空气中水分后，形成过饱和溶液，重新结晶的性质。

5.7

发烊　dissolving

糖果吸收水分后，表面发黏和混浊的现象。

5.8

返砂　graining

糖果从非结晶状态转为结晶状态的现象。

5.9

粘纸　adhering paper

糖果与包装纸粘连的现象。

5.10

粘牙　adhering tooth

糖果在咀嚼时与牙齿粘连的现象。

参 考 文 献

[1] GB/T 19343—2003 巧克力及巧克力制品
[2] GB/T 20705—2006 可可液块及可可饼块
[3] GB/T 20706—2006 可可粉
[4] GB/T 20707—2006 可可脂
[5] GB/T 21171—2007 香料香精术语
[6] GB/T 23823—2009 糖果分类
[7] GB/T 28720—2012 淀粉糖分类通则

汉语拼音索引

英语对应词的索引

ICS 67.160.20
X 50

中华人民共和国国家标准

GB/T 31121—2014

果蔬汁类及其饮料

Fruit & vegetable juices and fruit & vegetable beverage(nectars)

2014-09-03 发布　　2015-06-01 实施

中华人民共和国国家质量监督检验检疫总局
中国国家标准化管理委员会　发布

前　言

本标准按照 GB/T 1.1—2009 给出的规则起草。

本标准由中国轻工业联合会提出。

本标准由全国饮料标准化技术委员会(SAC/TC 472)归口。

本标准起草单位:中国饮料工业协会技术工作委员会、北京汇源饮料食品集团有限公司、杭州娃哈哈集团有限公司、农夫山泉股份有限公司、百事亚洲研发中心有限公司、统一企业(中国)投资有限公司、康师傅饮品投资(中国)有限公司、可口可乐饮料(上海)有限公司、烟台北方安德利果汁股份有限公司。

本标准主要起草人:王金玉、杨永兰、李绍振、翟鹏贵、周力、程缅、黄莹萍、刘元、沈康克、曲昆生。

果蔬汁类及其饮料

1 范围

本标准规定了果蔬汁类及其饮料的术语和定义、分类、技术要求、试验方法、检验规则和标志、包装、运输、贮存。

本标准适用于以水果和(或)蔬菜(包括可食的根、茎、叶、花、果实)等为原料，经加工或发酵制成的液体饮料。

2 规范性引用文件

下列文件对于本文件的应用是必不可少的。凡是注日期的引用文件，仅注日期的版本适用于本文件。凡是不注日期的引用文件，其最新版本(包括所有的修改单)适用于本文件。

GB 2760 食品安全国家标准 食品添加剂使用标准

GB 7718 食品安全国家标准 预包装食品标签通则

GB/T 12143 饮料通用分析方法

GB 14880 食品安全国家标准 食品营养强化剂使用标准

GB 28050 食品安全国家标准 预包装食品营养标签通则

3 术语和定义

下列术语和定义适用于本文件。

3.1

水浸提 water extracted

以不宜采用机械方法直接制取汁液、浆液的干制或含水量较低的水果或蔬菜为原料，直接采用水浸泡提取汁液或经水浸泡后采用机械方法制取汁液、浆液的工艺。

4 分类

4.1 果蔬汁(浆)

以水果或蔬菜为原料，采用物理方法(机械方法、水浸提等)制成的可发酵但未发酵的汁液、浆液制品；或在浓缩果蔬汁(浆)中加入其加工过程中除去的等量水分复原制成的汁液、浆液制品。

可使用糖(包括食糖和淀粉糖)或酸味剂或食盐调整果蔬汁(浆)的口感，但不得同时使用糖(包括食糖和淀粉糖)和酸味剂，调整果蔬汁(浆)的口感。

可回添香气物质和挥发性风味成分，但这些物质或成分的获取方式必须采用物理方法，且只能来源于同一种水果或蔬菜。

可添加通过物理方法从同一种水果和(或)蔬菜中获得的纤维、囊胞(来源于柑橘属水果)、果粒、蔬菜粒。

只回添通过物理方法从同一种水果或蔬菜获得的香气物质和挥发性风味成分，和(或)通过物理方法从同一种水果和(或)蔬菜中获得的纤维、囊胞(来源于柑橘属水果)、果粒、蔬菜粒，不添加其他物质的产品可声称100％。

4.1.1 原榨果汁(非复原果汁)

以水果为原料，采用机械方法直接制成的可发酵但未发酵的、未经浓缩的汁液制品。

采用非热处理方式加工或巴氏杀菌制成的原榨果汁(非复原果汁)可称为鲜榨果汁。

4.1.2 果汁(复原果汁)

在浓缩果汁中加入其加工过程中除去的等量水分复原而成的制品。

4.1.3 蔬菜汁

以蔬菜为原料，采用物理方法制成的可发酵但未发酵的汁液制品，或在浓缩蔬菜汁中加入其加工过程中除去的等量水分复原而成的制品。

4.1.4 果浆/蔬菜浆

以水果或蔬菜为原料，采用物理方法制成的可发酵但未发酵的浆液制品，或在浓缩果浆或浓缩蔬菜浆中加入其加工过程中除去的等量水分复原而成的制品。

4.1.5 复合果蔬汁(浆)

含有不少于两种果汁(浆)或蔬菜汁(浆)、或果汁(浆)和蔬菜汁(浆)的制品。

4.2 浓缩果蔬汁(浆)

以水果或蔬菜为原料，从采用物理方法制取的果汁(浆)或蔬菜汁(浆)中除去一定量的水分制成的、加入其加工过程中除去的等量水分复原后具有果汁(浆)或蔬菜汁(浆)应有特征的制品。

可回添香气物质和挥发性风味成分，但这些物质或成分的获取方式必须采用物理方法，且只能来源于同一种水果或蔬菜。

可添加通过物理方法从同一种水果和(或)蔬菜中获得的纤维、囊胞(来源于柑橘属水果)、果粒、蔬菜粒。

含有不少于两种浓缩果汁(浆)、或浓缩蔬菜汁(浆)、或浓缩果汁(浆)和浓缩蔬菜汁(浆)的制品为浓缩复合果蔬汁(浆)。

4.3 果蔬汁(浆)类饮料

以果蔬汁(浆)、浓缩果蔬汁(浆)、水为原料，添加或不添加其他食品原辅料和(或)食品添加剂，经加工制成的制品。

可添加通过物理方法从水果和(或)蔬菜中获得的纤维、囊胞(来源于柑橘属水果)、果粒、蔬菜粒。

4.3.1 果蔬汁饮料

以果汁(浆)、浓缩果汁(浆)或蔬菜汁(浆)、浓缩蔬菜汁(浆)、水为原料，添加或不添加其他食品原辅料和(或)食品添加剂，经加工制成的制品。

4.3.2 果肉(浆)饮料

以果浆、浓缩果浆、水为原料，添加或不添加果汁、浓缩果汁、其他食品原辅料和(或)食品添加剂，经加工制成的制品。

4.3.3 复合果蔬汁饮料

以不少于两种果汁(浆)、浓缩果汁(浆)、蔬菜汁(浆)、浓缩蔬菜汁(浆)、水为原料,添加或不添加其他食品原辅料和(或)食品添加剂,经加工制成的制品。

4.3.4 果蔬汁饮料浓浆

以果汁(浆)、蔬菜汁(浆)、浓缩果汁(浆)或浓缩蔬菜汁(浆)中的一种或几种、水为原料,添加或不添加其他食品原辅料和(或)食品添加剂,经加工制成的,按一定比例用水稀释后方可饮用的制品。

4.3.5 发酵果蔬汁饮料

以水果或蔬菜、或果蔬汁(浆)、或浓缩果蔬汁(浆)经发酵后制成的汁液、水为原料,添加或不添加其他食品原辅料和(或)食品添加剂的制品。如苹果、橙、山楂、枣等经发酵后制成的饮料。

4.3.6 水果饮料

以果汁(浆)、浓缩果汁(浆)、水为原料,添加或不添加其他食品原辅料和(或)食品添加剂,经加工制成的果汁含量较低的制品。

注:果蔬汁类及其饮料分类的英文名称可参照附录A中的表A.1。

5 技术要求

5.1 原辅料要求

5.1.1 原料应新鲜、完好,并符合相关法规和国家标准等。可使用物理方法保藏的,或采用国家标准及有关法规允许的适当方法(包括采后表面处理方法)维持完好状态的水果、蔬菜或干制水果、蔬菜。

5.1.2 其他原辅料应符合相关法规和国家标准等。

5.2 感官要求

应符合表1的规定。

表1 感官要求

项目	要 求
色泽	具有所标示的该种(或几种)水果、蔬菜制成的汁液(浆)相符的色泽,或具有与添加成分相符的色泽
滋味和气味	具有所标示的该种(或几种)水果、蔬菜制成的汁液(浆)应有的滋味和气味,或具有与添加成分相符的滋味和气味;无异味
组织状态	无外来杂质

5.3 理化要求

应符合表2的规定。

表 2 理化要求

产品类别	项目	指标或要求	备注
果蔬汁(浆)	果汁(浆)或蔬菜汁(浆)含量(质量分数)/%	100	至少符合一项要求
	可溶性固形物含量/%	符合附录 B 中表 B.1 和表 B.2 的要求	
浓缩果蔬汁(浆)	可溶性固形物的含量与原汁(浆)的可溶性固形物含量之比 ≥	2	—
果汁饮料 复合果蔬汁(浆)饮料	果汁(浆)或蔬菜汁(浆)含量(质量分数)/% ≥	10	—
蔬菜汁饮料	蔬菜汁(浆)含量(质量分数)/% ≥	5	—
果肉(浆)饮料	果浆含量(质量分数)/% ≥	20	—
果蔬汁饮料浓浆	果汁(浆)或蔬菜汁(浆)含量(质量分数)/% ≥	10(按标签标示的稀释倍数稀释后)	—
发酵果蔬汁饮料	经发酵后的液体的添加量折合成果蔬汁(浆)(质量分数)/% ≥	5	—
水果饮料	果汁(浆)含量(质量分数)/%	≥5 且<10	—

注 1:可溶性固形物含量不含添加糖(包括食糖、淀粉糖)、蜂蜜等带入的可溶性固形物含量。

注 2:果蔬汁(浆)含量没有检测方法的,按原始配料计算得出。

注 3:复合果蔬汁(浆)可溶性固形物含量可通过调兑时使用的单一品种果汁(浆)和蔬菜汁(浆)的指标要求计算得出。

5.4 食品安全要求

5.4.1 食品添加剂和食品营养强化剂要求

应符合 GB 2760 和 GB 14880 的规定。

5.4.2 其他食品安全要求

应符合相应的食品安全国家标准。

6 试验方法

6.1 样品准备

浓缩果蔬汁(浆)和果蔬汁饮料浓浆产品,应按标签标示的使用或食用方法或稀释倍数加以稀释后进行检验,其中浓缩果蔬汁(浆)的可溶性固形物测定无须稀释;其他直接饮用的产品可直接进行检验。

6.2 感官检验

取约 50 mL 混合均匀的被测样品于无色透明的容器中,置于明亮处,观察其组织状态及色泽,并在室温下,嗅其气味,品尝其滋味。

6.3 理化检验

6.3.1 可溶性固形物

按 GB/T 12143 规定的方法进行检验。

6.3.2 橙、柑、桔汁及其饮料中的果汁含量

按 GB/T 12143 规定的方法进行检验。

6.3.3 其他果蔬汁(浆)及其饮料中的果蔬汁(浆)含量

按照原始配料计算,其他果蔬汁(浆)及其饮料中的果蔬汁(浆)含量的计算见式(1):

$$P=[(W\times T_k)/(1\,000\times S_L\times T_d)]\times 100\% \qquad \cdots\cdots(1)$$

式中:

P ——终产品所需的果蔬汁(浆)含量质量分数,%;

W ——饮料中浓缩果蔬汁(浆)的添加量,单位为克每升(g/L);

T_k ——浓缩果蔬汁(浆)的可溶性固形物含量(以白利糖度计),°Brix;

S_L ——终饮料产品的比重,单位为千克每升(kg/L);

T_d ——单一果蔬汁(浆)的可溶性固形物含量(以白利糖度计),°Brix。

7 检验规则

7.1 组批

由生产企业的质量管理部门按照其相应的规则确定产品的批次。

7.2 出厂检验

每批产品出厂时,除对感官要求进行检验外,还应对菌落总数、大肠菌群进行检验。

注:按照商业无菌要求进行质量管理的产品,也可选择进行菌落总数和大肠菌群的出厂检验。

7.3 型式检验

7.3.1 型式检验项目:本标准 5.2~5.4 规定的全部项目。

7.3.2 一般情况下,每年需要对产品进行一次型式检验。发生下列情况之一时,应进行型式检验。

——原料、工艺发生较大变化时;

——停产后重新恢复生产时;

——出厂检验结果与平常记录有较大差别时。

7.4 判定规则

7.4.1 检验结果全部合格时,判定整批产品合格。若有三项以上(含三项)不符合本标准,直接判定整批产品为不合格品。

7.4.2 检验结果中有不超过两项(含两项)不符合本标准时,可在同批产品中加倍抽样进行复检,以复检结果为准。若复检结果仍有一项不符合本标准,则判定整批产品为不合格品。

7.4.3 当供需双方对检验结果有异议时,可由有关各方协商解决,或委托有关单位进行仲裁检验。出口产品按合同执行。

8 标志、包装、运输、贮存

8.1 标签和声称

预包装产品标签除应符合 GB 7718、GB 28050 的有关规定外，还应符合下列要求：

a) 加糖（包括食糖和淀粉糖）的果蔬汁（浆）产品，应在产品名称[如××果汁（浆）]的邻近部位清晰地标明“加糖”字样。

b) 果蔬汁（浆）类饮料产品，应显著标明（原）果汁（浆）总含量或（原）蔬菜汁（浆）总含量，标示位置应在“营养成分表”附近位置或与产品名称在包装物或容器的同一展示版面。

c) 果蔬汁（浆）的标示规定：只有符合“声称 100%”要求的产品才可以在标签的任意部位标示“100%”，否则只能在“营养成分表”附近位置标示“果蔬汁含量：100%”。

d) 若产品中添加了纤维、囊胞、果粒、蔬菜粒等，应将所含（原）果蔬汁（浆）及添加物的总含量合并标示，并在后面以括号形式标示其中添加物（纤维、囊胞、果粒、蔬菜粒等）的添加量。例如某果汁饮料的果汁含量为 10%，添加果粒 5%，应标示为：果汁总含量为 15%（其中果粒添加量为 5%）。

8.2 包装

产品包装应符合相关的食品安全国家标准和有关规定，外包装箱内不应使用过度的隔板。

8.3 运输和贮存

8.3.1 产品在运输过程中应避免日晒、雨淋、重压；需冷链运输贮藏的产品，应符合产品标示的贮运条件。

8.3.2 不应与有毒、有害、有异味、易挥发、易腐蚀的物品混装、运输或贮存。

8.3.3 应在清洁、避光、干燥、通风、无虫害、无鼠害的仓库内贮存。

8.3.4 产品的封口部位不应长时间浸泡在水中，以防止造成污染。

附 录 A
（资料性附录）
果蔬汁类及其饮料分类名称中英文对照表

表 A.1 果蔬汁类及其饮料分类名称中英文对照表

分类中文名称	分类英文名称
果蔬汁(浆)	fruit & vegetable juice(puree)
原榨果汁(非复原果汁)	not from concentrated fruit juice
果汁(复原果汁)	fruit juice(fruit juice from concentrated)
蔬菜汁	vegetable juice
果浆/蔬菜浆	fruit puree & vegetable puree
复合果蔬汁(浆)	blended fruit & vegetable juice (puree)
浓缩果蔬汁(浆)	concentrated fruit & vegetable juice(puree)
果蔬汁(浆)类饮料	fruit & vegetable juice (puree)beverage
果蔬汁饮料	fruit & vegetable juice beverage
果肉(浆)饮料	fruit nectar
复合果蔬汁饮料	blended fruit & vegetable juice beverage
果蔬汁饮料浓浆	concentrated fruit & vegetable juice beverage
发酵果蔬汁饮料	fermented fruit & vegetable juice beverage
水果饮料	fruit beverage

附 录 B
（规范性附录）
复原果蔬汁和复原果蔬浆的最小可溶性固形物要求

表 B.1 20 ℃下复原果汁和复原果浆的最小可溶性固形物要求

植物学拉丁名	水果中文俗名/英文名	可溶性固形物（以°Brix 计）
Actinidia deliciosa (*A.Chev.*) *C.F.Liang* & *A.R.Fergoson*	猕猴桃/Kiwifruit	8.0
Ananas comosus (*L.*) *Merrill Ananas sativis L.Schult.f.*	菠萝/Pineapple	10.0
Averrhoa carambola L.	杨桃/Starfruit	7.5
Carica papaya L.	番木瓜(木瓜)/Papaya	9.0
Citrullus lanatus (*Thunb.*) *Matsum.* & *Nakai var.Lanatus*	西瓜/Watermelon	8.0
Citrus aurantifolia (*Christm.*) *Swingle*	来檬(青柠)/Lime	5.0
Citrus aurantium L.	酸橙[a]/Sour Orange	—
Citrus limon (*L.*) *Burm.f.Citrus limonum Rissa*	柠檬/Lemon	5.0[b]
Citrus limon (*L.*) *Burm.f.X Fortunella Swingle*	卡曼橘/Calamansi	8.0
Citrus paradisi Macfad	葡萄柚(西柚)/Grapefruit	10.0
Citrus reticulata	柑/Mandarin	11.2
Citrus reticulata Blanca	橘/Tangerine	10.0
Citrus sinensis (*L.*)	甜橙/Sweet Orange	10.0
Citrus sinensis(*L.*)	纽荷尔脐橙/Newhall Navel Orange	11.2
Citrus sinensis(*L.*)	哈姆林甜橙/Hamlin Sweet Orange	9.5
Cocos nucifera L.	椰子水/Coconut	5.0

表 B.1（续）

植物学拉丁名	水果中文俗名/英文名	可溶性固形物（以°Brix计）
Crataegus pinnatifida	山楂/Hawthorn	7.5
Cucumis melo Inodorus	卡斯巴甜瓜/Casaba Melon	7.5
Cucumis melo Inodorus	蜜瓜/Honeydew Melon	10.0
Cucumis melo L.	甜瓜/Melon	8.0
Cucumis melo var.saccharinus	哈密瓜/Hami Melon	10.0
Dimocarpus longgana Lour.	龙眼[a]（桂圆）/Longan	—
Diospyros khaki Thunb.	柿子[a]/Persimmon	—
Eribotrya japonesa	枇杷[a]/Loquat	—
Ficus carica L.	无花果/Fig	18.0
Fortunella swingle sp.	金橘/Kumquat	8.0
Fragaria x.ananassa Duchense（*Fragaria chiloensis Duchesne x Fragaria virginiana Duchesne*）	草莓/Strawberry	6.3
Fructus Tamarindi Indicae Tamarindus indica L.	酸角[a]（酸豆）/Tamarind Pulp	—
Hippophae elaeguacae	沙棘/Sea Buckthorn	10.0
Hylocereus undatus	火龙果[a]/Dragon fruit	—
Litchi chinensis Sonn.	荔枝/Litchi/Lychee	11.2
Lycium chinense	枸杞[a]/Medlar	—
Malpighia punicifolia L.or Malpighia glabra L.	西印度针叶樱桃/Acerola	8.0
Malus domestica Borkh.	苹果/Apple	10.0
Malus prunifolia（*Willd.*）*Borkh. Malus sylvestris Mill.*	海棠果/Crab Apple	15.4

表 B.1（续）

植物学拉丁名	水果中文俗名/英文名	可溶性固形物（以°Brix 计）
Mammea americana L.	曼密苹果[a]（牛油果）/American Mammea	—
Mangifera indica L	芒果[a]/Mango	—
Morus sp.	桑葚/Mulberry	10.5
Musa species including M. acuminata and M. paradisiaca but excluding other plantains	香蕉/Banana	17.0
Myrica rubra (*Lour.*) *Seb.et Zucc.*	杨梅/Chinese Bayberry，Chinese Waxmyrtle	6.0
Pasiflora edulis Sims.f.edulus Passiflora edulis Sims.f.Flavicarpa O.Def.	西番莲（百香果）/Passion Fruit	12.0
Prunus armeniaca L.	杏/Apricot	11.5
Prunus cerasifera	樱桃李/Cherry Plum	10.0
Prunus cerasus L.	黑樱桃/Morello cherry	13.0
Prunus Domestica L.	西梅/Prune	12.0
Prunus domestica L.subsp.Domestica	李/Plum	12.0
Prunus mume	梅（酸梅、乌梅）/Mei (Mune)；Japanese apricot	6.0
Prunus persica (*L.*) *Batsch var. nucipersica* (*Suckow*)*c.K.Schneid.*	油桃/Nectarine	10.5
Prunus persica (*L.*)*Batsch var.persica*	桃/Peach	9.0
Prunus pseudocerasus	樱桃/Cherry	8.0
Psidium guajava L.	番石榴/Guava	8.0
Punica granatum L.	石榴/Pomegranate	12.0 根据产区不同，要求不同： 枣庄石榴 13.0 陕西石榴 14.8
Pyrus communis L.	梨/Pear	10.0

表 B.1（续）

植物学拉丁名	水果中文俗名/英文名	可溶性固形物（以°Brix 计）
Ribes nigrum L.	黑加仑/Black Currant	10.5
Rubus fruitcosus L.	黑莓/Blackberry	9.0
Rubus idaeus L.Rubus strigosus Michx.	红覆盆子（山莓、树莓、红悬钩子）/Red Raspberry	8.0
Rubus occidentalis L.	黑覆盆子（黑悬钩子、黑树莓）/Black Raspberry	10.0
Saccharum	甘蔗/Sugar Cane	12.0
Sanbucus nigra L.	接骨木莓/Elderberry	10.5
Solanum muricatum	人参果[a]/Sapodilla	—
Vatica astrotricha Hance	青梅/Stellatehair Vatica	6.0
Vaccinium bracteatum Thunb.	乌饭果（南烛）/Bilberry/Oriental Blueberry	11.0
Vaccinium macrocarpon Aiton Vaccinium oxycoccos L.	蔓越莓/Cranberry	7.0
Vaccinium myrtillus L.Vaccinium corymbosum L.Vaccinium angustifolium	蓝莓/Bilberry/ Blueberry	10.0
Vaccinium vitis-idaea L.	越桔/Lingonberry	10.0
Vitis Vinifera L. or hybrids thereof Vitis Labrusca or hybrids thereof	葡萄/Grape	11.0
Vitis vinifera subsp.vinifera	葡萄干用葡萄/Raisin Grape	16.0
Ziziphus jujuba var.spinosa(Bunge)Hu	酸枣/Spine Date	8.0
Ziziphus zizyphus	枣/Jujube (Chinese date)	14.0

注：本表未列出国内外的全部水果品种，未列入品种按相关标准或规定执行。

[a] 无数据。复原果汁的最小可溶物固形物应以生产浓缩果汁的水果的可溶物固形物表示。

[b] 柠檬也可以柠檬酸计，柠檬酸含量≥4.0%。

表 B.2　20 ℃下复原蔬菜汁和复原蔬菜浆的最小可溶性固形物要求

植物学拉丁名	蔬菜中文俗名/英文名	可溶性固形物（以°Brix 计）
Allium cepa L.	洋葱/Onion	7.0
Allium porrum L.	韭葱/Leek	8.0
Allium sativum L.	大蒜/Galic	3.5
Apium graveolens L.var rapaceum	块根芹/Celeriac	5.0
Apium graveolens L.var.dulce	芹菜/Celery	5.0
Asparagus officinalis L.	芦笋/Asparagus	4.0
Benincasa hispida Cogn.	冬瓜/Fat melon	2.0
Beta vulgaris L.	红甜菜[a]/Red beet	—
Brassica oleracea L.	甘蓝/Cabbage	8.0
Brassica oleracea L.var cymosa	西兰花/Broccoli	6.0
Brassica oleracea L.var.capitata L.	紫甘蓝/Purple cabbage	8.0
Brassica oleracea var botrytis	花椰菜/Cauliflower	5.0
Brassica Oleracea var.acephala f.tricolor.	羽衣甘蓝/Kale	10.0
Caspicum annuum L.	红甜椒/Red pepper	7.5
Caspicum annuum L.	绿甜椒/Green pepper	5.0
Caspicum annuum L.	黄甜椒/Yellow pepper	7.0
Cucumis sativus L.	黄瓜/Cucumber	3.5
Cucurbita maxima duschesne L.	南瓜/Pumpkin	7.0
Cucurbita pepo L.	西葫芦/Zucchini	4.0
Daucus carota L.	胡萝卜/Carrot	5.0
Daucus carota L.	紫胡萝卜/Purple carrot	7.5
Eleocharis dulcis	荸荠（马蹄）/Water-chestnuts	9.0

表 B.2（续）

植物学拉丁名	蔬菜中文俗名/英文名	可溶性固形物（以°Brix 计）
Ipomoea batatas Lam	甘薯/Sweet Potato	12.0
Lactuca satiua L.	莴苣/Lettuce	3.0
Lycopersicum esculentum L.	番茄/Tomato	4.5
Spinacia oleracea L.	菠菜/Spinach	5.0
Zingiber officinale Roscoe	生姜[a]/Ginger	—
注：本表未列出国内外的全部蔬菜品种，未列入品种按相关标准或规定执行。		
[a] 无数据。复原蔬菜汁的最小可溶物固形物应以生产浓缩蔬菜汁的蔬菜的可溶物固形物表示。		

ICS 55.040
Y 31

中华人民共和国国家标准

GB/T 31122—2014

液体食品包装用纸板

Liquid packaging base card board

2014-09-03 发布　　2015-02-01 实施

中华人民共和国国家质量监督检验检疫总局
中国国家标准化管理委员会　发布

前　言

本标准按照 GB/T 1.1—2009 给出的规则起草。

本标准由中国轻工业联合会提出。

本标准由全国造纸工业标准化技术委员会(SAC/TC 141)归口。

本标准起草单位:山东太阳纸业股份有限公司、万国纸业太阳白卡纸有限公司、中国制浆造纸研究院。

本标准主要起草人:牛丽、李树伦、布宁、邱小艳。

液体食品包装用纸板

1 范围

本标准规定了液体食品包装用纸板的产品分类、技术要求、试验方法、检验规则及标志、包装、运输、贮存。

本标准适用于制作液体食品包装用纸板。

2 规范性引用文件

下列文件对于本文件的应用是必不可少的。凡是注日期的引用文件，仅注日期的版本适用于本文件。凡是不注日期的引用文件，其最新版本(包括所有的修改单)适用于本文件。

GB/T 147 印刷、书写和绘图用原纸尺寸

GB/T 450 纸和纸板 试样的采取及试样纵横向、正反面的测定

GB/T 451.1 纸和纸板尺寸及偏斜度的测定

GB/T 451.2 纸和纸板定量的测定

GB/T 451.3 纸和纸板厚度的测定

GB/T 456 纸和纸板平滑度的测定(别克法)

GB/T 457—2008 纸和纸板 耐折度的测定

GB/T 462 纸、纸板和纸浆 分析试样水分的测定

GB/T 1540 纸和纸板吸水性的测定 可勃法

GB/T 1541—1989 纸和纸板 尘埃度的测定法

GB/T 2828.1 计数抽样检验程序 第1部分：按接收质量限(AQL)检索的逐批检验抽样计划

GB/T 7974 纸、纸板和纸浆 蓝光漫反射因数D65 亮度的测定(漫射/垂直法，室外日光条件)

GB/T 8941 纸和纸板 镜面光泽度的测定

GB/T 10342 纸张的包装和标志

GB/T 10739 纸、纸板和纸浆试样处理和试验的标准大气条件

GB 11680 食品包装用原纸卫生标准

GB/T 22363—2008 纸和纸板 粗糙度的测定(空气泄漏法) 本特生法和印刷表面法

GB/T 22364—2008 纸和纸板 弯曲挺度的测定

GB/T 26203 纸和纸板 内结合强度的测定(Scott型)

GB/T 24996 纸张中脱墨回用纤维的判定

3 产品分类

液体食品包装用纸板按质量分为优等品和合格品。

4 技术要求

4.1 技术指标

液体食品包装用纸板的技术指标应符合表1的规定，或按合同的规定。

表 1

指标名称		优等品	合格品
定量/(g/m²)		193±8.0 200±8.0 210±8.0 215±8.0 220±8.0 250±8.0 270±8.0 285±8.0 290±10.0 317±10.0	193±8.0 200±8.0 210±8.0 215±8.0 220±8.0 250±8.0 270±8.0 285±8.0 290±10.0 317±10.0
横幅定量差/(g/m²) ≤	≤250 g/m²	8.0	8.0
横幅定量差/(g/m²) ≤	>250 g/m²	10.0	10.0
紧度/(g/cm³) ≥		0.73	0.73
横幅厚度差/% ≤		4.0	4.5
光泽度（正面）/光泽度单位 ≥		35	35
平滑度（正面）/s ≥		100	100
亮度(正面)/% ≥		76.0	76.0
印刷表面粗糙度(正面)/μm ≤		2.00	2.50
表面吸水性(正反面均)/(g/m²) ≤		35.0	35.0
内结合强度/(J/m²) ≥		150	150
耐折度(横向)/次 ≥		50	50
边渗水/(kg/m²) ≤		1.00	1.20
挺度(泰伯)(CD/MD) mN·m ≥	定量(g/m²)		
	193	1.50/4.50	1.40/4.00
	200	1.60/4.90	1.45/4.40
	210	1.65/5.10	1.50/4.60
	215	1.70/5.20	1.80/5.40
	220	1.80/5.40	1.60/4.90
	250	3.00/8.20	2.70/7.35
	270	3.50/9.00	3.15/8.10
	285	4.10/10.8	3.70/9.70
	290	4.30/11.8	3.90/10.60
	317	5.90/14.6	5.30/13.10
尘埃度/(个/m²)	(0.3～1.5)mm≤	10	10
尘埃度/(个/m²)	≥1.5 mm²	不应有	不应有
交货水分/%		7.0±2.0	7.0±2.0

4.2 尺寸偏差

液体食品包装用纸板为卷筒纸，原纸尺寸应符合 GB/T 147 的规定或订货合同的规定，其尺寸偏差应不超过$^{+4}_{-1}$mm。

4.3 外观

4.3.1 纸面应平整,厚薄应一致。纸面不应有异物,且不应有明显翘曲、条痕、折子、破损、斑点、硬质块等外观缺陷。

4.3.2 纸面应均匀,不应有掉粉、脱皮及在不受外力作用下的分层现象。

4.4 卫生指标

卫生指标应符合 GB 11680 的规定。

4.5 原材料

液体食品包装用纸板生产过程中不应使用回收原材料。

5 试验方法

5.1 试样的采取按 GB/T 450 进行。

5.2 试样的处理和标准大气条件按 GB/T 10739 进行。

5.3 尺寸、偏斜度按 GB/T 451.1 进行测定。

5.4 定量和横幅定量差按 GB/T 451.2 进行测定。

5.5 紧度和横幅厚度差按 GB/T 451.3 进行测定。

5.6 平滑度按 GB/T 456 进行测定。

5.7 亮度按 GB/T 7974 进行测定。

5.8 表面吸水性按 GB/T 1540 进行测定,吸水时间为 2 min。

5.9 挺度(泰伯)按 GB/T 22364—2008 中静态弯曲法进行测定。

5.10 印刷表面粗糙度按 GB/T 22363—2008 中印刷表面法进行,以 980 kPa 的压力、硬垫进行测定。

5.11 尘埃度按 GB/T 1541 进行测定,当出现大于等于 1.5 mm^2 的尘埃时,测定面积应至少为 5 m^2。

5.12 交货水分按 GB/T 462 进行测定。

5.13 光泽度按 GB/T 8941 进行测定。

5.14 边渗水按如下方法进行测定:裁取 100 mm×100 mm 的试样,测定其厚度(μm),计算平均厚度 D。然后用透明胶带将其正反面完全粘牢并用测定表面吸水性的质量为 10 kg±0.5 kg 的金属压辊压平。裁取该试样 75 mm(纵向)×25 mm(横向),称重 G_1(g),做边渗水试验。将取好的试样放入 70 ℃±1 ℃的蒸馏水中浸泡 10 min 取出,用滤纸擦干试样表面的水分,称重 G_2(g)。边渗水单位为千克每平方米(kg/m^2)按式(1)计算。

$$边渗水=\frac{(G_2-G_1)}{(S\times D)\times 10^{-6}} \qquad \cdots\cdots(1)$$

式中:

G_2——浸泡后用滤纸擦干试样表面水分后的质量,单位为克(g);

G_1——裁取试样的质量,单位为克(g);

S ——裁取试样的周长,单位为毫米(mm);

D ——裁取试样的平均厚度,单位为微米(μm)。

5.15 内结合强度按 GB/T 26203 进行测定。

5.16 耐折度按 GB/T 457—2008 中 MIT 法进行测定。

5.17 外观检验采用目测。

5.18 液体食品包装用纸板中是否含有回用纤维按 GB/T 24996 进行判定。

6 检验规则

6.1 以一次交货为一批,每批应不多于 30 t。

6.2 生产方应保证生产的纸张符合本标准或订货合同的规定,每卷纸板交货时应附有一张产品合格证。

6.3 计数抽样检验程序按 GB/T 2828.1 进行,样本单位为卷。接收质量限(AQL):挺度、边渗水,AQL=4.0,定量、横幅定量差、紧度、横幅厚度差、平滑度、亮度、光泽度、印刷表面粗糙度、表面吸水性、耐折度、尘埃度、内结合强度、水分、尺寸偏差及各项外观指标,AQL=6.5。采用正常检验二次抽样方案,检查水平为特殊检查水平 S-2,见表 2。

6.4 可接收性的确定:第一次检验的样品量应等于该方案给出的第一样本量。如果第一样本中发现的不合格品数小于或等于第一接收数,应认为该批是可接收的;如果第一样本中发现的不合格品数大于或等于第一拒收数,应认为该批是不可接收的。如果第一样本中发现的不合格品数介于第一接收数与第一拒收数之间,应检验由方案给出样本量的第二样本并累计在第一样本和第二样本中发现的不合格品数。如果不合格品累计数小于或等于第二接收数,则判定该批是可接收的;如果不合格品累计数大于或等于第二拒收数,则判定该批是不可接收的。

6.5 需方有权检查该批纸板的质量是否符合本标准或订货合同的规定。检验时应先检查外部包装,然后从中取样进行检验。如果检验结果与标准或订货合同不符,需方应在到货后三个月内或按订货合同规定通知供方共同取样复验,如仍不符合本标准或订货合同的规定,则判为批不合格,由供方负责处理;如符合本标准或订货合同的规定,则判为批合格,由需方负责处理。

6.6 卫生指标和原材料中如有一项不合格则判为批不合格。

表 2

批量/卷	抽样方案				
	正常检验二次抽样方案　特殊检验水平 S-2				
	样本量	AQL=4.0		AQL=6.5	
		Ac	Re	Ac	Re
2～150	3	0	1	—	—
	2	—	—	0	1
151～500	3	0	1	—	—
	5	—	—	0	2
	5(10)	—	—	1	2

7 标志、包装、运输、贮存

7.1 在每卷纸板上应贴上合格证,其内容包括:产品名称、厂名、厂址、定量、等级、规格、净重、生产日期、商标、本标准编号。

7.2 液体食品包装用纸板按 GB/T 10342 中卷筒纸的包装规定进行包装,第二层包装材料应采用符合食品包装用的防潮纸或塑料膜等防潮材料。也可按照合同的规定进行包装和标志。

7.3 运输时应使用有篷而洁净的运输工具。

7.4 装卸时不应钩吊,不应将纸板从高处扔下。

7.5 液体食品包装用纸板应妥善贮存于无污染、具有防潮防水的环境中。

ICS 85.060
Y 31

中华人民共和国国家标准

GB/T 31123—2014

固体食品包装用纸板

Paperboard for solid food packaging

2014-09-03 发布　　　　2015-02-01 实施

中华人民共和国国家质量监督检验检疫总局
中国国家标准化管理委员会　发布

前　言

本标准按照 GB/T 1.1—2009 给出的规则起草。

本标准由中国轻工业联合会提出。

本标准由全国食品直接接触材料标准化技术委员会纸制品分技术委员会(SAC/TC 397/SC 3)归口。

本标准起草单位:金奉源纸业(上海)有限公司、中国制浆造纸研究院、中冶美利浆纸有限公司、珠海经济特区红塔仁恒纸业有限公司。

本标准主要起草人:崔立国、高凤娟、韩志诚、孟进福、仇如全。

固体食品包装用纸板

1 范围

本标准规定了固体食品包装用纸板的产品分类、技术要求、试验方法、检验规则及标志、包装、运输、贮存。

本标准适用于与食品直接接触的固体食品用包装纸板，不适用于冷冻食品包装用纸板、食品包装用瓦楞纸板、淋膜纸板。

2 规范性引用文件

下列文件对于本文件的应用是必不可少的。凡是注日期的引用文件，仅注日期的版本适用于本文件。凡是不注日期的引用文件，其最新版本(包括所有的修改单)适用于本文件。

GB/T 147 印刷、书写和绘图用原纸尺寸

GB/T 450 纸和纸板 试样的采取及试样纵横向、正反面的测定

GB/T 451.1 纸和纸板尺寸及偏斜度的测定

GB/T 451.2 纸和纸板定量的测定

GB/T 451.3 纸和纸板厚度的测定

GB/T 456 纸和纸板平滑度的测定(别克法)

GB/T 457—2008 纸和纸板 耐折度的测定

GB/T 462 纸、纸板和纸浆 分析试样水分的测定

GB/T 1540 纸和纸板吸水性的测定 可勃法

GB/T 1541—2013 纸和纸板尘埃度的测定法

GB/T 2828.1 计数抽样检验程序 第1部分:按接收质量限(AQL)检索的逐批检验抽样计划

GB/T 5009.78 食品包装用原纸卫生标准的分析方法

GB/T 7974 纸、纸板和纸浆 蓝光漫反射因数D65亮度的测定(漫射/垂直法，室外日光条件)

GB/T 7975 纸和纸板 颜色的测定(漫反射法)

GB 9685 食品容器、包装材料用添加剂使用卫生标准

GB/T 10342—2002 纸张的包装和标志

GB/T 10739 纸、纸板和纸浆试样处理和试验的标准大气条件

GB 11680 食品包装用原纸卫生标准

GB/T 22363—2008 纸和纸板 粗糙度的测定(空气泄漏法) 本特生法和印刷表面法

GB/T 22364—2008 纸和纸板 弯曲挺度的测定

GB/T 22805.2 纸和纸板 耐脂度的测定 第2部分:表面排斥法

GB/T 26203 纸和纸板 内结合强度的测定(Scott型)

3 产品分类

固体食品包装用纸板分为涂布、非涂布两种类型，按防油性能分为普通型、防油型，按质量分为优等品、一等品和合格品三个等级。

4 技术要求

4.1 技术指标

固体食品包装用纸板的技术指标应符合表1或订货合同的规定。

表 1

指标名称			规定		
			优等品	一等品	合格品
定量[a]/(g/m²)			180 200 220 240 260 280 300 330 360 400		
定量偏差/%			±3	±4	±5
横幅定量差/%		≤	2.5	3.5	5.0
紧度/(g/cm³)			0.60～0.85		
亮度(白度)/%		≤	85.0		
平滑度[b](正面/反面)/s		≥	10/5		
印刷表面粗糙度[c](正面)/μm		≤	1.80		
表面吸水性(正面/反面)/(g/m²)		≤	40.0/60.0		
耐折度(横向)/次		≥	70	50	30
内结合强度(纵横向均)/(J/m²)		≥	150	120	100
耐脂度[d]		≥	5		
尘埃度/(个/m²)	0.2 mm²～1.0 mm²	≤	12	20	40
	>1.0 mm²,≤2.0 mm²	≤	不应有	2	4
	>2.0 mm²		不应有	不应有	不应有
交货水分/%			7.0±2.0		
挺度(纵向/横向)/(mN·m) ≥	180 g/m²		4.00/2.00	3.00/1.50	2.60/1.30
	200 g/m²		5.00/2.50	4.40/2.20	4.00/2.00
	220 g/m²		6.40/3.20	5.80/2.90	5.40/2.70
	240 g/m²		8.00/4.00	7.20/3.60	6.80/3.40
	260 g/m²		11.00/5.50	10.00/5.00	9.00/4.50
	280 g/m²		14.00/7.00	12.00/6.00	11.00/5.00
	300 g/m²		16.00/8.00	14.00/7.00	13.00/6.50
	350 g/m²		22.00/11.00	20.00/10.00	19.00/9.50
	400 g/m²		30.00/15.00	28.00/14.00	26.0/13.00

[a] 按合同规定也可生产其他定量的固体食品包装用纸板,强度指标可按插入法计算。

[b] 仅非涂布产品考核平滑度。

[c] 仅涂布产品考核印刷表面粗糙度。

[d] 仅防油型产品考核耐脂度。

4.2 尺寸偏差

固体食品包装用纸板为平板纸或卷筒纸，尺寸应符合 GB/T 147 或订货合同的规定，其尺寸偏差应不超过$^{+3}_{-1}$ mm，平板纸偏斜度应不超过 3 mm。

4.3 外观

4.3.1 固体食品包装用纸板纸面应平整，厚薄应一致。切边应整齐洁净，不应有明显翘曲、条痕、折子、破损、斑点、硬质块、毛边、裂口等外观缺陷。

4.3.2 固体食品包装用纸板纸面应均匀，不应有掉粉、脱皮及在不受外力作用下的分层现象。每卷纸的接头数不应多于 2 个，接头要牢固、平整，不应粘连上下层，且接头处应有明显标识。

4.3.3 固体食品包装用纸板纸面不应有异物，同批纸色差 ΔE^* 应不超过 1.5。

4.4 卫生指标

固体食品包装用纸板卫生指标应符合 GB 11680 的规定。

4.5 原材料

4.5.1 固体食品包装用纸板不应使用回用原料及有毒有害物质。

4.5.2 固体食品包装用纸板所使用的添加剂应符合 GB 9685 的规定。

5 试验方法

5.1 试样的采取按 GB/T 450 的规定进行。

5.2 试样的处理和测试条件按 GB/T 10739 的规定进行。

5.3 定量和横幅定量差按 GB/T 451.2 测定。

5.4 尺寸、偏斜度按 GB/T 451.1 测定。

5.5 紧度按 GB/T 451.3 测定。

5.6 亮度(白度)按 GB/T 7974 测定。

5.7 平滑度按 GB/T 456 测定。

5.8 印刷表面粗糙度按 GB/T 22363—2008 中印刷表面法测定，采用硬垫，压力 981 kPa。

5.9 表面吸水性按 GB/T 1540 测定，吸水时间为 60 s。

5.10 耐折度按 GB/T 457—2008 中 MIT 法测定。

5.11 内结合强度按 GB/T 26203 测定。

5.12 耐脂度按 GB/T 22805.2 测定。

5.13 尘埃度按 GB/T 1541—2013 测定。

5.14 交货水分按 GB/T 462 测定。

5.15 挺度按 GB/T 22364—2008 中静态弯曲法测定。

5.16 色差按 GB/T 7975 测定。

5.17 卫生指标按 GB 5009.78 测定。

5.18 外观采用目测检验。

6 检验规则

6.1 以一次交货为一批，但应不多于 30 t。

6.2 生产单位应保证产品符合本标准或合同规定，每件纸板交货时应附有一张产品合格证。

6.3 计数抽样检验程序按 GB/T 2828.1 进行，样本单位为卷。接收质量限(AQL)：挺度 AQL 为 4.0，定量、横幅定量差、定量偏差、紧度、平滑度、印刷表面粗糙度、亮度(白度)、表面吸水性、耐折度、耐脂度、尘埃度、内结合强度、交货水分、尺寸及各项外观指标 AQL 为 6.5。采用正常检验二次抽样方案，检查水平为特殊检查水平 S-2，见表 2。

表 2

批量/卷	抽样方案				
	正常检验二次抽样方案　特殊检验水平 S-2				
	样本量	AQL=4.0		AQL=6.5	
		Ac	Re	Ac	Re
2～150	3	0	1	—	—
	2	—	—	0	1
151～500	3	0	1	—	—
	5 5(10)	— —	— —	0 1	2 2

6.4 可接收性的确定：第一次检验的样品量应等于该方案给出的第一样本量。如果第一样本中发现的不合格品数小于或等于第一接收数，应认为该批是可接收的；如果第一样本中发现的不合格品数大于或等于第一拒收数，应认为该批是不可接收的。如果第一样本中发现的不合格品数介于第一接收数与第一拒收数之间，应检验由方案给出样本量的第二样本并累计在第一样本和第二样本中发现的不合格品数。如果不合格品累计数小于或等于第二接收数，则判定该批是可接收的；如果不合格品累计数大于或等于第二拒收数，则判定该批是不可接收的。

6.5 需方有权按本标准或订货合同检验产品，如对产品质量有异议，应在到货后三个月内(或按订货合同规定)通知对方，由供需双方共同抽样检验。如果检验结果不符合本标准或订货合同的规定，则判定该批不可接收，由供方负责处理；如果检验结果符合本标准或订货合同的要求，则判定该批可接收，由需方负责处理。

6.6 卫生指标如有一项不合格，产品则判为批不合格。

6.7 如固体食品包装纸板使用的原料和添加剂不符合本标准 4.5 的规定，则判定该批不可接收。

7 标志、包装、运输、贮存

7.1 固体食品包装用纸板在每卷纸板上应贴上合格证，其内容包括：产品名称、厂名、厂址、定量、等级、规格、净重、生产日期、保质期、本标准编号。

7.2 固体食品包装用纸板按 GB/T 10342 中卷筒纸的包装规定进行包装，第二层包装材料应采用符合食品包装用的防潮纸或塑料膜等防潮材料。也可按照合同的规定进行包装和标志。

7.3 固体食品包装用纸板搬运、装卸时不应钩吊、平铲，不应将纸板从高处扔下。

7.4 固体食品包装用纸板运输时应使用有篷而洁净的运输工具，不应与有污染性的物质如油、肉、酸、碱及易燃物品混放。

7.5 固体食品包装用纸板应妥善贮存于无污染、具有防潮防水的环境中。

7.6 生产、经营、使用单位在生产、加工、运输、贮存、使用过程中都应严防有毒有害物品和重金属等污染。

ICS 83.080.01
Y 28

中华人民共和国国家标准

GB/T 31124—2014

聚碳酸亚丙酯(PPC)

Poly propylene carbonate (PPC)

2014-09-03 发布　　2015-03-01 实施

中华人民共和国国家质量监督检验检疫总局
中国国家标准化管理委员会　发布

前　言

本标准按照 GB/T 1.1—2009 给出的规则起草。

本标准由国家标准化管理委员会提出。

本标准由全国生物基材料及降解制品标准化技术委员会(SAC/TC 380)归口。

本标准起草单位:内蒙古蒙西高新技术集团有限公司、中国科学院长春应用化学研究所、河南天冠企业集团有限公司、江苏中科金龙化工股份有限公司、浙江邦丰科技有限公司、中山大学、北京工商大学。

本标准主要起草人:张光军、张敏、陈有业、王献红、杜风光、宗敬东、金鸿云、武健锋、徐玉华、孟跃中、周庆海、赵云超、林建新、靳玉娟。

聚碳酸亚丙酯(PPC)

1 范围

本标准规定了聚碳酸亚丙酯(poly propylene carbonate,PPC)产品的技术要求、试验方法、检验规则、标志、包装、运输和贮存。

本标准适用于以二氧化碳与环氧丙烷为原料经催化聚合制得的聚碳酸亚丙酯(PPC)树脂和PPC多元醇。

2 规范性引用文件

下列文件对于本文件的应用是必不可少的。凡是注日期的引用文件,仅注日期的版本适用于本文件。凡是不注日期的引用文件,其最新版本(包括所有的修改单)适用于本文件。

GB/T 1033.3—2010 塑料 非泡沫塑料密度的测定 第3部分:气体比重瓶法

GB/T 1040.2—2006 塑料 拉伸性能的测定 第2部分:模塑和挤塑塑料的试验条件

GB/T 1043.1—2008 塑料 简支梁冲击性能的测定 第1部分:非仪器化冲击试验

GB/T 2547—2008 塑料 取样方法

GB/T 2918—1998 塑料试样状态调节和试验的标准环境

GB/T 3682—2000 热塑性塑料熔体质量流动速率和熔体体积流动速率的测定

GB/T 6680 液体化工产品采样通则

GB/T 9345.1—2008 塑料 灰分的测定 第1部分:通用方法

GB/T 9352—2008 塑料 热塑性塑料材料试样的压塑

GB/T 12008.3—2009 塑料 聚醚多元醇 第3部分:羟值的测定

GB/T 12008.5—2010 塑料 聚醚多元醇 第5部分:酸值的测定

GB/T 12008.7—2010 塑料 聚醚多元醇 第7部分:黏度的测定

GB/T 19276.1—2003 水性培养液中材料最终需氧生物分解能力的测定 采用测定密闭呼吸计中需氧量的方法

GB/T 19276.2—2003 水性培养液中材料最终需氧生物分解能力的测定 采用测定释放的二氧化碳的方法

GB/T 19277.1—2011 受控堆肥条件下材料最终需氧生物分解能力的测定 采用测定释放的二氧化碳的方法 第1部分:通用方法

GB/T 19277.2—2013 受控堆肥条件下材料最终需氧生物分解能力的测定 采用测定释放的二氧化碳的方法 第2部分:用重量分析法测定实验室条件下二氧化碳的释放量

GB/T 19466.1—2004 塑料 差示扫描量热法(DSC) 第1部分:通则

GB/T 19466.2—2004 塑料 差示扫描量热法(DSC) 第2部分:玻璃化转变温度的测定

GB/T 22313—2008 塑料 用于聚氨酯生产的多元醇 水含量的测定

GB/T 28206—2011 可堆肥塑料技术要求

SN/T 3003—2011 塑料 聚合物的热重分析法(TG) 一般原则

3 术语和定义

下列术语和定义适用于本文件。

3.1

PPC 树脂 PPC resins

以二氧化碳与环氧丙烷为原料经催化聚合制得的白色、浅黄色颗粒或粉料。

3.2

PPC 多元醇 PPC polyols

以二氧化碳与环氧丙烷为原料经催化聚合制得的无色透明或微黄色液体。

4 技术要求

4.1 感官

PPC 树脂为白色、浅黄色颗粒或粉料。无异嗅。

PPC 多元醇为无色透明或微黄色黏性液体。无异嗅。

4.2 理化指标

4.2.1 PPC 树脂性能应符合表 1 的规定，测试方法见 5.3～5.15。

表 1 PPC 树脂理化指标

项目	指标		
熔体流动速率(2.16 kg,170 ℃)/(g/10 min)	≤3	4～10	≥11
	±0.5	±1	±2
挥发分(60 ℃)/% ≤	1.0		
灰分(850 ℃)% ≤	1.5		
密度/(g/cm³)	1.23～1.32		
生物分解率[a](180 d)/% ≥	60		
热分解温度($T_{5\%}$)/℃ ≥	200		
玻璃化转变温度/℃ ≥	23		
数均分子质量/(g/mol) ≥	30 000		
多分散性指数 ≤	5		
重金属含量[a]/%	符合附录 A 中表 A.1 的规定		

[a] 此项为产品声明是可堆肥塑料或生物分解塑料时要求。

PPC 树脂的拉伸与冲击性能要求本标准不作具体规定，由供需双方协定，试验方法见 5.16、5.17。

4.2.2 PPC 多元醇理化指标应符合表 2 的规定。

表 2　PPC 多元醇理化指标

项　　目	指　　标
旋转黏度(40 ℃)/mPa·s	5 000～130 000
羟值/[(以 KOH 计)/(mg/g)]	14～112 (*f*=2);18～168 (*f*=3)
酸值/[(以 KOH 计)/(mg/g)]　≤	0.5
水/%　≤	0.05
重金属含量[a]/%	符合表 A.1 规定

[a] 此项为产品声明是可堆肥塑料或生物分解塑料时要求。

5　试验方法

5.1　感官

采用目测、鼻嗅方法评定。

5.2　试样制备

5.2.1　力学试样制备

压塑试样的制备按 GB/T 9352—2008 进行,并按如下条件制备:

a)　模塑温度:(160±20)℃;

b)　模塑压力:5 MPa～15 MPa;

c)　平均冷却速率:(15±5)℃/min;

d)　制片模具:采用溢料式模具。

5.2.2　试样的状态调节

试样的状态调节和试验环境按 GB/T 2918—1998 进行,并采用如下条件:

a)　温度:(23±2)℃;

b)　相对湿度:45%～55%;

c)　试样状态调节时间在 24 h 以上。

5.3　熔体流动速率

按 GB/T 3682—2000 规定进行,测试温度为 170 ℃,负荷为 2.16 kg,口模直径为(2.095±0.005)mm。

5.4　挥发分

5.4.1　试验仪器

试验仪器包括:

a)　称量皿:直径 90 mm,高度大于 15 mm 的称量皿;

b)　电热鼓风干燥箱:(60±1)℃;

c)　分析天平:0.000 1 g。

5.4.2 测定方法

称取 5 g～10 g PPC 树脂样品，放入烘干至恒重的称量皿内，在 60 ℃电热鼓风干燥箱内烘 8 h 后，在干燥皿中放至室温，称重，记录结果。计算质量差值占原始质量的百分比。

5.4.3 计算结果

按式(1)计算：

$$X_1 = \frac{m - (m_1 - m_2)}{m} \times 100\% \qquad \cdots\cdots(1)$$

式中：

X_1——挥发份，%；

m ——称取 PPC 的质量，单位为克(g)；

m_1——烘干后已恒重 PPC 和称量皿的共同质量，单位为克(g)；

m_2——已恒重称量皿的质量，单位为克(g)。

5.5 灰分

按 GB/T 9345.1—2008 中第一部分试验方法进行，并采用其中方法 A——直接煅烧，煅烧温度 850 ℃。

5.6 密度

按 GB/T 1033.3—2010 塑料密度和相对密度的试验方法的规定进行。

5.7 生物分解率

按 GB/T 19277.1—2011(仲裁采用该标准)或 GB/T 19277.2—2013 或 GB/T 19276.1—2003 或 GB/T 19276.2—2003 执行。

5.8 热分解温度

按 SN/T 3003—2011 方法测定。称取 1 mg～10 mg 试样，选择氮气为保护气体，气流速度为 50 mL/min，按 20 ℃/min 升温速率程序升温，以质量损失为 5%的温度为指标。

5.9 玻璃化转变温度

按 GB/T 19466.1—2004 和 GB/T 19466.2—2004 的规定进行。升温速率为 20 ℃/min。

5.10 分子质量测定

用凝胶渗透色谱法(GPC)测定 PPC 树脂的数均分子质量、多分散性指数，方法见附录 B。

5.11 重金属含量

按 GB/T 28206—2011 规定进行，符合表 A.1 规定。

5.12 黏度

按照 GB/T 12008.7—2010 的规定进行。

5.13 羟值

按 GB/T 12008.3—2009 中规定的方法进行。

5.14 酸值

按照 GB/T 12008.5—2010 中规定的方法进行。

5.15 水分

按 GB/T 22313—2008 的规定进行。

5.16 拉伸强度和断裂伸长率

按 GB/T 1040.2—2006 中试验方法进行，并采用如下条件：

a） 试样为Ⅰ型试样；

b） 拉伸试验速率：50 mm/min。

5.17 简支梁强度

按 GB/T 1043.1—2008 塑料简支梁冲击试验方法进行。

6 检验规则

6.1 组批

按同一生产线上、相同原料、相同配方、相同工艺生产的产品为一批次，每批次不超过 100 t。

6.2 抽样

6.2.1 PPC 树脂

抽样数量按表 3 抽取样品。

表 3 抽样数量

批量范围/包或袋	样本数量/包或袋
1～3	全部样本
4～25	3
26～150	5
151～500	8
＞500	13

取样按 GB/T 2547—2008 规定进行，每包取样 300 g～400 g，混匀后分成三份，一份进行分析，另两份装入铝箔袋，真空密封，贴上标签，留样备查。

6.2.2 PPC 多元醇

按 GB/T 6680 的规定进行抽样。

6.3 出厂检验

PPC 树脂出厂检验项目为感官、挥发分、灰分、熔体流动速率。

PPC 多元醇出厂检验项目为感官、旋转黏度、羟值、酸值、水分。

6.4 型式检验

型式检验为全部项目,下列情况下应进行型式检验:

a) 初次投产时;

b) 正常情况下,型式检验至少一年进行一次;

c) 原料及生产工艺改变时;

d) 停产半年以上恢复生产时;

e) 出厂检验和上次型式检验有较大差异时;

f) 国家质量技术监督部门有要求时。

注:型式检验不包括生物降解测试。

6.5 判定规则

当检验结果中,有一项检验项目不合格时,应重新从同批产品中抽取两倍量的样本复验不合格项,以复验结果为准。复检有一项不合格,则判整批为不合格产品。

7 标志、包装、运输和贮存

包装袋/桶上应注明生产厂名、产品名称、批号或生产日期、净重、商标、本标准号,并附有质量检验合格证。

在装卸过程中不得使用铁勾等锐利工具,不得抛掷以免损坏包装袋/桶。运输时,不得在阳光下曝晒或雨淋;不得与沙土、碎金属、煤炭等混合装运;不得与有毒物品、腐蚀性物品以及易燃物混装。

应放置于通风、干燥的仓库内;应远离火源,防止阳光直接照射;不得露天堆放。

附 录 A
（规范性附录）
重金属的最大含量

表 A.1 重金属的最大含量 单位为毫克每千克干重

元素	美国[a]	加拿大[b]	欧盟[c]	日本[d]	中国[e]
Zn	1 400	463	150	180	1 400[f]
Pd	150	125	50	10	50
Hg	8.5	1	0.5	0.2	2.5
Cr	—	265	50	50	150

[a] 此处给出的美国最大金属浓度值为 40 CFR 503.13，表 3（ASTM D 6400 中要求）的 50%。

[b] 加拿大的最大金属浓度为 BNQ 9011-911-I/2007 中的规定值。

[c] 欧盟的最大金属浓度为 EN 13432 中的规定值。

[d] 日本的最大金属浓度为化肥控制法（农林渔业部）和堆肥控制规范（农业）。

[e] 中国的最大金属浓度为 CJ/T 3059—1996 中规定的堆肥质量的 50%。

[f] 该数值在 GB/T 28206—2011 中没有明确规定，本标准中规定锌含量为 1 400 mg/kg。

附　录　B
（规范性附录）
凝胶渗透色谱法（GPC）测定 PPC 的数均分子质量

B.1　原理

不同分子质量的聚合物通过多孔性物质为填料的色谱柱时，由于分子体积大小不同而在色谱柱中保留时间也不同，从而不同分子质量聚合物就按分子质量从大到小的次序随着溶离液的流出而得到分离。

B.2　仪器

凝胶渗透色谱仪。

B.3　试剂和标准样

B.3.1　四氢呋喃（THF）或三氯甲烷（$CHCl_3$）

色谱级。

B.3.2　聚苯乙烯标准样

窄分布标样的 M_p 值范围 1 200～2 850 000。

B.4　仪器基本组成及检测条件

B.4.1　色谱柱组成

THF 或 $CHCl_3$ 三根色谱柱串联，可检测相对分子质量范围 100～4 000 000。

B.4.2　流动相

THF 或 $CHCl_3$，检测流速为 1 mL/min。

B.4.3　检测器

示差检测器，检测温度 35 ℃。

B.4.4　柱箱温度

柱箱温度 35 ℃。

B.4.5　进样体积

自动进样 40 μL。

B.4.6　样品采集时间

样品采集时间 28 min。

B.4.7 其他

样品过滤头为 0.45 μm 以及标准样品瓶。

B.5 检测步骤

B.5.1 开机

B.5.2 标准样溶液的制备

选取 6 个聚苯乙烯窄分布标样，每个称取约 0.01 g 置于 10 mL 容量瓶中，使标准样品在色谱级四氢呋喃或三氯甲烷中充分溶解，配成浓度约为 1 mg/mL 的溶液，已知 6 个聚苯乙烯窄分布标样的 M_p 值分别为：3 070、7 210、19 600、55 100、133 000、275 000。

B.5.3 PPC 样品制备

用四氢呋喃（THF）或三氯甲烷（$CHCl_3$）作溶剂配制待测样 PPC 溶液浓度为 1 mg/mL。

注：若此浓度在检测时仪器响应值较低，应适当增大溶液浓度重新配制。

B.5.4 制作标准工作曲线，建立处理方法

按 B.4 色谱条件，将 B.5.2 中所制 6 个聚苯乙烯标样溶液用 0.45 μm 的滤嘴过滤溶液，并用针头依次注射进行试验，得到一系列 GPC 色谱图，将这一系列数据用四阶方程拟合出一条校正曲线，命名建立处理方法，用于校正待测宽分布样品的相对分子质量及分布。

B.5.5 待测样分析

将配制好的待测样用 0.45 μm 过滤头过滤后装入标准样品瓶，置入凝胶色谱仪，用同样检测标准样的色谱条件检测，记录谱图，并用 B.5.4 已经建立的处理方法处理谱图，计算出待测样品的数均分子质量、多分散性指数。

ICS 83.180
G 38

中华人民共和国国家标准

GB/T 31125—2014

胶粘带初粘性试验方法　环形法

Test method of adhesive tapes—Loop tack

2014-09-03 发布　　　　2015-01-01 实施

中华人民共和国国家质量监督检验检疫总局
中国国家标准化管理委员会　发布

前言

本标准按照GB/T 1.1—2009给出的规则起草。

本标准由中国石油和化学工业联合会提出。

本标准由全国胶粘剂标准化技术委员会(SAC/TC 185)归口。

本标准起草单位:佛山南宝高盛高新材料有限公司、苏州斯迪克新材料科技股份有限公司、东莞市科建检测仪器有限公司、上海橡胶制品研究所、广州宏昌胶粘带厂、丰华科技发展有限公司、中国胶粘剂和胶粘带工业协会、中山富洲胶粘制品有限公司。

本标准起草人:吴永升、李小林、金闯、吴伟卿、张建庆、唐敏峰、宋英春、孙凤贤、石一峰、苏平。

胶粘带初粘性试验方法　环形法

1　范围

本标准规定了用环形法测定胶粘带初粘性的试验方法。

本标准适用于胶粘带初粘性的测定，可用于产品的质量控制和研究。

2　规范性引用文件

下列文件对于本文件的应用是必不可少的。凡是注日期的引用文件，仅注日期的版本适用于本文件。凡是不注日期的引用文件，其最新版本(包括所有的修改单)适用于本文件。

GB/T 2523—2008　冷轧金属薄板(带)表面表面粗糙度和峰值数测量方法

GB/T 3280—2007　不锈钢冷轧钢板和钢带

GB/T 22396　压敏胶粘制品术语

3　术语和定义

GB/T 22396 界定的以及下列术语和定义适用于本文件。

3.1

环形初粘力　loop tack

以一定速度将环形胶粘带材料(胶面向外)与一定面积的标准试验板接触后的分离力。

4　原理

将环形的胶粘带在自身重量作用下与规定面积的试验板接触，测定胶粘带拉离试验板的力。

5　分类

本标准方法按测试仪器的不同可分为以下两种：

——方法 A：拉力试验机法；

——方法 B：自动环形初粘性能试验机法。

6　方法 A：拉力试验机法

6.1　试验装置

6.1.1　拉力试验机

附有自动记录负荷和夹持器位移装置的恒速拉力试验机。试验机夹持器分离速度为 300 mm/min，力值误差不大于 1%。

6.1.2　试验夹具

夹具示意图见图1。夹具安装在拉力试验机的下端夹持口。

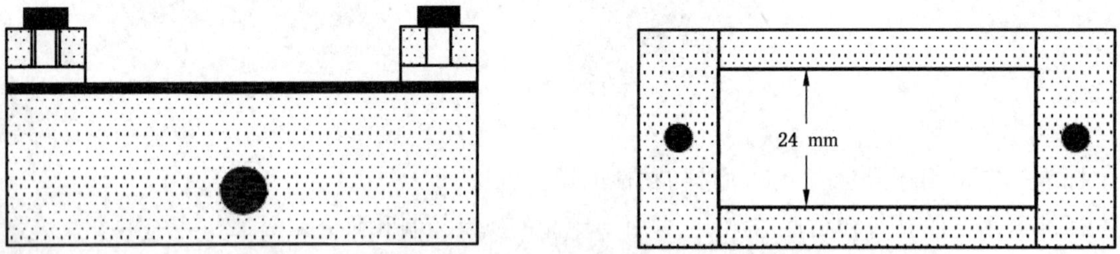

a)　侧视　　　　b)　俯视

图1　试验夹具示意图

6.2　状态调节和试验环境

6.2.1　制备试样前，样品、试验板应在温度为23 ℃±1 ℃，相对湿度为50%±5%条件下放置24 h以上。

6.2.2　试验室温度为23 ℃±1 ℃，相对湿度为50%±5%。

6.3　试验准备

6.3.1　试样环

6.3.1.1　试样环尺寸：宽24 mm，周长175 mm。

6.3.1.2　试样环数量：至少3个。

6.3.1.3　如测试样品为无支撑胶粘带，需要先将样品转移到0.05 mm PET膜上制成试样环。PET膜在这里作为无支撑胶粘带的支撑载体。

6.3.2　试验板

6.3.2.1　不锈钢试验板厚1.5 mm～2.0 mm，宽为24 mm，长为100 mm。

6.3.2.2　不锈钢试验板材质为GB/T 3280—2007规定的0Cr18Ni9或1Cr18Ni9Ti试验板，表面粗糙度(GB/T 2523—2008)为(50±25)nm。当试验板表面有永久性污染或伤痕时，及时更换。

6.3.2.3　试验板如使用PVC、ABS、PE、玻璃材料时，其材质及表面情况应在试验报告中说明。

6.3.2.4　被夹具固定的不锈钢试验板，应能容纳24 mm×24 mm的粘接面积。

6.3.3　清洗剂和擦拭材料

6.3.3.1　清洗剂

以下一种或者多种溶剂：

——双丙酮醇(4羟基-4甲基-2戊酮)；

——异丙醇；

——甲醇；

——甲基乙基酮；

——丙酮；

——正庚酮；

——正庚烷和一个氟化烃(例如：制冷剂)的混合物(在有毒性或可燃性限制条件下适用)。

溶剂为普通化学试剂级，盛放在合适的容器中。

6.3.3.2　**擦拭材料**

吸收性清洁材料：如医用纱布、棉线或棉纸。合适的材料应在使用过程中不掉绒，易吸收性，不含可溶于6.3.3.1中所述溶剂的添加剂，并且完全由原生材料制成。

6.3.3.3　**试验板清洗**

测试前，用上述的试剂和擦拭材料清洁不锈钢试验板，试验板显示干净后，再重复清洗三次，确保清洗剂完全挥发。每次测试都要使用新的擦拭材料对试验板进行清洁。

6.4　试验步骤

6.4.1　如图2所示，将试验夹具安装在拉力试验机的下夹持器中，并保持试验夹具水平。待测胶粘带的试样环与试验板上的接触位置如图3所示。

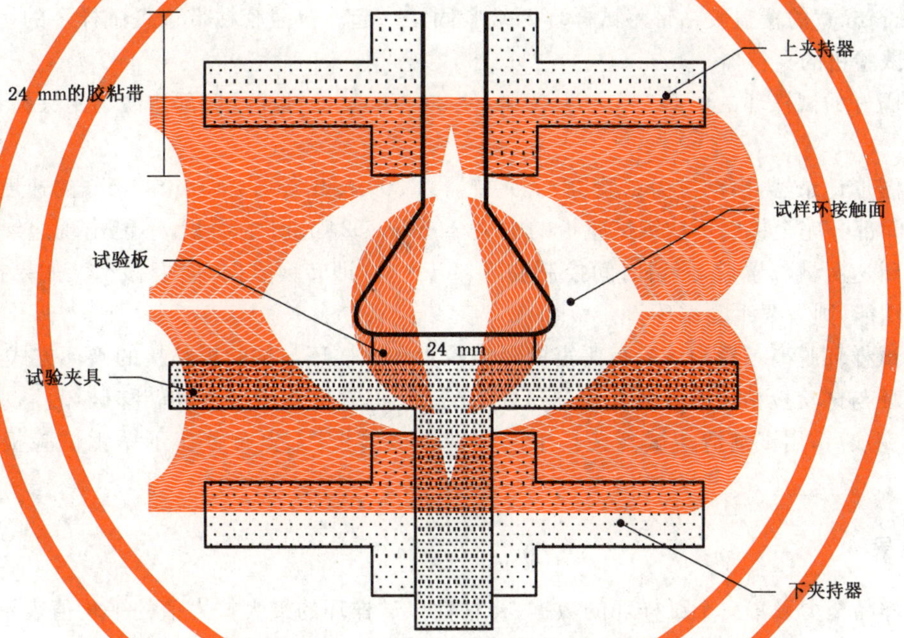

图2　试样环测试示意图

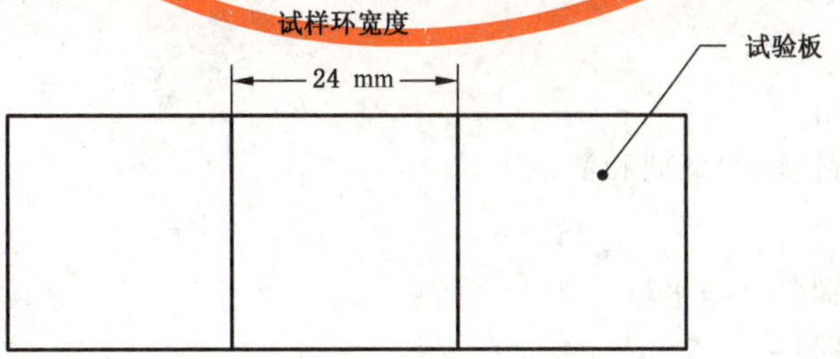

图3　试样环在试验板上的接触位置

6.4.2　设定拉伸过程中的连杆器的最小间隔和最大间隔。设定上夹持器的下边缘到试验板表面的垂直最小和最大间隔分别为25 mm±1 mm和100 mm±3 mm。

6.4.3　揭去覆盖在试样上的离型材料，将试样完全弯转过来，当心不要使其出现皱痕。把试样弯成一个泪珠状的环形试样环,环形周长为 127 mm,有胶粘剂面朝外。见图 4。

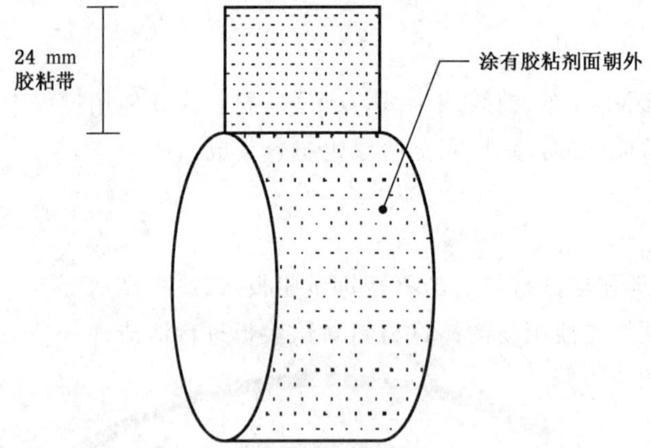

图 4　方法 A　拉力试验机法的试样环示意图

6.4.4　用 24 mm 宽的覆盖胶粘带将试样环两端紧固在一起。覆盖胶粘带包裹试样环的尾部,防止胶粘剂污染拉力试验机的夹持器。

6.4.5　将紧固好的试样环的尾部夹在上夹持器,使 24 mm 宽的试样环底部边缘与上夹持器的底部边缘水平。

6.4.6　打开图形记录器,启动拉力试验机,上夹持器以 300 mm/min±10 mm/min 的速度向下移动,使试样环的中间部分完全接触不锈钢试验板的中央 24 mm×24 mm 的面积,不能出现边缘悬挂的现象。当上夹持器到达测试位置后,停留时间控制在 3 s 以内,立即转换方向,向上移动。如果拉力试验机没有自动循环功能,则需要手动循环。

6.4.7　记录试样环脱离不锈钢试验板所需的最大拉力和试样环与试验板粘接的破坏方式。

6.4.8　试样环与试验板粘接的破坏方式分三种情况:界面破坏、内聚破坏和转移破坏。

6.4.9　测试完成后,用试剂清洁试验夹具中的不锈钢试验板,无尘布盖住不锈钢试验板,防止表面被刮伤。

6.5　试验结果

胶粘带样品至少采集三个试样环的数据,初粘性以试样环的最大拉力值的平均值表示,单位为 N。

6.6　试验报告

试验报告包含以下项目:

a)　测试方法;
b)　胶粘带样品信息;
c)　清洁不锈钢片所使用的试剂和清洁方法;
d)　样品停放时间;
e)　胶粘带类型和涂胶厚度,单位:mm;
f)　胶粘带的支撑材料;
g)　胶粘带使用的离型纸;
h)　试样环测试时的停留时间;
i)　拉力平均值,单位:N;
j)　目视破坏模式;
k)　非标准试验条件。

7 方法 B:自动环形初粘性能试验机法

7.1 试验装置

图 5 为自动环形初粘性能试验机示意图。

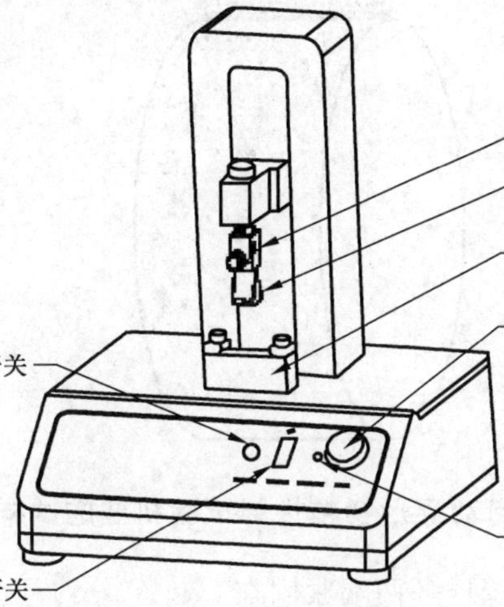

图 5 自动环形初粘性能试验机示意图

7.2 状态调节和试验环境

同 6.2。

7.3 试样准备

7.3.1 试样环

7.3.1.1 试样环尺寸:宽 25 mm,周长 125 mm。

7.3.1.2 试样环数量:至少 3 个。

7.3.1.3 如测试样品为无支撑胶粘带,需要先将样品转移到 0.05 mm PET 膜上制成试样环。PET 膜在这里作为无支撑胶粘带的支撑载体。

7.3.2 试验板

同 6.3.2。

7.3.3 清洗剂和擦拭材料

同 6.3.3。

7.4 试验步骤

7.4.1 保持自动环形初粘性能试验机水平放置,接通电源,释放锁定杆。

7.4.2 打开电源开关。

7.4.3 确认上夹持器在最顶端位置。

7.4.4 拧松固定螺钉,然后卸下不锈钢试验板。

7.4.5 将清洁后的不锈钢试验板放回试验夹具,拧紧固定螺钉。

7.4.6　揭去覆盖在试样上的离型纸。

7.4.7　将试样完全弯转过来，当心不要使其出现皱痕。把试样弯成一个泪珠状的环形试样环，周长为98 mm，有胶粘剂面朝外，见图6。

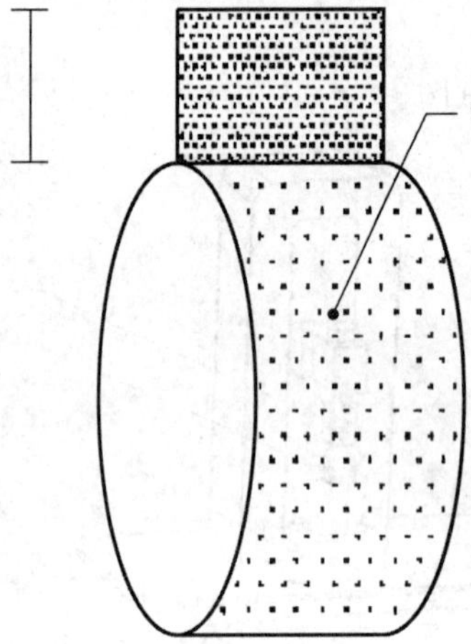

图6　方法B自动环形初粘性能试验机法的试样环示意图

7.4.8　用13 mm宽的覆盖胶粘带将试样环两端紧固在一起。

7.4.9　将试样环插入上夹持器，保证试样环在合适的位置，构成上部组件。

7.4.10　根据生产商的说明测力计调零。

7.4.11　长按"点动"按钮，上部组件开始向下移动。上部组件完成一个完整的循环后自动停止。此时，测力计回到初始的位置。

7.4.12　一个完整的循环首先是上部组件向下移动，试样环与试验板接触，形成粘接。接着，组件以300 mm/min±10 mm/min速度向上移动，测力计记录试样环拉离试验板所需的拉力。一个循环结束时，上部组件会回到它最初始的位置。

7.4.13　记录试样环脱离不锈钢试验板所需的最大拉力和试样环与试验板粘接的破坏模式。

7.4.14　试样环与试验板粘接破坏方式分为三种情况：界面破坏、内聚破坏和转移破坏。

7.4.15　测试完成后，用试剂清洁试验夹具中的不锈钢试验板，无尘布盖住不锈钢试验板，防止表面被刮伤。

7.5　试验结果

同6.5。

7.6　试验报告

同6.6。

ICS 59.080.01
W 04

中华人民共和国国家标准

GB/T 31126—2014

纺织品　全氟辛烷磺酰基化合物和全氟羧酸的测定

Textiles—Determination of perfluorooctane sulfonates and perfluoroalkyl carboxylates

2014-09-03 发布　　2015-03-01 实施

中华人民共和国国家质量监督检验检疫总局
中国国家标准化管理委员会　发布

前　言

本标准按照 GB/T 1.1—2009 给出的规则起草。

本标准由中国纺织工业联合会提出。

本标准由全国纺织品标准化技术委员会基础标准分技术委员会(SAC/TC 209/SC 1)归口。

本标准起草单位:浙江省检验检疫科学技术研究院、纺织工业标准化研究所、东华大学、中华人民共和国江苏出入境检验检疫局。

本标准主要起草人:蒋沁婷、刘海山、王建庆、王俊、赵珊红、黄超群、陈笑梅、林丹丽、朱晓雨、王改侠、刘慧婷、蔡建和、丁友超。

纺织品　全氟辛烷磺酰基化合物和全氟羧酸的测定

警告：使用本标准的人员应有正规实验室工作的实践经验。本标准并未指出所有可能的安全问题。使用者有责任采取适当的安全和健康措施，并保证符合国家有关法规规定的条件。

1　范围

本标准规定了采用液相色谱-串联质谱仪(LC-MS/MS)测定纺织品中全氟辛烷磺酰基化合物和全氟羧酸(见附录A)的方法。

本标准适用于各类纺织产品。

2　规范性引用文件

下列文件对于本文件的应用是必不可少的。凡是注日期的引用文件，仅注日期的版本适用于本文件。凡是不注日期的引用文件，其最新版本(包括所有的修改单)用于本文件。

GB/T 4669—2008　纺织品　机织物　单位长度质量和单位面积质量的测定

GB/T 6682　分析实验室用水规格和试验方法

3　术语和定义

下列术语和定义适用于本文件。

3.1

全氟辛烷磺酰基化合物　perfluorooctane sulfonates；PFOS

由17个氟原子和8个碳原子组成的烃链，末端碳原子上连接一个磺酰基的一类化合物，包括全氟辛烷磺酸及其盐类、全氟辛烷磺酰胺和*N*-乙基全氟辛烷磺酰胺。

4　原理

纺织品中的全氟辛烷磺酰基化合物和全氟羧酸经甲醇超声提取，提取液经滤膜过滤净化后，采用液相色谱-串联质谱仪测定，用选择离子确证，外标法定量。

5　试剂

5.1　甲醇：色谱纯。

5.2　乙酸铵。

5.3　乙酸铵溶液：0.005 mol/L。称取0.385 0 g乙酸铵(5.2)，用水溶解并定容至1 000 mL，摇匀。

5.4　标准物质，见附录A。

5.5 标准储备溶液:准确称取标准物质(5.4),用甲醇溶解、定容,分别配制成浓度为 50 mg/L 的标准储备溶液。

注:标准储备溶液在 0 ℃～4 ℃冰箱中保存有效期为 6 个月。

5.6 混合标准工作溶液:根据需要配制。如用甲醇将标准储备溶液(5.5)稀释成适当浓度的混合标准工作溶液,浓度为 0.5 μg/L、1.0 μg/L、2.5 μg/L、5.0 μg/L、10.0 μg/L。

注:混合标准溶液在 0 ℃～4 ℃冰箱中保存有效期为 1 个月。

5.7 尼龙滤膜:0.22 μm。尼龙过滤膜预先用甲醇浸泡超声处理 30 min。

5.8 氮气:纯度 99.99%(氮吹仪使用);高纯氮气:99.999%(液相色谱-串联四极杆质谱仪使用)。

5.9 除另有规定外,所用试剂均为分析纯,所用水为符合 GB/T 6682 规定的一级水。

6 仪器和设备

6.1 液相色谱-串联质谱仪:配有电喷雾离子源。

注:标准配置的液相色谱-串联质谱仪在液相色谱部分会带有特氟龙的配件,如果在试验前用不锈钢或 peek 管代替,可以降低仪器本身的 PFOS 和全氟辛酸的本底。

6.2 分析天平:分度值 0.000 1 g。

6.3 涡旋混合器。

6.4 超声波清洗器:工作频率 28 kHz～40 kHz。

6.5 台式离心机:转速不低于 4 000 r/min。

6.6 直尺:最小刻度为毫米。

6.7 聚丙烯刻度离心管(带螺旋盖):50 mL,15 mL。

6.8 氮吹仪。

7 测定步骤

7.1 样品准备

按 GB/T 4669—2008 测定待测样品的单位面积质量。

7.2 提取和净化

取代表性的样品,剪碎成约 5 mm×5 mm 碎片,混匀。称取 2 g(精确至 0.000 1 g),置于 50 mL 聚丙烯离心管(6.7)中,加入 40 mL 甲醇(5.1)至完全浸没试样,涡旋混匀后于室温在超声波清洗机中超声提取 40 min,以 4 000 r/min 离心 3 min,取 4 mL 上清液甲醇至 15 mL 离心管(6.7),氮吹浓缩至 1 mL,过 0.22 μm 滤膜(5.7)后,供液相色谱-串联质谱仪(6.1)测定。

注:对于特别厚的样品,可以适当增加试样质量,以确保达到测定低限;如有需要,可以适当增加提取溶剂的用量,以确保完全浸没试样。

7.3 测定

7.3.1 色谱和质谱条件

由于测试条件取决于所使用的仪器,因此不能给出色谱/质谱分析的普遍参数,用下列参数已被证明对测试是合适的:

a）色谱条件

1）色谱柱：C_{18}柱，3 μm，2.1 mm×100 mm 或相当色谱柱。

2）柱温：30 ℃。

3）进样量：10 μL。

4）流动相：

——流动相 A：100%甲醇；

——流动相 B：0.005 mol/L 乙酸铵溶液。

梯度洗脱条件见表 1。

5）流速：0.3 mL/min。

表 1 液相色谱梯度洗脱条件

时间 min	甲醇 %	0.005 mol/L 乙酸铵 %
0.00	30	70
7.00	90	10
12.30	90	10
12.31	30	70
17.00	30	70

b）质谱条件

1）离子源：电喷雾离子源(ESI)。

2）扫描极性：负离子扫描。

3）扫描方式：多反应监测(MRM)。

4）使用前应调节各参数使质谱灵敏度达到检测要求，参见附录 B。

7.3.2 定性测定

分别取 10 μL 试样溶液(7.1)和混合标准工作溶液(5.6)进行 LC-MS/MS 分析，如果样品的质量色谱峰保留时间与标准品一致，允许偏差小于±0.25 min；定性离子对的相对丰度与浓度相当的标准工作溶液的相对丰度一致，相对丰度允许偏差不超过表 2 规定的范围，则可判断样品中存在相应的被测物。

表 2 定性确证时相对离子丰度的最大允许偏差

相对离子丰度/%	>50	>20～50	>10～20	≤10
允许的最大偏差/%	±20	±25	±30	±50

7.3.3 定量测定

根据试样中被测物的含量，选取响应值相近的标准工作液进行分析。以目标化合物的峰面积为纵坐标，以目标化合物的浓度为横坐标作标准工作曲线，按照外标法进行定量计算。标准工作液和样液中待测物的响应值均应在仪器线性响应范围内，如果含量超过标准曲线范围，应用甲醇(5.1)稀释到适当浓度后分析。在上述色谱条件下，参考保留时间为：全氟辛酸(8.9 min)，全氟辛烷磺酸(9.2 min)，全氟辛烷磺酰胺(10.3 min),N-乙基全氟辛烷磺酰胺(11.2 min)。在上述质谱条件下,标准溶液的多反应监测(MRM)色谱图参见附录C中图C.1～图C.8。

7.4 空白试验

除不加试样外,均按上述操作步骤进行。

8 结果计算和表述

8.1 基于试样质量的计算

按式(1)计算试样中待测物的含量。

$$X_i = \frac{(c_i - c_0) \times V}{m \times 100} \qquad (1)$$

式中:

X_i ——样品中被测组分含量,单位为毫克每千克(mg/kg);

c_i ——从标准工作曲线得到的被测组分溶液浓度,单位为微克每升(μg/L);

c_0 ——从标准工作曲线得到的空白试验溶液浓度,单位为微克每升(μg/L);

V ——样品溶液定容体积,单位为毫升(mL);

m ——样品的质量,单位为克(g)。

8.2 基于试样面积的计算

按式(2)计算试样中待测物的含量。

$$X_i = \frac{(c_i - c_0) \times V \times w}{m \times 100} \qquad (2)$$

式中:

X_i ——样品中被测组分含量,单位为微克每平方米(μg/m^2);

c_i ——从标准工作曲线得到的被测组分溶液浓度,单位为微克每升(μg/L);

c_0 ——从标准工作曲线得到的空白试验溶液浓度,单位为微克每升(μg/L);

V ——样品溶液定容体积,单位为毫升(mL);

w ——样品的单位面积质量,单位为克每平方米(g/m^2);

m ——样品的质量,单位为克(g)。

8.3 平行试验

计算3次测定结果的算术平均值,结果保留至小数点后一位。

注:全氟辛烷磺酸及其盐类的质量以全氟辛烷磺酸钠形式表达。

9 方法测定低限和精密度

9.1 测定低限

本方法的全氟辛烷磺酰基化合物的测定低限均为0.5 μg/m^2,全氟羧酸的测定低限为0.005 mg/kg。

9.2 精密度

在同一实验室,由同一操作者使用相同设备,按相同的测试方法,并在短时间内对同一被测对象相互独立进行的测试获得的两次测试结果的绝对差值不大于这两个测定值的算术平均值的20%，以大于这两个测定值的算术平均值的20%的情况不超过5%为前提。

10 试验报告

试验报告应包括下列内容：

a) 本标准编号；
b) 试验样品的详细描述；
c) 样品中的待测组分的含量，单位为 μg/m² 或 mg/kg；
d) 试验结果；
e) 试验日期；
f) 试验中出现的异常情况；
g) 与规定程序的偏离；
h) 试验人员、日期。

附　录　A
（规范性附录）
标准物质信息

表 A.1　标准物质 CAS 号、分子式及相对分子质量

化合物名称	CAS 号	分子式	相对分子质量
全氟辛酸	335-67-1	$C_8HF_{15}O_2$	414.07
全氟辛烷磺酸(钠)	—	$C_8F_{17}O_3S$ (Na)	522.11
全氟十一酸	2058-94-8	$C_{11}HF_{21}O_2$	564.09
全氟十二酸	307-55-1	$C_{12}HF_{23}O_2$	614.10
全氟辛烷磺酰胺	754-91-6	$C_8H_2F_{17}NO_2S$	499.17
全氟十三酸	72629-94-8	$C_{13}HF_{25}O_2$	664.11
全氟十四酸	376-06-7	$C_{14}HF_{27}O_2$	714.11
N-乙基全氟辛烷磺酰胺	4151-50-2	$C_{10}H_6F_{17}NO_2S$	527.19

附 录 B
（资料性附录）
质谱参考条件

优化后的质谱条件：

a) 电喷雾电压：−3 500 V；

b) 鞘气（N_2）压力：40 psi（276 kPa）；

c) 毛细管温度：350 ℃；

d) 辅助气（N_2）压力：15 arb；

e) 碰撞气（Ar）压力：1.5 mTorr（0.2 Pa）；

f) 监测离子对信息、碰撞能量等见表 B.1。

表 B.1 目标化合物的监测离子对和碰撞能量

化合物名称	监测离子对（*m/z*）	毛细管电压 V	碰撞能量 V
全氟辛酸	413.0/169.0	−50.0	14.5
	413.0/369.0*		11.5
全氟辛烷磺酸（钠）	499.0/80.0*	−108.0	46.5
	499.0/99.0		28.0
全氟十一酸	562.7/519.4	−66.0	14.0
	562.7/268.9*		20.0
全氟十二酸	612.8/568.9*	−71.0	15.0
	612.8/268.8		16.0
全氟辛烷磺酰胺	498.0/78.0*	−84.0	19.5
	498.0/169.0		24.0
全氟十三酸	662.9/619.2*	−79.0	14.0
	662.9/168.9		28.0
全氟十四酸	712.6/669.2*	−88.0	14.0
	712.6/168.9		29.0
N-乙基全氟辛烷磺酰胺	526.0/169.0*	−72.0	24.5
	526.0/269.0		20.0

注：加“*”为定量离子对。

附 录 C
（资料性附录）
全氟辛烷磺酰基化合物和全氟辛酸标准物质多反应检测(MRM)选择离子流图和总离子流图

全氟辛烷磺酰基化合物和全氟辛酸标准物质多反应检测(MRM)选择离子流图和总离子流图见图C.1～图C.9。

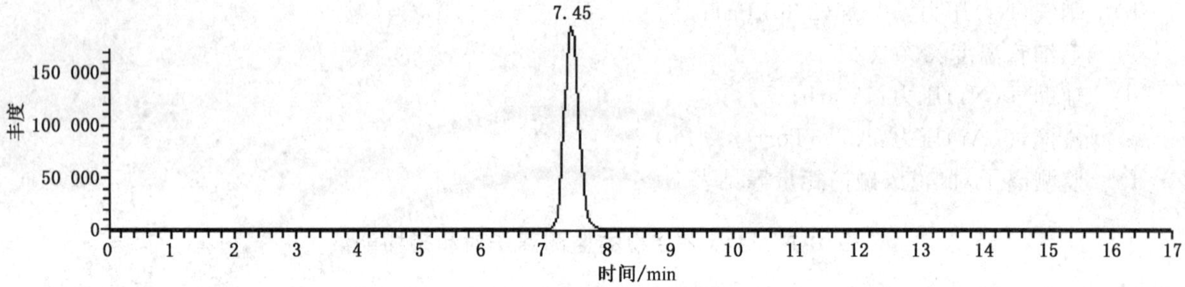

a) $m/z=413.0/369.0$

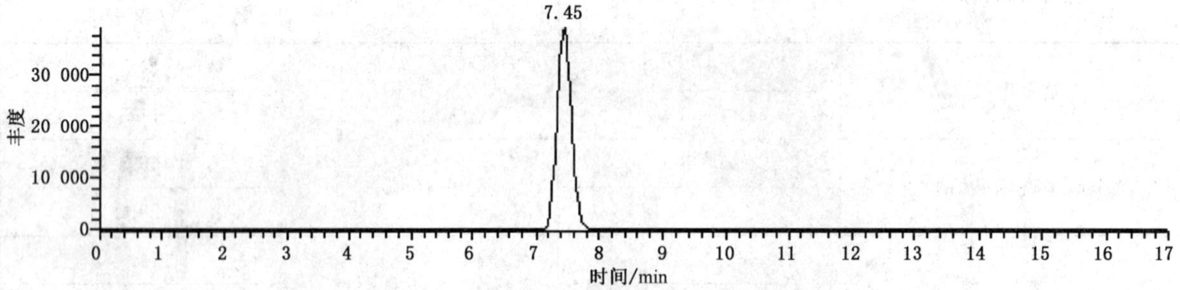

b) $m/z=413.0/169.0$

图 C.1 全氟辛酸标准物质的多反应监测(MRM)图

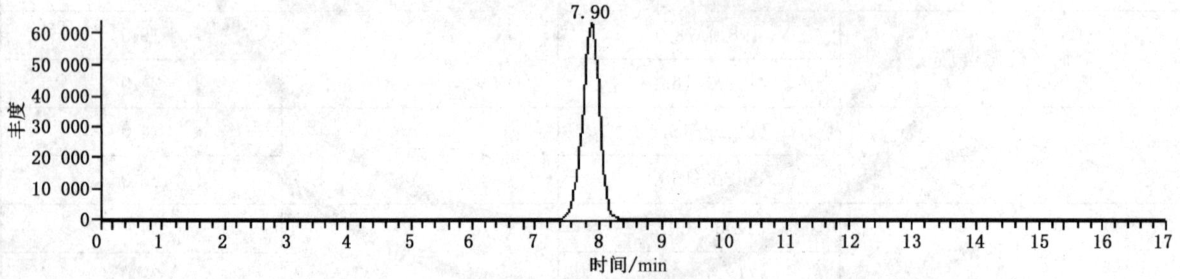

a) $m/z=499.0/80.0$

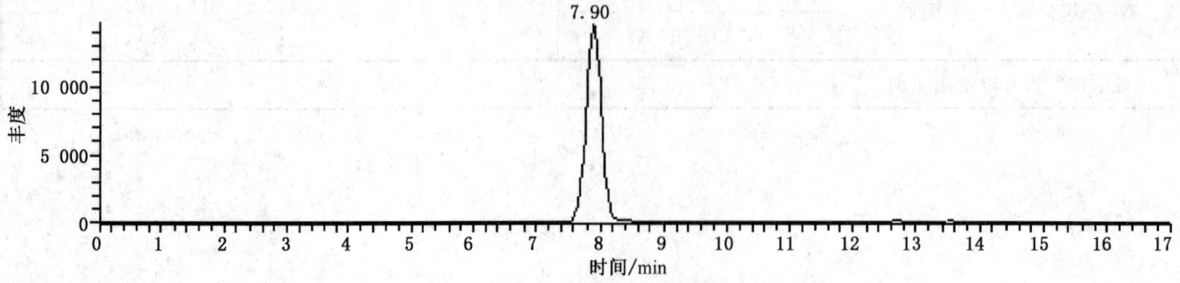

b) $m/z=499.0/99.0$

图 C.2 全氟辛烷磺酸标准物质的多反应监测(MRM)图

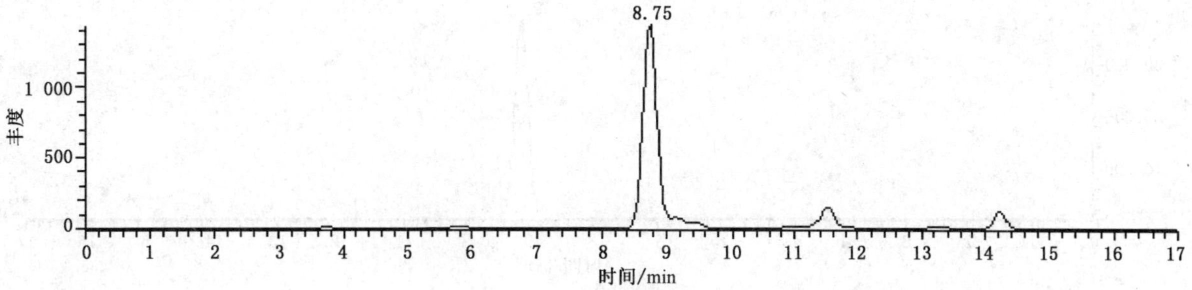

a） m/z＝562.7/519.4

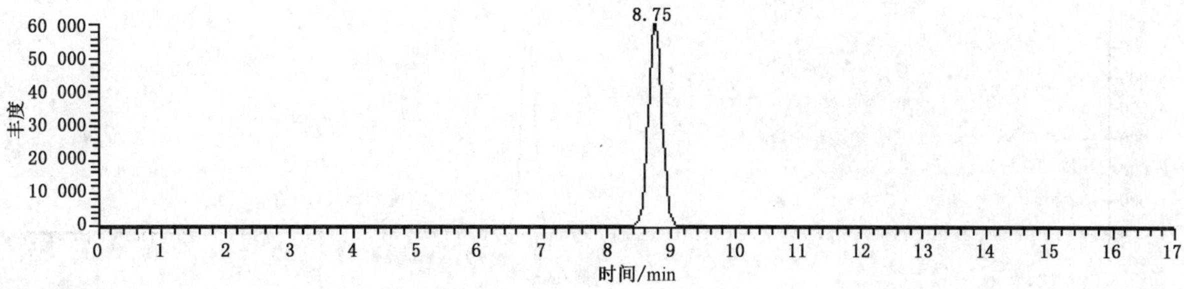

b） m/z＝562.7/268.9

图 C.3　全氟十一酸标准物质的多反应监测(MRM)图

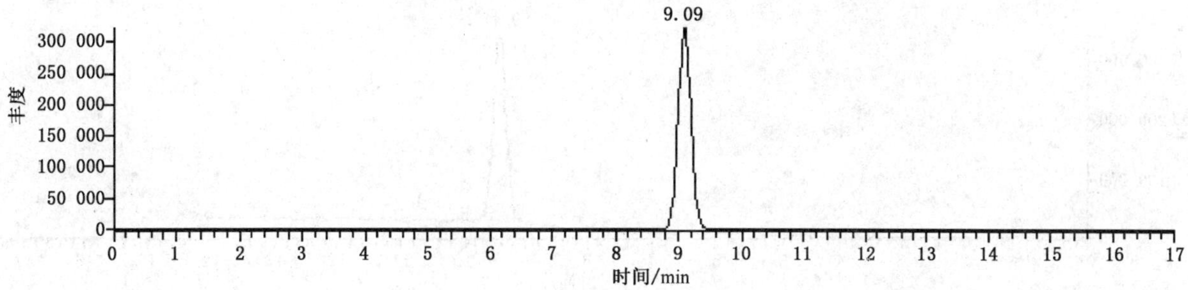

a） m/z＝612.8/568.9

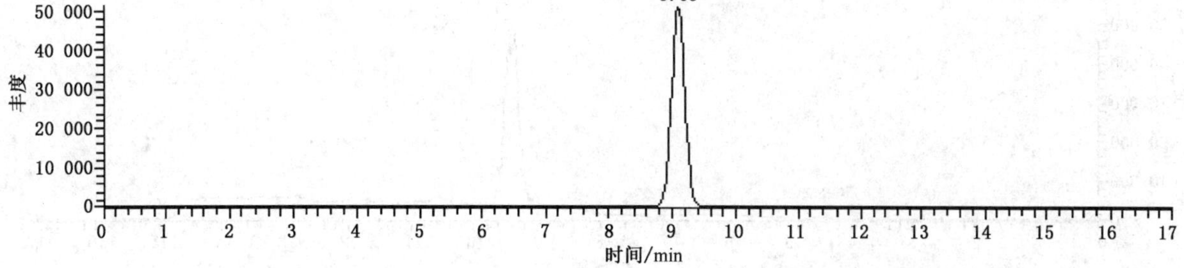

b） m/z＝612.8/268.8

图 C.4　全氟十二酸标准物质的多反应监测(MRM)图

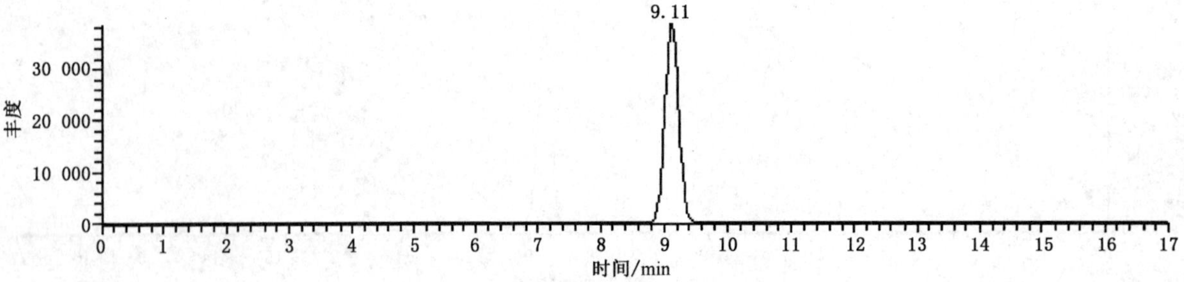

a)　m/z = 498.0/78.0

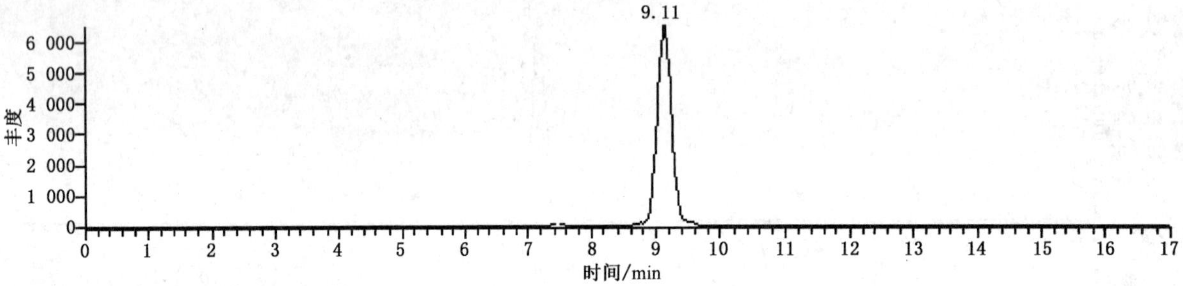

b)　m/z = 498.0/169.0

图 C.5　全氟辛烷磺酰胺标准物质的多反应监测(MRM)图

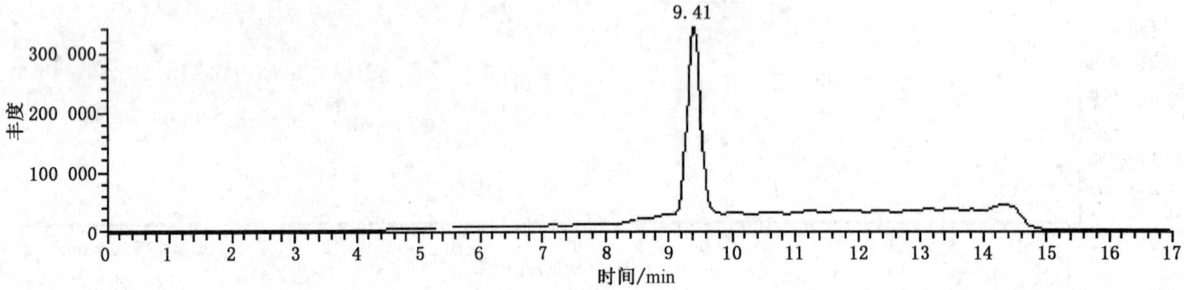

a)　m/z = 662.9/619.2

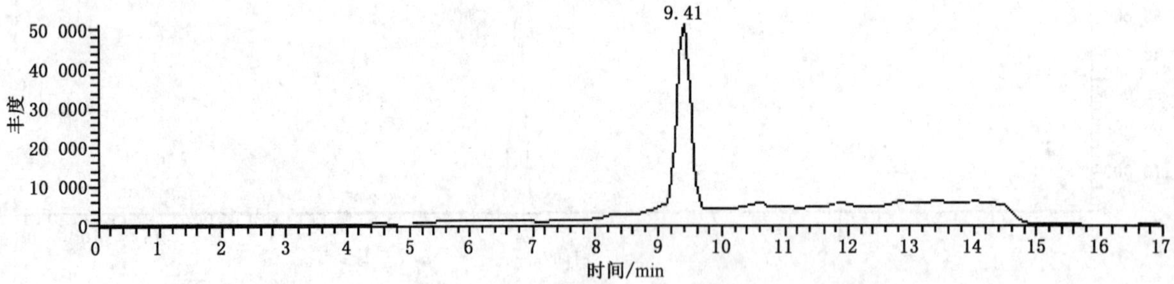

b)　m/z = 662.9/168.9

图 C.6　全氟十三酸标准物质的多反应监测(MRM)图

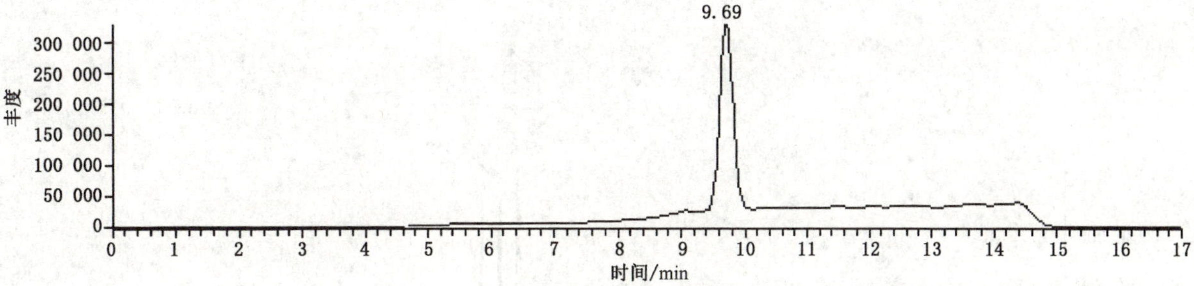

a) *m*/*z*＝712.6/669.2

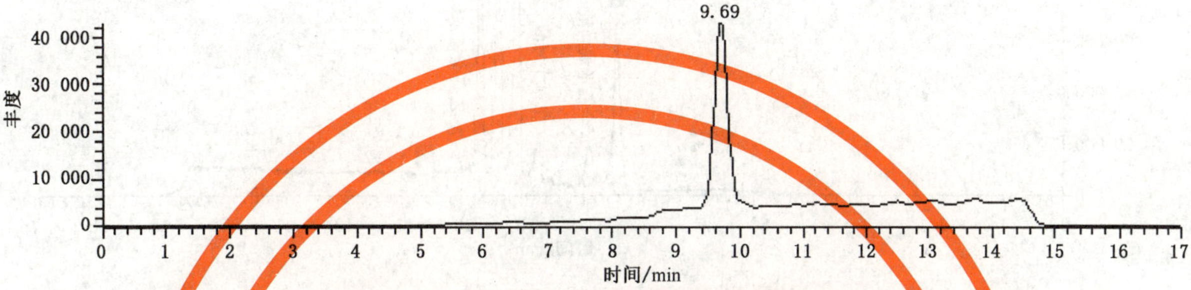

b) *m*/*z*＝712.6/168.9

图 C.7 全氟十四酸标准物质的多反应监测(MRM)图

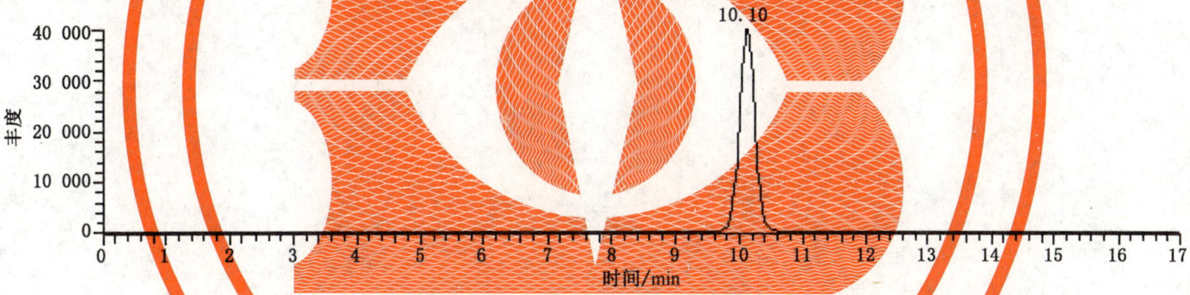

a) *m*/*z*＝526.0/169.0

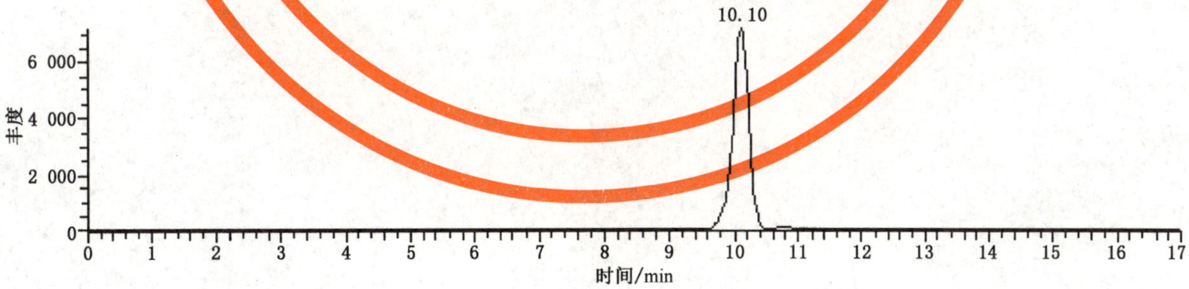

b) *m*/*z*＝526.0/269.0

图 C.8 *N*-乙基全氟辛烷磺酰胺标准物质的多反应监测(MRM)图

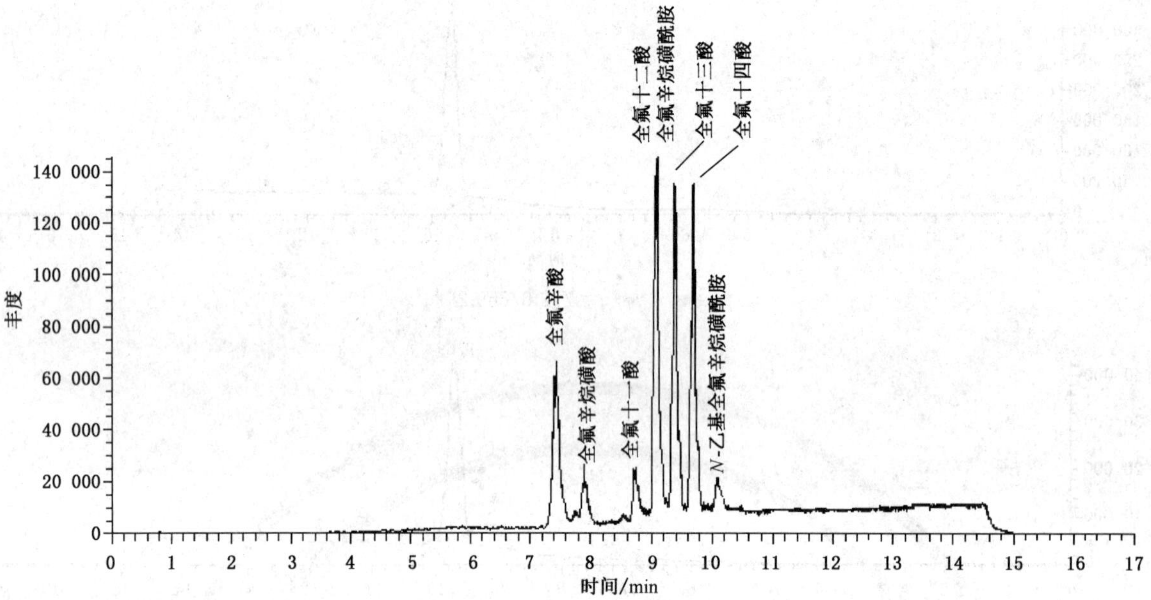

图 C.9 混标溶液(10 ng/mL)的总离子流(TIC)图

ICS 59.080.01
W 04

中华人民共和国国家标准

GB/T 31127—2014

纺织品 色牢度试验 拼接互染色牢度

Textiles—Tests for colour fastness—Colour fastness to transfer in joints

2014-09-03 发布 2015-03-01 实施

中华人民共和国国家质量监督检验检疫总局
中国国家标准化管理委员会 发布

前　言

本标准按照 GB/T 1.1—2009 给出的规则起草。

本标准由中国纺织工业联合会提出。

本标准由全国纺织品标准化技术委员会基础标准分技术委员会(SAC/TC 209/SC 1)归口。

本标准起草单位:深圳市计量质量检测研究院、纺织工业标准化研究所、利郎(中国)有限公司、九牧王股份有限公司。

本标准主要起草人:王秀、斯颖、叶谋锦、林荣宗、叶毓辉。

纺织品 色牢度试验 拼接互染色牢度

1 范围

本标准规定了两种测定纺织品拼接互染色牢度的试验方法，即洗涤法和浸泡法。

本标准适用于由深、浅色织物拼接而成的各类纺织品。非拼接的纺织品可参照执行。

2 规范性引用文件

下列文件对于本文件的应用是必不可少的。凡是注日期的引用文件，仅注日期的版本适用于本文件。凡是不注日期的引用文件，其最新版本(包括所有的修改单)适用于本文件。

GB/T 251 纺织品 色牢度试验 评定沾色用灰色样卡

GB/T 1914 化学分析滤纸

GB/T 6682 分析实验室用水规格和试验方法

FZ/T 01023 贴衬织物沾色程度的仪器评级方法

3 原理

3.1 洗涤法

试样置于规定洗涤液中，在规定的浴比、时间和温度条件下进行机械搅动，再经清洗和干燥后，用评定沾色用灰色样卡或仪器评定试样的沾色。

3.2 浸泡法

试样置于规定洗涤液中，处理后，放在试验装置内两块具有规定压力的平板之间，再经清洗和干燥后，用评定沾色用灰色样卡或仪器评定试样的沾色。

4 设备

4.1 试验装置 A

合适的机械洗涤装置，由装有一根旋转轴的水浴锅构成，旋转轴呈放射形支撑着多只容量为(550±50)mL 的不锈钢容器，直径为(75±5)mm，高为(125±10)mm，从轴中心到容器底部的距离为(45±10)mm。轴和容器的转速为(40±2)r/min。水浴锅温度由恒温器控制，使试验溶液保持在规定温度±2 ℃内。

注：能获得同样结果的其他机械装置也可用于洗涤法。

4.2 试验装置 B

由一副不锈钢架和质量约 5 kg、底部面积约 115 mm ×60 mm 的重锤配套组成，并附有尺寸约 115 mm×60 mm×1.5 mm 的玻璃或丙烯酸树脂板。当(100±2)mm×(40±2)mm 的组合试样夹于板间时，可使组合试样受压(12.5±0.9)kPa。试验装置的结构应保证试验中移开重锤后，试样所受压强保持不变。

如果组合试样的尺寸不是(100±2)mm×(40±2)mm,所用重锤使试样受压仍为(12.5±0.9)kPa。

注:能获得同样结果的其他机械装置也可用于浸泡法。

4.3 恒温箱

温度保持在(37±2)℃。

4.4 预热洗涤液的装置

如水浴加热仪器。

4.5 天平

精确至±0.01 g。

5 试剂和材料

5.1 ECE标准洗涤剂

不含荧光增白剂的ECE标准洗涤剂,其组成如下:

组成	质量分数/%
直链烷基苯磺酸钠(链烷碳链的平均链长 $C_{11.5}$)	8.00±0.02
聚乙烯酯(环氧乙烷数14)	2.90±0.02
钠皂(链长 C_{12}~C_{16}:13%~26%;C_{18}~C_{22}:74%~87%)	3.50±0.02
三聚磷酸钠	43.70±0.02
硅酸钠(SiO_2/Na_2O=3.3/1)	7.50±0.02
硅酸镁	1.90±0.02
羧甲基纤维素(CMC)	1.20±0.02
乙二胺四乙酸二钠(EDTA)	0.20±0.02
硫酸钠	21.20±0.02
水	9.90±0.02
	100.00

5.2 三级水

符合GB/T 6682。

5.3 滤纸

符合GB/T 1914。

5.4 评定沾色用灰色样卡

符合GB/T 251。

5.5 分光光度测色仪或色度计

用于评定沾色,符合FZ/T 01023。

6 试样制备

在两块需要拼接在一起的织物样品上,分别剪取(100±2)mm×(40±2)mm的试样各一块,将两块试样的正面贴合在一起，沿一短边缝合，形成一个组合试样。对于已缝合的成品，在不影响所采用方法对试样受压要求的情况下，可以直接在拼接部位剪取组合样。

7 操作程序

7.1 方法 A——洗涤法

7.1.1 用天平(4.5)称取 4 g 的 ECE 标准洗涤剂(5.1)，与三级水(5.2)配制成 1 L 洗涤液，并预热至(40±2)℃备用。

将组合试样和预热的洗涤液按浴比 50∶1 放入洗杯中，装入试验装置 A(4.1)中于(40±2)℃温度下运转 30 min。

注：经相关方协议同意后也可采用其他试验温度，但应在试验报告中说明。

7.1.2 洗涤结束后取出组合试样，用流动水冲洗至干净，然后挤去过量水分，最后用滤纸(5.3)吸取多余水分。

7.1.3 用一个夹子夹住深色试样未缝合的一端，悬挂在不超过 60 ℃的空气中干燥。

7.1.4 用沾色灰卡(5.4)或仪器(5.5)评定浅色试样的沾色。

7.2 方法 B——浸泡法

7.2.1 用天平(4.5)称取 4 g 的 ECE 标准洗涤剂(5.1)，与三级水(5.2)配制成 1 L 溶液，冷却至室温。

7.2.2 将一块组合试样平放在平底容器内，注入按 7.2.1 所配制溶液使之完全润湿，浴比为 50∶1。在室温下放置 30 min，不时揿压和拨动，以保证试液能充分且均匀地渗透到试样中。取出试样，倒去残液，用两根玻璃棒夹去组合试样上过量的试液。

7.2.3 将组合试样平置在试验装置 B(4.2)的两块玻璃或丙烯酸树脂板中间，使试样垂直受压(12.5±0.9)kPa。

注：每台试验装置最多可同时放置 10 块组合试样进行试验，每块试样间用一块板隔开(共 11 块)。如少于 10 个试样，仍使用 11 块板，以保持名义压强不变。

7.2.4 将含有组合样的试验装置 B(4.2)放入恒温箱(4.3)中，在(37±2)℃的温度下放置 4 h，组合试样呈水平放置状态。

7.2.5 按 7.1.2 规定冲洗试样。

7.2.6 按 7.1.3 规定干燥试样。

7.2.7 按 7.1.4 规定评级。

8 试验报告

试验报告应包括下列内容：

a) 本标准编号；
b) 样品描述；
c) 试验环境条件；
d) 采用的试验方法；
e) 如需要，洗涤法中采用的其他试验温度；
f) 试样的沾色级数；
g) 任何偏离本标准的细节及试验中的异常现象。

ICS 97.160
W 55

中华人民共和国国家标准

GB/T 31128—2014

毛巾产品毛圈钩拉力测试方法

Test methods for the resistance to pile loop extraction of towel product

2014-09-03 发布　　2015-03-01 实施

中华人民共和国国家质量监督检验检疫总局
中国国家标准化管理委员会　发布

前　言

本标准按照 GB/T 1.1—2009 给出的规则起草。

本标准由中国纺织工业联合会提出。

本标准由全国家用纺织品标准化技术委员会毛巾分技术委员会（SAC/TC 302/SC 3)归口。

本标准起草单位:山东滨州亚光毛巾有限公司、中国家用纺织品行业协会、孚日集团股份有限公司、浙江洁丽雅股份有限公司、南通大东有限公司、江苏康乃馨织造有限公司、深圳嘉名达实业有限公司、滨州市纺织纤维检验所。

本标准主要起草人:王延平、朱晓红、颜棠、陈永灿、高军、朱晓丽、安利军、郝永、王兴明。

毛巾产品毛圈钩拉力测试方法

1 范围

本标准规定了毛巾产品毛圈钩拉力的两种测试方法。

本标准适用于机织毛巾产品。

2 规范性引用文件

下列文件对于本文件的应用是必不可少的。凡是注日期的引用文件，仅注日期的版本适用于本文件。凡是不注日期的引用文件，其最新版本(包括所有的修改单)适用于本文件。

GB/T 3923.1 纺织品 织物拉伸性能 第1部分：断裂强力和断裂伸长率的测定(条样法)

GB/T 6529 纺织品 调湿和试验用标准大气

GB/T 6682 分析实验室用水规格和试验方法

3 术语和定义

下列术语和定义适用于本文件。

3.1

毛圈钩拉力 resistance to pile loop extraction

将一定数量或一定长度的毛圈从毛巾组织中钩出所需的力。

4 原理

使用具有钩纱装置的强力拉伸试验仪将一定数量或一定长度的毛圈从毛巾组织中钩出所需的最大力，作为毛圈的钩拉力。

5 仪器与设备

5.1 符合 GB/T 3923.1 要求的等速伸长型(CRE)试验仪。

5.1.1 挂钩(位于上端)：安装于试验仪传感器上，尖端直径不超过 0.5 mm，便于挂起毛圈，挂钩悬挂方向与拉力线平行。

5.1.2 夹钳(位于下端)：两个夹片宽度至少为 25 mm，长度至少为 25 mm。夹片长度方向与拉力线垂直。

5.2 剪刀。

5.3 天平。

5.4 吸水纸。

5.5 用于浸渍试样以达到湿润试验要求的器具。

5.6 符合 GB/T 6682 要求的三级水。

5.7 非离子浸润剂。

6 预调湿、调湿和试验大气

6.1 按照 GB/T 6529 的规定进行预调湿。

6.2 按照 GB/T 6529 规定的标准大气进行调湿和试验。

6.3 湿润状态下的试验不需要预调湿和调湿。

7 试样

7.1 在样品上距不起毛圈的区域大于 30 mm 处，沿样品均匀剪取 10 块试样，长度为 100 mm±5 mm，宽度为 25 mm±2 mm，取样时避开织物的褶皱、疵点部位。10 块试样被测部位不应含有相同的经纱或纬纱。

注：附录 A 给出了一般样品试样裁剪的示例。

7.2 当进行变异系数 *CV* 计算时，需至少 20 个试样。

7.3 当样品中存在两个或两个以上种类的毛圈时，每种毛圈需要分别测试。

注：毛圈因高度、纤维含量、线密度、捻度等差异，视为不同种类。

7.4 湿润试验的试样应放在 20 ℃±2 ℃的三级水或含有 1 g/L 非离子湿润剂的水溶液中浸渍 1 h 以上。

8 测试程序

8.1 定毛圈法

8.1.1 将试样对折使两短边对齐，在对折线上选取一个毛圈，在选定毛圈同根经纱上一个毛圈相邻两侧各保留三个毛圈，并将选定毛圈两侧的第四个毛圈分别居中剪断，用挂钩钩住被测毛圈，使被测毛圈位于夹钳的中心，将对折试样的下端在拉伸试验仪的夹钳处夹紧，并使毛圈处于自然松弛状态。

8.1.2 试验仪速度设定为 100 mm/min，隔距 20 mm，当隔距不能满足试验时，可在尽量小的范围内采用其他隔距。

8.1.3 启动试验仪拉动毛圈，直至钩出整个毛圈组。

8.1.4 按附录 B 要求读取并记录钩出过程中最大的拉力数值，作为毛圈钩拉力值，精确至 0.01 cN。

8.1.5 重复测试剩余试样。

8.1.6 进行湿润试验时，将试样从液体中取出，放在吸水纸上吸去多余的水分，使其含水率为 100%±5%，按照 8.1.1～8.1.5 进行试验。

8.2 定位移法

8.2.1 将试样对折使两短边对齐，在对折线上选取一个毛圈用挂钩钩住，使样品所受预加张力为 1.0 cN/tex±0.1 cN/tex，再将对折试样的下端在试验仪的夹口处夹紧。

8.2.2 试验仪速度设定为 100 mm/min，隔距 20 mm，当隔距不能满足试验时，可在尽量小的范围内采用其他隔距。

8.2.3 启动试验仪拉动毛圈，直至将毛圈钩出 10 mm 位移。

8.2.4 按附录 B 要求读取并记录钩出过程中的最大拉力数值，作为毛圈钩拉力值，精确至 0.01 cN。

8.2.5 重复测试剩余试样。

8.2.6 进行湿润试验时，将试样从液体中取出，放在吸水纸上吸去多余的水分，使其含水率为 100%±5%，按照 8.2.1～8.2.5 进行试验。

9 结果计算

9.1 计算毛圈钩拉力的平均值，结果修约至 0.1 cN。

9.2 计算毛圈钩拉力的变异系数 CV，结果修约至 0.1%。

9.3 样品中包含不同种类毛圈时，应分别计算各种毛圈的毛圈钩拉力和毛圈钩拉力变异系数 CV。

10 试验报告

试验报告应包括以下内容：

a) 本标准编号；

b) 试验日期；

c) 所选的测试方法；

d) 试样的状态；

e) 隔距、拉伸速度、预加张力；

f) 样品的毛圈钩拉力；

g) 毛圈钩拉力变异系数 CV；

h) 任何偏离本标准的细节。

附　录　A
（资料性附录）
试样裁剪示例

一般样品的取样按图 A.1 示例进行。

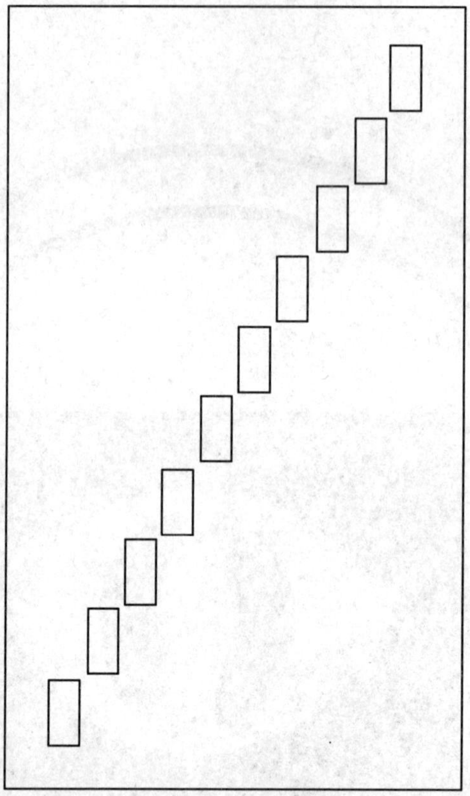

图 A.1　一般样品的取样示例

附 录 B
（规范性附录）
毛圈钩拉力测试结果的读取

B.1 定毛圈法测试结果的读取

启动试验仪钩出整个毛圈后，测试曲线如图 B.1 所示，读取测试曲线上拉伸开始至毛圈钩出过程中最大的钩拉力数值，作为毛圈钩拉力。

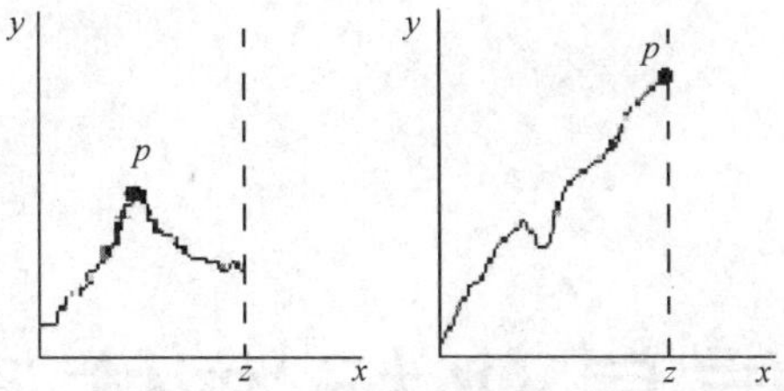

a)　　b)

说明：

x ——拉伸位移，单位为毫米（mm）；

y ——毛圈钩拉力数值，单位为厘牛顿（cN）；

z ——毛圈被全部钩出时的位移，单位为毫米（mm）；

p ——测试结果的读取点。

图 B.1 定毛圈法测试结果的读取

B.2 定位移法测试结果的读取

启动试验仪钩出 10 mm 位移后，测试曲线如图 B.2 所示，读取测试曲线上拉伸开始至钩出 10 mm 位移时最大的钩拉力数值，作为毛圈钩拉力。

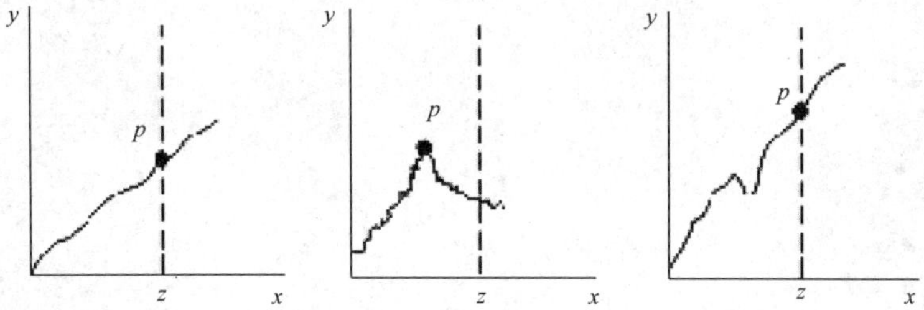

a)　　b)　　c)

说明：

x ——拉伸位移，单位为毫米（mm）；

y ——毛圈钩拉力数值，单位为厘牛顿（cN）；

z ——毛圈被钩出 10 mm 位移处；

p ——测试结果的读取点。

图 B.2 定位移法测试结果的读取

ICS 25.040
N 04

中华人民共和国国家标准

GB/T 31129—2014

制造业信息化标准体系结构

Manufacturing information standard architecture

2014-09-03 发布 2015-02-01 实施

中华人民共和国国家质量监督检验检疫总局
中国国家标准化管理委员会 发布

前　言

本标准按照 GB/T 1.1—2009 给出的规则起草。

本标准由中国机械工业联合会提出。

本标准由全国自动化系统与集成标准化技术委员会(SAC/TC 159)归口。

本标准起草单位:北京机械工业自动化研究所、东南大学、中机生产力促进中心。

本标准主要起草人:孙洁香、王茜、丁红宇、黎晓东。

引　言

随着高新技术的快速发展,信息技术迅速而全面地渗透到人类社会的各个方面,信息化已成为世界经济和社会发展的大趋势,极大地推动了经济全球化的进程,带动了工业现代化、农业现代化、服务现代化和文化传播事业的发展,为我国科教兴国战略、可持续发展战略和西部大开发、振兴东北等战略性需求的实施起到了极为重要的作用。一般的信息化体系,主要由信息技术应用、信息资源、信息网络、信息技术和产业、信息技术人才、信息化政策法规和标准规范六要素组成。信息化的六要素有着互相依存、互相作用的关系,其中,信息化标准规范贯穿于六要素的始终,不管是信息技术应用、信息资源、信息网络,还是信息技术和产业都要在相关标准的规范下,才能发挥最佳效果。这也证明信息化标准对于信息化的发展起着举足轻重的作用,标准化与信息化紧密相连、有机结合。标准化应走在信息化建设的前面,至少保持同步,决不能滞后于信息化建设。

制造业信息化标准体系是按照信息化的多种技术和应用领域总结将相关标准进行科学合理的分类和管理形成的有机整体。建立信息化标准体系可以保证信息化工程建设的管理者能够清楚、准确地掌握已有标准和未来所制定标准,便于做出统一规划和要求;为广大的信息化工程项目的开发(工作)者和用户了解所涉及的标准范围,以便于查询、统计、应用和检验。所以信息化标准体系的建立对于信息化的实施和应用非常重要,它将成为制造业信息化标准体系工作的重要基础。

制造业信息化标准体系结构

1 范围

本标准规定了基于多种技术和应用领域标准进行科学合理分类和管理的制造业信息化标准体系结构。

本标准适用于制造业信息化公共服务平台的开发和应用以及信息化系统集成，为各层次应用工程实施提供标准化支撑。

2 规范性引用文件

下列文件对于本文件的应用是必不可少的。凡是注日期的引用文件，仅注日期的版本适用于本文件。凡是不注日期的引用文件，其最新版本(包括所有的修改单)适用于本文件。

GB/T 19659.1—2005 工业自动化系统与集成 开放系统应用集成框架 第1部分：通用的参考描述(ISO 15745-1:2003,IDT)

3 术语和定义

GB/T 19659.1—2005 界定的以及下列术语和定义适用于本文件。

3.1

制造业 manufacture

对制造资源(物料、能源、设备、工具、资金、技术、信息和人力等)，按照市场要求，通过制造过程，转化为可供人们使用和利用的工业品与生活消费品的行业。

3.2

制造业信息化 manufacture information

制造企业信息化的简称。制造业信息化将信息技术、自动化技术、现代管理技术与制造技术相结合，可以改善制造企业的经营、管理、产品开发和生产等各个环节，提高生产效率、产品质量和企业的创新能力，降低消耗，带动产品设计方法和设计工具的创新、企业管理模式的创新、制造技术的创新以及企业间协作关系的创新，从而实现产品设计制造和企业管理的信息化、生产过程控制的智能化、制造装备的数控化以及咨询服务的网络化，全面提升我国制造业的竞争力。

3.3

应用集成 application integration

一种由分立的应用实现分立的功能，但在各应用之间存在通信和数据传递的状态。

这种应用组合，具有增添、修改和删除各种处理功能等柔性而不引起对组合系统的破坏。

[GB/T 18725—2008，定义 3.19]

3.4

集成框架 integration framework

为某给定应用域中的应用集成和生命周期信息共享提供一个通用环境模型的软件系统，它使应用域内的各类应用进行信息集成、功能集成和过程集成。

3.5

信息交换集成模型　Information Exchange Integration Model;IEIM

在支持应用过程的资源之间交换的应用信息的语义和语法描述。

[GB/T 18725—2008,定义 3.137]

3.6

面向服务的架构　Service-Oriented Architecture;SOA

一种以服务为中心,业务为驱动的 IT 架构。为了完成企业某特定任务的业务被组件化成粗粒度的、自治的、可复用的服务和流程逻辑。基于流程的逻辑,服务之间以动态的方式遵循相关标准进行交互。根据应用域的需求可以动态调整业务流程逻辑以获取其最大利润。SOA 代表一个开放的、敏捷的、可扩展的、可联邦的、可组合的架构。

3.7

数字化制造　digitized manufacturing

一种利用数字化定量表述、存储、处理和控制方法,支持产品生命周期和企业的全局优化的制造技术。它是在计算机网络技术与制造技术的不断融合、发展和广泛应用的基础上产生的技术。其内涵可以包括:

a) CAD/CAM/CAE 为主体的技术;

b) 以 MRP-Ⅱ、MIS(见 3.9)、PDM(见 3.10)为主体的制造信息支持系统;

c) 数字控制制造系统等。

注:改写 GB/T 18725—2008,定义 3.85。

3.8

企业资源计划　Enterprise Resource Planning;ERP

由美国 Gartner Group 于 20 世纪 90 年代初提出来的概念,它在 MRPII 的基础上发展起来,采用计算机技术的成就,将供应链管理(SCM)(见 3.11)和企业业务流程重组放在重要位置的管理理论。ERP 所管理的对象包括了企业人、财、物、时间等所有的资源和产、供、销等所有的业务。ERP 扩展了企业内部各种管理功能的信息集成,而且超出了企业本身的范围,实现了整个供应链上所有相关业务的信息集成。与 MRPII 相比有了革命性的发展,并且还会随着技术进步和管理思想的发展不断充实,是一种应用信息技术的管理系统。

注:改写 GB/T 18725—2008,定义 3.109。

3.9

管理信息系统　Management Information System;MIS

用于执行管理功能的信息系统。

[GB/T 18725—2008,定义 3.159]

3.10

产品数据管理　Product Data Management;PDM

对整个产品生命周期内的产品设计、制造数据及产品管理数据进行管理。

[GB/T 18725—2008,定义 3.200]

3.11

供应链管理　Supply Chain Management;SCM

计划、组织和控制从最初原材料到最终产品及其消费的整个业务流程,对供应链过程中涉及的跨部门、跨企业、跨产业、跨地域运作的物流、信息流、资金流进行整体规划设计与运作管理的活动。

[GB/T 18725—2008,定义 3.231]

3.12

客户关系管理　Customer Relationship Management;CRM

信息技术领域的一种管理概念。它将管理理论和业务实践融合在一起。它集成了销售、定单管理、以及客户服务，可以协调和统一使用在客户生命周期内与客户交互的所有信息。通过这些信息，可以很好地管理客户，从而增加企业竞争能力，最终达到赢利的目的。

[GB/T 18725—2008，定义 3.72]

3.13

办公自动化　Office Automation；OA

为了帮助办公室工作人员简化他们的日常任务和职责而设计的各种交互式的应用系统，通常包括文字处理、电子邮件以及日程安排。

[GB/T 18725—2008，定义 3.189]

3.14

产品生命周期管理　Product Lifecycle Management；PLM

一种应用于单一地点的企业内部、分散在多个地点的企业内部，以及有协作关系的企业之间的，支持产品全生命周期的信息的创建、管理、分发和应用的一系列应用解决方案，它能够集成与产品相关的人力资源、流程、应用系统和信息。

3.15

电子商务　E-commerce

利用计算机技术、网络技术和远程通信技术，实现整个商务过程中的电子化、数字化和网络化。广义电子商务指具有共享企业信息、维护企业间关系、及产生企业交易行为等三大功能的远程通讯网络系统活动。一般电子商务分为 B2B(Business To Business)、B2C(Business To Consumer)以及 C2C 三种方式，B2B 指企业与企业之间的交易行为，B2C 指企业与个人之间的交易行为，C2C 指个人与个人之间的交易行为。

3.16

制造执行系统　Manufacturing Execution Systems；MES

生产活动管理系统，该系统能启动、指导、响应并向生产管理人员报告在线、实时生产活动的情况。这个系统辅助执行制造订单的活动。

[GB/T 18725—2008 定义 3.164]

4　缩略语

下列缩略语适用于本文件。

AIF：应用集成框架(Application Integration Framework)

AIP：应用互操作专规(Application Interoperability Profile)

CAD：计算机辅助设计(Computer Aided Design)

CAPP：计算机辅助工艺过程设计(Computer Aided Process Planning)

CAM：计算机辅助制造(Computer Aided Manufacturing)

CAE：计算机辅助工程(Computer Aided Engineering)

CRM：客户关系管理(Customer Relationship Management)

EDI：电子数据交换(Electronic Data Interchange)

ERP：企业资源计划(Enterprise Resource Planning)

MES：制造执行系统(Manufacturing Execution Systems)

PDM：产品数据管理(Product Data Management)

PLM：产品生命周期管理(Product Lifecycle Management)

SCA：服务组件框架(Service Component Architecture)

SCM：供应链管理(Supply Chain Management)

SDO:服务数据对象(Service Data Objects)
SOA:面向服务架构(Service-Oriented Architecture)
SOAP:简单对象访问协议(Simple Object Access Protocol)
UDDI:统一描述、发现和集成协议(Universal Description Discovery and Integration)
UML:统一建模语言(Unified Modeling Language)
WSDL:Web服务描述语言(Web Services Description Language)
XML:可扩展标记语言(Extensible Markup Language)

5 制造业信息化标准体系架构

5.1 概述

按照信息化标准体系研究的各种分析角度、多维视图和标准体系的定位,应充分考虑标准体系的纵横关系,给出制造业信息化标准体系结构的3层总体框架,如图1所示。

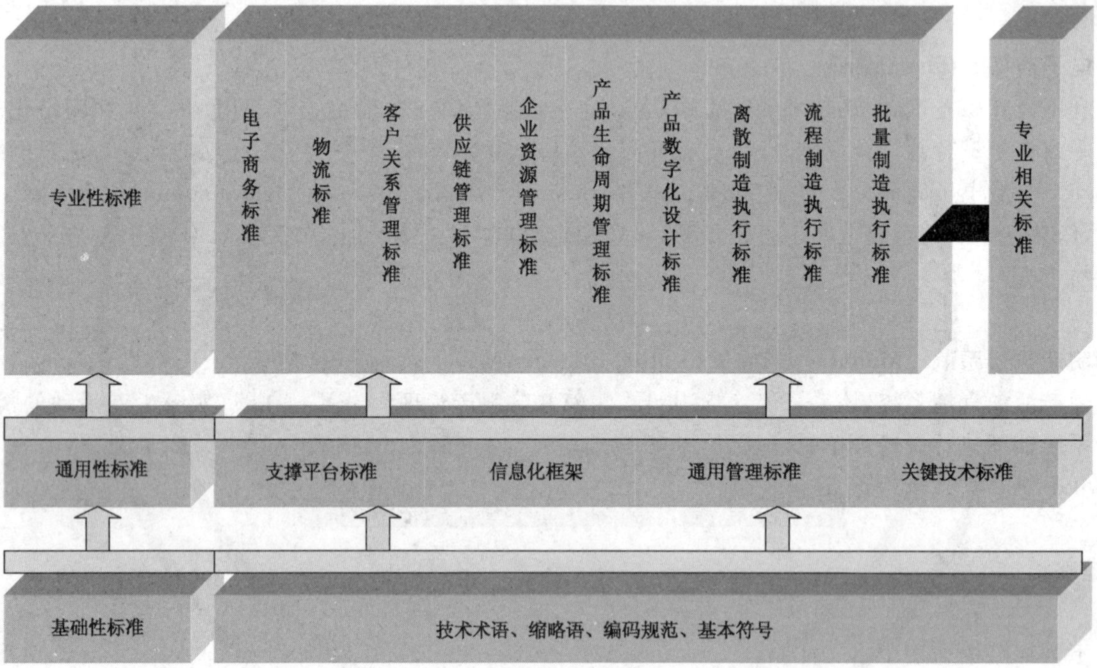

图1 制造业信息化标准体系结构总体框架

5.2 基础性标准

图1中最底层是基础性标准。该标准是指基本的、支持各类标准的标准,包括技术术语、缩略语、编码规范、基本符号、相应分类,如图2、图3所示。

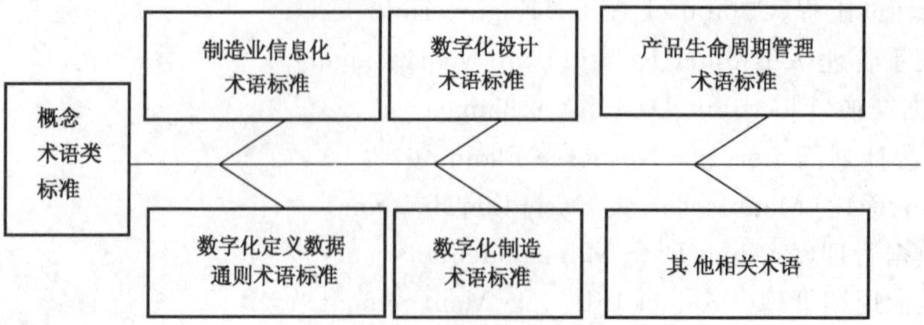

图2 概念术语类标准

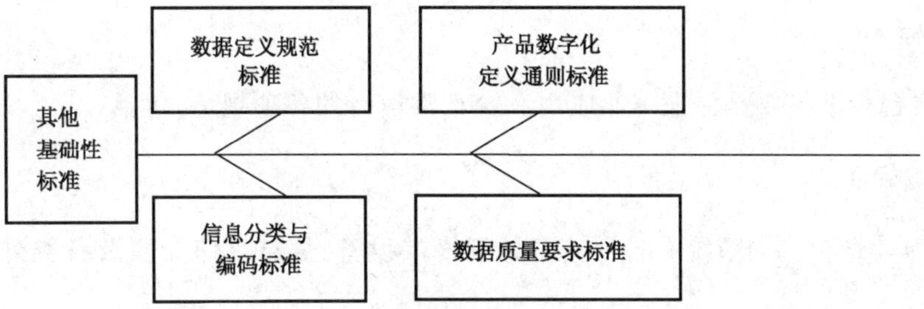

图 3 其他基础性标准

5.3 通用性标准

图 1 的中间层是通用性标准。该类标准是指支持所有专业标准的共性标准，包括：支撑平台类标准、企业信息化基本框架、通用管理类标准、关键技术类标准。这 4 类标准又可进一步细分各类通用性标准框架，如图 4a)、b)、c)、d)所示。

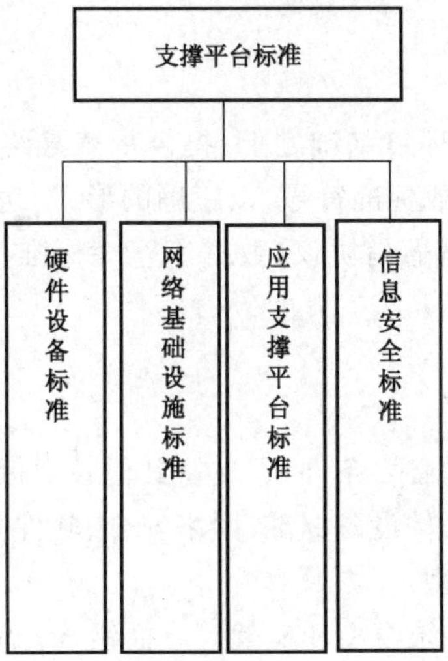

a) 支撑平台标准

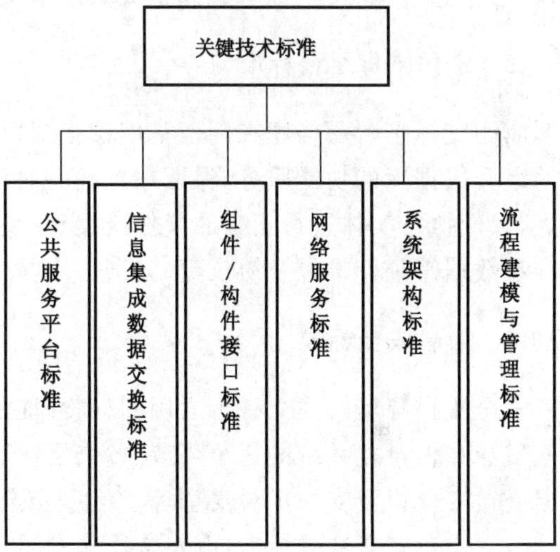

b) 关键技术标准

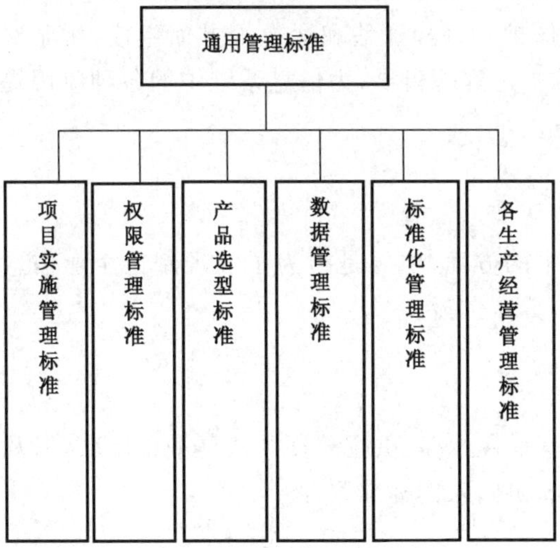

c) 通用管理标准

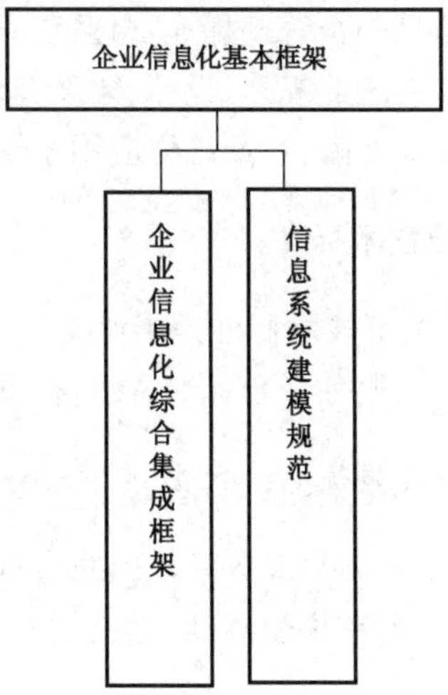

d) 企业信息化基本框架

图 4 各类通用性标准框架

5.3.1 支撑平台标准

图 4a)支撑平台标准主要是保证企业应用系统正常运行的各项规范,包括:

5.3.1.1 硬件设备标准

主要涉及各类信息化应用系统中各种信息处理终端设备、信息存储介质及各类外设资源等标准和规范。

5.3.1.2 网络基础设施标准

网络基础设施向各类信息化应用系统提供必要的网络基础环境,为各类信息化应用提供可靠、有效的信息传输服务通道,是各类信息的最终承载者,是信息能够互联互通、信息资源得到有效应用的保障。该标准主要由网络体系结构、互联网、传送网、PSTN/ISDN 网、ATM 和帧中继网、移动通信网、以太网、接入网、网络管理、电缆光缆、综合布线和配套设施等标准的分体系组成。适用于网络基础设施和网络建设,为信息传输、交换和资源共享提供技术支撑。

5.3.1.3 应用支撑平台标准

应用支撑平台层构建在网络基础设施层以及信息安全支撑环境基础之上,提供承载最终应用系统的网络和数据库的功能服务,保证在正确的时候,将正确的信息或标准符号,以正确的形式,送到正确的地方,以便执行实体进行正确的操作或实现。主要提供各类网络通信协议、数据库管理标准、组件管理标准和数据管理标准以及协议等。

5.3.1.4 信息安全标准

安全支撑环境是建立一个通用的、高性能的安全信息系统的必要条件,它支持其他各类标准。安全问题贯穿在信息化系统的每个环节、各个层次、各个方面,包括硬件设备标准、网络安全、软件安全、电子数据交换安全以及支撑平台安全等。信息安全标准包括以下类型:

a) 信息安全基础标准:由安全技术术语、体系结构、安全系统模型和框架等方面组成;
b) 信息安全技术标准:由密码技术、安全协议、标识与鉴别、访问控制、电子签名、完整性保护、抗抵赖、审计与监控、公钥基础设施、物理安全技术以及其他安全技术等标准组成;
c) 信息安全管理标准:由系统安全管理、等(秘)级保护、工程、评估和运行等方面组成,用于对信息系统的规划、设计、建设、验收、测评、运行与维护过程的指导,为信息系统中的各种应用提供安全保障,并最终为应用系统提供各种安全服务。

5.3.2 关键技术标准

图 4b)关键技术标准是企业信息化中标准规范最集中的方面,主要是指为了实现制造企业信息实时集成的公共服务平台标准、接口标准、数据交换标准等,具体包括:

5.3.2.1 公共服务平台标准

包括 ASP 公共服务平台标准、企业共性技术资源共享平台标准、供应链资源共享平台标准,以及体系结构标准、参考模型标准、建模方法标准、建模语言标准、协同工作标准等。

5.3.2.2 流程建模与管理标准

包括制造企业过程建模标准、体系结构标准以及保证制造应用过程能正确顺利执行的相关控制标准和规范,如流程分析方法准则、技术成熟度评判规范以及各类技术流程规范等。

5.3.2.3 网络服务标准

包括与网络服务相关的各项标准,如 XML、WSDL、SOAP、UDDI 等标准。

5.3.2.4 系统架构标准

包括与系统架构相关的各项标准和规范,如基本架构标准、SCA(Service Component Architecture)、SDO(Service Data Object)、WS-Policy 等用于部署 SOA 的各项规范。

5.3.2.5 信息集成、数据交换标准

用于保证数据实时交换的共享基础数据标准、数据格式标准、各类数据交换标准(如,基于 STEP 的数据交换标准、基于 IGES 的数据交换标准、基于 XML 的数据交换标准等)相关标准。

5.3.2.6 零组件接口标准

为了保证零组件能够互操作对相应接口进行规范的数据接口标准、流程接口标准等。

5.3.3 通用管理标准

图 4c)通用管理标准是用于管理企业信息化实施的各类标准。具体包括:

5.3.3.1 项目实施管理标准

主要是面向企业对项目的实施和完成而实现的信息化流程建模与管理标准,包括项目规划、招标、设计、验收、评估、部署等各步骤的规范,涉及物理环境、网络基础设施、工程实施、应用支撑平台、信息资源服务、信息化应用等各个层面的技术和运营管理。

5.3.3.2 产品选型标准

包括企业信息化实施过程中各类产品选型的标准,包括制造企业产品选型所需的原则、要求、步骤和规范。

5.3.3.3 权限管理标准

包括企业中各类人员使用信息化系统的权限,例如,各类人员对相关数据进行添加/删除/修改/查询/保密的权限等规范。

5.3.3.4 数据管理标准

包括企业中各类数据的管理规范,例如,各类数据持久化保存的期限标准、各类数据保管/维护人、保存地点、保存介质等规范。

5.3.3.5 标准化管理标准

包括企业中各类标准的管理规范。

5.3.3.6 各项生产经营管理标准

该类标准指企业中影响信息化实施(企业工作流程、各项企业活动的规则、约束)的各项生产、技术、经营管理各个环节的标准与规范。包括企业经营决策管理、生产管理、技术管理、质量(包含产品服务)管理、计划管理、人事管理、财务管理、设备管理、物资供运销管理、经济实体管理等。

5.3.4 企业信息化基本框架

图4d)企业信息化基本框架给出了企业信息化建设的总体性、框架性、基础性的标准和规范，具体包括：

5.3.4.1 企业信息化综合集成框架

确保信息化建设能够具有合理的模型、框架以及信息集成的基础性的架构，使不同的支撑平台之间能够协调一致地顺畅工作，使系统整体性能达到优良。

集成框架提供支持网络应用，支持多厂商、多平台、不同操作系统及支持已有传统应用软件的异构及集成和即插即用环境。它不仅要把企业的计算机辅助设计、制造、管理和质量保证等技术子系统有机地集成在一起，实现信息共享和集成，还要充分考虑人在企业中的作用，实现人、组织、经营管理和技术的集成及产品全生命周期中信息流和物流的集成优化，使信息集成发展到过程集成。

企业综合集成技术标准如图5所示，主要包括：

a) 基础标准：
   - 数据交换标准；
   - 数据传递标准；
   - 术语与符号标准；
   - 数据化建模标准。

b) 信息集成相关标准：
   - 数字化产品定义标准；
   - 数字化预装配与数字样机标准。

c) 过程集成标准：
   - 产品数据管理；
   - 协同工作标准；
   - 并行工程标准；
   - 集成制造标准；
   - 供应链管理标准。

d) 知识集成标准：
   - 知识集成管理标准；
   - 配置管理标准。

e) 系统集成标准：
   - 应用系统集成接口标准；
   - 数据表达标准；
   - 互操作标准；
   - CAD/CAPP/CAM 集成标准；
   - CAPP/PDM/ERP 集成标准；
   - CAD/CAE/CAT 集成标准。

f) 集成环境构建标准：
   - 应用平台构建标准；
   - 基础数据库标准；
   - 软件工程标准。

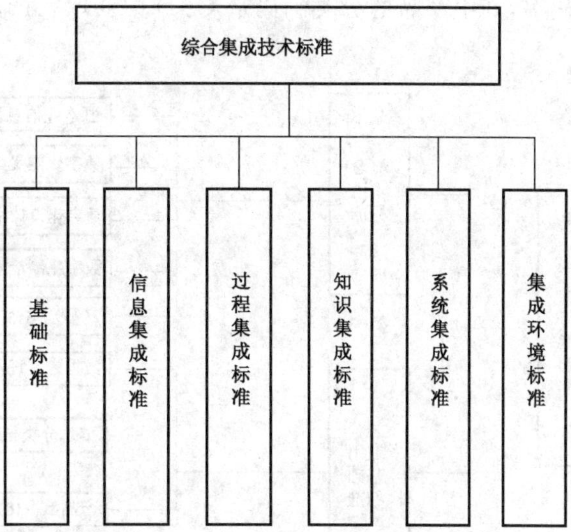

图 5 综合集成技术标准体系

5.3.4.2 信息系统建模规范

确保企业信息化标准体系结构按照规范建立，应对企业流程、业务、功能等建立模型规范。

5.4 专业性标准

图 1 中最上层是专业性标准，是指应用于各专业及相关领域的标准。

5.4.1 设计制造标准

从企业具体应用角度，制定出适合推广数字化设计与制造所需的具体技术标准，包括 CAD 标准、CAE 标准、数字样机标准、CAD 文件管理标准、CAPP 标准、CAM 标准、工艺模拟标准以及 MES 标准，如图 6 所示。

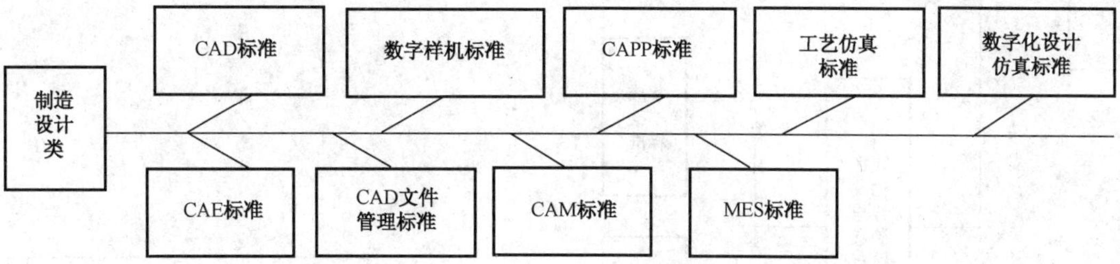

图 6 设计制造类标准

进一步细化的数字化设计与制造集成技术标准体系如图 7 所示。

5.4.1.1 概念术语类标准

针对数字化设计与制造涉及的专业术语，制定相关标准，统一数字化设计与制造领域的众多概念、内涵、技术的理解与表述。

5.4.1.2 通用基础类标准

通用基础类标准包括了数字化设计与制造过程中涉及的具有共性特点的数据定义规范、信息分类与编码(信息分类、代号、代码等,其中产品的分类编码从 CAD 中获取)、产品数字化定义通则、数据质量要求等标准。

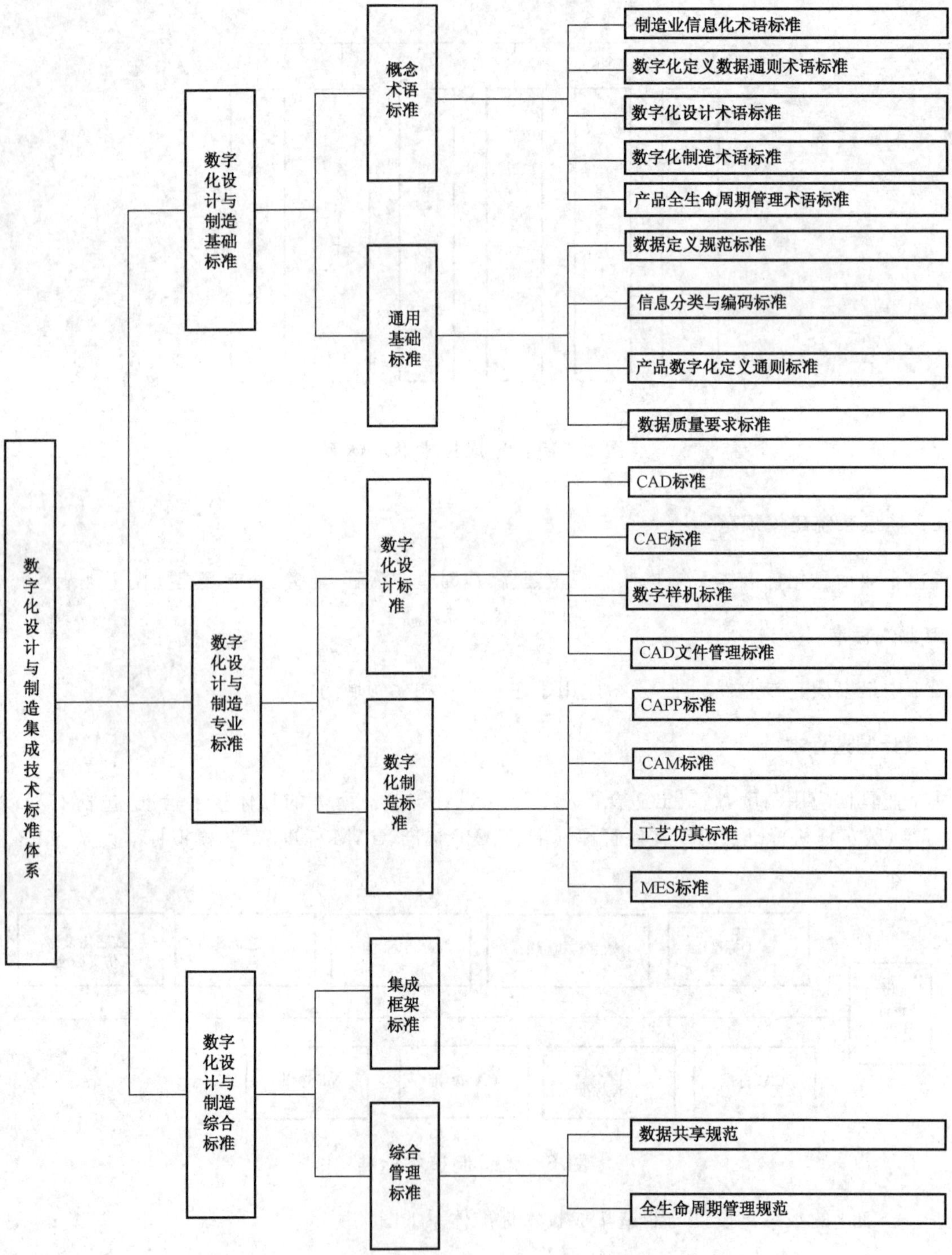

图 7　数字化设计与制造集成技术标准体系结构图

5.4.1.3　数字化设计标准

从企业具体应用角度,制定出适合推广数字化设计所需的具体技术标准,包括 CAD 标准、CAE 标准、数字样机标准以及 CAD 文件管理标准。

5.4.1.4 数字化制造标准

从企业具体应用角度，制定出适合推广数字化制造所需的具体技术标准，包括 CAPP 标准、CAM 标准、工艺模拟标准以及 MES 标准。

5.4.1.5 集成技术框架标准

宏观技术框架，是对实施数字化设计与制造技术所需的技术体系和技术纲领进行规范和约束，并制定能够供企业应用实施提取价值性参考的技术标准框架。

5.4.1.6 综合管理类标准

从企业 CAx 和 PLM 的综合应用角度出发，制定所需的标准。主要包括数据共享标准、产品全过程生命周期管理标准。

5.4.2 企业经营管理标准

管理数字化技术实现了企业内外部管理的数字化、最优化和知识化，提高了企业管理的水平。根据现代企业管理技术与先进制造模式的发展趋势，未来的制造企业管理技术的覆盖面、组织形式、经营管理模式、优化方法与技术、支撑平台与工具等都将发生很大的变化：在覆盖面方面，企业管理涉及的范围越来越广，系统集成度越来越高；在组织形式方面，面向过程的多功能项目组和跨企业的敏捷虚拟企业组织形式将成为发展的主流；在经营管理模式方面，适合未来全球化市场竞争和基于知识的新产品竞争的并行工程与敏捷虚拟企业管理模式、适合于市场需求个性化的大批量定制生产模式等将是发展的主要趋势；在优化方法与技术方面，支持企业诊断与过程重组的企业模型及建模方法、建模工具和仿真工具将进一步发展；在支撑平台与工具方面，未来的计算机网络、企业集成平台与集成框架、数据仓库与数据挖掘工具等将为企业管理信息系统提供高性能、强功能的技术支撑，如图 8 所示。

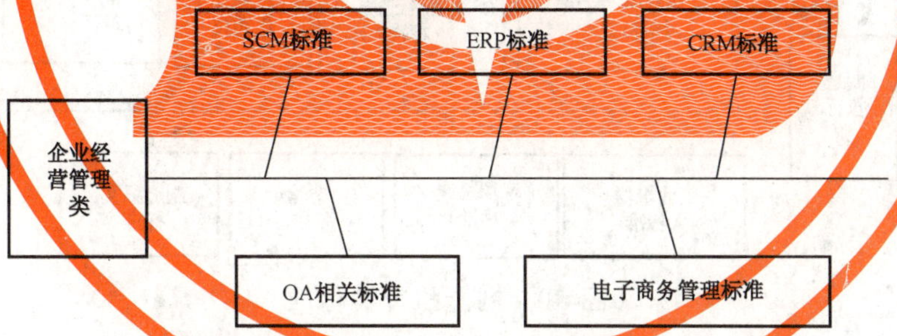

图 8 企业经营管理类标准

管理信息化的标准化的重点是：

a) 制造业管理信息化标准体系；
b) 制造业管理信息化技术术语；
c) 制造业供应链管理(SCM)标准；
d) 企业资源计划(ERP)标准；
e) 制造业客户关系管理(CRM)标准；
f) 制造业办公自动化(OA)标准；
g) 电子商务管理标准(如图 9 所示)，包括：
  - EDI 标准；
  - ebXML 标准；
  - 支撑技术标准(如对象的分装和传输标准、安全标准、电子支付应用协议等)；

- CALS 实施标准(如 CITIS 框架规范、交互式电子手册编制要求);
- 软件互操作标准、数据实时交换标准;
- 数据和信息描述标准(如基础数据、票据格式、交易过程的描述)。

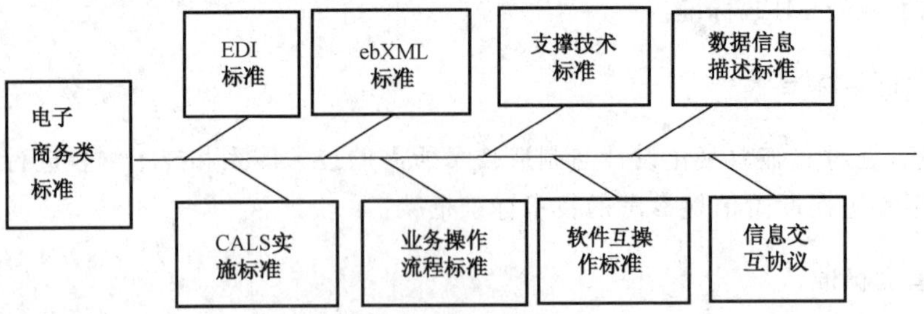

图 9 电子商务类标准

5.4.3 制造执行标准

制造执行相关的标准指用于不同制造类型(离散控制、流程控制和批量控制)的制造执行和控制标准。如图 10 所示,包括:

a) 制造软件及编程环境标准;

b) 制造过程标准;

c) 数控机床应用编程标准;

d) 制造报文规范标准;

e) 工业机器人标准;

f) 现场总线标准;

g) 制造执行系统 MES 标准等。

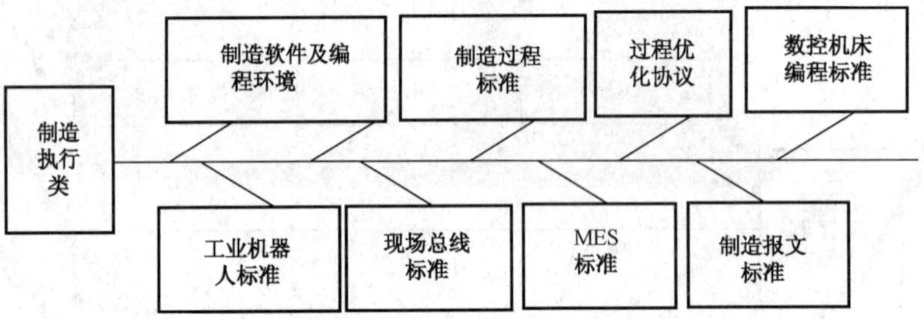

图 10 制造执行类标准

6 制造业信息化标准体系建立

6.1 概述

制造业信息化标准体系的建立,需要通过采用国际标准、行业标准以及地方发布的有关标准规范,并结合信息化的具体实施过程,适时自行制定制造业企业实用的标准或规范,最终形成完整的制造业信息化标准规范体系,具体采用总体规划、分步实施的原则,将自顶向下与自底向上相结合的方法,有计划、有步骤地建立企业信息化标准规范体系。

6.2 制造业信息化标准体系建立基本过程

6.2.1 总则

在企业信息化标准规范体系的框架的指导下,建立标准规范体系可以如建立规章制度一样,从过程、信息交换和资源方面建立，形成标准体系结构。具体建立过程如图 11 所示。

a) 首先对企业领域进行分析、细化，对领域中涉及的标准按照图 1 的框架进行分类，形成该领域的各项标准；
b) 描述各项标准的应用场景，定义标准的适用范围、能解决的问题等；
c) 确定标准建立方法，提出标准概念框架；
d) 定义标准内容、属性描述格式，即模板、用于信息交换的接口及协议；
e) 给出应用实例，说明标准的内涵和应用规则；
f) 给出标准实施贯彻的一致性测试方法和原则，保证标准应用的正确性、操作性及有效性；
g) 建立标准的原型系统，来说明标准的可用性、实用性；
h) 描述标准实施的细则和步骤，将标准真正推广到现实应用中。

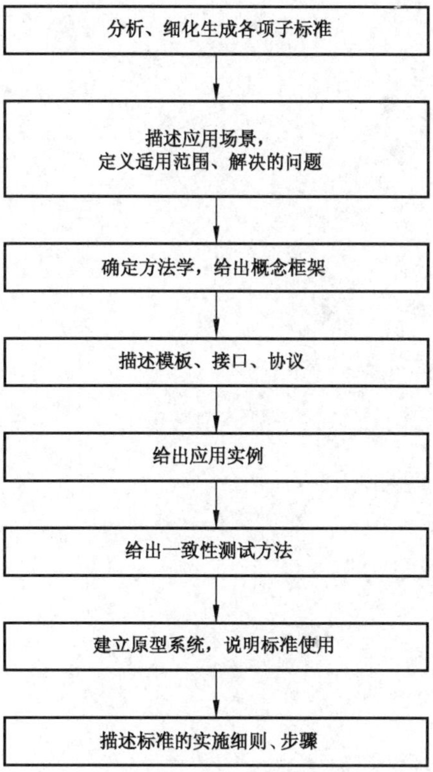

图 11 标准的建立过程

6.2.2 体系建立要点

下面根据制造业标准体系架构，针对各类标准，说明建立的要点：

a) 通用基础标准建立的要点：通用基础标准主要建立在对企业现状分析的基础之上，它需要通过缜密、细致的调查、研究，在专家指导下用科学的方法和手段建立。企业信息术语、分类及编码标准是企业信息化的基础，最为重要。
b) 支撑平台和关键技术标准建立的要点：技术标准是企业信息化标准规范体系中的主要部分，涉及企业应用的稳定性、可靠性、信息互换性、系统开放性、可扩展性、可维护性，应着重遵循成熟度、适用性原则，尽量采用已发布的、现有的、较成熟的标准化组织或商业标准组织建立的、并已经过较长时间的使用检验而证明有效的标准和规范。
c) 应用领域标准建立的要点：应用领域标准应注重同一应用领域的规范性、一致性，术语一致、基础数据的描述规范一致、领域建模（过程模型、交互信息模型、各类资源模型）一致，这样可以为跨企业数据实时交换、应用互操作以及信息共享提供保证。

d) 管理标准建立的要点:管理标准的建立重在遵循统一性原则,应与企业经营管理制度、市场一般规律,其他技术标准规范、信息化规章制度的建立、健全等相结合。管理规范中的通用管理标准、产品选型标准与信息化全过程息息相关,是信息化实施过程中的重要规范。

附 录 A
（资料性附录）
分别基于企业集成、功能及多维空间模型的制造业信息化标准

A.1 基于企业集成模型的制造业信息化标准

企业集成模型应按 GB/T 19659.1—2005 提出的企业应用集成框架 AIF（Application Integration Framework）构建，如图 A.1 所示。任何一个应用系统都可以描述成三个集成模型（即过程模型、信息交换模型和资源模型），如图 A.2 所示。过程模型描述了应用中的控制、材料和信息流，并决定用于交换的资源和信息的需求；信息交换模型描述了资源之间进行交换的信息；资源模型描述了过程建模中的资源以及过程间的接口。不同的资源模型都针对特定的资源进行描述，包括设备集成模型、通信网络集成模型、装备集成模型、人力资源集成模型和材料集成模型。使用该模型的优势在于：

——终端用户可以通过参考以前定义的 AIPs（Application Integration Programs）实现规范和获取开放系统；

——系统集成者可以通过使用基于 AIF 的通用工具缩短基于开放系统求解的时间；

——自动供应商可以使用基于 AIF 的通用工具提供和开发新产品，例如，一个供应商可以通过参考一个 AIP 的资源专规来表明其产品对应用需求的支持。

基于上述模型将制造业信息化标准体系从过程集成模型、信息交换集成模型和资源模型三个方面对涉及的标准规范进行归纳整理。

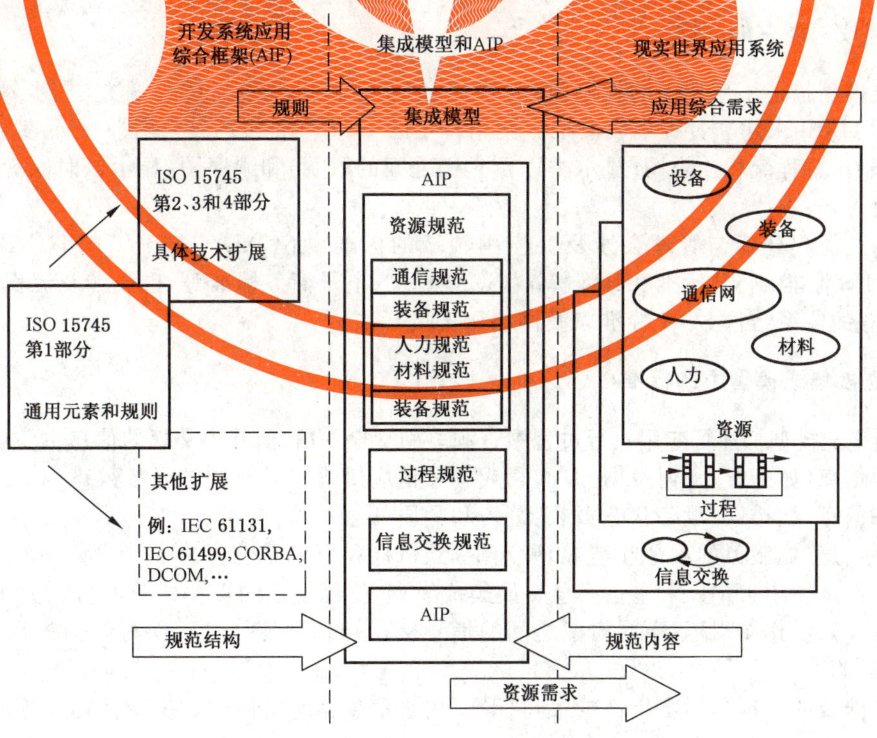

图 A.1 企业应用集成框架

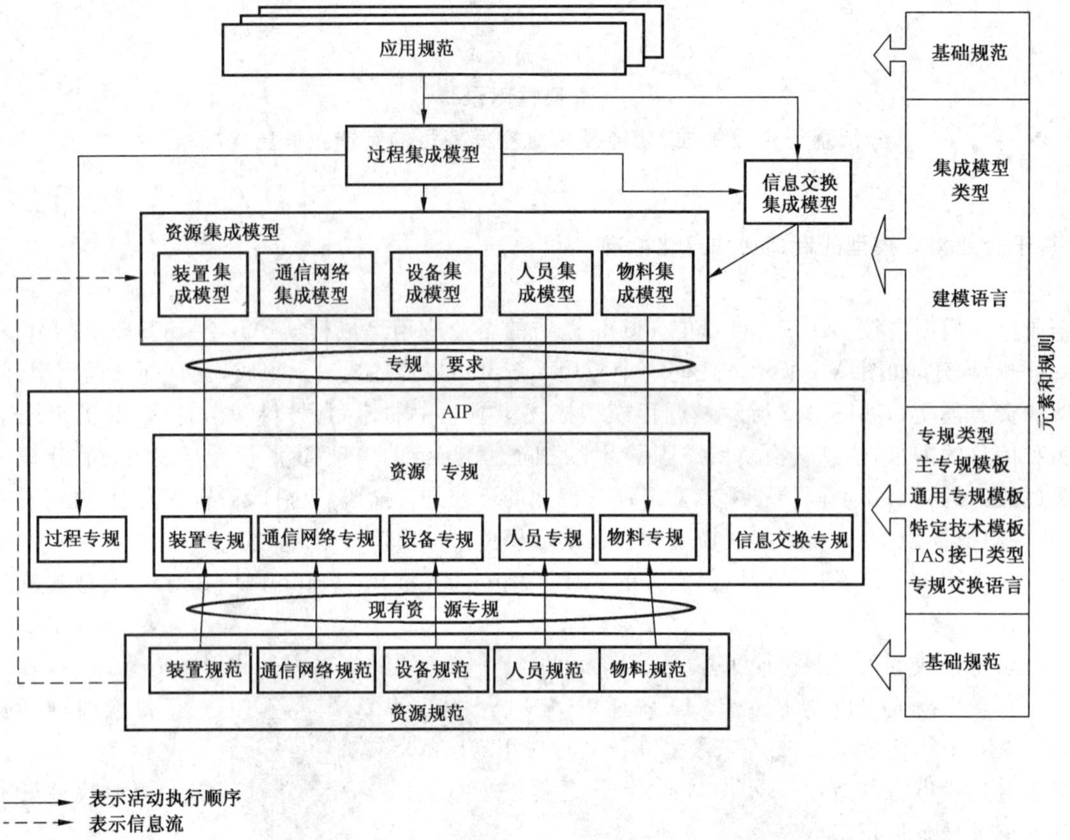

图 A.2 描述企业应用的三个集成模型

A.1.1 过程集成模型中的标准

过程集成模型描述了应用中的控制流程、物流和信息流，以及建立过程的方法、步骤和活动。AIP开发人员使用UML来建立过程集成模型。使用特定的UML图，包括：实例图（显示参与者、实例和关联）、活动图（显示过程流程）、类图（显示类以及它们之间的联系）和顺序图（显示以时间为先后的过程之间的信息交换）。

对各应用的流程建模与管理会涉及各应用领域的标准，如CAD/CAPP/CAM/CAE标准、PDM/PLM标准、MES标准、ERP标准、CRM标准、SCM标准、电子商务标准等，也会涉及流程建模与管理的标准、面向服务的体系结构SOA标准以及网络服务的标准。

A.1.2 信息交换集成模型中的标准

信息交换集成模型描述了应用执行过程中资源之间交换的信息，其中交换的信息主要包括以下几种：

——过程信息（如配方、几何数据、时间表或者其他应用程序需要的过程参数）；

——状态信息（如错误、设备状态报表、警告和品质信息）；

——控制信息（如服务的命令和请求）确定资源、目标和信息的类型。

AIP开发人员使用UML来建立信息交换集成模型，使用特定的UML图，包括：类图（显示类以及它们之间的联系）、协作图（显示不同对象之间的信息交换）和顺序图（显示以时间为先后顺序的过程之间的信息交换）等。

该模型中涉及的标准包括零组件的接口标准、用于信息实时交换的数据交换标准等。

A.1.3 资源集成模型中的标准

资源集成模型描述了制造过程中的设备、通信网络、装备、人力和材料，还定义了可以使这些资源交互的主要接口，通过接口提供必要的方法和服务来支持过程的自动控制。AIP开发人员使用UML来建立资源集成模型，使用特定的UML图，包括：类图（显示类以及它们之间的联系）、协作图（显示不同资源之间的交互）和部署图（显示硬件的配置，基于硬件的软件和同这些硬件和软件交互的人）等。针对不同的资源类型，定义了相应的集成模型，包括：

a) 设备集成模型：描述了过程集成模型和信息交换集成模型中定义的应用需求所必需的设备属性，包括：设备完成的方法、设备的输入和输出、设备的配置参数和设备运行时储存的变量等。
b) 通信网络集成模型：描述了过程集成模型和信息交换集成模型中定义的应用需求所必需的通信网络的属性，包括：拓扑结构、传输介质、节点数、事务类型、数据吞吐量等。
c) 装备集成模型：描述了过程集成模型和信息交换集成模型中定义的应用需求所必需装备的属性，包括：传送速度、容量、传输率。
d) 人力集成模型：描述了过程集成模型和信息交换集成模型中定义的应用需求所必需的人力资源的属性，包括：职责等级、能力等级、是否可用等。
e) 材料集成模型：描述了过程集成模型和信息交换集成模型中定义的应用需求所必需的材料的属性，包括：物理属性（尺寸、质量、密度等）、贮藏属性（保质期、贮藏库的温度和湿度要求等）、加工属性（硬度、可模锻性、黏性）。该模型中涉及的标准包括物理硬件设备标准、通信网络基础设施标准等。

另外，为了集成需要，要求建立公共服务平台标准（包括支撑平台标准和关键技术标准）、基础标准和管理标准，以实现企业间实时无缝集成。

A.2 基于企业功能模型的制造业信息化标准

企业功能模型应以GB/T 20720.1中提出的制造企业功能层次模型构建，模型从纵向描述了制造企业的功能，可将企业功能划分为五层，如图A.3所示。

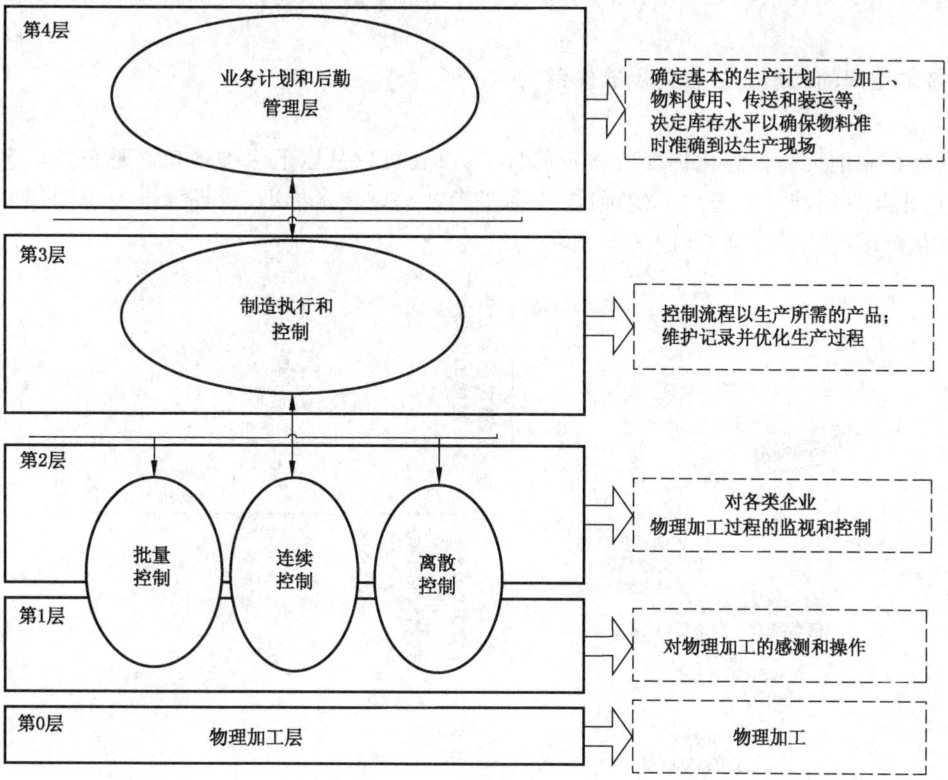

图 A.3 企业功能层次模型

注：a) 第 0 层，物理加工层；

b) 第 1 层，对物理加工的感测和操作；

c) 第 2 层，对各类企业物理加工过程的监视和控制；

其中 a)、b)、c)三层主要涉及企业硬件基础标准、通信网络标准等；

d) 第 3 层，制造执行和控制层，控制流程以生产所需的产品；维护记录并优化生产过程。所涉及的标准包括流程建模与管理标准、SOA 标准、网络服务标准以及应用领域标准等；

e) 第 4 层，业务计划和后勤管理层，确定基本的生产计划——加工、物料使用、传送和装运等，决定库存水平以确保物料准时、准确到达生产现场。第 3 层的信息对第 4 层至关重要。涉及的标准主要包括应用领域标准。

图 A.4 展示了企业的横向应用领域。

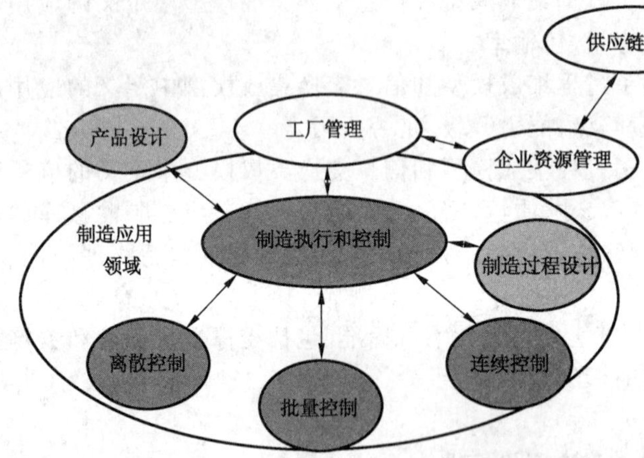

图 A.4 企业横向的应用领域

图 A.4 中，工厂管理对应图 14 中企业功能模型中的业务计划与后勤管理层；产品设计模块主要指 CAD/CAPP/CAM/CAE、PDM/PLM 等，企业资源管理主要指 ERP，产业链管理则对应 SCM。

A.3 基于多维空间的制造业信息化标准体系

为了更为直观地反映信息化标准所涉及的各个方面，可以从以下多维视角来看企业信息化的标准。它们是：信息化建设所涉及的通用基础标准、支撑平台及关键技术标准、管理标准及应用领域标准，从而建立起信息化标准的四维空间，如图 A.5 所示。

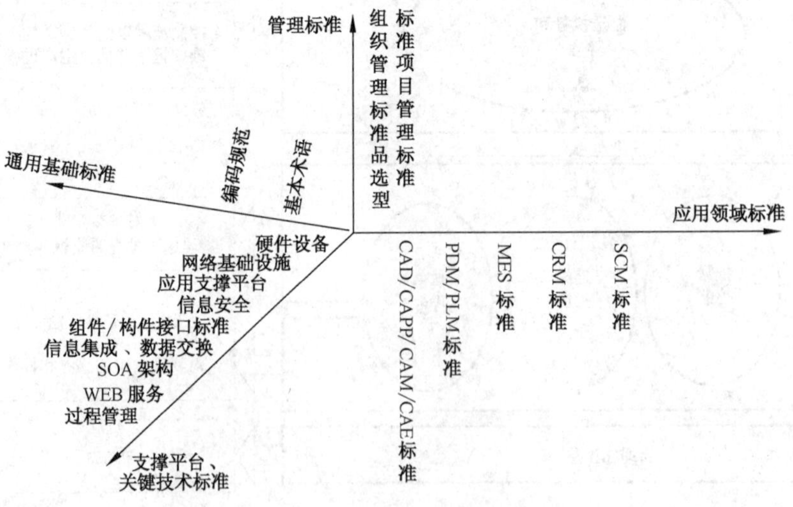

图 A.5 企业信息化标准的四维空间

图 A.5 中，通用基础标准是制造业信息化的根本标准，包括制造业信息化的基本术语、分类及编码规范以及企业信息化基本框架规范；支撑平台和关键技术为信息化建设提供了主要技术手段并直接反映了信息产业的发展水平，其中支撑平台标准包括硬件设备标准、网络基础设施标准、应用支撑平台标准和用于安全保障的信息安全标准；关键技术标准则主要指用于实现信息实时集成的公共服务平台标准，包括流程建模与管理标准、SOA 系统架构相关标准、网络服务相关标准、信息集成和数据交换标准以及零组件间实现互操作的接口标准；管理标准为信息化建设提供了科学的管理模式，包括通用管理标准、产品选型标准和组织管理标准三种；应用领域标准则是利用关键技术和通用管理等技术管理手段而开展的具体信息化工程项目，包括设计相关的 CAD/CAPP/CAM/CAE 标准、PDM 标准等，用于执行控制的 MES 标准，业务层面相关的 ERP 标准、CRM 标准、SCM 标准以及更高层次的电子商务标准等。

注：CAD 中包含标准零件符号标准，即将标准零件通过 CAD 生成标准符号建立成数据库。

附　录　B
（资料性附录）
截止到2010年制造业信息化体系中已发布标准

根据制造业标准体系结构，对目前已有的国际国内制造业相关标准进行划分如下：

B.1　企业信息化基本框架

B.1.1　企业信息化集成框架

ISO 15704:2000(GB/T 18757—2008　工业自动化系统　企业参考体系结构与方法论的需求)

Industrial automation systems—Requirements for enterprise-reference architectures and methodologies

ISO 15745-1:2003(GB/T 19659.1—2005　工业自动化系统与集成　开放系统应用集成框架　第1部分：通用的参考描述)

Industrial automation systems and integration—Open systems application integration framework—Part 1:Generic reference description

ISO 15745-2:2003(GB/T 19659.2—2006　工业自动化系统与集成　开放系统应用集成框架　第2部分：基于ISO 11898的控制系统的参考描述)

Industrial automation systems and integration—Open systems application integration framework—Part 2:Reference description for ISO 11898-based control systems

ISO 15745-3:2003(GB/T 19659.3—2006　工业自动化系统与集成　开放系统应用集成框架　第3部分：基于IEC 61158控制系统的参考描述)

Industrial automation systems and integration—Open systems application integration framework—Part 3:Reference description for IEC 61158-based control system

ISO 15745-4:2003(GB/T 19659.4—2006　工业自动化系统与集成　开放系统应用集成框架　第4部分：基于以太网控制系统的参考描述)

Industrial automation systems and integration—Open systems application integration framework—Part 4:Reference description for Ethernet-based control systems

ISO 15745-5:2007(GB/T 19659.5—2010　工业自动化系统与集成　开放系统应用集成框架　第5部分：基于HDLC控制系统的参考描述)

Industrial automation systems and integration—Open systems application integration framework—Part 5:Reference description for HDLC-based control systems

B.1.2　企业建模规范

ENV 12204:1996

Advanced Manufacturing Technology Systems Architecture Constructs for Enterprise Modelling

ISO 14258:1998(GB/T 18999—2003　工业自动化系统　企业模型的概念与规则)

Industrial automation systems—Concepts and rules for enterprise models

ISO 19439:2006(GB/T 16642—2008　企业集成　企业建模框架)

Enterprise integration—Framework for enterprise modeling

ISO 19440:2007(GB/T 22454—2008　企业集成　企业建模构件)

Enterprise integration—Constructs for enterprise modelling

ENV 40003:1991

Computer Integrated Manufacturing—Systems Architecture—Framework for Enterprise Modelling

OMG MDA:2001

Model Driven Architecture

模型驱动的体系结构

这是一种以模型为核心的软件系统开发体系结构。在MDA中,模型不再仅仅是描绘系统、辅助沟通的工具,而是软件开发的核心和主干。软件的生命周期就是以模型为载体并由模型映射所驱动的过程。

B.2 应用领域标准

B.2.1 数字化产品设计

B.2.1.1 ISO 10303系列

ISO 10303-1:1994(GB/T 16656.1—2008 工业自动化系统与集成 产品数据表达与交换 第1部分:概述与基本原理)

Industrial automation systems and integration—Product data representation and exchange—Part 1:Overview and fundamental principles

ISO 10303-11:2004(GB/T 16656.11—2010 工业自动化系统与集成 产品数据表达与交换 第11部分:描述方法:EXPRESS语言参考手册)

Industrial automation systems and integration—Product data representation and exchange—Part 11:Description methods:The EXPRESS language reference manual

ISO/TR 10303-12:1997

Industrial automation systems and integration—Product data representation and exchange—Part 12:Description methods:The EXPRESS-I language reference manual

ISO 10303-14:2005

Industrial automation systems and integration—Product data representation and exchange—Part 14:Description methods:The EXPRESS-X language reference manual

ISO 10303-21:2002

Industrial automation systems and integration—Product data representation and exchange—Part 21:Implementation methods:Clear text encoding of the exchange structure

ISO 10303-22:1998

Industrial automation systems and integration—Product data representation and exchange—Part 22:Implementation methods:Standard data access interface

ISO 10303-23:2000

Industrial automation systems and integration—Product data representation and exchange—Part 23:Implementation methods:C++ language binding to the standard data access interface

ISO 10303-24:2001

Industrial automation systems and integration—Product data representation and exchange—Part 24:Implementation methods:C language binding of standard data access interface

ISO/TS 10303-27:2000

Industrial automation systems and integration—Product data representation and exchange—Part

27:Implementation methods:Java TM programming language binding to the standard data access interface with Internet/Intranet extensions

ISO 10303-28:2007

Industrial automation systems and integration—Product data representation and exchange—Part 28:Implementation methods:XML representations of EXPRESS schemas and data,using XML schemas

ISO 10303-31:1994(GB/T 16656.31—1997 工业自动化系统与集成 产品数据的表达与交换 第31部分:一致性测试方法论与框架:基本概念)

Industrial automation systems and integration—Product data representation and exchange—Part 31:Conformance testing methodology and framework:General concepts

ISO 10303-32:1998(GB/T 16656.32—1999 工业自动化系统与集成 产品数据的表达与交换 第32部分:一致性测试方法论与框架:对测试实验室和客户的要求)

Industrial automation systems and integration—Product data representation and exchange—Part 32:Conformance testing methodology and framework:Requirements on testing laboratories and clients

ISO 10303-34:2001(GB/T 16656.34—2002 工业自动化系统与集成 产品数据的表达与交换 第34部分:一致性测试方法论与框架:应用协议实现的抽象测试方法)

Industrial automation systems and integration—Product data representation and exchange—Part 34:Conformance testing methodology and framework:Abstract test methods for application protocol implementations

ISO/TS 10303-35:2003

Industrial automation systems and integration—Product data representation and exchange—Part 35:Conformance testing methodology and framework:Abstract test methods for standard data access interface (SDAI) implementations

ISO 10303-41:2005(GB/T 16656.41—2010 工业自动化系统与集成 产品数据表达与交换 第41部分:集成通用资源:产品描述与支持原理)

Industrial automation systems and integration—Product data representation and exchange—Part 41:Integrated generic resource:Fundamentals of product description and support

ISO 10303-42:2003(GB/T 16656.42—2010 工业自动化系统与集成 产品数据表达与交换 第42部分:集成通用资源:几何与拓扑表达)

Industrial automation systems and integration—Product data representation and exchange—Part 42:Integrated generic resource:Geometric and topological representation

ISO 10303-43:2000(GB/T 16656.43—2008 工业自动化系统与集成 产品数据表达与交换 第43部分:集成通用资源:表达结构)

Industrial automation systems and integration—Product data representation and exchange—Part 43:Integrated generic resource:Representation structures

ISO 10303-44:2000(GB/T 16656.44—2008 工业自动化系统与集成 产品数据表达与交换 第44部分:集成通用资源:产品结构配置)

Industrial automation systems and integration—Product data representation and exchange—Part 44:Integrated generic resource:Product structure configuration

ISO 10303-45:1998(GB/T 16656.45—2001 工业自动化系统与集成 产品数据表达与交换 第45部分:集成通用资源:材料)

Industrial automation systems and integration—Product data representation and exchange—Part 45:Integrated generic resource:Materials

ISO 10303-46:1994(GB/T 16656.46—2010 工业自动化系统与集成 产品数据表达与交换 第46部分:集成通用资源:可视化显示)

Industrial automation systems and integration—Product data representation and exchange—Part 46:Integrated generic resources:Visual presentation

ISO 10303-47:1997

Industrial automation systems and integration—Product data representation and exchange—Part 47:Integrated generic resource:Shape variation tolerances

ISO 10303-49:1998(GB/T 16656.49—2003 工业自动化系统与集成 产品数据表达与交换 第49部分:集成通用资源:工艺过程结构和特性)

Industrial automation systems and integration—Product data representation and exchange—Part 49:Integrated generic resources:Process structure and properties

ISO 10303-50:2002

Industrial automation systems and integration—Product data representation and exchange—Part 50:Integrated generic resource:Mathematical constructs

ISO/DIS 10303-52 Under development

Industrial automation systems and integration—Product data representation and exchange—Part 52:Integrated generic resource:Mesh-based topology

ISO 10303-55:2005

Industrial automation systems and integration—Product data representation and exchange—Part 55:Integrated generic resource:Procedural and hybrid representation

ISO 10303-59:2008

Industrial automation systems and integration—Product data representation and exchange—Part 59:Integrated generic resource—Quality of product shape data

ISO 10303-101:1994(GB/T 16656.101—2010 工业自动化系统与集成 产品数据表达与交换 第101部分:集成应用资源:绘图)

Industrial automation systems and integration—Product data representation and exchange—Part 101:Integrated application resources:Draughting

ISO 10303-104:2000

Industrial automation systems and integration—Product data representation and exchange—Part 104:Integrated application resource:Finite element analysis

ISO 10303-105:1996(GB/T 16656.105—2010 工业自动化系统与集成 产品数据表达与交换 第105部分:集成应用资源:运动学)

Industrial automation systems and integration—Product data representation and exchange—Part 105:Integrated application resource:Kinematics

ISO 10303-108:2005

Industrial automation systems and integration—Product data representation and exchange—Part 108: Integrated application resource: Parameterization and constraints for explicit geometric product models

ISO/DIS 10303-110 Under development

Industrial automation systems and integration—Product data representation and exchange—Part 110:Integrated application resource:Mesh based computational fluid dynamics

ISO 10303-111:2007

Industrial automation systems and integration—Product data representation and exchange—Part

111:Integrated application resource:Elements for the procedural modelling of solid shapes

ISO 10303-112:2006

Industrial automation systems and integration—Product data representation and exchange—Part 112: Integrated application resource: Modelling commands for the exchange of procedurally represented 2D CAD models

ISO 10303-201:1994(GB/T 16656.201—1998 工业自动化系统与集成 产品数据表达与交换 第201部分:应用协议:显式绘图)

Industrial automation systems and integration—Product data representation and exchange—Part 201:Application protocol:Explicit draughting

ISO 10303-202:1996(GB/T 16656.202—2000 工业自动化系统与集成 产品数据的表达与交换 第202部分:应用协议:相关绘图)

Industrial automation systems and integration—Product data representation and exchange—Part 202:Application protocol:Associative draughting

ISO 10303-203:1994(GB/T 16656.203—1997 工业自动化系统与集成 产品数据的表达与交换 第203部分:应用协议:配置控制设计)

Industrial automation systems and integration—Product data representation and exchange—Part 203:Application protocol:Configuration controlled design

ISO 10303-204:2002

Industrial automation systems and integration—Product data representation and exchange—Part 204:Application protocol:Mechanical design using boundary representation

ISO 10303-207:1999

Industrial automation systems and integration—Product data representation and exchange—Part 207:Application protocol:Sheet metal die planning and design

ISO 10303-209:2001

Industrial automation systems and integration—Product data representation and exchange—Part 209:Application protocol:Composite and metallic structural analysis and related design

ISO 10303-210:2001

Industrial automation systems and integration—Product data representation and exchange—Part 210:Application protocol:Electronic assembly,interconnection,and packaging design

ISO 10303-212:2001

Industrial automation systems and integration—Product data representation and exchange—Part 212:Application protocol:Electrotechnical design and installation

ISO 10303-214:2003

Industrial automation systems and integration—Product data representation and exchange—Part 214:Application protocol:Core data for automotive mechanical design processes

ISO 10303-215:2004

Industrial automation systems and integration—Product data representation and exchange—Part 215:Application protocol:Ship arrangement

ISO 10303-216:2003

Industrial automation systems and integration—Product data representation and exchange—Part 216:Application protocol:Ship moulded forms

ISO 10303-218:2004

Industrial automation systems and integration—Product data representation and exchange—Part

218:Application protocol:Ship structures

ISO 10303-219:2007

Industrial automation systems and integration—Product data representation and exchange—Part 219:Application protocol:Dimensional inspection information exchange

ISO 10303-223:2008

Industrial automation systems and integration—Product data representation and exchange—Part 223:Application protocol:Exchange of design and manufacturing product information for cast parts

ISO 10303-224:2006

Industrial automation systems and integration—Product data representation and exchange—Part 224:Application protocol:Mechanical product definition for process planning using machining features

ISO 10303-225:1999

Industrial automation systems and integration—Product data representation and exchange—Part 225:Application protocol:Building elements using explicit shape representation

ISO 10303-227:2005

Industrial automation systems and integration—Product data representation and exchange—Part 227:Application protocol:Plant spatial configuration

ISO 10303-232:2002

Industrial automation systems and integration—Product data representation and exchange—Part 232:Application protocol:Technical data packaging core information and exchange

ISO/DIS 10303-235 Under development

Industrial automation systems and integration—Product data representation and exchange—Part 235:Application protocol:Engineering properties for product design and verification

ISO 10303-238:2007

Industrial automation systems and integration—Product data representation and exchange—Part 238:Application protocol:Application interpreted model for computerized numerical controllers

ISO 10303-240:2005

Industrial automation systems and integration—Product data representation and exchange—Part 240:Application protocol:Process plans for machined products

ISO/TS 10303-304:2001

Industrial automation systems and integration—Product data representation and exchange—Part 304:Abstract test suite:Mechanical design using boundary representation

ISO/TR 10303-307:2000

Industrial automation systems and integration—Product data representation and exchange—Part 307:Abstract test suite:Sheet metal die planning and design

ISO/TS 10303-325:2004

Industrial automation systems and integration—Product data representation and exchange—Part 325:Abstract test suite:Building elements using explicit shape representation

ISO/TS 10303-332:2002

Industrial automation systems and integration—Product data representation and exchange—Part 332:Abstract test suite:Technical data packaging core information and exchange

ISO/TS 10303-403:2008

Industrial automation systems and integration—Product data representation and exchange—Part 403:Application module:AP203 configuration controlled 3D design of mechanical parts and assemblies

ISO 10303-501:2000(GB/T 16656.501—2005 工业自动化系统与集成 产品数据表达与交换 第501部分:应用解释构造:基于边的线框)

Industrial automation systems and integration—Product data representation and exchange—Part 501:Application interpreted construct:Edge-based wireframe

ISO 10303-502:2000(GB/T 16656.502—2005 工业自动化系统与集成 产品数据表达与交换 第502部分:应用解释构造:基于壳的线框)

Industrial automation systems and integration—Product data representation and exchange—Part 502:Application interpreted construct:Shell-based wireframe

ISO 10303-503:2000(GB/T 16656.503—2004 工业自动化系统与集成 产品数据表达与交换 第503部分:应用解释构造:几何有界二维线框)

Industrial automation systems and integration—Product data representation and exchange—Part 503:Application interpreted construct:Geometrically bounded 2D wireframe

ISO 10303-504:2000(GB/T 16656.504—2010 工业自动化系统与集成 产品数据表达与交换 第504部分:应用解释构造:绘图注释)

Industrial automation systems and integration—Product data representation and exchange—Part 504:Application interpreted construct:Draughting annotation

ISO 10303-505:2000(GB/T 16656.505—2010 工业自动化系统与集成 产品数据表达与交换 第505部分:应用解释构造:图样结构与管理)

Industrial automation systems and integration—Product data representation and exchange—Part 505:Application interpreted construct:Drawing structure and administration

ISO 10303-506:2000(GB/T 16656.506—2010 工业自动化系统与集成 产品数据表达与交换 第506部分:应用解释构造:绘图元素)

Industrial automation systems and integration—Product data representation and exchange—Part 506:Application interpreted construct:Draughting elements

ISO 10303-507:2001(GB/T 16656.507—2010 工业自动化系统与集成 产品数据表达与交换 第507部分:应用解释构造:几何有界曲面)

Industrial automation systems and integration—Product data representation and exchange—Part 507:Application interpreted construct:Geometrically bounded surfacee

ISO 10303-508:2001(GB/T 16656.508—2010 工业自动化系统与集成 产品数据表达与交换 第508部分:应用解释构造:非流形曲面)

Industrial automation systems and integration—Product data representation and exchange—Part 508:Application interpreted construct:Non-manifold surface

ISO 10303-509:2001(GB/T 16656.509—2010 工业自动化系统与集成 产品数据表达与交换 第509部分:应用解释构造:流形曲面)

Industrial automation systems and integration—Product data representation and exchange—Part 509:Application interpreted construct:Manifold surface

ISO 10303-510:2001

Industrial automation systems and integration—Product data representation and exchange—Part 510:Application interpreted construct:Geometrically bounded wireframe

ISO 10303-511:2001

Industrial automation systems and integration—Product data representation and exchange—Part 511:Application interpreted construct:Topologically bounded surface

ISO 10303-512:1999

Industrial automation systems and integration—Product data representation and exchange—Part

512:Application interpreted construct:Faceted boundary representation

ISO 10303-513:2000(GB/T 16656.513—2004 工业自动化系统与集成 产品数据表达与交换 第 513 部分:应用解释构造:基本边界表达)

Industrial automation systems and integration—Product data representation and exchange—Part 513:Application interpreted construct:Elementary boundary representation

ISO 10303-514:1999

Industrial automation systems and integration—Product data representation and exchange—Part 514:Application interpreted construct:Advanced boundary representation

ISO 10303-515:2000

Industrial automation systems and integration—Product data representation and exchange—Part 515:Application interpreted construct:Constructive solid geometry

ISO 10303-517:2000

Industrial automation systems and integration—Product data representation and exchange—Part 517:Application interpreted construct:Mechanical design geometric presentation

ISO 10303-518:2002

Industrial automation systems and integration—Product data representation and exchange—Part 518:Application interpreted construct:Mechanical design shaded presentation

ISO 10303-519:2000

Industrial automation systems and integration—Product data representation and exchange—Part 519:Application interpreted construct:Geometric tolerances

ISO 10303-520:1999(GB/T 16656.520—2002 工业自动化系统与集成 产品数据的表达与交换 第 520 部分:应用解释构造:相关绘图元素)

Industrial automation systems and integration—Product data representation and exchange—Part 520:Application interpreted construct:Associative draughting elements

ISO 10303-521:2003

Industrial automation systems and integration—Product data representation and exchange—Part 521:Application interpreted construct:Manifold subsurface

ISO 10303-522:2006

Industrial automation systems and integration—Product data representation and exchange—Part 522:Application interpreted construct:Machining features

ISO 10303-523:2004

Industrial automation systems and integration—Product data representation and exchange—Part 523:Application interpreted construct:Curve swept solid

ISO/TS 10303-1005:2001

Industrial automation systems and integration—Product data representation and exchange—Part 1005:Application module:Elemental topology

B.2.1.2 ISO 13584 系列

ISO 13584-1:2001(GB/T 17645.1—2008 工业自动化系统与集成 零件库 第 1 部分:综述与基本原理)

Industrial automation systems and integration—Parts library—Part 1:Overview and fundamental principles

ISO 13584-20:1998(GB/T 17645.20—2002 工业自动化系统与集成 零件库 第 20 部分:逻辑

资源:表达式的逻辑模型)

Industrial automation systems and integration—Parts library—Part 20:Logical resource:Logical model of expressions

ISO 13584-24:2003

Industrial automation systems and integration—Parts library—Part 24:Logical resource:Logical model of supplier library

ISO 13584-25:2004

Industrial automation systems and integration—Parts library—Part 25:Logical resource:Logical model of supplier library with aggregate values and explicit content

ISO 13584-26:2000

Industrial automation systems and integration—Parts library—Part 26:Logical resource:Information supplier identification

ISO 13584-31:1999

Industrial automation systems and integration—Parts library—Part 31: Implementation resources:Geometric programming interface

ISO/DIS 13584-32 Under development

Industrial automation systems and integration—Parts library—Part 32: Implementation resources:OntoML:Product ontology markup language

ISO/DIS 13584-42

Industrial automation systems and integration—Parts library—Part 42:Description methodology: Methodology for structuring part families

ISO 13584-102:2006

Industrial automation systems and integration—Parts library—Part 102:View exchange protocol by ISO 10303 conforming specification

ISO 13584-501:2007

Industrial automation systems and integration—Parts library—Part 501:Reference dictionary for measuring instruments—Registration procedure

ISO 13584-511:2006

Industrial automation systems and integration—Parts library—Part 511:Mechanical systems and components for general use—Reference dictionary for fasteners

B.2.1.3 ISO 20542 系列

ISO/PAS 20542:2006

Industrial automation systems and integration—Product data representation and exchange—Reference model for systems engineering

B.2.2 制造系统

B.2.2.1 开放系统互连

ISO/IEC 7498-1:1994(GB/T 9387.1—1998 信息技术 开放系统互连 基本参考模型 第1部分:基本模型)

Information technology—Open Systems Interconnection—Basic Reference Model:The Basic Model

ISO 7498-2:1989(GB/T 9387.2—1995 信息处理系统 开放系统互连 基本参考模型 第2部

分:安全体系结构)

Information processing systems—Open Systems Interconnection—Basic Reference Model—Part 2:Security Architecture

B.2.2.2 制造报文规范

ISO 9506-1:2003(GB/T 16720.1—2005 工业自动化系统 制造报文规范 第1部分:服务定义)

Industrial automation systems—Manufacturing Message Specification—Part 1:Service definition

ISO 9506-2:2003(GB/T 16720.2—2005 工业自动化系统 制造报文规范 第2部分:协议规范)

Industrial automation systems—Manufacturing Message Specification—Part 2:Protocol specification

ISO/ISP 14226-1:1996

Industrial automation systems—International Standardized Profile AMM11:MMS General Applications Base Profile—Part 1: Specification of ACSE, Presentation and Session protocols for use by MMS

ISO/ISP 14226-2:1996

Industrial automation systems—International Standardized Profile AMM11:MMS general application base profile—Part 2:Common MMS requirements

ISO/ISP 14226-3:1996

Industrial automation systems—International Standardized Profile AMM11:MMS General Applications Base Profile—Part 3:Specific MMS requirements

B.2.2.3 车间生产

ISO/TR 10314-1:1990(GB/T 16980.1—1997 工业自动化 车间生产 第1部分:标准化参考模型和确定需求的方法论)

Industrial automation—Shop floor production—Part 1:Reference model for standardization and a methodology for identification of requirements

ISO/TR 10314-2:1991(GB/T 16980.2—1997 工业自动化 车间生产 第2部分:标准化参考模型和方法论的应用)

Industrial automation—Shop floor production—Part 2: Application of the reference model for standardization and methodology

B.2.2.4 制造自动化编程环境

ISO 13281-1:1997(GB/T 18755.1—2002 工业自动化系统 制造自动化编程环境(MAPLE) 功能体系结构)

Industrial automation systems—Manufacturing Automation Programming Environment (MAPLE)—Functional architecture

ISO 13281-2:2000(GB/T 18755.2—2003 工业自动化系统与集成 制造自动化编程环境(MAPLE) 第2部分:服务与接口)

Industrial automation systems and integration—Manufacturing Automation Programming Environment (MAPLE)—Part 2:Services and interfaces

B.2.2.5 工业制造数据管理

ISO 15531-31:2004(GB/T 19114.31—2008 工业自动化系统与集成 工业制造管理数据 第31

部分:资源信息模型)

Industrial automation systems and integration—Industrial manufacturing management data—Part 31:Resource information model

ISO 15531-32:2005(GB/T 19114.32—2008 工业自动化系统与集成 工业制造管理数据:资源应用管理 第32部分:资源应用管理数据的概念模型)

Industrial automation systems and integration—Industrial manufacturing management data:Resources usage management—Part 32:Conceptual model for resources usage management data

ISO/DIS 15531-44 Under development

Industrial automation systems and integration—Industrial manufacturing management data—Part 44:Manufacturing management information modelling for shop floor data acquisition

ISO 15926-1:2004

Industrial automation systems and integration—Integration of life-cycle data for process plants including oil and gas production facilities—Part 1:Overview and fundamental principles

ISO 15926-2:2003(GB/T 18975.2—2008 工业自动化系统与集成 流程工厂(包括石油和天然气生产设施)生命周期数据集成 第2部分:数据模型)

Industrial automation systems and integration—Integration of life-cycle data for process plants including oil and gas production facilities—Part 2:Data model

ISO 15926-3:2009

Industrial automation systems and integration—Integration of life-cycle data for process plants including oil and gas production facilities—Part 3:Reference data for geometry and topology

ISO/TS 15926-4:2007

Industrial automation systems and integration—Integration of life-cycle data for process plants including oil and gas production facilities—Part 4:Initial reference data

B.2.2.6 工业制造数据管理

ISO 2806:1994(GB/T 8129—1997 工业自动化系统 机床数值控制 词汇)

Industrial automation systems—Numerical control of machines—Vocabulary

ISO 3592:2000(GB/T 12177—2008 工业自动化系统 机床数值控制 NC处理器输出 文件结构和语言格式)

Industrial automation systems—Numerical control of machines—NC processor output—File structure and language format

ISO 4343:2000(GB/T 11292—2008 工业自动化系统 机床数值控制 NC处理器输出 后置处理命令)

Industrial automation systems—Numerical control of machines—NC processor output—Post processor commands

B.2.2.7 制造执行系统

ISA-S95/IEC 62264

Enterprise/ Control System Integration

企业控制系统集成

美国国家工业信息体系结构协议(NIIIP)的参考体系结构

IEC 62264-1:2003(GB/T 20720.1—2006 企业控制系统集成 第1部分:模型和术语)

Enterprise-control system integration—Part 1:Models and terminology

IEC 62264-2:2004(GB/T 20720.2—2006 企业控制系统集成 第2部分:对象模型属性)

Enterprise-control system integration—Part 2:Model object attributes

IEC 62264-3:2007(GB/T 20720.3—2010 企业控制系统集成 第3部分:制造运行管理的活动模型)

Enterprise-Control System Integration—Part 3: Activity Models Of Manufacturing Operations Management

B.2.2.8 企业资源管理

a) 科技部于2002年8月发布《制造业信息化工程2002年度应用软件产品测评规范——ERP软件测评指标》;

b) 信息产业部于2003年10月1日颁布《企业信息化技术规范第一部分:企业资源规划系统(ERP)规范》;

c) 科技部于2003年11月发布《制造业信息化工程2003年度应用软件产品测评规范——ERP软件测评指标及评定细则》;

d) 科技部于2004年6月发布《制造业信息化工程ERP软件产品评测规范2004年度征求意见稿》;

e) SCOR 8.0 Overview Booklet.Washington,D.C.:Supply-Chain Council,2006.

B.2.2.9 电子商务

a) EDI——Electric Data Interchange,电子数据交换,将贸易、运输、保险、银行和海关等行业的信息,用一种国际公认的标准格式,通过计算机通信网络,使各有关部门、公司与企业之间进行数据交换与处理,并完成以贸易为中心的全部业务过程。该标准包括EDI网络通信标准、EDI处理标准、EDI联系标准和EDI语义语法标准等,其中EDIFAC已成为统一的EDI国际标准。

b) RosettaNet——是一个业务协议,通过为电子商务制定全球性语言,企业可以克服在Internet上经营业务的障碍。主要目标集中在供应链及其优化上,它通过增强的B2B集成提高其效率和性能。RosettaNet电子商务过程标准旨在提高速度、效率和可靠性,允许在贸易合作伙伴间进行更大规模的协作和交流。RosettaNet提供一个公共交流平台,也可以说是一种公共语言,它允许参与业务流程的不同贸易合作伙伴自动化流程并在Internet上执行。RosettaNet跨网络定义业务流程并对其进行集成,以确定最佳操作过程。

c) ISO/TS 15000系列标准

ISO/TS 15000-1:2004(GB/T 19256.2—2006 基于XML的电子商务 第2部分:协同规程轮廓与协议规范)

Electronic business eXtensible Markup Language (ebXML)—Part 1: Collaboration-protocol profile and agreement specification (ebCPP)

ISO/TS 15000-2:2004

Electronic business eXtensible Markup Language (ebXML)—Part 2:Message service specification (ebMS)

ISO/TS 15000-3:2004(GB/T 19256.4—2006 基于XML的电子商务 第4部分:注册系统信息模型规范)

Electronic business eXtensible Markup Language (ebXML)—Part 3:Registry information model specification (ebRIM)

ISO/TS 15000-4:2004(GB/T 19256.5—2006 基于XML的电子商务 第5部分:注册服务规范)

Electronic business eXtensible Markup Language (ebXML)—Part 4: Registry services specification (ebRS)

B.3 支撑平台标准

B.3.1 网络

a) TCP/IP Transmission Control Protocol/Internet Protocol)即传输控制协议/网间协议,是一个工业标准的协议集,它是为广域网(WANs)设计的。它是由 ARPANET 网的研究机构发展起来。标准在一系列称为 RFC 的文档中公布。

b) IPv6——下一版本的互联网协议,主要由 IETF 制定 IPv6 相关技术标准。

ISO/TR 13283:1998(GB/Z 19219—2003 工业自动化 时限通信体系结构 时限通信系统的用户需求和网络管理)

Industrial automation—Time-critical communications architectures—User requirements and network management for time-critical communications systems

ISO 8802-3:1990

Information Technology—Telecommunications and Information Exchange Between Systems—Local and Metropolitan Area Networks—Specific Requirements—Part 3:Carrier Sense Multiple Access with Collision Detection (CSMA/CD) Access Method and Physical Layer Specifications

B.3.2 数据库

SQL——Structured Query Language 结构化查询语言,按 ANSI(美国国家标准协会)的规定,SQL 被作为关系型数据库管理系统的标准语言。SQL 语句可以用来执行各种各样的操作,例如更新数据库中的数据,从数据库中提取数据等。

B.3.3 中间件

CORBA——Common Object Request Broker Architecture 公用对象请求代理程序体系结构,是对象管理组织(OMG)为解决分布式处理环境(DCE)中,硬件和软件系统的互连而提出的一种解决方案。

B.3.4 SOA 架构

a) Web Service 相关标准——一套标准,它定义了应用程序如何在 web 上实现互操作性,可以用任何你喜欢的语言,不同的平台编写 web service,而通过 web service 标准来对这些服务进行查询和访问,包括 XML,服务描述标准 WSDL、通信协议标准 SOAP、查找服务标准 UDDI 以及 WS-* 规范。

b) SOA 系列标准。

B.3.5 建模语言

UML(Unified Modeling Language)——面向对象的图示化软件设计语言,主要包括用例图、对象图、系统结构图等。

B.3.6 安全

ISO 11161:2007(GB 16655—2008 机械安全 集成制造系统 基本要求)

Safety of machinery—Integrated manufacturing systems—Basic requirements

B.3.7 数控

ISO 841:2001

Industrial automation systems and integration—Numerical control of machines—Coordinate system and motion nomenclature

ISO 2806:1994

Industrial automation systems—Numerical control of machines—Vocabulary

ISO 2972:1979

Numerical control of machines—Symbols

ISO 3592:2000

Industrial automation systems—Numerical control of machines—NC processor output—File structure and language format

ISO 4342:1985

Numerical control of machines—NC processor input—Basic part program reference language

ISO 4343:2000

Industrial automation systems—Numerical control of machines—NC processor output—Post processor commands

ISO 6983-1:1982

Numerical control of machines—Program format and definition of address words—Part 1:Data format for positioning,line motion and contouring control systems

B.4 关键技术标准

B.4.1 工业数据集成

ISO 15531-42:2005(GB/T 19114.42—2008 工业自动化系统与集成 工业制造管理数据 第42部分:时间模型)

Industrial automation systems and integration—Industrial manufacturing management data—Part 42:Time Model

ISO 15531-43:2006(GB/T 19114.43—2010 工业自动化系统与集成 工业制造管理数据 第43部分:制造流程管理数据:流程监控与制造数据交换的数据模型)

Industrial automation systems and integration—Industrial manufacturing management data—Part 43:Manufacturing flow management data:Data model for flow monitoring and manufacturing data exchange

ISO/TS 18876-1:2003

Industrial automation systems and integration—Integration of industrial data for exchange,access and sharing—Part 1:Architecture overview and description

ISO/TS 18876-2:2003

Industrial automation systems and integration—Integration of industrial data for exchange,access and sharing—Part 2:Integration and mapping methodology

B.4.2 物理设备控制

ISO 14649-1:2003(GB/T 19903.1—2005 工业自动化系统与集成 物理设备控制 计算机数值控制器用的数据模型 第1部分:概述和基本原理)

Industrial automation systems and integration—Physical device control—Data model for computerized numerical controllers—Part 1:Overview and fundamental principles

ISO 14649-10:2004(GB/T 19903.10—2006 工业自动化系统与集成 物理设备控制 计算机数

值控制器用的数据模型　第10部分:通用工艺数据)

Industrial automation systems and integration—Physical device control—Data model for computerized numerical controllers—Part 10:General process data

ISO 14649-11:2004(GB/T 19903.11—2008　工业自动化系统与集成　物理设备控制　计算机数值控制器用的数据模型　第11部分:铣削用工艺数据)

Industrial automation systems and integration—Physical device control—Data model for computerized numerical controllers—Part 11:Process data for milling

ISO 14649-12:2005(GB/T 19903.12—2008　工业自动化系统与集成　物理设备控制　计算机数值控制器用的数据模型　第12部分:车削用工艺数据)

Industrial automation systems and integration—Physical device control—Data model for computerized numerical controllers—Part 12:Process data for turning

ISO/FDIS 14649-111.2 Under development

Industrial automation systems and integration—Physical device control—Data model for computerized numerical controllers—Part 111:Tools for milling machines

ISO 14649-121:2005(GB/T 19903.121—2008　工业自动化系统与集成　物理设备控制　计算机数值控制器用的数据模型　第121部分:车床用刀具)

Industrial automation systems and integration—Physical device control—Data model for computerized numerical controllers—Part 121:Tools for turning machines

ISO 20242-1:2005(GB/T 22270.1—2008　工业自动化系统与集成　测试应用的服务接口　第1部分:概述)

Industrial automation systems and integration—Service interface for testing applications—Part 1:Overview

ISO/DIS 20242-2:2005

Industrial automation systems and integration—Service interface for testing applications—Part 2:Resource management service interface

ISO/CD 20242-3 Under development

Industrial automation systems and integration—Service interface for testing applications—Part 3:Virtual device service interface

ISO/CD 20242-4 Under development

Industrial automation systems and integration—Service interface for testing applications—Part 4:Device capability profile template

ISO 22093:2003

Industrial automation systems and integration Physical device control Dimensional Measuring Interface Standard (DMIS)

B.4.3　过程规范语言

ISO 18629-12:2005(GB/T 20719.12—2010　工业自动化系统与集成　过程规范语言　第12部分:外核)

Industrial automation systems and integration—Process specification language—Part 12:Outer core

ISO 18629-13:2006(GB/T 20719.13—2010　工业自动化系统与集成　过程规范语言　第13部分:时序理论)

Industrial automation systems and integration—Process specification language—Part 13:Duration and ordering theories

ISO 18629-14:2006(GB/T 20719.14—2010 工业自动化系统与集成 过程规范语言 第14部分:资源理论)

Industrial automation systems and integration—Process specification language—Part 14: Resource theories

ISO 18629-41:2006(GB/T 20719.41—2010 工业自动化系统与集成 过程规范语言 第41部分:定义性扩展:活动扩展)

Industrial automation systems and integration—Process specification language—Part 41: Definitional extension: Activity extensions

ISO 18629-42:2006

Industrial automation systems and integration—Process specification language—Part 42: Definitional extension: Temporal and state extensions

ISO 18629-43:2006(GB/T 20719.43—2010 工业自动化系统与集成 过程规范语言 第43部分:定义性扩展:活动次序和持续时间扩展)

Industrial automation systems and integration—Process specification language—Part 43: Definitional extension: Activity ordering and duration extensions

ISO 18629-44:2006(GB/T 20719.44—2010 工业自动化系统与集成 过程规范语言 第44部分:定义性扩展:资源扩展)

Industrial automation systems and integration—Process specification language—Part 44: Definitional extension: Resource extensions

B.4.4 制造软件能力互操作专规

ISO 16100-1:2002(GB/T 19902.1—2005 工业自动化系统与集成—制造软件互操作性能力建规 第1部分:框架)

Industrial automation systems and integration—Manufacturing software capability profiling for interoperability—Part 1: Framework

ISO 16100-2:2003(GB/T 19902.2—2005 工业自动化系统与集成—制造软件互操作性能力建规 第2部分:建规方法论)

Industrial automation systems and integration—Manufacturing software capability profiling for interoperability—Part 2: Profiling methodology

ISO 16100-3:2005(GB/T 19902.3—2006 工业自动化系统与集成 制造软件互操作性能力建规 第3部分:接口服务、协议及能力模板)

Industrial automation systems and integration—Manufacturing software capability profiling for interoperability—Part 3: Interface services, protocols and capability templates

ISO 16100-4:2006(GB/T 19902.4—2010 工业自动化系统与集成 制造软件互操作性能力建规 第4部分:一致性测试方法、判则及报告)

Industrial automation systems and integration—Manufacturing software capability profiling for interoperability—Part 4: Conformance test methods, criteria and reports

ISO 16100-5:2008

Industrial automation systems and integration—Manufacturing software capability profiling for interoperability—Part 5: Methodology for profile matching using multiple capability classes

ISO 16100-6: Underdevelopment

Industrial automation systems and integration—Manufacturing software capability profiling for interoperability—Part 6: Interface services and protocols for matching profiles using multiple capability class structures

B.4.5 工业应用中的分布式安装

ISO 23570-2:2005(GB/T 25110.2—2010 工业自动化系统与集成 工业应用中的分布式安装 第2部分:混合通信总线)

Industrial automation systems and integration—Distributed installation in industrial applications—Part 2:Hybrid communication bus

ISO 23570-3:2006(GB/T 25110.3—2010 工业自动化系统与集成 工业应用中的分布式安装 第3部分:配电总线)

Industrial automation systems and integration—Distributed installation in industrial applications—Part 3:Power distribution bus

B.4.6 诊断、能力评价和维护应用集成

ISO/PRF 18435-1 Underdevelopment

Industrial automation systems and integration—Diagnostics, capability assessment and maintenance applications integration—Part 1:Overview and general requirements

B.4.7 工作流规范

a) 工作流管理联盟工作流规范(WFMC)——包括工作流管理系统的相关术语、体系结构、工作流系统参考模型、工作流过程定义语言(WPDL)及应用编程接口(WAPI)。
b) 由 IBM,BEA Systems,Microsoft,SAP AG,Siebel Systems 等提出的 Business Process Execution Language for Web Service (BPEL4WS)。
c) MOF(Meta-Object Facility):一种元数据、元建模标准,其目的是要提供一种强有力的建模语言,用于表达包括 UML 语义模型在内的各种元模型(信息模型),如数据仓库元模型、工作流元模型等。
d) XMI(XML Metadata Interchange):一种元数据交换的标准,通过使用 XML 作为统一的转换语法和交换格式,对它们的元数据组织方式和相互间交互格式加以规范定义,从而使它们的元数据通过一个公共的交互格式实现交互。
e) CMW(Common Warehouse Meta model):由 OMG 和 IBM、Oracle、NCR 等公司在 2000 年共同提出,还有 Sun、HP 等公司表示支持。提出的主要目的是为了方便异质分布式系统中的数据仓库、知识管理系统以及元数据库之间的元数据交换。它是基于 MOF、UML 和 XMI 的一种元数据交换标准。
f) W3C Consortium 制定的 XML:是在 SGML(ISO 8879)的基础上发展起来的,是 SGML 的一个子集。XML 是一种具有统一格式的结构化文档,是到目前为止得到最广泛认可的在各种应用系统和平台间进行数据交换的语言。

B.5 产品设计与制造国内外标准

B.5.1 国内标准

我国二维 CAD 标准和 PDM 标准已基本完善、三维 CAD 标准初具规模。"八五"、"九五"和"十五"期间,国家科技部和国家质量技术监督局都非常重视 CAD、PDM 技术的标准化,从企业应用和软件实现两大层面安排了一系列与 CAD 标准化相关的标准研究、制定和技术开发课题:

a) 863/CIMS 主题在“九五”期间把宣传、推广产品数据表达与交换(STEP)国际标准作为保证CIMS信息集成和先进性的一项战略性的重要工作，安排了基于STEP标准的CAD系统开发，以及CIMS标准化情报研究等科技攻关课题；国家科技部领导下的CAD应用示范工程还安排了“CAD标准件库开发”“CAD标准一致性测试研究”“现代设计与制造业信息标准化基础标准研制”等标准化课题，并制定了GB/T 17304—1998《CAD通用技术规范》、GB/T 18229—2000《CAD工程制图规则》、GB/T 17825.1～10—1999《CAD文件管理》等一批国家标准(参见表B.1)。

b) “十五”科技部制造业信息化工程以三维CAD和新一代ERP标准化为重点，设立了“《三维CAD应用技术规范》研究与制订”“新一代ERP系统软件功能构件、产品标准规范研究”“制造业信息化标准规范与数据库”等标准化研究与制订课题，制定了《技术产品文件　数字化产品定义数据通则》系列、《三维CAD软件测试规范》《ERP术语》《ERP基础数据》《ERP集成技术》等10余项国家标准。同期，航空、兵器、航天等行业也制定了近40项行业标准(参见表B.2)。

表B.1　已颁布的数字化设计与制造相关国家标准(不完全统计)

序号	标准号	标准名称
1	GB/T 15751—1995	计算机辅助设计与制图术语
2	GB/T 18229—2000	CAD工程制图规则
3	GB/T 14665—1998	机械工程　CAD制图规则
4	GB/T 16722.1—1996	技术产品文件　计算机辅助技术信息处理　安全性要求
5	GB/T 16722.2—1996	技术产品文件　计算机辅助技术信息处理　原始文件
6	GB/T 16722.3—1996	技术产品文件　计算机辅助技术信息处理　产品设计过程中的状态
7	GB/T 16722.4—1996	技术产品文件　计算机辅助技术信息处理　文件管理与检索系统
8	GB/T 17825.1—1999	CAD文件管理　总则
9	GB/T 17825.2—1999	CAD文件管理　基本格式
10	GB/T 17825.3—1999	CAD文件管理　编号原则
11	GB/T 17825.4—1999	CAD文件管理　编制规则
12	GB/T 17825.5—1999	CAD文件管理　基本程序
13	GB/T 17825.6—1999	CAD文件管理　更改规则
14	GB/T 17825.7—1999	CAD文件管理　签署规则
15	GB/T 17825.8—1999	CAD文件管理　标准化审查
16	GB/T 17825.9—1999	CAD文件管理　完整性
17	GB/T 17825.10—1999	CAD文件管理　存储与维护
18	GB/T 18617.1—2002	技术产品文件　CAD图层的组织和命名　第1部分　概述与原则
19	GB/T 18594—2001	技术产品文件　字体　拉丁字母、数字和符号的CAD字体
20	GB/T 18686—2002	技术制图　CAD系统用图线的表示
21	JB/T 8823—1998	机械工业企业计算机辅助管理信息分类编码导则
22	GB/T 19097—2003	技术产品文件　生命周期模型及文档分配
23	GB/T 18135—2000	电气工程CAD制图规则
24	GB/T 18784—2002	CAD/CAM数据质量
25	GB/T 18784.2—2005	CAD/CAM数据质量保证方法

表 B.1（续）

序号	标准号	标 准 名 称
26	GB/T 17678.1—1999	CAD 电子文件光盘存储、归档与档案管理要求　第一部分：电子文件归档与档案管理
27	GB/T 17678.2—1999	CAD 电子文件光盘存储、归档与档案管理要求　第二部分：光盘信息组织结构
28	GB/T 17679—1999	CAD 电子文件光盘存储归档一致性测试
29	GB/Z 18727—2002	企业应用产品数据管理(PDM)实施规范
30	GB/T 24734.1—2009	技术产品文件　数字化产品定义数据通则　第 1 部分：术语与定义
31	GB/T 24734.2—2009	技术产品文件　数字化产品定义数据通则　第 2 部分　数据集的识别与控制
32	GB/T 24734.3—2009	技术产品文件　数字化产品定义数据通则　第 3 部分　数据集要求
33	GB/T 24734.4—2009	技术产品文件　数字化产品定义数据通则　第 4 部分　设计模型要求
34	GB/T 24734.5—2009	技术产品文件　数字化产品定义数据通则　第 5 部分　产品定义数据通用要求
35	GB/T 24734.6—2009	技术产品文件　数字化产品定义数据通则　第 6 部分　几何建模特征规范
36	GB/T 24734.7—2009	技术产品文件　数字化产品定义数据通则　第 7 部分　注释和特殊符号要求
37	GB/T 24734.8—2009	技术产品文件　数字化产品定义数据通则　第 8 部分　模型的数值与尺寸要求
38	GB/T 24734.9—2009	技术产品文件　数字化产品定义数据通则　第 9 部分　几何公差的应用
39	GB/T 24734.10—2009	技术产品文件　数字化产品定义数据通则　第 10 部分　基准的应用
40	GB/T 24734.11—2009	技术产品文件　数字化产品定义数据通则　第 11 部分　模型简化表示法

表 B.2　我国数字化设计与制造相关行业标准（不完全统计）

所属行业	标准名称	
航空行业标准	航空产品数字化设计与制造系列标准	基于 CATIA 建模要求　第一部分：通用要求
		基于 CATIA 建模要求　第二部分：坐标系
		基于 CATIA 建模要求　第三部分：飞机外形
		基于 CATIA 建模要求　第四部分：机体结构件
		基于 CATIA 建模要求　第五部分：机加件
		基于 CATIA 建模要求　第六部分：锻铸件
		基于 CATIA 建模要求　第七部分：钣金件
		基于 CATIA 建模要求　第八部分：复合材料结构件
		基于 CATIA 建模要求　第九部分：夹层结构件
		基于 CATIA 建模要求　第十部分：地板件
		基于 CATIA 建模要求　第十一部分：内装饰件
		基于 CATIA 建模要求　第十二部分：绝缘件
		基于 CATIA 建模要求　第十三部分：管路
		基于 CATIA 建模要求　第十四部分：线束敷设
		基于 CATIA 型架建模要求

表 B.2（续）

所属行业	标准名称	
航空行业标准	航空产品数字化设计与制造系列标准	CATIA 钣金成形模具建模要求
		CATIA 文件命名
		CATIA 制图规则
		CATIA 文字、尺寸与公差标注
		航空产品 CAD 文件管理规定
		航空产品数据管理通用要求
		图层定义与管理
		CATIA 模型检查规定
		UG 文件命名规定
		飞机数字化预装配通用要求
		基于 CATIA 标准件建模与模型装配要求
	基于 UG 航空发动机建模要求	第一部分：通用要求
		第二部分：机匣
		第三部分：盘类零件
		第四部分：叶片
	飞机数字样机通用要求	
	UG 制图规则	
	基于 UG 建模通用要求	
航天行业标准	基于 Pro/ENGINEER 和 Pro/INTRALINK 的航天产品协同三维结构设计要求	
兵器行业标准	兵器产品三维建模基本规定（基于 Pro/E）	第 1 部分：三维建模
		第 2 部分：模型装配
		第 3 部分：三维模型与二维视图的转换
	兵器产品 CAD/CAPP/CAM 集成框架标准化要求	
	兵器产品三维建模通用要求（基于 Pro/E）	
	装甲车辆通用件特征化、参数化建模要求（基于 Pro/E）	
机械行业标准	JB/T 7701—1995　计算机辅助工艺规程设计（CAPP）导则	

B.5.2　国外标准

美国、欧盟高度重视信息技术、先进制造技术等领域的标准化工作，已成为 CAD/CAM、PLM、CAE 等领域标准化工作的先行者。

美国国家标准与技术研究院（NIST）从 20 世纪 80 年代年以来，就设立了先进技术计划（Advanced Technology Program，ATP）专项，支持了一大批与制造业信息化和先进制造技术密切相关的标准化项目。例如《快速响应制造》和《基于模型驱动技术的智能化制造控制》重点在解决制造资源的标准化、规范化和数字化问题，通过建立统一的制造信息共享标准和系统，使得 CAD/CAM/CAE 及自动测量系统中能共享统一的制造信息，实现设计与制造的集成。《具有超前竞争力的电子产品先进制造技术》和《基于联盟制的智能化产品开发环境》重点研究的是面向制造的设计(DFM、DFA)技术及其标准化，在建立通用的产品制造过程(工艺)标准模型并集成产品设计模型的基础上，实现并行设计。

OMG 以及欧盟的 VDA、ASD-STAN、ProSTEP 等组织、机构和公司也开展了大量的标准化研究项目，如近期的一些研究项目及其成果如表 B.3 所示。

表 B.3　OMG 及欧盟有关标准项目成果(不完全统计)

OMG	
标题	简短描述
OMG 产品生命周期管理服务 2.0	OMG PLM 服务 2.0　PLM 数据交换网络服务最初采用规定
OMG 产品生命周期管理服务 1.0	OMG PLM 服务　PLM 数据交换网络服务最终采用规定
ASD-STAN	
标题	简短描述
prEN 9300-LOTAR 数据长期存档和获取(搜索项目:9300)	航天工业产品数据长期存档(第 001、004 和 010 至 015 部分)
ProSTEP iViP	
标题	简短描述
PSI5-ECAD/MCAD 协作	机电产品设计工艺中 ECAD 和 MCAD 权限交换管理推荐规范
	附录 A:EDMD 计划文件
	附录 B:EDMD 计划和案例
PSI 4-PDM 环境下仿真和计算的集成	关于 PDM 环境下仿真和计算集成方法的规定
	SimPDM 元数据模型文件
PSI 3-工程更改管理	PSI3-2 草案　工程更改单(ECO)说明
PSI 2-协作产品可视性(CPV)	协作产品可视性，参考程序
PSI 1-合作项目管理(CPM)	第 2 部分:数据交换模型
	第 1 部分:参考模型
VDA	
标题	简短描述
VDA 4967-仿真数据管理-PDM 环境下，仿真与计算的集成	PDM 环境下 CAE 系统的集成;参考数据模型和应用实例 与 PSI 4 一致
VDA 4966-协作产品可视性(CPV)	协作产品可视性 与 PSI 2 一致
VDA 4965-工程更改管理(ECM)	第 0 部分:工程更改管理(ECM) 整个 ECM 参考程序部分的一般性推荐概览
	第 1 部分:工程更改请求(ECR) 用于通信工程更改请求的 ECM 参考子程序
VDA 4964-装置描述清单	交换装置描述清单
VDA 4961/2-协作模型和 SE 校验表，用于协调 SE 项目中的数据逻辑	VDA，协作、并行工程——具有不同人员参与的自动化工业项目的程序标准化，该标准由 VDA 并行工程数据逻辑工作组发展

表 B.3(续)

标题	简短描述
VDA 4958-数字产品数据的长期存档(LTA)	第 1 部分:概述,要求和一般推荐
	第 2 部分:LTA 参考程序
	第 3 部分:数据模型
	第 4 部分:认证
VDA 4956-产品数据交换推荐(第 1 部分)	VDA,PDM 数据交换-PDM 数据交换国际推荐

美国、德国、日本、英国、法国等先进发达国家现已发布的相关国家标准如表 B.4 所示(不完全统计)。

表 B.4　先进发达国家现已发布的相关国家标准(不完全统计)

国别	标准编号	标准名称
美国	ASME Y14.41—2003	数字化产品定义数据准则 Digital Product Definition Data Practices
德国	DIN 32869—1998	Technical product documentation—Three-dimensional CAD-models—Part 1:Requirements for representation 技术产品文件　三维 CAD 模型　第 1 部分:表示要求
	DIN 32869-2—2002	Technical product documentation—Three-dimensional CAD-models—Part 2:Requirements for attributes 技术产品文件　三维 CAD 模型　第 2 部分:属性要求
	DIN 32869-3—2002	Technical product documentation—Three-dimensional CAD-models—Part 3:Features 技术产品文件　三维 CAD 模型　第 3 部分:特征
	DIN 199-1—2002	Technical product documentation—CAD-Models, drawings and items lists—Part 1:Vocabulary 技术产品文件　CAD 模型、制图和项目列表　第 1 部分:词汇
日本	JIS B3402—2000	Drawing practices for mechanical engineering by CAD 机械工程 CAD 制图规则
	JIS B3401—1993	Glossary of terms used in CAD CAD 术语集
	JIS X0024—1998	Glossary of terms used in information processing (Computer-integrated manufacturing) 信息处理用术语汇编(计算机集成制造)
英国	BS DD 194—1990	Computer integrated manufacturing (CIM): CIM systems architecture framework for modeling 计算机集成制造(CIM):CIM 模型系统结构框架
	KIT 26—2000	Technical drawings—Computer aided engineering kit (BS 8888) 技术制图　计算机辅助设计(BS 8888)
法国	NF C03-257—1999	design of graphical symbols for use in the technical documentation of products—Part 2:specification for graphical symbols in a computer sensible form,including graphical symbols for a reference library,and requirements for their interchange. 产品技术文件用图形符号的设计　第 2 部分:适合计算机形式的图形符号(包括参考目录图形符号及其交换要求)的规范

B.5.3 ISO/TC 10 制定的标准

ISO/TC 184 工业自动化系统与集成、ISO/TC 10 技术产品文件、IEC/TC 3 文件编制和图形符号、CEN/TC 310 欧洲先进制造技术，这些组织围绕的 CAD/CAM 的软件实现与应用开发了一系列相关标准。其中，ISO/TC 184 工业自动化系统与集成主要偏重在 CAD/CAM 软件实现技术标准化方面，制定了 STEP 等系列标准。ISO/TC 10 和 IEC/TC 3 则负责机械(广义)、电工两大领域与 CAD/CAM 企业应用相关的标准化工作。

ISO 1947 年建立了第 10 技术委员"技术制图"(ISO/TC 10)，它担负着对各类工程技术制图(包括机械制图、建筑制图、船舶制图、土木制图及电气制图)和技术文件进行统一和标准化的工作。经过四十多年的工作，ISO/TC 10 颁布了 150 余项制图方法、符号及工具的国际标准，减少以至避免了各国图样中的特定的规定，促进了科学技术与贸易的发展，受到了各国的普遍重视。

然而，随着信息技术的发展和应用，ISO/TC 10 面临新课题。1989 年在 ISO/TC 10 第十次全会上，ISO/TC 10 决定对其名称、工作范围及各分技术委员会的组织机构做出重大调整，将原名称"技术制图"(Technical drawings)改为"技术制图，产品定义和相关文件"(Technical drawings，production definition and related documentation)；将 ISO/TC 10 的工作范围修改为"负责所有类型的产品文件的标准化和协调工作，包括在产品寿命周期的整个过程中为了技术目的由手工或计算机产生的技术图样和技术文件，以促进文件的准备、管理、存储、检索、交流和使用"。1998 年，在德国召开的全会上，又将 ISO/TC 10 的名称更改为"技术产品文件"(Technical product documentation)，这里的技术产品文件包括了产品全寿命周期内无论是手工还是计算机产生的各种类型的技术文件，包括二维图形、三维模等。同时，为了适应 CAD/CAM/PDM/PLM 应用所带来的新的标准化需求，ISO/TC 10 补充、修订了一批国际标准，并在德国的提议、美国的主持下于 1998 年成立了 ISO/TC 10 WG16 3D model：Presentation of product definition data 工作组专门从事基于三维 CAD 的数字化产品定义数据的标准化工作。

目前，由 ISO/TC 10 发布和正在制订的相关国际标准如表 B.5 所示。

表 B.5 ISO/TC 10 发布的相关国际标准

标准编号	标准名称
ISO 16792：2006	数字化产品定义数据通则 Digital Product Definition Data Practices
ISO 128-21：2002	Technical drawings—General principles of presentation—Part 21：Preparation of lines by CAD-systems 技术制图　画法的一般原则　第 21 部分：计算机辅助设计(CAD)系统用图线的表示
ISO 13567-1：2002	Technical product documentation—Organization and naming of layers for CAD—Part 1：Overview and principles 技术产品文件　计算机辅助设计(CAD)图层的组织和命名　第 1 部分：综述和原则
ISO 13567-2：2002	Technical product documentation—Organization and naming of layers for CAD—Part 2：Concepts，format and codes used in construction documentation 技术产品文件　计算机辅助设计(CAD)图层的组织和命名　第 2 部分：用于建筑工程文件的概念、格式和代码
ISO 13567-3：2000	Technical product documentation—Organization and naming of layers for CAD—Application of ISO 13567-1 and ISO 13567-2 技术产品文件　CAD 层的组织和命名　第 3 部分：ISO 13567-1 和 ISO-13567-2 的应用
ISO 3098-5：1998	Technical product documentation—Lettering—Part 5：CAD-Lettering of the Latin alphabet，numerals and marks 技术产品文件　字体　第 5 部分：拉丁字母，数字和标志的 CAD 字体

B.6 亟需的标准

目前国内针对三个核心平台(PLM 平台、ERP 平台和 MES 平台)以及"两个"综合平台(ASP 平台和企业门户)方面亟需相关标准出台,一是可减少平台集成代价,提高效率,并且有利于统一监督管理;二是可借助于可利用的标准扩展来激发平台特性从而提高各平台的性能,减少维护成本。待建的标准包括:

B.6.1 PLM 平台

a) 制造业 PLM 平台的技术和管理规范:

——制定平台的技术体系:包括体系架构、各组成部分及其功能、所采用的标准和协议。

——制定平台的运行机制:包括基于上述的技术体系如何实现信息交换和共享以及产品的描述规范。

——制定平台的服务质量标准:包括平台如何向请求者提供服务,如何保证满足质量的需求(QoS)。

——制定平台的安全:包括用户确认、权限控制、数据安全、传输安全以及数据完整性、一致性的规范。

b) PLM 应用集成的规范与标准:

——描述应用集成框架:描述制造软件进行互操作的框架,推进制造应用的集成。该框架强调信息交换模型、软件对象模型、接口、服务协议、能力描述以及一致性测试的方法。

——提出应用集成方法学:给出制造软件规范化描述的方法学。

——制定应用互操作描述规范:描述用于能力描述的接口服务和协议以及相关的模板,定义访问/查找能力描述接口和按需进行匹配的过程。

——制定一致性测试规范:规范测试的方法、判则、用于一致性测试的评价的表述以及测试结果等级。

B.6.2 ERP 平台

a) ERP 系统总体技术与标准体系;
b) ERP 系统体系结构标准;
c) ERP 系统功能构件标准;
d) ERP 系统集成技术标准;
e) 新一代 ERP 软件基础标准;
f) 新一代 ERP 系统总体技术与标准体系;
g) 新一代 ERP 系统体系结构标准;
h) 新一代 ERP 系统功能构件标准;
i) 新一代 ERP 系统集成技术标准。

B.6.3 MES 平台

a) 制定各应用领域的标准的词汇字典:规范领域中的用词,以便利 MES 平台与数字化管理,产品开发等平台的交互;
b) 制定各应用领域的最基本的、标准的功能组件库:规范最原子的功能组件,保证服务的动态查找和功能的匹配;
c) 制定对遗留系统包装、进行接口描述的规范以及工具:加快对遗留系统的包装、使用,使得新系统能够与老系统进行集成，保护企业以往的投资；

d) 制定服务查找、匹配的原则和工具：使用户更加方便查找所需的服务，动态绑定，调用执行；

e) 制定针对共性技术资源共享的管理规范：包括信息提交/获取权限规范、信息管理（含安全）规范、信息经济模式规范、通用管理规范。

B.6.4 ASP 平台

a) 描述 ASP 平台服务框架：描述 ASP 平台提供服务的框架，推进中小型企业采用外包的企业信息化集成。该框架强调服务模型、信息交换模型、服务接口协议、服务项目管理模型和信息共享/获取模型；

b) 制定基于 ASP 平台服务管理方法学：给出服务规范化描述的方法学和服务项目管理方法学；

c) 制定基于 ASP 平台服务描述规范：描述服务接口协议以及相关的模板；定义访问/查找服务和按需进行匹配的过程；

d) 制定服务接口一致性测试规范：规范测试的方法、判则、用于一致性测试的评价的表述以及测试结果等级；

e) 制定信息安全管理规范：规范信息安全存/取的机制、诚信度的判则以及信息管理规范。

B.6.5 企业门户

a) 描述企业门户的服务框架：描述企业门户框架，推进中小型企业通过企业门户展示企业形象提供对外服务。框架强调服务模型、信息交换模型、服务接口协议、服务项目管理模型和信息共享/获取模型；

b) 制定服务查找、匹配的原则和工具：使用户更加方便查找所需的服务，动态绑定，调用执行。使得合作伙伴方便进行业务衔接；

c) 制定服务接口一致性测试规范：规范测试的方法、判则、用于一致性测试的评价的表述以及测试结果等级。

B.6.6 数字化设计与制造标准（如表 B.6 所示）

表 B.6 数字化设计与制造标准

一级分类	二级分类	三级分类	标准
数字化设计与制造基础标准	概念术语标准	制造业信息化术语标准	GB/T 18725—2008 制造业信息化　技术术语 GB/T 5271.24—2000 信息技术　词汇　第 24 部分：计算机集成制造
		数字化定义数据通则术语标准	GB/T 24734.1—2009 技术产品文件　数字化产品定义数据通则　第 1 部分：术语和定义
		数字化设计术语标准	GB/T 15751—1995 技术产品文件　计算机辅助设计与制图词汇 《计算机辅助工程(CAE)术语》 规定采用计算机仿真工程方法对机械产品进行分析与仿真时涉及的技术术语及其定义
		数字化制造术语标准	《计算机辅助工艺设计(CAPP)术语》 规定计算机辅助工艺设计 CAPP 涉及的常用术语及其定义。 《计算机辅助制造(CAM)术语》 规定计算机辅助制造 CAM 涉及的常用术语及其定义。 《工艺数值模拟　术语》

表 B.6（续）

一级分类	二级分类	三级分类	标准
数字化设计与制造基础标准	概念术语标准	数字化制造术语标准	规定工艺数值模拟涉及的常用术语及其定义。 《制造执行系统(MES)术语》 规定制造执行系统 MES 涉及的常用术语及其定义
		产品生命周期管理术语标准	《PDM/PLM 通用技术规范　第 1 部分:术语》 规定企业实施 PDM/PLM 涉及的技术术语及其定义
	通用基础标准	数据定义规范标准	GB/T 18142—2000　信息技术　数据元素值格式记法 GB/T 7408—2005　数据元和交换格式　信息交换　日期和时间表示法
		信息分类与编码标准	GB/T 7027—2002　信息分类和编码的基本原则与方法 GB/T 20529.1—2006　企业信息分类编码导则　第 1 部分:原则与方法
		数字化定义通则标准	GB/T 24734.2—2009　技术产品文件　数字化产品定义数据通则　第 2 部分:数据集识别与控制 GB/T 24734.3—2009　技术产品文件　数字化产品定义数据通则　第 3 部分:数据集要求 GB/T 24734.4—2009　技术产品文件　数字化产品定义数据通则　第 4 部分:设计模型要求 GB/T 24734.5—2009　技术产品文件　数字化产品定义数据通则　第 5 部分:产品定义数据通用要求 GB/T 24734.6—2009　技术产品文件　数字化产品定义数据通则　第 6 部分:几何建模特征规范 GB/T 24734.7—2009　技术产品文件　数字化产品定义数据通则　第 7 部分:注释要求 GB/T 24734.8—2009　技术产品文件　数字化产品定义数据通则　第 8 部分:模型数值与尺寸要求 GB/T 24734.9—2009　技术产品文件　数字化产品定义数据通则　第 9 部分:基准的应用 GB/T 24734.10—2009　技术产品文件　数字化产品定义数据通则　第 10 部分:几何公差的应用 GB/T 24734.11—2009　技术产品文件　数字化产品定义数据通则　第 11 部分:模型几何细节层级 《技术产品文件　数字化产品定义数据通则　表面结构》 本部分规定产品数字化定义过程中表面结构应用的要求,包括表面结构的布置、标注和显示的要求。 《技术产品文件　数字化产品定义数据通则　焊接符号》 本部分规定产品数字化定义过程中焊接符号应用的要求,包括焊接符号的布置、标注和显示的要求。 《技术产品文件　数字化产品定义数据通则　无损探伤符号》 本部分规定产品数字化定义过程中无损探伤符号应用的要求,包括探伤符号的布置、标注和显示的要求。 GB/Z 19098—2003 机械产品数字化定义的数据内容及其组织 《基于三维模型的机械产品工艺信息标识规范》

表 B.6（续）

一级分类	二级分类	三级分类	标准
数字化设计与制造基础标准	通用基础标准	数字化定义通则标准	规定机械产品三维工艺模型上零件表面加工方法标识定义，包括工艺模型（工序、工艺基准、工艺参数、工装信息、机床信息）、电镀、油漆、喷丸、渗碳/氮等工艺制造信息，适用于企业开展三维数字化制造应用、开发和服务。 《机械产品三维工艺模型上定位与夹紧符号的标识方法》 规定机械产品三维工艺模型上定位与夹紧符号的标识方法，适用于企业开展三维数字化制造应用、开发和服务。 《机械产品三维模型信息更改的表达方法》 规定基于产品三维模型信息的变更方法，其包括变更区域的表达、变更信息的表达，变更的关联性等要求。适用机械产品三维模型的变更、应用和管理
		数据质量要求标准	GB/T 18784.2—2005　CAD/CAM 数据质量保证方法 GB/T 18784—2002　CAD/CAM 数据质量 《机械产品 CAD/CAM 数据质量检测通用规则》 规定机械产品 CAD/CAM 数据进行数据检测所需的通用规则、要求和常用检测项、检测方法，适用于企业 CAD/CAM 数据管理、应用和检测
数字化设计与制造专业标准	数字化设计标准	CAD 标准	GB/T 14665—1998　机械工程　CAD 制图规则 GB/T 18617.1—2002　技术产品文件　CAD 图层的组织和命名　第 1 部分　概述与原则 GB/T 18594—2001　技术产品文件　字体　拉丁字母、数字和符号的 CAD 字体 《产品三维建模通用规则　第 1 部分：通用要求》 规定机械产品三维建模的通用规则。其内容包括三维建模术语、三维数字模型的分类、三维数字模型的构成、三维建模环境设置、模型比例和坐标系的定义、三维数字的检查管理与发布等要求。适用于机械产品三维建模过程中三维数字模型的构建、应用及管理。 《产品三维建模通用规则　第 2 部分：零件建模》 规定机械零件三维建模设计的一般要求，零件建模流程，模型的工程属性、特征的使用原则，DFM 的要求，外购件和标准件的建模要求，以及零件模型简化、零件模型检查、零件模型发布和应用等要求。适用于机械零件三维建模过程中模型的构建、应用和管理。 《产品三维建模通用规则　第 3 部分：装配建模》 规定机械零件间进行装配建模的一般要求，建立了装配建模的通用原则，装配约束的要求，装配层级定义原则，规定对无自由度的装配模型的要求，以及对具有自由度的装配模型的要求，并给出了自顶向下和自下而上的装配建模流程。适用于机械产品装配建模过程中装配模型的构建、应用和管理。 《产品三维模型通用规则　第 4 部分：模型投影工程图》 规定机械产品或机械零件以三维模型投影工程图的一般要求，图样的构成，图面的布局，图样简化，以及图幅、图框、标题栏、比例等具体要求。适用于机械产品或零件采用三维模型投影方法绘制工程图样中的要求。 《产品工业设计三维造型建模要求》 规定在工业设计中采用三维造型建模软件进行零件或产品复杂曲面建模环境、模型信息、建模流程等要求，以及模型曲面形成后的曲面检查、色彩与材质的定义等要求。适用于机械、机电产品或零部件的工业设计模型生成、应用和管理。

表 B.6（续）

一级分类	二级分类	三级分类	标准
数字化设计与制造专业标准	数字化设计标准	CAD 标准	《逆向工程中的产品建模要求》 规定机械产品或零部件采用逆向工程方法进行建模准备，建模流程，曲线、曲面的拟合方法，误差控制等要求。适用于机械、机电产品或零部件的逆向工程模型生成、应用和管理。 《机械产品三维模型轻量化要求》 规定进行产品三维模型的轻量化的一般原则，模型轻量化的方法，轻量化模型与原始模型间的关系，以及轻量化模型的应用场合，应用原则等。适用于机械产品轻量化模型的生成、应用和管理
		CAE 标准	《计算机辅助工程(CAE) 导则》 规定机械产品采用计算机辅助工程 CAE 数值分析和优化的一般原则，包括 CAE 数值分析的流程，以及开展单学科 CAE 优化的步骤，以及优化结果的判定原则。 《计算机辅助工程(CAE) 数据集要求》 规定机械产品采用计算机辅助工程 CAE 数值计算的数据集要求，包括 CAE 数据集的构成、数据集的属性，以及 CAE 数据集内部的相互关系。 《计算机辅助工程(CAE) 有限元法数值计算　通用要求》 规定机械产品采用有限元数值计算方法进行计算模拟的术语、通用要求、一般流程、模型管理等要求。 《计算机辅助工程(CAE) 有限元法数值计算　模型要求》 规定机械产品采用有限元数值计算方法进行计算模拟的模型的生成、模型简化、单元类型的选用、单元的连接、载荷要求、模型管理等要求。适用于机械产品有限元法数值分析的模型构建、应用及管理。 《计算机辅助工程(CAE) 有限元法数值计算　后处理规范》 规定机械产品采用有限元数值计算方法进行计算模拟后处理方法，包括 CAE 数值计算后处理的术语、显示方式、后处理数据的管理等。适用于机械产品有限元法数值分析后处理数据的构建、应用及管理。 《机械产品运动学仿真通用要求》 规定机械产品采用数值计算方法进行机构运动学计算和分析的一般要求，包括运动学建模，运动副定义、驱动元件定义、载荷定义、摩擦与阻尼的定义、计算结果的显示和后处理方法等。适用于机械产品的运动学数值分析模型的构建、应用及管理。 《机械产品动力学仿真通用要求》 规定机械产品采用数值计算方法进行动力学计算和分析的一般要求，包括动力学建模，有限元建模、边界条件定义、计算结果的显示和后处理方法等。适用于机械产品的运动学数值分析模型的构建、应用及管理
		数字样机标准	《机械产品数字样机通用要求》 《机械产品数字样机评审要求》 规定了机械产品数字样机评审的条件、程序和评审的主要内容。适用于机械产品研制中的数字样机评审
		CAD 文件管理标准	GB/T 17825.1—1999　CAD 文件管理　总则 GB/T 17825.2—1999　CAD 文件管理　基本格式 GB/T 17825.3—1999　CAD 文件管理　编号原则 GB/T 17825.4—1999　CAD 文件管理　编制规则

表 B.6(续)

一级分类	二级分类	三级分类	标准
数字化设计与制造专业标准	数字化设计标准	CAD文件管理标准	GB/T 17825.5—1999 CAD文件管理 基本程序 GB/T 17825.6—1999 CAD文件管理 更改规则 GB/T 17825.7—1999 CAD文件管理 签署规则 GB/T 17825.8—1999 CAD文件管理 标准化审查 GB/T 17825.9—1999 CAD文件管理 完整性 GB/T 17825.10—1999 CAD文件管理 存储与维护 GB/T 17678.2—1999 CAD电子文件光盘存储、归档与档案管理要求 第二部分:光盘信息组织结构 GB/T 17679—1999 CAD电子文件光盘存储归档一致性测试
	数字化制造标准	CAPP标准	《计算机辅助工艺设计(CAPP)导则》 《计算机辅助工艺设计(CAPP)功能规范》 《计算机辅助工艺设计(CAPP)工艺数据规范》 规定了机械产品计算机辅助工艺数据的基本要求、数据构成、数据分类、数据间的关系及表达方式等内容。适用于机械产品计算机辅助工艺的应用。 《计算机辅助工艺设计(CAPP)制造工艺资源规范》 规定了机械产品计算机辅助工艺的制造工艺资源模型的基本要求、构成、分类、相互关系及表达方式等内容。适用于机械产品计算机辅助工艺的应用。 《计算机辅助工艺设计(CAPP)数据管理要求》 规定机械产品计算机辅助工艺(CAPP)数据发布、存储、检索、更改的要求。适用于机械产品计算机辅助工艺数据的应用、管理、服务和维护。 《基于产品三维模型的工艺规划技术导则》 规定基于三维模型的机械产品计算机辅助工艺规划的体系框架、实施流程、实施要点、软件系统功能要求等。适用于机械产品计算机辅助工艺的应用、规划和管理
		CAM标准	《基于产品三维模型的数控加工技术导则》 规定机械产品基于三维模型的数控加工导则,包括体系框架、实施流程、实施要点、软件系统功能要求等。适用于机械产品数控加工的应用、服务和维护。 《机械产品三维数控加工仿真技术导则》 规定机械产品基于三维模型的数控加工仿真要求,包括体系框架、实施流程、实施要点、软件系统功能要求等。适用于机械产品数控加工的仿真
		工艺模拟标准	《机械产品虚拟装配通用技术要求》 《数字化车间建模与仿真规范》 规定企业数字化车间建模和仿真规范和要求,包括体系框架、实施流程、实施要点、软件系统功能要求等。适用于数字化车间(数字化工厂)的应用、管理和服务。 《热加工工艺模拟技术导则》 《铸造工艺模拟通用技术要求》 规定工业产品铸造工艺数字模拟中的工艺描述及表征、基础数据、数字模型、计算流程、误差控制、建模的可靠性等要求。适用于工业产品铸造工艺的数字化分析、修改、应用及管理。 《塑性成型工艺模拟通用技术要求》 规定工业产品塑性成形工艺数字模拟中的工艺描述及表征、基础数据、数字模型、计算流程、误差控制、建模的可靠性等要求。适用于工业产品塑性成形工艺的数字化分析、修改、应用及管理。

表 B.6（续）

一级分类	二级分类	三级分类	标准
数字化设计与制造专业标准	数字化制造标准	工艺模拟标准	《焊接工艺模拟通用技术要求》 规定工业产品焊接成形工艺数字模拟中的工艺描述及表征、基础数据、数字模型、计算流程、误差控制、建模的可靠性等要求。适用于工业产品焊接成形工艺的数字化分析、修改、应用及管理。 《热处理工艺模拟通用技术要求》 规定工业产品热处理工艺数字模拟中的工艺描述及表征、基础数据、数字模型、计算流程、误差控制、建模的可靠性等要求。适用于工业产品热处理工艺的数字化分析、修改、应用及管理。 《注塑工艺模拟通用技术要求》 规定工业产品注塑工艺数字模拟中的工艺描述及表征、基础数据、数字模型、计算流程、误差控制、建模的可靠性等要求。适用于工业产品注塑工艺的数字化分析、修改、应用及管理
注：本表中未标注国家标准编号的标准有些正在制定中，有些正在申请立项。			

参 考 文 献

[1] GB/T 18725—2008 制造业信息化 技术术语

[2] ISO 15745 Industrial automation systems and integration—Open systems application integration framework

[3] ISO 62264 enterprise-control system integration

[4] GB/T 20720.1—2006 企业控制系统集成 第1部分:模型和术语(IEC 62264-1:2003,IDT)

[5] SOA—面向服务的体系结构(此文件以html电子格式文件形式存放于网页上)(http://www.ibm.com/developerworks/cn/webservices/ws-theme/ws-soa.html)